KB088795

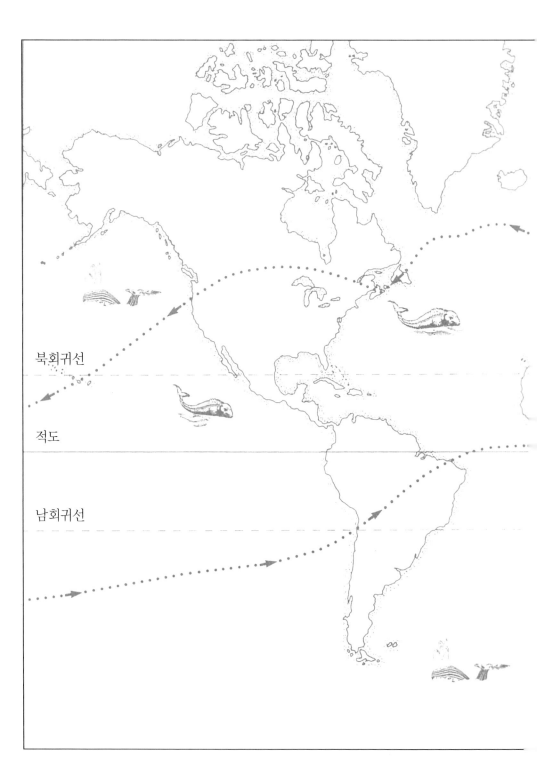

북회귀선

적도

남회귀선

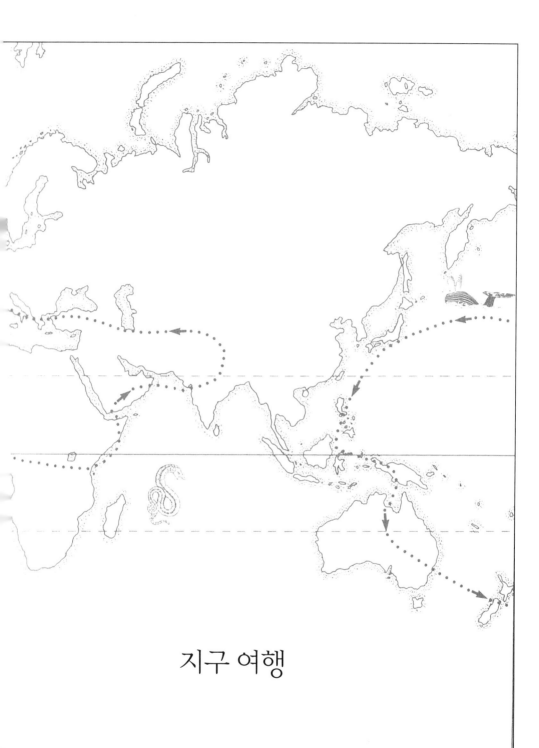

지구 여행

살아 있는 지구의 역사

살아 있는 지구의 역사

리처드 포티

이한음 옮김

까치

THE EARTH : An Intimate History

by Richard Fortey

역자 이한음
서울대학교 생물학과를 졸업했다. 저서로 과학 소설집『신이 되고 싶은 컴
퓨터』가 있으며, 역서로『유전자의 내밀한 역사』,『DNA : 유전자 혁명 이야
기』,『조상 이야기 : 생명의 기원을 찾아서』,『암 : 만병의 황제의 역사』,『생
명 : 40억 년의 비밀』,『위대한 생존자들』,『낙원의 새를 그리다』,『식물의
왕국』,『새로운 생명의 역사』 등이 있다.

살아 있는 지구의 역사

저자/리처드 포티
역자/이한음
발행처/까치글방
발행인/박후영
주소/서울시 용산구 서빙고로 67, 파크타워 103동 1003호
전화/02 · 735 · 8998, 736 · 7768
팩시밀리/02 · 723 · 4591
홈페이지/www.kachibooks.co.kr
전자우편/kachisa@unitel.co.kr
등록번호/1-528
등록일/1977. 8. 5
초판 1쇄 발행일/2005. 1. 20
제2판 1쇄 발행일/2018. 4. 10

값/뒤표지에 쓰여 있음

ISBN 978-89-7291-660-4 03450

이 도서의 국립중앙도서관 출판예정도서목록(CIP)은 서지정보유통지원시스템 홈페이지
(http://seoji.nl.go.kr)와 국가자료공동목록시스템(http://www.nl.go.kr/kolisnet)에서 이
용하실 수 있습니다. (CIP제어번호 : CIP2018007957)

사랑하는 줄리어스에게

차례

감사의 글

이 책은 내가 2002년 브리스틀 대학교의 "과학 기술의 대중 이해" 석좌 교수로 임용되지 않았다면 쓰지 못했을 것이다. 내게 복잡다단한 일상생활에서 벗어날 시간과 조용한 다락방을 내준 브리스틀 대학교 부설 고등 학문 연구소와 버나드 실버먼 교수에게 깊은 감사를 드린다. 연구소의 비서 캐린 테일러가 온갖 자질구레한 일들을 도와준 덕분에 나는 브리스틀에서 즐겁게 지낼 수 있었다. 또 안식년을 맞이하여 브리스틀로 떠날 수 있게 해준 런던 자연사박물관의 폴 헨더슨에게도 감사한다.

 책을 쓰다 보니 어쩔 수 없이 평소에 손대지 않았던 각 지질시대들을 조사해야 했고, 내 전공을 넘어서 새로운 분야들까지 다루지 않을 수 없었다. 내게는 새롭지만 자신들은 잘 알고 있는 영역으로 나를 인도해준 몇몇 지질학자들의 호의 덕분에 나는 대단히 많은 혜택을 누렸다. 제프 밀네스와 그의 딸 엘렌은 기꺼이 동부 알프스 산맥을 안내하면서 내 어리석은 질문들에 하나하나 참을성 있게 대답해주었다. 그레이엄 파크는 분별 있는 사람들(스코틀랜드 사람들까지도)이라면 대개 불가에 모여 앉아 뜨거운 토디를 마시고 있을 시기에 수고스럽게도 스코틀랜드 북서부 하일랜드를 안내해주었다. 또 제프와 그레이엄은 원고의 곳곳을 수정해주었고, 오류와 오해를 불러일으킬 만한 부분들을 바로잡았다. 남아 있는 잘못되거나 부적절한 표현은 오로지 저자의 책임이라는 말을 굳이 덧붙일 필요조차 없을 정도이다. 몇 년 전 푸네 대학교의 아지트 바르카르 박사는 운전사와 안내인들과 협상을 해가면서 인도 북서부의 데칸 고원 지대를 여행할 수 있도록 도와주었다. 그의 도움이 없었다면 이 여행을 끝낼 수 없었을 것이다. 폴과 조디 무어는 내가 식구들과 함께 하와이에 머물 때 아무 조건 없이 호의를 베풀어주었다. 그가 유쾌한 동료가 되어준 덕분에 열대의 저녁 시간을 아주 흥겹게 보낼 수 있었다(그들이 양탄자에 쌓인 모래를 떨어냈기를 바란다). 그들에게 아무리 고맙다는 말을 해도 부족할 것이다. 샘 곤은 하와이 문화를 이해하는 데에 도움을 주었다. 점심 식사를 한 번 샀다는 이유로 내게 아낌없이 조언을 해준 동료들도 있었다. 아마도 점심을 한두 번 더 사야 할 듯 싶다. 런던 유니버시티 칼리지에 있는 클라우디오 비타-핀치와 데이비드 프라이스는 각각 나폴리 만과 지구 중심에 관해 많은 지식을 전해주었다. 브리스틀 대학교의 버나드 우드는 어느 날 오후에 시간을 내어 암석 시료들을 아주 강하게 압착하면 특성이 변할 수 있다는 것을 보여주었고, 그 설명은 "깊은 곳에 있는 것들"이라는 장을 쓸 때 아주 귀중한 도움이 되었다. 또 이런저런 조언을 해준 존 듀이, 토니 해리스, 데이비드 지, 밥 사이메스, 조 캔, 그리고 뉴펀들랜드의 옛 친구들에게도 감사한다. 에이드리언 러쉬턴과 데렉 시비터는 내가 위기의 순간에 처할 때마다 술집으로 데려가서 마음을 달래주었다.

또 초고를 꼼꼼히 읽고 개선 방향을 제시한 로빈 콕스, 존 코프, 헤더 고드윈에게도 큰 빚을 졌다. 완벽한 심미안과 시답잖은 농담들을 단칼에 잘라내는 성격의 소유자인 헤더는 늘 그렇듯이 이번 저술에서도 중요한 역할을 했다. 하퍼콜린스 출판사의 애러벨라 파이크는 열정적이고 든든한 편집자임을 다시 한번 입증했으며, 체계를 바로잡는 그의 능력 덕택에 책 전체가 일관성을 갖출 수 있었다.

글쓰기에 매달려 있는 데다, 책의 핵심 내용으로 삼을 자료를 얻겠다며 몇 차례 현장 답사까지 떠나는 남편을 참고 견뎌준 아내 재키에게도 다시 한번 진심으로 고맙다는 말을 전하고 싶다. 재키와 딸 레베카는 컬러 도판에 쓸 사진들을 구하는 일에도 많은 도움을 주었다.

로버트 프랜시스는 멋진 사진들을 제공함으로써, 지구의 자연사를 다룬 이 책을 크게 돋보이게 해주었다. 또 멋진 삽화들을 그려준 레이 버로스에게도 감사한다. 제임스 세커드, 테드 닐드, 존 코프, 데이비드 지, 제리 오트너, 그레이엄 파크, 제프 밀네스는 고맙게도 사진들을 제공했다.

서문

나는 판구조론이 지구에 대한 우리의 인식을 어떻게 바꾸었는가를 설명할 가장 좋은 방법이 없을까 몇 년 동안 궁리했다. 세계는 너무나 넓고 다양하기 때문에, 그 모든 것을 책 한 권에 담기란 도저히 불가능하다. 하지만 그 모든 것의 밑바탕에는 지질이 있다. 지질은 경관을 조성하고, 농사 방식을 결정하며, 마을의 특징을 규정한다. 지질은 대양과 대륙을 저 밑에서부터 움직이는 통제 장치로서, 세계의 집단 무의식처럼 작용한다. 일반 독자들에게는 지질이 무슨 일을 하는지, 자연사와 어떻게 상호작용을 하는지, 우리 문화와 어떤 관련을 맺고 있는지를 발견하는 것이 지질학적 깨달음의 가장 큰 부분을 차지할 것이다. 우리 대다수는 이런 세세한 수준에서 경관과 관계를 맺고 있다. 반면에 많은 과학자들은 포괄적인 모형, 즉 세계의 변화 양상에 대한 인식을 바꾸어놓을 보편 이론을 찾느라 여념이 없다. 과학 논문들은 대개 식물이나 장소의 세부 사항들에는 거의 관심을 두지 않는다. 판구조론은 우리가 경관을 이해하는 방식을 바꾸어놓았다. 세계는 지각판들의 명령에 따라 변하기 때문이다. 하지만 그런 인식의 변화는 주로 과학 논문이라는 냉정한 글을 통해 표현되어왔다. 문제는 땅의 세세한 부분들을 보는 지적인 자연학자의 섬세한 관점과, 땅의 형성과 변형을 다루는 지질학자의 추상적인 모형이라는 상반되는 인식 방법을 어떻게 조화시킬 것인가 하는 것이다. 나는 각 지역을 직접 찾아가보고, 그곳의 자연사와 인간의 역사를 상세히 조사한 다음, 그 모든 변화의 원동력인 땅속에 깊이 자리한 모터에 접근하는 방식을 취했다. 즉 땅의 모습이 더 깊은 곳에서 들려오는 울림, 아주 느린 근원적인 맥박에 어떻게 반응하는지 보여주는 것을 해결책으로 삼았다. 나는 아주 신중하게 사례들을 골랐다. 이 복잡하고 다채로운 모습의 행성을 자세히 설명해줄 지역들이 모두 포함되어야 하기 때문이다. 나는 그곳들을 모두 찾아가보았다. 따라서 독자들은 그 중요한 지역들의 풍경, 소리, 냄새, 분위기에 이 특이한 안내자가 어떤 반응을 보였는지도 알게 될 것이다. 그런 한편으로 나는 지각판의 실체가 점점 더 밝혀지면서 그 지식이 지난 세기를 어떻게 변화시켜왔는지를 보여주고자 했다. 위대한 사상가들은 세계의 모습을 깊이 탐구해서 "만물의 이론들"을 내놓곤 했다. 그런 이론들은 무대에 등장했다가 곧 사라지곤 했다. 과거의 많은 이론들은 그 시대와 장소에 어울리는 타당한 추론에 토대를 두고 있었다. 오늘날의 자기만족적인 과학자라면 현재의 지식이 그 수준을 훨씬 뛰어넘었다고 주장할 것이다. 이해 수준은 선배들의 연구를 비판하고 그 위에 새로운 것을 쌓음으로써 향상된다. 그것은 성가시고 복잡한 과정이다. 그 과정에는 인간의 지성만큼 감성도 중요한 역할을 한다. 이 책에는 그런 이야기들도 담겨 있다. 내가 직면한 가장 어려운 결정들은 무엇을 포함시킬 것인가가 아니라, 무엇을 뺄 것인가였다. 나는 여기에서 단지 겉핥기 식으로 다룬 분야들도 있음을 잘 알고 있다. 그 분야들은 각기 별도의 책으로 다룰 만하다. 지구화학적 순환과, 그것이 지구의 각 체계에서 어떤 역할을 하는가와 같은 것들이 그렇다. 외계에서 벌어진 사건들이 우리의 역사에 어떻게 개입했는가와 같은 의문들도 최근의 과학적 발전 덕분에 흥미로운 연구 과제가 되어가고 있다. 그런 것들을 뺀다는 것은 뼈아픈 일이었지만, 서술에 일관성을 부여하기 위해서 어쩔 수 없었다. 부족한 부분이 있겠지만, 일관성과 읽기 쉽다는 점이 그것을 상쇄시켰으면 하는 바람이다.

1

위와 아래

있던 산이 순식간에 사라질 리 없겠지만, 나폴리 만 주변에서는 그런 일이 늘 벌어진다. 베수비오 산은 레몬 과수원 너머로 흐릿하게 보이다가도 어느 때에는 보이지 않는 등 나타났다가 사라지기를 되풀이한다. 나폴리에 가면, 날림으로 지어진 아파트나 낡은 공동주택의 발코니에 빨래들이 줄줄이 널린 모습을 쉽게 볼 수 있다. 산은 그 빨래들에 가려 사라지는 것이다. 그 집들이 화산의 비탈에 세워져 있다는 것과 화산의 변덕에 자신의 목숨이 달려 있다는 사실을 거의 의식하지 않은 채, 어떻게 그 도시에서 살아가는 것이 가능한지를 이해할 수 있을 것 같다.

도심에서 동쪽으로 차를 몰고 가다 보면 꽉 막힌 거리들이 나오고, 뒤이어 정체 모를 건물들과 작은 공장들 그리고 3, 4층짜리 지저분한 주택들이 옹기종기 제멋대로 들어서 있는 지역이 나온다. 교통 체증은 가히 살인적이라고 할 정도이다. 하지만 건물들 사이사이에서 잘 손질된 밭들과 차양을 드리운 온실들을 볼 수 있다. 3월 초라서 편도나무들마다 화사한 분홍빛 꽃들이 만개해 있고, 그 발치에는 눈부신 수선화들이 물결치고 있다. 그리고 시장에 내다 팔 수선화들을 꺾고 있는 아낙네들이 보인다. 온실 안에는 슈퍼마켓으로 팔려나갈 칸나와 같은 이국적인 화초들이 화분에 심어져 차곡차곡 늘어서 있는 모습이 언뜻언뜻 보인다. 오렌지나 레몬 나무는 어디서나 흔하다. 가장 초라한 구석진 곳에도 감귤류 나무 한두 그루가 서 있고, 그 주변에는 으레 도둑을 막기 위한 울타리와 자물쇠가 있다. 레몬

19세기 초 나폴리 만의 모습. 전원 풍경 너머로 멀리 베수비오 산이 보인다. G. 애널드의 원화를 토대로 E. 벤저민이 새긴 판화.

이 달려 있는 가느다란 가지들은 너무나 무겁다는 듯이 아래로 축 처져 있다. 땅은 대단히 기름지다. 물만 충분히 주면 작물들은 끊임없이 자랄 것이다.

로마 시대에 정원이 있었던 이곳에는, 비록 초라한 아파트들과 고철장들 사이에 끼여 있기는 해도 아직 곳곳에 정원들이 남아 있다. 화산 토양에는 광물질이 풍부하다. 따라서 작물들에 비옥한 토양이 된다. 시가지를 벗어나면 베수비오 산은 점점 잘 보인다. 지면이 서서히 높아지면서 갈색을 띤 정상을 향해 올라가기 때문이다. 새로 지은 건물들이 산비탈에 다닥다닥 붙어 있다. 키 작은 나무들과 그 밑동을 치마처럼 휘감고 있는 양골담초 덤불들 사이로 삐죽 튀어나온 듯하다. 하지만 건물들은 산비탈 쪽으로 제멋대로 뻗어올라간 나폴리 시가지에서 스며 나오는 엷은 안개 같은 누런 광화학 스모그에 가려 흐릿하게 보인다. 당신은 폼페이를 가리키는 도로 표지판을 지나친다. 하지만 도로에서 보면, 그토록 유명한 이 교외 지역도 다른 지역들과 그다지 달라 보이지 않는다.

나폴리 만의 남쪽 가장자리를 끼고 있는 언덕 위로 뻗은 길을 따라 오르자, 제멋대로 뻗어나간 도시가 한눈에 들어오기 시작한다. 차라리 오렌지 과수원들이 더 질서 있게 보인다. 제멋대로 세운 버팀목들과 그 위에 드리워진 망으로 된 일종의 우리 안에서 오렌지 나무들이 줄을 맞춰 서 있다. 화산 중턱에 오르자 경사가 더 급해진다. 좁은 단구(段丘)들이 층층이 나 있고, 그 위에 연한 색의 석회암 돌담으로 축대가 쌓여 있다. 깎아지른 단구들 가장자리까지 작은 녹회색 잎들이 달린 키가 어중간한 나무들이 오후 햇살에 은빛으로 반짝거리며 매달려 있다. 지중해의 마지막 생존자이자, 식물성 기름과 입맛을 돋우는 열매를 제공하는 올리브 나무들이다. 그들은 가장 비좁은 틈새에까지 깊이 뿌리를 내릴 수 있다. 석회암 토양은 화산암 토양에 비해 기름지지는 않지만, 올리브 나무들은 석회암 토양을 좋아한다. 이탈리아에서 관광객들이 자주 찾는 지역이라면 으레 그렇듯이, 만의 이곳 마을들에서도 광장과 피자 가게들, 손쉽게 돈 벌 궁리를 하는 머리를 매끄럽게 다듬은 젊은이들을 볼 수 있다. 여름 성수기가 되려면 아직 먼 지금도 말솜씨가 좋은 운전사는 기회를 잡는다. 200유로를 내면 하루 동안 택시를 대절해서 관광할 수 있다는 말에 혹해서 택시를 타면, 자신이 꽉 막힌 도로에 들어서 있다는 것을 알게 된다. 그 돈의 일부만 내고서 치르쿰베수비아나 순환열차를 타면 훨씬 더 빨리 돌아볼 수 있다. 아무래도 관광객인 당신이 짭짤한 수확을 올릴 수 있는 기름진 화산암 토양이 된 듯하다.

반도 남쪽 끝자락에 있는 소렌토에서는 나폴리 만 너머로 베수비오 산이 한눈에 들어온다. 가파른 비탈에 자리한 이 도시에서 바라본 베수비오 산은 경사가 완만하고 거의 완벽한 원뿔 모양이다. 일본인들이 숭배하는 화산인 후지 산의 이탈리아 판이라고 할 수 있을 정도이다. 베수비오 산은 때로는 파르스름하거나 회색을 띠기도 하고, 이따금 본연의 색인 갈색을 드러내기도 한다. 맑은 날이면 베수비오 산이 청명한 하늘을 배경으로 선명하게 보인다. 어둡고 육중하게, 거의 위압적인 자세를 하고서 말이다. 또 옅은 안개가 낀 아침이면 아래쪽 비탈은 안개에 가려져 윤곽만 남거나 어슴푸레하고 원뿔 모양의 정상만 삐죽 솟아 있어서, 마치 지상에서 떼어내 공중에 만든 신들의 집처럼 느껴진다. 밤이 되면 나폴리의 도로들을 따라 가로등들이 끊임없이 반짝거리며 빛난다. 그럴 때면 베수비오 산은 엷은 감청색 하늘을 배경으로 한 검은 형체로밖에 보이지 않는다. 때로는 가로등 불빛에 아래로 흘러내린 용암류의 흔적이 하얗게 빛나면서, 마치 그 산이 아직도 용암을 분출하고 있는 듯한 인상을 심어준다. 소렌토에 있으면 원하는 베수비오 산의 모습을 모두 만나볼 수 있다. 산이 매일같이 새로운 모습으로 나타나기 때문이다.

나폴리 만은 지질학이라는 과학이 시작된 곳이다. 플리니우스가 묘사한 기원후 79년의 베수비오 화산 폭발과 폼페이의 몰락 장면들은 아마도 지질학적 현상을 명확하고 객관적으로 서술한 최초의 사례일 것이다. 거기에는 소환된 용도 없었고, 티탄과 신의 싸움도 없었다. 플리니우스는 추측이 아니라 관찰 결과를 서술했다. 그로부터 2,000여 년이 지난 뒤인 1830년 찰스 라이엘은 나폴리 북쪽 포추올리에 있는 이른바 "세라피스 신전"의 기둥들을 지질학 분야에서 가장 선구적인 저작에 속하는 명저 『지질학 원리(*Principles of Geology*)』의 표지 그림으로 삼았다. 이 책은 젊은 찰스 다윈이 진화론을 정립하는 데에 큰 영향을 미쳤다. 따라서 나폴리 만이 가장 중요한 생물학 혁명을 일으키는 데에도 한몫했다고 말할 수 있다. 18세기에서 19세기에 나폴리 만을 방문한 사람은 예외 없이 그곳의 자연경관과 고고학 유적들을 보고 경이에 사로잡혔다. 과학이라는 만신전에 뒤늦게 들어온 지질학에게 그 지역은 거의 성지나 다름없다. 땅이 어떻게 구성되어 있는가에 관한 지식의 축적 과정을 어디에서부터 추적해야 할지 선택을 하라면, 어디에서 시작하는 편이 좋을까? 가장 기초적인 원리들을 설명하기에 적당한 장소는 어디일까? 판구조론까지 이어지는 기나긴 지적 여행은 목이 긴 구두 모양의 이탈리아 땅에서 정강이 부분에 해당하는 이 서쪽 지역으로부터 시작되었다. 이 특별한 만을 둘러보는 여행은 지구에 관한 지식의 토대가 된 지역을 돌아보는 순례여행이다.

나폴리 만 남쪽에 있는 소렌토의 모든 것은 지질에 뿌리를 두고 있다. 도시 자체는 석회암 산등성이로 둘러싸인 넓은 계곡 안에 자리하고 있다. 산등성이는 깎아지른 듯한 하얀 절벽으로 이루어져 있고, 바다에 가닿을 때쯤에는 거의 수직 절벽 상태이다. 그 끝에 서서 용감하게 아래쪽을 내려다보면 아찔한 현기증이 난다. 멀리서 보면 산허리 위로 구불구불 뻗어오르는 길들이 말아놓은 파스타 같다. 여기서도 단구에 석회석들로 축대를 쌓아 만든 올리브 과수원들을 볼 수 있다. 지하 공동(空洞)에서 맑은 물이 솟아오르는 샘도 있다. 이런 샘 옆에는 벽감(壁龕)을 만들어 성인이나 성모 마리아의 조각상을 놓기도 한다. 이 지역은 물이 귀하기 때문이다. 석회암 산등성이에는 깊숙하게 움푹 들어간 골짜기들이 있다. 아마도 지하 동굴들이 무너져서 생겼을 것이다. 나폴리 만은 캄파니아 주에 속해 있고, 캄파니아라는 지명은 지질시대 중 백악기의 하위 시대인 캄파니아세에도 쓰이고 있다. 석회암이 풍화된 지면을 자세히 살펴보면, 공룡 시대에 살았던 조개껍데기들의 흔적을 찾아낼 수 있다. 나는 마치 돋을새김처럼 절벽에서 삐죽 튀어나온, 멸종한 이매패류와 성게류 몇 종류를 찾아냈다. 고생물학자는 화석 종들을 하나하나 구별할 수 있고, 그것들을 통해서 암석의 연대를 파악할 수 있다. 종들의 순서가 지질시대의 척도가 되기 때문이다. 그 화석들이 지닌 의미는 아주 명확하다. 이 산악 지대가 백악기 때에는 얕고 따뜻한 바다 밑에 잠겨 있었다는 것이다. 그곳에 석회질 진흙이 퇴적물로 쌓이면서 해저에 살던 동물들의 유해를 묻었다. 시간이 흐르면서 묻힌 진흙은 단단히 굳어져 오늘날 우리가 보는 석회암이 되었다. 그렇게 쌓인 퇴적암들이 나중에 융기하여 육지가 되었다. 그후에 지각변동이 일어나서 그것들을 뒤틀어놓았다. 그 이야기는 나중에 하기로 하자. 지금은 석회암 산악 지대라는 특징이 고대 바다의 산물이라는 점만 말해두기로 하자.

이 석회암 지반은 서쪽의 카프리 섬까지 이어져 있다. 카프리 섬은 나폴리 만 남쪽 끝에 있으며, 소렌토에서 여객선을 타고 20분쯤 가면 닿는다. 그 섬은 바다 한가운데 우뚝 솟아 있으며, 가파른 석회암 절벽으로 둘러싸여 있다. 처음 보면 도시는커녕 아주 작은 마을조차도 들어설 수 없을 것 같다는 생각이 들 것이다. 카프리 시가지는 항구에서 아찔한 케이블카를 타고 올라간 꼭대기에 있다. 건물들은 오래되고 예스러운 풍취가 있으며, 당연한 말이지만 그 지역의 석재로 지어졌다. 석재 위에 벽토를 바른 건물들도 있다. 중세에 지은 멋진 카르투시오 수도원도 있는데, 하얀 석회석이 회랑의 열주들과 멋진 조화를 이룬다. 벽, 바닥, 광장 등 거의 모든 것이 석회암으로 만들어져 있다. 지중해의 밝은 햇살에 모든 것이 하얗게 빛나고 있는 듯하다. 산허리에 흐릿하게 드문드문 보이는 별장들은 우산소나무(umbrella pine) 밑에 놓아둔 새하얀 케이크 같다. 도로 포장에 쓰인 검은 현무암만이 베수비오 산에서 들여온 듯하다. 이 화산암은 석회암에 비해서 잘 부서지지 않기 때문이다. 쇠테가 둘러진 바퀴가 대충 맞춰놓은 이 커다란 돌들 위로 덜거덕거리며 굴러갈 때 시끄러운 소리가 났으리라는 것은 상상하기 어렵지 않다. 섬의 만 안쪽에는 수백 미터 높이의 깎아지른 듯한 석회암 해안 절벽들이 장관을 이루고 있다. 로마 황제 티베리우스는 말년을 이 섬에 있는 궁전에서 보냈다. 현재 그 궁전은 폐허로 남아 있다. 그의 전기(傳記) 학자인 수에토니우스의 외설적인 설명에 따르면, 티베리우스는 양성애를 통해서 쾌락을 추구하면서 온갖 성도착 행위에 탐닉했다고 한다. 그는 어린 소년들을 선호했다. 그를 만족시키지 못한 소년들은 무시무시한 절벽에서 내던져지기 십상이었다. 카프리 섬은 그런 암울한 사건들이 있었음을 암시하는 미묘한 분위기를 간직하고 있다. 앞바다에는 가까이 다가가기 두려운 커다란 암초가 두 개 솟아 있다. 바다의 무자비한 침식 활동을 겪으면서 절벽과 분리된 석회암 덩어리들이다. 노먼 더글러스는 세이렌들이 바로 여기에서 살았다고 했다. 오디세우스는 배의 돛대에 몸을 묶은 덕분에 죽음을 불러오는 그들의 유혹적인 노래에 저항할 수 있었다. 그의 선원들은 귀를 막은 채 노를 저어 안전하게 그곳에서 벗어날 수 있었다. 카프리 섬은 목가적인 산꼭대기의 피신처가 타락과 파괴를 불러올 수도 있다는 생각을 떠올리게 한다. 그 무시무시한 절벽이 내려다보이는 곳에 있는 장엄한 별장들 중 철강 산업을 통해서 독일인의 야심을 보여주었던 크루프 가문이 세운 것이 있다(지금은 호텔로 쓰인다). 뜻밖에도 그 설립자는 원시적인 기생 물고기인 칠성장어의 성장 과정을 연구하는 일에 매료되었다. 이 섬에서는 과거와 현재가 단절되지 않고 이어진다. 고대 그리스 신화와 로마의 쇠퇴, 그리고 중세의 신앙에 이르기까지. 이 섬의 정원들은 허약한 인간보다 훨씬 더 오래된 바다에 쌓여 단단해진 퇴적물 위에 높이 자리를 잡은 채 시대가 오고 가는 것을 목격해왔다.

이곳에서 보니, 소렌토 중앙에 있는 항구 뒤편의 절벽이 어딘가 달라 보인다. 멀리 떨어져서 보니, 석회암의 밝은 기운은 온데간데없고 온통 우중충한 회색 석고 같다. 이곳 거리들은 중앙 광장에서 가파른 계곡을 따라 바다를 향해 뻗어 있다. 당신은 계곡 양편의 암석들을 볼 수 있다. 암석들은 향신료를 넣은 케이크처럼 갈색을 띠고 있으며, 별다른 뚜렷한 구조를 보이지 않는다. 자세히 들여다보면 빵 포장지에 찍힌 유효 기간 표시 같은 좀더 짙은 색의 얼룩들이 눈에 띈다. 말벌만 한 것도 있고, 조금 더 큰 것도 있다. 이쪽에서 보면 거의 검은색을 띠고 저쪽에서 보면 적갈색을 띤 종류가 다른 모난 암석 조각들이다. 작은 공기 방울을 품고 있는 것들도 있다. 당신은 동네 건축업자들이 바로 그 암석을 가로세로 수십 센티미터 크기로 산뜻하게 잘라서 석재를 만들어 경사가 가파른 길가에 높다란 담을 쌓았다는 것을 알아차린다. 이 암석은 산지의 포도밭과 단구를 보강하는 데에 쓴 석회암보다 더 무르다. 그런 다음 당신은 바로 그 돌이 오래된 건물들을 짓는 데에 쓰였다는 사실도 눈치챌 것이다. 항구까지 내려오면 보기 좋은 황토색과 향갈색으로 칠한 상점들과 식당들이 늘어서 있다. 하지만 치장 벽토가 떨어져나간 곳이나 아예 벽토를 바르지 않은 창고를 보면, 같은 암석을 건축 재료로 썼다는 것을 알 수 있다. 시가지의 상당 부분이 항구 뒤편에 가파른 절벽을 이루고 있는 바로 그 암석으로 지은 것이다.

이 암석을 캄파니아 용결응회암이라고 한다. 이 암석은 3만5,000년 전에 지각 격변으로 생성되었다. 거대한 화산이 폭발하면서 적어도 100세제곱킬로미터에 달하는 돌과 재가 뿜어져 나왔다. 북쪽의 로카몬피나에서 남쪽의 살레르노에 이르기까지, 나폴리 만 주변의 3만 제곱킬로미터가 넘는 지역에서 지금도 그 증거를 찾아볼 수 있다. 이 화산의 위력에 비하면 폼페이를 묻은 화산 폭발은 작은 사건에 불과해 보인다. 증기와 끈끈한 용암이 분출되면서 티레니아 해의 가장자리에 있는 지각에 거대한 구멍이 생겼다. 이탈리아 땅덩어리에서 한 움큼을 뜯어냈다기보다는 거대한 구멍을 뚫었다고 할 만했다. 가스와 함께 솟아오른 하얗게 빛나는 물질들이 드넓은 구름을 형성하여 거센 파도처럼 석회암 지형을 휩쓸면서 흘러갔다. 그 혼란의 도가니 속에서 화산암 덩어리들도 이리저리 운반되었고, 식생은 모조리 파괴되었다. 구름이 어찌나 뜨거웠던지, 구름이 가라앉은 수많은 지역에서 고체가 녹아내렸다. 화산의 잔해들에는 이런 용접이 일어났음을 보여주는 흔적들이 희미하게 남아 있다.* 구석기 시대의 인류는 이 파괴 장면을 목격했을 것이 틀림없다. 그들은 신들이 분노했다고 생각했을 것이다. 케이크처럼 보이는 이 평범한 암석이 땅의 흉포함을 보여주는 유물인 셈이다. 이제 그

---

* 여기서 만들어진 것이 바로 응결응회암이다. 이런 종류의 화산 쇄설암을 일반적으로 "응회암(tuff)"이라고 한다. 영어의 석회화(tufa)라는 단어와 비슷하지만 전혀 다른 단어이다. 석회화는 석회암 지대 샘 주변의 바위들에 석회가 껍데기처럼 달라붙는 현상이다. 석회가 침적되어 샘 옆 벽감에 놓인 성인 조각상의 발 모양이 흐릿해지기도 한다.

안에 들어 있는 모난 암석 조각들이 무엇인지 알 듯하다. 화산의 파편들이다. 이 파괴 물질이 이제는 "아주 안전한" 건물들을 짓는 데에 쓰이고 있다니 역설적이다. 당연한 말이지만, 이 불확실한 세계에서는 그 어떤 것도 안전하지 않다. 석회암 산지에서 내려다보면, 레몬으로 만든 술인 리몬첼로가 빚어지고 피자가 만들어지는 지역 위로 모든 것을 황폐화시키는 뜨거운 구름이 내려앉아 그 저지대를 두꺼운 담요처럼 뒤덮어 죽음을 불러오는 광경을 상상할 수 있다. 이 암석들은 화쇄난류(pyroclastic surge)가 쌓여 생긴 것이다. 2만3,000여 년 뒤에 또다시 화산 폭발이 일어났는데, 이 폭발은 위력이 약간 덜했고, 그다지 넓게 퍼지지도 않았다. 이 화산은 나폴리 황색 응회암이라는 퇴적물을 만들어냈다. 이 응회암은 케이크 색깔이 아니라 디종 머스터드 색깔이다. 그 암석을 알아볼 수 있다면, 나폴리 지역의 수많은 담들과 건물들에 그것으로 만든 석재가 섞여 있다는 사실을 알아차릴 것이다. 그것은 조지 왕조 시대에 영국 수도에 대단히 아름다운 건물들을 짓는 데에 쓰인 "런던 고급" 벽돌을 생각나게 한다. 그 석재는 로마 시대 유적의 벽에도 남아 있다. 대다수 전문가들은 현재 캄피 플레그레이(베수비오 산 서쪽 25킬로미터 지점에 있는 화산 지대/역주)에 남아 있는 분화구들이 이 두 번째 대폭발이 남긴 거대한 구멍, 즉 칼데라의 가장자리를 따라 늘어서 있다고 믿는다. 나폴리 만은 자신의 본모습을 거의 감추고 있다. 그것은 다시 폭발할 수도 있다.

이제 베수비오 산으로 갈 때가 된 듯하다. 그 산은 높이가 1,281미터이다. 그리 높은 봉우리는 아니지만 웅장하다. 엄밀히 말하면 원뿔형을 이루고 있는 윗부분만 베수비오 산이라고 불러야 한다. 더 오래된 화산의 흔적들을 비롯하여 그 아래의 넓은 부분은 베수비오 외륜산(外輪山)이라고 해야 한다. 산에 가기 위해서 에르쿨라네오 정거장으로 가서 북적거리는 교외 외곽에 대기하고 있는 버스를 탄다. 버스는 도저히 지나갈 수 없을 것처럼 보이는 비좁은 길을 따라 위로 올라가서 편도나무와 포도나무가 심어진 밭들 사이로 들어선다. 이 산에서 나오는 포도주는 "라크리마에 크리스티(Lachrymae Christi)"라고 불린다. "그리스도의 눈물"이라는 뜻이다. 평범한 직포도주를 보았을 때 떠올릴 만한 이름이다. 이제 만 저편에서는 반짝거리며 반사되는 빛으로밖에 보이지 않던 제멋대로 지어진 가지각색의 집들이 가까이 다가온다. 집들은 위험할 만큼 화산 원추구(圓錐丘)에 가까운 듯하며, 마치 하늘에서 아무렇게나 떨어져내린 양 제멋대로 세워져 있다. 그 위쪽으로는 잡목들이 빽빽이 들어서 있고, 그 너머로 화산 원추구가 어른거린다. 버스가 승객들을 게워놓는다. 이제 승객들은 정상까지 쭉 뻗어 있는 산길을 걸어 올라가야 한다. 당신은 괴테와 셸리 같은 시인들이 앞서 걸었던 유명한 계단을 걸어 올라간다. 당신은 혼자가 아니다. 온갖 국적의 관광객들이 있고, 주위의 풍광은 그들에게 사진을 찍으려는 도저히 거부할 수 없는 기회를 제공한다. 아래로는 나폴리를 중심으로 한 시가지의 경관이 다닥다닥 붙인 우표들처럼 비현실적으로 뻗어 있다.

경관은 따뜻한 느낌의 흑갈색이 주를 이루고 있다. 클링커(clinker)로 된 거대한 비탈면을 보고 아름답다고 말할 사람은 아무도 없을 것이다. 그 산이 뱉어낸 부스러기들은 용광로에서 나온 슬래그처럼 산업 폐기물 같은 느낌을 준다. 옛 사람들이 땅속 깊은 곳에 불카누스의 대장간이 있다고 생각한 것도 충분히 이해된다. 런던 유니버시티 칼리지의 킬번과 맥과이어 박사가 쓴 뛰어난 안내서에는 이 우중충한 파편들이 1944년 3월의 폭발 때 생긴 암재와 돌 조각이라고 적혀 있다. 밑을 내려다보면, 베수비오 산의 기나긴 역사에서 가장 최근에 흘러내린 이 파편들이 뜨거운 푸딩의 가장자리로 흘러내리는 초콜릿 소스처럼 화산 원추구 밑자락 너머까지 뻗어 있음을 알 수 있다. 길옆으로는 손톱만 한 검은 결정들이 박힌 커다란 돌들이 드문드문 널려 있다. 이 결정들은 화산 밑 액체 암석이 있는 곳, 즉 마그마 방 안에서 휘석 광물들이 오랜 시간 머물면서 형성한 것들이다. 주변의 다른 모

베수비오 산의 화산 원추구 안쪽. 각각의 폭발 때 생긴 용암들이 층을 이루고 있다.

든 암석들과 마찬가지로, 이 암석들도 본래 화성암들이다. 즉, 지구 깊숙한 곳에서 녹았다가 식어 형성된 불의 산물이다. 분화구는 현기증을 느끼는 사람들에게 절망을 불러일으킬 정도로 입을 크게 벌리고 있다. 지름이 500

미터, 깊이는 300미터나 된다. 분화구 가장자리로 난 길에서 멀리 내다보면 폼페이의 원형극장이 어렴풋이 눈에 들어오고, 그 너머로 나폴리 만이 푸르스름한 안개 속에 자리하고 있다. 폭발들이 어느 정도 격렬했다면, 멀리까지 파괴적인 영향을 미쳤을 것이라고 짐작할 수 있다. 분화구 안쪽 가장자리는 깎아지른 듯 가파르다. 한쪽에서는 꺼져가는 담배에서 나는 연기처럼 증기들이 아직도 피어오르고 있다. 분화구 건너편을 보면 수 미터 두께의 굳은 용암들이 층층이 쌓여 있는 것을 쉽게 분간할 수 있다. 또 흐르는 용암 대신 폭발로 나온 화산 쇄설물들이 쌓여 있는 곳들도 보인다. 그 쇄설물들은 잘 부서지고 쉽게 침식된다. 기원후 79년 폭발 때 헤르쿨라네움을 휩쓸었던 것과 같은 치명적인 구름이 어디에서 나왔는지를 보여주는 증거가 여기 있다. 그 분화구는 불안정한 상태에 있다. 귀를 기울여보라. 유리잔에 든 얼음처럼 자갈들이 안쪽 비탈로 굴러 내려가면서 내는 딸랑거리는 소리가 끊임없이 들려온다. 그 화산은 잠시 침묵하고 있지만, 깨어 있을 때 어떠했는지를 보여주는 기록들이 많이 남아 있다. 철학자이기도 한 버클리 주교가 1717년에 그것을 보고 쓴 기록을 살펴보자.

연기로 가득한 대단히 넓은 구멍을 보았다. 연기 때문에 얼마나 깊은지, 어떻게 생겼는지 보이지 않았다. 그 무시무시한 구멍에서 어떤 괴이한 소리들이 들려왔다. 산의 내부에서 나오는 듯했다. 중얼거리고 한숨을 쉬고 부딪히는 듯한 소리들이었다. 그리고 사이사이에 천둥소리나 대포 소리 같은 굉음과, 집 지붕의 타일들이 도르르 굴러 떨어지면서 내는 달가닥거리는 소리들도 들렸다. 이따금 바람이 바뀔 때마다 연기가 엷어지면서, 아주 새빨간 화염과 빨간색이나 노란 색조를 띤 줄무늬들이 있는 분화구 가장자리가 보이기도 했다.

지금은 손으로 대충 쓴 표지판들이 바람에 삐걱거리고 있다. 화산 원추구 꼭대기에 태양 에너지를 동력으로 쓰는 위성 위치 확인 시스템이 설치된 것이 보인다. 이탈리아에서는 이렇게 임시로 설치된 것들과 첨단기술 장치들이 기묘하게 뒤섞인 양상을 흔히 볼 수 있다.

베수비오 산은 성을 잘 내는 산이다. 이 산은 2만5,000여 년 동안 폭발을 거듭해왔다. 앞으로도 그 기간만큼 활동을 계속할 것이다. 지난 2,000여 년 동안 이 산에서 몇 차례에 걸쳐 일어난 폭발 과정이 상세히 기록된 덕분에, 이 산은 지질학 문헌에서 대표적인 사례로 언급되고 있다. 이곳에서는 천천히 움직이면서도 경관과 집들을 가차 없이 집어삼키는 느린 용암류로부터, 질식시킬 정도로 뿜어내는 화산재, 달리는 자동차보다 더 빨리 쇄도하면서 열기와 공포로 평탄한 지역을 집어삼키는 화쇄류와 화쇄난류에 이르기까지, 온갖 화산 활동들을 볼 수 있다. 화산학의 사례집이라고 할 만하다. 헤르쿨라네움과 폼페이에서 2,000명을 땅에 묻었던 79년의 폭발 이후, 1631년 12월 16일 아침 또 한 번의 대폭발이 시작되었다. 나폴리에서 뿜어져나온 화산재가 단 하루 만에 1,000킬로미터 이상 떨어져 있는 이스탄불까지 도달했다. 이 폭발은 로마 시대의 폭발 때보다 두 배나 더 많은 사람들의 목숨을 앗아갔다. 당시 많은 사람들이 기름진 화산 토양을 이용하여 부를 축적하고 있었다. 그들은 위험한 지대로 들어가 터를 닦은 사람들이었다. 하지만 대규모 화쇄류는 그들의 생명과 재산을 앗아 갔다. 그 화산 분출물들 위에 내린 폭우는 진흙과 화산재의 뻘을 형성하여 아래로 흐르면서 모든 것을 집어삼켰다. 역설적인 점은 큰 폭발 때 뿜어진 입자들이 대기에서 비구름을 불러모으는 "씨앗" 역할을 한다는 것이다. 따라서 이런 비극은 고대의 4원소, 즉 흙, 공기, 불, 물 네 가지가 공모해서 만들어낸 치명적인 파괴 행위였다. 하지만 나폴리는 화를 면했다. 대략 11년 주기로 작은 폭발들이 수없이 이어졌지만, 모두 나폴리에는 피해를 주지 않았다. 현재는 예상보다 폭발 시기가 지연되고 있는 상황이다. 아마 큰 폭발이 일어날지도 모른다. 가장 최근에 폭발이 일어난 것은 1944년이었다. 그 폭발은 상세히 연구되어 있다. 그해 3월 마그마를 비롯한 것들이 단 며칠 사이에 3,700만 세제곱미터나 뿜어져나왔다. 그것들 중에는 화산재와 "화산탄"이 많았다. 화산탄은 뿔이나 일그러진 빵 모양의 검은 덩어리들이다. 분화구가 일시적으로 무너져내려 분출구를 막아 잠시 분출이 중단되곤 했기 때문에, 분출은 서너 번에 걸쳐서 이루어졌다. 곳곳에 활짝 피어 있던 편도나무의 꽃들은 가지에 붙은 채 오그라들었다. 마사 마을과 산세바스티아노 마을은 천천히 흐르는 용암류에 폐허가 되었다. 런던의 「타임스(*The Times*)」 특파원은 그 과정을 유려하게 묘사했다.

파괴 과정은 거의 분통이 터질 정도로 느릿느릿 진행되고 있다. 폭발로 한순간에 참화에 휩싸이는 것 같은 상황은 전혀 일어나지 않는다. 용암이 산세바스티아노의 주택들에 맨 처음 와닿은 것은 오전 2시 30분경인데, 새벽이 되었음에도 중심가에서 200미터 떨어진 곳까지밖에 흘러오지 못한 상태이다. 하지만 증기 롤러보다 더 느릿느릿 포도나무들 사이를 지나가면서도 작은 집들을 무너뜨리면서 계속 소음을 내고 있다…… 용암에 삼켜지는 집들은 잠시 버티는 듯하다가, 용암의 무게가 점점 더 늘어나자 벽이 갈라지기 시작했다. 처음에 생긴 균열이 서서히 넓어지면서 벽이 무너지고, 이어서 집 전체가 폭삭 내려앉으면서 먼지 구름이 피어올랐다. 그 잔해들 위를 용암 덩어리가 서서히 뒤덮으면서 삼켜버렸다…… 포도주 통이 가득 들어 있는 지하실들이 폭발할 때마다 약간 짙은 색의 증기 구름들이 피어올랐다. 그 괴물이 포도나무들과 올리브 나무들, 그리고 뒤뜰에 쌓아놓은 장작더미들을 전채 요리로 집어삼키면서 내는 타닥거리는 소리가 사방에서 끊임없이 들려왔다…….

화쇄난류였다면 이 모든 일들이 1초 만에 일어났을 것이다.

폼페이를 찾은 관광객들 사이에 지질학자가 끼여 있다면, 그는 로마 귀족들이 누린 사치의 수준을 보고 놀라는 것만큼 화산재가 도시를 파괴한 규모를 보고서도 놀랄 것이다. 하여튼 그 도시는 진짜 놀라운 규모이다. 입구에서는 질릴 정도로 많아 보였던 군중들이 곧 흩어지고, 당신은 홀로 남아서 여유 있게 둘러볼 수 있다. 몇몇 도로에서는 베수비오 산이 한눈에 들어온다. 뜨거운 화산재가 소나기처럼 쏟아져서 후대의 고고학자들을 위해서 이 부유한 도시를 사실상 무덤으로 만드는 장면을 그리 어렵지 않게 상상할 수 있다. 사전 경고를 하는 듯한 지진들, 엄청난 폭발음, 어렴풋이 보이는 화산 원추구 상공으로 뿜어지는 검은 구름, 어두컴컴해진 하늘 등이 처음에는 놀라움으로 다가왔겠지만, 화산 분출물들이 떨어지기 시작하면서 즉각 공포로 바뀌었을 것이다. 주민들의 몸을 뒤덮었던 화산재는 그 순간에 사람들이 취하고 있던 모습을 고스란히 보존했다. 현재 포도밭이 되어 있는 곳의 한쪽 구석에서 발굴된, 이러한 틀에 석고를 부어 떠낸 주물들은 참화 당시의 모습을 가장 애처롭게 보여준다. 그중에서도 잠에서 반쯤 깨어난 사람의 모습이 압권이다. 그는 망각 상태에서 막 깨어나는 순간, 다시 영원히 망각 속으로 빠지고 말았다. 그럼으로써 인물상으로서의 불멸성과 한 인간으로서의 취약성을 고스란히 간직하게 되었다. 그곳에서는 돌들조차 나름대로 이야기를 간직하고 있다. 당시의 도로들은 조잡한 조각 그림을 맞추듯이 끼어놓은 거친 현무암들로 포장되어 있었다. 이 도로들을 지나다니는 수레바퀴들이 세대를 거듭하면서 파놓은 홈들은 아주 독특한 이야기들을 하고 있다. 그것들은 관광 안내 책자에 "타임 캡슐"이라고 적혀야 마땅할 시간의 각인들이다. 도로의 표면은 인도와 커다란 현무암 블록들로 표시해놓은 도로 경계보다 더 낮다. 주택과 상점, 사원의 벽들은 커다란 용결응회암 석재와 작은 황갈색 로마식 벽돌을 번갈아 사용하여 쌓곤 했다. 커다란 석재들은 쉽게 깨지기 때문에 모퉁이는 벽돌만으로 쌓을 때가 많았다. 그 건축가들은 자기 지역의 지질을 잘 알고 있었다. 빌라 디 미스테리(Villa di Misteri)에는 갈리아노 나폴레타노의 응회암으로 만든 석재들이 많이 쓰였는데, 마름모꼴로 만든 것도 섞여 있다. 원래는 집 안에서 했던 것처럼 도로 표면에도 초벌칠을 했을 것이다. 본래 로마인들이 응회암을 갈다가 시멘트를 발견했듯이, 건물의 마감재도 지질과 관련이 있다. 더 화려한 건물들은 벽에 채색이 되어 있었고, 인물상과 소용돌이무늬 장식이 있었다. 바닥에는 각석들을 이용하여 모자이크 그림을 짜넣었다. 가장 흔히 쓰인 검은색 각석과 흰색 각석은 각각 대리석과 현무암으로 만들어졌다. 발견된 문양 서적들을 보면 이런 바닥들이 "야드 단위"로 주문 제작되었으리라는 것을 짐작할 수 있다. 바닥 난방이나 배관을 다룬 항목도 있다. 그림을 보면 납관을 사용했음을 알 수 있다. 일부 납은 납 광석이 형성되기에 딱 맞는 지질 환경이 갖추어져 있는 먼 영국에서 들여왔는데, 납을 들여올 수 없었다면 어떻게 되었을까? 요컨대 폼페이는 지질로부터 자라났다가, 결국 지질에 의해서 삼켜진 곳이었다.

헤르쿨라네움은 화쇄류에 의해서 파괴되었다. 주민들에게 바다로 달아날 시도를 할 시간은 있었지만, 피신에 성공할 시간은 없었다. 돈을 약간 쥐어주면 안내인은 예전에 항구였던 곳에서 죽은 시신들이 서로 뒤엉켜서 생긴 뼈들을 보여줄 것이다. 아마 그들을 즉사시킬 정도로 온도가 뜨거웠던 것이 분명하다. 하지만 뼈를 태워 없앨 정도는 아니었다. 이 끔찍한 뼈 무더기보다 폼페이에 있는 몸의 윤곽을 뜬 주물들이 왜 가슴을 더 뭉클하게 만드는 것일까? 그것은 몸의 자세 및 개체성과 관련이 있음이 분명하다. 두개골은 모두 똑같은 웃음을 짓고 있을 뿐이니까 말이다.

 폼페이와 헤르쿨라네움은 둘 다 지질에 토대를 두고 있다. 불은 단지 그것들을 겉으로 드러냈을 뿐이다. 이 말이 유명한 고고학 발굴지에만 적용되는 것은 아니다. 겉모습이 어떻든 간에, 지질학적 진리들은 도시의 실체와 특성의 많은 부분을 결정짓는다. 도시들을 세우는 데에 쓰이는 돌, 탑이 올라갈 수 있는 높이 같은 것들이 그렇다. 이러한 미묘한 관계에 비하면, 지질과 농경의 관계는 직설적이다. 베수비오 외륜산 주위의 검고 기름진 토양은 예전에 흘렀던 용암류들이 풍화되어 생긴 것이며, 참화가 지나간 뒤에 사람들이 다시 그 지역에 들어가 터를 잡고 살았던 이유가 기름진 토양 때문이라는 것은 분명하다("하늘의 도움으로 산제나로[나폴리의 수호 성인]가 우리를 보살핀다면 우리는 번창할 것이다"). 그리고 더 깊이 들어가면 지질은 지각판과 관련을 맺고 있다. 더욱더 깊은 실체, 세계의 모습을 결정하는 근원과 말이다.

산제나로에게 존경을 표하는 것이 옳을 듯하다. 나폴리의 두오모에는 그를 모시는 성당이 있다. 기원후 3세기에 그 성인은 기독교 신앙을 고수하다가 순교했다. 처음에는 그에게 맹수들로부터 갈기갈기 찢기는 형벌이 언도되었지만, 나중에 참수형으로 바뀌었다. 참수형은 나폴리 북쪽 솔파타라에서 이루어졌다. 훗날 그곳에 성당이 세워졌다. 참수된 뒤에 누군가 그 성인의 피를 약간 모아 담았다. 그 피는 귀중한 유물로 지금도 보존되고 있다. 그것은 1년에 세 차례 종교 행사에서 공개되는데, 그때마다 다시 액체 피로 변한다고 한다. 그런 행사를 통해서 나폴리는 안전을 보장받는다. 아니, 나폴리 사람들은 그렇게 믿고 있다. 두오모 성당은 추레함과 화려함이 공존하는 비좁은 거리를 걸어가면 나온다. 컴컴한 골목길들에는 빨랫줄들이 축 늘어져 있고, 한때는 장엄했을 퇴락한 성당 건물과 안뜰마다 수상쩍은 물기가 배어 있다. 두오모를 휘감고 있는 정적은 바깥의 소음과 북적거림보다 훨씬 더 깊은 인상을 준다. 그 성인의 성당에는 대리석과 사문암 덩어리, 마노 판, 흉상과 그림이 열주 및 금박과 화려하게 뒤섞여 있다. 성인은 활활 불타오르는 지옥에서 상처 하나 입지 않은 채 걸어나오는 모습으로 오른쪽 제단 위쪽에 그려져 있다. 화산들 위에 있는 거룩한 존재인 셈이다. 지하에 있는 16세기의 예배실은 대리석들로 휘황찬란하다. 바닥은 상상할 수 있는 온갖 색조의 마름모형과 삼각형 대리석들—노란색을 띤 것, 분홍색을 띤 것, 그리고 흰 바탕에 온갖 색깔의 반점들이 갖가지 무늬를 이루며 박혀 있는 대리석들—로 만들어져 있다. 벽에는 위쪽에 가리비 모양의 커다란 장식이 달린 하얀 대리석 벽감들이 줄지어 늘어서 있고, 그 앞에는 유골단지와 꽃, 드리운 천과 아이의 조각상이 있다. 예배실은 부드러운 회색 줄무늬의 하얀 대리석 기둥들로 둘러싸여 있고, 천장은 성인과 천사, 주교의 초상들이 그려진 네모난 판들로 장식되어 있다. 카라타 추기경의 진주색 대리석 조각상이 산제나로의 유물이 소장된 잠겨 있는 방을 바라보며 무릎을 꿇고 있다. 마치 솜사탕으로 지은 궁전 안에 들어와 있는 것 같다. 더 세속적인 관점에서 볼 때, 그 예배실은 퇴적암과 화성암이 아닌 세 번째 암석을 떠올리게 한다. 변성암이 바로 그것이다. 변성암은 다른 두 종류의 암석에서 비롯되었을 수도 있다. 변성암은 암석들이 열이나 압력, 또는 둘이 함께 작용함으로써 변형된 것이다. 완전히 변성된 것도 있다. 지하 깊숙한 곳에서 산을 만들고 있는 거대한 맷돌 속에 들어가면 그렇게 된다. 대리석은 변성암의 일종이며, 카프리 섬의 절벽들에서 볼 수 있는 것 같은 평범한 석회암도 변성되면 가히 천 가지의 색조를 지닐 수 있다. 이탈리아의 "등뼈"인 아펜니노 산맥을 따라가면, 열과 압력을 받아 이런 식으로 변성된 석회암들을 무수히 만나게 된다. 르네상스 건축가들은 이러한 암석들을 탐미적으로 사용했다. 대리석은 푸른 치즈에서 검붉은 간 조각에 이르기까지 그 어떤 것과도 흡사하게 조각할 수 있으며, 미켈란젤로 같은 위대한 조각가들이 선호했던 카라라 대리석처럼 순백색을 띤 것도 있다. 나폴리는 단지 그 유행을 따르고 있었을 뿐이다. 산제나로의 벽감은 지옥의 열기가 만든 산물들로 뒤덮여 있다. 하지만 지금 그는 그 열기로부터 차단되어 있다.

나폴리 만의 로마 유적들을 찾은 초기 관광객들은 선각자인 양 뽐내는 젊은 신사들이 조직한, 이탈리아 전 지역의 문화를 답사하는 여행인 그랜드 투어의 일정을 그대로 따랐다. 18세기에 영국의 귀족들은 신랄함이 담긴 초서의 토착적인 박력 있는 문체나 셰익스피어의 소네트에 익숙해 있었듯이, 베르길리우스와 호라티우스의 저서 같은 고전들에도 통달해 있었을 것이다. 그들은 로마 귀족들이 건강에 좋다고 자주 찾았던 목욕탕에 물을 공급했던 온천들에 대해서도 알고 있었을 것이다. 또 그들은 한껏 배를 채운 부자들이 정신 건강을 위해서 자신들이 선호하는 철학자들과 함께 거닐던 회랑들도 잘 알고 있었을 것이다. 그 지역에서 발굴된 고고학 유적은 당시 세상을 떠들썩하게 했다. 윌리엄 해밀턴 경은 지금은 대개 넬슨 제독의 부인과 혼인한 사람으로 기억되고 있지만, 사실 그는 중요한 고고학자이자 골동품 수집가이며, 현재 대영 박물관에 보관되어 있는 많은 보물들을 구입한 사람이기도 했다. 또 그는 나폴리 지역의 경관이 독특하다는 것을 인식했고, 그곳 화산의 특징들을 파악하려고 애썼다. 18세기 말 나폴리 주재 영국 공사로 있을 때 그는 플레그레이 들판, 즉 캄피 플레그레이에 관한 책을 출간했다. 책에는 그가 연구에 몰두했던 지역이 상세히 서술되어 있다. 아마도 그는 그 연구로 기억되어야 할 것이다. 찰스 라이엘이 그의 연구를 알고 있었음은 분명하다. 라이엘은 1828년 로더릭 머치슨 경 일행에 끼여 이탈리아를 여행했다. 머치슨은 당시 새로운 과학이었던 지질학 분야에서 영국의 대표자 역할을 한 가장 영향력 있는 인물이었다. 식견이 있는 인사들이 유적지들을 둘러보고 후대의 사고에 미치는 영향력을 발휘해서 어떤 평가를 내린다면, 나폴리 서쪽 포추올리 마을 한가운데에 있는 이 중간 규모의 로마 시대 유적지에 대해서도 어떤 말이 있을 것이다. 하지만 실제로는 그곳을 설명하는 안내 책자도, 표지판도 전혀 없다. 그곳은 영국에서 선돌[立石]을 만나듯이, 이탈리아에서 길가에 서 있는 성인의 유물을 모신 성당을 만나듯이, 그렇게 우연히 지나가다가 마주치게 되는 곳이다.

플레그레이 들판! 그 이름은 왠지 아르카디아와 흡사한 느낌을 준다(실제로 아르카디아는 "불타는"이라는 그리스어에서 온 말이다). 나는 윌리엄 해밀턴 경이 그곳 풍경을 묘사한 글을 읽었다. 목가적인 분위기를 물씬 풍기는 나무들, 자기 일에 여념이 없는 낯선 농부들, 멀리서 진행되고 있는 흥미로운 화산 활동 등. 여기가 바로 기원후 2세기의 역사가 플로루스가 "이탈리아에서만이 아니라 세계에서 가장 아름다운 곳"이라고 말한 지역이다.

"이렇게 온화한 기후는 다른 곳에서 볼 수 없다. 봄꽃들이 두 배는 많이 핀다고 말하면 더 이상 다른 말이 필요 없을 것이다. 토양도 다른 어느 곳보다 기름지다. 바다도 더할 나위 없이 잔잔하다." 물론 세월은 변화를 가져온다. 그 지역도 나른 곳들과 별다를 바 없는 교외 지역으로 변모해왔다. 하지만 캄피 플레그레이에는 플로루스의 시대에 있었던 것과 똑같은 솟아오른 분화구들과 칼데라들이 그대로 남아 있다. 단지 예전에 평지였던 곳들에 군사 시설이나 허름한 공장들이 들어서 있다는 점만 다를 뿐이다. 이 무엇인가를 어렴풋이 떠올리게 만드는 지명을 가진 들판은 실제로 보면 서글플 정도로 실망스럽다.

아베르노 호수는 고대에는 지하 세계로 들어가는 문으로 여겨졌다. 그 호수 주위에 내려앉는 새들은 나무에서 떨어져 죽곤 했다. 단테가 베르길리우스에게 이끌려 연옥으로 향한 곳이 바로 여기였다. 지질이 진정한 지하 세계라면, 아베르노 호수는 이 책의 주제를 이루는 깊숙한 곳들을 가리키는 일종의 은유적인 입구가 된다. 이보다 더 풍부한 연상 관념들을 떠올릴 만한 곳이 또 있을까? 이곳은 거의 완벽한 원을 이루는 화구호(火口湖)이며, 4분의 3 정도는 가파른 응회암 절벽으로 둘러싸여 있다. 내가 초봄에 찾아갔을 때 그 호수는 약간 음산한 분위기를 풍겼다. 연기들이 기둥을 이루며 솟아오르고 있었다. 화산 증기가 아니라, 지난 여름에 쌓인 쓰레기 더미가 타면서 나는 연기였다. 호수 바닥에는 볼품없는 갈대들이 조금 자라 있었고, 공기 방울들이 떠올라 수면에서 터지곤 했다. 산소가 없는 진흙에서 스며 나온 메탄 기체일 것이라고 짐작되었다. 어쨌든 이곳은 실존주의적 우울함이 지배하는 포스트모더니즘적인 지하 세계 같다.

이 호수의 유독성은 지질학적으로 설명이 가능하다. 화산 분출이 멈춘 뒤에도 눈에 보이지 않는 기체들은 계속 분출될 수 있다. 이산화탄소가 그중 하나이다. 이산화탄소는 냄새가 없고 무겁다. 공기보다 훨씬 무겁다. 따라서 그것은 보이지 않는 곳에 자리를 잡고 있거나, 움푹 들어간 곳이나 꺼진 곳으로 흘러간다. 이산화탄소는 생물을 질식시킨다. 한 세기 전만 해도 캄피 플레그레이에 있는 또다른 분화구 아스트로니에는 그 점을 잘 보여주는 동굴이 하나 있었다. 그곳은 관광지가 되어 관광객들을 끌어들였다. 그 동굴은 "그로토 델 카네(Grotto Del Cane, 개의 동굴)"라고 불렸는데, 거기에는 그럴 만한 이유가 있었다. 극작가이자 작가인 올리버 골드스미스가 1774년에 쓴 『지구와 살아 있는 자연의 역사(*An History of the Earth and Animated Nature*)』에는 이 무시무시한 자연현상을 다룬 부분이 있다.

여행자들 사이에 대단한 화제가 되고 있는 이 작은 동굴은 나폴리에서 6킬로미터쯤 떨어진 곳에 있으며, 그 옆에는 맑고 깨끗해 보이는 큰 호수가 있다. 이 호수는 어느 곳에서도 볼 수 없는 빼어난 경관을 자랑한다. 가장 아름다운 초록빛 숲으로 뒤덮인 언덕들이 주변을 둘러싸고 있고, 전체적으로 보면 마치 원형 극장 같다. 하지만 겉보기에는 아무리 아름답다고 해도, 이 지역에는 거의 사람이 살지 않는다. 몇몇 농민들이 생계 때문에 어쩔 수 없이 그곳에 살고 있는데, 그들은 땅에서 솟아나는 유독성 증기 때문에 폐병에 걸린 듯 핼쑥하다. 그 유명한 동굴은 산비탈에 자리하고 있다. 그 근처에 한 농민이 살고 있는데, 그는 신기한 실험을 해보려고 많은 개들을 키우고 있다. 이 불쌍한 동물들은 낯선 사람이 다가오면 피하기 위해서 늘 완벽한 경계 태세를 유지하고 있는 듯하다. 하지만 그들의 시도는 발각되며, 결국 붙들려 동굴로 끌려온다. 그들이 자주 겪는 유독 효과를 선보이기 위해서 말이다. 언덕에 파인 높이가 2.4미터, 길이가 3.6미터쯤 되는, 구멍이라고 하는 편이 더 어울릴 만한 이 작은 동굴로 들어선 사람은 그곳에 유독성 증기가 있다는 징후를 전혀 눈치채지 못한다. 동굴 벽은 바닥에서 30센티미터쯤까지 변색되어 있다. 괴어 있는 물에서 생긴 흔적과 아주 흡사하다. 개—누군가 붙인 별명대로 가여운 철학적 순교자—는 이 표시 위쪽에서는 전혀 불편을 느끼지 않는 듯하다. 하지만 머리를 눌러 그보다 낮게 하면 개는 잠시 동안 달아나기 위해서 발버둥을 친다. 그러다가 4-5분쯤 지나면 의식을 잃으며, 밖으로 끌어낼 때 보면 거의 죽은 듯하다. 하지만 그 개를 옆에 있는 호수에 집어넣으면 금방 깨어나서, 아무 이상이 없다는 듯 집으로 달려간다.

개들이 그 시련을 극복하고 기력을 회복한다는 것은 그 기체가 이산화탄소임을 의미한다. 골드스미스는 그 증기가 "횃불을 끄는 습한 종류의 것이다"라고 말한다. 이산화탄소로 불꽃을 끄는 실험은 지금도 학교 실험실에서 종종 이루어진다. 기체가 이산화황이나 황화수소였다면 가여운 개들은 순식간에 고통스럽게 죽었을 것이다.

1750년 포추올리 마을 해변의 로마 시대 유적지에서 세라피스의 신상이 발굴되었다. 세라피스는 이집트의 오시리스에서 유래하여 그리스−로마 신들과 "합체된" 신으로서, 하드리아누스 황제 시대에는 지중해 지역에서 널리 숭배되었다. 발굴된 신상이 신앙에 중요한 역할을 했을 것이라는 믿음하에, 포추올리의 이른바 세라피스 신전이라는 곳에서 한 세기 반 넘게 인상적인 고고학적 발굴이 이루어져왔다. 이 명칭은 찰스 라이엘이 쓴 『지질학 원리』의 앞부분에 실린 삽화의 설명문에 나온다. 그 그림은 런던 지질학회의 라이엘 메달에도 새겨져 있으므로, 그 시대 사람들이 중요시했던 것이 분명하다. 현재는 "그 신전"이 신을 모시는 일과는 전혀 상관없는 곳이며, 실제로는 북적거리는 장터, 즉 마첼룸(macellum)이었다고 여겨지고 있다. 하지만 그곳은 여전히 지질학의 성지이며, 과학으로서의 지질학이 탄생한 상징적인 곳으로 남아 있다. 그곳의 신성함이 박탈되어야 한다고 생각하니 왠지 허망하다. 어쨌든 그 "신전"은 합리주의자들에게는 신성한 장소이다. 그것이 모순어법이 아니라고 한다면 말이다. 세라피스 신전은 처음 보면 의아스러울 정도로 평범하다는 인상을 준다. 유서 깊은 마을인 포추올리는 언덕 위에 있으며, 1982년 위험한 지진을 겪은 뒤로 출입 금지 지역이 되었다. 발굴지는 그 언덕 너머 항구 근처에 있다. 그 고대 시장에서 해안 쪽으로 몇 미터 떨어진 곳에 현재의 시장이 있다. 그곳에서는 오렌지와 레몬, 생

찰스 라이엘의 『지질학 원리』 초판(1830)의 권두에 실린 "세라피스 신전" 그림. 그 뒤의 판본에서는 왼쪽에 있는 철학적인 인물의 모습이 삭제되었다.

선 등을 판다. 그리고 잘 드리워진 차양 아래로 옛 시장 터를 볼 수 있다. 그 옛 장터는 현재의 장터보다 지면이 6미터쯤 낮다. 위에서 보면 마치 축구 경기장 안을 내려다보는 것 같으며, 투광조명이 비치는 밤이 되면 더욱 그렇다. 그 커다란 직사각형 모양의 터에서 가장 눈에 띄는 것은 커다란 세 기둥이다. 안내판에는 각 기둥의 높이가 12.5미터이며, 하나의 거대한 대리석으로 만들어져 있다고 적혀 있다. 당시에도 대단히 많은 돈을 들여 만들었음이 분명하다. 기둥들 앞쪽으로는 비교적 나중에 세워진 듯한 더 작은 기둥들이 약간 더 높은 지대에서 원을 이루며 서 있다. 큰 기둥들은 "그대로" 놓아둔 듯하다. 그 원을 이룬 기둥들은 로마식 벽돌들을 층층이 쌓아놓고 그 위에 흔히 있는 응회암으로 만들어 세운 것이다. 주위에 심은 야자수들의 줄기도 일종의 생물학적 대리석 기둥 역할을 하고 있다. 그리고 장터의 가장자리를 따라 노점들이 존재했던 흔적이 남아 있다.

그 유적은 사실 포추올리 한가운데라는 안전한 곳에 있어서 폼페이의 유적과 같은 경악할 만한 특징들을 전혀 가지고 있지 않다. 어쩌다 들른 관광객은 이것이 과연 중요한 유적인지 궁금해할지 모른다. 그것이 왜 중요한지 알고 싶다면 커다란 기둥들을 좀더 자세히 살펴볼 필요가 있다. 받침대에서 4미터쯤 위쪽에, 멀리서 보면 검게 변색된 띠 같은 것이 나 있다. 그 부분의 대리석은 울퉁불퉁하거나 침식된 듯이 보인다. 라이엘이 말했듯이, 기둥의 아래쪽은 "매끄럽고 훼손되지 않았다." 변색된 부위를 더 자세히 살펴보자. 그러면 대리석에 구멍이 송송 뚫려 있음을 알 수 있다. 라이엘이 리토도무스(*Lithodomus*)라고 알고 있던 해양 조개들이 뚫어놓는 구멍들과 똑같다. 그 이매패류는 현재 나폴리 만 전역에서 발견된다. 스웨덴의 위대한 생물학자 린네는 닥치는 대로 구멍을 뚫는 그 종에 "리토파가 리토파가(*Lithophaga lithophaga*)"라는 이름을 붙였다. 그 학명은 우리가 알아야 할 것들을 모두 말하고 있다. "리토파가"는 그리스어로 "돌을 먹는 자"라는 뜻이며, 이 조개들이 하는 일이 바로 그렇다. 이 조개들은 수면이 닿는 곳에 있는 암석들에 구멍을 뚫음으로써, 석회석을 말하자면 뼈대만 남겨놓는다. 찰스 라이엘이 깨달았듯이, 그 기둥들에 난 구멍의 의미는 명확하다. 그 기둥들은 당연히 바다가 아닌 육지에 세워졌겠지만, 그 뒤에 장터 전체가 바다 밑으로 가라앉으면서 그 기둥들의 아랫부분이 물에 잠겼던 것이 분명하다. 그 뒤에 장터 전체가 다시 물 밖으로 드러나서 고고학자들이 구멍들을 살펴볼 수 있게 되었을 것이다. 더 상세한 추론도 가능했다. 돌을 먹는 자들은 깨끗한 물에서만 활동하므로, 기둥의 더 아래쪽이 온전히 남아 있다는 것은 그 부분이 퇴적물 속에 파묻혀 있었음을 의미한다. 구멍들은 기둥을 따라 거의 3미터에 걸쳐서 나 있다. 따라서 지면이 물에 잠겼다가 적어도 6미터 이상 다시 솟아오른 것이 분명하며, 그보다 더 높았을 수도 있다. 라이엘은 그 "신전"이 근처 솔파타라에서 1198년에 일어난 화산 폭발로 내려앉았고, 그 뒤 유럽에서 가장 어린 산인 몬테 누오보라는 작은 화산이 폭발하면서 다시 위로 솟았다고 생각했다. 그 산은 1538년 포추올리 외곽에서 거의 하룻밤 만에 생겨났다. 나는 그 산에 가본 적이 있다. 아주 어리기는 했지만 벌써 풍화가 진행되면서 기름진 토양이 형성되고 있었다.

이런 식으로 현재 관찰할 수 있는 것들로부터 과거의 사건들을 합리적으로 추론할 수 있다. 그 조개들의 습성은 변하지 않았다. 그 지역은 위아래로, 아니 아래위로 움직였지만 격변은 아니었다. 거리의 시장에서는 여전히 많은 물품들이 거래되고 있으며, 과거에 적용되었던 것과 똑같은 물리학 원리들이 지금도 적용되고 있다. 이 말이 진부하게 들릴지도 모른다. 하지만 그것은 현대의 모든 지질학 추론의 토대가 된다. 라이엘의 균일설(uniform-itarianism)이 원인의 강약 변화를 허용하는지, 그가 자신의 논리를 일관성 있게 적용했는지, 지질학적 시대가 무한정 지속되는 것으로 가정했는지를 놓고 많은 논란이 있었다. 에든버러의 지질학자 제임스 허턴(1726-1797)을 현대 지질 연구방법의 진정한 아버지로 여기는 것도 바로 그 때문이다. 그래도 대다수 지질학자들은 라이엘이 세계를 탐구하는 데에 필요한 명확한 사고방식을 제공했다는 점을 중요하게 생각한다. 그는 격변들이 반복되고 성경에 기록된 홍수가 그중 최근의 것이라는 믿음을, 현재 진행되고 있는 과

영국 지질 조사국의 초대 국장 헨리 드 라 베시가 그린 "세계를 뒤덮고 있던 어둠을 몰아내는 과학의 빛." 이 그림에 나온 그 시대의 의상을 입은 여성은 머치슨 부인이다. 그녀가 오른손에 지질 탐사용 망치를 휘두르고 있다는 점도 주목하라.

정들을 토대로 한 합리적인 조사 체계로 대체했다. 영국 및 아일랜드 지질 조사국의 초대 국장인 헨리 드 라 베시는 "세계를 뒤덮고 있던 어둠을 몰아 내는 과학의 빛"이라는 멋진 삽화를 그린 바 있다. 세계를 뒤덮고 있던 구름들을 몰아내는 빛은 지질 탐사용 망치를 오른손에 든 여성이 내뿜고 있다. 주류 세력의 반동적인 사고를 공격하는 것이다. 라이엘의 방법은 이 책에 적힌 모든 것의 토대를 이루고 있다. 과거의 화산들을 이해하려면 현재의 화산들을 보아라, 지하 깊숙한 곳에서 벌어지고 있는 것을 이해하려면 실험실에서 실험을 하라, 세계가 어떻게 만들어졌는지 이해하려면 현재 지각판들이 무슨 일을 하고 있는지 보아라와 같은 내용들이 그것이다. 스티븐 제이 굴드는 라이엘의 방법을 상징하는 대상으로 변덕스러운 베수비오 산보다 "세라피스 신전"이 훨씬 더 적절하다고 말했다. 굴드는 『라이엘의 지혜의 기둥들(Lyell's Pillars of Wisdom)』(1986)에서 "라이엘이 포추올리의 세기둥을 자신이 내놓은 균일설의 두 가지 핵심 전제들, 즉 현대에 볼 수 있는 원인들의 영향력과 시간이 흘러도 비교적 변함없이 유지되는 일관성을 올바로 보여준 상징으로 삼았다"고 말한다. 오늘날의 과학자들은 이 명제의 뒷부분을 경시하는 경향이 있다. 지구가 40억 년 이전에 탄생했을 때부터 진화하고 변화해왔다는 것을 알기 때문이다. 모든 과정들이 언제나 똑같은 속도로 진행되어온 것은 아니다. 때때로 격변도 있었다. 그러나 현재 유추한 것들을 이용해서 과거를 재구성한다는 원리는 호사가들의 취미 생활인 지질학이 과학으로 전환된 지금도 여전히 핵심을 이루고 있다. 앞에서 소렌토의 용결응회암이나 카프리 섬의 석회암 이야기를 했지만, 라이엘이 없었더라면 그런 이야기를 할 수 없었을 것이다. 요약하자면, 포추올리는 과학의 또 하나의 분야를 만들었다.

여기서 찰스 배비지의 이야기를 하지 않을 수 없다. 1792년생인 배비지는 뛰어난 수학자였으며, 계산 원리의 창안자이자 계산기의 발명가로 알려져 있다. 그는 라이엘의 『지질학 원리』 첫 권이 출간되기 2년 전인 1828년에 세라피스 신전을 방문한 바 있었다. 1834년 3월 12일 런던 지질학회에서 배비지는 그 발굴지를 아주 상세하게 측정하여 계산한 결과를 담은 논문을 낭독했다. 그것은 라이엘식 추론의 모범 사례였다. 하지만 그 논문은 1847년이 되어서야 『런던 지질학회 계간지(Quarterly Journal of the Geological Society of London)』 제3권에 "밀린 논문"으로 실렸다. 편집자는 그 논문이 "저자의 요청에 따라 낭독 직후 반환되었으며, 그 뒤로 저자가 줄곧 보관해왔다"는 흥미로운 주석을 달았다. 균일설 논리를 맨 처음 내놓은 사람이라는 영예를 안겨주었을 자신의 관찰 결과를 배비지가 거의 20년 동안 출간하지 않았던 이유는 무엇일까? 1847년에는 과학의 시대정신이 이미 변한 뒤였으므로 그 논문은 별 의미가 없게 되었다. 하지만 배비지 논문의 요약 부분을 읽으면 탄복하지 않을 수 없다.

포추올리 인근 땅의 지면에 높이 변화를 일으킨 원인들을 곰곰이 생각해본 끝에, 나는 그 원인들을 다른 사례들에까지 확대 적용할 수는 없는지, 끊임없이 영향을 미치는 다른 자연적인 원인들은 없는지 생각하게 되었다. 그런 원인들은 반드시 이미 파악된 물질의 특성들과 협력해서 바다와 육지의 진퇴, 대륙과 산의 고도 변화, 논란의 여지가 없는 증거가 될 만한 대규모 지질 순환을 일으키는 것이어야 한다.

포추올리에서 세계로! 배비지는 이 짧은 요약문에 현대 지질학에서 이루어지는 연구 과제들의 상당 부분을 요약했다.

이 책은 땅의 특징을 설명한다. 지구의 특성을 궁극적으로 통제하는 것은 지각판들이다. 지각판들은 배비지가 말한 "끊임없이 영향을 미치는 자연적인 원인들"이다. 따라서 판구조론을 개괄하는 쪽으로 이야기가 흐를 수밖에 없다. 하지만 나는 나폴리 만처럼 특별하고 특정한 장소들을 통해서 그것에 접근하고자 한다. 지질과 역사가 뒤얽힌 장소들 말이다. 나는 지질이 경관의 특징과 인간의 특징에 미치는 영향을 탐구할 것이다. 지질학이 과학 중에서 가장 무미건조한 분야라는 말은 사실이 아니다. 지질학은 우리 행성의 거의 모든 것을 알려주며, 온갖 방식으로 인간과 관계를 맺고 있다. 우리 발밑의 암석들은 지구의 얼굴 안쪽에 자리한 무의식과 같으며, 그 얼굴의 분위기와 인상을 결정한다. 또 우리 인식의 발전은 연구자들의 능력 및 실패와 떼려야 뗄 수 없이 뒤얽혀 있다. 각기 다른 시대에 각기 다른 눈들이 똑같이 나폴리 만 너머를 보았지만, 그들이 본 것은 각기 달랐다. 누군가는 신들의 분노를 보았고, 또다른 누군가는 마그마 방의 압력이 빠져나가는 것을 보았다. 교과서는 역사와 배경은 솎아내고 현재 합의가 되어 있는 과학적 견해에 치중하는 경향이 있다. 따라서 이 책은 일종의 반교과서이다. 사실 장장 여섯 세대에 걸쳐 과학자들은 똑같은 유적지들에 들러서 암석들을 두드려보고 장치들을 들이대어왔다. 하지만 나는 역사가 제임스 세코드가 휘그 사관이라고 이름 붙인 것, 즉 현재까지의 발전 과정에 어떤 기여를 했는가를 기준으로 삼아 선조들의 잘못을 폭로하려고 하는 목적론적 역사관에 물들지 않고자 최선을 다할 것이다. 이해는 어디까지나 여행이지, 절대로 목적지가 아니다.

한 세기나 그 이상에 걸쳐 사유가 어떻게 변해왔는지를 파악하고자 할 때, 좋은 길잡이가 될 만한 책이 몇 권 있다. 라이엘 이후로 당대의 지식을 종합한 저자들이 몇 명 있었다. 그들은 종이에 세상을 담으려고 애쓴 인물들이다. 그중에서 오스트리아의 지질학자 에두아르트 쥐스(1831-1914)가 있다. 그가 1883년부터 1904년까지 펴낸 상당히 두꺼운 네 권으로 된 책 『지구의 얼굴(*Das Antlitz der Erde*)』은 만물을 고스란히 담고자 한 시도들 가운데 가장 야심적인 것이라고 할 만하다. 당신은 쥐스가 놓치고 지나간 사실이 있다면, 아마 그가 주목할 가치가 없었던 사소한 것이었겠지 하는 생각을 가지게 될 것이다. 쥐스는 빈에서 전 세계에 거미줄을 쳐놓고 사실들이 걸리기를 기다리는 잡식성 거미처럼 웅크리고 있었다. 『지구의 얼굴』은 옥스퍼드 대학교의 한 괴짜 지질학 교수의 부인인 허서 솔러스가 1904-1909년에 "*The Face of the Earth*"라는 영어 제목으로 번역해서 펴냈다. 지질학자들이 과학적 방법을 사용해서 세계의 많은 지역을 훑었던 19세기 말의 지질학이 어떠했는지 알고 싶다면 쥐스의 책이 가장 좋은 길잡이가 될 것이다. 또 그는 나폴리 만과 "세라피스 신전"에 관해서도 썼는데, 카프리 섬에서는 리토파가가 뚫어놓은 구멍들이 현재의 해수면보다 200미터 높은 곳까지 나 있다고 했다. 그의 식견은 지질학 사유라는 천에 섞어 짜여져 지금도 남아 있으며, 지금 우리는 그가 어떠한 실수들을 저질렀는지 알고 있지만, 그가 왜 그렇게 생각했는지 이해하려고 시도해보는 것도 도움이 될 것이다. 우리는 어제까지 탄탄했던 논리가 오늘은 폐기되는 상황을 흔히 목격하곤 한다. 모트 그린이 『19세기의 지질학(*Geology in the Nineteenth Century*)』에서 지적하듯이, 쥐스는 지구의 역사가 안정 상태와는 전혀 거리가 멀며, 조산대가 솟아오르는 변혁의 시기처럼 뚜렷한 변화가 일어나는 시대들이 중간중간 나타난다고 믿은 점에서 라이엘과 근본적으로 달랐다. 우리는 연속 상태와 갑작스러운 변화 사이의 이러한 긴장 관계가 판구조론이 정립된 뒤에야 해명되었다는 것을 나중에 살펴보기로 하자.

쥐스의 대표작 중 마지막 권이 출간된 지 40년이 지난 1944년, 널리 영향을 미치게 될 또다른 저서가 출간되었다. 아서 홈스가 쓴 『자연지질학 원리(*Principles of Physical Geology*)』였다. 여러 세대에 걸쳐 지질학 전공자들에게 "홈스"라는 애칭으로 불렸던 그 책은 출간되자마자 대성공을 거두었고, 곧 교과서로 자리를 잡았다. 거기에는 두 가지 이유가 있었다. 명쾌하게 아주 잘 쓰였다는 점과, 사진들을 활용해서 상세하게 설명을 했다는 점이었다. 홈스는 더럼 대학교와 에든버러 대학교의 교수였고, 몇 가지 측면에서 쥐스보다 더 급진적인 인물이었다(최근에 체리 루이스가 그의 전기를 출간한 바 있다). 홈스는 쥐스와 달리 전 세계를 상세하게 서술하려고 시도하지 않고, 사례를 골라서 지질학의 원리들을 설명하고자 했다. 사례는 지구 어디에나 널려 있었다. 그 방법은 성공을 거두었고, 20세기 중반에 지질이 세계를 형성하는 과정을 어떤 관점으로 보았는지를 담은 기록물로서도 성공을 거둘 것이다.

내 목적은 훨씬 더 소박하다. 나는 쥐스 같은 박식함이나 홈스 같은 설교 실력을 자랑하고 싶은 생각이 전혀 없기 때문이다. 이 책에서 상세히 묘사한 지역들은 대부분 내가 직접 가본 곳들이다. 그 지역들은 지질이 어떤 일을 하는지, 즉 경관과 역사와 그곳에서 번성하는 동식물에게 어떤 일을 하는지를 보여준다. 내 의도는 포괄적으로 보여주는 것이 아니라 선택적으로 조명하는 것이다.

우리가 나폴리 만을 둘러보는 여행을 하고 있다는 점을 고려할 때, 아서 홈스가 중요시되는 또다른 이유가 있다. 그는 암석의 방사성 연대 측정법의 개척자였다. 그 방법은 지구의 역사를 이야기할 때 빼놓을 수 없는 사항이다. 라이엘은 지질학적 과정을 이해하는 지적 도구들을 제공하기는 했지만, 연대표를 제시하지는 않았다. 지질시대가 얼마나 긴지는 수수께끼였으며, 당시의 학자들이 추정하는 지구의 나이는 수백만 년에서 그보다 훨씬 더 긴 기간까지 제각각이었다. 심지어 아마의 대주교인 제임스 어셔(1581-1656)가 계산한 수치에 여전히 집착하는 사람들도 있었다. 어셔는 기원전 4004년이 창조된 해라고 주장했다. 하지만 대다수 과학자들은 지구가 다양하게 층을 이루고 있는 암석들을 모두, 다시 말해서 라이엘적인 사건들을 모두 담으려면 더 오래되었어야 한다는 데에 동의했다. 하지만 얼마나 오래되었을까? 20세기를 이끌던 물리학자들(특히 해럴드 제프리스 경)은 제대로 된 물리학에 토대를 두었지만, 지구의 냉각 속도를 잘못 추정하는 등 맞지 않은 가정들을 근거로 삼아서 다양한 추정치를 내놓았다. 그들이 제시한 나이들은 모두 너무 적다는 것이 나중에 드러나게 되지만, 수십 년 동안 적극적으로 옹호되었다. 그런 상황에서 오래된 유물들의 연대를 객관적으로 규명해줄 방사성 "시계들"이 개발되기 시작했다. 그것들은 우라늄, 탄소, 칼륨 같은 특정 원소들의 방사성 동위원소들이 자연적으로 붕괴하는 속도에 토대를 두고 있다. 이런 붕괴 속도는 실험을 통해서 알 수 있다. 우라늄 235는 수억 년에 걸쳐 아주 천천히 납 207로 붕괴된다. 따라서 붕괴되어 생긴 산물의 양을 측정하면 시간이 얼마나 흘렀는지 계산할 수 있다. 비록 측정의 정확도를 높이려면 갖가지 복잡한 세부 사항들을 고려해야 하지만, 원리는 방금 말한 것처럼 간단하다. 홈스는 그 기술을 향상시키는 데에 평생을 바쳤다. 그리고 그 기술은 지금도 계속 개선되고 있다. 그러면서 지구의 추정 나이는 꾸준히 늘어났고, 측정방법이 개선됨에 따라서 더 정확해졌다. 그 와중에 현장에서는 계속해서 더 오래된 암석들이 발견되었다. 홈스가 세상을 떠난 뒤, 달의 암석들과 태양계의 운석들을 통해서 마침내 지구가 45억 년 전에 탄생했다는 사실이 "확정되었다." 이렇게 연대 측정법이 발전하자, 배비지가 "대규모 지질 순환"이라고 부른 것의 변화 속도도 계산할 수 있게 되었다. 즉 지각판들이 움직이는 속도, 산맥이 풍화되는 데에 걸리는 시간, 화산 폭발 단계가 지속되는 시간, 공룡들이 땅을 지배했던 기간 등등을 말이다. 방사성 동위원소들마다 붕괴 속도가 제각기 다르므로, 다루는 문제에 따라서 적용되는 방법도 각기 달라져야 했다. 탄소 14는 붕괴 속도가 아주 빠르기 때문에 3만여 년 전까지 비교적 최근에 일어난 사건들의 연대 측정에만 적용될 수 있다. 지금 내 앞에는 세라피스 신전의 기둥들에 구멍을 뚫었던 것과 같은 종류의 천공 조개류를 방사성 탄소 연대 측정법으로 조사해서 이스키아 섬의 해수면이 8,500년 동안 70미터까지 상승했다는 것을 밝힌 과학 논문이 놓여 있다. 따라서 세계 곳곳에는 시계들이 있으며, 그것들은 라이엘이 시작한 과업을 마무리지을 수 있게 해준다.

지질시대가 얼마나 긴 시간을 이야기하는지 실감할 수 없다는 말은 이제 진부한 문구가 되다시피 했다. 500만 년, 5,000만 년, 5억 년이 실제로 무슨 의미가 있을까? 하지만 포추올리 지역에서 우리가 보고 있는 변화들은 수백만 년이 아니라 수천 년에 걸쳐 일어난 것이다. 루치아노 바놀리가 고깃배를 대는 정박지는 그의 아버지가 배를 대던 곳보다 1미터쯤 아래로 옮겨져 있다. 그것이 바로 포추올리의 땅이 융기하는 속도이다. 그 지역 전체를 바다에서 융기시키는 힘들이 있다는 증거를 보기 위해서 굳이 멀리까지 갈 필요는 없다. 솔파타라 분화구가 바로 마을 어귀에 있기 때문이다. 그 분화구는 눈보다 코로 먼저 찾아낼 수 있다. 올리버 골드스미스가 유독한 분출물이자 해로운 증기라고 말한 것이 뿜어지고 있기 때문이다. 분화구는 지금도 쉿쉿 소리를 내며 격렬하게 증기를 뿜어낸다. 화산의 가장자리를 따라 모난 돌들이 쌓여 있다. 마지막 폭발 단계에서 나온 화산 각력암들이다. 분화구 바닥의 절반은 식생이 없이 헐벗은 채, 당신이 보았으면 하고 바랐을 바로 그런 화산 활동을 벌이고 있다. 거기에는 증기를 내뿜는 분기공들이 곳곳에 널려 있다. 홈스는 이 활동하는 구멍들을 "솔파타라(solfatara)"라고 불렀다. 따라서 우리는 그 명칭이 유래한 곳에 와 있는 셈이다. 그중 가장 큰 것이 보카 그란데(Bocca Grande)인데, 으르렁거리면서 섭씨 160도의 증기를 내뿜고 있다. 마치 엄청나게 큰 주전자에서 계속 물이 끓으면서 내는 소리나, 대형 증기기관이 힘겹게 헐떡거리는 소리 같다. 이 분기공은 오랜 세월 동안 이러한 활동을 계속해왔다. 프리드란더라는 화산학자는 그 바로 옆에 움막을 지어놓고서, 분출 활동을 계속 관찰하고 있다. 과학자의 집념이 어떤 것인지를 보여준다. 옛 사람들은 보카 그란데 부근을 "포룸 불카니(Forum Vulcani)"라고 불렀다. 당신은 자신의 발 바로 아래 깊숙한 곳에서 땅이 뭔가를 만들거나 벼리고 있다는 느낌을 받을 것이다. 실제로 만들어져 나오는 것은 황화물이다. 공기에 배어 있는 계란이 썩는 듯한 고약한 냄새는 황화수소이다. 분기공들의 테두리는 적황색으로 물들어 있다. 비소와 수은이 황과 결합해서 생긴 화합물인 희귀한 광물들이 농축되어 달라붙은 덩어리들이다. 5세기 전의 연금술사들에게는 계관석, 웅황, 진사 같은 이름들이 더 익숙했을 것이다. 이것은 실제로 땅의 연금술을 통해서 지상으로 증류되어 나온 희귀한 원소들이 뭉쳐진 것들이다. 대부분 독성이 아주 강하다. 19세기의 독살 전문가들이 즐겨 쓰는 물질들이었다. 1700년에는 그 증기를 응축시켜 각종 물질을 모으기 위해서 높은 탑이 세워졌다. 특히 염색 산업에서 착색제로 쓰는 명반을 얻기 위해서였다. 지금 그 탑은 사라지고 없다. 김을 뿜는 이 천연 가마솥은 야외에서 화학 작용이 일어나는 곳이다. 그 뜨거운 구멍들 주변에는 아마도 40억 년 동안 땅에서 참고 견뎌왔을 호열성 세균들이 번성하고 있을 것이다.

마치 최근에 폭탄이 떨어진 양 땅 곳곳에 구멍이 나 있고, 증기가 뿜어져 나온다. 분화구의 중심에 있는 이화산(泥火山, mud volcano)은 지금도 진흙을 내뿜고 있다. 거기에는 유명한 동굴들도 있다. 산허리에 있는 벽돌로 둘러싸인 이 오래된 두 개의 작은 동굴은 한때 한증막(sudatoria)으로 쓰였다. 고대부터 이곳은 캄피 플레그레이 주민들 사이에서 건강에 좋은 곳으로 알려져왔다. 한 방은 연옥(섭씨 60도)이라고 하며, 다른 방은 지옥(섭씨 90도)

이라고 한다. 나는 연옥의 입구에서 안으로 약간 들어가 앉아서 몇 초 동안 증기를 쐬었다. 천장 쪽이 너무 뜨거워서 몸을 웅크리고 있어야 했다. 쌓인 벽돌에는 황과 명반이 결정이 되어 달라붙어 있었다. 몇 초 지나지 않아서 참을 수 없을 정도로 땀이 배어나왔다. 한마디로 연옥이었다. 이런 증기 분출 현상들은 모두 포추올리의 땅 밑에 숨어 있는 마그마 방의 작용으로 생긴다. 아래로 스며든 지하수가 과열되었다가 위로 폭발하듯 분출되면서 지하에 있던 광물까지 함께 뿜어진다. 그 화산은 말 그대로 "증기를 발사한다."

현재 마그마 방은 지하 2킬로미터에 있으며, 위로 올라오고 있다고 추정된다. 몇몇 화산학자들은 지하 약 5킬로미터에 마그마가 놓여 있는 베수비오 산이 아니라 캄피 플레그레이가 폭발할 가능성이 더 높으며, 1538년의 몬테 누오보 폭발은 단지 전조에 불과한 것이었을지도 모른다면서 심각하게 우려하고 있다. 만일 그렇다면 앞날은 끔찍하다. 폭발한 뒤 곧 화쇄류가 이어진다면, 도저히 어찌할 수 없는 결과가 빚어질 것이다. 화창한 봄날 오후의 도로는 혼잡할 것이고, 수천 명의 주민들을 신속하게 대피시키기란 불가능할 것이다. 숨어 있던 힘들은 과감하고 예측할 수 없는 방식으로 엉성한 도시계획자들과 부당이득을 취한 건설업자들에게 복수를 할지 모른다. "세라피스 신전"이 응회암 아래 묻혔다가 다시 한번 고고학적 망각 속에 빠져들 것이라는 상상도 할 수 있다. 1982-1984년에 일어난 지진들은 즉시 포추올리 구시가지의 일부 지역을 소개시키고 포기하는 조치를 취하게 할 만큼 우려를 불러일으켰다. 베수비오 관측소가 발간한 지진 위험 지도는 포추올리를 중심으로 한 지역이 "방출된 지진 에너지의 관측값과 강도가 최대"인 곳이자, 파괴가 집중될 곳임을 보여준다. 마그마 덩어리는 포추올리 만 서쪽의 얕은 곳으로 움직이고 있다. 그 나폴리 황색 응회암의 후계자는 숨어서 음모를 꾸미고 있는지도 모른다. 쓰레기로 뒤덮인 포추올리 해변의 술집에 모인 손님들이 주고받는 태평스러운 농담들 속에서는 그런 음모의 낌새를 전혀 눈치채지 못할 것이다. 해변에 널려 있는 바위들마다 과거에 화산이 분노를 폭발시켰던 증거들이 담겨 있는데도 말이다.

문제는 재앙이 언제 닥쳐올지 예측하는 것이다. 긴 세월이 흐른 뒤에 일어날 수도 있고, 훨씬 더 빨리 닥칠 수도 있다. 이것이 위험의 역설적인 특성이다. 우리는 특정한 유형의 지진을 신호로 삼아야 한다. 하지만 매일 자신의 종말을 예상하면서 살 수는 없다. 이쯤 되면 화산 폭발을 과학적으로 예측하려는 노력들이 나폴리 만 지역에서 시작되었다는 것을 알아도 그리 놀랍지 않을 것이다. 1841년 베수비오 산에 지진 관측소가 세워졌다. 세계에서 가장 오래된 지진 관측소이다. 과학적 분석을 담당하는 부서는 현재 에르콜라네오로 옮겨갔으며, 전자 관측장비들을 이용해서 원격 감시를 하고 있다. 하지만 예전의 사무실이었던 더 멋진 건물은 화산 자락에 그대로 남아서 박물관으로 사용되고 있다. 그곳에는 맨 처음 쓰였던 장비들도 전시되어 있다. 지진계를 제일 처음 만든 사람은 아스카니오 필로마리노이다. 그 지진계도 거기에 전시되어 있다. 그것은 놀랍도록 단순한 장치이다. 그저 무게 2.5킬로그램의 쇠 진자를 2.6미터의 실에 매달아놓은 것에 불과하다. 그 끝에는 연필이 붙어 있고, 그것은 밑에 놓인 두루마리 종이에 닿아 있다. 세계가 뒤흔들렸을 때 진자도 움직였다. 흥미롭게도 그 진자에는 작은 종 몇 개가 붙어 있다. 아마도 그 자연철학자가 진동이 일어날 때 잠에서 깨기 위해서 그렇게 해놓은 듯싶다. 하지만 그 대가는 장치를 만들 때 아주 명확한 개념을 가지고 있었다. 그는 1797년 자신의 발명품에 대해서 이렇게 설명했다. "화산을 끼고 있는 크고 작은 마을들에서 그것이 기압 전위계와 함께 작동하도록 만들 수 있으며, 둘을 함께 써서 화산의 몇몇 징후들을 관찰하면, 설령 새로운 폭발을 명확히 예측할 수는 없을지라도 최소한 추측은 할 수 있을 것이다." 오늘날의 그 어떤 화산학자도 그보다 더 잘 표현할 수는 없을 것이다. 지난 200년 동안 화산이 언제 "뿜을" 것인지를 예측하려는 시도가 계속되어왔다. 그러나 가장 민감한 지진계와 강력한 성능의 컴퓨터의 도움을 받는다고 해도, 복수심에 휩싸인 불카누스에게 불의의 습격을 당할 가능성은 여전히 남아 있다.

아스카니오 필로마리노가 현재 캄피 플레그레이 지역에서 일상적으로 사용되고 있는 관측장비들을 보았다면 아주 기뻐했을 것이다. 솔파타라 분화구 가장자리에는 베수비오 산에 있는 것과 똑같은, 태양 에너지로 가동되는 장비가 설치되어 있다. 위치 측정 위성들의 성능이 향상된 덕분에, 지금은 지표면에서 일어나는 아주 작은 움직임까지 측정할 수 있다. 일본에서 실험을 통해서 밝혀졌듯이, 현재 이런 시스템은 폭설로 지표면이 가라앉는 것까지 검출할 수 있을 정도로 성능이 뛰어나다. 땅은 안정한 것과는 거리가 멀며, 우리가 상상할 수도 없는 온갖 방식으로 불규칙하게 진동한다. 나폴리 만에는 이탈리아의 지구화학적, 지진학적 관측망인 아르고 계획이 가동되고 있다. 지구화학적, 지진학적 자료들은 통신 회사인 텔레스파치오가 설치한 통신망을 통해서 정지 위성으로 전송되며, 민방위부는 그 자료들을 활용해서 지진 위험에 대처한다. 솔파타라 주변에는 주 관측소 한 곳과 보조 관측소 두 곳이 있다. 후자는 태양 전지판으로 전력을 얻으며, 모든 지진 활동들뿐만 아니라 지하 마그마 방에서 일어나는 변화를 알려줄 분화구 주위의 기체 조성 변화까지 측정 가능한 전자 감지기들이 설치되어 있다. 자료들은 주 관측소로 전송되었다가, 그곳에서 접시 안테나를 통해서 정지 위성으로 보내진다. 그렇게 전송된 정보는 전 세계의 연구소들에서 활용된다. 이론상으로는 과거에 가능했던 것보다 훨씬 더 빨리 폭발 가능성을 인지할 수 있다. 땅의 "팽창" 속도의 갑작스러운 증가, 분기공의 기체 분출 양상 변화, 일정하게 흔들리는 지진 등은 위기가 임박했음을 알려주는 것일 수도 있다. 가장 어려운 문제는 지역 주민들에게 문제의 심각성을 인식시키는 것이다.

지질 이야기는 영속성을 포기한다는 식으로 전개되어왔다. 처음에 세계는 마땅히 신이 창조했어야 할 것처럼 보였지만, 이제 우리는 끊임없이 변화하는 세계를 보고 있다. 예전에 화산 폭발은 인류의 죄악에 대한 징벌로 간주되었으며, 그것을 반드시 세계가 변덕스럽다는 것을 보여주는 징후로 생각하지는 않았다. 세라피스의 "신전"은 상하 운동이 있었다는 것을 논란의 여지없이 보여주지만, 그것은 단지 시작에 불과했다. 포추올리에서는 바다가 아니라 육지의 높낮이가 변한 것이 분명했다. 하지만 다른 곳들에서도 지질 조사가 이루어지면서, 곧 다른 시대 다른 장소에서는 육지가 아니라 바다가 높아진 경우도 있었음이 명백해졌다. 바닷물이 대륙으로 흘러들면서 내륙 깊숙한 곳의 퇴적암에 기록을 남겼기 때문이다. 카프리 섬의 하얀 절벽들은 백악기에 바다 밑으로 퇴적암들이 층층이 쌓여 이루어진 것인데, 그 시기에 전 세계에서 비슷한 퇴적암들이 형성되었다. 영국인들에게 아주 널리 알려져 있는 도버의 하얀 절벽도 그중 하나이다. 쥐스는 바다가 이런 식으로 육지를 침범했다는 사실을 받아들였다. 한 종의 화석들이 수많은 지역에서 발견될 수도 있다. 그것을 이용하면 각 대륙의 지층 연대를 끼워맞출 수 있다. 현재의 육지와 바다의 분포는 느릿느릿 진행되는 지질학적 변화 과정의 한순간에 불과하다. 과거의 퇴적물들은 높이 솟아올라 카프리 섬의 부자들이 새하얀 저택들에서 멋진 경관을 즐길 수 있도록 장소를 제공했다. 하지만 그 암석들은 냉정하게 느릿느릿 돌아가는 침식이라는 맷돌에 의해서 다시 수면 아래로 가라앉을 운명이다.

움직이는 땅 전체를 살펴보면 놀라운 것들이 얼마나 더 많이 나타날까? 쉬고 있는 것은 아무것도 없는 듯하다. 땅 표면은 팽창하고 수축한다. 바다는 올라오고 내려간다. 게다가 대륙 자체도 움직인다. 내가 수에토니우스에게 베수비오 산이 아프리카 땅덩어리가 북쪽으로 움직였기 때문에 나타난 결과라고 말하면, 그는 나를 미친 사람으로 취급했을 것이다. 하지만 아프리카는 정말로 움직이고 있다. 지중해의 바닥은 지각판들을 다닥다닥 이어붙인 것과 같다. 아프리카 본체가 유럽 내륙으로 3,000만 년 정도만 더 밀고 들어오면 그 바다는 사라지게 된다. 지금 지중해는 거북하게 중간에 끼인 상태로 존재한다. "진퇴양난"이라는 말처럼 말이다.

아프리카 지각판의 북쪽 끝은 이탈리아의 남쪽 끝 밑으로 파고들면서 밀어대고 있다. 그럼으로써 지중해는 대단히 느리기는 하지만 계속 줄어들고 있다. 이탈리아는 그런 일을 겪으면서 비틀리며 회전하고 있다. 그 과정에서 방출된 에너지는 암석을 대리석으로 변성시키고 석회암 산들을 솟아오르게 한다. 죽 늘어선 이탈리아 화산들도 이 지각판들의 회합에 참석하고 있다. 끊임없이 투덜거리며 폭발하는 스트롬볼리 화산, 최근에 격렬하게 폭발한 시칠리아의 에트나 화산, 불카누스의 집이자 화산을 뜻하는 영어 단어의 어원이 된 불카노 화산, 그리고 이탈리아의 많은 지역에 걸쳐 죽 늘어서 있고 에올리에 해에 흩어져 있는 덜 알려진 이름을 가진 20여 개의 화산들이 그렇다. 이런 화산들이 지각판들의 움직임과 어떻게 관련되어 있는가는 복잡한 이야기이며, 세부적으로 들어가면 지질학자들 사이에 의견 차이를 보이기도 한다. 하지만 아프리카 지각판의 충돌대 뒤쪽 지역이 시계 반대 방향으로 회전하고 있다는 데에는 모든 전문가들이 동의하는 듯하다. 이곳에서는 800만 년 전 지각이 쪼개지면서 티레니아 해분(海盆)이 생겼다. 화산들은 땅의 거죽 중 이런 격동이 일어나는 부위인 파쇄대(fracture zone)와 관련이 있었다. 그 화산들은 속에 난 상처에서 지각이 얇아진 곳으로 스며 나오는 끈끈한 피와 같다. 격돌하는 지각판들은 지각운동, 즉 단층운동을 일으키면서 지각을 파열시키고, 그 단층을 따라서 지진과 진동을 낳는다. 지층들의 융기와 경사는 이런 활동이 일어났음을 보여주는 증거이다. 용암을 형성하는 에너지는 결국 아프리카가 유럽을 향해 북쪽으로 삐걱거리며 나아가기 때문에 생기는 것이다. 지각은 침강하면서 부분적으로 녹으며 마그마를 만들고, 그것은 결국 화산으로 유입된다. 칼륨 원소가 풍부한 용암은 녹은 대륙 지각의 일부가 해양 지각과 뒤섞였음을 입증하는 증거를 가지고 있는 것과 다름없다. 마그마가 요리되는 방법에 따라서 분출되어 나오는 용암의 유동성도 달라진다. 용암은 거침없다는 점에서는 한결같지만 때때로 아주 유순하게 흐르기도 한다. 반면에 기체나 물과 섞인 용암은 파괴력이 강한 화쇄류의 형태로 단속적으로 분출하곤 한다. 나폴리 만 지역의 모든 것은 수 킬로미터 지하에서 일어나는 지각판들의 움직임과 상호작용에 의해서 지배된다. 즉 보이는 것이 보이지 않는 것의 통제를 받는다. 지상 세계가 지하 세계의 명령을 받는 셈이다. 그런 연관성들을 탐구하는 것이 이 책의 주제이다.

　땅에 기록된 것들은 가장 덧없어 보이는 것들조차도 더 심층적인 현실을 반영하고 있다. 인간이 자기의 겉모습에 보이는 관심보다 더 피상적인 것이 또 있을까? 회반죽을 발라서 자신의 필연적인 운명을 감추려는 시도인 색조 화장처럼 말이다. 지질학적 현실과 비교했을 때, 그보다 더 하찮은 것이 또 있을까? 나폴리 만 서쪽에 있는 바이아 마을은 쾌락주의와 탐미주의의 산물이었다. 그곳의 온천물은 사치가 극에 달한 로마 시대의 목욕탕에 공급되었다. 부자들이 몸을 식히러 (또는 데우러) 가서 낄낄거리며 잡담을 하거나, 기원후 1세기의 가장 요란했던 추문을 떠들어대던 방들의 천장에는 지금도 당시의 그림들이 희미하게 남아 있다. 현대의 이탈리아인들이 "벨라 피구라(bella figura)"라고 부르는 아름답게 몸을 가꾸는 행위는 2,000여 년 전에도 똑같이 중요하게 생각되었다. 그 목욕탕들은 몇천 년 전 아프리카에서 몸만 빠져나왔던 다리가 둘인 유인원의 육체적 추문들에 전혀 관심이 없는 지질 구조상의 실제 세계와 수직으로 이어진 온천에서 물을 공급받았다. 이 온천들은 마그마가 무의식적으로 내뿜는 숨결이었다. 휴가라는 개념은 바이아와 포추올리의 해안에서 발명된 것이다. 즉 식도락이나 취미를 즐기면서 사치스럽게 시간을 보내는 것 말이다. 당시의 문헌들에 따르면, 나폴리 만의 비탈에는 대리석으로 지은 대저택들이 줄줄이 늘어서 있었고, 기둥들이 죽 늘어선 산책길과 사색 및 연애의 장소인 차가운 샘이 있었다. 에두아르트 쥐스는 그것을 못마땅해했다. "정복당한 세계의 희생을 대가로 제국에서 가장 사치스러운 축제가 열렸던 곳이 바로 푸테올리, 바이아, 미세눔의 꽃밭들이었다." 이 지역은 영국 귀족 시대의 프랑스 리비에라

해안의 니스나 할리우드 멋쟁이 시대의 캘리포니아 빅서 해안에 해당했다. 규모 면에서 훨씬 더 웅장했다는 점이 다를 뿐이다. 당신은 그 사라진 화려함과 사치스러움을 일부나마 감상할 수 있다. 비록 벽에서 회반죽이 대부분 떨어져나갔고 그림들의 색도 바랬지만, 바이아 유적이 남아 있기 때문이다. 세련된 로마인들이 목욕한 후에 거닐었던 언덕은 여전히 그대로 있지만, 계단식으로 된 지역 공원의 분위기는 퇴락한 상태이다. 나폴리 만 건너편은 여전히 근사하다. 만을 따라 저택들이 죽 늘어선 광경도 상상할 수 있다. 하지만 가까이 다가가면 모든 것이 쇠락해 있다. 심지어 황색 응회암 벽돌들을 마름모꼴 형태로 쌓은 오푸스 레티쿨라툼(opus reticulatum) 양식의 벽에서도 회반죽 사이로 풍화된 벽돌들을 볼 수 있다. 격렬한 화산 폭발로 생성된 암석들이 반드시 튼튼한 석재가 되는 것은 아니기 때문이다. 이 지역은 땅이 움직여서 예전에 해안가였던 곳이 물에 잠겼다. 현재의 해안선은 그때보다 400미터 이상 안으로 들어와 있다. 지금도 맑은 물속에서 잠긴 도시의 일부를 볼 수 있다. 온천들은 더 이상 고대의 목욕탕들에서 샘솟지 않는다. 지질 구조상의 수원이 이동했기 때문이다. 이스키아 섬에서는 아직 온천탕을 볼 수 있다. 그곳은 나폴리 만의 서북쪽 끝에 있으며, 온천들에서 지금도 물이 샘솟고 있다. 그곳의 의사는 당신의 통증과 고통에는 어떤 영약이 필요한지 조언해줄 것이다. 하지만 바이아에서는 패션과 지질학적 배관이 사라지고 없다.

나폴리 만의 서쪽 끝은 미세노 곶이다. 지금은 황량하지만 예전에는 로마 제국의 큰 해군 기지였으며, 아마 1만 명 정도의 선원들이 살았을 것이다. 여기저기의 샘들과 남아 있는 기둥들만이 예전의 영화를 증언하고 있다. 이곳에서는 베수비오 산이 있는 나폴리 만과 그 너머에 있는 소렌토 해안이 보인다. 이 장은 거기에서 시작되었다. 역사적, 지질학적 시대를 돌아보고, 모든 것을 형성해온 힘들을 살펴보기에 딱 좋은 장소이다. 나폴리 만 자체, 캄피 플레그레이 주변의 분화구들, 멀리 있는 언덕들까지 말이다.

조지 스크로프(1797-1876)가 그린 1822년 베수비오 산의 플리니우스 분출 장면.

기원후 79년 열여덟 살의 젊은이였던 소(小)플리니우스가 폼페이를 지워버린 베수비오 산 폭발을 멀리 안전한 곳에서 관찰함으로써 지질학이 시작되었다고 말할 수 있게 된 곳이 바로 여기였다. 그의 삼촌인 대(大)플리니우스는 그 폭발로 사망했다. 대플리니우스의 『자연사(Naturalis Historia)』는 1,000년 넘게 자연철학의 초석이 되어왔다. 따라서 모든 과학의 미래가 한 성마른 산의 마그마 방과 연관되어 있었다고 해도 그다지 과장된 말은 아닐 것이다. 소플리니우스는 삼촌에게 죽음을 안긴 구름이 오늘날 만 주위에 점점이 서 있는 저택들에 편안한 그늘을 드리우는 우산소나무와 흡사하다고 묘사했다.

아주 기다란 나무 줄기 모양을 이루면서 대단히 높이 치솟았다가, 꼭대기가 가지들을 뻗듯이 저절로 펼쳐졌다. 위로 솟아오르면서 힘이 줄어들었을 때 별안간 바람이 불어 그렇게 되었을 수도 있고, 구름 자체의 무게 때문에 눌리면서 바람에 퍼졌을지도 모른다. 흙과 재가 얼마나 섞였느냐에 따라서 밝게 보일 때도 있고 어둡게 보일 때도 있었다.

지금도 이런 형태의 화산 분출을 플리니우스 분출이라고 부른다. 화산재 기둥은 대기로 50킬로미터까지 솟아오를 수 있으며, 올라간 재는 바람에 실려 수천 킬로미터까지 퍼져나간다. 폭발은 몇 달 동안 기후 양상에 변화를 가져올 수 있다. 기둥을 뿜어내는 힘은 마그마가 위로 올라올 때 과도했던 압력이 줄어들면서 마그마 내의 기체들이 팽창함으로써 생긴다. 솟아오르는 마그마 덩어리는 지하 1킬로미터에서 응집력을 잃는다. 그 결과 화산이 격렬하게 끓어 넘치게 된다.

기원후 79년의 화쇄류는 소플리니우스에게까지 와닿았다. 그것은 나폴리 만을 가로지르면서 치명적인 것들을 떨구고 힘을 잃었다. 그 젊은이에게 도달했을 즈음, 그것은 해로운 안개구름과 거의 다름없는 상태가 되었다. 그것은 그의 신발에 고운 화산재를 얇게 쌓아놓았을 뿐이다.

2

섬

하와이는 분명히 낙원이다. 그곳에는 낙원 레스토랑, 낙원 부동산 중개소, 낙원 여행사, 낙원 아파트가 있다. 『하와이 스타 불러틴(*Hawaii Star Bulletin*)』은 스스로를 겸손하게 "낙원의 맥박"이라고 부른다. 그럼으로써 낙원에 생물이 지닌 특성들을 접목시킨다. 하와이에는 낙원의 특성들에 의지하는 온갖 산업이 있다.

그러나 개발된 오아후 섬의 휴양지인 와이키키에 첫발을 디뎠을 때, 맨 처음 떠오르는 것은 낙원이 아니다. 그곳은 다른 지역과 아주 흡사한 교통 정체를 보이며, 폴리네시아인의 생활풍습을 모방해 꾸민 듯한 널찍한 호텔들에서는 에덴 동산에서의 생활 같은 것을 전혀 엿볼 수 없다. 호텔 정면에 있는 잔디밭은 말끔하게 손질되어 있고, 나무들은 당신을 환영하는 양 가지를 숙이고 있으며, 입구 주위에는 아취를 자아내는 폭포까지 있는 데다, 일꾼들마다 하나같이 입가에 웃음을 머금고 있기는 하다. 이곳은 쇼핑을 하겠다고 단단히 마음먹은 손님들을 위한 낙원이다. 고가의 브랜드 할인점들이 느긋하게 휴가를 즐기는 사람들에게 돈을 쓰라고 유혹하는 온갖 친숙한 상표를 단 할인 상품들을 들이대는 상점들과 함께 인도를 따라 죽 늘어서 있다(물론 그곳은 낙원 쇼핑몰이다). 그 상품들은 대부분 런던이나 로마나 도쿄에서도 살 수 있다. 즉 지역 특산품인 양 현혹시키지만 세계 어디에서나 볼 수 있는 것들이다. 알로하 셔츠들은 대부분 중국제이다. 아마도 방문객들은 낙원을 찾으려면 다른 곳으로 발길을 돌려야 할 듯하다.

호놀룰루 뒤쪽으로 그리 멀지 않은 곳에 가파른 산들이 높이 솟아 있다. 산들은 숲으로 옷을 해 입고 있다. 숲 사이로 와이키키 북쪽 마노아 폭포까지 걸어가기 쉬운 길이 나 있다. 그 오솔길은 나무들 사이로 구불구불 계속 위쪽으로 뻗어 있고, 가끔 질척거리는 곳도 나온다. 이곳이 영화에 나오는 낙원에 더 가깝다. 아름드리 나무들이 머리 위로 높이 솟아 있고, 아주 굵은 줄기들에는 덩굴식물들이 감겨 올라가고 있다. 덩굴들 중에는 아주 커다란 잎이 달린 것도 있고, 노란 반점이 난 심장 모양의 잎이 달린 것들도 있다. 이 덩굴들은 꽃가게에서 보는 것들과 어딘지 비슷해 보인다. 비록 이곳에 있는 것들이 훨씬 더 크기는 하지만 말이다. 울창한 숲의 습한 냄새가 강렬하게 풍긴다. 가지들이 앞다투어 태양을 향해 위로 뻗어가는 소리가 들려오는 듯하다. 길의 양편으로 향긋한 생강 꽃들이 연노랑 꽃대에 달려 있다. 몇 분 지나지 않아 땀이 흘러내리기 시작한다. 이 무제한 성장의 광시곡을 방해할 미풍 같은 것이 전혀 없기 때문이다. 나무들 저 너머 어딘가에서 피리를 부는 듯한 새소리들이 울려퍼진다. 낙원에는 이런 보일 듯 말 듯한 새들이 있기 마련이다. 마침내 폭포에 다다르면, 동료 몇 명은 참지 못하고 둥근 돌들을 딛고 건너가서 용암이 흘러 생긴 60미터 높이의 폭포에서 떨어지는 물보라 속으로 뛰어든다. 원시 정글 한가운데 있는 물웅덩이에서 하는 멱 감기는 관광 안내 책자에 나와 있는 꿈같은 낙원 생활 중 하나이다.

그러나 이것 역시 가짜 낙원이다. 그 오솔길에 있는 아름드리 나무들을 기어오르는 덩굴들 중 오아후 섬이나 하와이 섬 토착 식물은 거의 없다. 사실 그 나무들도 별다를 바 없다. 그것들은 인간의 힘을 빌려서 이 먼 곳까지 들어온 침입자들이다. 이 식물들은 열대에 정착해서 토착 식생의 많은 부분을 대체하면서 번성했다. 나무들을 기어오르는 덩굴들이 화분에 심는 화초들을 닮은 것은 결코 우연이 아니다. 그중 일부는 영국의 노퍽이나 아이오와의 플레인스에 있는 슈퍼마켓에서 파는 것과 똑같은 종들이다. 즉 토마토 케첩처럼 흔한 것들이다. 심지어 길옆에서 그렇게 잘 어울리는 듯

보이던 달콤한 냄새를 풍기는 생강도 새로 들어온 식물이자 공격적인 개척자이다. 이곳은 잃어버린 낙원이라기보다는 대체된 낙원이다. 즉 원래부터 그곳에 속해 있었다는 듯이 꾸민 외래 생물들의 낙원이다. 나무들의 당당한 자신감은 연극이다.

　하와이의 섬들은 한때 원시 세계나 다름없었다. 세계의 주요 대륙들은 말할 것도 없이 모든 육지에서 멀리 떨어져 있는 하와이는 원래 강하고 멀리 여행하는 소수의 식물들과 조류, 곤충, 파충류 같은 동물들이 들어와 자리를 잡았다가 진화하여 번식한 그들만의 새로운 에덴이었다. 그 결과 나타난 종들이 바로 토착종들이었다. 즉 그것들은 세계의 다른 곳에는 없는 종들이었다. 그 섬들은 자연의 진화 연구소가 되었다. 그곳에는 다른 곳에서는 전혀 찾아볼 수 없는 수백 종의 초파리가 있었고, 덤불 밑에서 먹이를 쪼아 먹는 날지 못하는 새들이 있었다. 쐐기벌레 한 종류가 육식동물이 되는 법을 배운 곳도 여기이다. 달팽이인 아카티넬라(*Achatinella*) 속이 1,000가지 이상의 종으로 진화한 곳도 여기이다. 벽에 거는 바구니용 꽃의 주류를 이루는 파란 꽃이 피는 친숙한 식물인 숫잔대(*Lobelia*) 속의 꽃들은 이곳에서 환상적인 관 모양으로 진화했고, 그 꽃은 더욱더 환상적인 새들을 통해서만 꽃가루받이가 이루어질 수 있었다. 외과 수술용 핀셋처럼 정밀하게 휘어진 가느다란 부리를 지닌 진홍색이나 노란색 꿀풍금조들(honeycreepers)이 바로 그들이다. 비숍 박물관에는 수많은 꿀풍금조의 깃털들로 짠 하와이 추장들의 화려한 의식용 망토들이 전시되어 있다. 그 새들은 한때 아주 흔했던 것이 분명하다. 슬프게도 이 아름다운 새들은 더 평범한 먹이를 먹는 쇠찌르레기류와 비둘기 같은 침입자들에게 밀려서 지금은 거의 사라진 상태이다. 꿀풍금조들은 오로지 꿀만 먹는 데에 반해, 침입자 새들은 관광객들이 남긴 빵 부스러기나 음식 찌꺼기도 먹는다. 날지 못하는 새들도 원래의 생태계에서 각자 맡은 역할이 있었다. 그들은 토착종인 나무들의 열매를 먹었고, 그 나무들의 씨는 그 새들의 소화기를 한 번

1854년의 호놀룰루 항 전경. 맨리 홉킨스(1862)의 "하와이 : 섬 왕국의 과거와 현재와 미래" 중에서.

거쳐야만 싹을 틔울 수 있었다. 하지만 몽구스가 들어오자 날지 못하는 새들은 전멸했다.

그렇다면 사람들은 왜 몽구스를 들여온 것일까? 이 공격적인 작은 포식자들은 쥐를 잡기 위해서 인도에서 일부러 들여온 것이다. 그 쥐들 역시 바깥 세계에서 왔다. 쥐들은 세계 곳곳에서 온 배들에 있다가 도망쳐서 섬으로 들어온 것이 분명하다. 쥐들은 사탕수수 농사에 피해를 입혔다. 물론 사

탕수수도 들여온 작물이며, 그 작물은 주로 타로토란을 재배하고 부수적으로 과일과 생선을 산출하던 폴리네시아인들의 혼합 경제체제를 환금 작물에 집중하는 특화 경제로 전환시켰다. 그 무렵 폴리네시아인들은 이미 빵나무와 수익성이 좋은 몇몇 야자나무 종들까지 들여온 상태였다. 이제 당신은 낙원이 언제부터 타락하기 시작했는지 궁금해질 것이다. 오늘날 몽구스들은 거의 예상하지 못한 상황에서 건방질 정도로 뻔뻔스럽게 당신 앞쪽 도로를 날쌔게 가로질러 다닌다. 그들은 날지 못하는 토종 뜸부기를 비롯한 새들을 재빨리 해치웠을 것이다. 하지만 쥐들은 여전히 그대로 남아 있다. 몽구스들은 주로 주행성인 반면, 쥐들은 야행성이다. 따라서 몽구스를 들여와서 쥐를 박멸하겠다는 계획은 말벌들을 없애기 위해서 박쥐를 들여오자는 주장만큼 무의미했다. 몽구스와 박쥐는 둘 다 번성했다. 그 대신 새들이 사라졌다. 따라서 이제 얼마 남지 않은 아주 오래된 나무들은 꽃가루받이를 할 수 없게 되었다. 꽃가루받이를 맡았던 매개자들이 멸종한 지금, 그 나무들은 사라진 낙원에 살아남은 서글픈 존재가 되었다. 하지만 그들이 완전히 사라질 운명에 처해 있는 것은 아니다. 라이언 식물원에서 그들의 살아 있는 조직을 배양해 복원하는 시도를 해서 어느 정도 성공을 거두어왔기 때문이다. 이 연구가 이루어지고 있는 수목원에 가보면, 원래 하와이 제도가 어떠했는지 감을 잡을 수 있을지도 모른다. 그러나 그곳은 세심하게 가꾸어진 일종의 재현된 에덴 동산이다. 이제 당신은 진짜 에덴 동산을 보려면 어디로 가야 할지 궁금해지기 시작할 것이다.

하와이는 사실 섬들의 집단이며, 그 섬들은 모두 화산 활동으로 생겼다. 오아후 섬은 사람들이 하와이라는 말을 들으면 으레 떠올리는 것들을 모두 갖춘 전형적인 섬이다. 이곳의 와이키키에 있는 호텔들과 파도타기를 즐길 수 있는 해안들은 꾸며낸 낙원을 보여준다. 하지만 대부분의 섬들은 이런 도시적인 환상과 전혀 거리가 멀다. 오아후 섬의 화산 활동은 멈춘 상태이다. 다른 주요 섬으로는 몰로카이 섬, 카우아이 섬, 니하우 섬, 마우이 섬이 있다. 하와이 제도에서는 가장 어린 섬이자 모두가 그냥 빅아일랜드라고 부르는 곳이 가장 크다. 엄밀히 말하면 이 섬이 바로 하와이 섬이다. 이 섬에서는 지금도 화산 활동이 진행되고 있다. 세계가 만들어지는 과정을 볼 수 있는 곳이 바로 여기이다.

빅아일랜드에서 비가 집중되는 지역인 화산 국립공원의 한쪽 끝에는 원래의 숲이 아직 남아 있다. 이 지역은 해발 수천 미터 높이에 있으며, 종종 폭우가 내린다. 아침이면 온몸을 흠뻑 적실 정도의 안개가 경관을 숨막힐 정도로 휘감고 있다가 한낮이 되기 전쯤에야 햇볕에 바짝 마른다. 숲을 뒤덮고 있는 듯한 우점종(優占種)은 오히아(Ohi'a)이다. 회색을 띤 중간 크기의 이 나무에는 여기저기 옹이가 났고, 지의류가 다닥다닥 붙어 있다. 이 나무에는 특정한 각도로 햇빛이 비치면 아름답게 빛나는 짙은 녹색을 띤 작은 달걀형 잎들이 달려 있다. 아침에 오히아 숲이 은빛으로 반짝이는 광경은 그 어느 곳과도 비교할 수 없는 장관이다. 꽃이 만발한 오히아는 "오히아 레후아(Ohi'a lehua)"라고 부른다. 붉은 수술들이 빽빽하게 난 이 꽃은 이발소에서 비누 거품을 내는 데에 쓰이는 면도솔처럼 보인다. 몇몇 살아남은 꿀풍금조 종들은 이 꽃의 꿀을 빨아먹으며 살아간다. 따라서 오히아 숲에서는 그 꽃이 언제나 피어 있는 듯하다. 화산 국립공원 어귀에 있는 볼케이노 빌리지 주위의 숲 하층에서는 나무고사리류가 주로 눈에 띈다. 가장 흔한 종은 초록 분수 같은 아름다운 모습의 장엄하고 우아한 양치류인 하푸우, 즉 치보티움(*Cibotium*) 속의 식물들이다. 너무나 많아서 마치 땅에 초록빛 물을 내뿜는 구멍들이 줄지어 나 있는 듯하다. 양치류들 사이에는 갖가지 풀들과 작은 나무들이 비집고 자라면서, 그것들을 기존 분류체계에 끼워넣으려고 하는 식물학자들을 당혹스럽게 만든다. 이 숲에서는 토종 새의 노랫소리를 들을 수 있다. 찌르르르 하는 소리는 토종 매미가 내는 소리임이 거의 확실하다. 하지만 길옆에는 모든 잔디밭의 재앙인 유럽에서 잡초로 간주되는 질경이들이 이미 자리를 잡고 있다. 그리고 유혹적인 자태의 생강도 덤불을 비집고 고개를 내밀고 있다. 이 낙원에는 이미 문제가 있다.

이 정글은 나무갓과 숲 하층만으로 이루어진 단순한 구조이다. 오히아 나무들은 나무갓 아래로 연달아 층이 진 아마존 우림을 지배하는 괴물 같은 나무들과 다르다. 하지만 이 회색 숲 속에는 하와이 제도의 고유종들이 수백 종류나 살고 있다. 그리고 각 섬에는 바람이 불어오는 쪽과 그 반대쪽이 있다는 사실도 덧붙여야 한다. 비는 대부분 바람이 불어오는 쪽에 풍족하게 내린다. 그 반대편은 이른바 "비 그늘"이다. 즉 구름이 산을 오르면서 담고 있던 수분을 쏟아버리기 때문에 반대편은 메마른 상태로 남게 된다. 그 건조한 지대에는 다른 종류의 동식물들이 살고 있다. 그들은 몇 가지 측면에서 더 강인하며, 역경에 맞서고 있는 생존자들이다. 그들은 우림의 생물들과 전혀 다른 공동체를 이룬다. 거의 헐벗은 용암류에서 형성된 그 식물상에는 우리에게 친숙한 덩굴월귤의 키 작은 친척들도 들어 있다. 그중에는 하와이 기러기인 네네의 먹이에 반드시 들어갔던 즙이 많은 선홍색 열매를 맺는 오헬로도 있다. 네네는 멋진 새로서 야생에서는 거의 멸종했지만, 포획해서 번식시키는 데에 성공함으로써 지금은 개체수가 다시 늘어났다. 오헬로의 열매는 크랜베리처럼 새콤하지만, 낙원에 있다는 금단의 과일과는 거리가 멀다. 원주민의 풍습에 따르면, 먼저 사나운 불의 여신인 펠레에게 그 열매를 한두 개 바친 다음에 사람이 먹도록 되어 있다. 오헬로처럼 가뭄에 잘 견디는 식물들 중에도 이제는 보기 힘들어진 종들이 많다.

화산들이 아주 높이 솟아 있으므로, 고산 지대에 적응한 특이한 종들도 있기 마련이다. 그중에서 가장 특이한 종은 가시들을 삐죽 세운 채 웅크리고 있는 호저와 흡사한 모습으로 칼날 같은 은빛 잎들을 빽빽하게 달고 있는 은검초이다. 이 식물은 다른 식물들은 거의 자라지 못하는 높은 지대의 헐벗은 화산 비탈에서 왕성하게 자라고 있다. 이 식물은 꽃을 피우고 나면 죽는다. 꽃대는 로제트 모양으로 땅에 납작하게 달라붙은 잎들의 한가운데에서 거대한 불꽃 기둥처럼 높이 솟아오른다. 자세히 살펴보면 무수히 달려 있는 두상화(頭狀花) 하나하나가 국화와 비슷하다는 것을 알 수 있다. 꽃대 하나에 이런 수수한 자주색 꽃들이 수백 송이씩 달려 있다. 은검초가 에너지를 꾸준히 모아 꽃의 불꽃을 피우는 데에는 20년이 걸린다. 고립된 하와이가 우리에게 가장 친숙한 꽃들 중 하나를 이렇게 변신시킨 것이다.

놀라운 동물들이 사는 놀라운 숲들, 비 그늘의 식물들, 네네, 눈에 잘 띄지 않는 수백 종류의 초파리들의 삶은 모두 하와이 제도의 지질에 의존하고 있다. 이곳은 눈에 보이는 모든 것 속에 지질이 고스란히 담겨 있는 장소이다. 인류의 작품들이 자연의 작품들을 뒷전으로 밀어낸 곳은 호놀룰루와 와이키키뿐이다. 뒤뜰에서 자라는 스타푸르트 나무만 빼면, 이 도시들에 늘어선 잘 지은 저택들과 산뜻한 교외 도로들은 아이오와나 미시간의 소도시 풍경과 거의 흡사하다. 이곳에서는 북아메리카 특유의 건축양식이 중산층 주택의 공통 양식이 되어 있다. 좀더 외진 해변으로 가면 폴리네시아인들이 사는 지붕 없는 집들을 볼 수 있을 것이다(하지만 순수한 혈통을 지닌 하와이인은 극소수이다). 오아후 섬의 바람이 불어오는 쪽에서는 화산 용암으로 생긴 검은색의 가파른 절벽들 앞쪽에 이런 집들이 서 있는 풍경을 흔히 볼 수 있다. 절벽들은 곳곳이 떨어져나갔고, 밑에 쌓인 돌들 밑에도 비슷한 화산암이 있을 것이다. 지질이 토양을 결정하는 것이다. 마노아 폭포로 가는 오솔길에는 이 암석이 풍화되어 생강빵 같은 색깔과 느낌을 주는 흙이 되어 있다. 손으로 문지르면 빵가루처럼 잘게 부서진다. 끊임없이 내리는 열대의 비는 단단한 용암을 산산조각 낸다. 그렇게 해서 생긴 풍화의 최종 산물은 라테라이트(laterite)라는 붉은 벽돌색의 토양이다. 붉은 색깔은 철분(산화된 상태, 즉 제2철 상태) 때문이다. 알루미늄도 그 토양의 중요한 성분 중 하나이다. 라테라이트 토양은 많은 작물에 적합하지 않지만 사탕수수에는 딱 맞는다. 하와이의 저지대 중 상당 부분은 드넓은 사탕수수 밭이 차지하고 있다. 적어도 19세기부터 그랬다. 야생화한 사탕수수들도 곳곳에서 찾아볼 수 있다. 유럽 사람에게는 엄청나게 큰 부추처럼 보일 것이다. 사탕수수 시장은 레이건 시대에 몰락했다. 지금 대형 제분소들은 일감이 없어 한가한 상태이며, 방치되어 잡목 숲으로 변하는 밭들도 있다. 파인애플 농장이 대신 들어서기도 한다. 오아후 섬의 거대한 사화산들 사이의 오목한 곳, 즉 안부(鞍部)에는 99번 도로를 따라 돌(Dole) 회사의 농장들이 수 킬로미터에 걸쳐 들어서 있다. 예전에 파인애플은 귀족들이나 먹을 수 있는 이국적인 것이었으며, 부의 상징으로 여겨졌다. 영국에서는 대저택 입구에 석회석으로 파인애플을 조각하여 세워놓기도 했다. 그러므로 로제트 모양의 초록 식물들이 줄지어 심어져 있는 냉정할 정도로 획일적인 드넓은 파인애플 밭을 보면 왠지 실망하게 된다. 파인애플 열매만큼이나 이국적인 나무를 볼 것이라고 기대했기 때문이다.

지리적 격리는 종들에게 진화해서 낙원을 만들 기회를 주었다. 그 섬들은 모두 지난 500만 년에 걸쳐 바다 밑에서 솟아오른 화산들이다. 빅아일랜드는 아직도 자라고 있다. 이 섬의 남동쪽 해안에서 30킬로미터 남짓 떨어진 곳에는 바다 밑에 숨어 있는 활화산이 하나 있다. 이 로이히 해산(海山)은 꾸준히 분출하고 있으며, 언젠가는 수면 위로 솟아올라 새로운 섬이 될 것이다. 그러면 한두 해 내에 첫 개척자 식물 종들이 헐벗은 용암에 들어가서 자리를 잡을 것이다. 씨들은 아마도 지나가는 뱁새의 발에 달라붙어 운반될 것이다. 그러면 새로운 진화 과정이 시작될 것이다. 이 섬은 5만 년 안에 물 밖으로 고개를 내밀 것이다. 지질학적으로 보면 내일이나 다름없다.

하와이 제도는 경관의 탄생, 성숙, 죽음을 볼 수 있는 기회를 제공한다. 창조 과정도 볼 수 있다. 대규모 침식도 있다. 그리고 그 모든 것들이 우리가 어렴풋이 이해할 수 있는 기간인 단 몇백만 년 내에 이루어진다. 폴리네시아인들은 기원후 500년경 배를 타고 최초로 하와이에 도착했고, 1066년 노르만인들이 영국을 정복할 무렵 타히티 섬에서 두 번째 이주가 이루어졌다. 섬 고유종들이 상호 연결된 먹이 그물로 진화하는 데에는 그보다 수천 배나 더 긴 세월이 걸렸다. 몇몇 조류 종들이 나는 능력을 잃었고, 다른 새들에게는 구부러진 긴 부리가 발달하기에 충분한 기간이었다. 노르만 정복 이래 1,000년 동안 무슨 일이 벌어졌는지를 생각해보라. 역사, 기술 혁신, 제국들의 등장과 몰락 등 역사의 진보와 퇴보와 복잡다단한 모든 것들을 말이다. 그러면 5만 년 남짓한 기간에 완전하고 독자적인 생물상이 출현했다는 것이 덜 놀랍게 느껴질 것이다.

빅아일랜드는 하와이 제도에서 가장 남쪽에 있으며, 그 섬의 남쪽 근처에서 새로운 지각이 형성되는 것을 볼 수 있다. 킬라우에아 화산은 수백

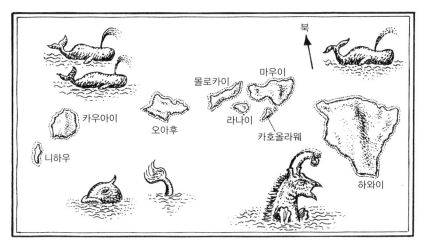

하와이 제도의 지도. 빅아일랜드가 오른쪽에 있고, 왼쪽으로 갈수록 더 오래된 섬이 나온다.

년 동안 용암을 뿜어왔다. 수백 미터 공중으로 화산탄들을 높이 분출하면서 큰 폭발을 일으킬 때도 간혹 있다. 하지만 대개 분출은 화산의 기준으로 볼 때 비교적 온화하게 이루어진다. 하와이 제도에서 만들어지는 현무암 용암은 유동성이 무척 강하며, 기체를 품고 있다. 그것은 폭발하기보다는 흐르는 쪽이다. 용암류를 흐르지 못하도록 막을 수는 없지만, 그것이 당신의 집을 집어삼키려고 할 때, 그것보다 더 빠른 속도로 뛰어서 달아날 수는 있다. 1992-1997년에 흐른 용암류는 힐로 마을에서 남쪽으로 피신하는 데에 쓰이는 해안 도로를 막았다. 그것은 포장된 도로 표면을 갑자기 직각으로 가로질렀다. 마치 불만에 쌓인 건설업자가 엄청난 양의 타르를 한쪽에서 쏟아 부은 것 같았다. 도로는 용암류에 묻혀 사라졌지만, 그 용암류의 한쪽 끝에서 해안선을 따라서 몇 킬로미터 걸어가면 반대쪽에 다시 멀쩡한 길이 나타날 것이다. 그러나 뒤틀린 검은 용암 덩어리인 그 용암류 위를 걸어가기란 쉬운 일이 아니다. 끈적거리는 액체 상태였다가 완전히 식은 것이 확실해지면 걸을 수 있다. 편물 커튼이나 주름진 시트 같은 윤이 나는 타르질의 용암이 발밑에서 오르락내리락할 것이다. 표면의 결은 마치 밧줄 같기도 하다. 항구 한구석에서 뒤엉킨 밧줄 뭉치를 본 사람이라면 어떤 모습인지 쉽게 떠올릴 수 있을 것이다. 더 가파른 비탈에 있는 용암을 보면 이리저리 엉킨 창자가 머릿속에 떠오를 것이다. 시야 끝까지 화산 물질 덩어리가 굽이치면서 펼쳐져 있는 드넓은 용암 벌판 한가운데 서 있으면 경이롭다. 이것이 새로 만들어진 세계이기 때문이다.

당신은 멀리 안전한 곳에서 현재의 분출 양상을 조사할 수 있다. 그 묻혀버렸던 도로는 최근에 보수가 되었고, 당신은 용암류 비탈을 아주 조심스럽게 천천히 자동차를 몰아서 현재 용암이 바닷속으로 흘러드는 곳에 가까이 다가갈 수 있다. 새로운 지각과 끝없는 물결이 만나는 곳에서는 수 킬로미터 멀리서도 볼 수 있는 증기 기둥들이 끊임없이 솟아오르고 있으며, 물이 끓어오르는 곳에서 사납게 쉭쉭거리는 소리도 들려온다. 황 냄새가 코를 찌르고, 목 안쪽이 따끔따끔하다. 이것이 깊은 땅의 숨결이라면, 그 숨결은 독이다. 식은 지 얼마 지나지 않은 용암류에 발을 디딜 때는 조심해야 한다. 그런 곳은 폭격을 맞아 버려지다시피 한 타르 머캐덤(tar macadam)으로 포장한 넓은 비행장처럼, 표면이 쪼개진 널빤지들처럼 되어 있기 때문이다. 그런 곳에서는 발목을 삐기 십상이다. 습한 날에는 수증기가 분출된 황화합물들과 결합해서 보그(vog)라는 자극성 있는 연무를 형성한다. 땅거미가 지면 살아 있는 용암은 더 선명하게 빛난다. 은은하게 붉은 광채를 발하던 용암 가장자리의 바다는 빛나는 오렌지색 심장을 품은 듯이 밝아진다. 그 다음 격렬한 끓음, 순간적인 냉각, 기체의 분출이 결합되어 물속에서 빛나는 증기 덩어리가 생기는 것을 볼 수 있다. 늙은 호박만 한 것도 있다. 그 덩어리는 위로 올라와 터지면서 증기 구름이 된다. 불꽃놀이와 흡사하지만 더 거침없다. 지금은 용암이 바다에 맞서 이기고 있지만, 언젠가는 그 균형 상태가 뒤집힐 것이다.

완전히 어둠이 깔리면 당신은 육지 쪽 비탈의 옆구리를 따라 난 또다른 빛들을 볼 수 있다. 그 빛들은 하나의 선을 이룬다. 그것이 현재 용암류가 흘러가는 경로를 나타내는 선이라는 것은 쉽게 추측할 수 있다. 그 용암류는 표면에서가 아니라, 칠흑 같은 헐벗은 표면의 약간 안쪽에 있는 통로인 용암굴 속에서 흐른다. 당신은 그 빛들이 더 오래된 킬라우에아 칼데라의 옆구리에 있는 푸우오 분출구까지 이어진 것을 볼 수 있다. 새 분출구에서 분출이 일어날 때 용암류의 표면은 굳어버리지만, 표면 밑에서는 용암굴을 따라서 용암류가 전혀 약해지지 않은 상태로 계속 흐른다. 그것은 붉은 피를 계속 흘리는 동맥과 같다. 때때로 용암굴의 덮개가 부서지면서 산허리에 창문이 생기고, 이런 창문들을 통해서 빛들이 뿜어지면서 밝은 오렌지색이 흐르는 지옥의 광경을 보여준다. 그곳에는 화산 사진이라는 꽤 수지가 맞는 지역 산업이 형성되어 있다. 많은 하와이 사진사들이 그 창문들 가까이로 조심조심 다가가서 이따금 튀어오르는 불꽃의 분수와 마그마 증기를 찍는다. 하지만 위험도 따른다. 용암이 바다와 마주치는 곳에서는 간혹 불안정한 발판이 형성되기도 한다. 몇 년 전에 두 관광객이 그런 발판을 과신했다가 그것이 무너지는 바람에 격렬하게 끓고 있는 바다에 떨어져 죽고 말았다. 창조 과정은 극적일 뿐 아니라 치명적일 수도 있다.

화산 국립공원에 가면 용암굴 안을 걸어볼 수 있다. 물론 오래 전에 녹은 화물을 흘려보낸 굴이다. 서스턴 용암굴이라는 이곳은 현재 우림 내에 있으며, 나무고사리들이 입구를 둘러싸고 있다. 안으로 들어가니 이상하게도 익숙한 느낌이 든다. 몇 분 지나지 않아서 나는 그것이 내가 거의 매일 지나다니는 다른 굴, 즉 런던에 있는 피커딜리 지하철이 다니는 터널과 크기가 똑같기 때문이라는 사실을 알아차렸다. 사실 이 용암굴은 거의 완벽한 터널 모양이다. 동굴 벽은 신기할 정도로 매끄럽다. 켄터키나 체더 지방의 동굴들과 달리 이곳에서는 석순 같은 것들이 전혀 만들어지지 않는다. 동굴의 일부에 조명 시설이 되어 있지만, 위험을 무릅쓴다면 어둠 속으로 더 들어갈 수도 있다. 손전등을 들고 과거에 용암이 흘렀던 굴속을 살금살금 걷다 보면 기묘한 느낌이 들 것이다. 그리고 귀로 스며드는 소리가 오히아 숲에 부는 바람 소리가 아닌 다른 소리가 아닐까 하는 생각이 잠시 들지도 모른다. 굴의 크기를 가늠하면서 분출할 때 얼마나 많은 용암이 흘렀을지 추측해볼지도 모른다. 흐르는 속도를 측정하면 분출물의 양을 쉽게 계산할 수 있다. 현재는 레이더를 이용하여 푸우오에서 분출되는 용암류가 "채광창들"을 지나가는 속도를 측정한다. 1983년부터 하루에 30만 세제곱미터의 용암이 바다로 흘러가고 있다. 창조의 과정은 측정할 수 있다.

지금 일어나고 있는 분출들은 과거에 일어났던 분출들에 비하면 아무것도 아니다. 킬라우에아 칼데라는 그 활동이 얼마나 격렬했는지를 보여준다. 그 칼데라는 거대하다. 지름이 6.4킬로미터나 된다. 무성한 오히아 숲을 자동차로 가로지르다 보면 어느 순간 그 칼데라 앞에 와 있는 자신을 발견하게 된다. 거대한 구멍인 킬라우에아 이키가 갑자기 눈앞에 나타나는 순간, 당신은 다른 세계를 언뜻 엿보게 된다. 마치 항거할 수 없는 어떤 힘이 땅속에 있던 거대한 마개를 뜯어낸 듯하다. 그 분화구 깊은 곳, 굳어진 용암에서는 표면에 난 균열들 사이로 아직 연기가 스며나오고 있다. 그 구멍은 식생이 전혀 없는 데다 너무나 깔끔해서 당신은 인간이 만든 구조물이 아닐까 하는 생각을 잠시 할지도 모른다. 모든 것이 깨끗하게 타버렸다. 인간만이 그러한 효과적인 청소 작업을 할 수 있다고 생각한다면 오산이다. 그 다음에는 그 딱딱해 보이는 표면 바로 밑에 액상 암석이 놓여 있는 것이 아닐까 상상할지도 모른다. 그 분화구는 왠지 금방 요리를 끝낸 듯이 보인다. 킬라우에아 이키는 최근인 1959년에 폭발했으며, 1982년 9월에도 킬라우에아의 어딘가에서 대규모 용암류가 흐른 바 있다. 제대로 표현하자면, 그곳은 잠자고 있는 것이 아니라 잠시 나쁜 꿈을 꾸고 있다. 19세기에 볼케이노 하우스 호텔이 개관했을 때, 손님들은 발코니에서 소다가 섞인 스카치를 홀짝거리며 끓고 있는 마그마를 바라보곤 했다. 이따금 장엄한 용암 분수가 솟아오르면서 잠시 대화가 끊겼을지도 모르지만, 하와이의 용암은 대개 온화했다. 마크 트웨인은 캘리포니아에 있는 독자들을 위해서 1886년 6월 3일의 폭발을 상세하게 묘사했다.

분화구 위로 즉시 거대한 구름 기둥이 하늘 높이 치솟았다. 뭉클거리며 커다랗게 부풀어오른 부위들은 시뻘겋게 빛났으며, 그 사이의 움푹 들어간 부분들은 연한 장밋빛을 띠었다. 그것은 등피를 씌운 불꽃처럼 빛났고, 천장을 향해 아찔할 정도로 높이 뻗어 있었다. 나는 오래 전 유대인들이 수수께끼의 "불의 기둥"이 비추는 길로 사막을 가로질러 기나긴 고된 여행을 한 이후로 목격된 적이 없었던 것이 바로 이런 기둥이 아닐까 생각했다.

분출이 훨씬 더 위험한 양상을 띨 때도 있다. 지하수가 뜨거운 마그마와 접촉할 때면 특히 더 그렇다. 그러면 즉시 대량의 증기가 발생하며, 그 증기는 엄청난 힘으로 분출구를 뚫고 나가면서 암석, 화산탄, 뜨거운 증기를 수백 미터 상공까지 밀어올린다. 그 장관에는 엄청난 굉음과 쉿쉿거리는 효과음이 가세한다. 하와이 화산 관측소에서 보이는 거의 완벽한 원형 분화구인 할레마우마우는 그렇게 해서 생긴 것이다. 그 화산의 비탈들은 과거 몇 차례에 걸쳐 용암류가 흘렀다는 것을 아주 뚜렷이 보여준다. 비록 가장자리에 노란 얼룩들이 생겨 흐릿해지기는 했지만 말이다. 그 분화구의 분출 역사는 상세히 연구되어 있다. 20세기 초에 그 안에는 활동하는 용암호가 들어 있었고, 호수의 높이는 몇 미터씩 오르락내리락했다. 용암호는 1919년과 1921년에는 킬라우에아 칼데라의 바닥으로 흘러넘치기도 했다. 그러다가 1924년 지하에 균열이 생기면서 용암은 그 속으로 모두 흘러 나가고 말았다. 그러자 할레마우마우 분화구의 지지력이 약한 경사면들이 무너지면서 그곳을 막아버렸다. 그 뒤에 지하의 틈새로 지하수가 스며들었다. 그러자 격렬한 폭발이 연달아 일어나면서 주위의 용암 평원에 암석들을 빗발치듯 뿌려댔다. 그 암석들은 지금도 여기저기 널려 있다. 구멍의 크기는 그 폭발 때 가로 243미터, 세로 152미터에서 가로 1,036미터, 세로 914미터로 커졌다. 당신은 좁은 길을 통해서 이 분노한 화산이 마지막 숨을 내뱉은 곳에서부터 증기 분출구들을 차례로 들러볼 수 있다. 과열된 증기는 땅에 점점이 흩어져 있는 눈에 잘 띄지 않는 구멍들, 즉 분기공들에서 나온다. 너무 가까이 다가가면 금방 데고 만다. 이런 증기는 색깔이 없으므로 눈에 보이지 않으며, 식을 때에만 가냘픈 연기 기둥을 만든다. 이른 아침 화산 국립공원의 습도가 높을 때면, 그 지역 전체가 마치 10여 개의 주전자가 끓고 있는 것처럼 보인다. 각 주전자들은 증기를 내뿜고 있다. 분기공 주변의 땅에 얼룩을 만드는 노란 반점들은 원소 형태의 황이며, 현무암의 철분을 산화시키는 증기가 나오는 곳에는 붉은 반점들이 나 있다. 선명한 색깔의 황은 유황 덩어리를 이루고 있다. 그것은 지옥의 연료이며, 땅속 깊은 곳에서 나와 좀더 차가운 표면에서 결정을 형성한다. 칼로 긁으면 결정을 쉽게 떼어낼 수 있다. 현미경으로 조사해보면 결정들이 아주 작은 완벽한 프리즘 형태임을 알게 된다. 분기공들은 황 성분을 함유한 기체도 내뿜는다. 산소와 황이 결합해서 생기는 이산화황이 그것이다. 이산화황이 만든 스모그 덕택에 과거에 런던에서 잭 더 리퍼(19세기 영국의 연쇄 살인마/역주)는 범죄를 저지른 뒤 흔적도 없이 사라질 수 있었다. 반세기가 더 지난 뒤 그 스모그는 석탄을 노천에서 태우는 행위를 금지시키자 사라졌다. 중국과 러시아의 대규모 산업 도시들에 가면 똑같은 지독한 연기를 맡을 수 있다. 이산화황은 폐가 약한 사람들에게 특히 더 큰 피해를 입히며, 산성비와도 관련이 깊다. 이산화황은 황산으로 쉽게 바뀌기 때문이다. 하지만 이곳 하와이의 이산화황은 철저히 자연적으로, 즉 지각의 탄생 때 내지르는 날숨을 통해서 생긴다.

할레마우마우는 펠레 여신의 고향이다. 그녀는 한때 하와이 주민 생활의 거의 모든 측면에 영향력을 미쳤던 수많은 신들과 여신들 중 하나였다. 자연의 모든 것에는 그것을 책임진 신이 있으며, 신들은 다양한 자연물에 깃들 수 있었다. 돌고래나 거북은 바다와 바람의 신인 카나 로아의 화신일지도 모른다. 모든 자연현상은 신들의 다른 모습이었으며, 신들은 온갖 모습으로 변신했다. 이 만신전에서는 암석들까지도 의식을 지니고 있었다. 사회 질서를 유지하는 역할을 하는 금기, 즉 카푸도 있었고, 그런 금기는 때로는 아주 잔인하기도 했다. 예상하겠지만, 펠레는 화산 같은 기질을 드러내면서 자신이 선호하는 관습을 수호했다. 그녀는 멋진 젊은 남자들을 좋아했고, 섬에서 바람을 등진 쪽인 메마르고 가혹한 환경에 깃들였다. 반면에 펠레의 연인이자 이면인 카마 푸아는 비와 바람을 안고 있는 쪽에 자리를 잡았다. 펠레는 추한 노파로 변신해서 자비를 베푸는 사람들에게는 보답을 하고, 그렇지 않은 사람들에게는 분노를 폭발시키곤 했다. 다른 신들은 영향력을 잃었지만, 펠레 여신은 지금도 미신 속에 살아남아 있는 듯하다. 볼케이노 하우스 호텔에는 전 세계에서 반송된 속돌 조각들이 있다. 동봉한 편지들에는 펠레의 화산에서 나온 돌 조각을 가져갔더니 불행만 닥쳤기에, 펠레가 저주를 거두어주기를 바라는 마음으로 훔쳐간 돌 조각을 본래 있던 곳으로 돌려보낸다고 쓰여 있다. 할레마우마우의 분출은 당연히 펠레가 화를 내는 것이라고 여겨졌다. 아마 그녀는 목성의 위성인 이오에 자신의 이름을 딴 화산이 있다는 사실을 알면 기뻐할 것이다.

더 최근의 용암류를 자세히 살펴보면, 그녀의 눈물과 머리카락을 찾아낼 수 있을 것이다. 펠레의 눈물은 광택이 나는 물방울 모양의 검은 돌이다. 그것들은 뜨거운 용암이 공기 속으로 뿜어지거나 폭발할 때에 형성되며, 공중에서 갑자기 냉각되면서 그 모양 그대로 땅으로 떨어진 것이다. 용암류의 표면에 난 틈새들을 자세히 살펴보면 그것들을 발견할 수 있다. 한편 펠레 머리카락은 액상 용암에서 자란다. 용암에서 기체들이 빠르게 빠져나갈 때 유리질 섬유들이 죽 뽑아져서 생긴 것이다. 감촉은 솜사탕과 비슷하지만 더 잘 부서진다. 어쨌든 지구의 솜사탕인 셈이다. 그것들은 거의 금빛을 띠기 때문에, 펠레의 그림에도 그녀의 머리카락이 황갈색으로 그려져 있

굳은 용암 : 기체가 빠져나가면서 구
멍이 송송 난 속돌 위에 놓은 펠레의
눈물과 머리카락.

다. 그리고 그림 속 펠레의 뺨에는 검은 눈물이 흘러내리고 있다. 나는 레티
쿨라이트(reticulite)라는 아주 가벼운 물질도 발견했다. 이것은 유리질 용암
속에서 기체 방울들이 터지면서 만든 거품 같은 구조물이다. 해변에서 육
지로 부는 산들바람에 흩날렸다가 그 상태로 굳은 거품과 아주 흡사하다.
이것은 아주 약하며, 거품과 마찬가지로 쉽게 부서진다. 마그마에서 거품이
심하게 일어나면 이런 섬세한 것들이 만들어진다. 적절한 환경에서는 가벼
운 충격만으로도 그런 것들이 분출될 수 있다.

　1859년 마우나로아 북서쪽으로 흐른 규모가 큰 용암처럼, 용암류는 40
킬로미터 넘게 흘러가서 바다에 다다르기도 한다. 용암은 크게 두 종류가
있는데, 현장에서 그 둘을 쉽게 구분할 수 있다. 흐른 양상을 고스란히 보
여주는 비틀린 밧줄 같은, 움직이는 상태가 그대로 굳은 종류는 "파호에호

에(pahoehoe)" 용암이라고 한다. 이러한 용암 위로는 쉽게 걸어다닐 수 있다. 일부가 녹고 솟아오르고 뒤틀린 고르지 못한 도로를 가로지르는 것 같기는 하지만. 다른 종류는 거친 데다 지나갈 수 없을 정도로 크고 작은 모나고 울퉁불퉁한 덩어리들로 되어 있다. 이것을 "아아(a'a)" 용암이라고 하는데, 그 위로 걷는다는 것 자체가 아주 끔찍스럽다. 어느 지질학자는 아아 용암에서는 아무리 좋은 신발도 두 달이면 다 닳아버린다고 했다. 그 용암류는 처음에는 검은 모자처럼 새까맣지만, 풍화가 진행될수록 점점 갈색으로 변한다. 킬라우에아 산허리에서 경관을 내려다보면, 마치 어떤 거인이 비탈에서 커다란 검은 페인트 통을 실수로 엎지른 것처럼, 오래되어 갈색으로 변한 용암류들 위에 새로 흐른 검은 용암류들이 덮여 있는 광경을 볼 수 있다. 혹은 검은 구름이 땅에 드리운 그림자처럼 보이기도 한다. 도로가 용암류에 덮여 끊긴 곳을 보면, 용암류 위에 또다른 용암류가 덮여 있음을 쉽게 알아볼 수 있다. 가끔 표면이 풍화되어 갈색을 띤 각 용암류 위에 아아 용암이 덮여 있어서, 층층이 쌓인 용암류가 마치 클럽 샌드위치처럼 보일 때도 있다. 섬 전체가 이런 용암류들로 이루어져 있다. 섬 전체의 형성을 이야기할 때에는 샌드위치보다 쌓아놓은 거대한 팬케이크가 더 어울릴 듯싶다. 가장 뚱뚱하고 한없는 식욕을 자랑하는 폴리네시아인의 미식가 신을 위해서 요리된 듯한, 굳은 용암판들을 무수히 쌓아올린 팬케이크 말이다. 내 지도에는 하와이에서 가장 높은 화산인 마우나케아의 높이가 4,205미터로 나와 있다. 빅아일랜드에 있는 또다른 큰 화산인 마우나로아의 높이도 아무리 낮게 잡아도 4,169미터는 된다. 하지만 이 높이는 해수면 위만 따진 것이다. 하와이 주변 바다의 평균 수심은 4,877미터이다. 간단히 계산해보면, 진정한 바닥인 해저에서부터 따지면 이 화산들의 높이가 거의 9,000미터에 달한다는 것을 알 수 있다. 그렇게 보면 이 화산들은 에베레스트 산보다도 더 높은 지구 최대의 구조물에 속한다. 마우나로아의 부피는 약 8만 세제곱킬로미터에 달한다.

지금 해수면을 향해서 로이히 섬을 밀어올리고 있는 보이지 않는 사건들, 즉 수중 분출을 잠수정을 이용하여 조사해보니 용암류의 형태가 지상에 있는 것들과 달랐다. 수중 용암은 수압으로 인해서 뿜어져 나오자마자 급속히 냉각되어 둥근 덩어리로 굳어버린다. 이 둥근 덩어리들은 쌓인다. 이런 종류의 화산암들을 베개 용암(pillow lava)이라고 한다. 오래된 베개 용암은 쉽게 구분할 수 있다. 나는 웨일스 서쪽 피시가드 근처 해안의 한 등대 밑에서 그런 용암들을 처음 보았다. 거의 5억 년이나 된 것들이었지만, 해즐럿과 하인드먼의 『하와이의 길가 지질(*Roadside Geology of Hawai'i*)』에서 열거된 용암들 중에도 비슷한 종류가 있었다. 용암류들이 쌓여 해수면 위로 솟아올라, 바다와 용암이 격렬하게 충돌하기 시작하면 다른 과정들이 일어난다. 나는 안개가 낀 어스름에 이 전투를 직접 목격했다. 폭발적인 냉각과 유리질 파편들의 퇴적이 이어지면서 유리질 쇄설암(hyaloclastite)이라는 독특한 얼룩무늬가 있는 암석이 생긴다. 따라서 이제 당신은 서로 다른 종류의 용암류들이 겹쳐지면서 화산섬을 만든다고 상상할 수 있을 것이다. 먼저 베개 용암이 나오고, 섬이 수면으로 나오는 전투에서 이기면 베개 용암과 유리질 쇄설암의 혼합물이 나오고, 그 다음 흐르는 파호에호에 용암과 그것의 지상 동료인 아아 용암이 쌓이고 또 쌓인다. 하와이 제도에서는 이 모든 단계들이 펼쳐지고 있다.

그 제도를 맨 처음 방문한 서양인은 그런 형성 양상을 금방 알아차렸다. 1778년 쿡 선장은 이렇게 기록했다. "카우 지역의 해변은 너무나 무시무시하고 끔찍하다. 그 지역 전체가 무시무시한 격변을 겪어온 듯하다. 땅은 분석(噴石, cinder)으로 뒤덮여 있고, 그리 오래되지 않은 시기에 산에서 바다로 용암이 흐른 형상을 보여주는 검은 띠들이 가로지르고 있다. 남쪽 갑은 화산의 찌꺼기처럼 보인다." 제임스 쿡은 이곳이 낙원과 같다는 환상에 빠지지 않았다. 그에게 낙원이란 훨씬 더 잘 가꾸어진 곳, 아마도 요크셔의 매턴에 있는 자기 집을 떠올리게 할 만큼 난초를 비롯한 잘 가꾼 풀들이 자라는 정원 같은 곳이었을 것이다. 쿡은 다음 해에 하와이로 돌아갔다가 원주민들에게 살해당했다. 한 원주민 추장에게 채찍질을 했다가 보복을 당한 것이라고 한다. 하와이 제도의 고립을 종식시킨 사건을 꼽으라면 쿡의 방문을 들 수 있을 것이다. 그 뒤로 다른 사람들도 찾을 수 있도록 지도에 그 제도의 정확한 위치가 표시되었기 때문이다.

선교사인 윌리엄 엘리스는 1823년 킬라우에아를 방문했다. 아마 펠레의 영토에 들어간 최초의 서양인이었을 것이다. 그곳에 대한 인식은 그후 40년 사이에 크게 바뀌었다. 그는 『하와이 여행기(*Narrative of a Tour through Hawai'i*)』(1826)에서 "하와이 섬은 웅장하고 숭고하며, 보는 사람의 마음을 경이와 기쁨으로 가득 채운다"고 썼다. 시인인 새뮤얼 테일러 콜리지도 그 글을 읽고 동의했다. 그 섬을 에덴으로 보는 현대적 관점이 탄생한 것이다.
　마우나로아와 마우나케아 같은 거대한 화산을 가장 제대로 보는 방법은 공중에서 보는 것이다. 지상에서 보면 그 엄청난 규모를 실감하기 어려우며, 화산이 구름에 가려져 있을 때도 많다. 하늘이 맑을 때면 그 화산들은 다른 산들과 달리 그리 높아 보이지 않는다. 오히려 가까이 다가와 있는 듯하다. 모든 도로들이 그 산들을 향해 하염없이 위로 쭉 뻗어 있다는 것을 알아차린 뒤에야, 당신은 그 화산들이 얼마나 높은지 이해하기 시작한다. 걸어서 마우나로아의 추운 정상까지 오르려면 삼사 일은 걸린다. 마우나케아의 정상은 천문대를 세우기에 매우 적당한 곳으로 생각된다. 구름보다 높이 솟아 있어서 별만 볼 수 있고, 하늘도 이상적이라고 할 만큼 깨끗하다. 비행기에서 내려다보면, 이 거대한 하와이 화산들을 순상(楯狀) 화산이라고 부르는 이유를 알게 된다. 그 산들은 사실 뒤집어놓은 로마 방패처럼 생겼다. 적도 침식을 통해서 땅이 갈라지기 전까지는 말이다. 완만한 비탈들은 무수한 용암류들이 굳으면서 자연적으로 만든 각도이다. 하지만 세부적으로 들어가면 방패라는 비유는 들어맞지 않는다. 마우나로아(그리고 킬라우에아)의 중앙은 툭 튀어나와 있는 것이 아니라 크게 움푹 들어가 있기 때문이다. 그러한 칼데라는 한때 화산의 중심을 떠받쳤던 용암이 지하로 빠져나가면서 중앙의 화산 원추구가 무너져서 만들어진다.

하와이 빅아일랜드에 있는 화산들의 나이는 북쪽에서 남쪽으로 갈수록 줄어든다. 가장 어린 킬라우에아는 맨 남쪽에 있으며 가장 활발하게 활동하고 있다. 그 다음으로는 마우나로아이며, 마우나케아, 서쪽 코나 해안 근처에 있는 후알랄라이 순으로 이어지다가 마지막에 섬의 북쪽에 있는 가장 오래된 코할라가 나온다. 코할라가 마지막으로 폭발한 것은 10만여 년 전이며, 주요 순상부는 40만 년 전에 형성된 듯하다. 우리는 화산들의 이런 순서가 지각판이 이동한 결과임을 살펴볼 것이다.

화산 발달의 첫 단계는 거대한 순상 화산이다. 그 다음 마그마의 혓바닥이 표면으로 나가는 출구를 찾아낸 곳마다 화산 분출구가 열린다. 빅아일랜드에는 펠레가 갑작스럽게 터뜨린 분노의 피해를 입은 곳들이 많다. 대개 초기 단계가 가장 격렬하기 때문이다. 주요 화산들의 분출구는 열곡대(rift zone)를 따라서 분포해 있다. 열곡대는 단층을 이루는 약한 부위가 지상에 남긴 흔적이며, 용암은 주로 이 열곡대를 따라서 스며든다. 화산 국립공원에 있는 분화구 사슬(Chain of Craters) 도로는 킬라우에아의 동쪽 열곡대를 따라서 나 있다. 이름에서 짐작할 수 있듯이, 그 길을 따라서 분화구들이 죽 늘어서 있다. 1969–1974년 마우나울루가 분출했는데, 현재 햇빛에 번들거리는 드넓은 검은 파호에호에 용암 벌판은 그것이 남긴 유산이다. 그 벌판은 매끄러운 곳도 있고, 콩팥들을 모아놓은 듯이 굽이치는 곳도 있으며, 창자처럼 비비 꼬인 곳들도 있다. 조금만 살펴보면 펠레의 머리카락을 더 많이 찾을 수 있을 것이며, 따라서 이곳은 해부학적 경관이라고 할 만하다. 용암에 난 작은 틈새들에서는 양치류들이 자라고 있다. 생명이 그 헐벗은 곳을 개간하는 데에는 오랜 시간이 걸리지 않는다. 용암이 깨진 곳에서는 거품 모양의 구멍들을 쉽게 볼 수 있다. 분출 때 방출된 기체들이 만든 구멍들이다. 거품들이 암석만큼 많아 보이는 곳들도 있다. 당신은 클 링커나 더 정확한 용어인 암재(scoria)라는 단어를 떠올릴지도 모른다. 분화 구 사슬 도로를 조금 더 따라가면 킬라우에아의 아름다운 옆모습을 한눈 에 볼 수 있는 케알라코모와 탑이 하나 나온다. 풀로 뒤덮인 산허리들이 죽 펼쳐져 있는 경관이 눈에 들어온다. 높이가 30미터쯤 되는 단애(斷崖)들도 있는데, 그것은 킬라우에아가 바다로 미끄러져 떨어지고 있다는 것을 보여 주는 단층의 가시적인 표현이다. 비록 화산체가 해저 위 수천 미터 높이로 솟아 있다고 할지라도, 아이들이 욕심을 부려 쌓은 모래성과 마찬가지로 가장자리는 무너지기 시작한다. 1969-1974년의 용암류는 엎질러진 당밀처 럼 그 단구들 위를 뒤덮으면서 계속 내려가서 바다 밑의 평원을 뒤덮었다. 지금은 침식으로 30미터가 넘는 절벽들이 형성되어 있으며, 끊임없이 침식이 일어나면서 천연 아치들이 만들어지고 있다.

분출은 주요 화산 밑의 불타는 위장인 마그마 방에서 게워진다. 마그마 방의 압력은 계속 증가하다가 속이 게워질 때, 즉 분화구에서 불꽃의 분수 와 빛나는 용암 소나기가 뿜어나오면서 줄어든다. 마그마의 지류들은 예 전에 용암류가 흘렀던 곳에 난 균열들 사이로 스며든다. 그 균열들은 지하 의 무자비한 압력으로 생긴 것들이다. 일단 균열이 생기면 용암은 근원이 마를 때까지 그곳으로 스밀 것이다. 이따금 도로변 절개지에서 과거에 액상 암석을 지상에 공급했던 수직 암맥들이 보이기도 한다. 그것들은 암석들의 전반적인 배열 양상과 어긋나 있다. 즉 층층이 쌓인 화산의 피부를 수직으 로 꿰뚫으면서 관입해 있다. 마그마 방의 압력이 증가할수록 땅은 팽창한 다. 마치 땅이 격렬한 활동을 하기에 앞서 숨을 깊이 들이마시는 것 같다. 따라서 팽창을 감지한다면, 분출을 예측하고 재앙에 대비한 사전 조치를 취할 방법이 생길지도 모른다.

킬라우에아의 화산 관측소에서는 1912년부터 계속 분출 활동을 관측해 왔다. 땅 곳곳에 설치되어 있는 기기들은 아주 미묘한 변화까지도 감지할 수 있다. 그 자료들을 취합하는 일은 본래 용감하고 끈기 있는 지질학자들이 맡고 있었다. 지금은 이 정보들이 전자 장치를 통해서 즉시 관측소로 전달되며, 그곳에서 컴퓨터들이 그것들을 취합하는 일을 맡고 있다. 마우나로아와 킬라우에아에는 수평기와 똑같은 원리로 작동하는 정교한 경사계가 설치되어 있다. 이 경사계는 땅의 융기를 마이크로라디안의 10분의 1까지 정확하게 측정한다. 그것은 아주 미미한 경사도이다. 분출구와 분기공에서 나오는 기체 시료를 채집하는 감압 용기들도 있다. 그것들을 실험실로 가져와서 이산화황과 이산화탄소의 농도를 정확히 측정한다. 농도가 증가한다는 것은 솟아오르는 마그마에서 뜨거운 입김이 뿜어져 나오고 있다는 신호이다. 킬라우에아에서는 하루에 100−200톤의 이산화탄소가 나오는 것으로 추정된다. 분출이 활발한 곳에서는 그보다 10배나 더 많은 양이 나온다. 그 분출 기체는 숨이 막히게 할 뿐 아니라 답답하게 만든다. 그리고 땅의 맥박을 기록하는 60개의 지진계가 관측망을 이루며 설치되어 있다. 공연 첫날에 초조해하듯이, 분출에 앞서 지진이 일어난다. 또 상공에서는 위치 측정 위성들이 지나가면서 위성 기준점들을 참조하여 정확한 위치와 모든 위치 변화들을 기록하고 있다. 심지어 지각 내의 압력 증가를 측정할 수 있는 더 정교한 기기들도 있다. 시추공 열팽창계(bore-hole dilatometer)는 용암 더미에 수백 미터 깊이의 시추공을 뚫어서 사용한다. 이 기기는 단순하게 말하면 시추공의 벽이 "짓눌리는" 정도가 변화할 때, 그것을 감지하는 기름 주머니이다. 마우나로아의 산허리에 설치한 것이 80킬로미터 떨어진 킬라우에아의 지하 약 3킬로미터에 있는 마그마의 상승을 검출해낼 정도로 아주 민감한 장치이다. 지하의 마그마 창고가 채워지면서 지각이 팽팽해지고 그 주머니가 압착된 것이 분명하다. 중력과 자기장의 변화 같은, 다른 물리학적 특징들도 정기적으로 측정되고 있다. 이런 온갖 측정 자료들을 종합해서 펠레의 기분을 파악하게 된다. 그리고 그녀가 마침내 분노를 표출하면, 그녀가 내뿜는 불똥의 온도를 측정하는 기기들이 작동한다. 열을 직접 측정하는 열전대 온도계가 그중 하나이다. 분출되는 용암의 색깔로 온도를 측정하는 광학 고온계도 있다. 용암은 섭씨 약 1,200도에서 하얀색을 띤다. 1,100도에서는 노란색을 띠다가 오렌지색(900도)에서 선홍색(700도)으로 변해간다. 크리스마스에 피우는 장작의 깜부기불을 떠오르게 하는 은은한 붉은빛은 약 500도에서 나타난다. 어떤 색깔이든 간에 당신을 즉시 태우기에는 충분하다.

그 관측소를 설립한 사람은 T. A. 재거 박사이다. 그는 현재까지 계속 우리의 과학 지식의 토대를 제공하고 있는 꼼꼼한 관측을 처음 시작한 사람이다. 그는 하와이 화산 분출을 정량화하고 싶어했다. 처음에 그것들은 탄복해서 숨을 멈추거나 괴로워서 손을 쥐어짜고만 있는 대상에 더 가까웠다. 그러다가 19세기를 거치면서 하와이 화산들은 지하 세계가 그것들을 형성하는 데에 어떤 역할을 하는지 추론하고자 하는 과학자들의 꼼꼼한 조사를 받게 되었다. 조사 결과를 발표할 수 있는 『아메리칸 저널 오브 사이언스(American Journal of Science)』 같은 학술지들과, 이따금 급료를 지불하는 미국 지질조사국의 등장도 도움이 되었다. C. E. 더턴은 1884년에 하와이를 다룬 글을 발표했는데, 그 글에서 붕괴 과정이 칼데라 형성의 핵심이라고 파악했다. 또 그는 주요 순상 화산들에서 열곡대들이 방사상으로 뻗어나간다는 것을 알아차렸다. 그는 마우나로아에 대해서 이렇게 묘사했다. "분출 하나하나의 범위가 너무나 넓어서 시야를 훨씬 넘는 곳까지 다다르는 것들이 많으며, 그것들이 서로 뒤섞여서 규모가 얼마나 되는지 혼란을 가져온다." 이 말은 방대한 용암류들이 당혹스러울 정도로 많다는 점과, 그것들이 복잡하게 겹쳐져 짜이면서 하나의 거대한 구조를 이룬다는 점을 제대로 설명하고 있다. 아마도 층층이 쌓인 거대한 팬케이크라는 비유가 완전히 들어맞는 것은 아니었던 듯싶다. 그 쌓인 용암 더미는 판이 아니라 여기저기 조금씩 발라진 조각들로 이루어진 것이기 때문이다. 오랜 세월 동안 하와이를 설명하는 결정적인 문헌으로 간주된 것이 있다. 그것은 각각의 용암류를 지도에 기입하고 주요 화산들의 상대적인 나이를 파악하는 현장 연구에 토대를 둔 것으로서, 미국의 위대한 지질학자 제임스 드와이트 데이나가 쓴 저서였다. 1890년 그 저서를 출간했을 때, 그의 나이 일흔일곱 살이었다. 그는 당대의 다른 학자들과 비교했을 때 마우나로아 같은 눈에 띄는 인물이었다. 하지만 1912년과 그 이후의 화산 분출 사건들 덕분에 분화구 주변에서 훨씬 더 많은 물리적 측정을 할 수 있게 되었다. 기묘한 일이지만 재거 박사는 객관적인 측정에서 선구적인 역할을 했음에도 불구하고, 화산 활동의 변화가 11.1년으로 태양 흑점 주기와 관련이 있다고 굳게 믿었다. 그는 이곳 지구의 화산 분출이 아니라 태양을 살펴보았다. 그의 통계 수치가 지금은 진지하게 받아들여지지 않지만, 그 토대가 된 관측 자료들은 아직까지 쓰이고 있다. 거기에 어떤 패턴이 나타나기는 하지만 태양과는 아무 관련이 없다.

가장 중요한 사실은 큰 화산들의 배관 체계(plumbing system)가 각각 따로따로 되어 있다는 점이다. 그것들은 하나의 마그마 방에 연결되어 있지 않다. 그것들이 서로 긴밀하게 이어져 있었다면, 한 용암 지대에 생긴 변화가 다른 곳에서 벌어진 사건들과 뚜렷한 연관성을 보였어야 한다. 집의 난방 시스템이 중앙에서 균형을 잡아주는 것처럼 말이다. 하지만 실제로는 그렇지 않았다. 마우나로아의 용암이 지하로 빠져나갔다고 해서 할레마우마우가 반드시 어떤 반응을 보인 것은 아니었다. 현대 기술을 이용하면 각 화산의 근원 마그마를 파악할 수 있다. 마그마들은 각기 독특한 원소 조성을 보이며, 현대의 기술은 희토류(稀土類) 원소들이라고 하는 아주 희귀한 원소들을 ppb(10억 분의 1) 단위까지 정밀하게 측정할 수 있다. 조사 결과 주요 화산들은 각기 따로따로 깊은 지하 세계와 연결되어 있다는 사실이 드러났다.

그러나 잘 모르는 사람이 보기에는 빅아일랜드의 어디든 간에 용암을 이루는 암석의 종류가 거의 똑같아 보인다. 용암은 새로 생겼을 때는 검고 고운 알갱이 같고, 빛에 비춰보면 약간 반짝거릴 때도 있다. 특히 용암류 표면에는 기체가 빠져나간 구멍이나 기포가 들어 있는 경우도 많다. 그것이 풍화되면 나중에 오아후 폭포 근처에서 보았던 생강빵 같은 암석이 생긴다. 그것이 바로 현무암*이며, 지구에서 가장 흔한 암석 중 하나이다. 그 표면 질감을 비유하기에 딱 맞는 대상은 없다. 아마 독일의 무거운 검은 빵이 가장 비슷할 듯싶다. 도자기 제조자인 웨지우드는 오랜 노력 끝에 "배솔트(Basalte)"라는 검은 도자기를 만드는 데에 성공했다. 지금은 많은 회사에서 만들고 있지만, 자연에서는 그와 똑같은 이름을 가진 것(현무암, basalt)을 쉽게 찾아낼 수 있다. 현장에서 현무암 시료를 많이 확보할 수 없는 경우도 간혹 있다. 하지만 새로 쌓인 현무암을 한 조각 잘라낸다면, 그것을 곱게 갈아서 암석 현미경으로 조사할 수 있다. 그러면 모래알보다 작은 것들이 대부분인 결정들이 보일 것이다. 현무암은 혼합암(composite rock)이다. 배율을 더 높이면, 이 광물들 중에서 지푸라기를 양손으로 문질렀을 때 생기는 작은 부스러기 같은 작고 길쭉한 모양의 투명한 결정이 가장 먼저 눈에 띌 것이다. 이 결정들은 자연에서 가장 풍부한 광물 중 하나인 장석이다. 이것은 칼슘이 풍부한 특수한 종류의 장석으로서, 사장석이라고 불린다. 이런 각기둥 모양의 결정들 사이에는 연한 초록빛이 감도는 검은 광물이 많이 흩어져 있다. 현무암에서 두 번째로 중요한 이 광물은 규소, 철, 마그네슘이 주성분인 휘석이라는 광물이다. 그리고 감람석이라는 초록색 광물도 있다. 대다수 현무암에서 감람석 결정은 결정면이 산뜻하지 않은 불완전한 형태이다. 보석 등급의 감람석은 페리도트(peridot)라고 하며, 전체가 미묘한 초록빛을 띠고 있다. 화학자들은 그 초록빛이 제1철 상태의 철원소가 지닌 색깔임을 알 것이다. 암석을 얇게 잘라낸 단면을 살펴본 적이

---

* 정확히 말하면, 하와이 현무암은 그냥 현무암이 아니라 규소가 많이 들어 있는 톨레이아이트(tholeiite)라는 특이한 종류의 현무암이다. "열점(hot spot)"에서는 대개 이런 종류의 현무암이 밀려나온다.

있다면 이런 광물들이 친숙할 것이며, 굴절률 같은 광학 특성들을 조사하기만 해도 그것이 가진 화학적 특성들을 많이 알아낼 수 있다. 하지만 이런 결정들 사이에는 아무리 얇게 잘라도 결코 투명해지지 않는 작고 검은 알갱이들도 있다. 그것들은 금속 황화물인데, 황철광이 대부분이다. 많은 현무암들에서는 길쭉한 장석들이 놓인 방향이 용암류의 과거를 알려준다. 그것들은 바람에 날린 지푸라기들처럼 모두 한 방향을 향해 날려간 듯하다. 따라서 죽 같은 액상 마그마를 이루고 있던 결정들이 백열 상태에 있다가 냉각되면서 각각의 광물로 분리된 채 용암류에 갇혔으리라고 쉽게 상상할 수 있다. 냉각은 각 결정들이 더 크게 자랄 시간을 전혀 주지 않은 채 빠르게 이루어졌다. 모든 것이 흐르고 있었기 때문이다. 이 암석에는 어떤 긴박감이 있다. 용암류가 더 빨리 식는다면 눈에 띄는 결정조차도 형성되지 못한다. 그럴 때는 유리가 생긴다. 펠레의 눈물과 머리카락 같은 유리질 물질이 바로 그것이다. 그것들은 분출이 가장 용솟음치는 단계에서, 즉 펠레의 분노한 용암이 하늘 높이 내동댕이쳐졌다가 공중에서 굳으면서 생긴 것이다.

하와이 원주민들은 암석들의 미묘한 차이를 알고 있었다. 마우나케아의 정상에 있는 용암은 유리질이며 부싯돌 같다. 그것들은 석기를 만들기에 아주 좋다. 깼을 때 가장자리가 날카롭기 때문이다. 그 지역의 원주민들은 그런 돌이 어떤 용도로 사용될 수 있는지 잘 알고 있었다. 킬라우에아 근처의 분화구들 중에 케아나카코이라는 곳이 있다. "까뀌의 동굴"이라는 뜻이다. 이곳에서도 질 좋은 돌이 나온다. 절구와 공이를 만들 때에는 더 큰 현무암인 포하쿠를 썼다. 또 공 굴리기 놀이에 쓰는 놀이용 돌은 울루마이카로 만들었다. 그리고 물론 조각하거나 벽화를 새기는 데에도 돌이 쓰였다. 하와이에서는 쪼그리고 있는 인물을 새긴 원시적인 그림들을 흔히 볼 수 있다. 현무암은 헤이아우스라는 의식 장소로 쓰이는 커다란 광장의 경계석으로도 쓰였다. 지금은 잊혀졌지만 18세기에는 그런 장소들이 사람들로 북적거렸을 터이고, 전역에 있었을 것이다. 그곳들은 다소 버려진 채 쇠락하면서, 서서히 관목과 2차림에 의해서 삼켜지고 있다. 현무암이 오래 풍화되어 생긴 붉은 색소는 염료로 쓰였으며, 상상력이 뛰어난 몇몇 사업가들은 그것을 부활시켰다. 지금 많은 상점에서 쉽게 구입할 수 있는 레드 더트 셔츠가 바로 그것이다. 하와이 제도는 한때 석기시대의 본고장이었으며, 그들의 문화적 가능성들을 규정한 것은 현무암의 잠재력이었다. 결국 암석이 지배하는 세상이었다.

화산 이야기는 거대한 순상 화산들이 완성되고 정상에서 칼데라가 붕괴하는 시점에서 끝나지 않는다. 마그마 저장고는 아직 그 안에 살아 있다. 후기 화산 분출은 다른 양상을 띤다. 첫째, 더 격렬하며, 화산 하면 모두가 맨 처음에 떠올리는 모양인 가파른 분석구를 만든다. 둘째, 훨씬 규모가 작다. 공중에서 보면, 부모 화산 중턱에 나 있는 종기나 부스럼처럼 보인다. 그것들은 자유롭게 흐르는 톨레이아이트 현무암보다 점성이 훨씬 더 강한 종류의 용암으로 이루어져 있다. 원인은 마그마 방에서 일어난 변화 때문이다. 마그마 방의 액상 혼합물은 진화하면서 점성이 더 강한 알칼리 성분이 풍부한 용암을 형성한다. 마그마의 진화는 몇천 년에 걸쳐서 조금씩 진행된다. 무거운 광물들이 결정으로 변해 서서히 마그마 방 바닥으로 떨어지면서, 남은 마그마의 조성은 변해간다. 지하 세계에서 숨음질이 이루어지는 셈이다. 그 결과로 생긴 암석은 조면암(trachyte)이라고 불리기도 하는데, 사장석이 아니라 사니딘(sanidine) 같은 알칼리 성분이 풍부한 장석 결정들이 많이 포함되어 있다. 이러한 암석들이 분출된 분석구는 유체인 용암류가 흘러나온 분출구보다 더 급한 비탈을 형성할 수 있다. 오아후 섬의 호놀룰루 근처에는 분석구가 몇 개 있다. 마을 위로 높이 솟은 펀치볼 분화구에는 태평양전쟁 때의 전사자들을 기리기 위한 고아한 기념비가 서 있다. 현재 분화구 바닥은 온통 풀과 식물들로 뒤덮여 있으며, 기념할 만큼 격렬한 전투가 일어난 곳이라고는 추측하기 어려울 것이다. 와이키키의 서쪽 끝에 있는 다이아몬드헤드 분화구는 하늘을 배경으로 더 험한 자세로 서 있다. 급한 비탈에는 아주 볼품없는 관목들이 자라고 있으며(이곳은 섬에서 더 건조한 지역이다), 바다를 향해 거친 갈색 화산암들로 이루어진 돌밭이 길게 펼쳐져 있다. 블랙포인트 분화구에서는 멋진 파도가 한눈에 들어온다. 서쪽으로 몇 킬로미터 떨어진 하나우마 만은 예전의 분석구가 태평양에 잠긴 곳이다. 해안선을 깊이 파먹은 듯한 형태의 이곳은 아주 아늑하고 잔잔해서 초보자들이 산호들 위에서 수영할 수 있는 몇 안 되는 곳 중 하나이다. 따라서 이곳은 유명한 관광지가 되었으며, 그 결과 산호들은 수많은 사람들에게 부딪혀 점차 마모되고 있다. 하지만 하와이의 비, 평화, 농업의 신인 로노의 화신이라고 잘 알려져 있는 약간 푸른색을 띤 물고기인 루무후무누쿠누쿠아푸아를 언뜻 볼 수 있을지도 모른다. 하나우마 만으로 가다 보면 클링커 같은 갈색 화산암으로 이루어진 절벽들을 지나치게 된다. 나는 이 암석을 자세히 살펴보다가 내 눈을 의심했다. 화산암들 사이에 하얀 산호 덩어리들이 박혀 있는 것이 뚜렷이 보였기 때문이다. 시간이 흐르면서 하얗게 변한 그 산호 덩어리들은 케이크에 든 무화과처럼 박혀 있었다. 산호초에 구멍을 뚫을 만한 격렬한 폭발이 일어났고, 그 위력에 산호들이 부서지면서 휩쓸린 것이 분명하다.

하와이에는 검은색, 흰색, 초록색 등 세 종류의 모래가 있다. 그중 흰 모래가 가장 흔하며, 그것은 낙원을 선전하는 관광 책자에 으레 등장한다. 그 모래는 오래된 섬들의 해변을 만들었고, 그 바깥은 늘 산호초들이 둘러싸고 있다. 와이키키와 마우이 섬의 카하나 해변이 이 모래로 되어 있다. 이 하얀 모래밭 위로는 야자나무들이 서서 자그마한 그늘들을 드리우고 있다. 나 같은 방문객들은 하얀 모래에 친숙하다. 즉 뉴잉글랜드, 뉴사우스웨일스, 뉴키 같은 곳의 해변에서 볼 수 있는 미세한 둥근 석영들 말이다. 하지만 하와이의 모래는 전혀 다르다. 그것은 산호와 해조류가 부서져 생긴 것이다. 즉 수만 번의 폭풍이 섬을 휩쓸면서 부서뜨린 잔해들이다. 그것은 파도를 타는 사람들이 불가능해 보이는 모험을 감행하곤 하는 집채만한 겨울 파도에 휘말리면서 곱게 빻아졌다. 산호 모래는 몸에 달라붙는다. 석영 모래는 마르면 몸에서 떨어져나가지만, 산호 모래는 당신의 피부가 되기로 결심한 것 같다. 그것은 가볍고 놀라울 정도로 새하얀 데다 전혀 돌 같지 않다. 하루쯤 걸려 다른 곳으로 가면 정반대의 신기한 경험을 할 수 있다. 빅아일랜드의 남쪽 해안인 푸날루 해변은 검은 모래만으로 이루어져 있다. 이 해변은 빛을 반사하는 것이 아니라 빨아들이고 있는 듯하다. 모래를 조금 집어서 얇게 펼친 뒤 돋보기로 살펴보면, 그 "모래"가 유리질 현무암이 부서진 매끄러운 작은 조각들로 이루어졌음을 쉽게 알 수 있다. 그 모래는 젖으면 몹시 반짝거리며, 검은 진주의 광채를 떠올리게 한다. 이 모래는 그 섬에서 가장 최근에 생긴 지역에 새로 형성된, 지질학적으로 어린 해변에 있다. 이런 해안에는 순수한 검정을 희석시킬 만한 산호 부스러기들이 전혀 없다. 이 특별한 해안에는 거대한 바다거북들이 햇볕을 쬐고 있다. 아마 그들은 검은 모래가 아침 햇볕에 금방 따뜻해진다는 것을 알고 있을 것이다. 세 번째 종류의 모래는 연한 올리브색을 띠고 있으며 훨씬 드물다. 이모래는 빅아일랜드의 카라에 근처에 있다. 미국 영토의 가장 남쪽에 자리한 갑이다. 이 황량한 해안은 마우나로아에서 나온 오래된 용암류들이 태평양의 강력한 힘과 정면으로 부딪히는 곳이다. 이곳은 약간 으스스하다. 안내소(거의 안내를 받을 수 없는 곳이다)에 있는 기이할 정도로 무심한 남자는 약간의 비용을 내면 자동차를 지켜주겠다고 제안한다. 누구에게서? 그곳은 사람을 보기 어려운 곳이다. 나무라고는 바다를 등진 채 땅에 거의 달라붙어 있는 왜소한 것들뿐이다. 바다 가까이로 다가가면 바위들 사이의 오목한 곳에 초록빛 모래들이 담겨 있음을 볼 수 있다. 이 모래를 조금 집어서 돋보기로 보면, 알갱이들이 유리병 같은 초록색을 띤 투명한 둥근 결정임을 알 수 있을 것이다. 바다와 바람으로 다른 광물들은 모두 흩어져서 사라져버리고, 용암이 침식되어 나온 모래들만이 이 특별한 장소에 모이게 된 것이다.

　이 모래는 섬이 나이가 들어간다는 것을 가장 가시적으로 보여준다. 그 가장 크고 가장 어린 섬은 아직 자라고 있으며, 여전히 동맥에 용암이라는 붉은 영액(靈液)이 흐르고 있다. 다른 섬들은 물질들을 내뿜은 화산들이 죽은 뒤, 침식되고 부식되어 있는 상태이다. 마우이 섬은 빅아일랜드의 북서쪽에 있으며, 빅아일랜드를 제외한 섬들 중에서 가장 어리다. 마우이 섬은 죽은 것 같지만 그 사체는 식지 않은 듯하다. 침식은 아직 초기 단계에 있다. 나중에 흐른 용암들에 묻힌 토양층에서 꺼낸 숯을 방사성 연대 측정법으로 분석해보니, 1,000년쯤 전에 대규모 분출이 있었다는 사실이 드러났다. 1786년 라페루즈라는 프랑스인이 그 섬의 남서쪽 끝에 있는 만의 지도를 작성했다. 하지만 7년 뒤 해양 탐험가 조지 밴쿠버가 그곳을 지나갔을 때 그곳은 이미 새로운 용암으로 뒤덮여서 분간할 수 없게 된 상태였다. 이 분출은 열곡대의 끝에서 일어났으며, 한 번 이상 일어났으리라고 상상할 수 있다. 마우이 섬은 오래된 모래 언덕들이 여기저기 흩어져 있는 이스머스라는 저지대를 사이에 두고 북서쪽의 웨스트마우이와 남동쪽의 할레아칼라 두 화산이 연결되어 생긴 섬이다. 순상 화산인 웨스트마우이는 130만 년 전에 형성이 끝났으며, 또다른 순상 화산인 할레아칼라의 주요 부분은 70만여 년 전에 층층이 쌓여 형성되었다. 그 뒤 폭발적인 분출 단계가 이어지면서, 경관에 부스럼이 난 듯한 분석구들이 생겼다. 화산들의 원래 형태도 일부 남아 있다. 할레아칼라의 동쪽 사면인 더 습한 지역에는 깊은 골짜기들을 침식시키는 수천 개의 폭포들이 있다. 하지만 정상에 있는 분지는 마치 매캐한 연기가 어제서야 잦아든 것처럼 보인다. 그것은 방대한 규모이다. 분지의 바닥은 칼라하쿠 전망대보다 610미터 더 낮은 곳에 있으며, 그 안에서 가장 높은 분석구는 높이가 180미터이지만, 트롱프뢰유(실물로 착각할 정도로 정밀하고 생생하게 묘사한 그림/역주) 같은 주변 경관 때문에 훨씬 작아 보인다. 큰 분출이 있은 뒤에 용암과 증기 및 화산 기체들이 번갈아 뿜어진 결과 암석들이 물들어서 분석구들은 붉은 산맥처럼 보인다. 놀랄 정도로 새빨간 것도 있고, 오래된 피처럼 보이는 것도 있다. 분석구는 분출 때 뿜어진 용암 중 가장 굵은 덩어리들이 쌓인 것에 불과하다. 튀어나온 화산탄들과 용암 덩어리들이 점점 높아지는 경사면에서 굴러 떨어져 형성된 것이다. 큰 화산탄들은 지금도 그 가파른 비탈 근처에 놓여 있다. 틈새로 공기가 지나가면서 둥글게 다듬어진 것들도 간혹 있으며, 깨져나간 곳에 보이는 유리질 표면은 그것들이 대단히 빨리 식었음을 말해준다. 더 작은 것들은 화산재가 되어 바람에 휩쓸려 사라졌을 것이다. 마지막 분출은 분석구의 꼭대기에 새로 난 부스럼 같은 분화구들을 남겼다.

오아후 섬은 그보다 더 오래된 섬이다. 그 섬은 약 400만 년 전에 바다에서 솟아났다. 그 섬도 두 화산이 융합된 형태이지만, 두 산줄기는 한때 그것을 형성했던 순상 화산들의 파편밖에 보여주지 않는다. 그 산들은 호놀룰루라는 개성 없는 도시에서 몇 분이면 닿는 곳에 있다. 이노우에 상원의원이 그 섬의 바람을 등진 쪽에 있는 진주만과 바람을 안은 쪽에 있는 카네호에라는 두 전략 요충지를 연결하기 위해서 세운 도로인 3번 주간 도로를 따라서 차를 몰면 그 산들에 닿을 수 있다. 그 도로는 한때 세계에서 가장 비용이 많이 든 도로라고 알려져 있었다. 터널을 빠져나오면 깎아지른 듯한 절벽 옆으로 나는 듯이 달리는 느낌이 든다. 이 산허리에는 곳곳에 움푹 들어간 골짜기들이 있으며, 골짜기들은 아주 가팔라서 마치 경관에 제멋대로 드리워진 듯하다. 아무리 가파른 비탈이든 간에, 양치류와 나무로 된 초록 담요들이 온통 그 위를 뒤덮고 있다. 몇 분 지나지 않아 구름이 몰려들면서 비가 퍼붓기 시작한다. 마크 트웨인은 1866년 4월에 이 침식된 화산의 전경을 완벽하게 묘사했다. "그것은 새로운 전경이었다. 벽처럼 둘러선 산……앞쪽 산맥은 당당하게 보였고—비대하다고 말할 사람도 있을 것이다—위아래, 대각선, 가로 어디로 보든 간에 평원에 쌓인 눈이 바람에 휩쓸려 생긴 환상적인 능선을 생각나게 하는 날카로운 산마루가 뚜렷이 들어왔다……산의 위쪽 전체는 모서리와 모퉁이가 많은 물체를 뒤덮은 아주 넓은 초록 덮개처럼 보였다." 트웨인은 자신의 편지마다 에덴과 낙원이라는 말을 마음껏 썼다. 하지만 다른 모든 섬들이 그렇듯, 이 섬도 과거에 만용을 부려 솟아올랐던 그 바다로 돌아갈 운명이다. 낙원이 반드시 영원할 필요가 있을까?

트웨인은 그 불가능해 보일 정도로 가파른 산비탈들을 지탱하는 숨겨진 버팀대들이 있다는 비유를 들었다는 점에서 옳았다. 실제로 수직으로 뻗은 현무암 공급 암맥이 그 산비탈들을 어느 정도 보강하고 있다. 한때 순상화산을 만들 만큼 엄청난 양의 용암류를 공급했던 이 암맥들은 이미 폐허가 되고 부서진 지 오래이다. 까마득히 솟은 탑을 지탱하는 강화 콘크리트 기둥들처럼, 암맥들은 삐죽 튀어나온 절벽들을 지탱하는 버팀대 역할을 한다. 팔리 전망대에 서면 깎아지른 절벽들이 한눈에 보인다. 자동차를 타고 가면 숲으로 뒤덮인 비탈을 수월하게 올라갈 수 있지만, 발품을 팔아 올라가도, 꼭대기에서 서쪽으로 펼쳐져 있는 코올라우 칼데라의 깎아지른 절벽을 대하면 그만한 보람이 있다고 느낄 것이다. 수많은 관광객들이 그 장관을 사진에 담으려고 시도하다가 실패하고 만다. 1781년 카메하메하 1세("대왕"이라고 알려져 있다)가 오아후 왕의 전사 300명을 절벽 너머로 내몰아 죽인 곳이 바로 여기였다. 그 전투로 그는 하와이 제도의 대부분을 지배하게 되었다. 그 섬에는 그의 이름을 딴 도로가 있다.

카메하메하 왕 도로를 따라 오아후 섬의 바람이 불어오는 쪽 해안으로 가면, 고층 건물이 들어서기 이전에 섬의 모습이 어떠했는지 보게 된다. 대부분 2차림임에도 낙원 같다는 생각이 금방 떠오를 것이다. 그곳은 거의 끝없이 이어진 산호 모래 해변을 따라 탁 트인 베란다가 달린 집들이 점점이 있는 초록빛으로 가득한 나른한 느낌을 주는 장소이다. 달콤한 바나나와 파파야, 신선한 코코넛 밀크 음료도 있다. 나는 중세 때 회자되었던 지상 낙원을 생각했다. 바다 저 멀리에 영원히 살 수 있는 이상향인 섬이 있다는 주장 말이다(헤리퍼드 대성당에 있는 "마파 문디[Mappa Mundi]"라는 기이한 지도에는 실제로 인도 근처에 그 섬이 있다고 표시되어 있다). 아마 이 이상향에 대한 기억이 우리 마음속 어딘가에 계속 남아 있는 듯하다. 성직자의 바짝 민 정수리 주위에 남아 있는 머리카락들처럼 가장자리에 서 있는 코코넛 야자수들과, 거기까지만 헤엄치라는 듯이 선을 이루는 산호초들이 만들어내는 파도로 둘러싸인 외딴섬은 일상생활의 걱정거리들로부터 원시적인 고즈넉함 속으로 탈출한다는 생각에 딱 들어맞는 듯하다. 하와이는 그렇게 고즈넉하게 만들어졌으며, 그 원인들은 모두 지질학적인 것이다. 해안을 따라가다 보면, 코올라우 칼데라의 층상 용암 절벽들이 튀어나와 집한 채 들어설 공간도 없이 도로가 바다 바로 옆 좁은 지대로 난 곳들이 곳곳에 있다. 쿠알로아에는 경이로울 정도로 수직에 가까운 계곡 하나가 거의 바다와 맞닿아 있다. 앞바다에는 그 동네에서 "중국인의 모자"라는 딱 어울리는 이름으로 불리는 바위가 하나 솟아 있다. 오아후 섬의 이쪽은 지각이 서서히 평온하게 풍화되어 형성된 것이 아니라, 격변을 통해서 형성되었다. 그 가파른 지형은 코올라우 화산의 동쪽 절반이 대규모로 붕괴함으로써 생긴 것이다. 그것은 거의 상상조차 못할 위력을 가진 해일을 만들면서, 사태를 일으켜 가장자리를 뚝 잘라내어 하와이의 심연 속으로 빠뜨렸다. 이 사건은 누아누 사태라고 알려져 있다. 이런 일이 여기서만 일어난 것은 아니다. 몰로카이 섬의 동쪽 화산은 북쪽 중턱이 태평양으로 무너져 내리면서 거의 반 토막이 났다. 현재 북쪽 해안을 따라 난 해안 절벽들은 그 엄청난 사태가 남긴 흉터이다. 그 절벽들은 세계 최고의 장관이라고 할 만하다. 그것은 길이가 24킬로미터에 달하며, 수직 높이가 1만1,000미터나 된다. 지금의 몰로카이 섬은 찢어진 조각에 불과하다. 화산이 죽으면 바다 한 가운데 솟아난 섬들은 침몰하기 시작한다.

가장 북서쪽에 있으면서 가장 침식이 많이 되고 가장 오래된 섬은 카우아이 섬이다. 성숙한 화산섬을 보려면 이곳으로 가야 한다. 이 섬은 하나의 거대한 화산인 와이알레알레가 쇠락한 모습이다. 이 화산은 여전히 섬의 중심에 자리를 잡고 있다. 높이는 1,576미터이며, 거의 언제나 구름에 휘감겨 있다. 비록 섬의 대부분이 풍화하여 토양이 되었기 때문에 경작이 활발하게 이루어지고 있지만, 산지는 유별나게 바위투성이에다가 외져 있다. 알라카이 습지는 지상에서 가장 습한 곳이라는 평판을 얻고 있으며, 너무나 고립되어 있어서 여태껏 그곳에 자리를 잡은 개척자 식물도 얼마 되지 않는다. 그곳은 토착 새들의 마지막 피신처 중 하나이다. 지의류로 뒤덮인 오히아 나뭇가지들 사이에서는 아직 꿀풍금조들이 지저귀고 있다. 카우아이 섬에서도 대규모 사태가 있었으며, 그중 가장 큰 것은 나팔리 해변에 있는 초록빛으로 뒤덮인 접근 불가능한 장엄한 절벽들을 유산으로 남겼다(영화 「쥐라기 공원」에서 공룡들을 풀어놓은 곳이 바로 여기이다). 접근하기 어려운 절벽들이 섬을 순회 일주하는 도로를 놓지 못하도록 막고 있기 때문에, 그 지역은 침범되지 않은 채 남아 있다. 나팔리 절벽 위에 서면, 관광객들을 실은 헬리콥터들이 절벽을 따라 날아가는 광경이 내려다보인다. 이 높이에서 보면, 그 헬리콥터들은 거대한 코끼리의 쭈글쭈글한 피부 위를 스치며 날아다니는 모기들처럼 보인다. 예전에는 이 해안의 가장 오지 계곡들에까지 원주민 마을이 들어서리라고는 상상도 하지 못했을 것이다.

카우아이 섬은 침식된 거대한 계곡들에 의해서 곳곳이 갈라져 있다. 계곡들은 화산의 심장부를 가르고 있으며, 언젠가는 용암류와 암맥을 벗겨낼 것이다. 그 섬은 풍화되기보다는 깎여나갈 것이다. 대량의 용암류가 뒤덮었던 높이 25미터의 쌍둥이 폭포인 와일루아 폭포를 조사하면, 섬이 깎여나가는 속도를 어느 정도 추정할 수 있다. 이곳에서는 내구성 있는 용암류 밑에 쇄석 같은 용암류가 놓여 있다. 후자는 위에 덮여 있는 용암류보다 침식에 더 약하므로 계속 깎여왔다. 그 파편들은 결국 떨어져서 밑의 물속으로 떨어진다. 그럼으로써 절벽은 계속 날카로운 상태로 남아 있게 된다. 그렇게 해서 폭포는 이따금씩 큰 폭으로 뒤로 후퇴하며, 바다 쪽으로 골짜기가 계속 커진다. 이 골짜기는 200만 년이 된, 나중에 뒤덮인 점성이 더 강한 용암까지 일부 깎여나간 상태이다. 그 골짜기의 길이는 약 3-5킬로미터이므로, 대략 용암은 골짜기에서 100만 년당 1.6킬로미터씩 깎여나간 셈이다. 해수면의 높이가 일정하지 않았던 것을 비롯하여 상황을 복잡하게 만드는 다른 요인들이 많겠지만, 이 속도는 아마도 맞을 것이다. 따라서 비슷한 침식 과정이 섬을 가로지르는 데에 걸리는 시간은 2,000만 년 정도일 것이다. 마침내 섬이 해수면 가까이로 낮아지면, 침식 장치를 가동시킬 비를 만들 만한 고지대가 더 이상 없을 것이다. 그 뒤에 섬은 서서히 물결 밑으로 가라앉을 것이다.

이 섬에서 가장 장엄한 계곡은 와이메아캐니언이다. 이 계곡은 "태평양의 그랜드캐니언"이라고 불려왔다. 그 명칭은 지질 측면에서 볼 때 애통할 정도로 부정확한 것이다. 하지만 "그랜드"라는 형용사는 더할 나위 없이 타당하다. 와이메아 계곡에 드러난 용암들은 지질학적으로 콜로라도 강을 따라 펼쳐진 10억 년 이상의 지층들과 비견될 만한 유일한 사례이기 때문이다. 와이메아 계곡의 짧은 지질 역사는 우리에게 무엇을 말하고 있을까? 와이메아 강은 두 층의 용암으로 된 화산암들을 가르며 흐르고 있다. 그 대협곡은 적어도 길이 22킬로미터, 폭 1.5킬로미터에 달하며, 깊은 곳은 228미터에 달한다. 도로는 계곡의 서쪽 위에 놓여 있으므로, 상류를 향해 달리다가 정기적으로 멈춰 서면 황공하게도 화산을 가르는 이 드넓은 개석(開析) 지형을 볼 수 있다. 그리고 볼 때마다 놀라게 될 것이다. 계곡 양쪽으로 용암류들이 흐르면서 만든 줄무늬들이 있어서 콜로라도의 지층들과 그럴 듯하게 닮아 보인다. 봉우리들과 능선들이 있고, 가끔 거기에 구름도 걸려 있다. 붉은 색조가 어쩌면 저렇게 다양할까 하는 생각이 들 수도 있을 것이다. 그 색조는 햇빛의 각도와 세기에 따라 끊임없이 변화한다. 구름도 경사면에 얼룩덜룩 그림자를 드리우면서 장관을 더욱 돋보이게 한다. 더 높은 곳으로 올라가면 토착 식생들이 나타나고, 아름다운 코아 나무의 달랑거리는 잎들 사이로 경관이 내다보이기도 한다. 낫 모양으로 완만하게 굽어 있는 그 잎들은 바람에 몸을 떨어댄다. 여기까지 올라오면 강줄기는 아주 멀리 떨어진 계곡 바닥에 가느다란 초록 선으로밖에 보이지 않는다. 그렇게 미미하게 졸졸 흐르는 물이 어떻게 그렇게 산허리를 깎아낼 수 있었을까? 그 다음에는 여기저기 아슬아슬하게 버티고 있는 풍화된 용암 덩어리가 보일 것이다. 기울어지기 시작한 것들도 있다. 절벽의 폭포와 산사태가 있었던 곳에 가면—당신 앞에 암석 파편들이 증거로 남아 있을 것이다—마음의 눈으로 전체 과정을 상상할 수 있다. 전개 속도가 불합리할 정도로 빨라지는 만화 영화에서처럼 당신은 순상 화산이 솟아오르고, 그 화산의 측면이 갑자기 무너지고, 열곡대가 시작되고, 마지막 용암 원추구들이 분출하고, 하천들이 칼데라를 잠식하고, 마침내 자연력과 식생에 용암이 약해지고, 결국 침식되어 예전의 장엄했던 모습을 잃고 밑동밖에 남지 않는 과정을 상상할 수 있다. 해저 위에 세워져 있는 이 방대한 화산 구조물들의 진짜 무게가 얼마나 될지 상상하는 것은 더 어려운 도전 과제에 속한다. 그 구조물들은 건설 작업이 중단되면 가라앉기 시작한다. 앞에서 설명한 일종의 지각 평형 작용이 이루어지기 때문이다. 모든 것들이 섬의 생존을 위협한다. 생겨난 섬은 수면 위에서 자연력의 공격에 맞서 싸우고 있지만, 밑에서는 현무암 자체의 질량에 눌려 이미 가라앉고 있다. 이것이 낙원이라면, 자살 특공대의 낙원이다.

용암들에는 지하 세계의 전령들이 봉인되어 있다. 때때로 지질학자들은 마그마 방 자체의 내용물이 살아남아 있는 곳을 발견하기도 한다. 이 암석들은 더 서서히 식었기 때문에 커다란 결정들로 이루어져 있다. 그런 것이 발견되면 새로운 사례로 주목을 받지만, 본질적으로는 현무암에 들어 있는 것들과 비슷한 광물들로 이루어졌다. 즉 사장석과 휘석 그리고 약간의 감람석으로 되어 있다. 이러한 광물들은 암석을 검게 만든다. 현장에서 채취한 표본은 무겁고 우중충하지만, 연마하면 검은색과 회색의 아름다운 광택이 나타난다. 이것을 반려암(斑糲巖)이라고 하는데, 해양 지각 중 지하 약 4킬로미터에서 층을 이루고 있으며, 두께가 6킬로미터 정도로 두꺼운 곳도 있다. 따라서 적어도 식별할 수 있는 암석들 중에서 가장 풍부한 것에 속한다. 또 굵은 알갱이로 되어 있고 반려암보다 훨씬 더 희귀한 종류의 암석들로 이루어진 작은 돌들도 있다. 이 돌들은 분출 후기 단계에 폭발이 일어날 때 지하에서 휩쓸려 올라온다. 이들은 지하 세계의 가장 이질적인 곳을 대표하는 사절들이다. 그들은 "외래 암석"을 뜻하는 그리스어인 포획암(xenolith)이라고 불리며, 사실 우리 초록 행성의 표면에는 어울리지 않는 암석들이다. 그들은 본래 가장 깊숙한 곳에 있는 플루톤의 왕국에 살다가, 분출 인력에 휘말려 납치되어 온 것이다. 그들은 현무암 덩어리 내에 점점이 박혀 있는 암편처럼 보이며, 삼각형에서 구형에 이르기까지 모양이 다양하다. 그들은 마치 이질적인 세계로의 여행이 괴롭다는 듯이, 가끔 풍화되어 갈색으로 바뀌기도 한다. 그들은 쉽게 부식된다. 대부분 감람암의 일종이며, 페리도트가 초록 광물인 감람석에 붙는 더 매혹적인 이름이라는 점을 떠올리면, 굵은 결정 형태의 감람석이 페리도트의 중요한 구성 성분임을 추측할 수 있다. 감람암은 광물 조성에 따라 여러 가지로 나뉜다. 한 예로 두나이트는 거의 감람석만으로 이루어진 감람암이며, 짙고 어두운 초록색을 띠고 있다. 가장 중요한 것은 러졸라이트(lherzolite)이다. 이 암석에는 감람석이 많이 들어 있지만 장석과 휘석도 들어 있다. 거기에 석류석과 첨정석이 소량 섞여 있기도 한다. 후자의 두 광물은 이 기이한 암석 조각들이 어떤 조건에서 삽입되었는지 단서를 제공한다. 그것들은 고온과 고압에서 형성되기 때문이다. 이 암석 조각들은 언뜻 볼 때는 그다지 특이한 점이 없는 듯하지만 사실 대단히 중요하다. 저 아래 깊은, 아주 깊은 곳에 어떤 종류의 암석들이 있는지 직접적인 증거를 제공하는 것이 그들뿐이기 때문이다.

그것들은 맨틀에서 납치되어 온 것이다. 지구의 내부는 초록색이다. 우림의 덩굴식물들의 잎에서 볼 수 있는 초록색, 마노아 폭포 아래쪽의 숲에서 볼 수 있는 풍부한 초록색이다. 믿어지지 않겠지만, 이 작은 암편들이 땅의 대부분을 구성하고 있다.

하와이의 현무암 용암들은 그런 맨틀 암석들이 선택적으로 녹아 형성된 것이다. 대체로 이런 종류의 암석들을 고철질(mafic)이라고 한다. 마그네슘과 철이 주성분이기 때문이다. 화학자들은 그 암석들의 종류마다 어떤 미묘한 차이들이 있는지 이해하지만, 놀라운 점은 비와 해와 식물들의 부수고 용해시키는 힘들이 암석들을 변성시킴으로써 그 차이들이 생긴다는 것이다. 지하 깊숙한 곳에서 게워진 똑같아 보이는 원료에서 그렇게 다양한 것들이 나온다는 것은 지상 낙원에 걸맞은 경이라고 할 수 있다.

하와이 제도에서 얻은 사실들을 종합하면, 어떤 추론이 나올 수 있을까? 우선 섬들의 나이와 부식 상태를 생각해보자. 가장 어린 섬은 지금도 꾸준히 분출하면서 깊숙한 곳에 있는 마그마 우물에서 끄집어낸 물질로 스스로를 만들고 있으며, 방패가 아직 하늘을 향해 뒤집혀 있는 하와이 섬, 즉 빅아일랜드이다. 그 섬의 남동쪽 바다 밑에서 자라고 있는 새로운 섬을 제외하고 말이다. 언젠가는 그 바닷속 섬이 가장 어린 섬의 자리를 차지할 것이다. 빅아일랜드 내에서도 더 어린 화산들은 남동쪽에 있다. 슬프게도 커다란 방패들은 지질학적 운명이 닥치는 것을 막아줄 힘이 없다. 빅아일랜드의 북서쪽에 있는 마우이 섬은 사화산 섬이지만, 아직 식지 않았다(속에서는 아직 살아 있는지 모른다). 그 섬은 경관 전체가 최근의 역사를 기록하고 있다. 라나이 섬이라는 작은 섬은 한때 마우이 섬의 일부였다. 북서쪽으로 더 나아간 곳에 있는 몰로카이 섬과 오아후 섬은 더 오래되고 더 풍화되고, 큰 사태들이 일어나 가장자리가 바다 깊숙이 무너져 내리고, 최종 몰락이 예고되어 있는 섬들이다. 오래된 칼데라들의 가장자리는 침식되어 환상적인 홈들이 파여 있다. 한때 검고 단단했던 화산암들은 많이 풍화되어 케이크처럼 부드러워졌고, 색깔도 바랬다. 거기에서 더 북서쪽으로 가면 가장 오래된 섬인 초록빛이 만발한 기름진 카우아이 섬이 나온다. 그 섬은 심장을 향해 파 나아가는 침식의 균열들에 먹혔다. 지질학자들은 이런 점진적인 침식 덕분에 화산의 더 깊은 층들을 들여다볼 수 있다.

잠시 곁길로 들어서서 카우아이 섬 서쪽에 있는 니하우 섬을 언급하지 않을 수 없다. 이 섬은 아무도 방문할 수 없는 곳이다. 하와이에서는 "금단의 섬"이라고 알려져 있다. 이곳에서 아직 금단의 열매가 자라고 있을까? 이곳이 진짜 에덴 동산일까? 카우아이 섬의 나팔리 해변 위쪽에 서면 그곳이 잘 보인다. 그곳은 오래되어 부식된 화산의 한쪽 귀퉁이만 보이는 작은 섬이다. 나머지는 바닷속으로 가라앉았다. 그 섬은 로빈슨이라는 집안의 소유지인데, 그들은 외부인이 그 섬에 접근하는 것을 금지하고 있다. 물론 "금단"이라는 단어만큼 그곳에 가고 싶어 몸이 근질근질하게 만드는 것은 없다. 그곳은 지금 하와이어의 마지막 보루이기도 하다. 그곳에는 맥도널드 지점이 없으며, 켄터키 프라이드 치킨도 발을 디디지 못하고 있다. 그곳에서는 지금도 전통적인 방식으로 물고기를 잡는다. 다른 섬은 캐묻기 좋아하는 관광객이 어느 것이 진짜 전통 문화인지 궁금해할 정도로 전통 문화와 미국 문화가 뒤섞였지만, 그곳은 완전한 사유지이기 때문에 전통 문화가 고스란히 보존될 수 있었다. 진짜 훌라댄스 같은 것이 있는데, 힐튼 호텔에서 보는 것은 진짜가 아니다. 게다가 풀잎 치마도 하와이에서 유래한 것이 아니다. 로빈슨 집안은 전통적인 군주 역할을 맡고 있으며, 그럼으로써 이 섬의 일족을 존속시키고 있다. 호모 사피엔스의 꿀풍금조들을 말이다.

하와이 섬들은 남동쪽에서 북서쪽으로 이어진 선을 따라 서서히 일정하게 나이가 많아진다. 각 섬을 만든 것은 용암이지만, 그 원천은 섬을 만든 후에 죽었다. 이런 사실들을 종합하는 한 가지 방법은 화산들의 열원(熱源)이 차례차례 남동쪽으로 옮겨갔다고 상정하는 것이다. 맨 처음에 나왔던 가설이 바로 그랬다. 상황이 정반대라면, 즉 마그마라는 불타는 원천이 고정되어 있고, 대신 화산들이 움직였다면 어떨까? 아니 더 정확히 말하면, 지각이 고정되어 있는 열원 위를 지나갔기 때문에, 화산 자손들이 거기에 맞추어 차례차례 분출했던 것이다. 마그마 원천 위에 우호적인 화산이 잠복해 있는 한, 그것은 바다 위로 자라고 또 자라나고, 흐르고 또 흘러서, 결국 마우나로아 같은 순상 화산을 형성할 것이다. 이것이 바로 섬들이 창조되는 방법이다. 생명체들은 옆에 있는 더 오래된 섬에서 이식되어 새로운 땅에 정착할 것이다. 그런 다음 이웃 섬들과 격리되면 또다른 토착종이 생길지도 모른다. 따라서 생물학적 풍요로움까지도 지질 현상으로 간주될 수 있다. 두꺼운 스티로폼을 촛불 위로 10센티미터쯤 띄운 채 움직여 보면, 그런 일이 어떻게 일어나는지 감을 잡을 수 있다. 실제로 하기보다는 머릿속으로 하는 편이 낫다. 실제로 한다면, 조심하라는 말을 덧붙여야겠다. 그리고 유독성 연기를 맡지 않도록 야외에서 하라. 스티로폼이 녹아서 둘로 갈라지지 않게 하려면, 스티로폼을 적당한 속도로 움직여야 한다. 그러면 적당한 선상에서 검게 얼룩이 지고 탄 구멍들이 생긴다. 큰 것도 있고 작은 것도 있다. 당신은 음화 형태의 섬들이라고 말할지도 모르겠다.

판구조 컨베이어가 지각판을 계속 움직여 섬을 열원에서 멀어지게 하면, 섬은 무거운 용암층들의 자체 하중을 견디지 못해 서서히 가라앉기 시작할 것이다. 지각은 위에 실린 짐들의 균형을 바로잡을 것이다. 불안정한 경사면들은 단층을 따라 쪼개질 것이고, 몇만 년에 한 번씩 엄청난 사태가 일어나서 섬은 그토록 건방진 태도로 솟아올랐던 바로 그 해저로 무너지고 굴러떨어질 것이다. 이런 격변은 지금 당장 일어나서, 낙원의 일부를 망각 속으로 끌어갈 수도 있다.

그 이동하는 지각은 지구를 이루고 있는 거대한 지각판들 중 하나인 태평양판의 일부이다. 하와이는 그 판의 거의 한가운데에 있다. 마그마 열원이 고정되어 있다는 사실은 지각판들이 정말로 움직이고 있다는 놀라운 증거이기도 하다. 열원은 우리가 사는 이 떠돌이 땅에서 붙박이 표지 역할을 하기 때문이다. 이동하는 세계에서 그것은 수백만 년에 걸쳐 신뢰성이 검증된 화성 활동의 기준점이 된다. 그 이론이 옳다면, 태평양판이 화산 원천의 위로 움직이는 속도를 비교적 쉽게 계산할 수 있다. 마우이 섬의 할레아칼라에 있는 사이언스 시티에서 현대 관측 장비들을 이용하여 최초로 직접 측정이 이루어졌다. 태평양판은 매년 10여 센티미터씩 북서쪽으로 이동하는 듯하다. 머리카락이 자라는 속도가 그보다 훨씬 더 빠르다. 하지만 그것만 누적되어도 새로운 지각을 솟아오르게 하고, 섬을 만들고, 그것을 계속 움직여 파괴를 일으키는 데에는 충분하다.

종(種)들이 침입하고 뒤늦게 인간까지 들어오는 동안 열원이 그렇게 한 자리에 눌러앉아 생산에만 전념하고 있었다는 것을 어떻게 알 수 있을까? 포획암들, 즉 고향에서 아주 멀리 떨어진 곳에 있는 기이한 암석들의 형태로 보존된 감람암 덩어리들은 지각의 바로 밑에서 지하 깊숙한 곳까지 다소 직접적으로 수직 배관이 형성되어 있다는 증거를 제공한다. 그 자리가 고정되어 있다는 것은 지하 세계 깊숙한 곳에서 에너지가 영구적으로 흘러나온다는 것을 시사한다. 그곳에서 이질적인 세계의 소식을 전해주는 러졸라이트 같은 기묘한 이름을 가진 낯선 사절들이 찾아온다. 그것들은 고압 세계에서 오며, 맨틀 상승류(mentle plume)라고 불리는 것을 통해서 위로 올라온다. 이름에서 연상되는 것과 달리, 그 상승류는 액체가 아니다. 고체 암석들은 지하 깊숙한 곳에서 신기한 행동을 한다. 상승류는 많은 에너지를 지니고 있는, 맨틀을 뚫고 솟아오르는 고체 암석의 고온 "분사"이다. 많은 지질학자들은 상승류들이 거의 3,000킬로미터 지하에서 생긴다고 믿는다. 상승류가 지각에 부딪히는 곳을 열점이라고 한다. 따라서 하와이 제도라는 낙원은 지상에 있는 우리와 하데스를 잇는 가장 직접적인 통로의 산물이다. 우리 행성의 내부는 이런 도관들을 통해서 열을 잃어버린다. 그런 도관들은 수백, 수천만 년 동안 한자리를 지키고 있다. 하지만 지상에 용암으로 분출되는 마그마들이 모두 저 헤아릴 길 없는 깊은 곳에서 직접 흘러나오는 것은 아니다. 지하 약 100킬로미터에서 감람암, 엄밀히 말하면 그것의 일종인 러졸라이트가 열에 녹아 생성되는 마그마도 상당 부분을 차지한다. 생성되는 마그마의 종류는 온도와 압력 조건에 따라서 달라지며, 온도와 압력은 깊이에 따라 변한다. 실험실에서 일종의 압력솥이라고 할 수 있는 특수한 고압 장치를 이용해서 하는 "용융" 실험들은 그 과정을 모방한 것이다. 감람암은 주변의 압력과 온도 조건하에서 부분적으로 녹아서 가장 안정한 마그마를 형성한다. 그렇게 해서 생긴 것이 현무암 마그마이다. 형성된 마그마는 위쪽의 약한 곳을 찾아다닌다. 마그마가 일단 해저를 뚫으면 거침없이 순상 화산이 자라기 시작한다. 마그마 저장고는 자라나는 화산의 지하 2킬로미터쯤에 형성된다. 그곳에서는 마그마의 밀도와 주변 암석의 밀도가 같다. 마그마는 "맥동하면서" 마그마 방으로 운반된다. 마그마가 위로 올라오는 양상은 움직일 때 발생하는 작은 지진들을 관측함으로써 알 수 있다. 새로 요리된 마그마는 죽은 맨틀에서 솟아오르기 시작한 지 한 달 정도면 분출될 수 있다. 마그마 방에 새로운 마그마가 한차례 유입되면, 땅은 숨을 들이쉬고 경사계는 그것을 기록한다. 그 다음 용암이 내쉬어진다. 따라서 살아 있는 지구가 호흡할 때 새로운 지각이 형성되는 셈이다.

현재 힐로의 옛 비행장 터에 깊은 시추공을 뚫어서 빅아일랜드에 있는 마우나케아의 구조를 상세히 조사하는 중이다. 이 시추공은 6,000미터 깊이까지 뚫을 예정이다(그곳의 용암은 70만 년이 된 것으로 추정된다). 이 깊은 지하 탐사가 수수께끼 같은 맨틀 상승류의 비밀을 얼마간 풀어주기를 기대한다. 그 정도로 오래된 용암이라면 상승류의 중심에서 화산이 이동한 양상이 충분히 기록되어 있을 것이다. 시추공에서 채취한 풍화되지 않은 신선한 암석들은 다양한 방식으로 분석될 수 있다. 바륨 같은 원소들의 양을 아주 정확히 측정하면 분출이 언제 알칼리 단계에 도달하는지 알 수 있다. 네오디뮴 같은 다른 희귀한 원소들은 한 가지 이상의 동위원소 형태로 존재하며, 동위원소들의 비율은 용암류의 물질들이 얼마나 깊은 곳에서 생성되었는지 알려줄 수 있다. 포획암들도 같은 방식으로 분석할 수 있지만, 포획암의 분석은 분자 수준에서 이루어진다. 지하 세계에서 보낸 암호 메시지를 해독하려면 현대 과학의 가장 정교한 도구들이 필요하다.

따라서 북서쪽으로 갈수록 섬들의 나이가 많아진다는 것은 태평양판이 과거에 이동했음을 보여주는 흔적임을 금방 알 수 있다. 최근의 연구 결과들은 하와이의 열점들이 쌍을 이루고 있음을 시사한다. 그중 둘은 옆으로 나란히 서 있는 듯하다. 희토류 원소들은 각각의 화산이 기원이 같기는 해도 세부적으로 들어가면 각각 별개의 것임을 보여준다. 마그마 배관이 화산마다 독특하기 때문이다. 판구조론의 설명 논리에 따르면 카우아이 섬의 북서쪽에도 열점(들)의 훨씬 더 예전 모습을 보여주는 섬들이 있어야 한다. 그것은 증명이 가능하다. 실제로 하와이의 섬들은 하와이 해저 열도를 이루면서 사슬처럼 이어져 있으며, 그 산맥에 솟아 있던 암석들은 지금 물속에 잠겨 있다. 더 북쪽으로 가면 아시아 끝의 알류샨 해구까지 뻗어 있는 엠퍼러 해산군(Emperor Sea-mounts)이라는 수중 화산 원추구들의 행렬이 있다. 일단 바다 밑으로 잠겨 해산이 되면 대규모 침식은 더 이상 일어나지 않는다. 전체적으로 보면, 이 화산들의 사슬은 위도로 30도 넘게 뻗어 있다. 그것은 해저 위로 끌어올려졌다가 타버리고 얼개만 남은 지질시대의 밧줄이다. 열점 위를 지나는 첫 섬들이 분출하고 있었을 무렵에는 공룡들이 아직 살아 있었다. 지구의 얼굴을 가로지르는 지각판들의 느린 행진을 기록한 이 기념물이 세워지는 데에는 7,000만 년이 넘게 걸렸다. 여기서는 진부한 문구가 그대로 들어맞는다. 즉 이 자취는 말 그대로 지질시대의 경과를 보여주는 생생한 그림이다. 내가 섬의 탄생에서 침식까지 하와이 해저 열도에서 묘사한 모든 것들이 같은 열점에서 탄생한 섬들의 산맥에 기록되어 있는 전체 시간 중에서 10퍼센트도 채 안 된다는 것을 생각해보라. 이제 그 섬들의 산맥이 형성되는 데에 걸린 시간에 10을 곱해보라. 그래보았자 지구에서 가장 오래된 시원대 암석의 나이에 비하면 6분의 1밖에 안 된다. 그것을 다른 식으로 표현해보자. 지각판 하나가 우리의 손톱이 자라는 속도와 거의 비슷한 속도로 전 세계를 약 여섯 번 돈다고 상상해보자. 24시간 시계나 육상 트랙처럼 지질학적 시간을 일상적인 차원으로 축소시켜 다룰 때 흔히 쓰는 비유들보다 이것이 지구 역사의 진짜 방대한 시간을 나타내는 더 현실적이고 더 생생한 방법이다. 어떤 비유를 쓰든지 간에 시간을 압축하는 것은 오해를 불러일으킨다. 지질학적 시간을 이해하려면 깊이 생각해야 한다. 존 키츠가 말한 것처럼 말이다.

> 시간, 늙은 유모가,
> 참으라고 나를 달래네.*

카우아이 섬 북서쪽으로 뻗어 있는 하와이 해저 열도의 섬들은 주로 환초(環礁)들이다. 즉 따뜻한 석호 주위를 산호들이 원형으로 둘러싸고 있는 형태이다. 화산섬 자체는 이미 수면 아래로 가라앉은 상태이지만, 그 섬들에 터를 잡은 산호들은 해수면 가까이에서 여전히 살아가고 있다. 찰스 다윈은 자연학자가 되어 1837년 비글 호를 타고 항해할 때, 여러 가지를 관찰한 끝에 환초들의 기원을 탁월하게 설명할 수 있었다. 오아후 섬의 해안을 따라서 하얀 선을 그리면서 펼쳐져 있는 산호초들에서 볼 수 있듯이, 산호들은 화산섬의 초기 단계에 뭍 가까이에서 자라기 시작한다. 산호초를 형성하는 산호들은 대부분 얕은 물에서만 자란다. 큼직한 산호들의 조직 속에서 살아가는 조류들이 빛을 필요로 하기 때문이다. 빛이 없으면 조류들은 약해져서 결국 죽고 만다. 그리고 물론 순상 화산들은 깊은 바다에 둘러싸여 있으므로, 산호들은 화산섬의 가장자리에만 터를 잡을 것이다. 섬

---

* 『엔디미온(*Endymion*)』(1818), bk i.

들이 가라앉기 시작하면 산호들은 함께 가라앉는 한편으로 계속 위로 자란다. 산호들은 숲의 나무들만큼이나 왕성하게 활동한다. 산호들은 자신의 죽은 골격이 형성한 단단한 토대 위에서 살아가며, 산호 전체에서 살아 있는 부분은 표면에 있는 한 꺼풀에 불과하다. 섬이 마침내 수면 밑으로 가라앉아도 산호들은 수면 가까이에 있으며, 사라진 집주인의 주변에 계속 남아 있다. 산호들이 내놓는 폐기물들은 산호초 안쪽의 석호를 계속 채운다. 석호의 하얀 모래는 하늘을 너무나 완벽하게 반사함으로써 세상에서 가장 아름다운 남옥빛의 물을 만든다. 건강한 산호초가 얼마나 많은 부스러기들을 만드는지 생각하면 놀라게 된다. 석호 안에 쌓이는 것들이 바다 쪽으로 치우쳐서 산호초 전체 구조를 지탱할 정도이기 때문이다. 다윈은 확정적인 시나리오를 내놓았다. 1910년 R. A. 데일리는 거기에 빙하기와 관련 있는 해수면의 높이 변화를 관찰한 결과를 추가했다. 북반구에서 빙하가 가장 넓은 면적을 뒤덮었을 때, 그만큼 많은 물이 얼음으로 갇혀 있었으므로, 지구 전체의 해수면은 크게 낮아졌다. 그러다가 다시 파도가 화산 섬들을 공격하기 시작했을 것이다. 따라서 섬이나 환초에 있는 산호초들의 실제 역사는 해수면의 높낮이와 섬의 침강속도에 따라서 대단히 복잡한 양상을 띨 수도 있다. 여름에 모래 해변에서는 파도가 밀려올 때마다 전투가 벌어지곤 한다. 아이들은 공들여 모래성을 쌓은 뒤, 그것을 무자비한 파도로부터 지키기 위해서 가장자리에 모래 둑을 쌓지만, 그것들은 파도 앞에 허무하게 무너지고 만다. 그와 마찬가지로, 간빙기 때 빙하가 너무 빨리 녹는 바람에 산호초 건설을 포기해야 할 정도로 바다가 깊어진 곳들도 있을 것이다. 해수면이 높았을 때 자란 산호초들이 물이 빠지는 바람에 하얗게 바랜 화석으로 남은 곳들도 있을 것이다. 이런 산호초들은 실제로 존재하는 유령과 같다. 창백하고 앙상하며 본래 지녔던 광택도 전혀 남아 있지 않지만, 산호들이 복잡하게 뒤얽혀 이룬 구조는 고스란히 남아 있으며, 심지어 그 상태로 석화가 일어나기도 한다. 몰로카이 섬에는 이러한 하얗게 바랜 산호초들이 몇 군데 남아 있다. 마치 섬의 침강이 멈춘 듯한 모습이다. 하지만 결코 멈추지 않고 꾸준히 움직이는 지각판은 결국 열대를 벗어나 산호들이 자랄 수 없는 곳으로 섬들을 데려갈 것이다. 번성했던 산호들은 더 고위도로 가면 결국 해산 위에 놓인 화석이 되어 남는다. 그것이 낙원의 끝이다.

지각판 이동은 서로 별개의 것으로 보이는 많은 지질학적 사실들을 하나로 엮는 경이로우면서도 단순한 설명이다. 그런 사실들 중에는 150년 넘게 추측만 거듭해온 것들도 있다. 하와이 제도를 관통하면서 서북쪽으로 나아가는 침식의 행진과, 남쪽에서 새로운 화산들의 끊임없는 탄생, 풍부한 고유종들, 가장 최근에 생긴 빅아일랜드를 포함하여 해산들과 환초들과 화산들이 이루는 선, 펠레의 분노와 뒤이은 침묵, 심지어 해변 모래의 색깔까지도 모두 열점들과 태평양판의 이동을 결부시키면 설명이 가능해진다.* 판구조론이 세계를 바라보는 방식을 어떻게 바꿔놓았는지를 이보다 더 설득력 있게 보여주는 사례가 있을까?

---

* 과학은 계속 발전한다. 이 책이 인쇄되고 있는 동안 맨틀 상승류의 존재에 의문을 제기하는 반문화 운동이 과학 문헌의 수면으로 떠올랐다. 아직 초기 단계이기는 하지만, 이것이 앞으로 수십 년 내에 또다른 패러다임 전환을 일으킬지 누가 알겠는가.

3

대양과 대륙

하와이 제도는 외진 곳에 있다. 하지만 샌프란시스코에서 비행기를 타고 몇 시간 만에 도착할 때면, 그 제도가 모든 대륙에서 대단히 멀리 떨어져 있다는 것을 실감하기 어렵다. 비행기 창밖으로 끝없이 펼쳐진 파란 물을 내려다보고 있으면 시간의 흐름을 잊고, 얼마나 지났는지 가물가물해진다. 그러나 아무런 특징도 없어 보이는 드넓은 태평양 위를 지나간다는 것은 한없이 뻗어 있는 현무암 위를 가로지르는 것이기도 하다. 수면 아래로, 심해 생물들이 내는 빛을 제외하고 빛이 전혀 도달하지 못하는 어두컴컴한 심연으로 깊숙이 들어가면, 퇴적물로 옷을 입은 바다 밑바닥이 나온다. 그러나 이 바닥은 두께가 5킬로미터쯤 되는 현무암을 덮은 얇은 담요에 불과하다. 태양에 무시무시한 폭발이 일어나서 바다가 증발되고 퇴적물의 옷이 남김없이 스러진다면, 태평양 바닥이 온통 검은색을 띠고 있다는 사실이 드러날 것이다. 현무암 바닥임을 뜻하는 검은색 말이다. 종류도 다양한 이 화성암은 지표면의 약 3분의 2를 뒤덮고 있다. 하지만 지나가는 인공위성에서는 보이지 않는다. 이 영역이 대양들이 있는 영역과 정확히 일치하기 때문이다. 현무암은 바닷물이 들어 있는 해분의 내벽을 이루고 있다. 해저의 면적은 3억6,300만 제곱킬로미터이다. 그것은 세계에 대단히 많은 현무암이 있다는 의미이다.

해저의 대부분은 수심 약 3,000-5,000미터에 있다. 우리는 사실 달의 지형보다도 바다의 밑바닥을 더 모른다. 해저까지 내려가기란 대단히 어렵다.

심해 잠수정인 바티스카프는 깊은 바다의 엄청난 수압을 견딜 수 있게 설계되었다. 그것들은 어둠 속에 몇 시간 동안 누워 있는, 대갈못이 군데군데 박혀 있는 작은 강철관과 같다. 해양 탐사선인 아틀란티스 호에서 조작하는 심해 잠수정인 앨빈도 그 후신이다. 지금까지 심해 여행이라는 특권을 누린 사람은 극소수였다. 몇 년 전까지만 해도 우리가 해저에 관해서 알고 있는 지식은 무시할 수 있을 정도로 미미했다. 거기에는 온갖 것들이 숨을 수 있었다. 내가 어릴 때 본 영화 중에 제임스 메이슨이 제정신이 아닌 것이 분명한 네모(라틴어로 "아무도 아니다"라는 뜻) 선장 역할을 맡았던 쥘 베른 원작의 「해저 2만 리」가 있었다. 이 영화를 보고 가장 기억에 남은 것은 마구 요동치는 거대한 오징어가 아니라 심해가 진짜 수수께끼 같다는 생각이었다. 베른보다 그리 나중은 아니지만, 적어도 한 세기는 지난 뒤 에두아르트 쥐스가 저서를 쓰고 있을 무렵까지도, 모든 대륙들이 바다 밑으로 가라앉을 것이라는 상상이 여전히 만연해 있었다. 심지어 아틀란티스라는 잃어버린 대륙, 즉 낙원 이야기도 떠돌았다. 해저에서 표본을 채집하기란 기술적으로 어려웠다. 음파를 이용해서 해저 지도를 만드는 것도 거의 불가능한 시대였다. 19세기에 가장 큰 발전을 가져온 것은 해양 연구용 장비를 갖춘 데다 해양 연구에만 쓰인 최초의 배인 챌린저 호의 항해였다. 그 배는 1872년 12월 포츠머스에서 출항했다. 챌린저 호는 수천 가지의 측정을 했으며, 그에 상응할 만큼 표본들을 모았다. 해저에서 채취한 것들은 대부분 보통 진흙이었다. 간단한 준설기로 가장 손쉽게 채취할 수 있는 것이 바로 부드러운 퇴적물이었기 때문이다. 좋은 암석 표본을 채집하기란 긴 장대 끝에 매단 족집게로 물고기를 잡는 것만큼이나 어려웠다. 처음에는 현무암 바닥이 어디에나 있다는 사실이 뚜렷이 드러나지 않았다. 하지만 챌린저 호는 바다에서 대단히 기이한 것을 발견했다. 1875년 3월 23일 괌 섬 근처에서, 수심을 재기 위하여 물속에 넣은 측심줄이 무려 8킬로미터가 넘게 들어간 뒤에야 바닥에 닿은 것이다. 선원들은 자신들이 무엇을 발견한 것인지

1872-1876년의 탐사 도중 서인도 제도의 세인트토머스 항에 정박한 챌린저 호의 모습.

알지 못했다. 현재 우리는 그것이 태평양의 경계를 이루고 있는 마리아나 해구 중 한 곳의 수심을 측량한 최초의 사례였다는 것을 알고 있다. 거기서 멀지 않은 곳에 수심 1만1,034미터인 세상에서 가장 깊은 바다가 있다. 1960년 1월 스위스의 유명한 물리학자이자 대단히 용감한 인물이었던 오귀스트 피카르는 자신이 설계한 바티스카프인 트리에스테를 타고 "챌린저 심연"이라는 어울리는 이름이 붙은 곳의 바다까지 내려갔다. 인류가 달에 첫 발자국을 남긴 것은 그로부터 고작 9년이 지난 뒤였다. 로버트 컨지그는 저서 『심해 지도(Mapping the Deep)』에서 에베레스트 산을 뒤집어서 챌린저 심연에 집어넣으면 산이 다 들어가고도 옆의 작은 봉우리 하나를 그 위에 더 얹을 수 있다고 말한다. 그럼에도 가장 높은 산과 가장 깊은 바다가 평균 해수면을 기준으로 삼을 때 거의 같은 규모라는 사실은 흥미롭다. 이것은 우연의 일치가 아닐지도 모른다.

또한 챌린저 호는 대양의 또다른 중요한 특징 하나를 최초로 정확히 측정했다. 챌린저 호가 대서양 한가운데로 가자 이상하게 수심이 낮아졌다.

3,660미터도 안 되는 곳이 흔히 나타났다. 예상 밖의 일이기는 했지만, 대양 한가운데 얕은 곳이 있다는 결론을 내릴 수밖에 없을 듯했다. 산맥이라고 생각하기에는 너무 상상의 비약 같았다. 지금의 우리라면 이런 측정값들이 중앙 해령을 따라서 봉우리들이 늘어서 있음으로써 나온 결과임을 알아차릴 것이다. 하지만 당시 사람들은 가라앉은 대륙이라는 생각을 먼저 떠올렸다. 이것이 한때 대륙들을 연결했던 육지 다리가 아닐까? 에두아르트 쥐스는 『지구의 얼굴(*Das Antlitz Der Erde*)』에 이렇게 썼다.

> 대양 분지들의 윤곽과 대륙들의 구조를 비교해보면, 이 대양 분지들은 침강 현상이 일어난 지역, 우리가 내륙에서 이미 친숙해진 침강 현상이 훨씬 더 대규모로 일어난 지역이라는 것이 가장 명쾌하게 드러난다.

쥐스에게 해저는 가라앉은 대륙에 불과했다. 그는 여러 세대의 지질학자들이 육지를 대상으로 상세히 조사해온 지질 과정들을 심연에도 적용해야 한다는 논리를 폈다. 19세기 말의 가장 위대한 지질학자들 중 적어도 한 사람은 해왕성과 목성에도 같은 원리들이 적용된다고 보았다. 쥐스가 책을 집필할 무렵에는 이런 개념의 통일성이 현재 "좋은 과학"이라고 말하는 것에 해당하는 듯이 보였을 것이다. 대양 분지가 대륙과 근본적으로 다른 지질학적 특성을 가지고 있다는 주장이 받아들여지기까지는 아주 오랜 시간이 흘러야 했다. 하지만 누구나 일이 끝나고 나면 현명해지게 마련이다. 쥐스를 비롯한 당시의 학자들이 일반 원리들을 일반적인 방식으로 적용하고자 애썼다는 점을 생각하면 그들을 충분히 이해할 수 있을 것이다. 그것은 대부분의 상황에 적용되는 신뢰할 수 있는 과학적 태도이다. 그들이 모든 비판가들에게 자신들이 라이엘 원리의 탁월한 사례를 관찰하고 있다고 대답했으리라는 것은 분명하다. 자신이 이해하고 있는 과정들을 근거로 삼아 조사하고자 하는 다른 과정들을 추론하는 것 말이다. 역사 기록이 남아 있는 시대에 나폴리 만이 침강했다는 것을 관찰했다면, 똑같은 과정들이 다른 곳에서도 나타나리라고 기대하는 것이 합리적이지 않을까? 설령 그 추측을 입증하는 데에 필요한 관찰 결과를 내놓기 어렵다고 할지라도 말이다. 잃어버린 대륙은 예측되어왔던 것이었다. 그런데 바로 여기에 그것이 있었다.

준설기로 채취한 증거들은 퇴적물 덮개 밑에 있는 해저의 조성이 어떠한지 명확히 알려주지 않았다. 중앙 해령의 표본들만이 그나마 채집하기가 쉬웠다. 그곳의 퇴적물 덮개가 더 얇다는 단순한 이유에서였다. 얇게 덮여 있던 퇴적물이 해류에 휩쓸려 사라진 곳도 많았다. 물론 채집된 것들은 현무암이었다. 하지만 간혹 다른 종류의 암석들이 채집되기도 했다. 그런 암석들은 문제를 더 복잡하게 만들었다. 나는 20여 년 전 런던 자연사박물관의 신참 연구원으로 있을 때, 해저에서 채집한 표본을 하나 받았다. 나는 그것이 대서양 바닥에서 나왔으리라고 짐작했다. 그것은 검은 셰일이었고, 거기에는 필석류라는 고대 화석들이 약간 들어 있었다. 그것은 곧 오르도비스기의 것임이 드러났다. 그 암석이 정말로 해양 지각에서 채집된 것이라면, 판구조론에 심각한 문제를 안겨주었을 것이다(그곳의 해양 지각은 모두 오르도비스기의 것보다 훨씬 젊어야 마땅했기 때문이다). 그런데 암석 조각들을 현미경으로 들여다보니 해양 생물들의 껍데기 흔적이 보였다. 말하자면 그 덩어리는 준설되기를 기다리면서 해저 위에 올려져 있었던 것이 분명했다. 좀더 자세히 살펴보니 그 셰일이 뉴욕 주의 한 좁은 해역에서 나왔을 가능성이 높다는 것이 드러났다. 그것은 범선의 시대에 빈 배에 적절한 하중을 주기 위해서 싣는 밸러스드의 일부였을 가능성이 높았다. 어떤 이유든 간에 밸러스트를 버릴 때 그 낯선 암석들도 함께 해저로 쏟아졌던 것이다. 그 해저에는 다른 낯선 암석들도 있다. 먼 북쪽에서 부빙(浮氷)에 실려왔다가 대륙사면의 가장자리로 굴러떨어져 바닥에 가라앉은 화강암 표석들도 있다. 언뜻 보았을 때 그 밑에 현무암이 있다는 것을 알아차리지 못했다고 해도 놀랄 일은 아니다.

1950년대에 발달한 지진학적 방법들은 X선의 발견이 질병 진단에 미친 영향만큼이나 지구의 해부 구조에 관한 지식에 대단한 영향을 미쳤다. 지진학은 눈이 쓸모가 없는 영역을 들여다볼 수 있는 방법을 알려주었다. 자연은 지진이라는 형태로 지진학적 정보를 제공하지만, 지진이 반드시 탐사하고자 하는 지역에서 집중적으로 일어나는 것은 아니다. 그래서 해저의 구조를 조사할 때는 발파 함선에서 시한 장치로 인공 폭발(가끔 다이너마이트도 쓴다)을 일으킨 뒤, 그 진동을 이용해 해저의 깊은 층들을 파악하는 방법을 쓰기도 한다. 그 방법의 정확도를 높이려면 수심을 알아야 하는데, 수심은 음파탐지기로 측정할 수 있다. 암석층의 조성이 달라지는 곳에서는 지진파들의 굴절 양상이 달라질 것이다. 발파 함선에서 몇 킬로미터 떨어진 곳에 있는 수신 함선은 그러한 지진파 신호들을 포착한다. 신호들이 되돌아온 시간을 재면 통과한 암석층들의 두께와 특징들을 파악할 수 있다. 각 암석들은 고유의 속도로 지진파들을 전달한다. 그렇게 얻은 수치들을 계산하는 것은 계산치고는 그리 복잡하지 않다. 하지만 기록되는 지진파가 어떤 종류의 것인지는 알아야 한다. 지진파들은 기억하기 쉬운 대문자로 표시되기 때문에 쉽게 구분할 수 있다. 맨 먼저 도착하는 것은 P파(primary wave)이다. 즉 P파가 가장 빠른 속도로 움직인다. P파는 음파와 비슷한 "종파"이다. 종파의 각 입자는 파동이 앞으로 나아갈 때 앞뒤로 움직인다. 그 다음에 S파(secondary wave), 즉 "횡파"가 온다. 횡파의 모든 입자는 위아래로 움직인다. 땅에 긴 밧줄을 펴놓고 한쪽 끝을 잡은 다음, 격렬하게 위아래로 흔들어대면 밧줄이 요동치면서 S파가 앞으로 나아간다. P파와 S파는 하는 일이 서로 다르다. 한 예로 P파는 액체 속을 지나갈 수 있지만, S파는 지나갈 수 없다. 마치 몸속에 있는 각기 다른 장기를 보여주는 두 종류의 X선과 같다. 또 그것들보다 훨씬 늦게 수신국에 도달하는 L파(long wave)가 있다. L파는 지각에서만 움직이는 표면파이다. L파는 다른

특징들도 가지고 있는데, 그중 하나는 P파나 S파보다 훨씬 더 파괴력이 강하다는 것이다.[*]

지진계는 지진이나 폭발—자연적이든 인공적이든—의 영향을 측정하는 장치이다. 대개 회전하는 통에 감긴 두루마리 종이에 바늘(또는 광선)로 지진 활동의 세기를 기록하게 되어 있다. 예전에는 특정한 진동수를 수신하도록 장치를 조정해야 했지만, 현대의 광역 장치들은 하나의 블랙박스로 진폭과 진동수의 전체 영역을 측정하고 기록할 수 있다. 이 장치들은 지구의 음악을 듣는 셈이다. 우리 행성의 가장 안쪽에 있는 내핵에서 나오는 신호를 포함해서 아주 희미한 신호들까지 증폭시켜 들을 수도 있다.

이제 퇴적물 덮개 밑의 주요 굴절층이 P파를 5km/sec로 전달할 수 있다는 말이 이해될 것이다. 이것은 현무암 같은 철분이 많은 조밀한 화성암에서 나타날 만한 속도이며, 해양 분지 거의 어디에서나 그 속도가 나타난다. 그 밑에는 속도가 6.7km/sec인 또다른 층이 있다. 그 속도는 반려암에 딱 맞는다. 그런 측정 결과를 담은 반사 지진파 단면도는 해양 지각이 얇다는 것을 보여준다. 해양 지각은 두께가 10킬로미터밖에 안 되며, 그 절반에 불과한 곳들도 있다. 그와 반대로 대륙 밑의 지각은 두께가 40킬로미터에 달하는 경우도 있으며, 언제나 해양 분지 밑보다 훨씬 두껍다. 아주 단순하지만, 이것이 지구의 얼굴을 구분하는 가장 중요한 방법이다. 에두아르트 쥐스는 그 사실을 몰랐다. 하지만 아서 홈스는 알고 있었다. 지각판들에 끌려다니는 세계의 관상을 보려면, 대양과 대륙을 근본적이고 일관성 있게 구분하는 것이 중요하다. 땅은 현무암과 그 이외의 암석으로 나눌 수 있다. 그렇다고 해서 해저 도처에 깔려 있는 현무암만이 관심의 대상이라는 말은

---

[*] 이것은 L파의 에너지 분산이 진원에서의 거리에 반비례하기 때문이다. 반면에 P파와 S파는 거리의 제곱에 반비례한다. 따라서 3킬로미터 떨어진 곳에서 L파의 에너지는 3분의 1밖에 줄어들지 않지만, P파의 에너지는 9분의 1로 줄어든다. 또 L파는 여러 종류가 있으며, 각각 파동 이론 분야에서 유명한 과학자들의 이름이 붙어 있다. (존 윌리엄 스트럿) 레일리 파와 (오거스터스) 러브 파가 대표적이다.

아니다. 앞으로 살펴보겠지만, 그 위의 침전물 덮개도 몇몇 중요한 과학 발전에 핵심적인 증거가 되었다.

이 글을 쓰고 있는 현재, 해저 지각 시추 계획(Ocean Drilling Program)에 따라서 1,000곳이 넘는 조사 지역에서 해저 코어 시료(core-sample, 시추해서 얻는 긴 원통 모양의 지질 표본/역주) 표본이 채집되었다. 이러한 연구는 해결해야 할 기술적인 문제들이 많고 엄청난 비용이 들기 때문에 국제적인 연구 사업이 되어야 한다. 어떤 연구 계획이든 간에 가장 비용이 많이 드는 항목은 "바다 위에서 보내는 시간"과 관계가 있다. 1985년 1월 이래로 해저 지각 시추 계획은 모두 합쳐서 거의 16만 미터에 달하는 코어 시료를 채집했으며, 그중 심해에서 채집한 퇴적물들이 대부분을 차지하고 있다. 이 표본들과 챌린저 호의 첫 탐사 때 준설기로 엉성하게 채집한 기이한 암석들은 천양지차이다. 심해 시추 계획 전용선은 그 분야를 개척한 선배를 기린다는 의미에서 글로머챌린저 호라는 어울리는 이름을 가지고 있다. 현재 "최첨단"이라고 할 수 있는 시추선인 조이더스레절루션 호는 수심 8.2킬로미터가 넘는 곳에서 표본을 채집할 수 있으며, 30명 안팎의 과학자들을 태우고 돌아다닌다. 모선으로부터 수 킬로미터 떨어진 지역에서 시추할 때 생길 수 있는 기술적 문제들은 이제 거의 일상적인 것이 되었다. 가장 어려운 문제는 파도와 바람에 맞서 싸우며 시추공 위에서 벗어나지 않고 자리를 지키는 것이다. 다행히 그 배에는 요동 안정 장치가 갖추어져 있다. 시추 현장 주변에는 음향 표지들을 설치하여 레절루션 호가 제자리에서 멀리 벗어나지 않도록 한다. 시추 장치는 조립식이며, 배의 바닥으로 내리도록 되어 있다. 대양에서 그런 시추 장치가 접근하지 못하는 곳은 거의 없다. 앞으로는 시추선의 기본 형태도 개선될 것이다. 일본 오카야마에서 건조되고 있는 새로운 시추선은 해저에 7킬로미터까지 구멍을 뚫을 수 있을 것이다. 지금의 ODP 시추선보다 세 배나 더 깊이 뚫는 셈이다. 이 정도라면 현무암 밑의 반려암층까지 닿을 수 있을 것이다. "저 아래"에는 아직 발견될 것들이 많다.

표본을 채집하는 것 말고도 지도를 작성하는 일이 있다. 둘은 전혀 다른 일이지만, 지도가 이해의 토대가 되는 경우도 있다. 문제들을 차근차근 설명할 수 있을 정도가 되려면, 먼저 분석을 해야 할 때가 종종 있다. 피가 순환한다는 사실은 어느 정도는 동맥과 정맥의 해부도에서 추측한 것이었다. 그리고 층서학(層序學, stratigraphy) 원리들은 최초의 지질 지도들이 출간되면서 밝혀지기 시작했다. 바다에도 똑같은 말이 적용될 수 있다. 전 세계의 지리학 교실 벽에는 대개 똑같은 해저 지도가 걸려 있다. 그것은 1967년 『내셔널 지오그래픽(National Geographic)』에 실린 브루스 헤이진과 마리 사프가 만든 지도이다. 그것은 아주 현실감이 있다. 바닷물은 뺀 상태이다. 그 지도에 나온 해저는 균열들과 산맥들로 가득하며, 모든 것들이 줄을 지어 늘어서 있는 듯하다. 중앙 해령들은 지구에서 가장 선형을 이룬 듯하며, 그들 중 하나는 대서양 전체를 세로로 길게 가르고 있다. 해령의 꼭대기에는 균열이 나 있다. 하와이 해저 열도와 그것이 북쪽으로 알류샨 해구까지 뻗어 있는 모습도 눈에 들어온다. 해산들은 서로 좌우로 조금씩 어긋나 있다. 능선이 삐뚤삐뚤한 선을 이룬 곳들도 여기저기 있다. 기니 해안의 반대편이 대표적이다. 아마존 강이나 미시시피 강처럼 거대한 강에서 흘러나온 퇴적물들이 물매가 가파른 대륙 가장자리에 넓게 펼쳐져 쌓인 곳들도 있다. 모든 것들이 아주 정확하게 그려져 있다. 나는 이 지도를 처음 보았을 때 궁금증이 일었다. 도대체 그들은 저런 것들을 어떻게 알았을까? 그 지도는 입체감을 살리는 기법에 통달한 화가가 그린 것이 분명했다. 사실 그 지도에는 추측해서 그린 부분들도 많다. 챌린저 호 시대 이후로 음파탐지 장비를 이용한 수심 측량 방법이 개발되어왔다. 현재 원양을 항해하는 쾌속선들에는 이런 장비를 개량한 첨단 장비들이 기본적으로 장착되어 있다. 그래도 대양 전체를 볼 때는 조사가 거의 이루어지지 않은 곳들도 있었다. 그런 곳은 상상을 통해서 추정하여 그릴 수밖에 없었다. 사프는 한 항로에서 이루어진 측량 자료들을 토대로 삼아 오스트레일리아와 남극 사이에 약 6,000킬로미터에 달하는 중앙 해령을 길게 그려넣었다. 그녀가 나중에 말한 것처럼, 이 부분은 "당연히 아주 멋지게 그려졌다." 정말 멋진 그림이었지만, 추측도 아주 훌륭했다. 이것은 호기심 많은 관찰자들에게 대양의 지각에 자연적인 솔기들이 있다는 것을 명확히 보여준 지도였다. 세계는 제멋대로 잘린 조각들을 꿰매어 만든 울퉁불퉁한 공처럼 보이기 시작했다. 중앙 해령은 바로 그런 이음매임이 분명했다. 해령은 해저에서 한꺼번에 솟아올랐다가 영구적으로 새겨진 가장 길게 이어진 솔기였다. 중국의 만리장성이 지구 궤도를 도는 인공위성에서도 보인다는 것을 알고 있던 사람들은 이 현무암 장벽들이 인간이 건설할 수 있는 그 어떤 것들보다도 더 근본적인 것임을 직감적으로 알아차렸을 것이다. 챌린저 호가 발견했던 깊은 곳은 해구(海丘)라는 것이 밝혀졌다. 그 수수께끼 같고 심오한 검푸른 해구는 아시아의 가장자리를 호 모양으로 휘감고 있다. 헤이진과 사프의 지도는 불완전했음에도 무미건조한 과학자에게 상상의 도약대가 되어주었다. 그 지도는 수직 높이를 20배 과장해서 그렸다. 그래서 산과 비탈이 대단히 가파르다는 인상을 심어주었다. 즉 실제 자연을 왜곡한 것이다. 한 예로서, 하와이 화산들은 그렇게 깎아지른 듯 솟아 있지 않다. 그 화산들이 지도에 실린 비율대로라면 지금 당장 무너질 것이다. 대양은 일반적으로 수중 산악 자전거가 아무 문제없이 달릴 수 있을 정도로 더 완만한 비탈들로 가득하다는 것을 기억할 필요가 있다.

현대의 다중 음파탐지기는 해저 그림의 정확성을 훨씬 더 높일 수 있다. 이 기술은 일부가 찢겨나가고 남은 듯한 몰로카이 섬을 만든 거대한 사태를 파악하게 했고, 해저에 있는 "언덕들" 중 일부가 높이 300미터를 넘는 가라앉은 거대한 덩어리임을 밝혀냈다. 즉 그 섬의 대부분은 무너졌던 것이다. 현대의 지도 작성기법들을 통해서 헤이진과 사프의 지도에 담기지 않았던 해저 산맥들도 모두 발견되었다. 남태평양에 있는 파운데이션 해산군

(海山群)은 해저 위로 3,000미터 높이 솟아 있는 길이 1,600킬로미터의 수중 화산들의 사슬이다. 이 해산군이 빠져 있다는 것은 세계를 그린 그림에서 중국의 만리장성을, 아니 그보다 50배 더 높은 것을 빠뜨린 것이나 다름없다. 발견은 거기에서 끝난 것이 아니었다. 2001년 『네이처(*Nature*)』에 북극해 밑의 가켈 해령에서 높이가 거의 900미터에 달하는 화산들을 발견했다는 논문이 실렸다. 런던의 히스로 공항에서 비행기를 타고 서너 시간만 가면 이곳 상공을 지날 수 있다. 표준 대권항로의 한 곳에서 아직도 그런 중요한 발견이 이루어질 수 있다는 것을 누가 상상이나 했겠는가? 더 이상 놀라운 것을 기대할 수 없을 정도로 상세한 해저 지도가 만들어지려면 세월이 더 흘러야 할 듯하다. 성경에 나오는 괴물인 리바이어던처럼 두려움을 불러일으키는 무엇인가가 해저에 웅크리고 있을 가능성은 여전히 남아 있다. 설령 거대한 뱀까지는 아니라고 해도, 우리가 꿈꾸지조차 못했던 심해 세계가 있을지도 모른다.

중앙 해령 현무암(MORB, Mid-Ocean Ridge Basalt)은 표준 현무암으로 쓰인다. 그것의 화학적 조성이 해양 지각을 파악하는 토대가 된다. 다른 종류의 암석들은 MORB와 비교해서 이 원소가 더 많다거나 저 원소가 더 적다거나 하는 식으로 표시된다. 중앙 해령은 지구에 새로운 지각이 덧붙여지는 곳이므로, MORB는 우리 세계의 기본 건축 자재인 셈이다. 중앙 해령에서 공급 암맥을 통해서 수중 현무암이 밀려나오는 광경은 하와이의 거품이 이는 용암 분천(噴泉)들보다 덜 장관일지는 모르지만 세계에는 더 중요하다. 그것이 바로 해저가 성장하는 방식이기 때문이다. 해저는 어둠 속에서 은밀하게 자란다. 어둠 속에 숨겨진 그곳에는 하와이 해저 산맥의 아래쪽에서 흐르는 것과 같은 베개 용암들이 있다. 해저에서도 용암이 분출할 때 진동이 일어난다. 그런 진동은 대개 모르는 사이에 지나가지만, 그것을 검출하는 특수한 장치들이 있다. 세계 지진 지도들을 보면, 해령들 근처에서 약한 지진들이 가느다란 선을 이루며 뻗어 있다. 해령 전체는 지하에서 나오는 열로 떠 있는 형국이다. 그 꼭대기에 있는 균열은 창조의 이음매에 난 솔기와 같다. 이곳은 지각판들이 생겨 영원히 갈라서는 곳이다. 한 몸에서 태어나 서로 갈라지는 것이다. 해령 꼭대기에서 덧붙여진 새 화산 물질들은 좌우에 있는 지각판의 일부가 된다. 가장 파악하기 쉬운 단순한 체계를 이루고 있는 대서양 중앙 해령의 새로운 지각은 남북아메리카 방향이나, 유럽과 아프리카 방향 중 한쪽으로 이동할 운명이다. 서로 등을 맞대고 같은 속도로 반대 방향으로 움직이는 한 쌍의 컨베이어 벨트에 비유해도 좋을 것이다. 이 과정을 해저 확장이라고 한다. 하지만 그 비유나 용어는 너무 활동적인 느낌을 준다. 분출은 그 과정을 추진하는 것이 아니라, 사실 그 과정의 한 결과물이다. 용암들은 해양 지각판들이 양쪽으로 벌어져 밀려갈 때 해령 꼭대기의 균열 속으로 스며든다. 즉 엄청난 힘으로 지각에 구멍을 뚫는 자연이 아니라, 진공을 혐오하는 자연인 셈이다. 그 고열의 용암류는 해령 밑에서 대류 세포의 상승 운동, 즉 체계를 추진시키고 마그마를 생성해서 새로운 해저를 만드는 운동이 일어난다는 것을 말해준다. 확장 속도는 제각각이다. 확장 속도가 아주 느린 중앙 해령도 있다. 북대서양에서는 연간 2.5센티미터로서, 흔히 손톱이 자라는 속도에 비유되곤 한다. 동태평양 해팽(海膨)이 연간 15센티미터로서 확장 속도가 가장 빠르다. 대양의 해령들을 모두 합하면 길이가 6만 킬로미터쯤 된다.

확장 체계 속으로 바닷물이 스며들 수도 있다. 확장이 왕성하게 일어나는 해령에서는 스며든 바닷물이 과열되어 광물질들이 많이 함유된 용액 상태가 된다. 나중에 이 물은 열수 분출구를 통해서 방출된다. 열수(hydrothermal)라는 용어는 "뜨거운 물"이라는 말을 고상한 과학 용어로 바꾼 것에 다름 아니다. 앞에서 마우이 섬과 큰섬을 다룰 때 황과 철이 암석을 붉은색이나 밝은 노란색으로 물들인다는 이야기를 한 바 있다. 하지만 깊은 바다 밑에서는 황화철, 즉 황철광이 환상적인 굴뚝을 만든다. 검은 탑과 구불구불 제멋대로 굽은 관들도 만들어진다. 그 광경은 초현실주의 화가 막스 에른스트가 그린 환상적인 풍경과 기괴할 정도로 닮았다. 마치 그의 자유분방한 무의식이 기괴함으로 가득한 그 심해 세계를 미리 가본 듯하다. 혹은 대담하게 중력에 최악의 짓을 하는 탑들과 첨탑들을 마구 쌓아올린, 바이에른의 광기 어린 왕 루트비히가 설계한 기괴한 성들이 떠오를지도 모른다. 그 굴뚝들은 대양 깊은 곳에서 그 무엇에도 방해받지 않은 채 제멋대로 자란다. 그들의 방종한 형태를 뒤흔들 바람이 전혀 없기 때문이다. 열수 분출구들은 철분이 풍부한 과열된 물을 내뿜는데, 그 안에 들어 있던 황철광은 이 물이 바닷물과 만나는 곳에서 침전되어 쌓인다. 황철광은 뜨거운 분출구를 중심으로 서서히 굴뚝 모양으로 자란다. 이렇게 깊은 곳에서는 강한 수압 때문에 물이 끓지 않으므로, 온도가 섭씨 300도가 되는 곳이 흔하다. 분출구들은 황을 함유한 입김을 검은 구름의 형태로 내뿜는다. 그 분출구를 "검은 연기 굴뚝(black smoker)"이라고 부르기도 한다. 이 말이 다소 이상하게 들릴지도 모른다. 온통 암흑 세계인데, 검은 연기를 어떻게 구분한단 말인가? 이 심해의 공장 굴뚝들은 심해 잠수정 앨빈이 조명을 비춘 순간에야 모습을 드러냈고, 그 결과 그런 이름을 가지게 되었다. 곧 생물학자들은 그 굴뚝들이 여태껏 전혀 알려지지 않았던 독자적인 생태계를 지탱하고 있음을 알게 되었다. 황을 함유한 굴뚝들에는 황세균들이 번성하고 있었다. 황세균들은 갑각류와 환형동물들까지 포함된 먹이사슬을 형성했고, 그 동물들을 먹는 포식자들까지 나타났다. 분류학자들의 말에 따르면, 이 종들은 거의 모두 "학계에 새로운 것들"이다. 이 유황 온천 근처에는 리바이어던이나 다름없는 기괴한 관벌레들도 살고 있다.

심해에는 언제든 발견될 것들이 기다리고 있다는 생각은 최근에 새로운 종류의 열수 분출구가 발견됨으로써 입증되었다. 2001년 워싱턴 대학교 해양학과의 데버라 켈리는 해저에서 자라고 있는 하얀 첨탑들을 발견했다고 보고했다. 켈리는 그 첨탑들이 세워지고 있는 곳에 "잃어버린 도시(Lost

City)"라는 낭만적인 이름을 붙였다. 굴뚝 중에는 높이가 60미터에 달하는 것도 있다. 세로로 홈이 난 것도 있고, 가지를 뻗은 것도 있다. 마치 가우디가 설계한 바르셀로나에 있는 유명한 사그라다 파밀리아 성당이나 어떤 과대망상증에 걸린 조각가가 엄청난 양의 양초를 반쯤 녹여 무더기로 쌓아놓은 것처럼 보인다. 그것들은 주로 흔한 광물인 방해석과 그것의 친척인 아라고나이트로 이루어져 있다. 둘 다 분필의 원료로 쓰이는 탄산칼슘의 일종이다. 거기에는 미생물들도 풍부하게 있다. 그 첨탑들을 형성한 분출구에서 뿜어지는 물은 검은 연기 굴뚝에서 나오는 물보다 훨씬 온도가 낮다. 섭씨 영하 75도나 그 이하이다. 장소도 서로 다르다. 잃어버린 도시는 대서양 중앙 해령 중에서 아프리카 북서쪽의 맞은편에 있으며, 끓고 있는 뜨거운 친척 분출구들보다 해령의 중심에서 약간 더 떨어진 곳에 있다. 이 도시는 느리게 확장하는 해령에 있는 데에 반해, 검은 연기 굴뚝들은 대부분 "빠른" 해령에서 발견되었다. 방해석이 침전되는 것은 칼슘이 많이 든 뜨거운 분출수가 찬 바닷물과 접촉한 결과이다. 그 분출수의 근원은 지하 세계 깊숙한 곳에서 벌어지는 과정들과 이어져 있을 것이다. 깊은 곳으로 스며든 바닷물은 맨틀 꼭대기에 다다른다. 그러면 그곳에 있던 감람암은 사문석으로 바뀌고, 칼슘이 풍부한 남은 물은 다시 해저로 이동해서, 결국 대서양 수심 800미터 밑에 운반한 화학적 화물들을 내려놓는다. 연구선인 아틀란티스 호에는 이런 심해 탐사에 쓰는 잠수정 앨빈이 실려 있다. 앨빈은 아르곤이라는 원격으로 조종되는 장비에 장착한 디지털카메라를 통해서 잃어버린 도시의 사진을 찍었다. 이 모든 일들은 챌린저 호에 탄 과학자들이 해저 탐사 기술을 개척함으로써 시작되었다. 앞으로 해저는 관광지가 될 수 있을까? 그곳은 달만큼이나 발을 디디고 싶은 곳인 듯하며, 그곳에는 전혀 새로운 심해 생물 종들과 마주칠 기회가 얼마든지 있다. 하지만 나는 이 접근할 수 없는 마지막 야생 세계를 안전한 어둠 속에 그대로 놓아두기를 바란다. 인간의 손길이 닿은 곳은 어디든 간에 황폐해졌다. 이곳은 호기심을

116

충족시킨 다음에는 그냥 놓아두어야 할 곳일지도 모른다.

지구에서 대륙들이 차지하는 면적은 3분의 1밖에 안 되며, 그중에서도 메마른 땅이 상당 부분을 차지한다. 그 자명한 사실을 굳이 새삼스럽게 언급하는 이유는 그 말이 한 가지 유용한 기능을 하기 때문이다. 즉 그 말은 자명한 사실이 왜 자명한지 궁금증을 불러일으킨다. 대륙들은 솟아 있기 때문에 건조해진다. 대륙의 가장자리는 바다 밑까지 뻗어 있다. 그것이 바로 대륙붕이다. 대륙붕의 폭은 100킬로미터까지 될 수도 있지만, 훨씬 더 좁은 곳도 많다. 대륙붕이라는 지질 용어는 그저 대륙 중에 물에 잠겨 있는 부분을 일컫는 말이다. 대륙과 현무암 세계를 가르는 진짜 경계는 대륙사면이다. 대륙붕에 붙어 있는 이 가파른 가장자리는 헤이진과 사프의 지도에서는 거의 깎아지른 듯이 보인다(하지만 그 지도가 높이를 과장했다는 점을 기억하자). 대륙붕의 가장자리는 아프리카처럼 우리에게 친숙한 대륙의 해안선과 나란히 놓여 있을 때가 많다. 그러나 영국 제도의 서쪽처럼, 유럽 대륙의 가장자리 윤곽과 해안선의 형태가 전혀 관련이 없는 곳들도 있다. 대륙들은 지질학적으로 다양하다. 화강암, 편마암, 사암, 셰일 등 온갖 종류의 암석 덩어리들을 짜깁기한 것과 같다. 그런 암석들을 죽 나열한다면, 이 책은 그 어떤 것과도 견줄 수 없는 지루한 설명으로 가득하게 될 것이다. 이렇게 대륙 지각은 현무암이라는 주제의 수백 가지 변주곡에 해당하는 해양 지각과 근본적으로 다르다.* 이것은 해양 지각이 중앙 해령에서 만들어진 산물이기 때문이다. 그곳에는 탄생하는 지각을 그 밑에 넓게 퍼진 맨틀과 연결하는 뜨거운 탯줄이 있다. 그곳에서 녹은 것들은 모두 현무암 마그마로 들어간다. 그와 대조적으로 각 대륙은 독자적인 발생과 진화로 이루어진 자체 역사를 가지고 있다. 대륙들은 복잡하다. 하지만 가장 단순한

---

* 대륙에도 현무암이 있지만, 대륙을 이루는 수많은 구성성분 중 하나에 불과할 뿐이다.

수준에서 보면 해양 지각과 대륙 지각의 차이는 무게, 아니 더 정확히 말해 밀도와 관련이 있다.

평균적으로 밀도는 대륙 지각(상층에서 $2.7g/cm^3$)이 해양 지각($3g/cm^3$ 이상)보다 낮다. 한 손에 흑색 반려암 조각을 올려놓고, 다른 손에 크기가 같은 편마암 조각을 올려놓으면 차이를 느낄 수 있다. 또 대륙 지각은 해양 지각보다 훨씬 더 두껍다. 일반적으로 대륙 지각은 두께가 30-40킬로미터이며, 히말라야 같은 큰 산맥 밑에서는 그보다 두 배가 될 수도 있다. 반면에 해양 지각의 두께는 대개 10킬로미터를 넘지 않는다. 대륙 지각은 밀도가 낮은 암석이 두껍게 놓여 있기 때문에 위로 솟은 것이다. 따라서 가벼운 대륙들이 가장 두꺼우며(히말라야 산맥이나 알프스 산맥 같은), 그것들이 솟아오르는 경향이 가장 강하다. 물에 뜬 나뭇조각을 손가락으로 누르면 튀어오르는 것처럼 말이다. 하지만 이 비유는 오해를 불러일으킬 수 있다. 나뭇조각은 부력이 매우 크고 움직임이 아주 빠르기 때문이다. 지각판의 표면 밑에 있는 연약권은 비교적 유연하기는 하지만, 어떤 의미로도 액체는 아니다. 이 말은 그것이 균열을 일으키기보다는 흐름에 의해서 변형된다는 의미이다. 그 흐름은 얼음과 급류가 계속 침식을 일으키고, 산맥의 무게를 줄일 때마다 히말라야 산맥을 끊임없이 솟아오르게 한다. 그 산맥은 폭풍의 이빨과 얼음의 죔쇠 속으로 끊임없이 밀려들며, 가장 지독한 자연력을 향해 계속 상승함으로써 자신의 존재를 부각시킨다. 지각의 두께에는 물리적 한계가 있으므로 융기되는 높이에도 상한선이 있다. 따라서 어떤 산도 에베레스트 산보다 훨씬 더 높이 솟아오를 수는 없다. 목적론적으로 표현한다면, 모든 산은 더 이상 솟아오르고 싶지 않은 높이까지 마모될 것이다. 이런 식으로 대륙 평균 두께는 평균 해수면 위로, 아니 적어도 현재의 해수면 위로 솟아오른 채 안정한 상태로 수억 년 동안 유지될 수 있다. 산맥은 나중에 상세히 다루기로 하자.

반대로 대양에서는 지각이 해수면을 가르고 솟아오른 곳이 거의 없다. 심해는 차가운 해양 지각에게 안정한 곳이다. 중앙 해령에서 화산들이 수면을 향해 솟아오르기는 하지만, 수면을 가르고 나와 섬이 되는 경우는 거의 없다. 대륙 지각이 없었다면, 육상 동물의 진화도, 나무도, 생각하는 두 발 동물도 없었을 것이다. 지능은 오징어의 특징이 되었을지 모른다. 오징어는 피부의 색깔을 바꾸어 의사소통을 한다. 그 세계에서는 이 책이 수만 개의 색색 격자들을 반짝거리고 소용돌이치도록 배열하는 식으로 쓰였을지도 모른다. 따라서 지구의 얼굴을 구분하는 가장 중요하면서도 진가를 인정받지 못할 때가 많은 방법인 대륙과 대양이라는 구분법은 현무암의 특성에서 나온 것이라고 할 수 있다. 펭귄과 폴리네시아인에게 살 곳을 주고 뭍을 만들려면, 별도로 열을 가해서 조밀한 현무암 지각을 밀어내야 한다. 그 과정은 우리에게 낙원을 되돌려주기도 한다. 그런 별도의 밀어올리는 힘을 가하는 것은 "열점들"이다. 하와이는 한곳에 있는 깊은 균열에서 지질학적 조상들이 위로 솟아올랐다는 점에서, 그리고 앞으로도 후손들이 나타날 것이라는 점에서 예외적인 곳이다. 본래의 자연스러운 상태보다 더 높이 위로 밀어올려진 이 섬들은 그 중심에 있는 동맥이 끊어지면, 다시 물 밑으로 가라앉아 해산으로 남을 운명이다. 산호초들이 계속 남아 넵튠의 왕국에서 추방당한 상태를 유지해주지 않는다면 말이다.

해양 열점들은 어디에나 있다. 대다수 지질학자들은 아이슬란드가 그중 한 곳이라고 생각한다. 아이슬란드는 대서양 중앙 해령의 꼭대기에 자리하고 있다. 해령들은 뚜렷한 지형을 형성하고 있지만, 그것들은 물속에 있다. 해령이 수면 위에 만든 상당한 크기의 섬은 아이슬란드뿐이다. 아이슬란드는 길이가 480킬로미터이며, 주위에는 얕은 바다가 넓게 펼쳐져 있다. 양식 있는 환경 보존주의자들인 아이슬란드인들은 근해를 보호하기 위해서 여전히 심해 어업에 종사하고 있다. 하와이 주민들처럼 그들도 화산을 두려워하기보다는 존중한다. 분출은 대개 비교적 온화하며 현무암 물질이 주로 나온다. 하와이 제도와 마찬가지로 아이슬란드도 용암류들이 층층이 쌓여서 형성되었다. 하지만 아이슬란드는 열도의 일부가 아니다. 아이슬란드는 대서양 중앙 해령 꼭대기에 아주 가까이 자리하고 있기 때문이다. 그 열점 위로는 지각판들이 돌아다니지 않는다. 아이슬란드는 창조의 중심에 거의 고정되어 있다. 두 지각판이 서로 밀려나고 있는 지점들을 죽 이은 것을 열곡대(裂谷帶)라고 한다. 열곡대는 대개 물속 깊은 곳에 놓여서 음파탐지 장비를 통해서만 파악할 수 있지만, 아이슬란드에서는 열곡대가 섬의 한가운데를 가로지른다. 그 섬의 한쪽에는 아메리카 판이 있고, 반대쪽에는 유라시아 판이 있다. 특이하게도 아이슬란드에서 그 판들은 땅을 가르며 확장되고 있다. 아이슬란드에서는 한 발은 아메리카에, 다른 발은 유럽에 디디고 설 수 있는 곳이 있을지도 모른다. 지질학자들은 지각판의 생성 과정을 연구하기 위해 아이슬란드로 간다. 이곳의 용암에는 낙원을 연상시키는 울창한 식생이 들어서 있지 않다. 그저 이끼와 풀과 지의류만이 음습한 기운을 누그러뜨리고 있을 뿐이다. 화산들은 아주 왕성하게 활동하고 있으며, 대개 파쇄대(破碎帶)를 따라 자리잡고 있다. 섬의 남쪽에는 1947–1948년에 격렬한 폭발을 일으킨 헤클라 화산이 있다. 1963년에는 남쪽 해안에 수르트세이 섬이 새로 생겨났다. 이 글을 쓰는 현재는 그림스보튼 화산이 빙상 밑에서 분출하고 있는 중이다. 이러한 불과 얼음의 조합은 자연의 힘을 고스란히 보여준다. 1996년 9월 29일에는 바트나요쿨 화산이 분출하면서 진도 5의 지진이 발생했다. 땅이 출산의 아픔을 알린 것이다.

아이슬란드에 가면 창조 과정 때 데워진 물로 몸을 씻을 수 있다. 그 열은 아이슬란드를 지열 에너지 이용의 중심지로 만들었다. 온수는 사무실과 가정으로 공급되어 중앙 난방용으로 사용된다. 또 온실을 데우는 데에도 쓰인다. 그래서 빙하가 자라고 있는 지점에서 몇 킬로미터 떨어지지 않은 곳에서도 신선한 토마토를 먹고 향긋한 장미 냄새를 맡을 수 있다. 바닷물은 뜨거운 상승류 속으로 계속 스며들며, 그 상승류는 끊임없이 열을 공급한다. 아이슬란드는 간헐천(geyser)의 본고장이다. 그곳에는 게이시르(Geysir)라는 곳이 있는데, 간헐천이라는 영어 단어는 거기서 유래했다. 그곳에 가면 간헐석들이 지름 25미터쯤 되는 오목한 그릇처럼 쌓인 곳 한가운데에서 물이 뿜어지는 광경을 볼 수 있다. 간헐천은 강한 압력에 눌려 있던 물이 장관을 이루며 뿜어지는 곳이다. 물줄기가 60미터까지 솟아오를 때도 있다. 뿜어지는 물의 온도는 섭씨 75-90도이다. 그 온도에서는 규소가 용액 상태로 있다. 물이 식으면 규소는 하얀 물감처럼 침전되어 층이 진 간헐석 그릇을 형성한다. 이 규소 침전물은 간헐천이 활동을 멈춘 뒤에도 오랫동안 남아 있다. 과거에 간헐천이 만든 따뜻한 연못 바닥의 암석들을 조사하면, 그곳이 간헐천의 "화석"임을 알 수 있다.

아이슬란드의 수도인 레이캬비크에서 멀지 않은 곳에 건강을 위해서, 혹은 흐물흐물 삶아지는 것을 좋아하는 사람들을 위해서 뜨거운 물속에 몸을 담글 수 있는 지열 호수가 있다. 스바르트센기의 블루라군 뒤쪽으로는 지열 발전소의 은색 배관들이 초현실주의적인 분위기를 자아낸다. 햇살이 비치면 그 석호는 하와이의 석호들과 전혀 다른 명암을 지닌 순수한 하늘빛을 띤다. 아이슬란드인들은 지하 세계에서 뜨거운 물이 샘솟는 곳에 몸을 담근다. 라이더 해거드의 『동굴의 여왕(She)』에 나오는 영원한 청춘의 샘이 생각난다. 불로불사의 영약과 같은 무엇인가가 있다면, 이 특별한 물이 바로 그것일 것이다. 불행히도 하와이 제도에 영원한 낙원이 없었듯이, 여기에도 그런 것은 없다. 섬들은 자랐다가 쇠퇴한다. 하지만 드넓은 현무암 대양에서 솟아난 그런 생명의 첨탑들에는 기적 같은 무엇인가가 있다. 기적 같으면서도 허망한 무엇인가가. 우리는 그 모든 것들이, 즉 크든 작든 간에 모든 섬들이 결국 망각 속으로 사라질 운명임을 알게 될 것이다.

4

알프스 산맥

스위스의 강은 모두 도로를 끼고 있다. 도로들은 거대한 바위들 사이로 거품을 일으키며 빠르게 흘러가는 하얀 물줄기 위에 위태위태하게 놓여 있다. 글라루스 주에서 엘름 마을로 가는 작은 도로도 예외가 아니어서, 제른프트 강에 바짝 붙은 채 뻗어 있다. 끈질기게 달라붙는 거지처럼 강줄기가 눈앞에 나타났다가 사라지기를 반복한다. 엘름은 비교적 낮은 곳에 있는 산촌이다. 골짜기 양쪽의 가파른 비탈은 나무들로 뒤덮여 있다. 겨울이 되면 나무 꼭대기마다 새하얀 눈으로 뒤덮여서 경쾌한 분위기를 더한다. 하지만 지질학자들이 현장 조사에 나서는 여름이 되면 나무들은 더 무성해지고 더 점잖아진다. 너도밤나무와 침엽수 숲의 바닥은 어두컴컴해진다. 내가 제른프트 골짜기를 방문했을 때는 낮게 뜬 조각구름들이 양쪽 비탈에 걸려 있었다. 마치 숲 속 깊은 곳에서 모닥불이 타면서 천천히 피어오른 연기가 습한 공기 위로 느릿느릿 흘러가고 있는 것 같았다. 숲 사이에는 탁 트인 목초지들이 자리하고 있다. 목초지들은 대개 완만한 비탈에 있다. 초록빛으로 가득한 목초지 곳곳에 노란 데이지가 피어 있다. 산허리에는 나무로 공들여 지은 건초 창고들이 마치 동굴로 들어가는 입구인 양 삐죽 솟아 있다. 그리고 그보다 약간 더 큰 농가들이 산비탈 위에 거의 아무렇게나 흩어져 있다. 하얗게 칠한 토대와 그 위에 덮인 짙은 갈색의 널빤지들, 너무나도 산뜻한 덧문, 여닫이창 아래쪽마다 놓여 있는 밝은 진홍색의 제라늄이나 화려한 피튜니아 화분들. 여름에는 관광객이 거의 없다는 점을 생각하면,

주민들이 자기만족을 위해서 집을 꾸미는 듯하다. 이 잘 꾸민 그림 같은 집들에 사는 농민들이 얼마 전까지만 해도 바위투성이 산을 넘으면서 철따라 가축을 이동시켜야 하는 힘겨운 생활을 하며 살았다고 말하면 믿어지지 않을 것이다. 그들의 삶을 지배했던 지질의 증거를 찾기 위해서 굳이 애쓸 필요도 없다. 초록으로 뒤덮인 밭 사이사이에 울퉁불퉁한 바위들이 튀어나와 있고, 더 위쪽의 봉우리들은 빙하가 뒤덮고 있는 부분을 빼면 온통 바위밖에 보이지 않는다.

알프스 산맥, 그중에서도 스위스 내에 있는 부분은 알프스 산맥의 전형적인 모습을 보여준다. 많은 위대한 지질학자들이 알프스 산맥의 지질 구조라는 수수께끼들을 풀기 위해서 그곳에 인생을 바쳤다. 알프스 산맥은 지각이 온통 뒤죽박죽 엉킨 곳이자, 크고 넓적한 바위들이 아무렇게나 내던진 팬케이크처럼 나동그라져 있는 곳이다. 가장 노련한 등반가에게 올라오라고 도전장을 던지는 높은 산들은 드넓은 습곡의 꼭대기에 불과하다. 이곳은 자연이 과학자들에게 고통을 주기 위해서 암석들을 대규모로 비비 꼬아 지층들을 뒤섞은 듯한 곳이다. 알프스 조산운동(orogeny, 그리스어의 "산"을 뜻하는 oros와 genesis의 합성어)은 6,000만 년이 넘는 기간에 걸쳐 일어났으며, 플라이오세까지 계속되었다. 유럽에서 가장 높이 솟아 있는 이곳은 가장 교란된 지역이기도 하다. 하와이 해저 열도는 단순한 반면, 이곳은 대단히 복잡하다. 따라서 당신은 알프스 산맥의 모습을 있는 그대로 하나하나 묘사할 수가 없다. 끝이 없을 정도로 복잡하기 때문이다. 그래서 나는 전체를 대표할 작은 부분, 즉 거시 세계를 대변할 수 있는 미시 세계를 골라서 다루고자 한다. 나는 동알프스 산맥의 글라루스 지역을 출발점으로 삼고자 한다. 그 산맥의 비밀들 중 몇 가지가 암석을 통해서 처음 밝혀진 곳이다. 즉 대표적인 지형이다. 이렇게 단순화하는 것은 셰익스피어의 소네트 하나를 통해서 그의 전 작품들을 설명하려는 것과 흡사하다. 물론 부분이 전체를 보여줄 수는 없겠지만 전체를 개괄하는 데에는 충분하다.

제른프트 골짜기에 있는 로흐자이텐은 지질학의 성지 중 한 곳이다. 하지만 실제로 가보면 그렇게 보이지 않는다. 단지 좁은 도로 옆에 있는 숲일 뿐이다. 암석을 찾으려면 울창한 나무들에서 떨어진 낙엽들로 뒤덮인 가파른 둔덕 위로 올라가야 한다. 구름이 깔린 습한 날이면 숲 바닥은 아주 어두컴컴해지고, 매끄러운 둔덕 위에서 발을 제대로 딛고 있기도 쉽지 않다. 그 길의 바닥에는 플리슈(Flysch)라는 암석이 있다. 그 지역 사투리로 "매끄러운 비탈"이라는 뜻이다. 길을 따라 몇 분 정도 숲을 헤치면서 걸어가면, 몇 미터 높이의 튀어나온 절벽에 다다른다. 밑에서 비를 피할 수 있을 만큼 바위가 위로 툭 튀어나와 있다. 이곳이 바로 유명한 암층들이 노출되어 있는 곳이다. 당신이 방금 올라왔던 아래쪽 암층이 바로 플리슈이다. 그것은 손가락으로 잡아당기면 작게 떨어지는 짙은 회색의 점판암질 암석이다. 이 암석들은 바다 밑에 깔린 부드러운 진흙이 세월이 흐르면서 압력을 받아 단단해진 것이다. 절벽의 위쪽은 전혀 다른 암석으로 이루어져 있다. 그것은 하나의 거대한 돌덩어리 같다. 덮여 있는 이끼와 지의류를 약간 걷어내보면 진한 붉은색이 드러난다. 웨일스 접경 지대의 구적사암(Old Red sandstone)과 똑같은 잘 익은 딸기 색깔이다. 더 자세히 살펴보면 그 붉은 암석이 크기와 색깔이 제각각인 작은 돌들로 이루어진 덩어리라는 것을 알 수 있다. 주먹만 한 돌도 있다. 붉은색은 대체로 그 조약돌들이 박혀 있는 모암(母岩)에서 나온다. 그것은 고대 해변에 있던 자갈들이나 폭풍이 지난 뒤 호수 바닥에 쌓인 조약돌들로부터 형성된 역암이다. 역암은 자연이 만든 콘크리트이다. 그 안에 들어 있는 조약돌들은 훨씬 더 오래된 고대 암석들이 풍화되어 생긴 것이나. 식회암으로 된 것도 있고, 사암 덩어리도 있으며, 내구성이 강한 화산암으로 된 것도 있다. 즉 그 역암은 붉은 모암에 온갖 돌들을 집어넣고 굳힌 포푸리 같은 것이다. 누구나 해변에서 색색의 조약돌들을 골라 모은 경험이 있을 것이다. 이 독특한 암석을 베루카노(Verrucano) 암이라고 한다. 다시 더 자세히 살펴보면, 뭔가 특이한 점이

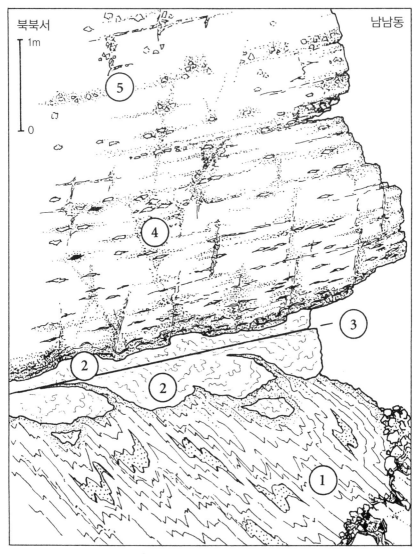

암층들이 드러나 있는 로흐자이텐 절벽.

① 제3기의 플리슈, ② 로흐자이텐 석회암(압쇄암), ③ "단층 점토", ④ 납작하게 변형된 베루카노 암의 구성성분들, ⑤ 변형되지 않은 조약돌들을 함유한 자주색 베루카노 암(페름기).

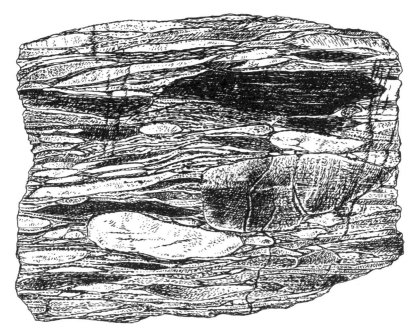

알프스 조산운동으로 길쭉해진 조약돌들. 극단적인 조건에서는 조약돌들도 유연하게 변형된다.

눈에 들어온다. 그 역암 속의 조약돌들은 하나같이 길쭉하다. 마치 나란히 늘어놓은 소시지들처럼 변해 있다. 그것은 그 노출된 바위 덩어리 전체가 늘어났다는 것을, 즉 지구조의 잡아늘이기 고문을 당하여 길어졌다는 것을 말해준다. 그런 일은 지각의 깊숙한 곳에서만 일어난다. 즉 압력이 강해서 암석이 깨지는 대신에 흐르는 곳에서 말이다. 따라서 당신은 지금 서 있는 곳의 머리 위쪽에 즉 현재는 두꺼운 회색 구름만이 뒤덮고 있는 곳에, 예전에 대단히 두껍게 암석이 쌓여 있었다가 침식되어 사라졌으며, 현재 보이는 것은 속에 있던 암석들이라고 말할 수 있다. 즉 당신은 시간을 거슬러 올라가서 땅속을 들여다보고 있는 것이다. 이 이야기에는 많은 추론이 섞여 있다.

　이야기는 거기에서 끝나지 않는다. 위에 있는 베루카노 암과 밑에 있는 플리슈 사이에는 석회암이 얇은 층을 이루고 있다. 그것을 "지층"이라고 부를 수도 있겠지만 두께가 일정하지 않다. 물론 석회암은 탄산칼슘으로 이루어져 있으므로 아래쪽의 점토로 된 암석이나 위쪽의 자갈로 된 암석과 화학 조성이 전혀 다르다. 그것은 로흐자이텐 석회암이라고 불린다. 표식지(전형적인 암석이나 지층이 드러나 있는 곳. 모식지라고도 함/역주)의 이름을 따서 붙인 것이다. 그 석회암층은 이곳에서는 두께가 약 30센티미터이다(2미터 정도로 두꺼운 곳도 있지만, 그보다 더 두꺼운 곳은 찾기 어렵다). 그것은 절벽에서 움푹 들어가 있다. 이 부드러운 층이 움푹 들어가 있기 때문에 위에 있는 훨씬 더 단단한 베루카노 암이 툭 튀어나와 보인다. 이 석회암은 유백색이다. 절벽에는 석회암이 귓불처럼 아래쪽의 플리슈로 늘어진 곳도 여러 군데 있다. 로흐자이텐 석회암을 자세히 살펴보면 모두 잘게 부서지고 비틀려졌음을 알 수 있다. 그것은 분쇄되고 조각나고 으깨어졌던 것이다. 그 석회암의 한가운데에는 노출된 층을 따라 죽 수평으로 균열 같은 것이 나 있다.

　처음 그 암석층을 대하면, 자신이 보고 있는 것들—퇴적암들—이 정상적인 순서대로 쌓인 것이라고 생각할 것이다. 즉 가장 오래된 암석이 맨 밑에 있고 위로 갈수록 점점 더 젊은 암석이 있듯이, 플리슈, 석회암, 베루카노 암이 순서대로 쌓인 것이라고 말이다. 전 세계의 해안 절벽들에서 볼 수 있는 교란되지 않은 지층들은 그런 순서로 되어 있다. 원래 바다 밑에 퇴적물로 쌓였던 암석들이 그대로 해수면 위로 올라왔기 때문이다. 오아후 섬에 층층이 쌓인 현무암 용암류들과 마찬가지로, 그런 지층들은 지질학적 시간을 기록한 일기이며 읽기도 쉽다. 이 책의 뒤쪽에 실은 지질 연대표에 나타난 명칭들은 백악기 이전에 쥐라기가 있고, 오르도비스기 이전에 캄브리아기가 있다는 식으로 지층들을 적절한 순서로 끼워맞춰서 만든 지질학적 시간의 서사시이다. 따라서 제른프트 계곡의 지층 순서를 결정하려면 각 암석의 시대를 알려줄 증거들을 찾아야 한다.

강을 몇 킬로미터쯤 거슬러올라가서 엔기 마을에 다다르면, 플리슈까지 파들어간 오래된 점판암 채석장이 나온다. 지금은 몇 채 안 되는 집들과 제재소 한 곳만이 남아 있다. 좀더 넓은 계곡과 쾌적한 벌판이 몇 군데 펼쳐져 있는 곳이다. 벌판에서는 회색과 황갈색이 섞인 스위스 얼룩소들이 한가로이 풀을 뜯고 있다. 이 마을은 19세기에는 북적거리던 곳이었다. 지붕을 올리는 데에 쓰는 점판암들을 캐고 가공하는 일꾼들이 150명쯤 살고 있었다. 지금도 계곡 위쪽에서 보면 점판암들을 기하학적 무늬로 배열해 올린 멋진 검은 지붕들을 볼 수 있다. 예전에 주민들은 특수한 짐배를 만들어서 매년 점판암들을 하류에 있는 라인 강으로 운반했다. 그 점판암들은 로테르담까지 운반되어 팔려나갔다. 가파른 산길을 걸어 올라가면 버려진 작업장이 나온다. 산허리에 핀 야생화들 사이에 푸르스름한 회색을 띤 넓적한 점판암들이 곳곳에 널려 있다. 그것들은 망치로 툭 치면 작은 석판들로 산뜻하게 쪼개질 것이다. 산 아래쪽 절벽에 드러난 암석들과 마찬가지로, 이 점판암질 플리슈도 지각판의 죔쇠에 조여져 압착된 것이다. 그것이 "벽개면(劈開面)"을 따라서 산뜻하게 쪼개지는 것도 바로 그 때문이다. 그 산 중턱에서 상업적 가치가 있는 광층은 일부에 불과하며, 광부들이 한때 지구의 배 속으로 기어 들어갔던 동굴 입구는 현재 양치류로 무성하다. 지금 그곳을 구경하면서 무거운 암석을 꺼내기 위해서 깊은 광상 속으로 기어들어가는 광경을 상상하면 등골이 오싹해질 것이다. 게다가 당시는 모든 일이 수작업으로 이루어졌다. 그 암석에는 다른 보물도 들어 있었다. 그것은 어류 화석이었다. 가끔 검은 표면에 뼈만 앙상한 유령 같은 기이한 골격들이 찍혀 있는 점판암들이 출토되곤 했다. 뼈대가 연어만큼 큰 것들도 있었다. 이빨이 난 턱을 크게 벌리고 있는 모습은 프랜시스 베이컨의 어느 그림처럼 섬뜩한 강렬함을 지니고 있다. 그 화석들은 19세기의 위대한 고생물학자 루이 아가시가 쓴 유명한 논문에 실려 있다. 그의 논문에는 400개의 도판이 실려 있다(그는 뇌샤텔에 니콜레라는 석판 회사를 소유하고 있었는데, 그 논문

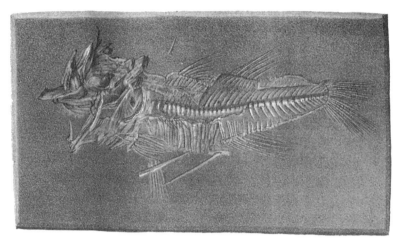

증거가 된 뼈. 루이 아가시(1807-1873)의 논문에 실려 있는 엔기의 플리슈 지층에서 나온 아름다운 물고기 뼈.

이 완성되었을 무렵 회사가 파산했다고 한다). 아가시는 엔기에서 나온 화석들을 53종으로 분류했다. 하지만 그는 점판암들이 지구의 손아귀에 붙들려 시련을 당했다는 점을 고려하지 않았다. 그는 길이가 긴 것과 짧은 것을 각각 별개의 종으로 보곤 했다. 그러나 사실 그것들은 암석에 갇힌 뒤 늘어난 정도가 달랐을 뿐이지 같은 종이었다. 이런 식으로 보정을 한 결과, 지금은 화석이 29종으로 줄어든 상태이다. 종의 수가 얼마나 되든지 간에, 그 화석들이 암석들의 나이를 말해준다는 사실은 변함이 없다. 동전에 새겨진 카이사르의 얼굴 형태가 한 시대를 나타내듯이, 한 벌의 화석들은 선사시대의 특정 시기를 알려준다. 가시가 삐죽 튀어나온 그 입은 거짓말을 할 수 없다. 그 플리슈 암석들은 올리고세의 것으로서, 약 2,800만 년 전에 해저에 놓여 있었다.

여기서부터 대단히 흥미로운 상황이 펼쳐진다. 베루카노 암이 글라루스 이외의 지역에서 페름기, 즉 2억5,000만 년보다 더 이전 시기에 생성되었다는 사실이 밝혀졌다. 따라서 이 지역의 길옆 절개지, 숲 아래 절벽에는 올리고세의 플리슈 위에 훨씬 더 오래된 암석이 놓여 있고, 그 사이에 로흐자이텐 석회암이 얇은 층을 이루고 있는 셈이 된다. 즉 포유동물의 시대에 생긴 암석 위에 공룡이 등장하기 이전 시대의 암석이 쌓여 있는 것이다. 정상적인 퇴적 순서가 뒤집혀 있다. 이 사실은 잠시 세상을 깜짝 놀라게 했다. 전 세계 수십 명의 고생물학자들이 그토록 세심하게 구성한 지질 연대표가 전부 틀린 것이라는 말인가? 지질 연대 자체가 카드로 만든 집처럼 허약한 것이란 말인가? 반대로 그 시대 구분이 옳다면, 땅에 어떤 격변이 일어나서 그곳의 지층이 지금과 같은 순서로 쌓였다는 것일까?

　로흐자이텐 석회암을 자세히 조사하니 중요한 사실이 드러났다. 그 지층의 일그러진 양상은 땅이 큰 폭으로 이동했다고 보아야만 납득이 되었다. 그 석회암층이 드넓은 베루카노 암 덩어리가 플리슈 위로 미끄러지면서 이동할 때 일종의 윤활유 역할을 한 것은 아닐까? 19세기 말에 압쇄암이라는 으깨진 암석이 있다는 것이 알려졌다. 이 암석은 거대한 암석 덩어리가 다른 암석 덩어리 위로 통째로 밀려갈 때, 즉 충상(衝上, thrust)이 일어날 때 으깨진 것들이 반죽 상태로 굳은 것이다. 젊은 암석이 오래된 암석을 위에서 누르는 경우는 아주 흔했다. 오래된 베루카노 암은 압착된 로흐자이텐 석회암 위로 미끄러지고 갈리면서 현재의 위치로 이동한 것이 틀림없었다. 석회암은 위에서 눌러대는 압력에 압착되고 뒤범벅된 것이었다. 그렇게 생각하면 석회암이 국지적인 압력 차이에 따라서 두께가 달라지고, 이따금 아래쪽의 더 부드러운 플리슈로 밀려 내려가기도 한 반면에, 위쪽의 더 단단한 베루카노 암으로는 올라가지 않은 이유도 설명이 되었다. 이 시나리오가 사실이라면 또다른 추론이 가능해진다. 즉 이 엄청난 땅 이동이 플리슈라는 마지막 퇴적층이 쌓인 이후, 다시 말해 올리고세나 그 이후에 일어났어야 한다는 것이다. 이 미끄러지는 운동이 암살자처럼 플리슈의 역사를 갑자기 끝장냈으므로 그것을 이용하면 산맥이 형성된 시기를 추정할 수 있다. 그러면 다음과 같은 질문이 이어지게 된다. 이런 대규모의 수평 운동은 얼마나 넓은 범위에 걸쳐 일어났을까? 그리고 그 운동을 야기한 엄청난 "밀치기"의 근원은 무엇이었을까?

첫 번째 질문에 대답하려면, 한 가지 아주 기초적인 사항을 알아야 한다. 지질 지도가 바로 그것이다. 지층도 평원이나 산처럼 땅 위에 그릴 수 있으며, 분포를 명확히 파악할 수 있도록 갖가지 색깔로 표시하기도 한다. 따라서 지질 지도를 이용하면, 베루카노 암이 플리슈 위로 이동한 지역이 어디까지인지 추적할 수 있다. 지층 지도 제작에는 숙련된 전문가가 필요하다. 암석에 나타나는 미묘한 변화들을 충분히 이해하고 3차원 공간을 정확히 파악하는 능력이 있어야 한다. 스위스에서라면 체력과 인내도 필요하다. 나를 이곳으로 안내한 제프 밀네스는 취리히의 유명한 공과대학교에 있다가 퇴직했는데, 알프스 산맥이 어떻게 형성되었는지를 연구하던 시절에는 손에 망치를 들고 지형도와 공책을 넣은 배낭을 메고서 이쪽저쪽 경계를 표시해가면서 그 지역을 수십 킬로미터씩 주파하곤 했다.

스위스의 암석 지도 작성 분야에는 영웅들이 활약한 시대가 있었다. 19세기 전반기에는 아르놀트 에셰르 폰 데어 린트 같은 선각자들이 있었다. 그의 이름 중 뒷부분은 아버지에게서 따온 것이었다. 그의 아버지는 린트 운하를 건설했고, 그 과정에서 늪들의 물을 뺌으로써 말라리아의 온상을 제거한 공학자였으므로 아들인 그가 자부심을 느낀 것도 무리는 아니었다. 에두아르트 쥐스는 에셰르를 존경했다. 쥐스는 1854년에 그를 처음 만났다. 쥐스는 걸작인 『지구의 얼굴』 서문에 이렇게 썼다. "에셰르는 어느 모로 보나 소박했지만, 대단히 놀라운 인물이었다. 그는 상대를 꿰뚫어보는 듯한 눈을 가지고 있었고, 그 눈으로 온갖 다양한 산악 풍경 속에서 구조를 이루는 주된 선들을 정확하게 짚어낼 수 있었다." 그것만이 아니었다. "에셰르와 스투데르의 스위스 지도는 그 분야의 기념비가 될 것이다." 쥐스는 눈앞에 펼쳐진 복잡하게 뒤엉킨 암석들의 배후에 있는 더 심오한 지질학적 실상을 보기 위해서는 지질학적 통찰력이 가장 중요하다고 생각했다. 즉 특별한 눈이 있어야 한다는 것이었다. 이 말은 예전이나 지금이나 옳다. 알베르트 하임은

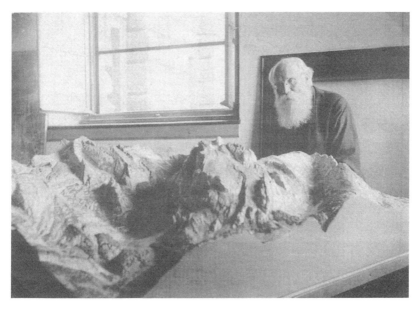

지질을 고스란히 담아놓은 스위스 산맥 모형 앞에 있는 알베르트 하임(1849-1937). 1905년.

에셰르의 제자이자 지적 후계자였는데, 세 권으로 된 그의 저서 『스위스의 지질(*Geologie der Schweiz*)』은 알프스 산맥을 이해하는 데에 가장 큰 기여를 한 문헌으로 평가받는다. 하임 교수는 그냥 지도를 만든 것이 아니었다. 그는 산들을 만들었다. 하임 교수가 재직했던 취리히 대학교의 학과에 가면, 유리 상자 안에 담겨 있는 그가 만든 산들을 볼 수 있다. 그것은 자신이 연구한 산들을 실물 그대로 본뜬 모형들이다. 고개와 계곡을 가로지르는 지층들이 아름답고 정확하게 칠해져 있다. 그 모형들은 마을 공회당의 시계탑 위에 바늘머리만 한 참새가 앉아 있는 모습까지 세세하게 담아낸 마을 모형을 보았을 때 느끼는 짓과 똑같은 경이로움을 불러일으킨다. 알프스 산맥의 북쪽 가장자리에 있는 샌티스 산을 옮겨놓은 하임의 모형에는 눈 덮인 형태 하나하나, 나무 한그루 한그루까지 거의 고스란히 담겨 있다. 담기지 않은 것이 없을 정도로 너무나 상세하다. 하임의 모델 제작자인 카를 마일리도 이 경이로운 축소 모형들을 만들어낸 영예를 함께 받아야 한다.

하임은 자신의 상세한 축소 모형들을 학생들을 가르치는 보조 교재로 사용했다. 산맥의 크기를 줄여서 파악하기 쉽도록 말이다. 세상에는 그 지질학자가 정복할 수 없을 만큼 방대한 것은 없었다. 당신을 가르치기 위해서 가두어둔 저 엄청난 야생 경관을 보라! 하임의 모형들은 거대한 산을 보는 관점이 한 세기에 걸쳐 어떻게 변해왔는지를 고스란히 보여준다. 즉 과학만큼 미학도 변해왔음을 말해주고 있다. 한때 산맥은 늑대들과 불온한 정령들의 세상, 즉 두려움을 불러일으키며 다스릴 수 없는 곳으로 인식되었다. 18세기의 한 관찰자는 "산들이 자연의 겉모습을 추하게 만드는 곳, 큰 폭포를 퍼붓는 곳, 분노하여 폭설을 일으키는 곳"이라고 썼다. 산은 가장 구속되지 않은 자연의 사례가 아니라 기형적이고, 진정한 아름다움과 거의 관계가 없는 곳이었다. 진정한 아름다움은 경작되고 정돈된 저지대나 잘 가꾸어진 정원에서 볼 수 있었다. 현자가 산과 거리를 두는 것도 당연했을지 모른다. 그러나 랠프 월도 에머슨이 『처세론(*The Conduct of Life*)』(1860)을 쓸 무렵에는 이미 인식의 대전환이 일어난 상태였다. 그는 이렇게 썼다. "산들이 있는 멋진 풍경은 우리의 조바심을 누그러뜨리고 유대감을 고양시킨다." 산들은 낭만적인 감수성의 대상이 되었고, 정서는 공기가 희박해지는 것에 반비례해 농축되는 듯했다. 산들은 숭고한 것이 되었다. 산들은 이제 예민한 영혼의 소유자들이 정신의 고양과 장엄함을 느끼기 위해서 찾는 곳이 되었다. 더 심오한 진리를 드러내는 야생의 장소가 되었다. 지질의 높이는 영적 고양과 사촌간이 되었다. 오늘날 최신 등산화와 쌍안경을 갖추고 산길을 오르는 등산객들도 똑같은 감정을 느끼겠지만, 그들보다는 열정이 덜할 것이다. 하지만 스스로 깨닫고 있든 말든 간에, 현대의 탐험가들은 요한 볼프강 폰 괴테와 바이런 경의 발자취를 좇고 있는 셈이다.

나는 내 안에 살지 않고
내 주변의 일부가 된다.

높은 산은 내게 감동을 주는 반면,

인간 도시의 소음은 고문을 가한다.[*]

이해하고 나니, 높은 곳에 대한 두려움이 사라졌다. 세속적인 의미에서 높은 곳이란, 단지 산속으로 지나다닐 수 있는 길을 잘 닦으면 더 쉽게 다가갈 수 있는 곳이 되었다. 몇십 년 지나지 않아 아찔한 철도들이 놓였고, 그 철도들은 지금도 스위스의 동맥 역할을 하고 있다. 역설적인 것은 공학 발전이 길들여지지 않은 자연의 미적 가치를 높이는 데에 도움을 주었다는 사실이다. 지질학자들은 빙하의 작용과 높은 지형의 형성을 과학적으로 설명하고자 애썼고, 위대한 지질학자인 루이 아가시는 그들의 맨 앞에 서 있었다. 다른 선각자들은 지질 지도를 세밀하게 작성하는 것이 알프스 산맥의 구조를 이해하는 1차 도구라고 생각했다. 그 초창기 지도들에 뒤이어 하임의 모형들이 나왔다. 그 다음에는 심층 원인들을 생각하게 되었고, 결국 우리가 오늘날 알고 있는 지각판들의 운동에까지 생각이 이어졌다. 추론하는 이성은 두려움을 없애고 산맥까지 품에 안을 수 있었던 것이다.

이제 알베르트 하임이 지도로 만든 베루카노 암의 기반 구조로 돌아가기로 하자. 제프 밀네스는 로흐자이텐 석회암이 침식되어 생긴 금을 보여주었다. 그 금이 한 봉우리 꼭대기에서 엘름이라는 아주 작은 마을 위쪽의 다음 봉우리로 서서히 뻗어올라가고 있음을 쉽게 알아볼 수 있었다. 그 연한 색의 얇은 석회암층과 위에 놓인 베루카노 암은 한 "묶음(package)"을 이루었으며, 좋은 망원경으로 보면 멀리까지 뻗어 있음을 알 수 있다. 베루카노 암과 그 밑의 석회암이 만나는 층리면은 몇 킬로미터에 걸쳐 뻗어 있는 듯했다. 엘름 위쪽, 수목 한계선보다 훨씬 위쪽에는 베루카노 암이 노출되어 들쭉날쭉한 봉우리를 이루는 곳이 있다. 그 봉우리에는 자연적으로 형성된

---

[*] 『차일드 해럴드의 여행(*Child Harold's Pilgrimage*)』, III, lxxii.

구멍이 하나 뚫려 있다. 그 구멍은 성 마르틴의 구멍(마르틴 슬로흐)이라고 불린다. 11월 11일 성 마르틴의 날에 햇빛이 그 구멍을 통해서 마을 교회를 비춘다고 하여 붙여진 이름이다. "글라루스 충상"의 이 부분을 더 자세히 살펴보려면 천천히 남쪽으로, 이탈리아 쪽으로 돌아서 가야 한다.

산의 반대편으로 돌아가려면 서너 시간 동안 자동차를 타고, 아주 커다란 직사각형 형태의 지역 중 3면을 돌아서 다른 주로 건너가야 한다. 헬리콥터를 타는 것 말고는, 하우스토크 산(3,158미터)을 넘는 지름길 같은 것은 없다. 플림스 마을은 엘름보다 훨씬 더 전형적인 스키 휴양지로서, 여름에도 잘 가꾸어진 멋진 경관을 유지하고 있다. 활강 코스에 눈이 쌓여 있을 때 수많은 관광객들이 유로와 달러, 파운드를 뿌리고 간 덕분일 것이다. 성수기가 아니지만 스키 리프트는 여전히 가동되고 있어서, 그것을 타고 산으로 올라갈 수 있다. 리프트를 한 번 갈아타고, 다시 케이블카를 타면 산꼭대기에 다다른다. 리프트가 여름 별장들 위로 높이 올라가면 라인 강 상류의 서쪽 지류(포르더라인)가 흐르는 골짜기와 그 너머 남쪽에 있는 산들이 한눈에 들어온다. 케이블카는 마지막으로 키 작은 침엽수들을 뒤로한 채 더 높이 올라가서 쥐라기 말름세의 암석이 드러난 장엄한 절벽을 지난다. 말름 암은 알프스 산맥 내 여러 지역에서 독특한 특징을 형성하는 노란색이 감도는 두꺼운 유백색 석회암층이며, 한때는 얕고 따뜻한 바다 밑에 잠겨 있던 것이다. 그 거대한 바위산들을 마주하면 자신이 보잘것없는 존재임을 실감할 것이다. 대롱대롱 흔들거리는 케이블카를 타고 계속 위로 올라가면, 마침내 플림저슈타인 산(카숑 산) 정상 부근에 다다른다. 거기에서 완만한 비탈을 따라서 위로 오르는 산길이 나 있다. 주변의 풀밭 군데군데에 자연에서 가장 강렬한 파란 빛깔을 띤 것들이 무리를 지어 피어 있다. 수레국화보다 더 짙고 인간이 만들 수 있는 어떤 빛깔보다도 더 선명한 빛을 띤 용담류의 꽃들이다. 굳이 예외를 찾는다면, 라파엘의 그림을 들 수 있을까. D. H. 로렌스는 그 꽃들을 "플루톤의 암흑 세계에서 나오는 듯한 푸른 연기를 내뿜는 낮을 어둡게 하는 횃불 같은"이라고 묘사했다. 길 양편에는 식물학자들을 흥분시키는 다른 식물들도 피어 있다. 유백색의 황기류, 잎이 거친 지치류, 땅을 기듯이 뻗어 가는 마디풀류, 그리고 매혹적인 작은 패랭이류. 범의귀류 식물들은 바위 틈새에 끼여 자라고 있어서 "바위를 깨는 자"라는 의미의 학명에 딱 맞는 삶을 사는 듯하다. 고도와 지질에 얽매여 사는 특수한 꽃들의 공동체가 여기에 있다.

길을 조금 더 올라가면, 엘름 위로 까마득히 솟아오른 산봉우리들의 뒤편이 하늘을 배경으로 드러난다. 앞쪽에 봉우리들이 개의 이빨처럼 줄지어 삐쭉삐쭉 솟아 있는 칭겔호르너 산이 있고, 그 너머에 성 마르틴의 구멍이 있다. 가까이 있는 오펜이라는 뭉툭한 봉우리에 서면, 그 유명한 층리면을 아주 자세히 볼 수 있다. 그것은 직선으로 쭉 뻗어 있어서 마치 산 정상을 수평으로 깨끗이 잘라냈다가 다시 그대로 가져다놓은 것처럼 보인다. 로흐자이텐 석회암은 엷은 띠처럼 놓여 있으며, 노출된 부분마다 두께가 달라서 마치 물결치듯이 뻗어 있다. 앞에서 길옆 절벽에서 보았던 것처럼 이 석회암에도 똑같이 날카로운 선, 즉 잘린 부분이 있다. 그 맞닿은 선 밑에는 플리슈(여기에 있는 것은 사르도나플리슈, 사우스헬베티아플리슈라고 부른다)가 부드러운 느낌의 회색 쇄석 비탈을 이루고 있다. 산봉우리들은 빙하로 약간 뒤덮여 있다. 멋진 경관으로, 초기 지질학자들도 이 경관에 끌렸다. 로더릭 머치슨 경의 탐사대도 1840년대에 똑같은 풍경을 묘사한 바 있다. 영국의 귀족인 머치슨은 오만하고 명석했다. 그는 『실루리아계(The Silurian System)』(1839)에서 우리가 현재 하부 고생대(5억4,500-4억1,700만 년 전)라고 부르는 것에 속한 암석들을 체계화하려는 원대한 시도를 했다. 즉 현실주의자인 그 지질학자는 낭만주의자인 시인들의 자취를 힘겹게 뒤따른 셈이었다. 그 뒤 플림저슈타인은 알프스 산맥의 지질을 탐사하는 사람들이

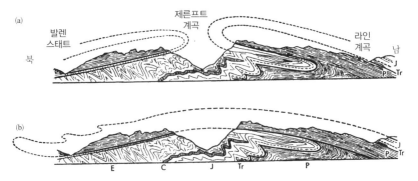

글라루스 지질구조를 설명하는 경쟁 가설들을 묘사한 아서 홈스의 그림. (a) 베루카노 암이 양편에서 플리슈 위로 밀어올려졌다는 에셰르 폰 데어 린트의 이중 습곡 가설. (b) 하나의 나페가 베루카노 암 전체를 한 뭉텅이로 잘라내어 젊은 플리슈 위로 밀어올렸다는 가설.

반드시 들르는 곳이 되었다. 아르놀트 에셰르 폰 데어 린트는 우리가 서 있는 바로 이곳에서 성 마르틴의 구멍을 화폭에 담았다. 그리고 우리보다 앞서 유명한 인물들이 이 자리에서 그곳을 보았다. 더 멀리 내다보면, 인접한 다른 몇몇 봉우리들에서도 같은 지질학적 층리면을 뚜렷이 볼 수 있다. 피츠돌프 산(3,028미터)과 피츠다스테를스 산(3,114미터)이 그렇다. 그 층리면들을 연결하는 점선을 허공에 그려보고 싶은 유혹이 샘솟는다. 그러면 분명히 하나의 드넓은 평면이 형성될 것이다.

알프스 산맥 이해의 역사는 글라루스 지질 구조에 관한 지식이 향상되어 온 과정 속에 고스란히 요약되어 있다. 우리는 제른프트 계곡의 아래쪽에서 플림저슈타인과 그 너머에 이르기까지 그곳의 역사를 추적해왔다. 젊은 암석 위에 오래된 암석이 놓이게 된 이유를 말이다. 땅에 대규모 교란이 일어났다는 것은 분명하다. 오래된 지층이 젊은 지층 위에 놓일 수 있는 방법에는 몇 가지가 있다. 충상은 앞에서 이야기했다. 또다른 방법은 깔개와 이불을 한꺼번에 걷어서 침대 머리맡에 뒤집어놓는 식으로, 지층들을 접어 뒤집는 것이다. 알프스 산맥의 일부가 심하게 접혀 있다는 것은 지질학 초창기부터 잘 알려져 있었다. 산맥이 솟아오를 때 산비탈들이 뒤틀린 것

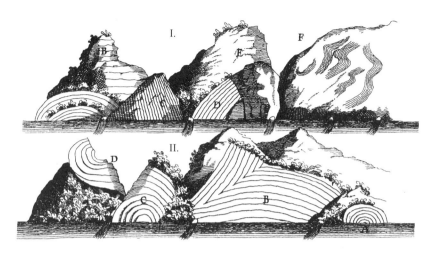

지층을 설명하는 초기의 관점들. J. J. 쇼이히처(1672–1733)가 우르너제 연안의 석회암들을 그린 그림을 보면, 습곡이 일어난 지층들의 끝을 서로 잇는 시도를 거의 하지 않음을 알 수 있다.

이 분명했다. 루체른 호의 동쪽 어귀에 있는 우르너제의 한 연안을 그린 18세기 전기의 그림이 하나 있다. 그 그림은 산들을 맨 처음 체계적으로 설명하려고 시도했던 문헌 가운데 하나인 발리스니에리의 『샘의 기원(*Lezione allórigine delle fontane*)』(1715)에 재수록되었다. 나는 J. J. 쇼이히처가 그린 그 그림에 나온 장소에 섰다. 그 호수 옆에 서니 또다른 감동이 밀려왔다. 그곳에는 텔스카펠레가 있다. 빌헬름 텔이 잔혹한 죽음을 맞이하게 될 쿠스나흐트 성으로 향하던 배에서 탈출해 자유를 찾은 곳에 세워진 텔의 사당이다. 괴테의 친구인 실러는 1804년에 그 이야기를 누구도 따라올 수 없는 방식으로 다시 썼다. 지질학적 장소와 낭만적인 장소는 서로 뒤얽히는 경향이 있는 듯하다. 호수 반대편에는 백악기의 석회암 지층이 장엄한 경관을 이루고 있다. 쇼이히처는 그 산맥의 몇 곳에 있는 습곡을 정확히 파악했고, 전반적으로 무난하게 제대로 그려냈다. 하지만 그는 한 산의 지층들을 다른 산의 지층들과 연결해보지 않았다. 즉 노출된 지층들을 각각 별개의 것으로 보았다. 쇼이히처는 주로 자신이 저지른 오류 때문에 기억되고 있는 불행한 인물들 가운데 한 사람이다. 1776년 그는 『런던 왕립학회보(Transactions of the Royal Society of London)』에 외닝겐의 마이오세 퇴적층에서 발견한 한 화석이 성경의 홍수 이야기를 입증하는 증거라고 발표했다. 그는 그 화석에 "호모 딜루비 테스티스(Homo diluvii testis)"라는 학명을 붙였다. 그 이름은 그가 어떤 생각을 했는지 말해준다. 그 화석은 다리처럼 보이는 것을 쫙 펼치고 있는 형태였다. 쇼이히처에게는 안된 일이지만, 100년쯤 뒤에 그 화석은 커다란 도롱뇽의 것으로 밝혀졌다. 대홍수 때의 인간이라던 그 화석은 그저 양서류에 불과했던 것이다. 쇼이히처는 실수 때문에 불멸의 명성을 얻은 선택된 소수에 합류하게 되었다. 그러나 그가 그린 뛰어난 지층 그림들을 보면 그런 평가가 부당하다는 것을 알 수 있다.

그로부터 100년이 지나자, 지층들은 서로 이어졌다. 지질 지도들은 대규모 습곡이 일어난 부분들이 한 산의 밑자락과 옆에 있는 산의 정상을 잇는 것일 수도 있음을 보여주었다. 중간에 있던 지층들이 침식되어 사라졌을지도 모른다. 단면도를 그리면, "허공"은 한때 지층들이 있었음을 보여주는 점선으로 가득해진다. 단지 서리와 물과 바람이 수백만 년에 걸쳐 작용한 결과 지층들이 서서히 사라져갔을 뿐이다. 학자들은 사라진 산의 유령을 추측했고, 과거 지형의 희끄무레한 망령을 상상했다. 쇼이히처가 본 노출된 지층들은 습곡의 윤곽을 통해서 이어졌다. 에두아르트 쥐스는 같은 지역을 다룰 때 이렇게 썼다. "루체른 호숫가의 악센베르크 절벽을 본 사람들은 석회암 지층들이 얼기설기 뒤엉켜 있는 것을 보고 놀랄 것이다." 대규모 지층들이 뒤집혀서 아코디언의 바람 통처럼 주름져 있는 모습도 쉽게 볼 수 있었다. 습곡이 심하게 일어나기는 했지만 실제로 지층 전체가 뒤집힌 것은 아니었다. 특색 있는 지층들을 지도에 담는 노력도 지층들이 이렇게 구조 변화를 겪었다는 것을 밝히는 데에 도움이 되었다. 도거(Dogger)라고 하는 쥐라기 시대의 철분이 많은 얇은 지층이 한 예이다. 브리스텐이라는 작은 마을 어귀에서 제프 밀네스는 박람회장의 롤러코스터처럼 마구 휘어지고 뒤집힌, 독특한 흔적들을 이쪽 산허리에서 저쪽 산허리까지 어떻게 추적하는지를 보여주었다. 그곳에서는 땅이 휘어지는 양상을, 즉 복잡한 주름잡기를 통해서 지층들이 스스로 접힘으로써 지각이 줄어드는 양상을 볼 수 있다. 양귀비의 꽃봉오리를 열어본 일이 생각난다. 그 아주 작은 공간 속에는 많은 화려한 꽃잎들이 구부러지고 접힌 채 들어 있다. 세심한 지도 작성자들이 오랜 세월에 걸쳐 지도를 작성한 끝에, 습곡은 알프스 산맥의 거의 모든 지질 문제들을 설명할 정도의 지위에 오르게 되었다.

아르놀트 에셰르는 당시의 시대 사조에 따라서 글라루스 지질 구조를 오로지 습곡만을 동원하여 해석했다. 그리고 모형 제작의 대가인 알베르트 하임도 전례를 좇았다. 하임은 가부장적인 인물이었다. 그는 권위적이었고 자신감이 넘쳤다. 그는 거역하기가 쉽지 않은 인물이었을 것이다. 에셰르와 하임은 글라루스 지질 구조를 "이중 습곡(double fold)"으로 설명했다(138쪽 그림 참조). 제른프트 계곡 위로 양쪽에서 마주 보고 크게 뒤집히고 기울어진 습곡이 형성되었다는 것이다. 베루카노 암은 그 양쪽의 습곡을 통해서 젊은 플리슈 위로 올라갔다. 침대 깔개와 이불을 머리와 발 양쪽에서 개어 밑에 있던 깔개를 위쪽에서 서로 마주 보게 한다고 상상해보라. 즉 지층이 북쪽에서 한 번, 남쪽에서 한 번 접혔다는 것이다. 그것은 아주 놀라운 개념이었다. 그것은 베루카노 암의 수평 운동이 적어도 15킬로미터에 걸쳐 일어났음을 의미했다. 에셰르가 이중 습곡 개념을 처음 내놓았을 때에는 지각이 그렇게 많이 움직인다는 생각이 급진적으로, 심지어 혁명적으로까지 보였다. 에드워드 베일리 경은 『지구조론(*Tectonic Essays*)』에 당시 에셰르가 우려하면서 한 말을 인용한다. "내가 이런 주장들을 발표하면 아무도 나를 믿지 않을 것이다. 사람들은 나를 정신병원에 가둘 것이다." 훗날 에두아르트 쥐스는 글라루스 이야기를 "알프스 산맥의 특정 지역에서 이중으로 습곡이 일어났다는, 전혀 들어본 적이 없는 탁월한 구상"이라고 요약했다. 알베르트 하임은 오랜 세월 동안 그 이중 습곡(Dopplefalte) 개념을 옹호했다.

스위스 장크트갈렌 멜스에 있는 베루카노 암에서 장관을 이룬 습곡 지형을 살펴보고 있는 알
베르트 하임.

그리고 감히 그의 앞에서 아니라고 말할 수 있는 사람도 없었다. 우리가 후대에 알게 된 지식을 들이대면서 이 위대한 지질학자들을 깎아내리는 것은 옳지 않은 일이다. 그들은 자신들이 너무나 잘 알고 있던 그 고지대를 눈에 보이는 그대로 정직하게 해석했을 뿐이다.

대안이 될 다른 유일한 가설은 그보다 더 급진적으로 보였다. 그것은 말하자면 "점선을 그어 잇자"는 것이었다. 즉 야생 염소처럼 이 봉우리에서 저 봉우리로 건너뛴 로흐자이텐 석회암이라는 얇은 층과 그 위에 있는 구조를 넓은 영역에 걸쳐 움직인 하나의 선으로 통합하자는 것이었다. 나는 플림저슈타인의 정상에서 그러한 선을 그리고 싶은 유혹을 느낀 적이 있었다. 그렇다면 포르더하인에서 글라루스에 이르는 모든 것은 하나의 구조에 속하게 된다. 그러면 거대한 베루카노 암 덩어리가 이동한 거리는 약 35킬로미터로 두 배 이상 늘어나야 한다. 참으로 장엄한 수평 이동이었다. 아마 에셰르는 그 지각 이동의 진정한 규모를 알았다면 움츠러들었을 것이다. 땅이 자신의 거죽을 그렇게 넓게 씰룩거릴 수 있었을까? 우리는 암석들이 구부러지고 접힐 수 있다는 것을 알지만, 거대한 지각 덩어리가 그렇게 먼 거리를 옆으로 미끄러질 수 있을까? 정말 그랬다면 그렇게 움직일 수 있도록 한 힘은 무엇이었을까? 1884년 프랑스어를 쓰는 스위스 지역에 있는 뇌샤텔 대학교의 지질학 교수 마르셀 베르트랑은 이중 습곡 개념을 폐기하고 하나의 글라루스 충상이라는 개념을 내놓았다(『프랑스 지질학회지(*Bulletin de la Societé géologique de France*)』에 실은 선구적인 논문을 통해서였다). 꼼꼼한 지도 작성자인 알베르트 하임은 베르트랑이 글라루스에 가 본 적이 없다는 사실에 아마 분통을 터뜨렸을 것이다. 베르트랑은 새로운 선들을 긋고 새로운 결론을 내릴 때 "하임의 이중 습곡 설명을 원용했음"을 시인했다. 얼마나 대담하기에 그렇게 뻔뻔스러운 짓을 한단 말인가? 지금도 연구실이나 컴퓨터 앞에서 주로 일하는 과학자들을 실제 관찰과 동떨어진 채 가설들이나 만드는 멍청이라고 여기며, 결국 지기는 했지만 알베르트 하임에게 노골적으로는 아닐지라도 연민을 느끼는 강인한 "현장 학자들", 즉 망치를 두드리며 일하는 지질학자들이 있다.

알프스 산맥의 더 많은 지역이 점점 더 지질 지도에 담기면서—이 방대한 연구는 대부분 하임 연구진이 이루어냈다—암석들의 지질 구조가 대부분 북쪽을 향하고 있음이 드러났다. 즉 충상들은 북쪽을 가리키고 있었다. 주요 역전 습곡들이 북쪽으로 기울어져 있었다. 에두아르트 쥐스는 그 사실을 잘 알고 있었다. 알프스 산맥은 그의 본거지였기 때문이다. 그는 산계 전체가 북쪽으로 활처럼 볼록하게 휘어져 있다고 지적했다. 여기서 산들은 그가 단단한 "전면지(foreland)"라고 부른 것과 마주쳤던 것이다. 이 모든 주름과 전이를 일으킨 것이 무엇이든 간에, 그것이 남쪽에서 땅을 "밀치기"한 것이 분명했다. 반대로 글라루스의 이중 습곡 개념에서 상정한 대규모의 남향 역전 습곡이 형성되려면 북쪽에서도 아주 강력하게 미는 작용이 있었어야 하며, 그 힘은 북향 습곡이 형성될 때 동시에 작용하고 사방에서 똑같은 지질학적 효과를 낳았어야 한다. 그런데 글라루스의 조사 지역들에서 본 암석들은 어디든 간에 비슷한 순서로 쌓여 있었다. 따라서 그 설명은 너무나 불충분한 것이었다. 게다가 베르트랑의 단일 충상 개념을 받아들인다면, 남쪽에서 북쪽으로의 이동을 설명할 수 있고, 스위스 동부의 한 작은 지역에 예외를 둘 필요도 없어진다. 이중 습곡 개념은 운이 다한 듯했다. 결국 알베르트 하임은 아량을 보였다. 1901년 모리스 뤼종(1870–1953)이 출간한 서부 알프스 산맥의 구조를 다룬 회고록에는 하임이 그 점을 인정한 공개 편지가 수록되어 있다.

그 무렵에는 조산대에서 거대한 땅덩어리가 완만한 경사를 이루면서 장거리를 이동할 수 있다는 것이 명백히 밝혀진 상태였다. 이것이 바로 알프스 산맥의 수수께끼를 푸는 열쇠였다. 글라루스에서 전 세계에 이르기까지 말이다. 같은 과정을 적용하면, 산계는 얇은 판들이 서로 겹쳐져서 높이 쌓인 덩어리라고 생각할 수 있다. 이것이 바로 지구의 지각이 줄어들고 두꺼워지는 방법이었다. 원래의 위치에서 끊어지지 않은 채 이동하는 그런 얇은 판들은 프랑스어로 "나페(nappe)"라고 불렸다. "식탁보"라는 뜻이다. 그 용어를 누가 처음 사용했는지는 분명하지 않지만, 현재는 널리 쓰이고 있다. 역사가 모트 그린은 그 용어에 딱 맞는 비유를 들었다. 그는 솟아오르기 전의 알프스 지층을 잘 닦인 식탁을 덮고 있는 온갖 무늬들이 그려진 식탁보라고 묘사했다. "손바닥을 식탁보 위에 대고 죽 밀면, 식탁보가 주름이 지면서 올라오기 시작할 것이다. 계속 밀면 주름들은 앞쪽으로 넘어가고, 맨 뒤에 생긴 주름이 서서히 앞에 있는 주름들 위로 올라가면서 주름들이 겹쳐 쌓인 더미가 생길 것이다." 알프스 산맥을 형성하는 것은 나페들을 쌓아올리는 것과 같다. 처음에 나페들이 쌓이고 난 뒤, 그 위에 새로운 활성지대가 발달한다. 그렇게 해서 쌓인 더미 위에 또다시 더미가 쌓이는 것이다. 알프스 산맥에서는 거대한 나페 "묶음들" 세 개가 연속해서 이동했다. 물론 지금은 그 더미 전체를 볼 수 없다. 침식으로 경관이 깊이 갈라지면서, 가장 위쪽에 쌓여 있던 나페들이 없어졌기 때문이다. 플림저슈타인의 정상에서도 우리는 머리 위로 몇 킬로미터에 걸쳐 암석이 쌓여 있었다고 상상해야 한다. 시간이 그것들을 없앤 것이다. 그린의 식탁보 비유는 계속된다. "가위를 요리조리 움직여서 겹쳐 쌓인 부분을 모조리 잘라내자. 그런 다음 나머지를 다시 밀면 뒤엉킴이 일어난다." 다시 말해서, 침식이 혼란을 일으키고 거기에 다시 땅의 운동이 일어나서 더욱 혼돈이 야기되었다는 것이다. 스위스의 절벽을 볼 때 경이로움을 불러일으키는 복잡한 지층들은 바로 그렇게 해서 생겨났다. 하지만 나페 개념을 받아들이자 새로운 연구 과제가 생겨났다. 알프스 산맥의 별난 습곡들과 끊임없이 펼쳐진 들쭉날쭉한 형상들에 절망해서 손을 놓고 앉아 있을 수만은 없다는 것이다. 이제 나페들을 지도에 담고, 그것들의 순서를 파악하고, 그것들을 구성하고 있는 암석들을 파악한다는 개념이 등장했다. 그 분야에서도 현장 연구를 통해서 많은 업적을 남긴 영웅들이 있다. 피에르 테르미에, 루돌프 슈타우프, 루돌프 트룀피가 그렇다. 이 지질학자들의 이름은 자신들이 규명한 산맥과 영원히 함께할 것이다. 이름을 장엄한 절벽에 새기는 것만큼 확실하게 말이다. 나페들에게 이름이 붙여지자, 여태껏 도저히 파악할 수 없었던 산들이 겹쳐 쌓인 몇 개의 얇은 판으로 이루어진 것이라고 생각할 수 있게 되었다. 과학에서도 이름을 붙인다는 것이 길들이는 것일 때가 종종 있다. 그것은 글라루스 나페로 불리게 되었고, 지금은 센티스 나페, 무르첸 나페 등 해당 지역의 이름을 딴 나페들이 수천 개나 파악되어 있다. 암석들은 유연하게 변형되기도 했다. 즉 부서지지 않고 늘어나기도 했다. 알베르트 하임은 일그러진 암석들 속에 들어 있는 일그러진 암모나이트 화석들을 수집하기도 했다. 나는 취리히 대학교에서 그중 몇 점을 살펴보았다. 그것들은 구부러지고, 압착되어 변형되고, 한쪽으로 기우는 등 질서정연했던 원래의 나선들이 뒤틀리고 비틀려 있었다. 몇몇 지역에서는 화석들이 원래 크기보다 10배까지 늘어나기도 했다. 수학적으로 계산하면, 이런 암석들이 얼마나 왜곡되었는지 알 수 있다. 그것들은 땅이 얼마나 극단적인 행동을 하는지 보여준다. 잠시 식탁보는 잊어버리자. 이제는 잡아늘이고 돌리고 하는 파스타 반죽이 더 적절한 비유인 듯하다. 알프스 산맥은 요리할 때 대충 겹치고 구부려서 엉성하게 만든 라자냐처럼 보일지도 모른다.

아마 알프스 산맥의 마지막 영웅은 루돌프 트륌피일 것이다. 그는 아르놀트 에셰르 폰 데어 린트까지 거슬러올라가는 "현장 학자들"의 계보에 속한다. 나는 2002년 런던 지질학회에서 그가 울러스턴 메달(305쪽 그림)을 받는 것을 보았다. 그는 빌헬름 텔 못지않은 전설적인 인물이었다. 피커딜리의 격조 있는 회의실에서 본 그 당당한 노인은 자신이 연구한 산들처럼 다소 우악스럽게 보였다. 루체른 호 한가운데에 떠 있는 작은 유람선 위에서 확성기에 대고 한 무리의 지질학자들에게 소리를 질러대는 것이 그의 본래 모습이었다. 트륌피가 이룬 중요한 업적은 나페들의 세 가지 주요 "묶음"에 이름을 붙이고 지도에 기입한 것이었다. 나페들은 한 덩어리씩 묶여 있다. 지구조는 서신들을 그런 식으로 일괄 포장해서 차례차례 전달했다. 이 묶음들 하나하나에는 조산운동의 각 사건이 기록되어 있다. 알프스 산맥의 역사는 이런 묶음들을 아주 세심하게 지질 지도에 기입하는 과정을 통해서 밝혀졌고, 나중에 방사성 연대 측정법을 통해서 보완되었다. 주요 사건들은 헬베티아 나페, 펜닌 나페, 오스트로알프스 나페 등으로 기록되어 있었다. 이 묶음들은 나중에 판구조론의 맥락 속에서 보아야 제대로 이해될 것이다. 나페들은 마구 헝클어져 위치가 바뀐 지각 덩어리들을 보존하고 있으므로, 스위스를 가로질러 가면 고대의 각 지형들을 단편적으로 만날 수 있다. 옛 지도를 조각조각 잘라내어 마구 뒤섞어놓았다고 상상해보라. 그것은 대단히 혼란스럽다. 당신은 한 과학자가 고작 서너 곳의 산을 연구하는 데에 평생을 바쳤다는 말을 이제야 이해하기 시작할 것이다. 그 뒤섞인 암석들의 원래 위치를 재구성한다는 것은 오믈렛에 든 재료들을 다시 따로따로 골라내는 것과 비슷하다.

라인 강의 또다른 지류가 만든 힌터라인 계곡을 따라 남쪽으로 더 가보자. 모든 길들은 굽이치는 강을 따라 나 있다. 나무랄 데 없는 새 고속도로와 낡은 도로, 투시스로 향하는 철도까지도 서로 보였다가 안 보였다 하면서 나란히 뻗어 있다. 현대의 길들은 전혀 미안해하는 기색 없이 터널을 향해 뻗어 있다. 스위스인은 그런 공학의 대가들이다. 지금의 새 도로들은 과거에 자신들이 그토록 도달하고자 애썼던 습곡과 충상과 나페를 포기하고, 아니 무시하는 듯이 터널 속으로 들어갔다가 곧바로 빠져나온다. 반면에 오래된 도로들은 꼬불꼬불 빙빙 돌면서 깎아지른 듯한 비탈을 휘감으며 나 있다. 낡은 도로를 타고 무시스의 남쪽으로 5킬로미터쯤 가면 무시무시한 협곡인 비아 말라에 다다른다. 해석하면 "나쁜 길"이라는 뜻이다. 그것은 골짜기와 마찬가지로 땅에 불규칙하게 난 균열과 흡사하게 보인다. 폭이 고작 몇 미터에 불과한 곳도 있지만, 높이는 300미터에 이른다. 햇빛이 바닥까지 닿지 않기 때문에, 그곳은 불이 꺼진 비좁은 기괴한 복도처

음산한 비아 말라. 위
쪽으로 1739년에 세워
진 다리가 보인다.

럼 늘 음산하다. 그곳은 두려움을 불러일으킨다. 우리 옆에 있던 여학생들
조차 재잘거림과 밀쳐대는 짓을 그치고 목을 쭉 빼고서 급류를 쳐다볼 정
도였다. 그 좁은 곳에 갇힌 강은 급박하게 흘러서 물보라를 하얗게 튀기며
까마득히 아래쪽에 있는 둥근 바위들로 떨어졌다. 계곡 양편으로 앙상한
나무들이 한두 그루씩 나 있지만, 그것들은 암벽 틈새에 약간 모인 흙에 위
태롭게 뿌리를 박고 있을 뿐이다. 이곳은 오싹함을 불러일으키는 곳이며,
따뜻한 날에도 절로 옷깃을 여미게 만드는 곳이다. 이 나쁜 길은 중세 시대
에는 정말로 그러했을 것이다. 당시에는 한 번에 한 사람씩 지나갈 수 있는
위태위태한 길밖에 없었다. 아직도 그 옛 통로의 흔적들을 찾아볼 수 있다.

여행자가 몸을 지탱할 수 있도록 바위에 박아놓은 사슬들이 곳곳에 남아 있다. 강에서 약 70미터 상공에는 1739년에 세워진 계곡 양편을 잇는 돌다리가 있다. 나중에 놓인 길 중 하나이다. 밑에서 보면 성당의 부벽처럼 양쪽 벽이 틈새로 기울지 않게 받치고 있는 것 같다. 폐쇄 공포증을 불러일으키는 듯한 비아 말라의 무시무시한 분위기를 조성한 것은 그곳의 지질이다. 힌터라인 강은 뷘트너쉬퍼라는 석회질 편암 지대를 가르고 지나간다. 뷘트너쉬퍼는 펜닌 나페의 일부이다. 그런 비좁은 협곡이 생긴 것은 지질이 놀라울 정도로 균일하기 때문이다. 산맥이 융기를 거듭할 때, 그 강은 아주 단단한 티크 통나무를 자르는 원형 톱처럼 행동했다. 산맥이 침식의 이빨 속으로 들어갈 때에도 그 협곡은 아찔한 모습을 그대로 유지했다. 암석의 특징은 그렇게 그 땅의 특징을 규정하고 있다. 뷘트너쉬퍼는 앞에서 케이블카를 타고 플림스 마을 위로 지나갈 때 보았던 쥐라기 말름세의 거대한 석회암 절벽들과 같은 시대의 것이다. 하지만 암석의 종류는 전혀 다르다. 일부 지질학자들은 캘리포니아 만에서와 마찬가지로 물이 가득한 깊은 분지에 석회가 가득한 진흙이 쌓여서 그 암석이 생긴 것이라고 믿고 있다. 즉 지각판의 활동으로 숨아지고 압착되고 뒤섞인 나페들이 지형을 규정하고 있는 것이다.

비아 말라의 반대편으로 나와 라인발트로 접어들자 왠지 안도감이 느껴진다. 라인발트는 숲이 울창한 넓은 계곡으로, 평화롭게 보이는 농가들이 다시 나타나기 시작한다. 그런 평온한 분위기임에도 불구하고 계곡을 따라 암벽이 툭 튀어나온 곳마다 거의 성 또는 성의 폐허가 보이는 듯하다. 폐허일 때에는 그것이 원래 무엇이었는지 알려면 자세히 살펴보아야 한다. 그것이 무엇이었든 간에 원래 그곳에 있던 돌돌로 지어졌고, 폐허가 된 뒤에는 자연스럽게 원래 있던 돌들과 뒤섞였기 때문이다. 과거에 그 성들은 라인 강의 중요한 무역로를 지켰던 것이 분명하다. 예상할 수 있겠지만 그 길을 따라 늘어선 오래된 마을들은 그 지역의 편마암로 튼튼하게 지어졌다. 지붕을 이은 "석판들"은 사실 얇은 편마암이다. 그 돌들은 무겁기 때문에 그 밑의 들보도 육중해야 했다. 이런 용도로 쓰이는 자연석들이 으레 그렇듯이, 이 "석판들"은 투박한 아름다움을 지니고 있으며, 곳곳에 지의류로 덮여서 만들어진 얼룩도 멋을 더한다. 내가 하루를 묵은 스플뤼겐에 있는 보덴하우스 호텔은 요새처럼 두꺼운 돌벽으로 되어 있었다. 왠지 안심이 되는 곳이었다.

나페들이 계속 층층이 쌓이면서 지각은 두꺼워진다. 알프스 산맥만이 아니라 조산대는 거의 모두 짧아지고 두꺼워지는 지층대로 이루어진다. 반대로 중앙 해령 위에서는 지각이 얇아진다고 앞에서 말한 바 있다. 지각이 심하게 뭉치면 뭔가 일이 벌어진다. 암석들에 변성(變性)이 일어나는 것이다. 지각이 두꺼워질수록 암석들은 계속 묻혀서 들어간다. 그리고 깊이 묻힌다는 것은 암석에 가해지는 압력이 증가한다는 의미이다. 그와 함께 온도도 높아진다. 증가한 압력과 온도는 변성 작용을 촉진시킨다. 그 결과 광물들은 한 종류에서 다른 종류로 바뀐다. 암석의 조직 자체도 바뀐다. 원래의 암석은 다른 모습으로 위장하고, 결국은 알아볼 수 없게 된다. 그 암석이 원래 퇴적암이었다면, 그 안에 들어 있었을지도 모를 화석들은 지워진다. 조산대에 변성 작용이 일어날 때 가장 흔히 나타나는 광물은 편암과 편마암이다. 자연의 변성 작용은 프란츠 카프카의 유명한 소설 『변신(*Die Verwandlung*)』의 주인공인 그레고르에게 일어난 마법 같은 변화와는 다르다. 어느 날 잠에서 깨어났더니 괴물 같은 벌레로 변신해 있다는 식이 아니다. 자연의 변성 작용은 암석이 본래 지녔던 화학적 특성만을 이용한다. 즉 광물에 일어나는 모든 변화는 방정식으로 표현할 수 있으며, 연구실에서 실험을 통해서 재현할 수도 있다. 이런 암석들은 요리법, 아니 더 정확히 말해서 가압 요리법으로 만든 파스타에 비유할 수 있다. 그 요리는 오븐에서 나올 때 완전히 다른 것이 되어 있겠지만, 그럼에도 원래 재료에 없던 것이 만들어질 수는 없다. 그 이야기는 이 책에서 몇 차례 더 다루어질 것이다. 지금은 그만하고 더 남쪽에 있는 산베르나르디노 고개로 가자.

해발 2,065미터에 있는 산베르나르디노 고개(그레이트 세인트 버나드 고개와 혼동하지 말기를)는 스위스에서 이탈리아어를 쓰는 지역과 북쪽의 독일어를 쓰는 지역을 가르는 분수령이다. 지금은 아래쪽 터널을 통해서 큰 도로가 뚫려 있지만, 얼마 전까지만 해도 차들은 꼬불꼬불한 이 길로 꼬리를 물면서 힘겹게 올라왔다가 빙빙 돌며 내려가야 했다. 따라서 지금은 당신이 정상을 독차지할 수 있다. 발 아래쪽으로 엷은 구름이 깔려 있고, 멀리 겹겹이 둘러쳐진 산들이 보인다. 에머슨의 말대로 조바심이 누그러지고 유대감이 고조될 만한 장소이다. 회색 암석들이 수면을 가르는 고래 떼처럼 낮은 둔덕들을 이루며 땅 위로 튀어나와 있다. 홍적세 빙하기에 수백만 년 동안 이 지역 전체를 뒤덮고 있던 빙상에 깎이고 다듬어진 로슈 무토네(roche moutonée)가 분명하다. 지질학적으로 볼 때, 알프스 산계 자체가 형성되던 시기와 비교하면 홍적세는 어제나 다름없다. 이 거대한 빙상은 알프스 산맥 곳곳에 흔적을 남겼다. 최근 일어난 빙하 후퇴는 지구 온난화의 영향을 둘러싼 논쟁에서 중요한 사례로 인용되고 있다. 빙상이 자랄 수 있는 고도까지 산계가 높아진 것은 밀도가 높은 맨틀층 위에 지구조 활동으로 가벼운 지각이 두껍게 쌓인, 즉 나페들이 층층이 쌓인 결과이다. 습곡과 충상이 가벼운 지각의 두께를 두 배로 늘리면 보정 작용이 일어나기 마련이며, 그 결과 산맥이 솟아오른다. 즉 눌렸던 지각이 튀어오르는 것이다. 물론 궁극적인 원인은 지구의 얼굴을 만드는 아주 깊은 곳에 있는 힘들이다.

산베르나르디노의 암석들은 아둘라 나페의 일부이다. 지질학 용어를 그대로 사용한다면, 알프스 산맥 속에 깊이 묻혔다가 변성된 뒤에 침식을 통해서 드러난 조립 편마암으로 이루어져 있다. 스플뤼겐에 있는 호텔의 두꺼운 벽도 비슷한 암석을 엉성하게 다듬은 석재로 만든 것이다. 그것들은 장석과 석영으로 된 회색에서 유백색을 띤 층들과 몇몇 다른 광물들로 이루어진 검은 조각들과 줄무늬들이 교대로 띠를 이루고 있는 연한 빛의 암석이다. 빛에 반짝거리는 납작한 작은 조각들은 흑운모이다. 노출된 층들 중에는 예전에 유행했던 잠옷의 무늬처럼 뚜렷한 띠가 있는 것들도 있다. 한편 층들이 물결치거나 말려서 가늘어지다가 없어지는 곳들도 있다. 당신은 이렇게 비비 꼬인 낙서 같은 무늬들이 어떻게 압착되어 생겼는지 머릿속으로 그려볼 수 있다. 또 아라비아 문자 같은 검은 소용돌이 무늬들도 있다. 그 암석들은 모두 크고 단단하며 투수성(透水性)이 낮다. 그 결과 움푹 들어간 곳마다 이끼 낀 작은 늪들이 생겼고, 솜사탕을 축소시킨 것 같은 하얀 황새풀들이 그 가장자리에 피어 있다. 비탈과 암석의 틈새와 균열 부위에서는 억센 풀들과 땅을 기는 작은 버드나무류가 자라고 있다. 동물들이 당신을 보고 소리를 지르는 듯하다. 칼새들이 날카롭게 울어대고, 검은 까마귀들이 "까악까악" 우짖는다. 제프 밀네스는 화난 듯 계속 새되게 찍찍거리는 소리가 마멋의 울음소리라고 알려주었다. 이 우습게 생긴 포유동물은 짧은 여름 동안 한껏 살을 찌운 다음 기나긴 겨울 동안 꼼짝 않고 지낸다. 편마암을 가르면서 유백색의 석영이 두꺼운 광맥처럼 지나가고 있다. 희귀한 광물처럼 보이지만, 사실은 가장 흔한 광물 중 하나이다. 그래도 나는 그 하얀 돌을 한 조각 떼어내어 가져가고 싶다는 유혹을 뿌리칠 수 없었다. 그 광맥은 어느 정도 시간이 흐른 뒤 단단한 덩어리에 틈새가 만들어졌을 때 생긴 것이 분명하다. 석영은 비틀려 생긴 틈새를 언제든지 채울 준비를 갖추고 있다. 나는 이곳이 지질 연대에 상관없이 내가 들렀던 다른 편마암 지형들과 대단히 흡사하다는 생각이 들었다. 스코틀랜드의 하일랜드에 있는 헐벗은 구릉지대, 뉴펀들랜드 중앙의 늪이 많은 황무지, 스웨덴의 오래된 지역들은 모두 지질학적 토대가 내리는 명령에 복종하고 있다.

부지런한 현장 연구자들은 산베르나르디노 주변의 암석들에서 에클로자이트(eclogite)라는 작은 암석 조각들을 찾아냈다. 이 암석은 베르길리우스의 목가적인 시편들인 "에클로그(Eclogue)"와 아무 관계가 없다. 물론 그 시편들이 지구과학자들에게 깊은 영감을 줄 수는 있다. 하지만 늘 그렇듯이 지질학자를 서정적으로 만드는 것은 돌이다. 그것은 지각의 아주 깊숙한 곳에서만 생성되는 특이한 유형의 석류석을 비롯하여 특수한 광물들로 이루어져 있기 때문이다. 우리가 제2장에서 만난 포획암들과 마찬가지로, 에클로자이트는 지하 깊은 곳에서 일어나는 일들을 말해준다. 지금 까마귀와 마멋이 우글거리고 있는 이 지역은 한때 우리가 상상할 수 있는 것보다 더 깊은 곳에 묻혀 있었다. 아서 홈스는 깊이가 "110킬로미터가 넘는다"고 보았고, 현대 지질학자들도 크게 다르지 않은 추정치를 내놓고 있다. 즉 지구의 격변들은 예전부터 지금까지 이 삭막한 고개를 낮게 깎아내는 일을 해오고 있는 것이다! 제프 밀네스에게 알프스 조산운동으로 인해서 단단한 편마암으로 바뀌기 전에 원래 암석들의 나이가 얼마였는지를 묻자, 곤혹스러운 표정을 지었다. 편마암은 자신들이 만들어낸 경관들과 마찬가지로 대동소이하며, 원래의 개성을 상실한 상태이다. 편마암은 셰일이나 화강암, 또는 더 오래된 편마암에서 생길 수 있다. 그것들을 똑같은 암석으로 만드는 위대한 평등주의자는 열과 압력이다. 그 과정에서 방사성 시계들도 다시 맞추어질 수 있다. 산베르나르디노 암석들은 아마도 더 오래된 편마암에서 만들어졌을 것이다. 지각 깊은 곳에서 훨씬 더 오래 전에 일어난 격변들로 생긴 오래된 암석들이 새로운 알프스 조산운동에 휘말렸던 것이다.* 땅이 예전에 자신들에게 가한 시련을 한 번 견뎌냈던 그들은 또다시 시련을 맞이했다.

그런데 이 모든 나페들은 어디에서 온 것일까? 그것들은 등에 업힌 형태로 북쪽으로 이동해왔으며, 에두아르트 쥐스는 나페 이론이 제대로 발달하지 않은 상황에서도 "가장 높은 곳에 있는 지층이 가장 멀리 운반되는 것이 규칙"이라고 보았다. 우리는 이미 계속 남쪽으로 그 더미의 심장부를 향해

---

* 이 헤르시니아 암, 또는 바리스칸 암(에두아르트 쥐스가 붙인 용어)은 더 오래된 3억 년쯤 전에 일어난 지구조 활동의 산물이다. 보주 지역, 알프스 산맥의 북서쪽에 있는 아름다운 산들, 쥐스의 "전면지" 일부가 이 암석으로 이루어져 있다.

가고 있는 중이다. 지도 작성자들이 기념비적인 조사를 완수하자, 그 "판들"의 남쪽이 밑으로 축 처져 있다는 사실이 명확히 드러났다(모리스 뤼종은 그 부위를 근원대[root zone]라고 했다). 나페들은 얇은 판들이나 비스듬히 기울어진 덩어리로서 대개 낮은 각도로 누워 있지만, 근원대에서는 모든 것이 수직 방향을 향하고 있다. 마치 조산대가 이 좁은 근원대에서 서서히 압착된 것처럼 보인다. 현대 지질학자들이 제시하는 단면도들은 알라딘의 램프 주둥이에서 거대한 몸집의 지니가 뿅 하고 나오는 것처럼 이 근원대에서 지질이 솟아오르고 있음을 보여준다. 두꺼운 층들을 형성하고 있던 나페들은 근원대로 가면 가물가물할 정도로 가늘어진다. 이제 더 남쪽으로 가서 통나무에 난 작은 틈새에서 거대한 곰팡이가 피어나듯이 산들이 불쑥 솟아오른 곳을 볼 때가 된 듯하다. "아프리카로 출발!" 내 안내인이 외친다. 나는 그 말에 열광하지 않을 수 없다.

길은 꼬불꼬불 계속 아래로 뻗어 있다. 한없이 뻗어 있는 듯하다. 한참을 내려가자 나무들이 다시 나타나기 시작하고, 소들이 방울을 딸그랑딸그랑 울리는 소리가 들려온다. 이제야 고지대의 꼬불꼬불한 길에서 벗어난 듯하다. 길옆으로 건물들이 보이기 시작할 때, 당신은 다른 지방으로 들어왔음을 깨닫는다. 직선으로 가면 스플뤼겐에서 20킬로미터도 안 되지만, 당신은 사실상 이탈리아로 들어온 셈이다(실제로는 이탈리아어를 쓰는 스위스 지방에 와 있다). 표지판은 모두 이탈리아어로 적혀 있으며, 드디어 최고급 커피를 맛볼 수 있는 이탈리아식 레스토랑들이 나타난다. 산맥들이 과거에 대단히 효과적인 문화 장벽이었던 것도 쉽게 이해된다. 지질이 언어를 나누는 것이다. 이방인이라면 이 주를 그토록 오랫동안 스위스의 일부로 남아 있게 만든 접착제가 무엇인지 이해하기 어려울 것이다. 길은 발메솔치나를 따라 벨린초나로 향한다. 여전히 내리막길이지만 경사는 완만해져 있다. 지붕에 덮여 있던 편마암은 더 이상 찾아볼 수 없고, 그 대신 다양한 색조의 오렌지색을 띤 채색 기와들이 덮여 있다. 밤나무, 라임 나무, 너도밤나무

같은 활엽수들 대신 침엽수들이 눈에 들어온다. 남향의 비탈에는 잘 정리된 포도밭들이 초록 띠를 이루고 있다. 우리는 알프스 산맥의 주요 근원대로 향하고 있다. 주요 단층인 인수브리 단층(Insubric Line)이 있는 곳이다. 그것은 유럽에서 가장 중요한 지질학적 선들 중 하나이다. 어쩌면 당신은 지질 지도에 나타난 것처럼, 그것이 땅에 검게 그려진 선이라고 생각할지도 모르겠다. 하지만 물론 그것은 그보다 더 미묘하다. 앞으로 살펴보겠지만, 캘리포니아의 샌안드레아스 단층도 마찬가지로 소박하다.

우리는 발모로비아에 있는 피아나초 마을에서 멈춘다. 이곳의 강 계곡을 따라 그 유명한 단층이 있다. 하천들은 지표면에서 접합 부위들을 찾아내는, 즉 오래된 약한 지점들을 짚어내는 방법을 알고 있다. 군데군데 허물어진 오래된 길을 따라가면 그 강이 나온다. 도로 옆으로는 과거에 그 지역의 석재로 공들여 쌓았을 축대들이 남아 있다. 그 길은 한때 중요한 역할을 했던 것이 분명하다. 아마도 강 위쪽 고지대에 있는 여름 목초지로 가축 떼를 몰고 갈 때 사용하던 길이었을 것이다. 하지만 지금은 예전의 목축 생활을 보여주는 흔적이 거의 남아 있지 않다. 밤나무들 사이로 난 내리막길을 걷고 있자니 기분이 상쾌해진다. 땅은 습해서 낙엽들 사이로 살구버섯들이 자라고, 공기에도 축축한 냄새가 배어 있다. 거의 정글 속을 걷는 듯한 기분이다. 길 양편에 튀어나온 암석들이 보일 때, 그 밑으로 콸콸 흐르는 물소리도 들려온다. 당신은 그 암석의 "결"이 수직이라는 것을 한눈에 알아본다. 비탈에 암석들이 말뚝을 촘촘하게 박아놓은 양 이랑을 이루고 있다. 이 암석에는 운모 광물이 많이 함유되어 있어서 햇빛에 반짝거린다. 납작한 작은 판 같은 이 광물들도 모두 수직 방향을 향하고 있다. 그 암석의 "결"은 엽리(foliation)이기도 하다. 즉 엄청난 판구조 힘들이 눌러댄 결과 암석 내의 모든 입자들이 한 방향으로 늘어서서, 쪼개질 때도 그 방향으로 쪼개지게 된다. 이곳의 암석들은 구성 원자들까지 억눌릴 정도로 압착되고 난도질당했다. 암석들은 견딜 수 없는 압력에 적응할 방법을 찾다가 땅이 수평으로 가하는 힘들에 직각으로 배열하게 된 것이다. 기묘하게 생긴 덩어리 모양의 암석들은 모두 화강암의 잔해들인데, 그것을 구성하는 장석 결정들은 줄어들어 작은 손잡이처럼 변해 있다. 가장 단단한 돌들조차도 무자비한 압력에 굴복한 것이다. 또 로흐자이텐 석회암을 떠올리게 하는 유백색 암석들도 있다. 이것들은 압쇄암, 즉 판구조의 압력에 암석들이 서로 맞닿아 잘게 빻아지면서 생긴 반죽이다.

이 심하게 변성된 암석들이 오스트로알프스 나페와 그 위에 덮인 모든 것들의 뿌리이다. 즉 알프스 산맥이라는 지붕의 근원인 셈이다. 이곳에는 드넓은 판 같은 지층들이 지상에 드러나 있다. 바로 이곳이 북쪽으로 수백 킬로미터에 걸쳐 뻗어 있는 지구조의 파스타 덩어리들을 빼낸 구멍이다. 이렇게 작은 구멍에서 그렇게 많은 것이 빠져나왔다고 생각하니 경이롭기까지 하다. 그 일이 언제 일어났는지도 정확히 알려져 있다. 흑운모라는 반짝거리는 검은색의 운모는 그 장엄한 압착으로 생긴 것이다. 흑운모에는 지구조 사건들이 일어난 시기에 맞춰진 방사성 "시계"가 들어 있다. 그래서 우리는 그 모든 일이 2,000만 년 전에 일어났다는 것을 알 수 있다. 산베르나르디노 고개에서 보았던 것과 마찬가지로, 산들이 높이 솟아올랐다가 오랜 세월 침식 작용을 거친 탓에 우리는 그 창자까지 볼 수 있다. 이 이야기는 상상력 있는 관찰자에게 극적으로 들릴 것이다. 물론 그 드라마는 우리의 마음속에서 만들어진다. 우리는 불가피하게 의인화를 하게 된다. 게다가 우리는 인간의 언어 생활에서 나온 단어들을 쓸 수밖에 없다. 압착하다, 압력을 가하다, 잘게 부수다와 같은 단어들이 그렇다. 나는 이 책에서 티탄을 연상시키는 단어(titanic)를 쓰지 않으려고 애썼다. 티탄들이 산들을 집어던졌다고 고대 그리스인들이 말하고 있으므로, 엄밀히 말하면 그 단어를 쓸 수 있음에도 말이다. 과학이 발전하면서 티탄들은 산을 던진 것이 아니라 짐을 묶었다는 것이 드러났다. 암석은 인류에게 무심하다. 암석은 지질학적 시간이라는 느린 박동에 맞춰 움직인다. 하지만 우리의 언어 때문에 암석은 우리의 삶 속에 끼어들 수밖에 없다. 스코틀랜드 시인 휴 맥디아미드는 그 사실을 잘 포착했다("솟아오른 해변에서[On a Raised Beach]").

우리는 겸허해야 한다. 우리는 겉모습에 쉽게 혹해서,
이 돌들이 별들과 하나임을 깨닫지 못한다.
돌들에게는 높든 낮든 아무 상관이 없다.
산봉우리든 해저든 왕궁이든 돼지우리든.
세상에 폐허가 된 건물들은 많으나 폐허가 된 돌은 없다.

아프리카로 계속 가자! 굽이치는 강에 가까이 다가가니, 작고 소박한 다리가 있고, 다리는 계곡 건너편의 오래된 산길로 이어진다. 길은 다시 꼬불꼬불 위로 올라가고, 위쪽 목초지에 도달하려면 숲들을 더 지나가야 한다. 다리 위에서 옆으로 몸을 기울이면 강바닥에 있는 암석들을 볼 수 있다. 돌들이 우리가 내리막길에서 살펴본 암석들과 직각으로 놓여 있다는 것을 금방 알 수 있다. 그 돌들은 전혀 다른 종류이다. 게다가 겉으로 보아도 그것들은 짓눌린 반짝거리는 암석들과 전혀 다르다. 그것들은 대부분 초록빛을 띤 편암이다. 그 너머의 산비탈은 트라이아스기의 석회암들로 뒤덮여 있다. 반면에 북쪽의 알프스 산맥에는 그런 석회암층이 전혀 없다. 결론은 명백하지만 믿기 어렵다. 그 작은 다리가 두 세계에 걸쳐 있다는 것을 말이다. 그 다리의 남쪽에 있는 것은 낯선 대륙이다. 그 대륙은 인수브리 단층을 따라 알프스 산맥의 본체와 접하고 있다. 다리 북쪽의 암석들과 달리 남쪽의 암석층들은 압착되지도 심하게 변성되지도 않았다. 그 사실은 중요한 무엇인가를 말해준다. 그 단층을 따라 20킬로미터에 걸쳐 수직 운동 같은 것이 일어났음이 분명하다. 땅속 깊숙한 곳에 있었던 압착되고 가열된 암석들이 현재 그런 일을 겪지 않은 암석들과 나란히 놓여 있으니 말이다. 당신은 다리 위에서 고대의 접선을 따라 흘러가는 하천을 굽어보면서, 무엇인가 더 심오한 것을 관찰할 수 있으리라고 기대할 것이다. 하지만 그런 것은 없다. 모든 움직임은 이미 멈춘 지 오래이며, 흐르는 물만이 한때 땅을 뒤흔들었던 격동이 어디에서 일어났는지 알고 있다. 이곳은 바로 유럽이 남쪽의 아프리카와 만나는 곳이기 때문이다. 그 다리는 두 대륙에 걸쳐 있는 셈이다. 두 땅덩어리의 충돌은 알프스 산맥을 밀어올렸다. 듣자마자 떠올려야 하겠지만, 이 말은 지나치게 단순화시킨 것이다. 자세히 살펴보면, 아프리카가 실제로는 다리 건너편까지 발을 뻗고 있음을 깨닫게 된다. 그래서 내 딸은 한 발은 유럽에, 다른 한 발은 아프리카에 디딘 채 사진을 찍을 수 있었다. 나는 내 먼 후손들 중 하나가 바래서 흐릿해진 그 사진을 보며 고개를 갸우뚱하는 모습을 상상할 수 있다. 왜 별다른 특징도 없어 보이는 숲길에서 다리를 벌린 채 자랑스럽게 사진을 찍었을까? 그 희한한 자세가 세계의 중요한 부분들을 딛고 서 있기 위함이라는 것을 알아차리면 그들은 무슨 말을 할까?

유쾌한 말장난을 통해서 우리는 결정적인 순간에 다다랐다. 이제 지각판들의 대립이 이야기에 등장하기 때문이다. 이제 만화경 같은 복잡한 세계에서 내 딸이 서 있는 그 지점을 바라보면서 우리가 뒤로 물러난다고 상상해보자. 아니, 이온권(ionosphere)으로 올라가는 로켓에 올라탄 것처럼 위로 올라간다고 상상하자. 거리가 멀어질수록 뚜렷이 드러나는 것도 있다. 우리는 그 길이 알프스 산맥의 남동쪽에 있는 한 지점에서 끝나는 것을 볼 수 있다. 더 위로 올라가면 지중해와 그곳에 자리한 섬들, 커다란 장화처럼 아래로 튀어나와 있는 이탈리아를 볼 수 있다. 심지어 이 책이 시작될 때 말한 고전적인 화산들 중 하나가 현재 지각판들이 활동하고 있음을 보여주면서 연기 기둥을 뿜어내고 있는 것까지 보일지도 모른다. 우리는 이제 알프스 산맥 전체를 한눈에 감상할 수 있으며, 그것이 커다란 호를 그리고 있는 동쪽의 카르파티아 산맥과 그 너머 터키까지 이어져 있음을 알 수 있다. 그리고 땅이 어깨를 으쓱할 때마다 터키에 참화가 일어날 정도로 뒤흔들리고 있는 곳이 있음을 안다. 우리는 이 모든 것이 하나로 연결되어 있는 체계라는 것과, 스위스를 가로질렀던 우리의 여행이 거대한 산계의 극히 일부분을 산보한 것에 불과하며, 그 산계가 다시 동쪽으로 죽 뻗어 히말라야 산맥으로 이어진다는 것을 알 수 있다. 그 다음 우리는 아프리카를 본다. 드넓은 대륙이자 고대의 대륙을 말이다. 우리는 그 대륙의 존재감, 육중함, 굴복하지 않는 견고함을 감상할 수 있다. 드넓은 아프리카에 비하면 지중해는 왜소해 보인다. 이 높이에서 보면 산맥들은 훨씬 더 주름처럼 보이기 시작한다. 나페들은 지각이 발작할 때 일어난 작은 경련들에 불과할지도 모른다. 아프리카가 북쪽으로 이동하고 있다면—실제로 그렇다—알프스 산맥에서 우리가 초라한 몸을 이끌고 기어올랐던 그 온갖 괴물 같은 주름들과 구부러진 석회암과 압착된 편마암들이 피할 수 없는 거인의 침략에서 벗어나기 위해서 땅이 필사적으로 몸부림친 것에 불과하다는 사실이 갑자기 설득력 있게 다가오는 듯하다. 나페들은 북쪽으로 달아났다. 카르파티아 산계는 전체적으로 억압자에게서 먼 쪽으로 휘어져 있다. 북유럽이라는 오래된 땅덩어리, 즉 에두아르트 쥐스가 "전면지"라고 말한 부분은 그 공격에 맞서 팽팽한 긴장 상태를 취하고 있으며, 알프스 산맥 너머 훨씬 더 먼 곳에서도 그것이 받은 영향을 느낄 수 있다. 유럽 대륙의 기반암은 몸을 떨었고, 그 위를 뒤덮고 있던 암석들은 구부러졌다. 심지어 잉글랜드 남동부도 그 멀리 있는 거인에게 영향을 받은 모습이다. 이 모든 것들은 그 사건이 얼마나 엄청났는지를 말하고 있다. 세세한 역사들이 원대한 설계와 관련이 있는 셈이다. 드넓은 전체를 바라보는 것도 한 경관에 새겨진 고독한 발자국, 절벽에 박혀 있는 결정 하나를 이해하는 데에 큰 도움이 된다.

산들은 고대 대양들이 사라지면서 성장했다. 해양 암석권이 서서히 사라지면서 마침내 대륙이 대륙과, 즉 유럽이 아프리카와 충돌했다. 이 전체 과정이 산을 만드는 "원동력"이었다. 아프리카와 유럽 전면지 사이에는 현재 있는 지중해 이전에도 다른 "지중해들"이 나타났다가 사라지곤 했다. 두 대륙붕 주위에 쌓인 퇴적물들은 석회암, 사암, 셰일이 되었다가, 나중에 나페들의 일부가 되었다. 이 과거의 바다들 중 가장 큰 것은 에두아르트 쥐스가 테티스(Tethys)라고 부른 것이다(그리스 신화에 나오는 바다의 여신의 이름을 딴 것이다). 테티스의 주요 부분은 산맥들이 자라기 이전에 존재했다. 테티스는 중생대 동안 대부분 얕고 따뜻한 곳이었으며, 생물들로 가득한 일종의 해양 낙원이었다. 암모나이트와 상어가 번성했고, 그들은 지금 그 당시의 암석 속에 화석으로 보존되어 있다. 쥐스는 테티스에 수심이 더 깊은 곳도 일부 있었을 것이라고 추측했다. 탄산칼슘 조개껍데기들이 녹은 흔적들이 발견되었기 때문이다(탄산칼슘은 수심이 깊은 곳에서만 녹는다). "상어 이빨의 주성분인 석회질이 녹아 없어졌다는 사실은 지금의 알프스 산맥이 자리한 곳까지 펼쳐져 있었던 테티스의 수심이 적어도 4,000미터는 되었을 것이라는 점을 입증한다." 현재 쥐스의 추정치가 틀렸다고 말하는 과학자들도 있기는 하지만, 테티스에 얕은 곳도 있고 깊은 곳도 있었다는 점을 의심하는 과학자는 없다. 그렇다면 이 장이 시작될 때 우리가 미끄러지면서 기어올랐던 검은 플리슈는 무엇이란 말인가? 산들은 바다 위로 솟아오른 순간부터 침식에 노출되었다. 성장하는 산맥에서 쓸려나온 폐기물들은 옆의 해양 분지, 특히 성장하는 산맥의 북쪽에 있는 축 처진 분지로 유입되어 검은 퇴적물 덩어리를 이루었다. 지구조의 찌꺼기인 이 퇴적물들이 바로 그 플리슈를 만든 것이다. 산맥이 진화를 계속하고, 지각이 지구조의 죔쇠 사이에 끼여 더 줄어들면서 플리슈도 습곡과 충상에 휘말리게 되었다. 그것은 곳곳에서 변형을 겪었다. 납작한 플리슈도 그렇게 해서 생겨났다. 그 다음 글라루스 나페가 미끄러지며 들어와 그 위를 뒤덮음으로써 플리슈는 영구히 갇히고 말았다. 지각판들의 이동을 끌어들이자, 습곡과 나페가 이루는 난해한 기하학적 무늬들과 뒤틀린 온갖 지층들이 인내심 많은 지도 작성자들에게 넌지시 속삭였을 말들보다 산맥을 훨씬 단순하게 설명할 수 있게 되었다.

위성에서 본 나폴리 만. 중앙에 베수비오 산이 있다.

20세기의 우아함이 절정에 달한 시기에 소렌토의 한 호텔에서 본 베수비오 산의 모습. 오른쪽에 화산 폭발로 생긴 용결응회암으로 이루어진 노란 절벽이 보인다.

카프리 섬의 깎아지른 석회암 절벽. 황제의 기분을 상하게 한 자는 절벽 아래로 내던져지기도 했다.

기원후 79년 베수비오 화산 폭발로 인해서 폼페이에 매몰된 사람들의 애처로운 형상들.

지질학적 재료를 멋지게 활용한 폼페이의 목신의 집(Casa del Fauno) 모자이크 바닥.

윌리엄 해밀턴 경(1730-1803)이 묘사한 플레그레이 벌판의 아냐노 호 전경. 『캄피 플레그레이』(1776)에 실린 삽화. 근처에 "개의 동굴"이 있었다.

런던 지질학회의 라이엘 메달. 한쪽 면에는 그 위대한 지질학자(1798-1875)의 초상화가 있고, 이면에는 "세라피스 신전"이 새겨져 있다.

아서 홈스의 사진. 런던 지질학회 소장.

아스카니오 필로마리노가 고안한 최초의 지진계. 현재 베수비오의 옛 관측소에 전시되어 있다.

빅아일랜드에서 최근에 분출한 파호에호에 용암이 만들어낸 꼬인 밧줄 무늬.

하와이 비숍 박물관에 소장된 장엄한 깃털 망토. 칼라니오푸 왕의 것으로 추정된다. 토착종 새들의 깃털로 만들어졌다.

세계에서 가장 지질학적인 식당. 하와이의 빅아일랜드에 있는 라버록 카페.

하와이 빅아일랜드에서 최근에 용암류에 의해서 삼켜진 집.

하와이 빅아일랜드의 어느 길옆에 있는 딱딱한 아아 용암.

하와이 빅아일랜드의 화산 국립공원에 있는 양치류들이 축축 늘어진 서스턴 용암굴 입구.

최근 하와이 빅아일랜드에 형성된 검은 용암류, 초록 경관이 움직이고 있다.

하와이 빅아일랜드에 있는 검은 모래 해변. 거의 전부 화산암 가루로 이루어져 있다.
하와이 바다거북이 보인다.

침식에 먹혀 들어간 화산 해안. 하와이 카우아이 섬의 나팔리.

오래된 용암류가 침식된 모습. 카우아이 섬의 와이메아캐니언.

피지의 열대 화산섬 가장자리를 둘
러싸고 있는 산호초.

아이슬란드 스바르트센기의 블루라군에서 온천을 즐기는 사람들.
그 뒤로 지열 발전소가 보인다.

해저의 조각 작품. 대서양 중앙 해
령의 서쪽 북위 30도에 있는 아틀
란티스 단열대의 잃어버린 도시의
열수 분출구에 형성된 높이 10미터
의 탄산화물 굴뚝.

장엄한 알프스 산맥. 스위스 동부 아펜젤 주의 바이스바드.

스위스 로흐자이텐 지역에 있는 글라루스 나페의 바닥을 살펴보는 지질학자들. 중간에 있는 사람이 저자이고, 그 왼쪽이 제프 밀네스이다.

스위스 제른프트 계곡의 엘름 부근 엔기에 있는, 지붕 석판을 만드는 데에 쓰이는 짙은 회색의 플리슈.

두 대륙을 잇는 다리. 이 다리는 피아나초 근처의 유럽판과 "아프리카"가 만나는 주요 단층인 인수브리 단층을 가로지르고 있다.

플림서슈타인에서 본 글루라스 "충상" 전경. 중간에 성 마르틴의 구멍(마르틴슬로흐)이 보인다.

깊숙한 곳에서 높은 곳으로. 스위스의 이탈리아와 독일어권 경계인 산베르나르디노 고개의 정상에 있는 심하게 변성된 편마암들.

사라져가는 산맥, 제네바 호.
남쪽에는 심하게 변형된 베른
알프스 산맥, 북쪽에는 주름
진 쥐라 산맥이 보인다.

대륙으로 이동한 해저의 파편들. 오만의 오피올라이트는 거의 아무것도 자라지 못하는 검은 산들을 이루고 있다.

지각판의 섭입이 일어나는 곳에서는 깊은 곳에서 마그마가 공급되는 화산들이 생긴다. 호쿠사이의 『후지 산 36경』에 실린 "남풍, 맑은 하늘, 붉은 후지 산"(1830년경). 화산임을 뚜렷이 알 수 있는 원뿔 모양의 이 산은 문화적으로 대단한 영향을 미쳤다.

지질학적으로 유럽의 한 조각인 뉴펀들랜드 세인트존스. 내로우스를 지나가는 배를 뒤로 원생대 말기의 우중충한 산이 보인다.

변성암인 편암에 박힌 앨먼딘 석류석. 이 놀라운 광물은 고온과 고압 조건에서만 형성된다.

세인트존스 부근의 벨 섬. 오르도비스기 아발론 소대륙의 일부이다. 절벽을 이루는 사암과 셰일에는 대서양의 반대편에서 발견되는 것과 아주 비슷한 삼엽충을 비롯한 화석들이 들어 있다.

오르도비스기 로렌시아의 일부. 뉴펀들랜드 서부 해안의 얕은 바다를 이룬 석회암들.

뉴펀들랜드 서부 카우헤드 암석에 있는 로렌시아의 가장자리로 굴러떨어진 두꺼운 석회암반. 깊은 바다에서 셰일과 교대로 퇴적되었던 것으로, 땅이 움직인 결과 수직으로 서게 되었다.

애팔래치아로 이어진 고대의 산맥. 블루리지 산맥.

오르도비스기의 삼엽충 화석인 프리키클로피게. 당시 곤드와나 대륙의 가장자리에서 흔히 볼 수 있었다.

그러나 단순한 것은 그것뿐이다. 자연은 그렇게 친절한 태도로 솔직하게 말하는 법이 없다. 움직이는 아프리카 땅덩어리와 완강한 유럽이 격돌하면서 짓눌려 생긴 것이 알프스 산맥이라는 원론적인 말은 더할 나위 없이 옳다. 하지만 "양측"의 가장자리는 목수가 쓰는 죔쇠의 맞물리는 부위와 달리 통짜로 된 것이 아니었다. 아프리카와 유럽의 가장자리는 상당한 수준까지 독자적으로 행동하는 몇 개의 작은 조각들로 이루어져 있었다. 죔쇠보다는 바다 위에서 서로 떠밀고 있는 두 개의 거대한 빙상에 비유하는 편이 더 낫겠다. 두 빙상의 가장자리가 서로 찧을 때나, 빙상들이 제멋대로 떠돌면서 그 사이의 만이 커졌다가 작아졌다 할 때 쪼개져 나오는 작은 빙상들이 그것에 해당한다. 발모로비아의 다리 건너편에 놓여 있던 지각판은 사실 아드리아판이라고 해야 옳다. 그것이 아프리카에서 떨어져나온 것은 맞지만, 지구조 역사상 그 지각판은 자기 어머니와 그다지 친밀하지 않았다. 따라서 인접한 유럽과 충돌해서 알프스 산맥의 나페들을 솟아오르게 만든 것은 엄밀한 의미에서 아프리카가 아니라 아드리아판이었다. 그런 논리에 따르면 "유럽"의 가장자리도 사실 오래된 암석들로 된 몇 개의 땅덩어리들, 즉 육괴(massif)로 이루어져 있었다. 현장 지도 작성자들은 알프스 산맥 내 나페 복합체들의 밑에 이런 오래된(헤르시니아) 암석 덩어리들이 있다는 것을 알아차렸다. 그것은 이 "기반암"이 더 나중에 구워진 일부 암석들과 흡사해 보일 수 있다는 것에서 추론하여 얻은 성과였다. 사실 알프스 산맥에 있는 화강암 같은 육중한 화성암들은 대부분 이 오래된 육괴에 속한다. 장엄한 몽블랑 산(해발 4,810미터)도 그렇다. 산베르나르디노 고개에서 살펴보았듯이, 더 오래된 암석들도 알프스 산맥이 움직일 때 다시 움직일 수 있으며, 그 결과 복잡성에 당혹스러움까지 추가된다. 이 고대의 땅덩어리들은 나페들이 각각 "묶음"을 이루고 있는 이유를 설명해준다. 아프리카(아드리아판)가 유럽을 한 차례 침략했다는 것만으로는 거대한 더미를 형성한 복잡한 지구조 사건들을 모두 설명하지 못한다. 그와 달리 산맥은 사건들로 점철된 기나긴 진화의 역사를 지니고 있으며, 한 사건이 벌어질 때마다 일련의 나페들이 앞선 나페들 위에 쌓이게 된 것이다. 마주 보고 있는 대륙끼리 한 번 크게 직접 부딪힌 것이 아니라, 작은 덩어리 대 덩어리로 몇 차례 접전을 벌였음이 분명하다. 처음에는 한 육괴가 이웃한 육괴와 충돌함으로써 변형이 일어났을 것이고, 그것이 처음의 나페 묶음들을 만들었을 것이다. 거기에는 일정한 패턴이 있었다. 아프리카의 작은 땅덩어리들이 계속 유럽으로 접근함에 따라서 남쪽부터 차례차례 충돌 사건이 일어났다. 따라서 근원대는 하나일 리가 없다. 주요 사건들이 각각 단층을 만들었을 것이기 때문이다. 다시 말해서, 압착된 뒤에 또다시 압착이 일어나곤 했을 것이다. 그중 마지막에 일어난 사건이 가장 규모가 컸는데, 그 사건으로 인수브리단층을 따라서 심하게 뒤틀린 암석들이 생겼다. 사실 그 사건은 "아프리카"의 조각들이 한꺼번에 유럽을 덮친 엄청난 것이었다. 각각의 사건들은 산맥의 모양을 형성하는 데에 대단히 중요한 영향을 미쳤다. 하지만 지나가는 혜성에서 본다면, 지각판들이 느릿느릿 꾸준히 나아가는 도중에 벌어진 진동에 불과했을 것이다. 윤활 작용도 중요했다. 나페들 중 몇몇은 트라이아스기에 말라버린 오래된 바다 중 하나에 쌓여 있던 소금층 위로 미끄러져 갔다. 그 소금은 거대한 땅덩어리가 매끄럽게 지나가도록 윤활유 역할을 했다.

산맥의 형성은 그렇게 이루어진다. 각각의 사건은 지구조 원리로 설명할 수 있지만, 각 사건은 자신만의 특성을 산맥에 새겨놓았다. 이런 점에서 산맥은 사람과 비슷하다. 공통의 유전 법칙들에 의해서 만들어지지만, 각자 개성을 가지고 있다는 점에서 말이다. 산맥은 지층의 의인화일 때가 종종 있으며, 사실 하얀 이빨이나 처녀의 젖가슴을 닮았다는 점에 착안해서 이름을 붙이는 경우도 종종 있다. 험난한 봉우리에 오르려고 애쓰는 등산가들은 언제나 자신들의 역경을 지구조 활동의 사례로 보기보다는 인간적인 용어로 표현한다. 발레(스위스)와 피에몬테(이탈리아)의 경계를 이루는 마테

호른은 깎아지른 듯한 비탈과 1865년 휨퍼 대령이 그 산 정복에 나섰다가 대원 네 명을 잃은 사실로 유명하다. 그보다 덜 알려져 있기는 하지만, 훨씬 더 놀라운 사실이 하나 있다. 그 산의 윗부분이 사실 유럽을 덮쳤던 "아프리카"의 일부라는 점이다. 그 산의 특징과 등산가들에게 보이는 모습은 우리 자신의 특징이 유전적 조성과 성장하면서 겪은 온갖 일들의 결과인 것처럼 지질과 그 뒤에 이어진 풍화의 산물이다.

이제 "아프리카"를 떠나 다시 북쪽으로 나아갈 때가 되었다. 알프스 산맥으로 돌아가서 고대의 육괴 중 하나를 살펴보기로 하자. 벨린조나에서 티치노 계곡을 따라 상류로 올라가서, 산베르나르디노 고개에서 서쪽으로 향하자. 생고타르 고개로 뻗은 오래된 길을 오르는 것은 그곳의 역사를 되짚어 가는 것과 같았다. 낮게 깔린 구름이 내 모습을 지우고 있었다. 그 장엄한 광경은 극적이면서도 우윳빛으로 흐릿한 터너 만년의 유화를 생각나게 했다. 그래도 고타르 육괴의 암석을 자세히 살펴보는 것은 가능했다. 이것은 오래되고 음침하며 전혀 공격을 허용하지 않을 정도로 단단한, 가장 무거운 종류의 회색 화강암질 편마암이다. 그것이 지구조 죔쇠의 한쪽, 즉 나페들이 곤죽이 되는 것을 막아줄 보루임을 쉽게 알 수 있다. 그곳의 빈약한 식생은 식물들이 그 메마른 토양에서 어떻게든 양분을 얻으려고 고군분투한다는 것을 여실히 보여준다. 그것은 스크루지 같은 암석이다. 자, 이제 또 움직일 시간이다.

　북쪽에 있는 그 다음 육괴는 아르 육괴이다. 이곳에는 더 음침한 편마암들이 험한 절벽을 이루고 있다. 반으로 가른 두꺼운 빵 사이에 끼워넣은 얇은 햄처럼 고타르 육괴와 아르 육괴 사이에는 또다른 거대한 나페 묶음인 헬베티아 나페의 근원대가 있다. 고타르 고개의 산자락에 있는 안데르마트 마을은 동화책에 나올 법한 가장 스위스다운 곳들 중 한 곳이다. 마을 어귀, 철로 옆쪽으로 훨씬 덜 그림 같은 곳에 우중충한 회색의 커다란 창고들이 있고, 그 뒤편에 근원대가 산허리에 노출되어 있다. 그 절벽은 층층이 쌓인 노란색이 감도는 으깨진 석회암들로 이루어져 있으며, 인수브리 단층을 따라서 압착되어 수직으로 서 있다. 우리는 한 바퀴 돌아 제자리에 온 셈이다. 이 여행의 출발점이었던 글라루스 나페의 근원대도 여기에 있기 때문이다. 이제 우리 위로 장엄한 지층 더미들이 쌓여 있는 모습을 상상할 때가 되었다. 더 높은 곳에 있는 나페들이 어떤 식으로 침식되어 "창문들"을 열어 더 앞서 일어났던 지구조 사건들을 보여주는지, 산맥이 솟아오르는 와중에도 서리와 강이 어떻게 끊임없이 산맥의 높이를 낮추고 있는지, 이 모든 것들을 어떻게 지각판들의 운동으로 설명할 수 있는지를 말이다. 현대의 연구자들은 지진파의 굴절 양상을 통해서 드러나는 하부 지각과 상부 맨틀에서 벌어지는 더 심층적인 과정과 구조에 초점을 맞추고 있다. 여기서 우리는 마주한 대륙들이 실제로 어떻게 접촉하는지 볼 수 있다. 이곳에서 아드리아판은 "쐐기"처럼 유럽의 몸속으로 파고든 듯하다. 남쪽에 있는 더 큰 대륙이 북쪽으로 움직였다는 증거이다. 이 산맥은 세계에서 가장 많은 연구가 이루어진 곳임에도, 여전히 많은 비밀을 간직하고 있다.

추신처럼 언급하고 넘어갈 종류의 암석이 하나 있다. 몰라세(molasse)가 그것이다. 루체른 호 서쪽의 리기라는 산이 바로 그 암석을 흔히 볼 수 있는 곳이지만, 비에르발트의 이쪽 연안 지역도 전체가 그 암석으로 이루어져 있다. 그것은 건포도 푸딩 같기도 하고, 온갖 종류의 암석으로 된 둥근 자갈들을 섞어 만든 잡탕 같기도 하다. 그곳에는 연한 색의 석회암 자갈들이 많고, 사암 자갈들도 약간 있으며, 편마암으로 여겨지는 자갈들까지 있다. 그것들은 모두 분홍빛 피부로 감싸인 듯 먼지가 끼여 있었다. 그 암석은 이 산비탈들 전체에 깔려서 대규모 누층(formation)을 이루고 있다. 몰라세는 알프스 산맥 풍화의 마지막 단계를 보여준다. 플리슈와 달리, 그것은 주로 해양성이 아닌 것들로 이루어져 있다. 그 자갈들과 조약돌들은 매서운 급류에 휘말려 떨어져 나왔다가, 아래쪽으로 굴러가면서 둥글둥글하게 변한

산맥의 폐기물. 루체른 호 옆의 리기 산은 알프스 산맥이 침식되어 생긴 몰라세로 이루어져 있다.

것들이다. 몰라세를 이루는 자갈들은 모두 산이 조금씩 부서지고 있음을 보여준다. 그것들이 한데 모여 퇴적물이 되었다. 이 역암으로 된 산비탈은 다른 어딘가에서 부서진 산의 잔해가 모인 것이다. 1,000만 년쯤 전의 강들은 북쪽으로 흘러서 지금의 스위스 평원이 있는 분지로 흘러들었고, 그렇게 해서 몰라세는 그 고장의 중요한 산업의 기반을 이루게 되었다. 산업조차도 지질에 고개를 조아리는 셈이다. 물은 이 분지에 도달할 즈음에는 에너지를 대부분 잃고 조약돌들을 더 이상 움직일 수 없게 된다. 그래서 그 평원 밑에는 모래와 실트로 된 암석들이 주류를 이루게 되었다. 하지만 루체른 호 주변에는 고대의 수로에 놓여 있었거나 홍수 때 휩쓸려 내려온 거친 암석들도 있다. 호수 근처까지 오면 몰라세의 비탈은 완만해지며, 토양은 지금까지 여행하면서 전혀 보지 못한 붉은색을 띠고 있다. 곳곳에 오래된 과수원들이 있지만, 오늘날 가장 수익성 있는 산업은 관광이다. 베기스로 내려오니, 제호프 호텔이 화려한 모습으로 반긴다. 호텔 앞 호숫가는 베네치아풍으로 꾸며져 있고, 쇠로 장식된 발코니와 푸른 덧창들이 눈에 띈다. 한 세기 전 세워졌을 당시에는 첨단 유행을 달렸을 것이고, 지금은 성숙한 위엄과 사치스러움을 보이고 있다. 외국인들은 아마도 스위스의 멋을 느낄지 모른다. 그러나 나는 먼저 산허리 위쪽에 있는 사과 과수원들을 떠올리고 싶다. 오래 전에 사라진 산봉우리들이 풍화되어 생긴 붉은 토양들 위에서 자라는 사과나무들을 말이다. 지구조가 일으킨 격변이 마침내 과일로 전환된 셈이다.

우리는 큰 산맥의 극히 일부분을 여행했으며, 그 산맥 자체는 다른 산맥들과 연결되어 멀리 히말라야 산맥까지 뻗어 있다. 그리고 더 나아가 말레이 반도와 인도네시아까지 이어진다. 비록 알프스 산맥이 전형적인 곳이기는 하지만, 그것이 전 세계의 모든 산맥들을 대변한다고 본다면 어리석은 생각일 것이다. 그렇게 생각하기에는 세계가 너무나 풍요롭고 복잡하다. 한 예로 알프스 산맥에는 화강암이 적다. 화강암은 산을 만드는 데에 가장 많이 들어가는 암석이며, 주로 오래된 암석들이 나중에 땅의 운동에 휘말려서 생성된다.* 하지만 신경 쓰지 말자. 어차피 어디에서든 마주치게 될 테니까 말이다. 그리고 나페가 그다지 중요한 역할을 하지 않는 조산대들도 있다. 알프스 산맥은 한 대륙이 다른 대륙과 유독 강하게 부딪히면서 생긴 산물이다. 꾸준히 밀어대면 떠밀리게 마련이었다. 그러나 그 일이 아주 격렬할 필요는 없었다. 그리고 우리는 다른 곳에서는 지구조의 파괴 작용에 휘말린 해저와 만나게 될 것이다. 사실 그런 파괴는 알프스 산맥에서도 일어난다. 지도 작성자들이 "사문석"이 있다고 명확히 기록했으니까 말이다. 하지만 사문석의 의미가 알려진 것은 아주 오랜 시간이 흐른 뒤였다. 루돌프

---

* 알프스 조산운동과 관련된 중요한 화강암이 한 종류 있다. 그것은 펜넨 나페를 가리고 있으므로 나중에 생긴 것이 분명하다. 따라서 그것은 산맥 전체에서 사건이 일어난 시점을 계산하는 데에 중요한 역할을 한다.

트륌피는, 만일 사문석의 의미가 일찍 밝혀졌더라면 판구조론이라는 이론 체계 전체가 알프스 산맥에서 나왔을지도 모른다고 했다. 이 말에서 우리는 앞에 무엇이 펼쳐질지 미리 알 수 있다. 확신 있게 말할 수 있는 것은 글라루스를 여행하면서 살펴본 현상들이 꽤 많은 지질시대에 걸쳐 대다수 조산대에서 흔히 볼 수 있는 것들이라는 점이다. "플리슈"와 "몰라세"는 많은 습곡 산맥들과 연관되어 있다. 나는 약 5억 년 된 플리슈에서 화석들을 찾기 위해서 오랜 시간을 보낸 적이 있다. 나를 향해 입을 쫙 벌리고 있는 물고기 화석 같은 것은 없었고, 단지 미세한 "톱날들"을 지닌 필석류뿐이었다. 또한 지각은 모든 산맥에서 구부러지고 짧아졌으며, 지각이 두꺼워지는 곳에서는 변성 작용이 일어나서 우리가 산베르나르디노 고개에서 본 것과 그다지 다르지 않은 편마암이 만들어져왔다. 고대 바다에서 생긴 지층들은 밀려 올라와서 높은 산봉우리들이 되어왔다(에베레스트 산의 꼭대기에도 조개껍데기 화석들이 있다). 산맥들은 거의 모두 알프스 산맥과 조성이 동일하며, 산들은 수천만 년에 걸쳐 이런저런 사건들을 반복해서 겪어왔다. 말리고 이어지고, 구부러지고 접히고, 부딪히고 쪼개지고, 가열되고 휘어지고, 짓눌렸다가 압력이 줄어들면 붕괴가 뒤따랐다. 지질은 그렇게 복잡하다. 때때로 암석들이 너무나 심하게 교란되고 변형되어 원래 무엇이었는지 알아보기 어려울 때도 있다.

산들을 설명하려면 티탄들의 분노 말고 다른 요인을 들이대야 한다. 사려 깊은 여행자는 많은 산들이 선형으로 산맥을 이루고 있음을 금방 알아차린다. 따라서 변덕을 잘 부리는 신들이 아니라 땅에 대한 설계도가 있어야 한다. 17세기 예수회 소속 사제인 아타나시우스 키르허는 산들이 땅의 뼈, 즉 내골격이라고 보았다. 멀리서 알프스 산맥을 본다면 이 말이 그리 불합리하게 여겨지지 않을 것이다. 높은 지대에 단단하고 고집 세게 남아 있는 암석들을 볼 때면 더 그렇다. 그것들은 정말로 암석으로 된 뼈이다. 키르허가 1664년에 쓴 『지하 세계(*Mundus Subterraneus*)』는 18세기까지 계속

인용되었으며, 적어도 지구 전체라는 맥락 속에서 산들을 생각하도록 자극했다. 그 뒤 300년 동안 훨씬 더 많은 능력 있는 지질학적 정신의 소유자들이 산들을 설명할 이론을 모색했다. 알프스 산맥은 언제나 그 논쟁의 한가운데에 놓여 있었다. 추상화시키는 재능을 고려했을 때, 프랑스인들이 그 과정에서 중요한 부분을 차지했다고 해도 그다지 놀랄 일은 아닐 것이다. 데카르트가 호기심에 가득한 정신을 신학의 굴레에서 풀어놓은 뒤로, 세계는 그들의 철학적 진주조개가 되어왔다. 지질국장을 맡은 엘리 드 보몽(1798-1874)은 처음으로 프랑스 암석들을 지도에 담는 원대한 일에 착수했다. 수학자이기도 했던 그는 세계를 수학 원리들로부터 연역할 수 있다고 보았다. 명석했던 그는 엘리트를 양성하기 위해서 설립된 기관인 파리 공과대학을 수석으로 졸업했고, 저명한 현장 지질학자가 되었다. 업적들을 쌓다 보니 오만해지기도 했을 것이다. 실제로 엘리 드 보몽은 독불장군이 되었다. 1820년대에서 1850년대까지 30년 동안 그는 산의 형성 원인들을 다룬 영향력 있는 저서들을 발표했다. 이 시기가 암석들 자체에서 기본 자료들을 얻었던 시기와 일치한다는 점을 염두에 두자. 그들은 점심때 먹을 빵과 치즈 덩어리와 연필과 종이를 배낭에 넣고, 알프스 산맥을 오르는 영웅적인 노력을 했다. 따라서 엘리 드 보몽은 현장에서 힘겹게 얻은 새로운 발견들을 활용하여 이론을 세우는 일을 했다.

또한 그 시기는 이 책의 출발점으로 삼았던 찰스 라이엘이 주창한 과학적 방법들이 부상하고 있던 때이기도 했다. 라이엘 자신도 산의 형성을 어느 정도 상세히 연구한 적이 있었다. 그는 자신의 균일설을 토대로 삼아 기존 효과들이 꾸준히 누적됨으로써, 특히 지진과 화산이 일으키는 지형의 융기를 통해서 장엄한 고지대들이 만들어진다고 생각했다. 즉 땅이 조금씩 점점 더 높아져간다는 것이었다. 반면에 엘리 드 보몽은 땅이 불안정해지는 특정한 시기에만 땅의 연약대에 한정되어 격변이 일어난다고 보았다. 그는 알프스 산맥에 심한 습곡이 일어났다는 증거들이 점점 늘어나고 있음을

지구 전체의 지질구조를 종합하려는 초기 시도. 엘리 드 보몽은 오각망이라는 기하학 체계 속에 산맥들을 배열하려고 시도했다.

알고 있었다. 조금씩 움직이는 것으로는 그런 변형을 일으킬 수 없었다. 또 그는 신들의 지청을 파악하는 데에도 관심이 있었으며, 산들이 직선을 이루는 경향을 체계화하려고 시도했다. 엘리 드 보몽은 자신과 다른 연구자들이 알프스 산맥에서 관찰했던 습곡과 충상이, 지층들이 층층이 쌓아올려져 만들어졌다는 것을 거의 의심하지 않았다. 지금의 우리라면 지각이 줄어든 결과라고 파악할 것이다. 그의 연구 결과들 중 일부는 1831년 『필로소

피컬 매거진(*Philosophical Magazine*)』제10권에 "지표면의 몇몇 변혁에 관한 연구들 : 특정한 산계의 지층 융기와 퇴적 과정의 특정 단계들에서 볼 수 있는 경계선들을 만드는 급작스러운 변화 사이의 동시 발생에 대한 다양한 사례들"이라는 제목으로 발표되었다. 지금 어느 저자가 그런 제목의 논문을 보낸다면 편집자는 충격을 받아 기절하겠지만, 그 제목은 내게 굳이 설명할 필요를 없게 만든다. 그 제목에서 "변혁"이라는 단어가 우리의 시선을 끈다. 변혁이라는 말은 프랑스인의 의식을 쉽게 사로잡을 만한 단어였다. 반면에 라이엘이 말한 작지만 꾸준히 영향을 미치는 변화들은 지속적인 의회 민주주의를 통해서 개혁을 달성하는 방식의 전형적인 예이다. 라이엘의 사상은 젊은 찰스 다윈에게 중요한 영향을 미쳤다. 그 결과 변혁이 아니라 진화가 민주주의의 핵심 문구라는 주장이 탄생했다.

알프스 산맥의 기원에 관한 의견 충돌은 19세기에 있었던 "균일설 대 격변설"이라는 대논쟁의 시금석으로 여겨지곤 하지만, 그렇게 단순하지 않다. 근본적으로 라이엘 학파에 속해 있던 많은 지질학자들은 엘리 드 보몽의 연구 결과에 깊은 인상을 받았다. 영국 지질 조사국의 국장으로서 그에 맞먹는 정치적 영향력을 가지고 있던 헨리 드 라 베시도 그중 한 사람이었다. 산의 형성에 단지 "오르내리는" 것 말고 다른 과정들도 관여할지 몰랐다. 하지만 어떤 과정들일까? 그는 땅이 서서히 식어 수축되고, 줄어드는 상황에 적응하기 위해서 지각이 주기적으로 "조정"을 하는 것이 바로 솟아오르는 산이라는 엘리 드 보몽의 개념을 선호했다. 그는 1834년에 이렇게 썼다. "만일 엘리 드 보몽의 말대로 우리 지구가 어떤 기간에 표면보다 내부가 훨씬 더 빨리 식는다면, 단단한 지각은 무너져 내려 속으로 들어갈 것이다. 거의 알아차릴 수 없을 정도이지만, 지구의 시간과 질량을 고려한다면, 상당한 전위가 일어나는 셈이다." "상당한 전위"라는 말과 결합된 "거의 알아차릴 수 없을"이라는 말은 왠지 은밀하게 변혁을 시사하는 듯하다. 라이엘의 주장을 그대로 받아들이면서도 말이다.

알프스 산맥에는 엘리 드 보몽을 기리기 위해서 그의 이름을 붙인 봉우리가 있다. 비록 스위스가 아닌 뉴질랜드에 있는 알프스 산맥이기는 하지만 말이다. 지질학자들은 주로 명민했던 젊은 시절의 그가 아니라 정신착란을 보인 나이 든 뒤의 그를 기억한다. 조산대의 배열 속에서 수학적 설계 원리를 찾는 일에 몰두했던 그는 오각망(réseau pentagonal)이라는 것을 고안했다. 그는 조산대의 방향이 지구 표면에 그려진 정오각형들에 맞춰져 있다고 주장했다. 그리고 정오각형들은 서로 교차하는 15개의 커다란 원들로부터 만들어진다고 했다. 그리고 조산대가 주로 배열되어 있는 선들을 "연약대(zones of weakness)"라고 했다. 그는 그 선들이 지하에서 이루어지는 습곡 통제 양상이 지상에 표현된 것이라고 믿었다. 즉 그가 제시한 것은 지구 전체를 아우르는 체계이자, 거의 모든 것의 이론이었다. 또 그것은 엘리 드 보몽에게는 강박관념이기도 했으며, 그는 자신의 권위까지 동원해서 그것을 끝까지 옹호했다. 자신의 체계에 맞지 않는 예외 사례가 발견되면, 그는 그것에 맞춰 체계를 더 복잡하게 만들곤 했다. 결국 그가 땅에 그린 교차하는 선들은 거미집처럼 복잡해졌다. 과학사가들이 볼 때 그것은 전형적인 사례였다. 그것은 지구가 우주의 중심이라고 보는 천문학을 고수하기 위해서 끌어와야 했던 "주전원들(epicycles)"을 생각나게 한다. 들어맞지 않는 사실들을 설명하기 위해서 계속 땜질을 받던 행성 체계는 결국 땜질한 것들의 무게에 짓눌려 무너지고 말았다. 그와 비슷하게 오각망도 그 위대한 지질학자가 사망함과 동시에 사라졌다. 물론 돌이켜 생각해보면, 엘리 드 보몽이 반쯤은 맞았다고 말할 수도 있을 것이다. 앞으로 살펴보겠지만, 지구에는 지구조의 잠을 다시 깨우는 연약대가 있다. 그는 알프스 산맥을 라이엘보다 더 정확히 읽어냈다. 그리고 언젠가는 지구 전체를 아우르는 거대한 체계가 정말로 발견될지도 모른다. 문제는 그의 야심이 지구에 관한 당시의 지식 수준을 넘어섰다는 데에 있었고, 실수 때문에 그의 더 큰 업적들은 가려지고 말았다. 그는 역사가 때로 그릇된 평가를 내린다는 것을 보여준다.

에두아르트 쥐스는 그 어느 선배들보다 알프스 산맥의 지질을 더 많이 알 만한 위치에 있었다. 무엇보다도 그곳은 그의 본거지였다. 그는 엘리 드 보몽만큼이나 산들이 융기만으로 설명이 가능한 곳이라는 개념을 혐오했다. 그는 모든 곳에서 층층이 쌓아올려진 암석들을, 즉 수평 이동의 증거들을 보았다. 그는 우리가 탐사해온 지역을 대부분 잘 알고 있었고, 그것들을 제대로 읽어냈다. 쥐스는 언제나 지구 전체를 놓고 생각했다. 마르셀 베르트랑과 마찬가지로, 그도 대륙들을 가로지르는 비상 경계선처럼 산맥들을 연결해서 하나로 이었다. 그는 그런 세계적인 현상에는 일반적인 설명이 필요하다는 것을 알았다. 안데스 산맥과 로키 산맥은 모두 그의 지구조 맷돌에 빻아질 곡식이었다. 19세기 말이 되자, 더 오래된 조산대가 많이 있다는 것과 지구의 역사가 산을 형성하는 사건들, 즉 조산운동으로 점철되어 있다는 주장이 받아들여졌다. 우리는 나중에 지구의 얼굴에 난 오래된 상처들이 있는 곳을 가볼 것이다. 산맥의 형성 원인이 무엇이든 간에, 그것은 훨씬 오래 전의 지질시대에도 작용했던 것이 분명했다. 쥐스가 『지구의 얼굴』을 썼을 때에는 정확히 얼마나 먼 과거까지 거슬러올라갈지 알 수 없었지만, 오래 전에 사라진 바다에 암석들이 쌓이고 그것들이 어떤 과정을 거쳐 솟아올라 산맥이 되었다가 풍화를 거쳐 다음 주기의 퇴적물들을 쌓는 데에 수백만 년이 걸린다는 것은 분명했다. 쥐스가 세계를 하나로 종합했을 무렵, 캄브리아기, 백악기 같은 지층 순서와 화석을 토대로 한 지질 연대 설정 방식은 현대적인 골격을 이미 갖춘 상태였다. 거기에 더 세부적인 지질 연대 구분법도 도입되었다. 한 예로 쥐스는 세노마눔세라는 백악기의 한 시대가 바다가 전 세계의 육지로 깊숙이 침입했던 시기임을 보여주기 위해서 장황하게 설명했다. 방사성 연대 측정법이 개발되기 전이라, 이 사건이 얼마나 오래 전에 일어났는지는 알 수 없었지만 말이다. 그래도 암석들은 지구의 과거 격변들이 언제 어떻게 일어났는지를 일반화시킬 수 있는 충분한 과학적 근거를 제공했다. 유럽에서는 칼레도니아, 바리스칸, 알프스의 세 지역의 주요 조산운동이 그 대륙의 역사를 구분하는 역할을 했다. 그 세 사건은 땅이 요동친 시기이자, 천천히 째깍거리던 라이엘의 지질 시계가 빨라진 시기에 해당했다. 그외의 시간에 땅은 더 잠잠했다. 산맥 12곳의 습곡과 충상을 요약한 쥐스는 조산운동 사건들이 땅이 격렬하게 들썩거리고 서로 잡아당길 때 일어났다고 보았다. 무엇보다도 그는 땅의 부피가 수축하고 있다는 견해를 고수했다. 압축 변형력이 너무 세지면, 땅이 그것을 해소시키기 위해서 산맥들을 융기시킨다는 것이었다.

에두아르트 쥐스는 철저히 정치적인 동물이었다. 그는 20년 동안 오스트리아의 국회의원으로 있었다. 그는 사례를 어떻게 들어야 하는지 잘 알고 있었다. 『지구의 얼굴』은 세계가 어떻게 만들어졌는지를 탁월하게 요약하는 것으로 그치지 않았다. 잘 위장하기는 했지만 그 책은 쥐스의 세계관을 설파하는 장(場)이기도 했다. 그는 지질이 전지전능하다는 것을 설득력 있게 보여주는 일부터 시작했다. 앞쪽의 한 장은 성경의 홍수 이야기를 다루고 있다. 당시 메소포타미아에서 점토판들이 발견된 바 있었다. 지금은 「길가메시 서사시(Epic of Gilgamesh)」라고 알려져 있지만, 쥐스는 그것을 성경에 실린 사건을 새롭게 해석해줄 「이즈두바르 서사시(Izdubar Epic)」라고 보았다. 아카드어로 쓰인 그 점토판들은 실제로 홍수가 일어났다는 것을 어느 정도 구체적으로 말하고 있었다. 점토판의 해독은 "최첨단" 발견이었다. 쥐스는 홍수가 지질학적 사건이었음을 보여주기 위해서 그 내용을 하나하나 짚어가면서 설명했다. 그 홍수가 산맥에서 유독 심한 폭우가 쏟아져서 생긴 것이 아니라, 바다로부터 해일이나 지진 해일이 밀려와서 생긴 것이라는 주장이었다. 그것은 홍수 이야기의 신비성을 제거하려는 최초의 시도였다.* 지질은 대

---

* 저명한 해양학자들인 라이언과 피트먼은 최근에 흑해의 바닷물이 대량으로 육지로 밀려든 것이 홍수 전설의 기원이라는 설득력 있는 사례를 내놓았다. 지질은 하나 이상의 해답을 내놓

단히 합리적인 힘이었으며, 쥐스는 전설들에 합리적인 설명을 제시하려는 유혹에 빠져서 상당히 많은 지면을 그 부분에 할애했다. 그는 용을 죽이는 장면도 재미있게 묘사했다. "트리오닉스 아이깁티쿠스(*Trionyx aegypticus*, 자라의 일종/역주)는 베이루트 근처에 살며, 나일 강의 악어가 3킬로미터 북쪽에 있는 카이사레아의 나르 에 제르카, 즉 악어 강의 어귀에 아직 존재한다는 것은 놀라운 사실이다. 플리니우스는 그 옆에 크로코딜리온이라는 마을이 있다는 것을 알고 있었다……이런 사실들은 14세기 전반기에 고존의 데오다 기사가 로도스 섬의 비늘이 있는 괴물을 죽였다는 무수한 이야기와 정황들을 규명할 수 있는 예기치 않은 빛을 던져준다." 신기한 일이지만, 빌헬름 텔을 스위스를 대표하는 지질학적 지역 중 한 곳과 연관 지었던 인물인 실러도 J. 보시오가 1594년에 펴낸 책을 근거로 삼아 이 "용" 이야기를 다룬 시를 썼다.

마찬가지로 쥐스는 자신의 지구조론을 퍼뜨리는 데에도 열중했다. 그는 "산맥들의 형성에 관한 견해에 전면적인 변혁이 이루어져왔다"고 썼으며, 여기서 그가 언급하고 있는 것은 자신의 개념이었다. 그는 요점을 강조하고 싶을 때는 이탤릭체로 처리했기 때문에, 독자들은 문제의 핵심을 제대로 짚을 수 있다. "지각에서 볼 수 있는 전위들은 우리 행성의 부피가 줄어들어서 나타난 이동의 결과이다." 이 말에 모호한 부분은 전혀 없다. 산맥에서 지각이 줄어드는 현상이 발견된다는 것은 명백했다. 그런 선형 산맥들이 수억 년 전까지 거슬러오르는 오랜 역사를 가지고 있다는 것도 명확해졌으므로 그 모든 지층들이 불가피하게 압축되는 현상을 설명할 방법이 있어야 했다. 지구의 부피가 줄어든다고 보면 설명이 가능했지만 쥐스는 해양 분지를 가라앉은 영역으로 간주했기 때문에, 그곳에서 땅의 표면이 줄어들 가능성은 전혀 없었다. 앞으로 살펴보겠지만, 불가능해 보이는 방정식을 풀

을 수 있는 것이 분명하다.

기 위해서 해저를 늘어나는 곳으로 간주할 때도 있기는 했다. 중간에 놓인 진흙 덩어리를 압착하는 두 벽돌처럼, 대륙들의 고대 핵은 산 구조들이 범접할 수 없는 전면지처럼 보였다. 그 압축 변형력을 받아들이고 땅의 기나긴 느린 춤 속에서 침식과 퇴적이라는 다음 번의 지질학적 순환을 시작하는 것은 산맥이어야 했다. 알프스 산맥에서는 노출된 지층 하나를 자세히 살펴보면 더 큰 체계가 드러났다. 쥐스가 이 장에서 우리가 탐사하고 있는 지역을 어떤 식으로 묘사했는지 살펴보자.

플리슈는 유연한 덩어리처럼 변형되어왔으며, 밀어내는 백악기 석회암의 거대한 판은 위로 솟아서 플리슈 위로 기어올라갔다가 수직으로 섰다가 마침내 뒤로 뒤집어졌다. 하임은 이것을 뒤집힌 클리페(turnover klippe)라고 불렀다……. 지구의 원주가 줄어든다는 것을 새롭게 환기시키는 것이 바로 이 판들의 끝자락이다.

사람은 본거지 이야기를 할 때 가장 설득력이 있는 법이다. "스위스 알프스 산맥에서 층층이 쌓인 판들을 볼 때, 가장 인상적인 것은 그 현상(즉 줄어드는 것)의 규모이다." 글라루스에서 세계로 나아가다니, 정말 놀랍다! 쥐스가 자신의 개념을 설명하기 위해서 흔히 든 비유는 말라가는, 따라서 쭈그러드는 사과였다. 쭈글쭈글한 표면과 골과 마루는 산맥들이 가로지르고 있는 땅 표면에 딱 맞는 비유 같았다. 그 은유는 너무나 진지하게 다루어진 나머지 실제 교과서에 쭈글쭈글한 사과 그림이 실릴 정도였다. 아마 사과가 뉴턴의 물리학에 기여했듯이 지구조론에도 기여하기를 내심 바랐는지 모른다. 1952년 런던 지질학회의 회장 연설도 수축하는 지구를 주제로 삼았다.

나는 한 무리의 관찰자들이 산허리를 바라보고 있는 광경을 즐겨 떠올리곤 한다. 아마 그중 한 명은 빌헬름 텔이 자유를 찾아 뛰어들었던 우르너제 연안에 있는 호텔 발코니에서 호수 건너편의 산을 바라보고 있을 것이다. 나이 든 키르허는 땅의 내부 구조에서 뻗어나온 일종의 대들보를 보았을 것이다. 찰스 라이엘은 수없이 반복된 진동들의 결과를 보았을지 모른다. 엘리 드 보몽은 같은 지층을 오각망의 멋진 사례로 간주했을 것이다. 그는 자기 체계의 아름다움과 완벽함을 회상하면서 잠시 흐뭇해했을지도 모른다. 그러다가 몇몇 비판자들의 모습이 떠올라 순간적으로 인상을 찌푸렸을 수도 있다. 그리고 에두아르트 쥐스는 습곡을 땅이 천천히 꾸준하게 수축하고 있음을 보여주는 논란의 여지가 없는 증거로 해석했을 것이다. 망막에 도달하는 광경은 누구에게나 똑같지만, 실제로 무엇을 보는지는 뇌의 활동에 달려 있다. 본다고 해서 믿게 되는 것은 아니다. 오히려 보는 것을 통제하는 것은 신념이다. 현대의 관찰자에게는 어떨까? 그는 아드리아와 유럽이 충돌한 곳 뒤편으로 생긴 작은 주름들 같은 지층을 보고 있을지도 모른다. 지금의 관찰자가 선배들보다 진실에 더 가까이 가 있음은 분명하며, 지난 반세기 동안에 지식이 큰 폭으로 발전했다는 것도 사실이다. 하지만 앞으로 한 세기 뒤의 관찰자가 다른 것을 보지 못할 것이라고 여긴다면 그것은 어리석은 생각일 것이다. 세월이 흐르면 눈도 변하는 법이다.

아서 홈스가 교재를 쓸 무렵에는 나페들의 구조가 잘 파악되어 있었다. 하임과 그 후계자들의 위풍당당한 지도들이 출간되고 요약되어 있는 상태였다. 쥐스 이래로 50년 동안 물리학자들은 땅이 지속적으로 수축한다는 개념을 연구해왔다. 그것은 지구가 식어가고 있다는 개념에 바탕을 두었다. 그러다가 방사성 가열 작용이 발견되면서 모든 계산 결과들이 뒤집혔다. 엉뚱한 짓을 하고 있던 꼴이 된 것이다. 잠시 뒤에 우리는 반대로 땅이 늘어나고 있다고 생각한 사람들과 만나게 될 것이다. 가여운 늙은 땅이 풍선처럼 위아래로 늘어났다가 줄어들었다 할 수 있다는 것이다! 전 세계의 조산대들은 잘 파악된 상태였고, 에두아르트 쥐스는 그것들의 경계를 긋는 일에 크게 기여했다. 하지만 홈스가 말했듯이, "산계들을 끼워맞추니 세계가 단순해 보이지만, 그 단순함 속에는 여전히 당혹감을 주며 설명되지 않는 온갖 세세한 사항들이 숨겨져 있다." 이제 수축 가설에 의지하지 않고 나페들을 쌓아올리는 메커니즘이 있어야 했다. 그것은 커다란 지층 덩어리를 낮은 각도로 옆으로 움직일 수 있는 힘이어야 했다. 뉴턴의 소박하고 쭈글쭈글한 사과는 그 논쟁에서도 제자리를 지키고 있을지도 모른다. 왜냐하면 중력이 그런 힘이니까 말이다.

이 이론에 따르면, 알프스 산맥에서 높은 쪽에 있는 나페들은 소금으로 된 매끄러운 바닥이나 다른 어떤 지구조 "윤활유"가 있는 곳 위로 미끄러져 들어온 것일 수 있다. 그것들은 움직이는 한편으로 서서히 구부러졌다. 점토를 잘 이겨서 바닥에 얇게 편 다음, 한쪽으로 기울이면서 어떤 일이 벌어지는지 지켜보면 뭔가 감을 잡을 수 있을 것이다. 점토의 밀도가 적당하다면, 그것은 결국 중력의 영향을 받아 미끄러지고 접힐 것이다. 1950년대에 몇몇 진지한 학자들, 특히 스웨덴 웁살라 대학교의 한스 람베르그는 점토 모형을 만들면서 많은 시간을 보냈다. 그중에는 자연을 거의 고스란히 재현한 것들도 있었다. 그 시대 이후로 모형 분야에도 많은 발전이 이루어졌으며, 그 모형들은 지금 석유 산업에서 널리 쓰이고 있다. 신기하게도 그의 중력 사태 이론(gravity sliding theory)은 본질적으로 융기를 산 형성의 핵심 통제 수단으로 본 찰스 라이엘의 개념을 정교한 옷을 입혀 부활시킨 것이었다. 나페들이 미끄러질 수 있는 "높은" 곳이 형성되려면, 성장하는 조산대에서 일부 부위가 솟아올라야 하기 때문이다. 그런 융기를 나타내는 선, 즉 산맥의 축을 따라 위로 볼록 솟아 있는 선을 배사축(背斜軸)이라고 한다. 배사축이 솟아오름에 따라 나페들은 떠오르는 고래의 등 위에서 흘러내리는 물처럼 미끄러져 내려간다. 하지만 이것은 높은 곳에 있는 나페들을 흡족하게 설명할지 모르지만, 산베르나르디노 고개에서 본 것 같은 나페들, 즉 고온과 고압으로 변성된 더 깊은 (그리고 더 오래된) 암석들을 지닌 나페들은 제대로 설명하지 못한다. 그 나페들은 깊은 곳에서 어떻게 솟아오른 것일까? 그것은 조금 이해하기 어려운 개념이다. 아서 홈스는 이렇게 설명했다. "더 깊고 더 뜨거운 곳에 있는 하부 구조들은 조산대의 중심에서 영향을 가장 심하게 받다가 높이 치솟아 상부 구조로 들어갔을지 모른다."

깊이 있던 뜨거운 암석들이 지하 세계에 거역하는 빙하처럼 변형되고 서서히 미끄러지면서 위로 "흐른다"는 것이다. 중동의 암염 돔들 중에는 이 과정을 고스란히 보여주는 사례가 있다. 깊이 묻혀 있던 바다 소금 퇴적물들은 위를 덮고 있는 지층들을 뚫고 올라와서 반구형으로 지면에 노출된다. 솟아오를 때 마치 혀를 내밀듯이 지층을 뚫는데, 그 혀 같은 것을 다이아피르(diapir)라고 한다. 나는 오만 사막에서 이런 암염 돔을 하나 조사한 적이 있다. 편평한 돌투성이 황무지 한가운데에 지름이 수백 미터에 달하는 암염 돔이 불가해하게 혹처럼 튀어나와 있다. 암염 돔은 수 킬로미터 떨어진 곳에서도 보인다. 흘러내리는 곳도 있고 딱딱해 보이는 곳도 있는 이 언덕 같은 소금 덩어리는 타는 듯한 열기를 뚫고 가볼 만하다. 더 이상한 것은 그 암염이 화석이 있는 석회암층 같은 위에 덮인 지층들을 뚫고 나올 때, 온갖 종류의 암석들을 끌고 나와 주변에 뿌린다는 것이다. 이런 암염 돔 중에는 석유 트랩(oil trap, 석유가 모여 있는 지질 구조/역주)과 관련이 있어서 상업적으로 중요하게 여겨지는 것들도 있다.

수축하는 지구조론이 그랬듯이, 중력 지구조론도 전성기를 맞이했다가 쇠퇴했다. 구체적인 현장 연구가 다시 한번 중요한 증거를 제공했다. 우선 나페들을 아주 세심하게 재구성해서 원래의 위치를 복원해보니(개어놓았던 이불을 다시 편다고 상상해보라) 비탈로 흘러내렸다는 증거가 아주 희박했다. 결국 "밀치기"가 필요하다는 생각이 다시 들기 시작했다. 중력 혼자서는 그 일을 하지 못할 것 같았다. 둘째, 알프스 산맥 각 지역들의 역사가 밝혀짐에 따라서 나페들이 쌓이는 사건이 해양 분지가 닫히는 사건과 동시에 일어났다는 것이 명확해졌다. 즉 자연적인 원인을 통해서 "밀기"가 일어날 수 있을 만한 상황이었다. 따라서 나페 "묶음"이 쌓인 시기가 육괴들과 그 사이에 쌓인 퇴적물들의 역사와도 관련이 있을 듯했다. 연구를 더 계속하자, 브리앙코네 같은 소대륙들이 발견되었다. 그것은 아드리아판과 아프리카의 관계처럼, "유럽"의 일부이면서 역사적으로 약간 소원한 관계에 있던 작은 대륙들을 말한다. 알프스의 산들은 단순히 "오르락내리락한" 것이 아니라, 이 모든 주요 암석권 덩어리들이 치고 받은 결과라고 보는 것이 논리적 귀결일 듯했다. 그런 융기가 계속되고 있다는 것은 분명했다. 땅이 가파르게 깎인 협곡인 비아 말라를 생각해보라. 하지만 산계의 현재 역사를 살펴볼 때, 그것은 산의 진화 초기에 영향을 미친 한 요소에 불과했다. 이제 알프스 산맥을 지각판들의 이야기에, 그리고 더 이전의 아프리카와 유럽의 충돌 이야기에 합칠 때가 되었다. 그렇게 합쳐놓고 보니, 펜닌 나페에 있는 초록 사문암들이 갑자기 중요한 의미를 지니게 되었다. 그 이야기는 조금 더 나중에 하기로 하자.

우리는 쥐라 산맥을 거쳐 스위스를 떠난다. 쥐라(Jura)라는 이름은 지질학에서 유명하다. 그곳은 2억500만 년에서 1억3,700만 년 전의 쥐라기를 대표하는 표식지(標式地)이다. 모든 아이들이 알고 있듯이 그 시기에는 공룡들이 지구를 지배했다. 표식지라는 말에서 이미 예상했겠지만, 그 지역에는 이 시대의 암석이 아주 잘 발달해 있다. 비록 내가 본 암석들은 모두 바다 밑에 쌓였던 퇴적암들이고, 따라서 망치로 두드렸을 때 나오는 것은 거대한 육상 괴물들의 뼈가 아니라 암모나이트, 완족류, 고둥류, 조개류 같은 초라한 무척추동물들의 화석이었지만 말이다. 그 산맥은 마르셀 베르트랑이 교수로 있던 지역인 뇌샤텔의 북서쪽을 크게 휘감은 뒤, 뇌샤텔 호수 방향으로 향한다. 호수의 북쪽 가장자리를 따라서 산비탈들이 보이고, 거기에는 온통 포도밭들이 들어서 있다. 포도밭들 너머로는 숲이 우거진 산마루가 하늘을 배경으로 우뚝 솟아 있다. 쥐라 산맥은 이런 산마루들이 겹겹이 동남동-서북서 방향으로 나란히 뻗은 형상이다. 그 산맥은 노인의 이마에 새겨져 있는 주름살들 같다. 산맥에서 높은 산봉우리는 해발 1,300미터를 넘기도 한다. 뇌샤텔 호 남쪽에 있는 알프스 산맥의 봉우리들에 비하면 낮지만, 그래도 무시할 수 없는 수준이다. 산등성이들 사이로는 같은 방향으로 뻗은 계곡들이 놓여 있다. 따라서 그 지역은 전체적으로 옥수수, 사탕무, 밀 같은 작물의 집약적 농업이 이루어지는 저지대들이 숲이 울창한 산등성이들을 가르는 형국이며, 이런 양상은 국경을 넘어 프랑스까지 이어진다. 이곳에는 회색의 귀여운 스위스 소 대신 더 평범한 붉은 반점이 있는 흰 소들이 돌아다닌다. 대부분의 강들은 계곡 바닥을 따라 곧이곧대로 흘러가지만, 깊이 파인 협곡으로 산등성이를 가르며 지나가는 것들도 있다. 우리는 뇌샤텔 북쪽에 있는 그중 하나를 따라간다. 쇼몽을 가로지르는 강이다. 협곡의 양쪽 경사면에 암석들이 고스란히 드러나 있다. 알프스 산맥의 암석들과 한 가지 다른 점이 즉시 눈에 들어온다. 이곳 지층들은 복잡하게 뒤틀린 모습을 전혀 보이지 않는다. 그것들은 수평에서 30도 정도 기울어져 있지만, 단정한 지층 단면도에서 볼 수 있듯이, 지층들이 오래된 것부터 점점 젊은 것으로 질서정연하게 배열되어 있다. 간혹 지층 속에서 보이는 작은 비틀림들은 이 암석들도 지구조의 영향에서 완전히 벗어나지는 못했음을 느끼게 하지만, 우리가 알프스 산맥에서 가장 격렬하게 요동친 지역을 벗어났다는 것은 분명하다.

그 협곡의 어귀에는 발랑쟁이라는 작은 마을이 있다. 그 마을도 지질학계에서 유명하다. 쥐라기 다음에 오는 백악기를 세분한 시기 중 두 번째로 이른 시기에 발랑쟁세라는 이름이 붙어 있기 때문이다. 그 지역에 있는 지층들은 한 시대에서 다음 시대로의 시간의 경과를 중단 없이 기록하고 있다. 발랑쟁에는 그 지역의 석회암들로 지어진 고성이 있다. 그 석회암은 노란빛이 감도는 아름다운 유백색을 띠고 있다. 그 성은 원래 방어 목적으로 세워진 것이 분명하다. 모퉁이마다 육중한 벽으로 둥근 탑을 쌓아놓았고, 입구도 엄중히 보강되어 있기 때문이다. 벽돌로 지은 듯한 저택을 성 안쪽 깊숙이 안전한 곳에 배치한 것은, 첫째 기능성을 고려한 것이고 둘째는 사치를 부리기 위해서였다. 이 성은 협곡으로 나 있는 길을 지키기 위해서 세워진 것이 분명하다. 발랑쟁에 있으면 지역 지질의 산물로 세워진 마을들이 경관과 얼마나 잘 어울리는지를 느끼게 된다. 마치 산허리에서 마을이 자라나는 듯하다. 석회암이 풍부한 프랑스에는 남쪽의 프로방스에서 북쪽의 캉에 이르기까지, 그런 크고 작은 마을들이 수백 곳이나 있다. 비록 그 마을들은 개성이 거의 없기는 하지만, 조화로운 전체가 부분들의 합보다 더 크므로 건물들의 특징이 없다고 해도 대수롭지 않다. 잉글랜드에도 코츠월드에 똑같은 매력을 지닌 마을들이 수십 곳이나 있다. 천연 석재를 이용할 수 없는 곳에서도 그 지역의 벽돌과 기와는 그 땅에서 나오는 재료로 만들어지며, 지역의 건축 구조에 독특한 특징을 덧붙인다. 나는 프로방스에 있는 오커 생산지를 가본 적이 있다. 압트 마을 근처의 포도밭들을 가르고 지나가는 사암 누층이었다. 이 안료를 칠한 벽들은 그곳 경관과 너무나 잘 어울린다. 해바라기처럼 그리고 같은 색조를 띤 다른 많은 것들처럼 오커는 강렬한 열기 속에서 빛을 발한다.

　쥐라 산맥은 비교적 단순한 구조이다. 언덕과 골짜기는 지층이 이루는 물결무늬와 비슷하게 크게 굽이치면서 뻗어 있다. 지면은 쥐라기와 백악기 석회암들의 습곡과 조화를 이루면서 굽이치고 있다. 산등성이들은 배사(背斜) 구조이다. 즉 암석들이 위로 볼록해져 있다. 그 사이의 골짜기들은 향사(向斜) 구조이다. 그곳의 지층들은 손을 오목하게 벌렸을 때처럼 아래로 오목하다. 그곳의 지형은 거의 노예처럼 기반 구조의 명령을 그대로 따른다. 다른 모든 것들도 지질학적 토대의 산물이다. 개간된 골짜기들, 숲이 우거진 산허리들, 하천의 경로들, 포도들이 익어갈 밭들이 모두 그렇다. 산마루를 가로지를 때 잘 살펴보면, 배사 축면을 중심으로 석회암층의 경사도가 바뀌는 것을 알 수 있다. 산마루의 남쪽 사면에서는 석회암층이 대부분 남쪽으로 기울어져 있고, 북쪽에서는 북쪽을 향하고 있다. 피치 못할 기복이 약간 있을 뿐 이런 단순한 구조가 유지되고 있다. 쥐라 산맥은 지질학적 스위치백이자, 땅에 새긴 사인 곡선이다.

그 산맥의 형상은 알프스 조산운동으로 형성된 것이다. 유럽 지도를 들여다보면, 쥐라 산맥이 알프스 산맥의 안녕을 수호하는 호위대임을 금방 알 수 있다. 즉 가장 제멋대로 설쳐대는 지층 더미들, 온갖 혼란스러운 교란들을 곁에서 지키고 있다. 융단을 집어들어 한쪽은 접어놓고, 다른 한쪽은 굽이치는 정도가 서서히 줄어드는 바닥 위에 올려놓는다고 상상해보라. 알프스 산맥과 쥐라 산맥의 연관성이 처음부터 밝혀졌던 것은 아니었다. 지질학이 지구 전체를 상호 연결짓는 과학으로 성장한 뒤에야 두 지역의 혼인이 이루어졌다. 에두아르트 쥐스는 『지구의 얼굴』 제2권에 이렇게 썼다.

> 쥐라 산맥의 배사 구조 하나하나가 독립적인 융기의 축으로 간주되던 때가 있었다. 그 다음에 그런 평행한 배사 구조들의 기원이 같아야 한다는 것이 명확해졌다. 그 뒤에 알프스 산맥과 쥐라 산맥의 연관성이 언뜻 드러났고, 마침내 슈바르츠발트 통해서 장애물의 영향이 밝혀졌다……

쥐스는 슈바르츠발트가 알프스 산맥의 확산을 막은 "전면지"의 일부라고 보았다. 쥐라 산맥은 이동하던 알프스 산맥이 북쪽의 움직이지 않는 덩어리에 막혀서 힘을 잃고 지쳐 부르르 떨어대면서 만들어낸 비교적 자그마한 습곡들이다. 현대의 관점도 결과 측면에서는 그리 다르지 않다. 원인을 보는 입장, 즉 아프리카가 북쪽으로 움직인 것이 일을 진행시킨 근본 원인이라고 본다는 점이 다를 뿐이다. 쥐라 산맥은 유럽판과 그 남쪽에 있는 거대한 이웃이 만났을 때 생긴 주변 효과들 중 하나이다. 현재는 그 습곡을 퇴적되어 있던 트라이아스기의 두꺼운 암염층이 분리되면서 일어난 윤활 작용을 통해서 알프스 산맥이 계속 이동하면서 발길질을 해댄 결과라고 보고 있다. 융단을 한쪽에서 마구 흔들어댄 결과가 아니라, 융단이 놓여 있던 매끄러운 바닥의 윤곽이 변해 융단이 접히게 된 것과 같다. 이 지역의 지진파 단면도를 조사한 결과 그 지층 분리는 남쪽으로 아르 육괴까지 이어져 있는 듯하다. 쥐라 산맥 자락에 있는 포도나무들과 숲의 나무들은 그 뿌리에서 수 킬로미터 밑에서 일어났던 사건들에 서식지를 빚지고 있다. 따라서 자연사의 세세한 사항들이 보이지 않는 지하 세계와 연결되어 있는 셈이다. 모든 것은 연결되어 있다.

그 산등성이들 중 하나의 꼭대기에는 뷰 데 알프스가 있다. 상어의 이빨들처럼 줄지어 있는 하얀 봉우리들을 따라서 눈을 돌리면, 저 멀리에 뇌샤텔 호수의 가장자리가 보인다. 멀리 있는 봉우리들은 뒤섞여 보이기 때문에 외지인은 순서를 파악하기가 쉽지 않다. 그 봉우리들은 돌파할 수 없는 장벽을 세우고 있는 듯하지만, 우리는 석기 시대 말에도 동물 가죽을 둘러쓴 사람들이 용감하게 그 먼 길을 지나다녔음을 알고 있다. 그중 한 명은 빙하의 갈라진 틈에 떨어졌고, 몇 년 전에 그는 자연 냉동된 상태로 발견되었다. 법의학 전문 고생물학자들은 그가 점심때 아이벡스 고기를 먹었으며, 누군가가 쏜 화살을 어깨에 맞았을지 모른다는 것을 밝혀냈다. 카르타고의 한니발 바르카 장군이 2,200년 전에 코끼리들을 몰고 그 고개들을 넘어갔다는 말이 사실일까? 그리스 역사가 폴리비우스는 그 말이 사실이라고 전한다. 하지만 우리가 읽고 있는 문서들이 사실이든 아니든 간에, 문자가 없던 시절에 있었던 일들은 추론을 통해서 판단할 수밖에 없다. 우리 밑에 있는 계곡의 너도밤나무들을 안개가 뒤덮듯이, 역사는 과거를 불확실성으로 덮는다. 역사가 깊을수록 윤곽은 더 흐릿해지며, 과거에 관한 추론들도 쉽게 바뀔 수 있다. 이 장에서 우리는 알프스 산맥을 응시하던 각기 다른 눈들이 각기 다른 역사를 보았다는 것을 살펴보았다. 우리도 우리 시대의 관점을 가지고 있지만, 그것이 영원하지 않으리라는 것은 분명하다. 현대의 영웅들은 한니발이 간 길을 따라갔지만, 바위들이 몸부림치면서 암호로 쓴 알프스 산맥의 비밀들을 해독할 지도와 연필을 손에 들고 있었다. 우리는 산맥이 움직인다는 말이 참이 아니라는 것을 안다. 움직이는 것은 지구조이다. 오늘날의 지구물리학자들은 지진파 탐침으로 거대한 지층 더미의 밑을 조사하고 있다. 이제 우리는 알프스 산맥에 관해서 꽤 많은 것을 알게 되었다. 그들의 구조, 지각판들의 역할, 그들의 생성 과정을 말이다. 지난 40년 사이에 우리의 인식에도 격변이 있었으며, 그런 와중에도 지식은 계속 쌓이고 있다. 그러나 우리는 결코 모든 것을 알 수는 없을 것이며, 그럴 수밖에 없다. 과학은 과거라는 흐릿한 안개 사이로 언뜻언뜻 몇 개의 산들이 선명하게 드러나는 것을 보았지만, 그럴 때마다 더 멀리 안개 속에서 첩첩이 늘어서 있는 흐릿한 봉우리들도 본다. 오를 봉우리들은 너무나 많으며, 조사할 수수께끼들도 너무나 많다.

5

지각판

존재할 수는 없지만 진짜 같은 상상의 땅들이 있다. 그리고 한때 존재했지만, 왠지 먼 세계의 일 같고 믿어지지 않는 땅들도 있다. 아마 얼마나 신뢰성이 느껴지는가는 노련한 작가의 손에 달려 있는 듯하다. 조너선 스위프트는 단지 상상을 자극하기 위해서가 아니라 인간의 허약함을 보여주기 위해서 자신의 주인공 레뮤얼 걸리버가 만난 사람들의 이야기를 실감나게 썼다. 바다 너머에 그들이 사는 나라가 실제로 존재한다는 것을 과연 누가 의심할 수 있단 말인가? 거인국에 사는 우쭐거리는 괴물 같은 사람들이나, 소인국에 사는 자기 몸집에 걸맞게 사소한 일로 근심이 가득한 사람들을 말이다. 하지만 곤즈, 즉 곤드와나(Gondwana)라는 땅이 있던 시대로 거슬러올라가거나 2억5,000만 년 전에 있었던 판게아의 실체를 이해하려면 그보다 더 큰 상상의 도약이 필요한 듯하다. 그러나 그 땅들은 실제로 있었다. 지금의 아프리카가 있는 것처럼 말이다.

그 중간쯤 어딘가에 아틀란티스가 있다. 아주 익숙한 지명이지만, 그것은 신화이거나 아니면 현실에 뿌리를 둔 신화이다. 물론 그것이 실존했었다고 굳게 믿고서 아틀란티스를 뉴욕이나 블라디보스토크처럼 지도에 기입하려고 애쓰는 연구자들도 있다. 플라톤은 『티마이오스(Timaeus)』에서 그 왕국이 대서양에 있다고, 아니 적어도 "헤라클레스의 기둥들 너머에" 있다고 말했다. 하지만 그것이 고대 세계의 요람인 지중해에 있었다고 주장하는 이론들도 많다. 어느 곳에 있었던 간에, 신이 주민들의 나쁜 행실을 벌하기 위해서 대격변을 일으켜 그 대륙을 없앴다고 했으니, 그것은 지극히 지구조적인 방식이라고 할 수 있다. 플라톤은 지진과 홍수라고 말했다. 호기심 삼아 인터넷을 한번 검색해보면, 그 물에 잠긴 왕궁을 놓고 온갖 기발한 이론들이 제시되어 있음을 알 수 있다. 그것이 남중국해에 있었다는 주장도 있고, 심지어 달에 있었다는 주장까지 있다. 아마 가장 설득력이 있는 시나리오는 아틀란티스의 파괴를 테라의 폭발과 연관 짓는 이론일 것이다. 테라는 크레타 섬에서 북쪽으로 70킬로미터 떨어진 곳에 있었다. 지금의 산토리니 섬이다. 이 폭발은 호모 사피엔스가 목격한 것 중 가장 컸다. 적어도 유럽에서는 그랬다. 그 폭발로 30세제곱킬로미터의 물질이 분출된 것으로 추정되었다. 폼페이를 없앤 기원후 79년의 유명한 베수비오 화산 폭발보다 15배나 더 강력했다. 또 그 폭발이 일어난 기원전 1700년은 미노스 문명이 몰락한 시기와 거의 일치한다. 따라서 그 폭발은 서양 역사에서 중요한 전환점이 되기도 했다. 청동기시대에 그만한 전설의 원천은 찾아내기 어려울 것이다. 그것은 가장 큰 격변을 일으킨 폭발 중 하나였음이 분명하다. 지름이 6킬로미터나 되는 칼데라를 남겼기 때문이다. 그것은 엄청난 지진 해일을 일으켰을 것이고, 그 지진 해일은 활기에 넘치던 크레타 섬의 해안 마을들을 수장시켰을 것이다. 테라에 있는 아크로티리 마을에는 당시의 모습이 속돌에 묻힌 채 보존되어왔다. 화려한 색깔의 프레스코 벽화들과 포도주 항아리들은 그곳 주민들이 몰락하기 전에 대단히 윤택하게 생활했음을 보여준다. 엄청난 양의 화산재가 뿜어지면서 하늘은 어두컴컴해졌을 것이고, 포도송이들은 덩굴에 달라붙은 채 시들어갔을 것이다. 부유한 자나 가난한 자 할 것 없이 사정없이 쌓이는 화산 쇄설물에 불행을 맞이했을 것이다. 평지에 살던 사람들도 산자락에 살던 사람들과 마찬가지로 징벌을 받았을 것이다. 테라가 아틀란티스였다는 주장은 플라톤이 (폭발이 일어나기 전) 그곳의 땅과 석호들이 몇 겹의 동심원 띠 모양으로 배열되어 있었다고 말한 데에서 신빙성을 얻고 있다. 그것은 화산으로 생긴 지형의 전형적인 특징이다. 로마 대학교의 화산학자 로베르트 스칸도네는 테라의 폭발이 적어도 이아손과 아르고 호 이야기의 한 대목에 영감을 주었을 것이라고 말한다. 그들은 황금 양털을 손에 넣고 그리스로 돌아오는 길에 크레타 섬의 동쪽에 있는 로도스 섬을 지나갔다. 이곳에서 그들은 하늘에 검은 장막이 드리워지는 것을 목격했다. 화산재의 구름이 덮인 곳을 지나간다면 그러했을 것이다. 그들이 북쪽으로 피했을 때, 청동 거인인 탈로스가 그들에게 바위 덩어리들을 던졌다(이 부분은 굳이 설명할 필요가 없을 것이다). 지중해 동부 지역에는 홍수 전설이 풍부하며, 그것들을 큰 화산 폭발 뒤에 일어난 지진 해일과 연관 지어도 무리는 없을 것이다. 오늘날 테라에는 깎아지른 절벽이 있는 햇빛에 하얗게 바랜 산토리니 항과 물이 고여 있는 칼데라가 있다. 그 칼데라에는 고깃배들이 있어서 유람선 관광객들에게 막 구운 정어리를 내놓는 음식점들에 생선을 공급한다. 아르고 호를 떠올리기에는 좀 삭막한 풍경이다. 주의력이 깊은 승객이라면 유람선을 타고 지나가다가 눈에 보이지 않는 곳에서 흘러나오는 용암으로 인해서 서서히 자라나고 있는 네 아카메니라는 작은 섬을 볼 수 있을 것이다. 그 화산이 다시 한번 파괴를 일으킬지 누가 알겠는가? 이제 우리는 그 모든 파괴가 아프리카가 유럽을 향해 북쪽으로 이동함으로써 일어났다는 것을 알고 있다. 산토리니 섬은 에게 판의 가장자리에 놓여 있다. 물론 우리가 지상에서 보고 있는 것들은 모두 지질학적 토대의 영향하에 들어 있다. 그런데 이런 지식들은 어떻게 얻은 것일까?

에두아르트 쥐스는 침몰한 땅이라는 개념을 아주 마음에 들어했다. 아틀란티스의 무엇인가가 그를 끌어당긴 것이다. 대양 지각과 대륙 지각이 근본적으로 다르다는 것이 받아들여지기 전에는 대륙들이 가라앉은 장소가 대양이라는 생각을 품을 수도 있었다. 아니 오히려 선호되었다고 할 수 있었다. 한 세기 전인 그 시대의 지질학자들이 모든 변화를 받아들이려고 하지 않았다고 보면 잘못이다. 오히려 그들은 자신들이 원하는 변화들을 받아들이고, 기존 체계를 부정하곤 했다. 그들은 우리가 지금 판구조론이라고 부르는 것을 뒷받침하는 증거들도 일부 받아들였다. 그 문제에서 곤드와나*는 중요한 역할을 했다. 이 사라진 대륙의 존재를 받아들였는가의 여부가 현대 지질학인지 여부를 가리는 기준이나 다름없었기 때문이다. 곤드와나라는 이름을 만든 것은 쥐스였다. 그는 고대 인도 부족인 "곤즈"의 이름을 땄다. 그는 아프리카, 남아메리카, 인도 반도의 지질이 뚜렷한 연관성을 보인다는 것을 알았고, 그런 것들이 그저 우연의 일치가 아니라 그 대륙들이 함께 붙어 있었음을 시사한다는 것을 알아차렸다. 오래된 보물 지도의 조각들을 찾듯이 그는 끊긴 선들을 이어서 하나의 그림을 만들어야 한다는 것과, 그 그림이 땅의 근본적인 진실들을 접하게 해줄 열쇠임을 알았다.

　나는 쥐스의 난해한 글을 처음 접했을 때, 그가 암석들에 담긴 증거들을 간파하는 데에 대단히 뛰어난 인물이었다는 것을 깨닫지 못했다. 암석들은 거짓말을 하지 않는다. 하지만 그들은 진정한 의미를 숨겨놓는다.

　가장 직접적인 증거는 아마 표력암(tillite)일 것이다. 19세기에는 먼 지역에서 얻은 지질 자료라고 해보았자, 대부분 예비 답사 수준의 것에 지나지 않았다. 탐사에 나서는 지질학자들은 맨 먼저 아프리카의 내륙으로 향했고, 그 검은 대륙은 마지못해 자신의 비밀들을 털어놓았다. 조사보고서들은 식민지에 관한 것은 무엇이든 관심을 보이던 유럽의 본국으로 보내졌고, 국립 지질학회의 회보에 발표되었다. 쥐스는 이 개척자들이 내놓은 견해들을 받아들였다. 남아프리카에는 드위카 역암이라는 이름을 지닌 누층이 있었다. J. 서덜랜드라는 개척자가 1870년 『런던 지질학회 계간지』에 "나탈의 고대 표석 점토에 관한 소고"라는 제목으로 발표한 논문에 실려 있는 것이었다. 이 아주 평범한 제목의 글 속에는 비범한 생각이 담겨 있었다. 표석 점

---

* 언젠가 "곤드와나" 대신 "곤드와나랜드"라는 용어가 쓰이는 이유를 살펴본 적이 있다. 나는 "와나"가 "땅"을 뜻하므로, 곤드와나랜드는 동어반복임을 지적했다. 사실 그 대륙의 진화를 설명한 문헌들을 보면, 두 용어가 함께 쓰였음을 알 수 있다. 함께 써도 무리가 없는 듯하다.

남아프리카 페름기 지층에서 나온 표력암 덩어리. 빙하로 생긴 조약돌들이 박혀 있다. 런던 자연사 박물관 소장.

토는 빙하가 물러날 때 남은 퇴적물이다. 지구의 기후가 따뜻한 시기에 접어들면, 알프스 산맥의 계곡들에서 후퇴한 빙하의 끝자락에 이런 종류의 암석들이 여기저기 쌓여 있는 것을 볼 수 있다. 표석 점토는 왠지 지저분한 잡동사니 같다. 온갖 크기의 돌멩이들을 마구 섞은 뒤 끈끈한 갈색 진흙을 이겨서 바른 것 같다. 이것은 녹아내리는 빙하가 아무렇게나 내버린 찌꺼기이며, 빙하는 제멋대로 뒤섞인 암석들과 함께 진흙도 내버린다. 마치 옛날식으로 자루에 담아 엉성하게 만든 푸딩 같다. 자세히 들여다보면, 빙하가 바닥을 긁고 간 곳에 독특한 긁힌 자국이 난 큰 자갈들을 볼 수 있다. 그런 점토가 가열 냉각을 거쳐 단단해지면 표력암이 된다(표석 점토는 얼음의 퇴적물이므로 빙력토[glacial till]라고도 하며, −ite라는 접미사는 암석이라는 뜻이

페름기에 곤드와나에 살던 글로소프테리스의 잎들. 이 화석들은 고대의 초대륙을 재구성하는 역할을 한다.

다). 하지만 표석들에 난 긁힌 자국들은 그대로 남는다. 따라서 표력암은 빙하에 붙들려 아무렇게나 운반되어 온 온갖 종류의 암석들을 모두 집어넣은 잡탕이다. 그것은 남아프리카의 그레이트카루 지역에 빙하에서 유래한 암석이 있다는 의미였다. 현재 다육식물들이 무성하게 자라는 더운 곳에 말이다. 그것은 어느 모로 보아도 독창적인 생각이었다. 어쨌든 빙하가 남긴 흔적은 쉽게 알 수 있다. 즉 오래 전 남아프리카에 빙하기가 있었다는 증거는 명백했다. 이 표력암들은 쥐스가 붙인 대로 "상부 카루 사암"이라고 불린다. 이 암석들을 쪼개 보니, 월계수 잎 같으면서도 혓바닥 모양에 더 가까운 잎들의 화석이 발견되었다. 그 잎들에는 글로소프테리스(*Glossopteris*)라는 학명이 붙었다("혀"를 뜻하는 그리스어에서 따온 말이다).

그후 인도 반도에서도 아주 흡사한 역암들이 발견되었다. 쥐스가 "탈히르 조(talchir stage)"라고 부른 지층에서였다. 그는 이 표력암층에 대해서 이렇게 설명했다. "드위카 층과 흡사하다는 점이 아주 놀랍다." 고대의 빙하 작용이 남아프리카 너머까지 일어난 것이 분명했다. 이 판단을 확인해주겠다는 듯이, 글로소프테리스와 친척인 간가모프테리스(*Gangamopteris*)의 잎들이 아프리카와 인도의 지층들에서 발견되었다. 쥐스는 더 나아가 인도에 이 화석 나무들에서 생긴 "하부 곤드와나 석탄"을 채굴할 수 있는 분지들이 많다고 설명했다. 글로소프테리스는 유럽이나 북아메리카에서는 발견되지 않는다. 그것은 곤드와나에만 있던 나무였다. 현재 그와 마찬가지로 곤드와나 고유종이라고 할 수 있는 동식물 화석들은 수십 종류로 늘어났다. 글로소프테리스 화석들 중 상당수는 페름기(약 2억7,500만 년 전)의 것이라고 볼 수 있으며, 우리는 오스트레일리아에도 그 화석들이 나타난다는 것을 알고 있다. 빙하 작용의 증거는 곤드와나 어디에나 널려 있다. 나는 1995년 오만에서 와디(wadi : 평소에는 말라 있다가 큰비가 내리면 물이 흐르는 강/역주)를 따라 걸은 적이 있다. 아라비아 반도의 한복판에 있는 메마른 사막에 난 그 골짜기 양쪽 비탈에는 예전에 북극에서 본 것과 같은 빙하 표력암 지층이 뚜렷이 드러나 있었다. 와디의 바닥은 거대한 용이 발톱을 갈아댄 것처럼 보였다. 그 길게 파인 자국들은 빙상이 바닥의 암석층에 남긴 홈이었다. 이렇게 증거들이 쌓이자, 곤드와나와 그 페름기의 생물들과 빙하 시대의 흔적들이 고대 이집트의 건축물들처럼 생생하게 다가오는 듯했다. 하지만 그 모든 것의 개요, 즉 기본 사실들은 에두아르트 쥐스의 손에 이미 들어와 있었다. "남아프리카와 인도 반도의 구조 사이에는 부정할 수 없는 유사성이 있다." 쥐스는 과거에 그것들이 합쳐져 곤드와나를 이루고 있었다고 보는 것이 합당한 설명이며,* 인도양이 나중에 그가 그토록 강조했던 "화석 혓바닥들"을 갈라놓은 것뿐이라고 추측했다. "그러다가

---

* 남아프리카와 인도가 원래 이어져 있었다는 이론은 더 이전의 문헌들에서도 나오지만 대부분 인정받지 못했다. 스토가 『런던 지질학회 계간지』(1871)에 실은 논문이 한 예이다.

붕괴가 일어났다. 새로운 대양이 만들어졌고, 대륙들은 다른 형태를 취하게 되었다. 대양의 심연 속에서 솟아난 마다가스카르라는 거대한 섬은 지루(地壘, horst : 단층으로 둘러싸인 채 우뚝 솟아 있는 땅덩어리/역주)의 모든 특징들을 보여준다.” 쥐스는 다른 지역들에서 나온 증거들을 예로 들면서 이렇게 말했다. “저명한 동물학자들은 인도양의 서쪽에 고대 대륙이 있었다고 상상해왔으며, 그 대륙에 ‘레무리아’라는 이름을 붙였다.” 실제로 아프리카와 인도의 동물들 사이에는 비슷한 점들이 있으며, 두 지역을 연결하는 육지 다리나 가라앉은 대륙이 존재했다고 보면 설명이 가능했다. 어느 쪽이든 간에, 현재 우리가 알고 있는 아프리카와 인도는 과거에도 우리가 보고 있는 그곳에 그대로 존재했다. 그러자 모든 것이 딱 들어맞는 듯했다. 모든 사실들이 잘 짜여진 이론이라는 자루 속에 고스란히 들어갔다.

그러나 물론 그 설명은 완전히 틀린 것이었다.

지금의 우리가 명백히 틀렸다고 보는 것들을 살펴보는 일도 나름대로 가치가 있다. 대다수 이론들은 시대의 산물이며, 쥐스의 이론도 예외가 아니었다. 더 많은 사실들이 밝혀지면서, 결국 잘못된 이론은 내버려진 후 잊혀진다. 해저를 이루고 있는 것, 즉 해저가 거의 온통 현무암이라는 발견은 침몰 이론을 반증하는 명백한 사실이다. 해저에는 가라앉은 표력암도 글로소프테리스 화석들도 없었다. 하지만 그렇게 반증될 수 있었던 침몰 이론도 과학 이론임에는 분명하다. 적어도 카를 포퍼 경이 『추측과 논박(*Conjectures and Refutations*)』에서 설명했던 과학의 기준에서 볼 때 그렇다. 과학자는 틀릴 수 있는 면허증을 가지고 있다는 기준에서 볼 때 말이다. 그보다는 새로운 사실들이라는 바람 앞에서 완전히 꺾이지 않은 채 휘어지면서 이리저리 방향을 바꾸는 이론들이 훨씬 더 문제를 일으킨다. 사실 대륙들이 붙박여 있다는 이론들은 쥐스의 걸작이 영어로 번역된 지 얼마 지나지 않아 도전을 받기 시작했다. 대륙들이 붙박여 있지도 않고 중간의 아틀란티스들이 사라진 뒤 남은 땅들도 아니라는 것이 널리 받아들여지기 오래 전부터 독일 기상학자 알프레트 베게너*가 "대륙이동설"을 주창했다는 것은 과학계에서 유명한 이야기들 중 하나이다. 베게너는 그 주장을 1915년 독일어로 처음 발표했다. 그의 주장은 거의 무시되었다. 그의 저서는 1922년 영어로 번역되었지만, 1936년 프랑스 판인 『대륙과 대양의 생성(*La genèse des Continents et des Oceans*)』이 출간되고서야 "진지한" 과학적 논의의 대상으로 다루어졌다. 비록 그때에도 대다수 지구과학자들은 그것을 아주 엉뚱한 가설로 여겼지만 말이다. 베게너는 대륙들의 모양이 서로 "들어맞는다"고 지적했다. 그 점을 그가 맨 처음 지적한 것도 아니었다. 그는 아프리카의 서부 해안과 남아메리카가 들어맞고, 마다가스카르 섬은 "지루의 모든 특징들"을 보여주는 대신 자신의 서해안이 딱 들어맞도록 움푹 들어간 동아프리카 해안에 다시 달라붙기를 바라는 듯하고, 인도와 아프리카도 한때 붙어 있었다고 주장했다. 곤드와나는 하나의 빙상이나 하나의 숲이 뒤덮고 있었던 통합체였다. 각 대륙들은 나중에 갈라져서 현재의 위치로 이동한 것이 틀림없었다. 조각 그림 맞추기 퍼즐처럼 각 대륙의 해안선들을 끼워맞추면 원래 하나였던 대륙을 복원할 수 있었다. 남아메리카를 아프리카 쪽으로 다시 움직이자. 보라! 행복한 신혼 부부처럼 딱 붙는다. 빙상이 이 곤드와나의 한가운데에 자리를 잡고 있었다면, 각 대륙에 고대의 빙하 퇴적물들이 있는 이유도 납득되었다. 하지만 그 정도로 얼어붙어 있었다면, 그 대륙은 당시 다른 위도에, 즉 극지방 가까이에 있었던 것이 분명했다. 글로소프테리스와 그 친척들은 이 하나의 세계에서 더 추운 지역에 퍼져 있었고, 그곳에는 초기 파충류들이 고대의 숲 속을 마음껏 돌아다녔을 것이다.

　베게너는 대륙 융합 개념을 한 단계 더 밀고 나갔다. 모든 대륙들이 한때 하나의 "초대륙"으로 융합되어 있었으리라는 것이다. 모든 마른 땅들은 이

---

* 베게너의 탁월한 선사학은 토니 홀램의 『지질학의 대논쟁들(*Great Geological Contraversies*)』(1989)에 요약되어 있다. 그보다 앞서 대륙이동설을 단편적으로 주장한 저자들도 몇 명 있었다. "새로운" 개념들에는 대개 선구자들이 있기 마련이다.

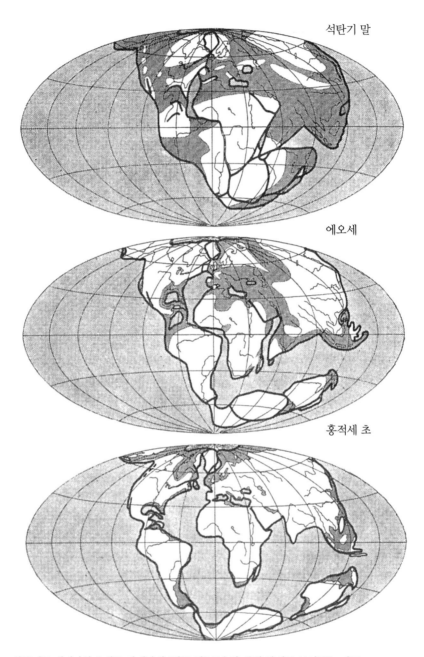

석탄기 말

에오세

홍적세 초

알프레트 베게너의 초대륙 판게아의 "이동 전" 모습과 분열 단계를 보여주는 지도.

먼 과거에 만들어졌다. 대륙과 바다는 가장 완벽하게 분리되어 있었다. 드넓은 바다 하나가 거대한 대륙 하나와 균형을 이루고 있었기 때문이다. 남아메리카와 아프리카처럼 북아메리카와 유라시아도 서로 결합되어 있었다. 북대서양은 아직 생기지 않은 상태였다. 베게너에 따르면, 석탄기 말에 북쪽에 자리한 이 거대한 대륙은 곤드와나와도 결합되어 있었다. 그는 현재의 지리가 2억5,000만 년 전보다 이전에 이루어졌던 모든 대륙들의 혼인이 남긴 유산이라고 주장했다. 현재의 대륙들은 이 거대한 대륙이 쪼개져서 생긴 것이었다. 그 대륙들은 수백만 년에 걸쳐 서로 떨어져서 현재의 위치로 이동했다. 어떤 기준으로 보더라도 이런 주장을 수용하려면 기존 지식이 전면적으로 재편성되어야 했다. 곤드와나는 그 초대륙 중 인도−남아메리카−오스트레일리아−남극이 합쳐진 부분을 말한다. 그 북쪽 지역, 즉 북대서양을 가로질러 합친 부분은 대개 로라시아(Laurasia), 그 초대륙 전체는 판게아(Pangaea)라고 불린다. "보편적인 세계"를 뜻하는 그리스어에서 나온 말이다. 나는 곤드와나 쪽에 이야기를 집중할 것이다. 세계의 모양을 만든 기원에 관한 논쟁의 역사에서 곤드와나의 존재를 입증하거나 반박하는 증거들이 더욱 두드러지기 때문이다.

독창성이란 같은 사실들을 보면서 새로운 설명들을 찾아내는 능력일지 모른다. 쥐스가 예로 들었던 증거들의 상당수는 베게너가 전혀 다른 지도를 그릴 때, 그리고 침몰한 대륙들로부터 상상할 수 있는 것과는 전혀 다른 예측들을 할 때에도 열거되었다. 그리고 쥐스의 이론이 예측들로 말미암아 몰락한 것과 달리, 곤드와나와 판게아라는 개념은 아직 드러나지 않았던 사실들 덕분에 마침내 살아남게 되었다.

베게너는 산맥들이 구부러져 솟아오른 것을 이동설로 설명했다. 대륙들이 각기 떨어져 이동함에 따라서 앞쪽 가장자리에 산맥들이 접히고 솟아올랐다는 것이다. 남아메리카의 서쪽 가장자리에 생긴 주름들, 인도가 아시아와 충돌하면서 위로 밀어올린 거대한 호 모양의 히말라야 산맥이 그러했다. 그는 세계를 본래의 모습 그대로 보려면 전체를 보아야 한다고 생각했다. 산들의 운명은 바다의 운명과 결부되어 있었다.

아마 베게너가 조너선 스위프트나 존 버니언처럼 글 솜씨가 뛰어났더라면, 판게아나 심지어 "곤드와나랜드"도 허구인 소인국이나 절망의 늪처럼 금세 문화적 유행을 탔을지도 모른다. 하지만 그렇지 못했기 때문에 그 개념은 아틀란티스가 다른 별난 곳에 있다는 주장들처럼 과학의 변두리에 잠복해 있었다. 40여 년이 흐른 뒤에야 베게너의 추측은 사실에 가까운 것으로 확고하게 자리를 잡았다. 물론 그동안 그 개념을 유지시킨 공로자들이 있었다. 1920년대와 1930년대 내내 남반구에서 연구한 현장 지질학자들이 그들이다. 그들은 가장 놀라운 증거들을 찾아냈다. 남아프리카인인 알렉스 뒤투아는 『방황하는 대륙들(Our Wandering Continents)』(1937)에 대량의 자료를 요약했다. 그는 베게너보다 더 나아가서 곤드와나 조각들 사이의 유사성을 파악하는 데에 몰두했다. 남아메리카에는 동부 해안을 향하고 있는 누층들이 있었다. 그것들은 대서양과 만나는 곳에서 갑작스럽게 잘려나간 형태를 취하고 있었다. 그는 아프리카 남부와 그 너머 오스트레일리아에 있는 누층들을 가져다 대면 서로 자연스럽게 이어진다고 주장했다. 대서양과 인도양을 없애고, 대륙들을 가져다 붙이면 완벽하게 들어맞았다. 산토리니 섬에서 발굴된 미노스 문명의 부서진 항아리들을 끼워맞추는 것보다 더 확신을 가지고 끼워맞출 수 있었다. 베게너는 그런 관찰 자료들에 논리를 부여했다. "그것은 찢어진 신문 쪼가리들을 가장자리 형태를 보고 맞춘 뒤에 문장들이 제대로 이어지는지 점검하는 것과 다를 바 없다. 문장들이 제대로 이어지면, 그 쪼가리들이 실제로 그런 식으로 붙어 있었다는 결론을 내릴 수밖에 없다." 오늘날 대다수의 지질학자들은 그런 증거들을 이의 없이 받아들이겠지만, 뒤투아가 저서를 내놓았을 당시에 그것들은 여전히 "변두리" 과학에 머물러 있었다. 오늘날과 달리 당시의 지질학자들에게는 답사를 간다는 것이 쉬운 일이 아니었으므로, 회의주의자들이 자세히

대륙들을 재구성하는 원리는 이 찢어진 신문의 기사 제목을 다시 합치는 것과 별다를 바 없다.

조사하면 무너지고 말 엉뚱한 개념을 반증하겠다는 이유 하나만으로 굳이 수고스럽게 증기선을 타고 지구 반대편까지 가려고 하지는 않았을 것이다. 지금도 그 전통이 이어지고 있지만 당시의 지질학자들은 대체로 4년마다 주요 도시에서 열리는 국제지질학회에서 서로 마주치곤 했다. 하지만 누구나 참석할 만한 여유가 있고 후한 지원을 받을 수 있었던 것은 아니므로, 대개 미국인들의 수가 가장 많았다. 그리고 이동설의 가장 확고한 반대자들도 그들 중에 있었다. 그들이 항의하는 말이 귓전에 울리는 듯하다. "도대체 무슨 헛소리요? 대륙이 어떻게 바다를 가로질러 간다는 말이오? 암석의 저항력 때문에 그런 운동이 불가능하다는 것은 누구나 아는 사실이오."

그런 반대자들 가운데 당대의 대가들도 몇 명 포함되어 있었다. 해럴드 제프리스는 1926년에 표준 교과서를 쓴 뛰어난 지구물리학자였다. 그는 베게너의 이론을 한마디로 "불가능한 가설"이라고 하면서, "오랜 기간에 걸쳐 충분히 작용하기만 한다면 작은 힘들이 땅을 변형시킬 수 있다는 막연한 가정은 아주 위험한 것이며, 심각한 오류를 빚기 쉽다"고 결론을 내렸다. 한마디로 대륙 이동의 메커니즘 같은 것은 없다는 말이었다. 같은 해에 뉴욕에서 미국 석유지질학자협회의 심포지엄이 열렸다. "이동설"이라는 주제를 다루기 위해서 개최된 최초의 학회였다. 참석자 거의 전원이 이동설을 반대한다는 주장을 펼쳤다. 내가 속한 분야의 학자들, 즉 고생물학자들이 더 긍정적인 견해를 보였다는 말을 할 수 있다면 좋겠지만 전반적으로 그렇지 못했다. 워싱턴 스미스소니언 협회의 찰스 슈처트는 인도양과 다른 모든 곳에 생물학적 유사성을 담보하는 통로인 육지 다리가 놓여 있었다는 견해를 선호했다. 그렇다면 그것들은 도대체 어디로 사라진 것일까? 쥐스가 말한 것처럼 가라앉았다는 것이다. 슈처트가 판게아보다 훨씬 더 오래된 시대에 살았던 완족류(연체동물과는 별개의 "조개류"를 이루는 중요한 생물 집단) 화석 연구로 명성을 얻었다는 사실이 의미가 있을지도 모른다. 세계는 약 5억 년 전에 재배열되었으므로 슈처트의 편견은 대륙들이 한번 더 분리되기 훨씬 이전 세계를 연구한 데에서 비롯된 것일 수도 있다. 예전에 런던 자연사박물관에서 함께 일했던 고식물학자 A. C. 수어드는 고생물학자들에 대한 신뢰를 어느 정도 회복시켜주었다. 그는 글로소프테리스가 있던 시대의 독특한 식물상을 연구한 끝에, 다른 어떤 대안 가설들보다도 곤드와나가 존재했다고 보는 가설이 더 설득력 있다는 결론을 내렸다. 그는 1920년대와 1930년대에 발표한 서너 편의 논문을 통해서 그런 견해를 피력했다. 현장에 가서 인도 아대륙의 화석들을 연구한 사람들도 그의 견해에 동의했다. 그중 델리에 식물학 연구소를 설립한 저명한 인사인 비르발 사흐니가 대표적이었다. 그 연구소에는 지금도 그의 이름이 붙어 있다. 이동설의 "반대편"에 선 다른 고생물학자들은 먼 대륙들 사이에 유사한 종들이 많이 나타난다는 사실을 설명하기 위해서 나무와 씨가 부유하며 떠돌아다닌다는 가설에 기댔다. 저명한 포유동물학자인 조지 게일러 심프슨은 그것을 "싹쓸이 경주"라고 불렀다. 그 가설을 뒷받침하기 위해서 태평양 한가운데를 떠다니는 나무토막들에 도마뱀들이 달라붙어 있었다는 관찰 보고들이 동원되었다. 도마뱀이 무엇을 할 수 있는지 모르겠지만 글로소프테리스는 그보다 더 잘할 수 있었으리라는 것이다.

　지구조학자들 중에서도 반대편에 선 사람들이 많았으며, 그들은 좀 소극적인 동료들과 그 제자들에게 남들보다 더 호통을 쳐댔다. 한스 스틸레는 지질 구조의 수직 운동이 중요하다고 강력하게 주장한 사람이었다. 그에게는 미끄러짐, 즉 이동하는 대륙들의 수평 운동 같은 것은 안중에도 없었고 오직 밀치기와 충상이 전부였다. 아니, 그는 안정론자(stabilist)였다. 당시의 독일 교수들은 신이나 다름없는 존재였다. 단지 더 무서운 존재라는 점만 다를 뿐이었다. 게다가 당시에는 독일인의 민족정신을 요구하는 일들이 많았다. 아마 그들에게 산맥의 운명은 그다지 중요하지 않았을 것이다. 미국에도 그들에게 버금갈 만큼 강력한 안정론자들이 있었다. 하지만 그들은 그런 견해에 완고하게 집착하지는 않았다. 그리고 에밀 아르강은 알프스산맥 나페 이론을 통해서 지각이 어디에서나 이동한다고 주장했으며, 암석들이 실제로 흐를 수 있다는 증거들을 축적했다. 그러나 그런 소수의 노력에도 불구하고 대세는 변함이 없었다. 이동하는 대륙들이라는 개념은 그것이 사실이 아니라고 확신하는 주류 과학계의 눈에 띄지 않는 곳에 30년 넘게 숨어 있어야 했다. 대륙이동설은 물리학이라는 확고한 발판을 딛고 저항해야 하는 세이렌의 노래, 즉 정신을 앗아가는 매혹적인 것이었다. 대륙이 움직일 수 없다면, 그것은 움직이지 않았어야 했다. 곤드와나의 실체를 인정한다는 것은 지질학의 현 상태에서 너무나 많은 것들이 바뀌어야 한다는 의미였다. 시인인 힐레르 벨록이 짐의 운명을 다룬 부분이 생각난다.

……나쁜 일이 생길까 두려워
언제나 유모를 붙들고 있다.

아서 홈스는 뭐라고 했을까?

사실 홈스는 이동설을 맨 처음 지지한 사람 가운데 하나였다. 그의 서신에는 그가 새 이론의 설명 능력을 깨닫고 있었다는 점이 명확히 드러나 있다. 또한 그는 "아프리카 현장 학자"이기도 했다. 그가 지질학에 발을 디딘 것은 1911년 아프리카에서 광물 자원 조사를 하면서부터였다. 이 조사는 당시 가장 오지라고 여겨졌던 모잠비크에서 이루어진 선구적인 탐사였다. 그의 일지에는 아직 설명 능력과 관찰 능력이 조화를 이루지 못한 열의에 찬 낙천적인 젊은이의 모습이 담겨 있다. 그는 자신의 일과 사랑에 빠진 젊은 지질학자였으며, 과학자라면 어서 무엇인가를 하고 싶어하고 밖으로 나가서 발견하고 싶어하는 절제되지 않은 그의 열정이 어떠한 것이었는지 짐작할 수 있을 것이다. 학자가 되기 위해서 받는 교육은 근육 강화 훈련과 비슷하다. 실제 상황에 직면해야 성취 수준을 알 수 있다. 홈스가 모잠비크에서 본 것을 즉시 곤드와나 문제와 관련지은 것은 아니었지만, 현장에서 직접 보고 겪으면서 그는 지질의 규모에 관해서 생각할 수밖에 없었다. 몇 년 뒤 그는 더럼 대학교에 자리를 얻었다. 그는 종신 교수가 되었고, 지구의 나이에 관한 연구로 점점 지질학계에서 명성을 쌓아갔다. 비록 몇몇 적들을 만들기는 했지만 친구들을 훨씬 더 많이 만들었다. 1927년 12월 그는 에든버러 지질학회에서 이동설을 지지하는 입장을 담은 논문을 낭독했다. 그것은 놀라운 내용이었으며, 앞으로 벌어질 상황의 상당 부분이 예견되어 있었다. 그는 "이동"이 일어났음을 받아들였을 뿐 아니라, 그것의 메커니즘까지 제시했다. 홈스는 방사성 동위원소들을 연구하다가 그 원소들이 열의 원천이 될 수 있음을 깨달았다. 그는 그런 가열 정도가 달라서 깊은 "기저층(substratum)"에 대류가 일어난다고 주장했다. 그것은 고체이기는 하지만 빙하가 느릿느릿 움직이는 것과 비슷하게 수백만 년에 걸쳐 꾸물거리며 흐른다는 것이다. 대류 세포들 중 상승하는 부위는, 끓고 있는 완두 수프의 표면에 소용돌이 무늬들이 생기면서 그 사이가 갈라지는 것과 흡사하게 암석권에 도달해서 양쪽으로 나누어진다. 그 대류 세포들의 끌어당김이 대륙들을 움직이는 추진력이라는 것이었다. 대륙의 밑에서 솟아오르는 대류 세포는 대륙을 둘로 가르면서 새로운 바다를 만들었다. 그리고 다시 밑으로 가라앉는 세포는 해양 지각을 함께 끌고 가서 "심해"를 만들었다. 그 설명은 미래의 발견들을 예견한 천리안 같은 것이었다. 홈스는 열에 바탕을 둔 자신의 체계를 "대륙 이동을 도모하기 위한 순수한 가설적인 메커니즘"이라고 했다. 이것은 다윈의『종의 기원(*Origin of Species*)』을 "자연에 새로운 생물들이 출현하는 양상에 들어맞을 가능성이 있는 수수한 제안"이라고 말하는 것과 거의 비슷하다. 아무리 유보적으로 표현했다고 해도, 다른 힘들과 마찬가지로 이 힘도 대륙판들을 이동시키기에는 충분하지 못하다고 강경한 입장을 취한 해럴드 제프리스(그의 교과서가 겨우 1년 전에 출간되었다는 점을 떠올려보라)를 비롯한 저명한 이동 반대론자들이 그 주장을 받아들였을 리 없었다. 과학자들은 논문을 학회에 발표한 뒤 그것이 지면에 실려 출간될 때까지 많은 시간이 걸린다고 늘 투덜거린다. 홈스는 이 선구적인 연구로 심한 가슴앓이를 했다. 그의 논문은 1931년이 되어서야『에든버러 왕립학회보(*Transactions of the Royal Society of Edinburgh*)』에 실렸다. 최근 AIDS 바이러스에 관한 중요한 발견을 한 사람들이 누가 먼저 그것을 발견했는지를 놓고 날짜(심지어 시간)까지 따져가며 다투었다는 사실을 떠올려보라. 발견의 우선권은 과학적 영광을 얻기 위한 중요한 통행증이 되어왔다. 남보다 앞서 얼굴을 들이밀어야 하다 보니 때때로 사기 행각도 벌어진다. 그리고 먼저 지면에 발표하는 것도 중요하다.『네이처』나『사이언스(*Science*)』같은 일류 학술지들은 어떤 발견 결과가 실릴지를 출간 날까지 엄격하게 보도 통제를 한다. 양심적이지 못한 과학자들은 동료들에게 알리기 전에 미리 언론에 내용을 흘리기도 한다. 대륙이동설이 1920년대와 1930년대에 그토록 박대를 받았던 것도 아마 당연했을지 모른다. 홈스 비판가들은 그의 논문을 소수파의 망상에서 비롯된 어리석은 생각이라고 보았다. 그들 중 한 사람은 이렇게 썼다. "나는 대륙 이동 문제에 기초적인 물리학과 역학만 적용해보아도 대륙 이동이 지극히 불가능하다는 사실이 드러날 것이라고 믿는다." 아서 홈스는 자신의 우선권을 확보하기까지 30년 넘게 기다려야 했다.

그러나 홈스는 대륙이 이동한다는 신념을 버리지 않았다. 오히려 그는 그 뒤에 알렉스 뒤투아와 고생물학자들이 모은 증거들을 지지하고 나섰다. 아마도 그는 탁상공론을 일삼는 자신의 비판가들보다 그런 증거들이 힘겹게 얻어진 것이라는 점을 더 잘 이해하고 있었을 것이다. 그는 암석들이 결국 진리를 말할 것이며, 적절한 이론이 나올 것이라고 믿었다. 그는 1944년에 『물리지질학의 원리들(*Principles of Physical Geology*)』의 첫 판을 펴냈다. 대륙이동설은 마지막 장에 다루어져 있었다. 당시로서는 대담한 시도였다. 독자들은 30실링, 즉 7달러를 들이면 "곤드와나랜드"의 증거들이 요약된 그 책을 볼 수 있었다. 해안선들이 불완전하게 "들어맞는다"는 문제들도 다루어졌다. 비판가들은 곤드와나가 조각 그림 맞추기 퍼즐이라면 뜯어고쳐야 들어맞을 것이라고 지적해왔다. 뒤투아가 재구성한 그림은 베게너의 그림보다 개선된 것이지만 완벽하지 않다는 점에서는 마찬가지였다. 대륙의 진짜 가장자리가 현재의 해안선이 아니라, 해수면 아래 지각판의 가장자리임을 깨달은 것은 더 나중의 일이었다. 그곳이 땅의 건축 자재들이 형성한 진짜 테두리였다. 수심 200미터의 등고선을 취해 대륙의 윤곽을 표시한다면 훨씬 더 잘 들어맞는 퍼즐을 얻게 된다. 이것은 이 책의 출발점으로 삼은 "세라피스 신전"에서 보았던 해수면과 지질의 상호관계를 보여주는 또다른 사례이다. 해변에 부딪히는 물결의 높이를 보면 바다는 변덕스럽다. 지질학적 현실은 그와 다른 차원을 가질 때가 종종 있다.

홈스의 책은 무미건조한 제목임에도 불구하고 아주 잘 팔렸다. 초판을 18쇄나 찍어야 했다. 서평들도 호의적이었지만, 마지막 절은 빼는 편이 더 나았다고 보는 평론가들도 몇몇 있었다. 그들은 책 끝부분에 슬그머니 붙이다시피 한 고찰을 통해서 다양한 사실들이 멋지게 설명된다는 점을 받아들이기가 불편했다. 증거가 지지하는 듯이 보이든 말든 간에, 명백히 불가능한 것은 절대 일어날 리 없다는 지구물리학자의 견해를 그대로 따르는 평론가들도 있었다(연구실 벽마다 붙여진 성가신 경구들 중 하나가 생각난다. "사실들을 들이대어 나를 혼란스럽게 하지 말라. 내 마음은 정해졌으니"). 신문사 사주들은 잘 알고 있겠지만 가장 중요한 것은 판매 부수이다. "홈스"(나중에 저자의 이름이 그 책의 애칭이 되었다)로 배운 새로운 세대의 학생들은 자기 교사들보다도 덜 억압된 상태에서 곤드와나 개념을 접했다. 젊은 정신이 더 열려 있는 정신일 때가 종종 있다. 전후의 세계는 낙천적이고 혁신적인 시대이자 기존에 확립된 개념들을 내던지는 시대였다. 제2차 세계대전 때 발달한 기술은 순수과학에 영향을 미치기 시작했다. 적의 잠수함을 찾는 데에 쓰이던 음파 탐지 기술들은 다른 용도로 이용되기 시작했고, 적의 신호를 가로채는 데에 쓰이던 암호 해독기들은 컴퓨터로 변신할 채비를 갖추었다. 제트엔진 덕분에 먼 지역까지 항공 여행을 하기가 쉬워졌고, 지질학적 사실들을 밝히고 검증하고 명확히 할 현장 답사 여행 계획을 짜기도 수월해졌다. 20세기 중반이 되자, 대륙들의 이동은 타당하게 검증할 수 있는 이론처럼 보이기 시작했다. 대륙 이동 개념을 놓고 벌어진 전쟁에서 회의주의자 편에 서 있었던 물리학자들은 이제 반대편의 발전에 중요한 기여를 할 태세를 갖추었다.

 "홈스"의 나중 판에서 대륙이동설의 비중이 달라진 양상을 살펴보면 흥미롭다. 여러 번 생각을 거쳐 나온 결과물들이 모두 그렇듯이, 그 개정판도 분량이 더 길어졌다(그리고 박력이 좀 사라졌다고 말하는 사람들도 있었다). 그 두꺼운 개정판은 내가 학생일 때인 1965년에 나왔다. 20년이라는 장고 끝에 나온 것이다. 쥐스가 쓴 다섯 권에 비하면 전혀 두껍다고 할 수 없지만 읽기는 열 배 더 쉽다. 대륙 이동을 다룬 마지막 장은 여전히 있으며, "곤드와나랜드"라는 절도 그대로 있다. 물론 지각판 이야기는 한마디도 없다. 그것은 다음 세대의 일이었다. 하지만 극 이동을 다룬 절은 있었다.

 지구는 거대한 자석처럼 행동한다. 자기장은 자극에서 자극으로 뻗어 있다. 이따금 자기장은 역선되기도 한다. 즉 북극이 남극으로 되고, 남극이 북극으로 된다. 광물들 중에는 쉽게 자성을 띠는 것들이 있다. 그중 가장 흔한 것이 산화철인데, 이 광물에는 자철석이라는 어울리는 이름이 붙어 있다. 이것이 바로 천연 자석이며, 이 광물의 흥미로운 특성은 고대부터 알려져 있었다. 이 광물은 몇몇 흔한 암석에 들어 있으며, 그중에서도 현무암이

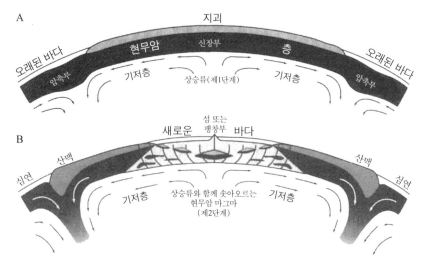

A

지괴

오래된 바다

현무암   신장부   층   오래된 바다

압축부   기저층   상승류(제1단계)   기저층   압축부

B

섬 또는
새로운   팽창부   바다

산맥   산맥

섬연   섬연

기저층   상승류와 함께 솟아오르는
현무암 마그마
(제2단계)   기저층

1931년 『글래스고 지질학회지(*Journal of the Geological Society of Glasgow*)』에 발표된 아서 홈스의 선견지명이 엿보이는 "대륙 이동을 도모하기 위한 순수하게 가설적인 메커니즘." 체리 루이스가 쓴 홈스 자서전(2000)에서 재인용.

가장 흔하다. 또 자성을 띤 광물 알갱이들이 들어 있는 사암도 많다. 녹은 용암이 식어 현무암이 될 때, 퀴리점(Curie Point)이라는 임계점을 거치게 된다. 이 임계점에서 자철석(또는 관련된 광물)은 자석 공장에서 새로 만들어진 것처럼 지구의 자기장을 받아 자화한다. 이 천연 자석들은 나침반처럼 자극을 가리킨다(참조하려면 현장에서 암석의 방향을 아주 주의 깊게 기록해야 한다). 대개 철 광물은 양이 극히 적기 때문에, 이 "화석" 자기를 기록하는 자기계들은 아주 민감해야 한다. 이런 장치들이 1950년대에 크게 개량되면서 고대 암석들의 자화를 처음으로 상세히 측정할 수 있게 되었다. 그럼으로써 "고지자기(palaeomag)"를 파악할 수 있었다. 고자기라는 말은 널리 쓰이며, 그 일을 하는 사람을 "고지자기학자(palaeomagician)"라고 한다. 영어 단어에 걸맞게 그들은 마법이나 다름없는 일을 했다. 고대 암석들은 당시의 자극들이 어디에 놓여 있었는지를 가리키는 표지들을 보존하고 있었다. 암석들은 자화하는 순간, 자극이 있던 곳을 가리키는 시간을 동결한 손가락들이었다. 세계의 모든 것이 영구적으로 고정되어 있었다면 자극들의 위치도 그래야 했다. 운 좋게도 자화한 암석들은 예전에 곤드와나였던 지역 곳곳에 존재했다. 그곳에는 현무암과 사암 같은 적합한 암석들이 흔했다. 이런 암석들을 조사하자, 자극의 위치가 이동했다는 것이 금세 뚜렷이 드러났다. 언뜻 생각하면, 진한 고깃국이 담긴 냄비를 기울일 때 표면에 보이는 "더껑이"처럼 지구의 지각 전체가 자극에 대해서 기울어져 있는 것 같다. 하지만 각기 다른 대륙들에서 고대 자극의 위치가 변해온 경로를 추적해보니, 곧 대륙마다 전혀 다른 양상을 보인다는 것이 뚜렷이 드러났다. 지각 전체가 혼연일체가 되어 움직였다면 이런 현상은 나타나지 않았을 것이다. 따라서 각 대륙은 독자적으로 움직인 것이 분명했다. 그리고 각 대륙은 정말로 나름대로의 경로를 가지고 있었다. 고대 자극들은 여기저기 사방팔방 뛰어다닌 것이 아니었다. 과거로 거슬러올라갈수록 아프리카의 자극들은 현재의 자극에서 점점 벗어나 독특한 경로를 그리면서 다른 장소를 향해 옮겨가고 있었다. 그것은 의미를 담은 신호로서 곤드와나를 가리키고 있었다.

이 모든 증거들을 하나로 모으자, 대륙 이동 이론에 들어맞는 양상이 뚜렷이 드러났다. 정밀한 물리학과 민감한 장치들이 마침내 지질 망치와 결합된 것이다. 곤드와나의 각기 다른 지역에서 자극이 움직인 경로들을 비교해보니, 2억여 년 이전에 합쳐진 초대륙이 있었다고 해야만 의미가 통했다. 쥐스가 말한 고대 땅이 마침내 설명된 것이다. 그리고 그 설명은 대다수의 젊은 과학자들에게 받아들여졌다. 곤드와나가 쪼개지면서 대륙들은 각자 길을 떠났고, 각 대륙은 시질시대들을 거치면서 자기 나름대로 자극을 "바라보았다." 여행하는 대륙들에서 분출된 용암들은 자화하면서 정렬한 원자들을 글자로 삼아 여행의 경로를 상세하게 일지로 썼다. 그 모든 여행들은 한 곳에서 시작되었다. 이제 그것은 명백했다. 또 반세기 넘게 알려져 있었던 곤드와나의 화석과 빙하기에 관한 자료들도 같은 틀 속에서 논리적이고 설득력 있게 끼워맞추어졌다. "고지자기"도 고생대 말에 남극이 곤드와나의 한가운데에 놓여 있었던 것이 분명하다고 말하고 있었기 때문이다. 그곳이 바로 빙상이 자랄 것이라고 예상되는 곳, 표력암이 남아 얼어붙은 시대의 흔적을 기록하고 있는 곳이었다. 바로 거기에 남극 대륙 같은 것이 있었다. 그리고 빙하기가 지나간 뒤 추운 지역에 있던 숲은 활기를 띠며 퍼져나가기 시작했고, 그 혀 모양의 잎들 사이에 살던 동물들도 마찬가지였다. 중요한 과학적 견해가 변할 때 으레 그렇듯이 그 모든 사실들을 종합하자, 그것은 부분들의 합을 넘어섰다.

이 지적 드라마에서 극적인 반전이 언제 일어났는지, 즉 지질학계의 합의가 언제 변했는지 정확한 날짜를 꼽기란 어렵다. 그런 변화는 다소 수수께끼에 가깝다. 시대정신이 반드시 논리적인 방식으로 바뀔 이유는 없다. 비록 그 드라마의 주역들은 그런 식으로 보여주고 싶겠지만 말이다. 또 모든 사람이 한꺼번에 견해를 바꾸는 것도 아니다. "홈스" 개정판은 1962년에 번역되어 나온 러시아 교과서에도 "대륙 이동 가설이 완전히 공허하고 빈약한 것"이라는 비난이 실려 있다고 지적했다. 고지자기론 분야에서는 홈스 첫 판이 나온 지 10년이 채 지나기도 전에 이미 중요한 연구가 진행되고 있었다. 영국에서 이 방법의 개척자 중 한 사람인 지구물리학자 키스 런콘은 1956년 이전에 이미 개종한 상태였다. 1962년 『국제 지구물리학 총서(International Geophysics Series)』 중 "대륙 이동"이라는 눈에 띄는 제목으로 발간된 미국 심포지엄 자료집은 그 무렵 더 자유로운 사고를 가진 과학자들의 견해가 크게 바뀌었음을 보여주는 한편, 세계 지구조론이 원대한 종합 단계에 이르렀음을 이미 어렴풋이 나타내고 있었다. 새로 자유를 찾은 대서양의 반대편에서 1964년 초에 열린 왕립학회의 한 심포지엄에서도 "이동설 지지"가 압도적이었다. 이때쯤 미국인들은 가장 급진적인 이론가들로 변신해 있었고, 그 입장은 지금도 유지되고 있다. "진리가 너희를 자유롭게 하리라"라는 「누가복음」의 말처럼 대륙들이 속박에서 풀려나자, 과학적 상상력도 자유로이 자신의 꿈을 찾아나섰다. 산맥들은 이제 대륙 이동과 충돌의 결과로 볼 수 있게 되었다. 광물들도 대륙 이동과 연관이 있음을 보여줄지 몰랐다. 세계의 진리는 다시 쓰일 것이고, 그 새로운 개정판을 누가 맨 처음 내놓을 것인가에 관심이 모아졌다. 꾸물거렸던 과학자들이 있었던 반면, 앞으로 달려나간 과학자들도 있었다. 새로운 세계에 적응하는 데에 몇 년이 걸린 지질학자들도 있었다. 하지만 "최첨단" 지질학적 발견이 눈앞에 놓여 있다는 것을 의심하는 사람은 거의 없었다. 그것은 대륙 이동의 결과들을 연구함으로써 얻을 수 있었다. 로버트 헤릭이 시에 대해서 한 말을 지질학에도 적용할 수 있을지 모른다.

시를 발표하는 주된 동기는
명성, 대중의 찬사이다.

유라시아와 로렌시아의 합체인 곤드와나에서 북반구에 해당하는 지역은 이미 홈스 개정판에서 깊이 있게 다루어졌다. 이 대륙들도 남반구 쪽이 떨어져나갈 때 함께 갈라졌다. 더 거대한 융합, 즉 모든 대륙들이 합쳐진 판게아를 뒷받침하는 증거들도 자연스럽게 쌓여갔다. 기존의 지질학적 증거들과 새로운 지구물리학적 사실들이 함께 활용되었다. 그 증거들을 하나하나 나열하면 이 책의 부피가 훨씬 더 늘어날 것이고, 관련된 주장들은 곤드와나에서 보았던 것과 여러 측면에서 비슷하므로 굳이 다룰 필요는 없을 듯하다. 판게아의 상세한 구성 양상이나 고생대 말에 얼마나 오랫동안 합쳐져 있었는가를 놓고 아직 견해 차이가 있기는 하다. 대륙붕 가장자리들을 "제대로 끼워맞추는" 데에 초창기부터 컴퓨터들이 사용되기는 했어도, 이동 이전의 지도를 만들려면 여전히 엄청난 노동력이 필요했다. 1960년대 중반, 케임브리지 외곽의 매딩리라이즈에 있는 지구물리학 연구소에는 최신 장비가 있었다. 그곳에서는 에드워드 불러드 경이 최신 기술을 이용하여 대륙들을 끼워맞추는 문제를 연구하고 있었다. 1965년에 그 연구진은 대서양 주위의 대륙들을 컴퓨터를 활용해 끼워맞추는 데에 성공함으로써 "대중의 찬사"를 받았다. 베게너의 독창적인 개념은 계속해서 옳다는 것이 입증되었고, "지구 과학"에 종사하는 모든 사람들은 흥미진진한 시대에 살고 있음을 느꼈다.

그러나 대양들은 어떠했을까? 대륙들의 이동에 관심을 집중한다는 것은 뒤집어보면 세계의 3분의 2는 그냥 놓아둔다는 의미이기도 하다. 대륙 이동의 증거가 확고해짐과 동시에, 개선된 해저 표본 채집방법을 통해서 해양 지각이 독특하다는 점이 드러나고 있었다. 우리는 제2차 세계대전 이후 새로운 기술 덕에 심해 바닥의 지형을 더 선명하게 그리게 되었다는 것을 이미 살펴보았다. 처음으로 지구 전체를 바라보는 것이 가능해졌다. 우리는 해양 지각판들의 이동이 하와이 지역의 많은 특징들을 설명해준다는 것을 어느 정도 구체적으로 보여주기 위해서 하와이 해저 열도 중 일부의 운명을 살펴보았다. 대양에서 진행된 일과 대륙에서 일어나고 있다고 이제 받아들여진 일 사이에는 어떤 연관성이 있을까? 중요한 발전은 해령을 새로운 지각이 만들어지는 곳으로 인식하게 되었다는 것이다. 1950년대에 해저 표본을 채집하고 지도를 작성하는 과정에서 많은 관찰들이 이루어졌다. 뛰어난 해양학자인 스크립스 해양학 연구소의 H. W. 메너드는 『진실의 바다(*The Ocean of Truth*)』(1986)에서 어떤 발견들이 이루어졌는지를 설명했다. 그것들은 그저 그런 세부 사항들이 아니었다. 그것들은 태평양 파쇄대 같은 중요한 특징들이었다. 해령은 흐릿한 해저에서 뚜렷한 선형을 이루고 있었다. 대양의 가장 깊은 부분인 해구들도 큰 윤곽으로 지도에 담게 되었다. 동남 아시아 필리핀 해에서 챌린저 호가 측량했던 "깊은 지점들"은 거대한 일본-보닌-네로 해구계로 연결되었다. 히말라야 산맥을 뒤집어놓은 것 같은 이 해구들은 중앙 해령보다 더 장엄했다. 바다의 탐사 과정은 아이들의 "점 잇기" 놀이와 비슷하다. 연결되는 점들의 수가 점점 더 많아지면서 그림이 떠오르는 것이다. 우리는 처음에 어떤 그림이 떠오를 수 있고, 그 그림은 최종 그림과 다른 편견을 불러일으킬 수 있다고 생각해야 한다. 하지만 비약이 심하고 어딘가 빠진 듯해도, 결국 실제와 흡사한 그림이 나올 것이다. 그리고 더 많은 점들을 연결할수록 그림은 더욱 선명해진다. 그림은 지금도 그려지는 중이다. 다중 음파탐지기 같은 현대적인 조사 방법들은 전체 경관을 훨씬 더 정확하고 즉시 볼 수 있게 해준다.

이해의 전환점은 "해저 확장"이라는 짧은 구절로 요약될 수 있다. 그 개념은 미국의 두 지질학자의 연구에서 나왔다. 그 말을 만든 사람은 R. S. 디츠 교수였지만, 맨 처음 지면에 발표한 사람은 해리 H. 헤스였다. 이 연구 논문은 35년 전 홈스의 논문이 그랬듯이 2년 뒤에야 지면에 실렸다. 그것은 1960년 미발표 원고의 형태로 돌아다니다가, 1962년에 인쇄되어 나왔다. 그 원고 형태의 논문은 과학자들이 미게재 논문이라고 부르는 것인데, 자신이 어떤 생각을 내놓았음을 알리는 역할을 한다. 그 생각이 선구적인 것으로 드러난다면, 미게재 논문은 저자에게 위험을 가할 수도 있다. 다른 사람들이 서둘러 앞지르려고 할 것이기 때문이다. 사실 헤스의 생각은 꼴사납다고 할 정도로 빨리 퍼졌다. 1960년대는 대륙 이동에 관한 인식이 놀라울 정도로 급속히 발전한 시기였다. 헤스의 논문은 대서양 중앙 해령에서 가장 뚜렷이 나타나는 특징을 명쾌하게 설명했다. 즉 그것이 중앙에 있는 이유가 "양쪽의 대륙이 그것에서 똑같은 속도로 멀어지고 있기 때문"이라는 것이다 이 말이 대륙이동설과 정확히 똑같은 의미는 아니다. 대륙들은 미지의 힘들을 통해서 해양 지각을 헤치고 나아가는 것이 아니다, 오히려 대륙들은 맨틀 물질이 해령의 꼭대기에서 표면으로 나와 옆으로 움직이기 때문에 수동적으로 밀려간다. 대륙들은 대양을 포함한 포괄적인 과정들의 일부분이다. 따라서 물리학자 해럴드 제프리스가 대륙들이 현무암 대양들을 가로질러 항해하는 거대한 화강암 범선들처럼 되는 것은 불가능하다고 말한 비판에 대한 대답이 마침내 나온 셈이었다. 대륙들은 범선이 아니었다. 대륙들은 대양들과 하나였다. 해령에서 새로운 대양 지각이 덧붙여진다. 열류량이 많고 해저 화산들이 있다고 알려진 곳에서 말이다. 이동하는 대륙과 그 옆에 있는 해양 지각은 조화를 이루어 움직인다. 따라서 남아메리카는 멀리 대서양 중앙 해령까지 뻗어 있는 해양 지각판과 함께 서쪽으로 움직이는 반면, 아프리카는 해양 지각판과 함께 동쪽으로 움직인다. 배의 틈새는 틈을 메우듯이 녹은 맨틀에서 비롯된 새로운 지각이 분출되어 해령에 삽입됨에 따라서 그에 맞추기 위해서 대서양의 폭이 넓어진 것이다. 그것은 수많은 별개의 관찰 결과들을 하나로 엮은 놀라울 정도로 단순한 생각이었다. 뜨거운 마그마에 의해서 떠오른 화산 능선들, 심지어 봉우리들에 나 있는 열곡조차도 지각판들이 분리된다는 것을 의미했다. 해령에서 지진이 일어나는 곳은 고작 10−15킬로미터 깊이인 것으로 밝혀졌다. 예상하고 있겠지만 해령에서 멀어질수록 지진은 더 깊은 곳에서 일어나며, 100킬로미터까지 들어가는 곳도 있다. 지질학자들은 아이슬란드로 가서 대서양 중앙 해령 자체를 거닐면서 그 과정들의 증거를 지상에서 찾아볼 수 있었다. 역설적인 것은 이동설 지지자들이 마침내 안정론자들에게 승리를 거둔 것과 거의 같은 시기에, "이동(drift)"이라는 용어 자체를 낡은 것으로 만드는 대양 확장의 메커니즘이 규명되었다는 것이다. "대륙 이동"은 우리의 어휘에서 삭제되고, "해저 확장"이 그 자리를 대신해야 했다.

지식과 이론은 앞서거니 뒤서거니 일종의 불편한 협력 관계를 이루며 함께 나아간다. 위에서 언급한 설명에만 몰입하다 보면, 그 과정의 일부였으나 역사의 변두리에 밀려나 있었던 사람들을 잊어버리기 쉽다. 그들은 탁월한 이론을 예견하거나(베게너, 홈스) 실험으로 확인한(불러드, 헤스) 것을 서술하는 데에 능숙하지 못했기 때문이다. 그들은 잊혀졌다. 아마도 전성기를 맞이하지 못한 생각을 신봉했기 때문이었을 것이다. 1960년대의 학회에 참석했다면, 이 인물들은 역사가 기억하고 있는 다른 스타들만큼이나 밝게 빛났을지 모른다. 그중에서도 태즈메이니아 대학교의 S. 워렌 캐리 교수가 생각난다. 캐리는 1940년대와 1950년대 내내 신념을 버리지 않았던 "이동설의 지지자"였다. 그렇게 하려면 용기와 결단력이 필요했던 시절이었다. 아서 홈스는 그의 생각을 진지하게 받아들였다. 비록 캐리는 지구가 팽창한다는 개념을 믿고 있었지만 말이다. 그는 지구의 지름 증가가 판게아를 쪼갠 원인이었으며, 이 장에서 다루고 있는 지질 현상들의 대부분을 일으키는 심층 원인이라고 보았다. 대륙 지각은 한때 지구의 거의 대부분을 감싸고 있다가 지구가 팽창하면서 쪼개지고 휘어지고 떨어져나가 오늘날처럼 서로 동떨어져 있는 대륙들이 되었고, 그 사이를 해양 분지들이 "채우고" 있다는 것이었다. 벗겨낸 오렌지 껍질 조각들이 끼워맞춰지듯이 대륙들이 끼워맞춰진다는 것도 전혀 놀랄 일이 아니었다! 그 개념은 그리 낯설지 않다. 앞에서 말했듯이, 19세기와 20세기 초에 지질 구조의 원인을 지구가 수축하기 때문이라고 본 지질학파가 있었다. 그들은 지구가 뜨거운 "원시 상태"에서 냉각되었으므로 수축했을 것이고, 그 결과 산맥들이 솟아올랐을 것이라고 가정했다. 쥐스 역시 스위스의 알프스 산맥에서 심하게 휘어진 암석들을 보며 고심했을 당시, 그런 메커니즘을 믿었다. 그는 그곳의 횡와습곡(橫臥褶曲)들이 지표면이 수축했음을, 즉 줄어들었음을 확연히 보여준다고 생각했다. 그는 그런 습곡들이 "지구의 원주가 짧아졌음을 새롭게 상기시킨다"고 썼다. 또 지구의 나이에 대한 초기의 추정값들이 지구가 서서히 식어갔다는 개념에 토대를 두고 있었다는 점도 떠올려보라. 그러다가 방사성 "가열"의 발견으로 상황은 정반대로 돌아섰다. 방사성 원소들이 내부에서 연료가 됨으로써 세계가 가열되고 팽창했을 수도 있었다. 나중에 캐리는 중력 상수의 변화가 팽창의 원인이라고 보았다. 팽창하는 지구 이론은 잠시 가능성 있는 이론으로 다루어졌다. 해양학자 브루스 히젠 같은 진지한 과학자들은 그 이론을 믿었다. 하지만 해저 확장을 받아들이자, 지구의 팽창에 기대지 않고서도 대륙이 갈라진다는 것을 설명할 수 있게 되었다. 그것이 더 경제적인 설명 같았다. 더 결정적인 타격을 입힌 것은 판게아가 조립되기 이전에 이미 대양이 존재했다는 깨달음이었다. 결국 판게아는 지구 역사의 한 단계에 불과했으며, 반드시 원시적인 상태일 이유도 없었다. 지구가 그 당시 더 작았다면, 어떻게 그런 바다가 들어갈 공간이 있었겠는가? 팽창하는 지구 이론은 히말라야 산맥처럼 대륙들이 충돌하는 곳에 있는 산맥들에는 잘 들어맞았지만 안데스 산맥처럼 바다와 접하고 있는 산맥들을 설명하는 데에는 문제가 있었다. 그러나 캐리는 용감하게 그 이론을 옹호했다. 나는 1970년대 초에 그의 강연을 들은 적이 있었다. 그의 강연은 멋지고 현란했으며 카리스마로 가득했지만 허장성세였다. 당신은 배가 가라앉는 동안에도 계속 연주하고 있는 피아니스트를 볼 때처럼, 그의 용기에 감탄하지 않을 수 없을 것이다. 하지만 그는 런던 자연사박물관에 있는 한 사람을 개종시켰다. 바로 내 동료인 휴 오웬이다. 휴는 15년 동안 컴퓨터로 그 대륙을 재구성하면서 미비점들을 조사했으며, 초기 팽창 과정을 포함시킨 새로운 지도를 발표했다. 캐리와 오웬은 자신들의 주장이 옳다고 확신했다. 만일 다음 100년 내에 어떤 인식의 전환이 일어나 그들이 옳다는 것이 입증된다면 그들도 상징적인 존재가 될 것이다. 그러나 현재로서는 그럴 가능성이 없는 듯하다.

해저 확장의 증거는 가열에 있었다. 그 이론이 옳다면 뜨거운 마그마가 중앙 해령에서 솟구쳐야 했다. 용암들은 식어갈 때 퀴리점을 지났을 것이고, 그때 그 안에 있던 자성을 띤 물질들이 자화했을 것이다. 해저 확장이 옳다면 양쪽의 지각이 생성되는 지점에서 서로 반대 방향으로 이동했을 것이므로, 중앙 해령 양쪽에서 서로 대칭을 이루고 있는 식은 용암들은 나이가 같을 것이다. 여기까지는 논리적이다. 이제 지구 자기장의 또다른 특성이 개입할 때이다. 지구의 자기장은 주기적으로 남극과 북극이 뒤바뀌는 성질을 가지고 있다. 그런 역전이 일어난다면, 그 기록도 중앙 해령의 중심선 양쪽에 있는 현무암들에 대칭적으로 나타나야 한다. 즉 해령 양쪽의 해양 지각에 지자기(地磁氣)가 정상적인 지역과 자기 역전이 일어난 지역이 교대로 띠 모양으로 배열되어 있을 것이다. 정상일 때는 흰색, 역전되었을 때는 검은색으로 해저를 칠한다면, 해령 양쪽으로 검고 하얀 띠들이 대칭을 이루며 나 있을 것이다. 해양 지각은 중앙 해령 양쪽으로 풀려나가는 테이프 녹음기와 같았다. 대화는 자기 형태로 기록되었다. 그것을 측정하려면 성능이 좋은 자기계가 필요하며, 여러 지점에서 표본을 채집하기에 알맞은 중앙 해령을 골라야 했다. 케임브리지 대학교의 두 지구물리학자 드러먼드 매슈스와 프레드 바인은 인도양 북서부에 있는 칼스버그 해령에서 필요한 증거들을 채집했다. 그 증거는 1963년 『네이처』에 발표되었다. 이 논문은 "바인과 매슈스"라는 별칭으로 불리며, 빛의 속도나 플랑크 상수를 밝혀낸 논문처럼 과학 발전의 이정표가 된 희귀한 고전 논문에 속한다.

내 설명을 듣고서 예측이 행복한 결론으로 이어지는 "유레카!" 발견의 사례를 접하고 있다는 인상을 받았을지도 모르겠다. 하지만 반드시 그렇다고 할 수는 없다. 프레드 바인은 자신의 논문이 받아들여지기까지 이루 상상할 수 없을 정도로 시달림을 받았다. 그의 이론을 의심하는 사람들은 한둘이 아니었다. 심지어 그는 동료들에게 "내가 발표하고 싶은 것을 마음껏 발표할 수 있었으면 좋겠다"라고 말하기도 했다. 발표 날짜에서 알 수 있듯이 그 발견은 명확한 것도 아니었다. 과학에서는 어떤 생각이 성숙해졌을 때, 한 명 이상이 동시에 똑같은 생각을 내놓는 경우가 종종 있다. 캐나다 지질 조사국에서 일하던 고자기학자인 로렌스 몰리도 바인과 매슈스와 비슷한 결론에 도달했다. 그러나 그가 같은 해에 『네이처』에 보낸 논문은 거절당했다. 그는 눈높이를 약간 낮추어서 그 논문을 『지구물리학회지(*Journal of Geophysical Research*)』에 제출했다. 그 논문은 시끌벅적하게 비판을 받은 끝에, "칵테일 파티에서나 할 잡담거리"라는 평가를 받은 채 또다시 거부되었다. 다시 말해서, 진지한 과학자들이 진지하게 고찰할 내용이 아니라는 것이었다. 그 결과 몰리는 "대중의 찬사"를 받지 못할 운명에 처

했다. 그 논문은 1년 뒤 수정된 형태로 캐나다 왕립학회지에 발표되었지만,
『네이처』를 읽는 사람들 중에서 이 눈에 띄지 않는 학술지를 읽는 사람은
100명에 1명꼴도 안 되었다. 게다가 과학계에서 어떤 주제가 "뜨거운 감자"
가 되었을 때 1년이란 아주 긴 시간이다. 인생이 그렇듯이 과학도 불공평할
때가 가끔 있다. 또 "바인과 매슈스"가 불완전했다는 점도 인정해야 한다.
사실 그들은 그 "띠들"이 가진 대칭성을 제대로 보여주지 못했고, 지자기 역
전을 불완전하게 연대순으로 배열했을 뿐이었다. 해저 확장의 속도를 추정
하려면 역전이 일어난 시점을 알아야 한다. 현무암들의 느린 컨베이어 벨트
의 속도를 측정하려면 독립된 시계가 필요하며, 지자기 역전이 바로 그 시
계이기 때문이다. 프레드 바인은 오만함 같은 것을 전혀 찾아볼 수 없는 존
경할 만한 사람이었다. 그는 더 나은 해령들에서 더 나은 증거들을 찾을 수
있을 것이라는 확신을 버리지 않았다. 하지만 지금 말로 하자면, 그 일은
"거대 과학"이었다. 즉 자금이 풍부한 미국의 해양 연구소들로부터 큰 지원
이 있어야 한다는 의미이다. 래먼트 지질 관측소, 멘로파크에 있는 미국 지
질 조사국 같은 연구비가 풍부한 대형 연구기관들이 참여해야 했다. 해저
를 뚫어 표본을 채집하려면 비용이 많이 들기 때문이다. 케임브리지에서 선
견지명을 담은 첫 논문이 나온 지 3년이 채 지나기 전에, 아이슬란드 남쪽
의 레이캬네스 해령과 밴쿠버 섬 연안의 후안데푸카 해령을 비롯한 다른 해
령들에 더 명확한 "표지들"이 있다는 더욱 상세한 연구 결과들이 발표되었
다. 그리고 태평양 남극 해령에서도 역전 띠 양상이 확인되자, 아주 비겁한
회의주의자들을 제외하고는 진정한 세계적인 현상이 드러나고 있음을 부
정할 사람은 없어졌다. 1967년이 되자 그것은 교과서에까지 실리게 되었다.
  해령들을 상세히 연구하자 곧 판구조론이라고 알려지게 될 것의 핵심을
이루는 또다른 사실이 밝혀졌다. 해령의 지형이 드러나면서 해령들이 처음
에 생각했던 것과 달리 직선이 아니라는 사실이 명확히 밝혀진 것이다. 해령
곳곳에 놀라울 정도로 위치가 이동된 곳들이 있었다. 마치 옆으로 "건너뛴"

것처럼 보였다. 원인을 해저 확장 탓으로 돌릴 수 없는 또다른 무엇인가가 진행되고 있었다. 지질학자 투조 윌슨은 해령들이 단층들을 따라 이동하고 있음을 깨달았다. 하지만 이 단층들은 단층면을 따라 서로 위아래로 움직이는 단층과 다른 특수한 종류였다. 해저 지각들은 이 단층을 따라 서로 좌우로 미끄러지고 있었다. 탁자 위에 판자 두 개를 나란히 대놓고 직각으로 가로지르는 선을 하나 긋자. 그런 다음 한 판자를 살짝 밀면 선이 어긋나는 것과 같다. 투조 윌슨은 이것을 "변환단층(transform fault)"이라고 불렀다.

지자기 역전의 연대를 측정하려면 암석의 방사성 연대 측정법의 전문가들이 필요했다. 지질학에서는 일단 필요성이 인식되고 나면 기술이 개선되는 결과가 나올 때가 종종 있다. 목표는 지자기 역전이 일어난 "띠들"에서 용암들의 연대를 정확히 측정하는 것이었다. 세계의 각기 다른 지역에서 역전이 일어났을 것이라는 예측이 과연 옳았을까? 간단히 대답하면, 그렇다. 더 길게 대답하자면, 캘리포니아 버클리 대학교에서 이전의 장치보다 방사성 아르곤을 더 소량까지 측정할 수 있는 신형 질량 분석기가 개발되면서 "띠"를 이루는 암석들의 연대를 더 정확히 측정할 수 있게 되었다. 더 최근에 탐사한 확장하는 해령들에서 채집한 새로운 코어 시료들을 서로 비교하자, 지자기 역전의 연대 문제를 해결할 길이 열렸다. 역전이 뚜렷이 드러난 시기가 있다는 것이 밝혀졌고, 1966년 그것에 "야라밀로 사건"이라는 명칭이 붙게 되었다. 그것은 전 세계에 적용되는 지문 같은 것임이 드러났다. 이제 새로운 해저가 자라는 속도를 계산할 수 있게 된 것이다. 이런 긴 답조차도 W. 글렌이 『야라밀로로 향한 길(The Road to Jaramillo)』(1982)에서 다룬 상세한 발견 이야기를 요약한 것에 불과하다. 이런 식으로 지식은 질문들을 낳고, 그 질문들은 답을 내놓을 새 기술들을 낳는다. 그리고 그 답들은 다시 질문들을 낳는다. 이것이 바로 연구라는 멈출 수 없는 회전목마이다.

화석들도 해저의 확장 속도와 연대를 규명하는 데에 한몫을 했다. 해수면 근처에 살던 플랑크톤들이 죽으면 남은 껍데기들은 해저로 비처럼 떨어져 내린다. 그중에는 유공충이나 방산충 같은 섬세한 무늬를 지닌 단세포 생물들의 잔해도 있다. 전자는 작은 나선이나 팝콘을 축소시킨 것 같은 작은 방들을 모아놓은 형태인 반면, 후자는 레이스처럼 섬세한 유리질 규소 그물이나 공 모양을 이루고 있다. 그것들은 형태를 미묘하게 변화시키면서 급속히 진화했다. 따라서 그 다양한 종들을 지질학적 시간의 경과를 측정하는 미세한 시계로 사용할 수 있다. 에오세와 플라이오세의 유공충은 전혀 다르며, 심지어 유공충을 이용해서 에오세를 다시 세분할 수도 있다. 사실 방사성 동위원소를 추출하는 복잡한 실험을 일일이 하는 것보다 화석 슬라이드를 조사하는 편이 훨씬 더 빨리 지질 연대를 파악할 수 있으므로 화석들은 장점을 가지고 있다. 논리적으로 볼 때, 새로 생긴 해양 지각에 맨 처음 떨어진 껍데기들은 마치 우표 소인처럼 그 지각이 언제 생겼는지 알려줄 수 있다. 또 가장 새로 형성된 해양 지각이 중앙 해령에 가장 가까이 붙어 있고, 가장 오래된 지각이 가장 멀리 떨어져 있을 것이라는 예상도 논리적이다. 실제로 그랬다. 물론 오래된 해양 지각이 서서히 더 젊은 화석 퇴적물로 뒤덮이는 경우도 종종 있었다. 따라서 좋은 증거를 얻기 위해서는 심해저의 코어 시료를 채집하는 기술이 발전되어야 했다. 조사 결과는 해저 확장 이론과 들어맞았으며, 비록 해저의 나이가 제각각이라고 해도 쥐라기보다 오래된 것은 없다는 확고한 증거를 얻게 되었다. 해양 지각은 확장됨으로써 존재하게 된 것이기 때문이다. 해저는 지구 자체보다 훨씬, 훨씬 더 젊었다.

어떤 사람들은 수학 이야기만 나오면 불편해한다. 경이로울 정도로 복잡한 세계를 방정식들의 집합으로 환원하려는 태도는 많은 사람들에게 의구심을 불러일으킨다. 방정식들이 난해하고 낯선 것일수록 낯선 사람들만 있거나 외국어로만 이야기를 하는 파티에 갔을 때 느끼는 것과 같은 불안감은 더 커지는 듯하다. 우리는 상황이 어떻게 돌아가는지 알고 싶어하지만,

여러 나라 말을 하지 못하므로 속수무책일 수밖에 없다. 에두아르트 쥐스가 책을 쓰고 있을 무렵에는 세계를 숫자로 환원한다는 것이 불가능해 보였다. 그는 이렇게 썼다. "지질학자가 엄밀한 수학적 방법들을 자기 연구 대상에 적용하려고 생각하는 것 자체가 대단한 의구심을 불러일으킨다." 그 말에는 세계가 너무 뒤죽박죽이어서 숫자들 안에 집어넣기가 불가능하다는 의미가 함축되어 있다. 하지만 세계는 숫자 안에 집어넣을 수 있다. 아서 홈스는 정량화에 대한 거부감이 덜했다. 지구의 연대를 연구하느라 뻑뻑한 원시적인 계산기와 씨름하던 터라 더욱더 그랬다. 그래도 그는 본질적으로 여전히 몽상가였다. 그렇다고 해서 언제나 직관이 계산보다 앞선다거나 영감이 측정보다 먼저라는 말은 아니다. 해럴드 제프리스 경과 그의 굽힐 줄 모르는 (하지만 정직한) 태도와 세심한 (하지만 엉터리) 수학이 이동설의 발전에 방해가 되었다는 사실은 열정적인 이론가라면 누구나 가슴에 새기고 있어야 할 교훈이다. 그러나 쥐스 이후로는 상황이 완전히 바뀌었다. 오늘날 지질학에서는 수학 모형을 제시한 다음, 현장에 나가 암석이 그 모형을 뒷받침하는지 알아보거나, 암석에서 무엇을 찾아야 할지 알아보기 위해 예비 실험을 하는 방식이 많은 부분을 차지하고 있다. 이렇게 서두를 꺼낸 것은 대륙 이동 이야기의 마지막 부분을 설명할 때가 되었기 때문이다. 판구조론 말이다.

판구조론은 이 책에서 본 세계의 각기 다른 측면들을 하나의 원대한 설계 속에 끼워맞춘다. 대양에서 진행되는 일들은 산맥에서 진행되는 일들과 연결되었다. 나폴리 만의 융기와 침강은 하와이까지 이어지는 격렬한 흔적의 일부였으며, 알프스 산맥 나페들의 이동과도 떼려야 뗄 수 없이 이어져 있었다. 어느 암석에 있는 결정 하나까지도 지구의 근원적인 엔진이 내는 거대한 힘에 지배되고 있었다. 그것은 세계를 아우르는 통일 이론이나 다름없었다.

그런 모습들은 그 새로운 생각을 내놓은 한 선각자의 이름을 다시 떠올리게 한다. 투조 윌슨은 상상력이 대단히 풍부한 사람이었다. 우리는 이미 그를 만나보았지만, 다시 한번 만날 것이다. 그는 늘 앞장서서 새로운 것을 향해 뛰어다니는 듯했다. 홈스와 쥐스와 마찬가지로 그도 세계를 전체로서 보았기 때문일 것이다. 나는 몇 년 전 런던에서 열린 왕립 지질학회의 한 강연회에서 원로인 그를 만난 적이 있다. 그는 아주 솔직하게 자신의 지적 편력에 대해서 이야기했다. 약간 지루하게 느껴지기도 했다. 그가 말한 것이 지금은 우리 모두의 사고방식이 되었기 때문이기도 했다. 나는 한 마술의 비법을 알았을 때를 떠올렸다. 그랬을 때 경이감을 되찾으려면 토끼를 다시 모자 속에 집어넣고 자신이 아는 것들을 모두 잊어야 한다. 투조 윌슨은 그 비법을 창안한 사람이었다. 그는 1965년 『네이처』에 발표한 논문을 통해서 지각판이라는 개념을 내놓았다. 몇 년 지나지 않아 지각판은 전 세계를 사로잡았다.

그러나 본 편을 말하기에 앞서 해구 이야기를 먼저 해야겠다. 앞에서 말했듯이 해구는 챌린저 호가 깊은 지점들을 조사한 뒤로 널리 알려졌지만, 상세한 구조가 알려지기 시작한 것은 제2차 세계대전이 끝난 뒤 본격적으로 해저 탐사가 이루어지면서였다. 해구는 해저에 나 있는 거대한 협곡이었다. 하지만 구멍은 아니었다. 오히려 그것은 호 모양으로 파여 있었다. 그중 일본과 필리핀 제도를 휘감고 있는 해구가 가장 컸다. 마찬가지로 해구에 대한 잘못된 정보도 바로잡히게 되었다. 교실에 걸리는 지도에는 대개 해구의 모습이 수직 방향으로 대단히 과장되어 있다. 그것은 해구에 대한 상상을 불어넣지만 진실을 왜곡시킨다. 그렇다면 왜 그런 식으로 그려졌을까? 지진 관측이 주로 해구의 대륙 쪽에서 이루어져왔다는 사실이 한 가지 설명이 될 수 있다. 세계의 지진 지도는 일본에서부터 남쪽으로 동남 아시아의 섬들을 따라 지진이 집중되어 있음을 보여준다. 이 지역은 심하게 흔들리고 있다. 지진계 수치를 읽으면 진앙과 지진이 발생한 깊이를 비교적 쉽게 계산할 수 있으며, 일본에는 그런 자료들이 넘친다. 그 자료들은 땅속

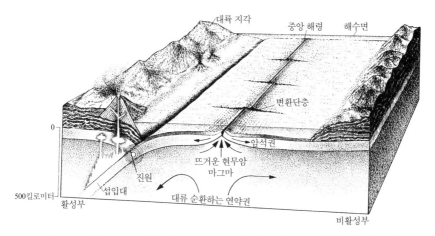

 에 포함된 라벨: 대륙 지각, 중앙 해령, 해수면, 변환단층, 암석권, 0, 뜨거운 현무암 마그마, 500킬로미터, 활성부, 진원, 섭입대, 대류 순환하는 연약권, 비활성부

현대적인 견해 : 길게 뻗은 해령에서의 상승 대류와 새 지각의 탄생, 섭입대에서의 해양 지각 소멸, 호상열도, 마그마의 생성을 보여주는 대양과 대륙을 단순화한 그림.

깊은 곳까지 들여다볼 수 있게 해준다. 해구와 해구의 대양 쪽은 거의 활동이 없었다. 반면에 섬 쪽으로 갈수록 지진 활동이 증가했다. 더 많은 자료가 쌓이자 지진들이 특정한 분포 양상을 띠고 있음이 뚜렷이 드러났다. 지진은 해구에 가까이 갈수록 더 얕은 곳에서 일어나며, 섬 쪽으로 갈수록 더 깊은 곳에서 일어났다. 더 상세히 조사하자, 지진이 일어나는 깊이가 거의 직선을 이루면서 커진다는 것이 드러났다. 대양에서 일본으로 갈수록 점점 더 깊어지고 있었다. 이것은 지구의 지각에 큰 전위(轉位), 즉 갈라진 선이 있다는 의미가 분명했다.

　새 지각이 중앙 해령에서 덧붙여진다면 그것은 어디에서 파괴될까? 그 질문의 답이 바로 여기에 있었다. 아래쪽으로 뻗어 있는 지진대는 해양 지각이 가라앉고 있음을 보여주는 궤적이었다. 해구들은 밑으로 끌려가고 있었다. 이 휘어져 있는 해저가 바로 나왔던 지각이 다시 맨틀로 들어가는 곳이었다. 이동하는 해양 지각이 옆에 버티고 있는 대륙의 가장자리와 부딪히면서 지진이 생기는 것이었다. 지각은 해령에서 태어났다가 대륙의 가장자리에 있는 깊은 무덤에서 죽는 셈이었다. 지각은 가라앉으면서 녹는 경향이 있으며, 이 녹은 지각은 대륙에 있는 걸죽하게 녹은 암석들과 뒤섞여서 지하의 액체 마그마 방으로 들어가는 듯했다. 이렇게 만들어진 마그마는 표면으로 나가는 길을 찾아서 화산으로 분출되었다. 그렇게 해서 태평양의 아시아 가장자리를 따라 "불의 고리"가 만들어지는 것이다. 최근에 일어났던 가장 큰 폭발들 중 일부는 그곳에서 일어났다. 필리핀의 피나투보 화산은 400년 동안 잠을 자다가 1991년에 깨어났다. 그 화산은 25킬로미터 상공까지 폭발물의 기둥을 형성했다.

따라서 아시아 대륙의 가장자리는 해양 지각판의 가장자리가 밑으로 가라앉은 부분과 접하고 있었다. 이 해양 지각은 섭입(攝入)된다고 한다. 말 그대로 풀이하면 망각 속으로 "가라앉는다"는 뜻이다. 해저의 지형이 완전히 밝혀지기 전에도 에두아르트 쥐스는 일본 옆 심해가 중요한 경계선임을 알아차렸다. 또 그는 침강이 이해의 열쇠라고 보았다. "수심 7,000미터 아래에 가라앉아 있는 모든 심연들은 지질 구조적인 의미에서 전면심연(fore-deep)이며, 습곡 산맥 밑의 전면지가 침몰했음을 뜻한다." 그리고 그는 그것들이 "아시아계의 동쪽 경계를 나타낸다"고도 말했다. 종종 그러했듯이 그는 반만 옳았다. 쥐스가 대륙들의 침몰을 보았던 곳에서 현대의 관찰자는 현무암으로 된 지각판의 침강을 본다. 우리가 보는 것은 어느 정도는 본다고 믿는 것에 달려 있다. 우리의 진리는 우리가 사는 시대에 구속되어 있다.

지각판을 수학적으로 설명하려면 몇 가지 전제가 필요했다. 즉 지각이 만들어지는 해령, 섭입이 일어나는 파괴되는 가장자리, 지판들이 서로 미끄러질 수 있는 변환대(transform zone)가 있어야 한다는 것이었다. 모두 실제 세계에서 조사할 수 있는 사항들이었다. 그리고 세계는 팽창하지 않으므로 전체적으로 볼 때, 새 지각이 만들어지는 과정과 파괴되는 과정이 균형을 이루고 있어야 했다. 즉 등식이 만들어져야 했다. 앞에서 살펴보았듯이, 현재의 해저는 중생대가 시작된 이후에 만들어진 것이다. 그보다 오래된 해저는 섭입을 통해서 모두 사라졌다. 따라서 세계는 공의 표면에서 제각각 이동하는 몇 개의 단단한 판들이라는 개념으로 설명할 수 있었다. 여기에 필요한 수학은 오일러의 정리에 토대를 둔 구의 기하학이다. 레온하르트 오일러는 18세기 스위스의 뛰어난 수학자였다. 그는 예카테리나 여제 때 상트페테르부르크에서 교수 생활을 했다. 그의 개념들은 그의 사후 거의 200년이 지난 다음에야 제대로 평가를 받았다.

상상해보라! 열두 개 정도의 지각판 이동으로 세계의 기하학적 형태와 구조를 설명한다니. 쥐스의 불가항력적인 복잡성이 이동, 방향, 퍼지는 속도로 환원되는 것이다. 그것을 어떻게 표현해야 할까? 나는 각 지각판들을 지구의 표면을 뒤덮고 있는 각기 다른 색깔로 보이는 행렬이라고 생각하곤 한다. 각 행렬들은 해령에서 나오면서 서로 갈라진다. 지각판에서 대양 부분은 더 어두운 색깔이고 대륙 부분은 더 밝은 색깔이라고 상상하자. 우리는 한 곳에 몰려 있는 부빙들처럼 지각판들이 서로 밀어댄다고 상상할 수 있다. 색깔이 다른 두 "부빙"이 서로 거의 접촉하지 않은 채 미끄러져 지나치는 곳도 있다. 하지만 뻗어 나가는 해양 지각이 인접한 지각판의 가장자리에서 안정한 대륙의 끝자락과 마주친다면 그 접선을 따라 섭입대가 나타난다. 그러면 어두운 색깔의 해양 지각은 파괴대로 가라앉아 사라질 것이다. 하와이 해저 열도에 속한 화산섬들은 섭입 과정을 통해서 어쩔 수 없이 끌려가서 인접한 대륙에 달라붙을지도 모른다. 이동하는 지각판들 중 해양 지각판들이 깊은 곳으로 사라진다면 대륙들은 서로 가차 없이 접근하기 시작할 것이다. 두꺼운 내륙들은 서로의 밑으로 가라앉을 수 없다. 대신에 그것들은 충돌하며, 그곳에서 땅이 뒤흔들리고 휘어지고 두꺼워지는 일이 일어난다. 그런 일이 수백만 년에 걸쳐 계속되면서 조산대가 솟아오른다. 히말라야 산맥이나 알프스 산맥 같은 것들이 말이다. 한때 인도 아대륙 앞쪽에 놓여 있던 바다는 히말라야 산맥 밑으로 사라졌다. 지금은 대륙들이 정

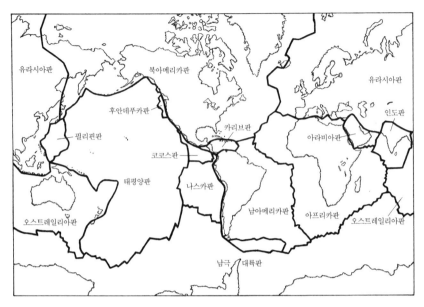

현재 알려져 있는 주요 지각판들.

면으로 충돌하고 있다. 조산대는 앞쪽에 있던 바다의 소멸 지점을 표시하는 선 위에서 자란다. 선형을 이루고 있는 산맥들은 그것이 어디에서 유래했는지를 고스란히 보여준다. 밀어대는 두 대륙에서 맞닿아 짓눌리고 있는 부위는 압력을 해소하는 과정에서 그곳이 접하는 지점임을 드러낸다. 넓게 펼쳐져 있던 지각이 휘어지고 튀어나오고 뒤집히고 미끄러지고 흘러내리고 뒤틀린다. 가벼운 대륙 지각은 충돌할 때 두꺼워졌다가 반동으로 위로 빠르게 솟아오른다. 그 들쭉날쭉한 봉우리들에 눈과 얼음이 쌓인다. 강들은 협곡을 만들며 아래로 흘러서 주제넘게 솟아오른 산들의 높이를 낮춘다. 눌러대는 암석들 때문에 산맥 밑으로 깊숙이 내려앉은 등압선은 산맥의 바닥을 가열한다. 암석들은 선택적으로 녹는다. 그렇게 해서 화강암, 편마암이 생긴다. 땅속 깊숙한 곳에는 기괴한 요리가, 충돌로 만들어진 온갖 종류의 암석들이 있다. 광물들과 금속들은 변형된 암석들의 틈새에 압착된다. 이런 대륙들의 충돌은 희귀한 원소들을 정제하고 증류시켜 영액으로 만드는 과정이기도 하다. 그 영액은 은밀한 장소로 흘러가기도 한다. 현대의 광물학자들은 첨단 장비들을 이용하여 이런 장소들을 찾는다. 그들은 대륙들이 밀착된 지점에 그런 장소들이 있다는 것을 안다. 그런 장소는 땅의 연금술의 진정한 보고이다.

맨 처음 그 이론이 나왔을 당시에는 이루 헤아릴 수 없이 다양해 보이는 땅에 맞게 위치가 서로 바뀔 수 있는 몇 개의 지각판들이 세계의 암석들을 감싸고 있다고 보았다. 세계를 숫자에 담으려는 시도에 대하여 쥐스가 한 경고를 생각하면, 이것은 대단히 주제넘은 짓처럼 보일지 모른다. 하지만 그것이 판구조 혁명의 시작이었다. 현재는 훨씬 더 많은 지각판들이 알려져 있다. 그러나 원리는 변하지 않았다. "눈 깜짝할 사이에 모든 것이 달라질 것이다." 정말로 그랬다. 적어도 이동하는 대륙 개념이 지난 50년 사이에 대접받는 위치에 올라섰다는 점에서 그렇다.

나는 1960년대 말에 케임브리지 대학교에서 판구조 모형들이 개발되는 과정을 지켜보는 특권을 누렸다. 당시 거의 같은 시기에 대서양 양편에서 기지가 번뜩이는 두 과학자가 지각판들을 수학적으로 다루는 방법을 연구하고 있었다. 그들은 프린스턴 대학교의 제이슨 모건과 케임브리지 대학교의 댄 매켄지였다. 케임브리지 대학교는 칼리지들로 이루어져 있으며, 나는 킹스 칼리지에 속해 있었다. 창립자가 국왕인 헨리 6세였기 때문에 붙은 이름이다. 킹스 칼리지는 성가대와 부속 교회로 유명하다. 교회는 네모난 안뜰의 한쪽에 자리하고 있으며, 다른 세 방향 중 두 방향에는 학과 건물들이 서 있다. 방문객은 비밀 통로처럼 나 있는 작은 계단들에 시선이 갈 것이다. 그중 일부는 유명한 학자와 저술가가 있는 안락하고 어질러진 방들로 이어진다. 나는 그런 방들 중 한 곳에서 E. M. 포스터와 차를 마신 적이 있다. 당시 노인이었던 그는 대단히 정중했다. 그가 한 말 가운데 생각나는 것은 없지만, 그의 위엄에 위축되었던 것은 기억난다. 계단 맨 아래쪽에 "E. M. 포스터"라는 표찰이 붙은 초상화가 있다. 마치 수직으로 뻗은 계단을 그가 담당하고 있는 듯하다. 그 칼리지의 다른 방들에는 세계 경제나 물질의 근본 특성에 관한 문제를 풀거나, "자아"와 "나"의 차이를 어떻게 이해할지 고심하거나, 더욱더 중요한 문제들을 연구하는 학자들이 있었다. 댄 매켄지는 내 대학 선배였는데 세계를 구성하는 문제를 풀고 있었다. 그는 나보다 한두 살 위였는데, 나는 그의 명민함이 발하는 빛에 가려져서 언제나 그다지 눈에 띄지 않는 존재였다. 오일러의 법칙을 지각판의 운동에 적용한 댄 매켄지의 박사 논문은 즉각 유명세를 탔다. 한 대학 행사 때, 그는 미국의 유명 연구실들에 팔기 위해서 논문을 여분으로 더 인쇄했다고 말했다. 당시 학생들은 대개 은행에서 대출을 받아 부피가 큰 논문을 출간했다. 그 논문은 대학 도서관의 서가에 위엄 있게, 하지만 아무도 보지 않은 상태로 놓여 있게 된다. 그러므로 박사 논문을 읽기 위해서 사람들이 줄을 설 것이라는 그의 생각은 엉뚱했다. 그러나 한두 해가 지나기 전에 댄은 영화배우처럼 정기적으로 케임브리지와 캘리포니아를 오가는 이중 생활을 하게 되었다. 보통 사람들에게는 꿈같은 일이었다.

그는 그런 보상을 받을 만했다. 이론들에도 시대가 있으며, 지식의 보고에 새로운 사실들이 추가됨으로써 불가피하게 새 이론이 나타나는 것이라고 믿는 사람들도 있다. 그렇지만 역사적 순간을 손아귀에 넣을 수 있는 극소수의 인간이 있다는 것도 사실이다. 그렇게 하기 위해서는 때로 파렴치하게 보일 정도의 대담함이 필요하며, 거기에는 위험이 따른다. 모든 것은 잘못될 수 있다. 아니 워런 캐리식으로 말하면 절반만 옳을 수도 있다. 따라서 맨 처음 대담한 도약을 한 사람에게 명성이 주어지는 것도 타당하다. 그 말은 모건과 매켄지처럼 동시에 경기장을 뛰는 소수의 지적 단거리 주자들이 항상 있다는 의미이다. 개념들은 역사적 발견의 순간을 기다리며 반쯤 숨겨진 채 존재한다. 그 순간을 몇몇 재능 있는 사람들이 독자적으로 동시에 깨달을 수도 있으며, 돌이켜보면 필연적인 듯이 여겨질 때도 있다. 1970년까지 판구조론은 아직 "만물의 이론"이라고 할 수는 없었지만 지구 역사에서 판구조론의 손길이 닿지 않은 부분을 거의 찾아보기 어려울 정도가 되었다. 지각판들은 세계를 보는 새로운 방법을 제공했다. 가장 직접적인 결과는 라이엘의 방법론이 큰 주목을 받게 된 것이다. 지질학자들은 이제 현장으로 나가서 고대 암석들 속에서 현재의 세계를 유추할 수 있게 되었다. 판구조론은 탐사의 초점을 어디에 맞춰야 할지 알려주었다. 히말라야 산맥에 있는 이것이 일본 같은 호상열도(弧狀列島)의 잔해처럼 두 지각판이 충돌할 때 일어난 조산운동의 산물일까? 알프스 산맥에 있는 이것이 심해의 해산 위에 쌓인 퇴적물일 수 있을까? 히말라야 산맥 앞쪽에서 아래로 구부러진 지각에 있는 것과 같은 화석을 찾을 수 있을까? 이 특정한 광물이 바다가 닫혀 있는 조건에서만 자라는 것일까? 이런 질문들은 끝없이 이어졌고, 대답도 머지않아 나오곤 했다.

먼저 오피올라이트(ophiolite)를 살펴보자. 에두아르트 쥐스는 수많은 산맥들에서 똑같은 독특한 조합을 이룬 암석들이 나타난다는 것을 알고 있었다. 20세기 초에 알프스 산맥 지질학자인 G. 슈타인만은 이 암석들을 연구했다. 그는 하와이에서처럼 검은 현무암이 주성분인 화산암들이 초록빛 바탕에 알록달록 무늬가 있는 사문암과 함께 "베개 용암"을 형성하고, 그 위에 처트(chert)라는 입자가 고운 검은 규질 퇴적암이 덮여 있는 경우가 많다는 것을 주목했다. 후자에는 앞에서 언급했던 단세포 해양 플랑크톤인 작은 방산충 화석들이 들어 있곤 했다. 그 조합은 너무나 흔하게 나타나서, "슈타인만의 삼위일체(trinity)"라고까지 불리게 되었다. 쥐스는 알프스 산맥 동부에 대해서 이렇게 말했다. "초록 암석들(반려암, 사문암, 휘록암)은 쥐라기 중기와 전기의 심해 방산충 처트와 연관되어 있을 때가 많다." 이런 조합을 이룬 암석들을 오피올라이트(ophiolite)라고 한다. "뱀"을 뜻하는 그리스어인 "ophis"에서 따온 말이다. 사문암 성분 때문이다. 50년 뒤 아서 홈스는 오피올라이트가 심해의 "지향사(地向斜, geosyncline)"에서 분출이 일어났다는 의미임을 알아차렸다. 판구조론은 그것들이 훨씬 더 중요한 의미를 가지고 있음을 보여주게 된다.

1994년에 나는 삼엽충 화석들을 찾아 오만으로 갔다. 목적지인 남쪽 사막에 가려면 수도인 무스카트에서 오만 산맥을 넘어야 했다. 중동의 많은 나라들이 그렇듯이 오만도 서구 양식을 채택하면서 그것을 전통 문화와 조화시키려고 시도해왔다. 그 결과 다소 신기한 양상들이 나타났다. 무스카트에 새로 조성된 외곽 지역은 서양의 교외 지역과 아주 흡사하다. 주택들의 하얀 벽은 따뜻하게 하기 위함이 아니라 시원하게 하려고 칠해진 것이라는 점이 다르기는 하지만 말이다. 한편 교차로나 광장의 한가운데에는 새로운 기념물들이 있다. 나는 그중에서 독특한 색깔을 지닌 커다란 커피주전자와 그것에 딱 어울리는 커피 잔들이 아주 마음에 들었다. 또다른 곳에는 현란한 장식이 그려진 칼집에 든 커다란 단도가 시선을 끌었다. 나는 이런 것들이 예전에 유목생활을 하던 때에 귀중하게 여겨지던 물품들이라고 생각했다.

무스카트의 신 주거단지를 지나면 곧 산맥 자락에 닿는다. 가파른 계곡들에서 나무가 자랄 만큼 토양이 쌓인 곳은 어디든지 무화과나무와 편도나무 과수원이 자리를 잡고 있다. 그 계곡들은 사실 와디들이다. 갈색을 띤 작은 염소들이 가시가 삐죽 나온 덤불들을 뜯어먹고 있다. 와디들은 말라 있지만 마른 하천 바닥에 놓여 있는 커다란 돌들은 비가 내리면 급류가 흐르리라는 것을 알려준다. 그런 돌들이 달리 어떻게 그곳으로 운반될 수 있었겠는가? 우리는 산맥의 더 높은 곳으로 올라간다. 샘 주변에 몇몇 마을들이 자리를 잡고 있는데 오래된 마을들처럼 보인다. 한결같이 황갈색이나 창백한 갈색을 띠고 있으며, 가파른 벽들로 둘러싸인 요새가 들어서 있다. 벽에는 네모난 작은 창들이 줄지어 뚫려 있다. 대추야자들이 산뜻하게 줄지어 자라는 농장들도 있다. 상수원 근처에는 갈색 일색인 풍경과 대조를 이루는, 도저히 있을 것 같지 않은 초록빛 채마밭들이 있다. 더 높이 올라가면 갑자기 달에 온 듯한 느낌을 주는 곳이 나타난다. 이곳에는 아무것도, 아무도 없다. 왜소한 아카시아 덤불들조차도 살아가려는 의지를 버린 듯이 보인다. 완전히 헐벗은 산허리에는 돌들이 쌓여 있다. 바라볼수록 너무나 답답하게 느껴지고, 암갈색의 위압적인 그림자가 드리워져 있는 듯하다. 암석들이 검기 때문만은 아니다. 암석들은 이 높이에서는 눈이 부시게 마련인 햇빛의 에너지 자체를 빨아들이는 듯하다. 그것들은 모든 것을 빨아들이며 아무것도 돌려보내지 않는다. 그것들은 정말로 다른 세계에서 왔을지도 모른다. 암석들 중 일부가 마치 지하 세계의 거인이 지옥의 파티를 위해서 방석들을 깔아놓은 양, 베개 용암 구조를 이루고 있는 것이 눈에 들어온다. 그것들은 해저에서 분출한 용암들과 똑같다. 베개 용암의 위쪽 절리들에 군데군데 처트가 있는 것이 보일지도 모른다. 다른 곳들과 마찬가지로 이곳에도 산 위로 갈비뼈처럼 검은 암맥들이 뻗어 있다. 더 거친 결정이 섞인 암석이 햇빛에 검게 빛나고 있다. 하와이의 초록 모래 해안을 생각나게 하는 짙은 초록빛 감람석으로만 이루어진 암석이다. 이 암석은 듀나이트(dunite)라고 한다. 그 근처 땅 위에는 짙은 초록색과 붉은색으로 알록달록한 사문암 덩어리들이 여기저기 흩어져 있다. 슈타인만 박사는 틀림없이 오만의 이 지역에 오피올라이트 복합체가 드넓게 펼쳐져 있다고 보았을 것이다.

어떤 의미에서는 이 산맥이 다른 세계에서 온 것이라는 생각도 타당하다. 심해 세계에서 말이다. 해양 지각의 구조가 점점 더 밝혀지면서 오피올라이트가 실제로는 심연에서 떨어져나온 심해저의 조각이라는 것이 분명해졌다.

지중해 동부 키프로스 섬의 중앙에는 트루도스 산맥이 있다. 트루도스 산맥은 햇빛이 닿는 곳으로 이동한 또 하나의 해양 지각이며, 그 지역은 그러한 지각의 전형적인 사례로 여겨지게 되었다. 이언 개스 연구진은 이 산맥에 해양 지각의 전체 윤곽을 기록한 암석들이 보존되어 있음을 보여주었다. 꼼꼼하게 지도를 작성해보니, 해저 암석권의 "화석화된" 해부구조가 드러났다. 바다 깊은 곳에서 액상 마그마가 분출되어 생긴 베개 용암들은 그냥 그 지층 더미 위를 덮었을 뿐이었다. 베개 용암 밑에는 급경사를 이룬 얇은 판들 사이로 난 암맥들의 층이 있었다. 이 암맥들이 바로 해저 확장이 일어나는 해령에 마그마를 제공하는 "공급 장치"였다. 이 암맥들은 창조의 버팀대라고 할 수 있었다. 이 층 아래에는 대양 전체의 밑바닥에 깔려 있는 검은 화성암인 반려암이 있었다. 곳곳에 크롬철광물(크롬 원소의 원석)이 만든 타르 띠 같은 검은 광층도 있었다. 식물들이 이런 곳들을 피하는 것도 놀랄 일이 아니었다. 크롬은 많은 식물들에게 독성을 띠기 때문이다. 콩이 수프 그릇의 바닥에 깔리듯이, 이 무거운 광물의 결정들도 마그마 방에 가라앉았던 것들임이 분명하다. 그리고 반려암 밑 군데군데에 듀나이트와 러졸라이트처럼 암석권의 바닥에 놓였던 암석들이 있었다. 우리는 하와이의 몇몇 용암류에서, 지하 깊은 곳에서 온 전령인 양 지상으로 올라온 이 암석 조각들을 만난 바 있다. 그 암석들은 맨틀의 가장자리라는 본래의 고향에서 끌려 올라왔다. 반면에 오피올라이트에서는 같은 암석들은 넵튠(아니 플루톤이라고 해야 할까?)의 영토 깊숙한 곳에서 통째로 납치되어온 것이다. 단면도 전체는 두께가 10킬로미터를 넘을 수도 있다. 따라서 이 거대한 암석 더미는 제자리가 아닌 곳에 있는 셈이었다. 바다로부터 통째로 들어 올려져서 사랑의 여신 아프로디테의 고향으로 온 것이다. 키프로스 섬 곳곳에 아프로디테의 신전이 있다. 파포스의 동전들에는 아프로디테의 상징이 새겨져 있다. 일종의 원뿔 모양인데 화산을 상징했다고 상상할 수도 있을 것이다. 하지만 플루톤 왕국이 사랑과 햇빛의 세계로 솟아올랐을 수도 있다는 상상까지는 떠오르지 않을 것이다. 오만에 있는 비슷한 산맥이 밝은 햇살 아래 그토록 음습하고 어둡게 반짝거리는 것도 놀랄 일이 아니다.

정말 놀라지 않아야 할 일일까? 본래 해양 지각은 오만과 키프로스 섬에서처럼 층층이 노출되는 대신에 섭입대에서 사라지게 마련이다. 가능한 설명은 하나뿐이었다. 곳곳에서 해양 지각의 조각들이 아래가 아니라 위로 밀어 올려진 것이다. 그것들은 오렌지를 으깰 때 나오는 조각들처럼 지구조의 죔쇠에서 압착될 때에 튀어나온 것들이었다. 해저 조각이 대륙 지각 위로 올라온 곳도 있었다. 그것은 지구조의 피난민, 제자리를 벗어난 덩어리였다. 이 과정을 압등(壓登, obduction)이라고 한다. 일종의 반섭입이다. 판구조론은 이 수수께끼 같은 조각들을 보는 시각을 완전히 바꿔놓았다. 그것들이 심해에서 기원했다는 홈스의 관찰 결과를 다른 방식으로 규명한 것이다. 그 안에 든 방산충들의 의미도 알게 되었다. 그 플랑크톤들은 해수면에서 떠돌다가 죽어서 베개 용암 위에 퇴적된 채 보존되었던 것이다. 나중에 이 작은 화석들은 오피올라이트와 처트의 연대 측정에서 매우 귀중한 역할을 했다. 그것들은 지질시대가 경과하면서 변해왔기 때문이다. 일종의 화석 시계인 셈이다.

요약하자면, 오피올라이트는 해양 지각에서 튀쳐나간 조각이었다. 슈타인만의 "삼위일체"는 세 배로 흥미진진한 암석이었던 셈이다. 알프스 산맥 내에도 아프리카와 유럽이 만났을 때 고대의 바다가 닫히면서 짓눌려 튀어나온 "조각들"이 있었던 것이 분명했다. 오늘날에는 오피올라이트를 대개 더 작은 해양 분지들이 닫힌 사건과 연관 짓는다. 호상열도와 그 옆 대륙 사이에 있는 해양 분지가 한 예다. 섭입이 철저한 파괴가 아니라는 사실이 뚜렷이 드러난 셈이다. 퇴적물은 섭입이 진행될 때 대륙의 가장자리에 쐐기처럼 파고들어 달라붙을 수도 있다. 이런 것들은 대륙의 가장자리에 달라붙어 대륙을 성장시키는 퇴적암 덩어리가 된다. 그후 더 많은 지질학자들이 현장에 나가서 지각판들의 활동 흔적을 살펴보았고, 드디어 파키스탄 마크란 사막의 지상에서 이 과정이 일어난 증거를 발견했다. 하지만 판구조론이라는 자극이 없었다면 아무도 이런 암석들의 메시지를 듣지 못했을 것이다.

문명 전체가 지질학적 토대의 영향하에 있다고 말할 수도 있다. 융이 말한 집단 무의식처럼 지표면에 사는 우리는 더 깊숙한 곳에 있는 것들에 얽매여 있고, 그것들에 반응한다. 현재 일본은 적어도 겉으로 볼 때는 서구 자본주의 양식을 채택하고 있다. 내진 기술 덕분에 도쿄에도 전 세계의 다른 대도시들처럼 고층 건물들을 지을 수 있었다. 그러나 지진이 잦은 드넓은 섭입 지역의 가장자리에는 종이와 나무로 된 옛 시대의 건축물들이 딱 맞는다. 아마 온갖 신들을 섬기는 신도(神道) 종교는 흔들거리는 땅을 달랠 방법을 제공했을 것이다. 도쿄에서 남쪽으로 1,150킬로미터 떨어진 곳에 이오지마라는 작은 화산섬이 있다. 1779년 쿡 선장의 운명을 가른 항해 당시 생존자들에게 잠시 휴식처가 되었던 이곳 해변은 지금 해발 40미터까지 융기해 있다. 교회 첨탑만 한 높이이다. 그 섬은 약 2,600년 전 폭발로 형성된 지름이 10킬로미터인 해저 칼데라의 한가운데에 놓여 있다. 마그마가 다시 솟아오르면서 지각을 만들고 있는 것이 분명하다. 아마 다시 한번 격변이 일어날지도 모른다. 후지 산도 수백 년간 잠잠했지만 그저 잠자고 있을 뿐이다. 그 놀라울 정도로 대칭적인 화산 원추구는 흘러가면서 앞에 놓인 모든 것을 파괴했을 화쇄류들이 연이어 흘러서 형성된 전형적인 성층 화산이다. 폭발적으로 분출하는 그 용암은 지각판들이 만나는 곳에서 생기는 독특한 산물이며, 따라서 일본적인 모든 것의 상징인 후지 산은 사실상 지하 세계의 산물이다. 세속적인 오늘날에도 그 산에는 신사들이 가득하며, 그중에는 그 산의 여신인 센겐사마(淺間樣)를 모시는 신사도 있다. 호쿠사이의 대단히 창조적인 작품집인 『후지 산 36경(富嶽三十六景)』에서 그 신사가 그저 장식적인 이유로 나오는 것이 아님은 두말할 나위 없다. 그 산은 그의 예술 세계의 중심에 놓여 있다. 신도 시대에는 많은 사람들이 일본에서 가장 높은 해발 3,776미터인 그 산의 정상까지 순례여행을 했다. 태양의 여신인 아마테라스가 원했기 때문이다. 오늘날에도 사람들은 여전히 그 산에 올라 해가 뜨는 것을 보고, 100킬로미터쯤 떨어져 있는 도쿄나 보이지 않는 지각판들이 움직이는 태평양을 내려다보고 싶어한다. 미국의 여행가이자 저술가인 라프카디오 헌은 일본 여성과 혼인하여 일본 국적을 취득한 사람으로서, 일본 문화의 미덕을 설명하려고 애쓴 최초의 서양인들 중 하나였다. 100

년 전에 그는 후지 산의 정상에서 해돋이를 볼 때의 감상을 이렇게 썼다.

그러나 그 장관, 500여 킬로미터까지 내다보이는 경치와 아침의 뽀얀 안개 사이로 멀리 흐릿하게 꿈결 같은 세계의 불빛과 장엄하게 휘감기는 구름이란. 이 모든 것들, 아니 이것들만이 고생스럽게 올라온 내게 위안을 준다. 다른 순례자들, 더 앞서 올라온 사람들은 험악한 기세로 동쪽을 향하고 있는 가장 높은 바위 위에 올라가서 몸을 바로 하고는 손바닥을 맞대고 장엄한 하늘에 신도식으로 기도를 올리고 있다. 나는 앞에 펼쳐진 압도적인 경치가 이미 지워지지 않을 기억이 되었음을 알았다. 사유 자체가 흐릿해지는 날까지는 세세한 점 하나까지도 흐릿해지지 않을 기억 말이다.

미사여구를 남발한 듯한 글이지만, 신도의 세계관에서 후지 산이 중요하며, 그러한 의식이 중요하다는 것을 알 수 있다. 지금의 신도는 예전과 달리 후지 산에 그다지 비중을 두지 않을지도 모르지만, 사람들은 지금도 정상으로 오르는 길옆에 있는 신사들에 자그마한 공물을 바친다. 혹시나 하는 마음에서이다.

지질은 그 땅의 형세를 규정하며, 기후는 세계의 모습을 생명체에게 맞도록 조정한다. 하지만 기후 자체는 지질에 얽매여 있다. 남북극 위에 있는 땅덩어리에서는 빙상이 자라며, 그것은 세계의 해수면을 조절한다. 지표면의 많은 부분이 물에 잠기는 따뜻한 시기도 있었으며, 언젠가는 그런 시기가 다시 찾아올 것이다. 산맥들은 날씨에 변화를 일으키며, 그 지역이 사막이 될지를 결정하고, 비를 훔친다. 또한 바다는 거대한 기후 조절자이다. 유럽의 해안들에서는 빙산을 찾아볼 수 없는 반면, 같은 위도에 있는 얼어붙은 래브라도 지방에서는 빙산들이 떠다닌다는 것을 생각해보라. 북대서양 해류(걸프 해류)는 북쪽으로 온기를 전달하지만 당분간일 뿐이다. 기후학자들은 그 열 펌프가 지질학적으로 눈 깜짝할 사이에 가동이 중단될 수도 있다고 믿는다. 그렇게 되면 기나긴 혹독한 추위가 밀려와서 생울타리로 둘러싸인 영국의 초록 벌판들은 자작나무와 침엽수가 우거진 곳으로 바뀔지도 모른다. 해양 분지들의 모양도 기후에 영향을 미친다. 심해의 소용돌이는 차가운 물과 영양염류를 세계로 전달한다. 하지만 대양과 산은 지질학적 토대가 빚어낸 산물에 다름 아니다. 즉 지구라는 모자이크에 끼워진 지각판들의 배열에 불과하다. 지각판들이 움직이면 모든 것이 재배치될 것이다. 인류는 바다가 낮아지고 기후가 비교적 온화한 시기에 일시적으로 불어난 기생하는 진드기나 다름없다. 지금 있는 땅과 바다의 배열은 언젠가는 변할 것이고, 그와 함께 짧았던 우리의 영화도 끝날 것이다.

6

고대 산맥들

뉴펀들랜드는 신기한 섬이다. 그 섬은 마치 실제로는 거기에 소속되어 있지 않다는 듯이 북아메리카 대륙의 동부 해안에 걸려 있다. 원주민들은 그 섬을 "돌"이라고 부른다. 무슨 의미인지 금방 이해가 된다. 그 섬에서는 지질학적 증거들을 얼마든지 찾아볼 수 있다. 비록 대부분이 울퉁불퉁하고 들쭉날쭉한 해변을 따라 노출되어 있기는 하지만 말이다. 무수한 만(灣)들을 모두 더하면 해안선의 길이가 1만 킬로미터에 달한다. 각 만에는 작은 어촌들이 형성되어 있다. 뉴펀들랜드 내륙은 구불구불한 강들과 주민들이 "연못"이라고 부르는 작은 호수들이 가득하다. 땅은 잡목 숲으로 덮여 있다. 대부분은 키가 작은 침엽수들이지만 몸을 떨어대는 미루나무와 작은 오리나무, 그리고 자작나무도 곳곳에 서 있다. 침엽수들은 대부분 부실해 보이며, 생존경쟁이 극심함을 보여주듯이 서로 뒤엉켜 있다. 그런 똑같은 경관이 수 킬로미터, 아니 수백 킬로미터에 걸쳐 끝없이 펼쳐져 있다. 세인트존스에서 다른 곳으로 가는 길은 서너 곳밖에 없으며, 다져진 길에서 벗어나 덤불 속으로 들어가는 어리석은 모험을 감행한다면 순식간에 방향을 잃어버릴 것이다.

그렇게 침입을 용납하지 않는 지형임에도 불구하고 그 섬은 일찍부터 유럽인들이 정착한 곳이었다. 유럽인들은 원주민인 미크맥족을 몰아냈다. 먼저 기후가 지금보다 더 안정되었던 시기에 바이킹들이 노던 반도로 들어와

황량한 땅인 뉴펀들랜드. 얼음이 뒤덮인 만과 전형적인 항구의 전형적인 나무 구조물이 보이는 볼린의 풍경.

서 랑세오메도스에 마을을 만들었던 흔적이 있다. 수백 년 뒤 영국 서부 지방과 아일랜드의 어부들이 첫 이민단에 섞여 북아메리카로 왔다. 그들은 섬 곳곳에 어촌들을 만들었다. 어촌들은 외부 세계는커녕 섬 내에서도 서로 교류가 없었다. 트레파세이, 토르스코브 같은 몇몇 마을 이름들은 영국 콘월 지방에 가져다 붙여도 이상하지 않을 것이다. 반면에 블로미다운브룩, 포고, 구스티클, 하트스디자이어 같은 독특한 향취를 풍기는 마을 이름들도 있다. 뉴펀들랜드 지역의 사투리는 튜더 왕조 시대의 독특한 콧소리를 그대로 보존하고 있는 듯하다. 어쨌든 이웃 섬들에 비해서 유별나다는 점은 분명하다. 처음에는 아일랜드 말처럼 들리다가 콘월 지방의 말씨가 언뜻언뜻 드러난다. H음을 빼기도 하고 넣기도 한다. 그리고 다른 곳에서는 사용되지 않는 옛 단어들이 이곳에서는 흔히 쓰이기도 한다. 이 섬이 캐나다에 정식으로 귀속된 것은 1949년이었다. 1583년에 영국 식민지가 되었으므로 원래는 가장 오래된 영국 식민지였다. 주민들은 자신들의 정체성에 대단한 자긍심을 품고 있다.

한때 그곳에는 대구 어업이 번성했지만 그랜드뱅크에 외지의 대형 어선들이 몰려와서 남획을 하는 바람에 지금은 몰락한 상태이다. 현재 어촌에 줄지어 늘어서 있는 독특한 2층 목조 주택들은 예전보다 더 밝은 색으로 칠해져 있다. 어민들이 집을 꾸미는 일 말고는 다른 할 일이 거의 없기 때문이다. 한때 해안선을 따라 죽 늘어서 있던, 대구를 손질해서 말리던 덕장들은 거의 사라지고 없다. 바닷가재는 여전히 잡히고 있고, 오징어도 당분간은 잡히겠지만 좋은 시절은 이미 지나갔다. 뉴펀들랜드 주민들은 바다표범을 잡는다는 이유로 매년 동물 권리 보호 운동가들로부터 비난을 받는다. 하지만 이들에게 그것은 전통이며, 가죽을 얻기 위해서 새끼 물개를 잡을 때에는 몽둥이로 때려잡는 것이 이곳에서는 가장 인간적인 방법이다. 그곳에서 지낼 때 나는 세인트존스의 주교가 항해를 떠나는 배에 축복을 내리는 광경을 지켜보았다. 나는 그 광경을 통해서 상대론적 윤리를 처음으로 터득했다.

뉴펀들랜드는 하늘에 고스란히 노출되어 있는 지질 교과서나 다름없다. 섬에는 수많은 저명한 지질학자들이 순례 여행을 다니며 만든 길이 동서를 가로지르고 있다. 거기에서는 누구나 무엇인가를 얻을 수 있다. 고생물학자든, 판구조론자든, 혹은 그저 호기심 때문에 찾는 사람이든 똑같다. 그곳의 암석들은 수억 년에 걸친 지질시대를 한눈에 볼 수 있는 덩어리들을 품고 있다. 특히 선캄브리아대 말, 캄브리아기, 오르도비스기, 실루리아기 등 9억 년 전에서 4억 1,900만 년 전까지의 시대가 고스란히 담겨 있다. 드넓은 영역에 걸쳐 지구 역사의 몇 시대가 펼쳐져 있으며, 그 "돌"의 비밀을 드러내는 곳들 중 어디를 선택할지 결정하기가 어려울 정도이다. 많은 연구자들이 그 섬의 일부 지역에서 나타나는 복잡한 지질 구조를 해명하느라 평생을 보낸다. 우리는 한쪽에 노출된 암석을 살펴보다가 멀리 떨어진 절벽에 있는 암석으로 단숨에 옮겨갈 수 있도록 뉴펀들랜드의 해안에 우글거리는 커다란 갈매기 흉내를 내보기로 하자.

세인트존스는 섬의 동쪽 끝에 자리하고 있다. 그곳은 지층들이 들쭉날쭉 장관을 이룬 깎아지른 절벽 위에 있다. 그 땅은 풍화에 잘 견디는 선캄브리아대의 퇴적암과 화산암으로 이루어져 있다. 그 절벽 위에 서면, 앞바다에서 노는 길잡이고래들을 볼 수 있다. 경관이 멋진 항구에 자리한 그 오래된 마을은 비록 초라하기는 하지만 그림 같다. 색색의 목조 주택들이 자리한 가파른 언덕들이 아래쪽 워터스트리트로 뻗어 있다. 워터스트리트는 마을 외곽에 생긴 대형 상점들과 초대형 유조선들이 피해를 주기 전까지만 해도 쇼핑과 선적으로 북적거렸던 중심가였다. 당시 상인들이 자기 대지 위에 세웠던 빅토리아풍의 대저택들은 지금도 언덕 위에 남아 있다. 뉴펀들랜드 주민들이 지금도 "상인들"이라고 부르는 그들은 그 섬이 어업으로 부를 축적할 때 혜택을 본 사람들이었다. 한 세기 전에는 북아메리카의 어떤 지역보다도 세인트존스에 백만장자가 가장 많았다고 한다. 그들은 그해의 수확량을 예상해서 미리 "대부"를 해주는 악독한 방식으로 어부들을 계속 빚쟁이 상태로 묶어두었다. 나이 든 주민들은 지금도 눈 위를 맨발로 뛰어다니던 시절을 기억하고 있다. 그들이 진짜 강인한 사람들이었다는 뜻으로 하는 말이다. 멕시코 만류가 뉴펀들랜드 옆을 지나가기 때문에 기후가 혹독할 때가 많다. 이 섬이 파리와 같은 위도에 있다는 생각은 결코 떠올리지 못할 것이다. 봄은 한없이 미루어지는 듯하고, 6월에도 북쪽에서 눈 녹은 진흙탕 물이 흘러 내려온다. 1년 중 절반은 안개가 끼어 멋진 바다 풍경을 가린다. 그리고 내로스에서 구슬프게 울려퍼지는 나직한 무적(霧笛) 소리들은 겨울 산책을 나선 사람들에게 오싹한 느낌을 준다. 짧은 초여름 동안에는 래브라도 해류를 타고 부빙들이 흘러온다. 그것은 지질학자들에게는 현장 조사를 할 기간이 한정되어 있으며, 언제나 방수복을 지참해야 한다는 의미이다. 그러다가 태양이 모습을 드러내면 너무나 상쾌하다. 피를 빠는 모기와 등에가 없다면 말이다.

벨 섬은 컨셉션 만에 있는 작은 섬이다. 세인트존스에서 서쪽으로 몇 킬로미터 떨어진 곳에 있다. 해변은 대부분 우중충한 노란색이나 갈색을 띤 사암으로 이루어진 절벽들이며, 세인트존스 주위의 암석들보다 습곡이 훨씬 덜하다. 절벽 위로 올라가는 길이 많으며, 상쾌한 미풍이 불어서 물어뜯고 피를 빨아먹는 날곤충들의 접근을 막아준다. 이 사암들은 원래 아주 얕은 바다에 쌓였던 퇴적물이다. 지질 망치를 두드리다 보면 아주 운이 좋을 때에는 작고 검은 쇠톱처럼 보이는 잎 화석, 즉 셰일 사이에 끼워진 잎들을 볼 수 있다. 이 잎들은 필석류라는 멸종한 군체성 동물 플랑크톤의 흔적이다. 모든 지질학자는 필석류를 즐겨 찾아다닌다. 그 화석들은 암석의 연대를 아주 정확히 측정하는 데에 사용된다. 그것들은 빠르게 진화하며, 고대 바다 곳곳에 떠 있었다. 그것들은 이상적인 생물학적 시계가 된다. 벨 섬에서도 예외가 아니다. 그 지역 전문가인 헨리 윌리엄스는 그것들을 정확히 구별했다. 그것들은 오르도비스기의 것이었다. 더 정확히 말하면 아레니그세라는 오르도비스기 초기의 것이었다. 거기에는 내가 좋아하는 삼엽충들을 비롯하여 다른 화석들도 있었다. 삼엽충은 겉모습으로 볼 때 필석류보다 구조가 훨씬 더 복잡하다. 삼엽충은 고생대 바다에 우글거렸던 관절이 있는 다리를 가진 "벌레", 즉 절지동물이다. 모든 생물학자들에게는 슬픈 일이지만 그것들은 멸종하고 없다. 하지만 한때는 수천 종류의 삼엽충이 있었으며, 각 종은 고대 세계의 각기 다른 대륙 주위의 바다에 한정되어 살았다. 벨 섬의 삼엽충들은 내가 아주 잘 아는 것들이다. 나는 아이들의 생일을 아는 것만큼 그것들의 이름을 잘 안다. 바로 네세우레투스(*Neseuretus*)와 오기기누스(*Ogyginus*)이다. 둘 다 웨일스의 하천과 길옆에 드러난 지층들을 망치로 두드리며 다니다가 만난 것들이다. 나는 프랑스와 스페인에서도 그것들을 본 적이 있다. 심지어 사우디아라비아의 사막 오지에서 나온 표본을 받아본 적도 있다. 벨 섬에는 오르도비스기 때 해저에 살던 동물들이 바닥에 쌓인 모래 위로 다니거나 굴을 파서 생긴 흔적들을 아주 흔히 볼 수 있다. 그중 크루지아나(Cruziana)는 아마 당신이 손에 들고 있는 삼엽충이 만든 흔적일 것이다. 그것들은 암석판에 딿은 머리를 늘어놓은 것처럼 보이며, 그 동물 화석들과 마찬가지로 아주 독특하다. 똑같은 종류의 크루지아나가 프랑스와 스페인, 그리고 북아프리카에서도 발견된다. 이제 벨 섬의 사암들이 우리에게 무엇인가를 말하려고 애쓰는 듯이 보이기 시작한다.

더 서쪽에 있는 랜덤 섬에서도 비슷한 이야기를 들을 수 있다. 이 섬에서는 유럽에서 나오는 것과 아주 흡사하지만 좀더 오래된 화석들을 더 많이 볼 수 있다. 더 무미건조하고 황량하고 텅 빈 지역으로 향하자. 튼튼한 침엽수들조차도 뿌리내리기를 포기한 지역이다. 주민들이 "황야"라고 부르는 곳이다. 지반은 아주 단단한 화강암이며, 그 위의 토양은 너무나 척박해서 거의 어떤 생물도 번성하지 못할 듯하다. 하지만 예외가 있다. 땅 위에 눈에 잘 띄지 않는 덩굴을 뻗고 있는 파트리지베리라는 식물이 그렇다. 이 식물의 열매에는 비타민 C가 많으며 추위에도 잘 견딘다고 한다. 뉴펀들랜드 주민들은 토끼 똥만 한 이 검붉은 열매를 문가의 물을 담은 항아리에 재워 두었다가 한없이 이어지는 듯한 겨울에 괴혈병에 걸리지 않도록 매일 몇 개씩 꺼내 먹는다. 혹독한 곳에서는 모든 것이 쓸모가 있는 듯하다. 그 돌의 동쪽 지역은 북동쪽과 남서쪽으로 뻗어 있는 두 개의 넓은 돌출부로 이루어져 있고, 그 사이의 지협처럼 생긴 부분을 통해서 섬의 나머지 부분과 이어져 있다. 이 동쪽 부분을 아발론이라고 부른다. 지질학에서는 어떤 지역을 이해하려면 먼저 암석들을 지도에 담아야 할 때가 종종 있다. 뉴펀들랜드를 파악하는 일은 아발론에서 시작되었다. 선구적인 지질학자 알렉산더 머리와 제임스 하울리가 1881년 아발론 반도의 지도를 처음 발표하면서부터였다. 1871년 지질 조사국에 제출된 현장 조사보고서에는 베이컨 45킬

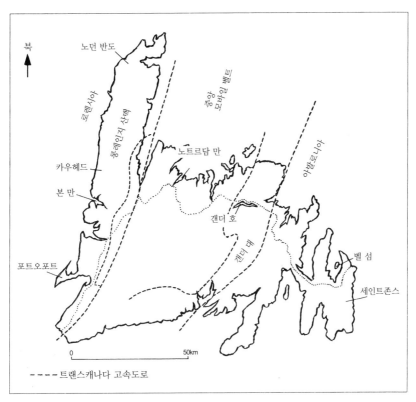

북

노던 반도

로렌시아

롱레인지 산맥

카우헤드

본 만

포트오포트

노트르담 만

중앙 모바일 벨트

아밸로니아

갠더 호

갠더 메

벨 섬

세인트존스

0   50km

- - - - 트랜스캐나다 고속도로

뉴펀들랜드의 개략적인 지질. 세인트존스에서 서쪽으로 트랜스캐나다 고속도로가 뻗어 있고, 몇몇 방문한 지점들이 표시되어 있다.

로그램의 가격이 5파운드이며, 새 텐트의 가격도 같다고 적혀 있다. 머리는 120파운드를 주고 넉 달간 네 사람을 고용할 수 있었다. 그의 봉급은 490파운드였는데 말이다. 그후 지질 지도는 끊임없이 수정되었다. 사실 완벽한 지도라는 것은 없다. 종잇장 위에 세계의 진리를 모두 적을 수는 없기 때문이다. 서쪽으로 더 가보자. 우리는 트랜스캐나다 고속도로를 타고 있다. 다른 길이 없기 때문이다. 서너 시간쯤 가면 호텔 하나와 공항을 제외하곤 아무것도 없는 오지인 갠더에 다다른다. 갠더 다음에는 갬보에 도착해서 마을 어귀 길옆을 따라 나 있는 절개지에 노출된 암석들을 보면 무엇인가 달라진 듯한 느낌을 받을 것이다. 세인트존스와 벨 섬에서 보았던 단순한 퇴적암들과 화산암들은 사라지고 없다. 그 두 곳에서는 암석들이 수직으로 솟아올랐을지는 몰라도 뚜렷한 층을 이루며 쌓여 있었다. 그런데 갬보의 암석들은 당혹스러울 정도로 다양한 형태를 보인다. 줄무늬가 난 곳, 뒤틀린 곳, 이리저리 구불거리며 엉성하게 층을 이룬 곳도 있다. 두께가 30센티미터쯤 되는 분홍빛 층들이 길이가 12미터쯤 되는 암벽에 비틀리며 박힌 곳도 있다. 암벽에 낙서를 끼적거린 듯이 보이는 더 작은 연한 암맥들도 흔히 볼 수 있다. 햇빛이 비칠 때에는 차를 몰고 지나치면서 암석들이 반짝거리는 것을 볼 수 있을지도 모른다. 적당한 곳을 찾아 차를 멈추고, 암석들을 살펴보면 분홍빛을 띤 것들이 대개 분홍색 암석 속에 유백색의 장석 결정이 박힌 형태라는 것을 알게 된다. 그리고 석영 광맥들도 있는데, 마치 유백색 벌레들처럼 암석 속을 구불구불 가로질러 지나가거나, 끝이 갈라진 번개 모양을 그대로 굳혀놓은 것 같다. 해가 비치면 거울처럼 빛을 반사하는 완벽한 평면의 미세한 운모 결정들이 반짝거린다. 거칠고 불규칙한 층에 검은 운모 결정들이 모여서 우둘투둘할 때도 있다. 거대한 숟가락으로 휘저은 듯한 암석들도 곳곳에 보인다. 편마암들이다. 그 암석들은 땅의 압력솥에서 구워져 변성을 거쳤다가 밖으로 드러난 것이다. 위에 수 킬로미터씩 덮여 있던 지층들이 제거됨으로써 말이다. 이 지역은 비록 지질 연대는 다르지만 스위스 산베르나르디노 고개와 비슷해 보인다. 갠더 주위에서는 나폴리의 산제나로 성당을 화려하게 감싸고 있는 것과 같은 대리석들을 찾아볼 수 없다. 이곳은 투수성이 낮은 소택지를 형성하는 편마암의 고장이다. 대리석이 석회암으로 삶을 시작했듯이 많은 편마암들은 "요리되기" 이전에 셰일로 삶을 시작했다. 더 구체적으로 말하면, 이 암석들 중에는 혼성암(migmatite) 종류가 많다. 분홍색 암맥들이 소용돌이치는 이 암석은 화강암과 분간할 수 없을 정도로 뒤섞여 있는 듯하다. 눈앞에 있는 것이 편마암인지 띠가 있는 화강암인지 분간하기 어려울 때도 종종 있다. 트랜스캐나다 고속도로에서 벗어나 보나비스타 만을 따라 멀리 북쪽에 있는 데드맨스 만까지 가면, 해변에 화강암이 분명한 분홍색의 거대한 암석들이 절벽을 이루고 있는 것이 보인다. 거친 편마암 중에는 석류석을 지닌 것들이 있다. 보석 등급의 석류석은 짙은 보라색의 예쁜 돌이며, 빅토리아 시대에는 은으로 된 장신구에 많이 쓰였다. 하지만 변성암에서 발견되는 석류석은 대부분 실망스러운 것들이다. 기껏해야 색깔과 크기와 모양이 파트리지베리만 한 것밖에 없다. 그래도 그것들은 흥미롭다. 그것들은 특정한 온도와 압력에서만 형성되기 때문이다. 이곳에서 발견되는 종류는 앨먼딘(Almandine)인데, 200GPa의 압력과 섭씨 540-900도의 온도에서 안정하다. 연구실에서 실험을 통해서 입증되었다. 따라서 그것은 이 지역의 암석들이 땅이라는 거대한 죔쇠에 버텼음을 보여주는 셈이다. 그런 혹독한 조건을 견딘 곳에서 화석이 나오리라고 기대할 수는 없을 것이다.

따라서 아발론과 갠더 사이에는 지질학적으로 높은 문턱이 있었음이 분명하다. 그곳 지질을 가르는 큰 단층인 도버 단층이 바로 그 문턱에 해당한다. 그것은 보나비스타 만 동쪽 근처를 북동부와 남서부로 가르고 있다. 그 단층을 중심으로 동쪽에는 아발론 탁상지가 벨 섬과 세인트존스까지 뻗어 있고, 서쪽에는 뉴펀들랜드의 중간 부분을 이루는 복잡하고 문제가 많은 땅인 모바일 벨트(Mobile Belt)가 있다. 이곳에는 줄무늬가 있는 늘어난 편마암들과 그외의 다른 암석들이 함께 뒤틀리고 단층을 이루면서 뒤섞여 있다. 그것은 지층의 이동과 단층 형성, 지질 파괴가 틀림없이 일어났다는 의미에서뿐만 아니라, 그 땅덩어리 전체가 다른 곳에서 지금의 위치로 왔을지도 모른다는 의미에서 이동성을 가지고 있다.

도로는 갬보 마을을 지나 호수라고 불릴 정도로 큰 못의 가장자리를 따라나 있다. 그 갠더 호에는 습곡과 변성을 거친 사암(규암)이 있다. 뉴펀들랜드의 저명한 지질학자 해럴드 윌리엄스는 1960년대에 호수 북쪽 불투수성

지대의 암석들을 지도에 담았다. 그 섬의 토박이인 그는 "행크"라는 애칭으로 널리 알려져 있었다. 그는 명석했지만 억양이 특이해서 사람들을 당혹스럽게 했다. 행크 윌리엄스는 걷거나 원주민의 카누를 타고서 고생스럽게 모바일 벨트의 지질을 연구했다. 요즘에는 헬리콥터를 타고 쉽게 조사할 수 있다. 그만큼 위험도 커졌지만 말이다. 선배인 머리나 하울리가 그랬듯이 그도 지질 지도를 작성했다. 하지만 지도의 수준이 달랐다! 모바일 벨트의 지질 해독은 암호로 된 글자 맞추기 퍼즐을 푸는 것과 같았다. 단서들조차도 철자 바꾸기 놀이나 다름없었다. 그렇게 해서 만들어진 지도는 추상 표현주의 화가가 그린 그림처럼 얼룩덜룩 마구 칠해놓은 것 같다. 그러나 온갖 색깔로 제멋대로 칠해진 듯해도 많은 특징들에서 북동–남서 경향을 뚜렷이 볼 수 있다. 만과 갑의 형태도 마찬가지이다. 그 지역의 디자인이 지질에 뚜렷이 드러나 있는 셈이다. 행크 밑에는 많은 학생들이 있었는데, 그가 학생을 고를 때 쓰던 기준 중 하나는 악기 연주 실력이었다. 세인트존스에 있는 메모리얼 대학교의 지질학과에는 밴드부가 있었다. 행크는 콘트라베이스와 덜시머를 연주하는 학생들과 함께 밴조나 바이올린을 연주했다. 경쾌한 지그와 릴 춤곡만 연주했지만 연주곡 목록은 끝이 없는 듯했다. 북쪽 해안에 안개가 짙게 깔려 있을 때면 행크는 맨 앞에 있는 카누의 뱃머리에 앉아서 열정적으로 밴조를 연주했다고 한다. 탐사대가 나아갈 방향을 알리기 위해서였다. 그는 때때로 현장 조사 시기가 끝날 때까지 학생을 바이올린 하나와 현장 조수 한 명과 함께 오지에 떨구어놓고 오곤 했다. 행크는 복잡한 지질을 해독하는 일에서 멈추지 않았다. 그는 뉴펀들랜드 중앙의 습곡대 전체를 지도에 담은 다음, 점점 더 멀리 떨어진 해안들의 지질까지 지도에 그려넣었고, 마침내 애디론댁 산맥에서 애팔래치아 산맥에 이르기까지 북아메리카 동부 전체를 해명하기에 이르렀다. 그 이야기까지 하면 너무 앞서가는 셈이 되니 여기서 그치기로 하자.

　모바일 벨트 내에는 "화석이 된" 화산섬들도 있다. 북쪽 해안에 있는 노트르담 만 부근이 한 예이다. "베개 용암"을 비롯하여 하와이에서 이미 언급한 것들처럼 화산암들은 설령 구워지거나 구부러졌다고 해도 쉽게 식별할 수 있다. 이곳에는 지금도 고대의 섬들이 작은 암초처럼 해수면 밖으로 고개를 내밀고 있다. 그들은 4억6,000만 년 전의 지질 구조를 그대로 드러내고 있다. 오늘날에는 연구실에서 용암들의 화학적 조성을 상세히 분석할 수 있다. 일부 용암들은 현재 바다에 솟아 있는 섬에서 나타나는 특징인 독특한 "미량" 원소들을 가지고 있다. 또 섭입대 근처에 있는 호상열도에서 나타나는 특징들을 지닌 것들도 있다. 이런 원소들의 비율은 고대 용암이 어느 마그마에서 왔는지를 알 수 있게 해주는 지문과 같다. 이런 지구화학은 라이엘 원리의 놀라운 적용 사례이며, 지질 해석에 큰 도움이 된다. 갠더 주위의 암석들이 모두 심하게 변성된 것은 아니다. 불안정한 화산의 옆구리에서 굴러떨어졌을 것이라고 상상할 수 있는 돌들로 이루어진 암석들(역암)도 곳곳에 깔려 있다. 몇몇 섬 주위의 얕은 바다에서 살던 동물들의 단단한 껍데기 화석들 중에서 자연이 가한 온갖 시련을 극복하고 살아남은 것들도 있다. 이 화석들은 오르도비스기의 것이다. 한때 삼엽충들이 기어 다녔던 곳에 지금은 바다표범들이 햇볕을 쬐고 있다고 생각하니 신기하다. 화산에서 유래한 암석들에서 이런 중요한 생물 화석들을 발견한 것은 역사적인 성과였다. 건초 더미에서 바늘을 찾는다는 비유를 거리낌없이 사용할 수 있는 조건이기 때문이다. 따라서 모바일 벨트의 이 지역은 지질학의 모든 분야들이 수렴하는 곳이다.

모바일 벨트에는 광석과 광물도 있으며, 그중 많은 것들이 화산암과 관련이 있다. 몇 년마다 금이 발견되었다는 소문이 돌곤 하지만, 사실 채굴할 만큼 매장량이 많은 곳은 거의 없으며 오히려 은이 더 많다. 섬의 여러 지역에서 구리, 마그네슘, 납-아연 광산이 생길 정도로 황화물 광석도 많다. 금속들은 땅이 어디로 움직이든 간에 농축되는 경향이 있다.

존 버스널이라는 친구는 노트르담 만 부근의 한 곳을 박사 논문의 연구 대상지로 할당받았다. 매년 현장 작업을 끝내고 돌아올 때마다 그의 이마에 난 주름들은 점점 깊어졌고, 두꺼운 공책은 스케치로 가득했다. 이따금 그는 지질이 정말 뒤죽박죽이라고 말하곤 했다. 그 땅에 있는 모든 것은 유동 상태에 있는 듯했다. 그가 할당받은 암석들은 "더니지 멜란지(Dunnage Mélange)"라고 불리는 것이다. 불쌍한 존은 나와 사무실을 같이 써야 할 형편이었다. 내가 소음을 내며 석회암에 묻힌 삼엽충을 파내는 동안, 그는 뉴펀들랜드의 끔찍할 정도로 복잡한 지질들을 끼워맞추기 위해서 애쓰고 있었다. 그는 이따금 두통 때문에 쉬어야 했다. 나는 머릿속이 혼란해서 생기는 불안 증세가 아닐까 생각했다. 더니지 멜란지의 주된 특징은 거대한 암석 덩어리들이라는 것이다. 이런 암석들은 익스플로이츠 만의 섬들과 얕은 바다를 형성하고 있다. 층을 이룬 암석들이 논리적 순서에 맞게 쌓였다고, 즉 가장 오래된 것이 맨 먼저 놓이고 더 나중의 것들이 그 위에 차례차례 쌓였다고 생각하는 데에 익숙하다면, 그런 층들이 구부러지거나 알프스 산맥에서처럼 완전히 뒤집힐 수도 있다는 상상을 하는 것도 어렵지 않을 것이다. 이 암석들이 그 뒤에 열과 압력으로 변성되었고, 이어서 땅의 가차 없는 움직임에 휘말려 특징이 변했다고 상상하는 것도 그리 어렵지 않다. 하지만 더니지에는 암석들 사이의 관계를 파악하기가 거의 불가능한 곳들도 있다. 지름이 1킬로미터가 넘는 해양성 화산암을 포함해서 이 거대한 덩어리들은 일종의 깔개를 이루고 있는 셰일 위에 놓여 있다. 이 셰일은 원래 깊은 바다에 쌓여 있었던 것이 분명하다. 덩어리들 중에는 비탈에서 구르거나 미끄러져서 배열 순서에 혼란을 일으키는 것들도 분명히 있을 것이다. 다행히 그 셰일에서 유용한 화석인 필석류가 발견되었기 때문에 우리는 이런 일들이 오르도비스기에 일어났음을 알게 되었다. 그러나 그 뒤범벅된 덩어리는 뒤에 구부러지고 심지어 뒤집히기까지 하는 바람에, 혼란에다가 복잡성까지 더해지고 말았다. 설상가상으로 셰일이 아직 부드러운 진흙 상태일 때 마그마에서 냉각된 화성암들이 그 안으로 파고든 곳들도 있다. 그렇게 해서 온갖 종류의 암석들이 들어가 휘저어진 혼합물이 생겼다. 그런 다음 가파른 단층이 형성되면서 그 지역 전체가 분리되어 북서쪽으로 통째로 밀려갔다.

행크 윌리엄스 연구진은 뉴펀들랜드를 지질학적 특징에 따라서 여러 지대로 나누었다. 우리는 아발론 대에서 갠더 대를 거쳐 더니지 대까지 서쪽으로 이동한 셈이다. 지질은 언제나 처음에 생각했던 것보다 더 복잡한 것으로 드러나기 마련이다. 현재 더니지 대는 다양한 방식으로 세분되어 있으며, 그 세세한 사항들을 살펴보려면 더욱더 상상을 동원해야 한다. 각 지대들은 지각을 깊이 가르고 있는 단층들 같은, 눈에 띄는 구조적인 경계선을 따라 나누어져 있다. 그럽 단층은 갠더와 더니지를 나누며, 베베르테 단층은 더니지 복합체를 그 서쪽 옆에 있는 것과 나눈다. 비록 다소 구불구불한 곳들도 있지만 주요 단층들은 북동−남서 방향으로 땅을 가르고 있다. 지상에 있는 모든 것들은 더 깊은 곳의 명령에 따른다. 지금 우리가 보는 서해안에서는 이 당혹스러운 복잡성 중 일부가 이미 사라지고 없다는 사실이 차라리 다행스럽게 여겨진다.

서부에는 트랜스캐나다 고속도로와 교차하는 주요 도로가 하나 있다. 그 도로는 행운을 빌며 추켜올린 엄지처럼 섬의 서쪽에 삐죽 튀어나와 있는 그레이트노던 반도로 뻗어 있다. 이 도로는 그로스몬 국립공원에서 바다로 향한다. 섬의 서쪽 지역은 포트오포트나 포트오바스크 같은 지명에서 알 수 있듯이 프랑스의 영향을 받은 흔적이 있다. 게다가 이곳은 프랑스어를 쓰는 퀘벡을 바라보고 있다. 하지만 배를 잠깐 타면 "본토"에 닿는 곳에 있다고 할지라도 뉴펀들랜드는 완고하게 정체성을 고수하고 있다. 그로스몬 국립공원은 본 만에 자리를 잡고 있다. 본 만은 "물에 잠긴" 계곡이다. 주로 캄브리아기의 퇴적암들로 이루어진 절벽들이 바다와 접하고 있으며, 절벽 위에는 비교적 울창한 숲이 있다. 노리스 곶 밑에는 본 만과 우디 곶을 오가는 작은 여객선이 있다. 맑은 날에 그 배를 타고 건너면 기분이 아주 상쾌하다. 물결이 햇살에 반짝거리고 만 위쪽으로 경계를 이루는 나무들이 한눈에 들어온다. 우디 곶은 겨울에도 따뜻하기 때문에 나무들이 잘 자라고, 부유한 주민들은 산 중턱에 흠 하나 없는 목재로 집을 지어놓고 안락한 생활을 즐기기도 한다.

우디 곶에서 오르막길을 따라 트라우트 강의 어촌으로 가다 보면, 갑자기 전혀 다른 세계와 마주치게 된다. 마치 마름병이 휩쓸고 간 양, 나무들이 모두 사라지고 없다. 탁 트인 둥그스름한 산 중턱에는 무엇에도 의지하지 않은 채 살 수 있을 듯한 몇몇 강인한 식물들과 물이끼를 빼면 거의 아무것도 자라지 않는다. 경관 전체가 음침한 갈색의 황무지로 바뀌어 있다. 암갈색의 암석들은 햇빛의 활기를 모조리 빨아들이고 있다. 구름이나 안개가 낀 날에는 J. R. R. 톨킨의 저주받은 사악한 왕국인 모르도르로 들어가고 있는 듯한 상상을 떠올리게 한다. 그럴 정도로 거의 아무것도 살지 않는다. 이곳의 암석들은 분명 육상 생물들이 불편을 느낄 만한 것이다. 자세히 들여다보면 베개 용암이 있음을 알 수 있다. 우리는 이미 그 둥글둥글한 용암들을 접한 바 있다. 그리고 층을 이룬 암석들도 있다. 검고 결정이 박힌 것으로 볼 때 그 암석들은 화성암이며, 그중에는 맨틀 물질을 지닌 것들도 있다. 검은 알갱이들 중에는 크롬 광물이 있을지도 모른다. 해저 확장 때 생긴 것과 아주 흡사한 치밀하게 눌린 암맥, 즉 판상 암맥도 곳곳에 있다. 갑자기 이 황량한 지역 전체가 고대의 해저 조각에 다름없다는 사실이 명백해진다. 즉 오피올라이트 복합체인 것이다. 그 이질적인 황량함은 오만의 구름 한 점 없는 하늘 아래에서 보았던 경관과 흡사한 느낌을 준다. 양분이 부족한 산 중턱에서 나무들이 자랄 수 없다는 것은 그다지 놀라운 일이 아니다. 뉴펀들랜드 서부 해안에 있는 이 벌거벗은 땅덩어리는 섭입이라는 맷돌로 들어가 사라지는 대신 압등된 것이다. 즉 아래가 아니라 위로 압착되었고, 그 결과 파괴를 모면했다. 더 서쪽에는 거대한 로렌시아(북아메리카+

246

그린란드) 대륙이 놓여 있었으므로 이 지각 조각은 동쪽에 있는 해양 분지에서 생겨났음이 분명하다. 달리 어떻게 생각할 수 있겠는가? 나중에 이 문제를 다시 살펴보기로 하자.

더 북쪽에 있는 노던 반도로 가보자. 이 반도의 "등뼈"에 해당하는 험난한 롱레인지 산맥이 보인다. 이 산맥은 선캄브리아대, 더 구체적으로 말하면 모바일 벨트에 있는 모든 암석들보다 더 오래된 시기인 그렌빌세의 변성암으로 이루어져 있다. 즉 더 이전 시대의 다른 드라마를 보여주고 있는 것이다. 그것들은 본 만 주변 캄브리아기의 바다에 퇴적물들이 쌓이기 전에 변성되었다. 카우헤드 마을은 공원에서 제외된 곳이기 때문에 조금 산만하다. 젊은이들이 중심가에서 몰려다니고, 지질학자가 와도 흘긋 한번 보고는 그만이다. 예전이라면 샐로베이 모텔에서 감탄이 절로 나올 정도로 맛있는 대구 혀 요리를 맛볼 수 있었겠지만, 지금은 어획이 금지되어 그 맛을 볼 수 없을 것이다. 나는 페인스캐빈에 속한 이동 주택에 머물렀다. 이곳 해안에는 페인과 크로커 두 성씨만 사는 듯하다. 그래서 나는 혼인을 해도 친족 관계에 별 변화가 없을 것이라는 상상을 해본다. 카우헤드는 툭 튀어나온 갑이며, 뉴펀들랜드 주민들이 "간지럼"이라고 부르는 천연 둑길을 따라 마을과 이어져 있다. 해안을 따라 늘어선 암석들은 독특하다. 멀리서 보면 마치 티탄이 절벽을 따라 거대한 바위들을 부려놓은 듯하다. 좀더 가까이 다가가면 둥근 바위들이 더 작은 돌들과 고운 석회암을 통해서 물에 잠겨 있는 암반에 달라붙은 것이 보인다. 사실 바위이든 작은 돌이든 간에 이곳의 모든 것들은 석회암으로 이루어져 있다. 이것들은 아주 독특한 종류의 역암이다. 좀더 자세히 보면, 역암들의 바닥에 더 부드러운 층들이 놓여 있음을 알아차리게 된다. 석회암과 셰일로 된 얇은 층들이다. 지질 망치로 큰 조각을 떼어내려면 아주 열심히 파헤쳐야 할지도 모른다. 하지만 정말 놀랍게도 그 셰일들에는 유용한 필석류가 가득 들어 있다. 셰일의 층마다 각 시대의 전형적인 종들이 차례로 나타난다. 이 화석들은 오르도비스기의 전반기가 역암과 셰일의 지층들로 대변된다는 (사실 비슷한 암석들이 캄브리아기까지 이어져 있다) 것을 입증한다. 셰일은 원래 깊은 바다 밑에 쌓여 있던 것이다. 그 다음 더 크고 더 튼튼한 망치로 석회암 바위를 두드리면 그 바위들도 화석들을 지니고 있음을 알게 된다. 바로 삼엽충 화석들이다. 나는 단단한 석회암들이 그 껍데기 보물들을 포기하도록 설득하면서 아주 긴 시간을 보낸 적이 있다. 맑은 날에는 일하기가 아주 즐거웠다. 게다가 잔잔한 미풍에 실려온 소나무 향까지 맡을 수 있었다. 비가 내리는 날에는 "천재는 99퍼센트의 노력으로 이루어진다"는 격언을 계속 되새겨야 했다. 이런 낙관적인 태도는 고전적인 삼단논법에 따른 것이었다. "모든 천재는 99퍼센트의 노력으로 이루어진다. 이 일은 99퍼센트가 노력이다. 따라서 나는 천재이다." 어쨌거나 그 일은 노력할 만한 가치가 있었다. 찾아낸 화석들이 두 가지 사실을 아주 명백히 보여주었기 때문이다. 그것들은 얕은 바다에 살았던 종들이며, 이 여행이 시작된 벨 섬에 있는 거의 같은 시대에 살았던 종들과 전혀 다르다는 것을 말이다. 그 석회암들이 얕은 바다에서 생성되었고, 그 뒤 대규모 흐름을 통해서 해저의 셰일 위로 무너져내렸거나 굴러떨어졌다는 결론을 피할 수 없었다. 그러면서 묻혀 있던 삼엽충 화석들도 필석류 영역으로 운반되었던 것이다. 근처의 로워헤드에는 집채만 한 덩어리들도 있다.

여행의 종착지는 남쪽과 서쪽으로 조금 더 간 곳에 있다. 포트오포트 반도이다. 이곳은 섬에서 비교적 탁 트인 지역이다. 풀밭들이 곳곳에 펼쳐져 있고, 소 한두 마리가 물끄러미 앞을 바라보고 있다. 이곳은 한때 무척 가난한 지역이었고, 주민 대다수가 가톨릭을 믿는다. 네모난 작은 목조 주택들에는 세상에서 가장 긴 빨랫줄들이 걸려 있다. 빨랫줄들에는 나이에 따라서 크기가 다른 다양한 바지와 셔츠들이 널려 있다. 바람이 불면 마치 깃발처럼 휘날린다. 암석들은 대개 해안을 따라서 노출되어 있다. 이곳에 있는 것도 석회암이지만 카우헤드에서 장관을 이룬 역암들과는 달라 보인다.

여기 있는 것들은 보통의 석회암, 보통의 암반이다. 지층들이 완만하게 기울어져 있으므로 계단을 오르내리는 것과 비슷하게 지질시대를 오르내리면서 암석들을 차례로 살펴볼 수 있다. 단순한 형태의 지질인 셈이다. 이것을 "레이어 케이크 층서(layer cake stratigraphy)"라고 한다. 모바일 벨트와 비교할 때, 이 암석들은 가장 부드러운 형태의 움직임만을 겪은 셈이다. 몇몇 지점에서는 석회암의 표면에서 고둥류의 화석인 나선형 껍데기를 쉽게 찾아볼 수 있다. 그것들은 고생물학자들에게 그 암석이 4억7,000만 년 전인 오르도비스기 초기의 것임을 말해준다. 하지만 포트오포트에는 심해 필석류를 지닌 셰일이 전혀 없다. 석회암이 지닌 모든 증거들은 그것들이 오르도비스기의 얕은 바다에 쌓여 있었다고 말하고 있다. 예를 들면, 오늘날 바하마 제도 부근에서 볼 수 있는 것과 같은 따뜻한 바다에서만 형성되는 기장(millet)의 씨앗처럼 작고 둥근 알갱이들로 이루어진 어란상 석회암이 여기저기 놓여 있다. 조간대 근처에서 융단처럼 자랐던 조류의 화석도 곳곳에서 볼 수 있다. 그것들은 침식되어 드러난 곳에 구겨진 종이처럼 박혀 있다. 석회암 대신 백운암이 있는 곳도 있다. 백운암은 뜨거운 석호에서 만들어진다. 따라서 그것이 어떤 의미인지는 명확하다. 이 석회암들은 얕은 바다에 쌓여 있었고, 그 바다는 열대의 태양 아래에 놓여 있었다는 것이다. 지금 갈매기들이 날고 있는 물결이 거친 대서양 위에는 석회질 석호와 간석지와 어란상 석회암 모래톱이 있었다. 뉴펀들랜드 서부에서 더 북쪽에 있는 노던 반도의 끝인 세인트앤서니에도 비슷한 열대 석회암이 노출되어 있다. 그 암석은 더 멀리 북아메리카와 그린란드의 상당 부분도 뒤덮고 있다. 이 암석은 해수면이 높아져서 대륙 안쪽까지 얕은 바다가 들어와 있던 시기에 생긴 것이다. 오르도비스기에는 로렌시아 전체가 열대의 태양 아래에서 구워지고 있었다. 그리고 탄산염 탁상지(carbonate platform)라는 얕은 바다가 드넓게 펼쳐져 있었다. 우리가 오르도비스기의 세계를 어떤 식으로 추측하든 간에, 로렌시아가 당시 적도 가까이에 있었다고 생각할 수밖에 없다. 그렇다면 삼엽충들은? 카우헤드의 굴러떨어진 덩어리들에서 발견되는 종들 중 몇몇은 당시의 탁상지 석회암에서도 발견된다. 따라서 덩어리들은 거기에서 온 것이 분명하다. 그것들은 오르도비스기에 로렌시아 대륙의 테두리를 두르고 있던 탄산염 탁상지의 끝자락에서 무너졌거나 굴러떨어진 것이다. 깊은 바다로, 역사 속으로 말이다.

마지막으로 한 가지가 더 있다. 세심하게 작성된 지질 지도를 보면 카우헤드 역암과 아일랜즈 만의 오피올라이트들이 모두 탄산염 탁상지 석회암 위로 밀려올라가 있음을 알 수 있다. 그 일은 거대한 땅덩어리를 로렌시아 쪽으로 밀어낸 일련의 충상 단층을 따라 일어났다. 밑에 놓여 있는 탁상지 암석과 달리, 카우헤드의 암석들과 오피올라이트는 급경사를 이루며 습곡과 단층이 나 있다. 그것들은 이동하면서 고초를 겪었던 것이다.

우리는 갈매기처럼 그 섬 위를 동쪽에서 서쪽으로 죽 나아가면서 지질들을 살펴보았다. 그것들을 어떻게 해석해야 할까? 판구조론이 마침내 만족스러운 답을 내놓기는 했지만 지식은 찔끔찔끔 늘어났을 뿐이었다. 현재까지 지식이 증가해온 과정을 꾸준한 향상이라고 보지 말아야 한다. 판구조의 진실이 막 드러날 것 같은 느낌을 계속 받아온 것은 분명하지만, 오늘 확신을 가지고 한 말이 내일 철회되는 경우도 종종 있다. 맨 처음 지도를 작성한 선구적인 지질학자들은 땅을 구성하고 있는 누층들을 그저 펼쳐놓는 것만으로도 만족했을 것이다. 아발론 반도의 암석들에서 연대를 추정할 수 있을 만한 화석들을 찾아냈다면 그들은 아주 기뻐했을 것이다. 섬의 반대편에서 한 세기 이상이 흐른 후에 내가 망치로 떼어낸 바로 그 석회암에서 일찍이 1865년에 삼엽충 화석들을 발견한 캐나다의 고생물학자 엘캐너 빌링스가 그랬듯이 말이다. 에두아르트 쥐스는 그 석회암이 어떤 고대 대륙의 일부라는 것을 명확히 인식했다. "수평으로 늘어선 캄브리아기 지층들로 된 고대의 암석들 위에 형성된 북아메리카라는 드넓은 지역에는 로렌시아라는 이름이 붙어 있었다." 이 말은 그의 생각을 뚜렷이 드러낸다. 그는 뉴펀들랜드 노던 반도의 오래된 "편암들" 위에 덮여 있는 캄브리아기 삼엽충들이 그 지역이 로렌시아의 일부였음을 확인해준다고 했다. 그리고 그린란드도 같은 대륙에 속해 있었다고 주장했다. "그린란드는 로렌시아의 일부이다"라는 말은 고딕 서체로 강조할 가치가 있는 중요한 주장이었다. 또 뉴펀들랜드의 지질이 캐나다 동부와 그 너머의 메인, 버몬트, 뉴욕, 그리고 그 남쪽 주들의 지질과 이어져 있다는 것도 분명했다. 애팔래치아 산맥도 그 지질학적 경계를 이루는 단층들과 함께 전체적으로 똑같은 북동-남서 방향을 향하고 있었다. 블루리지 산맥도 똑같은 선을 따르고 있었고, 앨러게니 산맥도 마찬가지였다. 그리고 거기에는 깊은 곳에서 땅의 죔쇠에 짓눌렸다가 지금은 노출되었음을 명확히 보여주는 편암과 편마암 같은 변성암들이 있었다. 그것들을 추적해도 뉴펀들랜드에서 애팔래치아 산맥을 거쳐 거대한 로렌시아 대륙의 가장자리까지 이어졌다. 이 암석들은 현재 남아 있는 것들보다 훨씬 더 높고 장엄했던 산들이 과거에 로렌시아에 높이 솟아 있었음을 말해준다. 수억 년 동안 침식이 계속되면서 높이가 낮아졌고, 그 속살이 21세기의 눈과 비에 노출된 것이다. 산들이 여전히 장엄하고 황량하게 서 있는 지역들도 분명히 있다. 내구성이 강한 화강암들이 버티고 있는 곳들이 특히 그렇다. 하지만 은빛 편암들이 북나무 가로수 옆 절개지나 대형 슈퍼마켓을 지으려고 땅을 판 곳에서 노출되기도 한다. 지질학적 시간은 가장 장엄한 봉우리들을 깎아내리고 에베레스트 산의 높이를 예전보다 낮추기에 충분하다.

바다 밑에서 로렌시아 "탁상지"에 차례로 쌓였던 캄브리아기, 오르도비스기, 실루리아기의 퇴적암들과 같은 시기에 애팔래치아 지역에 쌓였던 퇴적암들이 다르다는 것은 일찍부터 알려져 있었다. 제임스 홀은 뉴욕 주의 화석과 지층을 처음으로 제대로 설명한 위대한 지질학자였다. 1859년 그는 로렌시아 탁상지의 퇴적암들이 습곡 산맥들에 있는 같은 시기의 퇴적암들보다 10-20배 더 얇다는 것을 알았다. 산맥의 퇴적물 더미는 두께가 수 킬로미터까지 될 때도 있었다. 그런 산맥들이 원래 해저에 선형으로 나 있는 골을 따라서 형성된 것은 분명했다. 그런 곳은 퇴적물들이 계속 쌓이면서 그 무게에 눌려 수백만 년에 걸쳐 꾸준히 가라앉는다. 앞에서 만난 바 있는 제임스 데이나는 1873년 그곳에 "지향사(geosynclinal)"라는 이름을 붙였다. 풀이하자면 "땅이 꺼진 곳"이라는 의미이다. 쥐스도 같은 용어를 썼다. 비록 그 뒤에 "geosyncline"(우리말 용어는 같다/역주)이라는 용어로 대체되어 반세기 넘게 쓰이고 있지만 말이다. 지향사는 잠시 선풍적인 인기를 끌었다. 40년 전에는 뉴펀들랜드에 있는 뒤틀리고 복잡한 모바일 벨트가 변형 지향사의 전형적인 사례로 간주되었다. 그러다가 1950년대에는 지향사의 종류가 많다는 것이 밝혀졌다. 대부분은 "지향사의 왕자"라고 불린 하버드 대학교의 마셜 케이가 밝혀낸 것들이다. 그는 각기 다른 지질 환경들을 구별하기 위해서 지향사에 온갖 접두어("taphro-", "poly-" 등등)를 가져다 붙였다. 마셜 케이를 만난 사람들은 주로 그를 세상에서 가장 수다스러운 사람으로 기억한다. 애정이 담긴 표현이다. 그는 뉴펀들랜드가 고대 산맥의 생성을 연구하기에 이상적인 장소라고 지적했다. 그 점에서 그는 절대적으로 옳았다.

문제는 애팔래치아 산맥의 퇴적층이 두껍다는 사실만으로는 그것들이 그 뒤에 어떻게 습곡과 변성을 겪었는지를, 즉 산맥의 모든 특징들을 어떻게 갖추었는지를 설명할 수 없다는 점이다. 지향사에 아주 두껍게 쌓인 비교적 가벼운 퇴적암들은 궁극적으로 지각평형(isostasy) 현상 때문에 "다시 튀어오르도록" 되어 있었다. 눌러서 욕조 물속으로 집어넣은 고무 오리가 다시 물 위로 튀어올라오는 것처럼 말이다. 그 퇴적 더미의 아랫부분은 일시적으로 열과 압력을 충분히 받아 변성되었을 수도 있지만, 편암과 편마암에서 발견되는 몇몇 광물들을 만드는 데에 필요한 극단적인 조건을 형성할 정도는 아니었을 것이다. 게다가 뉴펀들랜드 서부의 오피올라이트를

"탁상지" 석회암 위로 밀어올린 것과 같은 눈에 띄는 지질 구조 파괴와 충상도 제대로 설명할 수 없다. 아서 홈스는 지향사를 적용해서 설명하고자 심혈을 기울였지만, 결국 그것이 충분하지 못하다는 것을 깨달았다. "잠겨있는 방"의 수수께끼를 푸는 탐정이 으레 말하듯이 새로운 관점에서 사실들을 고찰할 때가 된 것이다.

대륙이 이동한다는 개념은 단지 새로운 관점만 준 것이 아니었다. 그것은 투광 조명까지 제공했다. "홈스" 1964년 판에는 마치 북대서양을 닫아서 유럽과 아메리카를 가져다 붙인 것처럼 판게아가 쪼개지기 전의 그림이 실려 있다. 대단한 수렴이 일어난 것이다. 뉴펀들랜드와 애팔래치아 산맥 전체가 갑자기 대서양을 가로질러 또다른 고대 산맥인 칼레도니아 산맥과 손을 맞잡은 것이다. 물론 칼레도니아는 스코틀랜드의 로마식 이름이었다.

오 험하고 사나운 칼레도니아여!
시인인 아이에게 유모를 붙여주렴!
갈색 히스와 덩굴 숲의 땅이여,
산과 홍수의 땅이여.

월터 스콧 경은 이렇게 외쳤다. 그는 『마지막 음유 시인의 노래(*The Lay of the Last Minstrel*)』에서 그 산맥의 낭만적인 모습을 찬양했다. 하지만 칼레도니아 산맥은 스코틀랜드만 포함하고 있는 것이 아니다. 그 고대 산맥은 애팔래치아 산맥처럼 범위가 넓다. 후자와 마찬가지로 그 산맥도 다양하게 습곡과 단층, 변성이 일어난 고생대 전기 암석들의 복합체이다. 그곳은 사실 산맥과 갈색 히스(진달래과의 황무지에 자라는 관목류/역주)가 대부분을 차지하는 험난한 땅이다. 그 산맥은 아일랜드를 남서-북동쪽으로 가로지르면서 웨일스의 구릉지대와 레이크디스트릭트, 바위투성이 스코틀랜드의 상당 부분, 더 나아가 남쪽의 스타방에르에서 북쪽의 함메르페스트까지 노르웨이를 관통하는 스칸디나비아 해안 산맥 전체를 포함한다. 노르웨이의 이 부분만 해도 위도로 10도가 넘게 걸쳐 있다. 대서양이 닫히면 칼레도니아 산맥은 자연스럽게 뉴펀들랜드 북쪽에 놓이게 된다. 합쳐져 있었을 때 그 산계 전체는 고대의 초대륙 판게아의 중앙을 꾸불거리며 뻗어나갔다. 만일 페름기의 세계를 인공위성에서 내려다볼 수 있었다면 지구의 표면에 적힌 기호들 중 애팔래치아-칼레도니아 산계를 가장 쉽게 알아볼 수 있었을 것이다. 그것은 그 당시에도 오래된 솔기에 해당했다. 대서양이 열리면서 그 단일한 지질학적 기념물이 두 조각으로 뜯겨나간 것이 분명했다. 질투하는 연인이 반으로 찢어버린 사진처럼 산뜻하지 않고 들쭉날쭉하게 말이다.

에두아르트 쥐스는 애팔래치아 산맥이 북쪽으로 더 이어진다는 것을 알아차리지 못했다. 그는 뉴펀들랜드가 그 지질 구조의 끝이라고 생각했다. 어쨌든 그는 애팔래치아 산계가 유럽과 아시아의 "알타이데스 산맥"이라는 것과 이어진다고 했다. 마르셀 베르트랑과 그 뒤의 아서 홈스는 칼레도니아 산맥과 애팔래치아 산맥을 하나로 이었다. 1964년 "홈스" 개정판이 발간되었을 때, "이동설 학파"는 마침내 대접을 받았다. 그러한 드넓은 고대 산맥이 파악된 것은 판게아가 받아들여짐으로써 나타난 또 하나의 결과라고 볼 수 있었다.

칼레도니아 산맥은 뉴펀들랜드의 지질보다 더 오래 전부터 집중적으로 연구되어왔다. 주된 이유는 그 고대 산맥이 지질학자들이 많이 사는 서부 유럽의 주요 지역을 가로지르고 있었기 때문이다. 무엇보다도 19세기에 캄브리아기, 오르도비스기, 실루리아기, 데본기의 암석들이 처음으로 구분된 곳이 영국이었다. 그런 명칭들 자체가 영국 제도의 인류 역사를 이루는 나라(캄브리아 : 로마 시대의 웨일스), 카운티(데본), 고대 부족(오르도비케스족, 실루레스족)을 뜻했다. 영국에는 그런 시대에 속한 암석들의 "표식지들"이 있다. 선구적인 지질학자들은 열차나 말을 타고, 혹은 걸어서 갈 수 있는 지역에서 현장 조사를 했다. 그후 대중 교통수단, 특히 철도망이 확장되면서 전에 갈 수 없었던 지역들도 쉽게 연구할 수 있게 되었다. 이 선구자들은 얼마나 걸어다녔을까? 19세기 말 벤 피치와 존 혼은 드넓은 스코틀랜드 하일랜드 지역의 지질을 상세하게 지도로 작성했다. 당시 그들은 영국에서 가장 다니기 고달픈 그 지역의 "갈색 히스와 덩굴 숲"을 하루에 50킬로미터씩 아무렇지도 않게 주파했다. 종종 그렇듯이 지질 구조를 파악하려면, 먼저 꾸준히 걷는 영웅들이 그린 지질 지도가 필요하다.

  첫 지도들이 나오자마자 지질 특징들을 해석하려는 소동이 격렬하게 벌어졌다. 하일랜드 북서부에는 북쪽의 더니스에서 남쪽의 스카이 섬까지 뻗어 있는 지질학적 선이 하나 있다. 남동쪽에 있는 변성암인 편마암과 편암 그리고 북서쪽에 있는, 내가 탁상지 탄산염 퇴적암이라고 부르는 것이 만나는 선이다. 그 퇴적암은 캄브리아기에서 오르도비스기에 걸쳐 형성된 것으로서, 뉴펀들랜드 포트오포트 반도의 지반을 이루고 있는 암석과 거의 동일하다. 심지어 둘은 똑같은 화석들을 지니고 있다. 데이비드 올드로이드는 그 지역의 지질 발견 과정을 담은 책에서, 19세기의 가장 저명한 지질학자들이 그 연관성을 둘러싸고 벌인 격렬한 논쟁과 그 안에 담긴 의미들을 상세히 설명했다. 현대의 지도에는 이 지적 전투의 결과가 단 두 단어로 요약되어 있다. "모인 충상(Moine Thrust)." 그 변성암은 거대한 산맥의 서쪽 끝자락에 있는 뉴펀들랜드의 본 만 주변의 이동에 비견될 만한 한 차례의 충상을 통해서 북서쪽으로 탁상지 퇴적물들 위로 통째로 밀린 것이다. 충상 밑의 암석은 사라진 산들의 무게에 눌려 바스러져서 반죽이 되었다. 그 땅이 경련을 일으킨 흔적은 지금 양 몇 마리가 풀을 뜯고 산들바람이 황새풀을 흔들어대는 절벽에만 남아 있을 뿐이다. 다른 지질학자들과 함께 모인의 진리를 밝히는 데에 한몫했던 찰스 래프워스는 1882년에 이렇게 썼다.

항거할 수 없는 강한 힘으로 으깨며 돌아가는 거대한 맷돌을 상상해보라…….
세일, 석회암, 규암, 화강암, 그리고 가장 단단한 편마암이 이 땅속 엔진의 무시무시한 손아귀에 붙들려 반죽처럼 우그러진다는 것을 말이다.

무미건조한 과학 용어로는 그런 역사 드라마를 제대로 묘사하기가 어렵다. 남서쪽에 있는 하일랜드 자체는 지질학자에게 기쁨을 주고 고생물학자에게는 절망을 주는 변성암으로 이루어져 있다. 설사 그 암석에 한때 작은 "벌레들"이 가득 들어 있었다고 할지라도, 과연 무엇이 살아남을 수 있었겠는가? 편암, 편마암, 규암은 경이로운 경관을 만들지만 화석은 전혀 남기지 않는다. 사실 그 암석들은 대부분 원래 선캄브리아대에 퇴적된 것들이므로 커다란 화석들이 있을 것이라는 기대는 아예 하지도 못할 것이다. 우리는 현재의 가파른 낮은 산들이 한때 드높이 솟아 있었던 장엄한 산들의 흔적에 불과하다고 생각해야 한다. 지금도 그 낮은 산들을 오르기란 쉽지 않아 보인다. 비가 오고 바람이 심한 날에는 더 그렇다. 게다가 그곳은 거의 1년 내내 그런 날씨이다. 영국 지질 조사국의 직원들이 꼼꼼하게 조사하여 만든 지도에는 변성암 지층들이 뒤틀려서 알프스 산맥의 그것과 맞먹을 정도의 거대한 역전 습곡과 나페를 이루고 있음이 나타나 있다. 변성암들은 현재 가장 험난한 산들의 중턱에 일부 노출되어 있거나 습지 밑에 숨겨져 있다. 곳곳에는 길이와 폭이 몇 킬로미터씩 되는 판들이 뒤집혀 있다. "땅 엔진"이 습곡을 일으키고 지층들이 층층이 쌓이면서 산맥이 솟아올랐고, 그에 따라서 지각은 두꺼워졌을 것이 분명하다. 그런 다음 그 거대한 더미는 땅속 깊은 곳에서 열과 압력을 받았을 것이다. 암석들이 요리됨에 따라서, 새로운 광물들이 늘어났다. 어떤 광물이 나타나는가는 묻힌 암석이 어떤 온도와 압력 조건에 노출되느냐에 따라서 달라진다. 규산알루미늄 같은 화학적 조성이 단순한 광물들도 압력과 온도에 따라서 각기 다른 광물들을 형성한다. 지질학에서 가장 유명한 도표 중 하나를 보자. 세 종류의 규산알루미늄 광물이 각기 어떤 조건에서 나타나는지를 보여주는 지극히 단순한 그림이다. 충분한 압력을 가하면 남정석이 생긴다. 열을 충분히

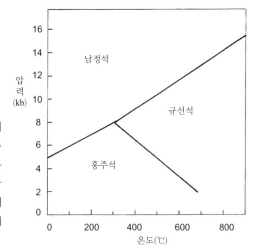

변성 조건을 나타내는 지질학에서 가장 유명한 도표 중의 하나. 홍주석, 남정석, 규선석은 화학적 조성은 똑같이 규산알루미늄이지만, 결정학적으로는 서로 다르다. 실험을 통해서 각각의 온도(P)와 압력(T) 조건이 밝혀졌다.

가하면 규선석이 생긴다. 양쪽 모두 약하면 홍주석이 나온다. 설탕물을 끓여서 퍼지나 토피를 얻는 것과 거의 흡사하다. 연구실에서는 천연 "압력솥"의 조건들을 재현하여 특정한 온도와 압력에서 어느 광물이 안정한지를 찾아내는 실험을 하는데, 이 광물 요리법에 따라 수백 가지는 아니더라도 수십 가지의 실험들이 이루어진다. 실제로 자연적인 환경 조건은 이보다 훨씬 더 복잡하기 마련이다. 한 예로 약간의 물이 구성 성분에 포함되면 결과가 달라질 수 있다. 이런 종류의 암석들을 좋아하는 과학자들은 현장 지질학자들이 암석의 경계를 지도에 담는 식으로 이 변성암들을 나누는 온도와 압력을 "지도에 담는다." 그것은 산맥의 내밀한 열의 역사를 들여다보는 한 가지 방법이다. 하일랜드는 그 과학을 위한 시험장이었다. 그곳에서 변성 "등급" 개념이 다듬어졌다. 즉 등급이 높을수록 지질 구조의 시련을 더 심하게 겪은 것이다. 심지어 암석이 그 뒤에 어떤 냉각 역사를 거쳤는지도 파악할 수 있다. 고온성 광물은 냉각되면서 저온성 광물로 변하지만 그 암석 속에 원래의 모습을 결정 형태로 남겨놓는다. 하일랜드는 그런 것들을 모두 보여준다. 고압하에서의 가열, 냉각, 융기, 심한 침식 등을 말이다. 이 암석들은 토양을 잘 형성하지 않고 투수성도 낮다. 그리고 그곳에는 단층들도 있다. 그레이트글렌은 뉴펀들랜드에서처럼 북동-남서 방향으로 심하게 위치 이동을 했다. 그 틈새를 폭이 좁고 긴 네스 호가 채우고 있다.

스코틀랜드 남부는 그 정도까지 가열되지 않았다. 서던업랜드는 셰일과 단단한 "경사암(greywack)"이 만든 황량한 둥근 산들이 끝없이 이어져 있는 곳이다. 그 암석들은 모두 원래 바다 밑에 퇴적되었던 것들이다. 밸런트래 해안까지 오면, 뉴펀들랜드의 오피올라이트에 비견되는 화산암들을 만나게 된다. 대개 이 암석들은 습곡과 충상을 겪은 상태이며, 심하게 짜부라지고 주름이 진 모습도 곳곳에서 볼 수 있다. 친절한 필석류 화석이 없었더라면 이 땅의 지질을 규명하기란 불가능했을 것이다. 늘 그렇듯이 이 땅도 세심한 지도 작성을 통해서 비밀이 밝혀져왔다. 하천 바닥을 따라 검은 셰일이 섬세하게 떨어져나가고 필석류가 작은 은빛 막처럼 드러나면서 이 비슷해 보이는 암석들의 시대를 알려준다. 남쪽으로 치우친 것이 실루리아기의 암석이고, 북쪽으로 치우친 것이 오르도비스기의 암석이라는 식으로 단순하지 않다. 이 황량하고 탁 트인 지역은 북동-남서 방향으로 나뉘어 있고, 마치 거대한 칼로 전체를 얇게 썰어놓은 양 충상들이 경계를 설정하고 있다. 그리고 각 조각 내에서 주름진 지층들이 반복해서 나타난다. 습곡들과 지각의 모든 소시지 조각들을 잘 펴서 원래의 위치에 가져다놓으면 이곳이 모든 것들이 압축되었던 지역, 전문 용어로 말하면 "지각 단축(crust shortening)"이 있었던 곳임이 뚜렷하게 드러난다. 한때 해저에 넓게 펼쳐져 있던 것들이 압축되었고, 그 과정에서 쌓이고 습곡이 일어났던 것이다. 그것은 파악할 수 없을 정도로 복잡해 보일지 모르지만 판구조론은 단숨에 간단해 보이는 설명을 내놓았다.

더 남쪽으로 솔웨이퍼스를 건너 잉글랜드로 가면 레이크디스트릭트가 나온다. 그래스미어에서 관광객들 사이에 끼여 도브코티지 주변을 둘러보면 윌리엄 워즈워스와 그의 동료들이 그 "호수들"을 너무 유명하게 만든 것이 아닐까 하는 생각이 들지도 모른다. 하지만 스키도 같은 산 위로 걸어올라가기만 하면 다시 황량함과 마주친다. 몇백 미터 떨어진 곳에 있는 사람들의 모습과 대비시켜 보면, 탁 트인 경관과 멀리 보이는 헐벗은 검은 언덕들이 얼마나 넓게 펼쳐져 있는지 실감할 수 있다. 그 암석들은 스코틀랜드 서던업랜드에 끝없이 펼쳐져 있는 해양성 셰일 및 사암과 흡사하다. 비록 주름이 덜 지기는 했지만 말이다. 그 암석들은 가열되어 미묘한 청록색을 띠고 있다. "낮은 등급"의 변성 광물인 녹니석이 풍부하게 들어 있기 때문이다. 레이크디스트릭트의 지질은 지금도 연구 중이다. 뉴펀들랜드의 암석처럼 오르도비스기에 일어난 대규모 수중 침몰이나 사태가 넓은 지역에 걸쳐 영향을 끼쳤다는 것이 겨우 5년 전에야 밝혀졌기 때문이다. 이곳에 필석류 이외의 화석은 극히 드물다. 오르도비스기 초의 점판암에서 삼엽충 화석을 발견하려면 인내와 행운이 필요하며, 어쩌다 발견한 것도 그다지 아름답지 않다. 암석들과 함께 시련을 겪었기 때문이다. 그러나 발견된 것만으로도 우리는 그것들이 웨일스, 프랑스, 모로코에서 발견된 종과 비슷하다는 것을 알 수 있다. 따라서 그것들은 뉴펀들랜드 동쪽에 있는 벨 섬과도 연결된다. 하지만 로렌시아까지는 아니다.

웨일스를 단 몇 줄로 건너뛰어야 한다니 유감이다. 나는 그곳에서 다년간 연구를 했고, 그 탁 트인 언덕들과 양치류가 우거진 하천들을 좋아하기 때문이다. 화석들은 그곳의 지질학적 복잡성을 밝히는 데에 도움을 주었으며, 내 연구는 세세한 사항들을 채우는 데에 기여했다. 웨일스에서는 언제나 위대한 지질학자들의 발자취를 따르고 있다는 느낌을 받으며, 때때로 그들과 똑같은 이유로 똑같은 채석장을 방문하기도 한다. 그곳의 암석들은 곳곳에서 습곡이 일어났지만 하일랜드 지층에 일어난 것과 같은 변형은 거의 없다. 북웨일스에서 일부 셰일이 국지적인 압축이라는 피할 수 없는 쥠쇠에 붙들려 압착되어 단단한 점판암으로 변한 것은 분명하다. 하지만 지층들을 식별할 수 있을 만큼 고스란히 남아 있는 것들도 많다. 캄브리아기, 오르도비스기, 실루리아기의 동물 화석들은 순서대로 발굴된다. 19세기의 선구적인 채집가들은 이런 순서대로 나타나는 "생물 잔해"들을 간직한 지질시대를 정확히 어떻게 나누어야 할지를 놓고 심한 의견 차이를 보였다. 그러나 에두아르트 쥐스가 지구 전체를 다룰 무렵에는 그런 시대 구분 문제들은 대부분 해결되어 있었다. 지질시대는 세분되어 명칭이 붙여졌고, 우리의 지식은 그것들을 토대로 하고 있다. "캄브리아"는 지도상의 한 지역뿐 아니라 시대를 의미했다. 웨일스에 쌓여 있는 그 전형적인 지층들은 대개 뭉뚱그려서 "웨일스 분지"라고 부르며, 그것은 두께가 몇 킬로미터에 달하는 압도적인 셰일질 암석들에 잘 어울리는 명칭 같다(물론 땅이 이렇게 가라앉은 곳을 당시에는 지향사라고 부르기도 했다). 그 "분지"의 한가운데에는 스노든 산을 비롯해서 캄브리아 산맥의 험난한 심장부를 형성한 오르도비스기의 화산들이 남긴 퇴적물들이 있다. 스노든 산에 오르면 마치 마지막 빙하기에 있던 빙하가 어제 막 녹은 듯이 느껴진다. 놀랍게도 이 천연 요새는 잉글랜드의 덜 험난한 지역들에서 문화가 성쇠를 거듭하는 동안에도 웨일스어를 고스란히 보존해왔다. 또 화석들도 안전하게 보존했다. 웨일스 남부의 서쪽 끝에는 램지 섬이라는 작은 얼룩이 튄 듯한 땅이 있는데, 그곳에는 수많은 바닷새들과 몇몇 양들이 살고 있다. 바람이 심한 그 섬의 북쪽 끝자락에 있는 절벽 위로 올라가면 아주 단단한 사암 덩어리들을 찾아낼 수 있다. 절벽 밑에서는 바다가 절벽에 부딪히며 물거품을 일으키고 있다. 이곳에서는 모자가 날아가기 십상이다. 모자를 잃고도 계속 찾아다니면, 대서양 반대편인 벨 섬의 오르도비스기 초기의 암석들에서 나타나는 것과 똑같은 삼엽충인 네세우레투스 화석들을 발견할 것이다. 램지 섬에서 그리 멀지 않은 본토 해안 옆에 놓인 아주 작은 섬 애버캐슬에서는 네세우레투스의 동료인 오기기누스와 뉴펀들랜드에서 흔하게 나타나는 크루지아나의 흔적들을 만날 수 있다.

25년 전 나는 연안 여객선을 타고, 전형적인 피오르 해안인 노르웨이의 칼레도니아 산맥을 죽 둘러보았다. 여객선은 일주일 넘게 항해를 했다. 홍적세 내내, 사실 몇천 년 전까지 그 산맥을 덮고 있던 거대한 빙원은 노르웨이를 가로질러 바다까지 빙하를 공급했고, 암석들에 자신이 간 길을 깊이 새겨놓았다. 빙하기가 끝나자, 빙하는 후퇴하면서 가파른 협곡들을 뒤에 남겨두었다. 극지방의 빙원이 녹아 해수면이 높아지고 계곡들이 물에 잠기면서, 지금처럼 작은 섬들이 복잡하게 배열된 해안선이 생긴 것이다. 이런 위도대에서는 먼 바다가 풍랑에 휩싸여 있을 때가 흔하다. 하지만 그런 상황에서도 피오르 안은 으스스할 정도로 잔잔하다. 비좁은 해안에는 산비탈들이 가파르고 험난하게 솟아 있다. 뉴펀들랜드와 마찬가지로 이곳의 어민들은 각 어촌들에서 서로 고립된 채 살아왔다. 그러다 보니 온갖 사투리가 생겨났다. 이곳에서는 관광지 광고에 흔히 쓰이는 "장엄한 피오르 전경, 그림 같은 어촌들, 비교할 수 없는 경관들" 같은 문구들에 이의를 제기할 수 없다. 정말로 그렇기 때문이다. 그러나 나는 트롤(troll)이 너무 많다고 생각한다. 트롤들은 모든 피오르에 자신의 흔적을 남긴 것 같다. 안내인은 이렇게 말하곤 한다. "왼쪽을 보시면 유명한 트롤 동굴이 보일 겁니다." 다음 피오르에서 멀리 젖가슴처럼 생긴 암석 덩어리가 나오면 유명한 트롤의 아내라고 말할 것이다. 다음 날 멀리 뾰족한 산봉우리가 나타나면 트롤의 성이라고 할 것이고, 트롤은 그런 식으로 계속 등장한다. 배가 해안을 따라 점점이 흩어져 있는 작은 마을 중 한 곳에 잠시 정박할 때면, 트롤들과 암석들을 보라는 말에서 해방되었다는 생각에 왠지 안도감 같은 것이 느껴졌다. 우리가 무작위로 접한 그 표본들은 하일랜드에서 본 것과 같은 높은 등급의 편마암들이었다. 또 화성암도 서너 종류 있었다. 칼레도니아 산맥의 이쪽 부분이 그 거대한 산맥에서 가장 심하게 일그러진 부분에 속한다는 것은 한눈에도 명확해 보였다. 암석들이 트롤피오르를 따라서, 그리고 트롤 산에 고스란히 드러나 있음에도 이곳의 지질은 대단히 파악하기가 어렵다. 스웨덴, 노르웨이, 그리고 적지 않은 영국의 지질학자들이 이 고

스칸디나비아의 칼레도니아 산맥의 나페들은 어느 쪽에서 온 것일까? 퇴르네봄 교수(왼쪽)와 스베노니우스 교수(오른쪽)는 각자 자신의 견해를 밀어붙이려고 한다. E. 에르드만(1896)의 그림.

대 산맥들의 구조를 해명하기 위해서 이곳에서 평생을 보냈다. 그들은 많은 성과를 내놓았다. 노르웨이의 칼레도니아 산맥은 알프스 산맥의 모형이라고 할 만큼 거대한 나페들을 가지고 있음이 밝혀졌다. 스칸디나비아의 두 지질학 교수가 그 나페들이 동쪽과 서쪽 중 어디에서 왔는지를 놓고 대결하는 그림이 하나 있다. 스베노니우스 교수와 퇴르네봄 교수는 서로 반대편에 서서 산을 밀어대고 있다. 둘 다 성깔 있는 트롤처럼 씩씩거리고 있다. 지금은 명확한 답이 나와 있다. 근원대가 서쪽에 놓여 있기 때문이다. 동쪽 오슬로 부근에는 습곡을 형성한 암석들이 놓여 있다. 캄브리아기와 오르도비스기의 화석이 출토된다고 잘 알려져 있는 지역이다. 더 동쪽에는 스웨덴과 발트 제국의 "탁상지" 암석들이 놓여 있다. 아니, 그 거대한 역전 습곡 암석들은 현재의 대서양이 "닫혔을" 때 서쪽에 생긴 솔기에서 비롯된 것임이 틀림없다. 그뿐 아니라, 후속 연구를 통해서 어떤 거대한 지질 구조가 위에 올라탄 것처럼 네 개의 주요 나페들이 층층이 쌓여 있음이 드러났다.

상상해보라! 지역 전체가 얇은 지질 구조들로 이루어진 클럽샌드위치 같다. 게다가 그것들은 순서대로 겹쳐져 있다. 가장 위에 있는 나페가 서쪽에서부터 가장 먼 거리를 여행한 것이다. 그 지층 더미에서 더 아래쪽에 있는 것일수록 이동한 거리가 짧다. 화석들도 이런 발견에 도움을 주었다. 가장 위에 있는 나페에 국지적인 변성 작용을 겪지 않은 부분이 있었고, 그 부분에서 삼엽충과 완족류의 화석들이 발견되었기 때문이다. 그중 일부는 뉴펀들랜드 서부의 "탁상지" 석회암에서 나온 것과 같은 종이었다.

그것이 애팔래치아—칼레도니아 산계를 가장 간략하게 요약한 것이라고 할 수 있다. 대서양이 열리면서 판게아가 쪼개졌을 때에도 대체로 이 고대 산맥을 따라서 갈라진 것이 분명하다. 하지만 거기에는 기나긴 시차가 있다. "새" 대양이 열린 것은 그 고대 산맥이 히말라야 산맥에 맞먹는 수준으로 융기한 후 2억 년 이상이 지난 뒤였다. 그렇게 기나긴 세월에 걸쳐 그 산맥은 느릿느릿 하염없이 깎여나갔다. 아무리 높이 솟아올랐을지라도 결국 침식으로 낮아지기 마련이다. 얼음, 바람, 비가 산악 지역에 휘몰아치기 마련이며, 그것들은 결국 산의 높이를 낮춘다. 데본기의 붉은 암석들은 애팔래치아—칼레도니아 산계에서 나온 "폐기물(몰라세)"을 간직하고 있으며, 그 암석들은 오래된 산계의 자락에서 지금도 흔히 볼 수 있다. 스칸디나비아, 그린란드, 스코틀랜드, 웨일스, 뉴잉글랜드에서 말이다. 민물에 쌓인 이 퇴적물들은 우리 행성의 역사에서 흘긋 보고 지나갈 정도의 것이 아니다. 그것들에는 생명체가 물에서 육지로 이동했음을 생생하게 보여주는 화석 증거들이 들어 있기 때문이다. 네 발 동물들이 탄생한 곳이 바로 이곳이다. 그러나 그것은 여기서 할 이야기가 아니다. 지질학적 관점에서 볼 때 눈에 띄는 사실은 대서양의 확장이 고대의 솔기를 따라 일어났고, 옛 기억을 상기시켰으며, 지각의 약한 부분을 이용했다는 것이다. 하지만 대서양이 정확히 고대의 솔기를 따라서 열린 것은 아니다. 스코틀랜드의 모인 충상 북서쪽에서 나온 삼엽충들이 로렌시아의 것들과 비슷하다는 사실을 떠올려보라. 그 화석들은 사실 대서양의 반대편에 있는 지각의 산물이다. 대서양이 열렸을 때, 지각의 그 부분이 쪼개지면서 넓어지는 바다의 반대편에 남겨지고 만 것이다. 반대로 뉴펀들랜드의 아발론 반도는 지금은 그 "돌"의 동해안에 대롱대롱 붙어 있지만 사실은 웨일스, 스페인, 북아프리카에 속한다. 그곳의 삼엽충인 네세우레투스와 오기기누스가 그렇다고 말하기 때문이다. 뉴펀들랜드의 이 지역이 로렌시아 쪽에 귀양을 갔다고 말할 수도 있을 것이다. 그러니 그곳이 콘월 지역처럼 느껴진다고 해도 그리 놀랄 일은 아니다. 움직이는 세계에서는 지리의 영속성을 믿을 수 없다.

이제 중요한 질문을 할 때가 되었다. 현재 대서양은 천천히, 잘 알려진 비유를 쓴다면 손톱이 자라는 속도로 넓어지고 있다. 그런데도 고대의 애팔래치아-칼레도니아 단층을 따라 새로운 산맥이 형성되는 기미는 전혀 없다. 이유는 대서양 양편이 비활성 가장자리이기 때문이다. 이곳에서는 섭입도, 화산도, 조산활동도 전혀 없다. 그저 천천히 밀려가면서 떨어지고 있는 것이다. 여기서 한 가지 의문이 든다. 애팔래치아-칼레도니아 산계는 처음에 어떻게 거기에 생겼을까? 히말라야 산맥에서 볼 수 있듯이 산맥은 지각활동이 벌어지는 지각판의 가장자리와 관계가 있다. 따라서 예전에 애팔래치아 산계를 따라서 섭입대와 결부된 활성 가장자리들이 있음이 분명하다. 이것은 세계를 이해하는 방식을 바꾼 개념적 돌파구가 되었다.

말하고 나면 단순하지만 그것은 쉽게 생각할 수 없는 개념이었다. 1968년 『네이처』에 "대서양은 닫혔다가 다시 열린 것인가?"라는 제목의 중요한 과학 논문이 실렸다. 저자는 투조 윌슨이었다. 우리는 앞에서 판구조론 발전에 중요한 역할을 한 인물로서 그를 만난 적이 있다. 그의 생각은 직설적이었다. 5억 년 전, 유럽과 로렌시아를 나누는 거대한 바다가 있었다는 것이다. 그는 그 바다를 "원시 대서양"이라고 불렀다. 그 대양은 양쪽에서 발견되는 오르도비스기의 화석들이 전혀 다르다는 것을 설명할 수 있었다.

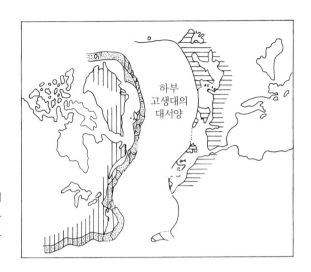

"대서양은 닫혔다가 다시
열린 것인가?"라는 물음
을 던진 J. T. 윌슨의 논문
에 실려 있는 그림.

뉴펀들랜드의 벨 섬과 포트오포트 반도에서 채집되는 화석들은 서로 달랐
다. 그 대양은 대체로 현재의 북대서양과 경계가 같았다. 대양은 그 뒤에 닫
혔다. 아마 실루리아기 말에서 데본기 사이에 보통의 섭입 과정을 통해서
닫혔을 것이다. 그리고 그 대양이 닫힐 때 애팔래치아-칼레도니아 산맥이
솟아올랐다. 당시 그 산맥은 알프스 산맥이나 히말라야 산맥처럼 거대했
다. 찰스 래프워스가 말한 거대한 "땅 엔진"이 열심히 일을 했던 것이다. 그
일은 4억 년 전에 완결되었다. 그리고 수억 년 후, 그 고대의 산계가 약해지
고 침식되면서 수동적으로 현재의 대서양이 열렸다. 알고 보면 그렇게 단순
했다. 투조 윌슨이 논문 제목에 물음표를 달았다는 사실은 그의 결론이 추
정이라는 것을 뜻했다. 일류 과학 잡지들은 대개 추정을 좋아하지 않지만
그 논문은 검토 과정을 무사히 통과해서 지면에 인쇄되었다. 그 논문을 제
출한 사람이 이름 있는 혁신적인 사상가였기 때문이었을 것이다. 몇백 단어
로 된 그 논문은 우리가 세상을 보는 방식을 바꾸어놓았다.

　투조 윌슨의 논문은 라이엘의 방법을 아주 오래된 산맥에 적용하는 새로
운 방식을 보여주있다. 즉 지각판의 원리들을 아주 먼 과거까지 소급 적용

했던 것이다. 현재 태평양 주변에서 나타나고 있는 지질 구조와 화산 활동의 증거들을 이제 수억 년 전 땅의 움직임에 휘말렸던 암석들 속에서 찾을 수 있게 되었다. "세라피스 신전"에서 시작되었던 방법들을 이제 뉴펀들랜드의 황량한 해안이나 북극권의 칼레도니아 산맥에서도 쓸 수 있게 된 것이다. 물론 윌슨의 모형이 핵심을 짚어내기는 했지만 그것은 대단히 복잡한 문제였다. 하지만 그것은 지질학자들이 중요하다고 생각하는 친숙한 암석들을 보는 방식을 바꾸어놓았다. 세계는 전과 똑같은 상태일지 모르지만, 그것을 관찰할 때 써야 하는 인식의 안경은 바뀌었다. 그런 중요한 시기에 대중이 누구를 따라가는지 지켜보면서 기다리는 신중한 사람들이 있는 반면에, "공을 들고 뛰는" 사람들도 있다는 것을 앞에서 말한 바 있다. 이 경우에도 그러했다.

존 듀이는 1960년대에 케임브리지 대학교의 젊은 강사였다. 그는 애팔래치아 산계 전체, 특히 뉴펀들랜드에 나타나는 장엄한 지층들을 사라진 대양이라는 관점에서 파악할 수 있음을 금방 알아차렸다. 그는 남보다 먼저 성과를 내놓기 위해서 밤낮으로 연구를 했다. 그의 방은 내 옆방이었는데, 그는 현장에 가거나 학회에 갈 때를 제외하고는 방에 틀어박혀 연구를 계속했다. 신진대사 속도가 남보다 빠른지 몰라도, 존 듀이는 내가 아는 어느 누구보다도 두 배로 말을 빨리 할 수 있었다. 마치 혀가 생각의 속도를 따라잡으려고 애쓰는 것 같았다. 그는 남의 말을 듣지 않는 것 같은 인상을 주기도 했지만, 나는 그가 실제로는 단 2초 만에 남의 말을 알아듣고 진의를 파악해서 별 흥미가 없는 것이라는 판단을 내린다고 결론지었다. 그는 가끔 정말로 사람을 당혹스럽게 만드는 행동을 하곤 했다. 즉흥적으로 재주넘기 같은 체조 동작을 선보이는 것이었다. 그는 현장 지질학자로서도 최고였다. 눈앞에 있는 암석에 정신을 집중할 때, 그는 자신이 보고 있는 세세한 것들을 하나의 습곡과 산맥 전체에 즉시 끼워맞출 수 있는 능력을 가지고 있었다. 그는 애팔래치아 산맥 전체와 칼레도니아의 반쪽을 하나로 엮는다는 생각을 자연스럽게 떠올렸다. 듀이는 아일랜드에서 일했으며, 마셜 케이와 함께 뉴펀들랜드에서 연구를 한 적도 있었으므로, 판구조론을 재해석할 준비가 되어 있었다. 행크 윌리엄스도 그 새로운 패러다임을 기꺼이 받아들였다. 그는 자신이 가장 잘하는 쪽으로 초점을 맞추었다. 바로 지도 작성이었다. 그는 갠더 주변의 난해한 지질들을 지역별로 지도에 담는 일부터 시작해서, 애팔래치아 산계 전체를 판구조론의 관점에서 해석한 지도를 그려냈다. 그렇기는 해도 그 지도는 뉴펀들랜드에서 볼 수 있는 지질을 토대로 했다.

복잡하게 말하자면, 두 대륙을 표시한 윌슨의 개략적인 그림은 거의 통나무 둘이 부딪히는 것처럼 두 대륙이 맞붙었음을 의미했다. 실제 세계는 훨씬 더 다양하고 복잡하다. 특히 "메인 이벤트"에 앞서 화산 호상열도들이 서너 차례에 걸쳐 충돌할 가능성이 높다. 메인 이벤트는 마침내 대륙과 대륙이 충돌하는 사건을 말한다. 말하자면 먼저 선발대끼리 격돌한다는 의미이다. 그런 호상열도의 앞뒤에 있는 분지들에는 퇴적물들이 쌓이고, 그 퇴적물들은 나중에 지구조론적 과정에 휩쓸리게 된다. 한 대륙이 다른 대륙과 마침내 부딪힐 때, 두 두꺼운 지각 덩어리들이 만나는 곳에서 무자비한 압력과 지각의 두께 증가가 일어나면서 가장 높은 등급의 변성 작용이 나타나며, 나페들이 "압착될" 가능성도 높다. 이곳이 바로 조산운동이 가장 격렬하게 일어나는 곳이다. 하지만 대륙들이 훨씬 더 "부드럽게" 접근할 가능성도 있다. 마주 보고 있는 부분들이 오목하면 그렇다. 그 말이 타당성이 있는지 알아보기 위해 실험을 해보자. 작은 책만 한 점토 덩어리가 있다고 하자. 그것을 양 손바닥에 놓고 세게 누르면 심하게 우그러들 것이고, 때로는 일부가 "버섯" 모양으로 위로 빠져나오기도 할 것이다. 그러나 양 손바닥을 오목하게 해서 누른다면 훨씬 덜 우그러들 것이고, 원래의 폭이 조금 더 남아 있을 것이다. 뉴펀들랜드는 후자에 가깝다. 그것은 바로 지질학자들이 그곳을 좋아하는 이유이기도 하다. 알아볼 수 없을 징도까지 변형되지 않았기 때문이다. 그곳에 가면 사라진 바닷속에 있던 것들을 찾아낼 가능성이 높다. 그리고 거기에는 큰 단층들이 있다. 그 단층들은 자동문이 텅 하는 식으로 대양이 닫혔다고 가정하고 싶은 유혹을 불러일으킨다. 하지만 반드시 그러했다고 볼 이유는 없다. 이런 단층들 중 일부는 "위아래"로 움직여서 생긴 것이 아니라, 거대한 덩어리들이 서로 미끄러져 지나가는 횡단 운동이 일어난 곳일 수도 있다. 따라서 지금 단층을 경계로 접하고 있는 암석들은 원래 전혀 다른 관계였을 수도 있다. 즉 다른 곳에 있었던 것들일 수도 있다.

"원시 대서양"은 그다지 잘 붙인 이름 같지 않다. 너무 막연하다. 그래서 그 사라진 바다는 곧 그보다 더 나은 이름인 이아페토스(Iapetus)로 불리게 된다. 그것은 적절한 명칭이 한 개념에 권위를 부여한 놀라운 사례이다. 신기하게도 이름을 붙이면 그 대상은 현실성을 획득한다. 역설적이게도 이아페토스는 신화에 나오는 이름이지만 딱 맞는 이름이기도 했다. 이아페토스는 그리스 신화에 나오는 대지의 여신인 가이아와 우라노스 사이에서 태어난 티탄이다. 그는 산맥을 뜻하는 아틀라스와 인류에게 불을 가져다준 프로메테우스의 아버지이기도 하다. 따라서 그 명칭은 지질학적으로 나무랄 데 없으며, 지질학자들은 기꺼이 그 이름을 받아들였다.

이제 우리는 뉴펀들랜드를 가로질렀던 여행을 그 섬의 역사를 재구성한 듀이와 윌리엄스의 관점에서 살펴볼 수 있게 되었다. 그것은 이아페토스 대양의 삶과 죽음의 역사가 되었다. 벨 섬과 아발론 반도 전체는 오르도비스기 초에 드넓은 이아페토스의 동쪽*에 놓여 있었다. 바다 밑의 모래를 헤집고 다니던 네세우레투스 같은 삼엽충들은 차가운 물속에서 행복하게 살고 있었다. 그들은 아발로니아 시기에는 혹한의 위도까지 퍼져 있었다. "고지자기"도 그 점을 입증한다. 우리는 이런 동물들이 유럽과 북아프리카 주변의 많은 해역에서 살았다는 것을 이미 살펴보았다. 당시 그 땅들은 남극점

---

* 지구 전체의 지리가 변하면, "동"과 "서"의 방향도 변할 수밖에 없을 것이다. 논의를 간단히 하기 위해서, 나는 과거의 지리에 상관없는 현재의 지도를 기준으로 방향을 나타냈다.

위에 놓여 있었다. 그 동물들은 곤드와나 대륙의 지도를 만드는 데에 도움을 주었다. 이제 예전에 대양의 반대편에 있던 같은 시대의 암석들로 건너뛰면 우리는 포트오포트 반도의 석회암과 만나게 된다. 이 암석들은 당시 적도 가까이에 있던 얕은 바다에 쌓인 것들이다. 그 속에 들어 있는 고둥과 해면동물과 삼엽충은 뉴펀들랜드 동부에서 발견되는 화석들과 전혀 다르다. 종(種)이 다를 뿐 아니라, 아예 과(科)도 다르다. 당연히 다를 수밖에 없다. 그것들은 열대의 석회질 해저에서 살고 있었으니 말이다. 우리는 현재 그 "돌" 부근의 찬물에 사는 조개류가 카리브 해의 푸른 석호에서 사는 조개류와 똑같을 것이라고 기대하지 않을 것이다. 그처럼 이 열대 화석들도 섬의 동쪽에 있는 찬물에 살던 생물들의 화석들과 다르다. 로렌시아 대륙 주변에는 많은 종들이 널리 퍼져 살았으며, 그 점은 에두아르트 쥐스 이전에도 어느 정도 파악되어 있었다. 따라서 오르도비스기 초에 이아페토스는 한쪽으로는 고위도 지방과 접하고, 다른 쪽으로는 열대 지방과 접하고 있었을 만큼 넓었다. 정말 대단히 넓은 바다였다.

잠시 그 섬의 서쪽에 머무르면서, 카우헤드에서 장관을 이루고 있는 바위들과 그 사이에 낀 셰일들을 살펴보자. 이제 우리는 그것들의 정체를 안다. 그것들은 로렌시아 대륙의 가장자리가 부서진 잔해들이다. 즉 그 대륙의 가장자리는 불안정할 정도로 경사가 급한 곳이었다. 지진으로 일단 커다란 바위 몇 개가 구르기 시작했고, 구르는 바위들이 점점 더 힘을 얻어 다른 것들까지 휩쓰는 바람에 온갖 혼합물이 비탈을 내려가 깊은 바닷속으로 잠겼다. 그 과정에서 진흙이 윤활유 역할을 했을지도 모른다. 그 바위들이 거대한 자루에 담겨 와서 쏟아부은 것처럼 보이는 것도 전혀 놀라운 일이 아니다. 그런 다음 잠시 고요한 상태가 이어졌고, 그 바위들 위로 셰일이 서서히 쌓였다. 그와 함께 필석류가 가라앉아 안식을 취함으로써, 우리에게 시간의 경과를 알려줄 잣대가 마련되었다. 그들이 살기에 좋은 환경이 형성되었던 것이 분명하다. 나는 세인트폴 후미 부근의 얇은 셰일층에서 수십 종의 표본을 채집했다. 그것들은 해저에서 안식을 취한 지 4억7,000만 년쯤 뒤에 다시 햇빛을 보았다.

우디 곶 위쪽 나무가 자라지 않는 어두운 지역은 고대에 해저였던 곳이다. 우리는 동쪽에 바다가 있었음을 입증하는 증거들을 보았다. 이 갈색 언덕들은 기적적으로 보존된 파편들을 간직하고 있다. 베개 용암, 판상(板狀) 암맥, 심지어 러졸라이트 같은 더 깊은 곳에 있는 맨틀에서 형성된 암석들까지 있다. 해양 지각의 단면 전체가 그곳에 놓여 있었다. 트라우트 강으로 난 황량한 길 주변에 있는, 기나긴 시간을 거치고 깊은 바다에서 솟아오른 이 오피올라이트에 역사가 보존되어 있었다. 지질 지도를 보면 카우헤드 암석들과 이 오피올라이트 둘 다 석회암 탁상지 위에 쌓여 있음을 알 수 있다. 그곳으로 충상이 일어난 것이다. 게다가 그 오피올라이트는 카우헤드 암석 위에 놓여 있다. 노르웨이의 나페들이 그러했듯이, 가장 위에 있는 조각이 가장 멀리 이동했던 것이다. 우리는 동쪽에서 대규모의 밀치기가 일어나면서, 그것이 얇게 잘렸다가 탁상지에 있는 카우헤드 암석 위로 밀어올려졌고, 다시 멀리서 온 해양 지각이 그 위에 올려졌으리라고 상상할 수 있다. 이아페토스의 가장자리에 놓여 있던 이 작은 부분은 파괴라는 운명을 피해 위로, 바깥으로 밀렸다. 그 결과 모든 지질학자들이 감사해 마지않는 것이 생겨났다. 이 모든 것들은 오르도비스기에 서쪽에서 해양 지각이 가라앉고 있었다는 것을, 즉 섭입이 일어나고 있었다는 것을 입증한다. 이아페토스 바닥의 일부 지역은 로렌시아라는 단단한 덩어리 밑으로 가라앉고 있었다. 그것은 태평양 바닥이 아시아 가장자리에서 파괴될 운명을 맞이하듯이 사라지고 있었다. 하지만 그 오피올라이트는 파괴를 피했을 뿐만 아니라, 섭입대와 같은 방향으로 밀어올려졌다. 마침내 본 만과 노던 반도의 해변에 대조적인 암석들이 늘어선 이유가 해명된 것이다. 노출된 한 암석 위에 서서 갸우뚱하면서 머리를 긁고 있어야 할 정도로 복잡해 보였던 것을 고대의

270

지각판들이 움직인다고 가정하면 간단하게 설명할 수 있다.

　반면에 예상할 수 있겠지만, 충상이 일어난 시기를 파악하는 것은 간단하지 않았다. 논리적으로 볼 때, 충상은 그 밑에 깔려 있는 가장 젊은 탁상지 석회암보다 나중에 일어났어야 한다. 그 석회암은 오르도비스기 중기의 것이므로, 그것이 연대의 상한선이다. 즉 카우헤드 암석 중에서 그보다 젊은 것은 없다. 그 암석 집합의 맨 위에는 화산섬에서 생긴 것이라고 예상할 수 있는 종류의 광물들이 가득한 특이한 초록빛 사암들이 있다. 하지만 서쪽에 화산섬이 전혀 없으므로, 그 암석들은 동쪽에 있는 넓은 바다에서 유래한 것이 분명하다. 이런 특징들은 화산 호상열도가 그쪽 방향에서 접근하고 있었다고 하면 설명이 된다. 오피올라이트의 압등은 그 호상열도가 로렌시아와 부딪혔던 오르도비스기 중기에 일어났다. 섭입 모터가 냉정하게 호상열도를 서쪽으로 운반하고 있을 때였다. 남쪽 애팔래치아 산맥에서는 이 사건이 이미 오래 전에 밝혀져 있었다. 그곳에서는 습곡 작용을 통해서 타코닉 조산운동이 일어났다. 그것은 이아페토스의 닫힘이 단순히 두 대륙의 충돌이 아니라, 훨씬 더 흥미로운 것이었음을 뜻한다. 이 중요한 사건이 일어나기에 앞서, 호상열도와 고립된 섬들이 대양 파괴라는 컨베이어 벨트에 실려 운반되면서 몇몇 지구조 사건들이 벌어졌다. 오르도비스기에 이아페토스는 아직 넓었지만 닫히고 있었다. 지질 활동이 벌어지는 가장자리에서 습곡과 파괴 작용이 오랜 기간에 걸쳐 일어난 뒤, 마침내 실루리아기에 대륙과 대륙이 충돌했다. 행크 윌리엄스의 "지대들"을 나누는 주요 단층들 중 몇 가지는 이아페토스가 닫힐 때 일어난 각기 다른 사건들을 나타내는 것일 수도 있다.

　이제 모바일 벨트도 해석할 수 있다. 동쪽으로 롱레인지 산맥 너머에 있는 더니지 대는 이아페토스의 "짓눌린" 지역이라고 말해도 그다지 무리가 아닐 것이다. 이곳은 거대한 바다의 잔해들이 혼란스러울 정도로 함께 으스러진 곳이다. 애팔래치아-칼레도니아 산계의 다른 지역들에서는 이 시기의 암석들이 압착되거나 섭입되어 사라졌다. 반면에 뉴펀들랜드에서는 바다가 "부드럽게" 닫힌 덕분에 그 암석들이 운 좋게 보존되었다. 땅 곳곳에 드러난 혼란스러운 지질들은 해저 조각들이 화산섬의 조각들과 뒤섞이고, 그것들이 다시 위에 쌓인 퇴적물들과 뒤섞였다고 했을 때 예상할 수 있는 것과 같은 혼란을 보여준다. 퇴적물들은 더 쉽게 뒤섞이는 경향이 있으며, 검은 라자냐처럼 비비 꼬일 수 있다. 더니지 대의 일부 지질이 해석하기 어려울 정도로 복잡한 것도 그리 놀라운 일이 아니다. 그 지대에는 현재까지 살아남은 화산섬들도 있고, 곳곳에서 화산암 덩어리들이 셰일이 쌓인 주변의 분지들로 굴러내려가서 당혹스러울 정도로 잡탕을 만들어놓고 있다. 이 지역의 세부 지질 지도는 상상할 수 있는 온갖 종류의 암석들을 보여준다. 그중 처트라고 하는 입자가 고운 규소로 된 암석은 언급할 만한 가치가 있다. 그것은 화산암과 마셜 케이가 "우지향사(eugeosyncline)"라고 부른 것과 관련이 있을 때가 많기 때문이다. 그곳에는 사암도 있다. 그중에는 원래 탁류를 이루는 현탁액(懸濁液)의 형태로 산비탈에서 쓸려내려온 모래에서 형성된 것도 있다. 심지어 화석이 들어 있는 석회암 덩어리들도 있다. 아마도 섬의 가장자리에 쌓였다가 깊은 곳으로 굴러떨어져 그대로 보존된 듯하다. 그 지질학적 잡탕은 온갖 종류의 화성암들이 추가되면서 더 풍부해졌다. 예전에 뉴펀들랜드 북부의 여러 만에서 바닥이 낮은 배를 타고 돌아다녔던 지질 관찰자들은 그런 암석들을 보고 혼란스러워했지만, 이제 우리는 그 혼란 자체가 이해할 수 있는 과정들의 결과임을 안다.

갠더 대는 조산운동의 중심지였다. 그곳에는 곤드와나와 로렌시아의 충돌 영향을 고스란히 받은 퇴적암과 화산암으로 된 두꺼운 지층 더미가 있다. 으깨진 지대라고 해도 좋을 것이다. 처음에 거대한 두 땅덩어리 사이의 암석들은 구겨짐으로써 압력을 해소시켰고, 그 다음에는 서로 미끄러지면서 위아래로 배열됨으로써 지각을 줄이는 동시에 두꺼워졌다. 아마도 처음에 그 두꺼운 더미는 지각 깊숙한 곳의 지열 기울기를 완화시켰을지 모른다. 하지만 지열 기울기가 회복되자, 그 습곡 더미들의 아래쪽은 가열되기 시작했고, 암석을 구성하는 광물들은 서서히 불안정한 상태에 들어갔다. 그것들은 주변의 열과 압력이라는 새로운 환경 조건들에 맞추어 변화할 필요가 있었다. 변성 작용이 일어나기 시작한 것이다. 그렇게 생성된 광물들은 현재 암석 속에 "동결되어" 있다. 수천 년의 시간이 흐른 뒤에 지구라는 깊은 냄비에서 꺼내진 것이다. 석류석과 운모는 지층들이 어떤 고초를 겪었는지 시끄럽게 떠들어대고 있다. 그것들은 온도계와 압력계의 화석과 같으며, 우리는 그 바늘이 가리키는 숫자를 읽을 수 있다. 몇몇 장소에서는 변성이라는 왜곡 프리즘을 거쳤음에도, 사라진 풍경을 담은 빛바랜 사진들처럼 원래의 지층들과 습곡을 아직 식별할 수 있다. 암석들이 너무 심하게 변형되어서 땅의 압착에 적응할 때 광물들이 어떻게 성장했는지를 보여주는 띠들만 남아 있는 곳들도 있다. 트랜스캐나다 고속도로에서 그리 멀지 않은 곳에서 보았던 분홍빛 암석들, 즉 혼성암들은 녹기 시작해서 화강암과 그리 조성이 다르지 않은 혼성암 용액(magmatic juice)이 스며나올 정도로 변형되었다. 용액 상태의 석영이 쥐어짜졌고, 그것은 주변 암석들로 스며들어 틈새와 빈 공간을 채웠다. 마지막으로 화강암 마그마가 모든 것의 중심으로 밀려들었다. 그리고 그런 일들이 벌어지고 있는 사이에 산맥은 계속 성장했다. 세계는 탕탕 치지도 않고 끙끙거리지도 않으면서 다음과 같은 방식으로 휘어진다. 지각은 처음에는 주춤거리며 물러나고 구부러지다가 지구조의 가차 없는 힘들에 굴복한다. 그런 다음 더미가 쌓아올려지고 단층이 생긴다. 조산운동이 진행됨에 따라서 암석들은 새로운 환경에 적응하기 위해서 가열되고 물질의 조성이 바뀐다. 마지막으로 녹을지도 모른다. 대륙에서 일어나는 그런 연쇄 작용을 아무리 냉정한 어조로 설명한다고 해도 극적인 상상이 떠오르는 것을 막기는 어렵다. 그 휘어지고 치솟고 구워지는 과정들을 하나하나 설명하기에는 단어가 부족하다.

따라서 뉴펀들랜드를 가로지르는 여행은 이아페토스 시대로 돌아가는 여행이다. 세인트존스의 절벽 꼭대기에 서면 앞서 존재했던 그 바다를, 대서양보다 더 넓었던 바다를 상상할 수 있다. 카우헤드에서 잠시 멈춰 서서 침엽수림 향내를 맡으면, 그것이 그 뒤에 파괴된 모습을 떠올릴 수 있다. 모든 증거는 땅에 놓여 있다. 해변에 있는 자갈 하나조차도 수억 년 전에 사라진 그 바다와 관련 없는 것은 없다. 지금은 그 옛 해저 위를 또다른 바다가 뒤덮고 있다. 그 바다는 예전에 땅속에서 새롭게 벼려졌던 암석들을 다듬고 있다. 과거에 대규모 사태가 일어났던 해안선을 따라가보라. 한때 삼엽충들이 위태롭게 달라붙어 있었던 무너진 화산암들은 지금 따개비로 뒤덮여 있다.

뉴펀들랜드는 예전 바다의 수많은 모습들 중 한 단면만을 보여줄 뿐이며, 그 바다의 모습을 전부 다룬다면 이 책은 훨씬 더 길어질 것이다. 여기서는 간략하게 요약할 수밖에 없다. 행크 윌리엄스는 자신의 지대들을 남쪽의 애팔래치아 산계까지 쭉 이어서 지도에 그렸다. 아발론은 캐나다 동부까지 이어졌다. 일찍이 1887년에 마르셀 베르트랑도 그렇게 이어진다는 것을 알아차린 바 있다. 쥐스는 베르트랑을 "대담한 손으로 경향들을 이어 선들을 그린 인물"이라고 평했다. 다른 지대들은 캐롤라이나와 그 너머까지 죽 이어져 있었다. 뉴잉글랜드의 일부 지역들에서는 변성암 지대가 넓게 펼쳐져 있었고, 새로 지도를 작성한 결과 거대한 나페들이 드러났다. 과거의 관찰 결과들도 쌓인 먼지를 떨어내고 고대의 지각판들이라는 새로운 관점에서 조사되었다. 에두아르트 쥐스는 애팔래치아 산맥에서 수평 이동이 있었음을 알아차렸고, 그것들이 서쪽에서 밀려왔다고 추측했다. 또 그는 블루 산맥 같은 선을 이루며 길게 뻗어 있는 지형적인 특징들을 어떻게 설명해야 할지 고심했다. 그는 지구 전체의 메커니즘을 구상해야 했고, 결국 땅속이 수축된다는 설명을 택했다. 그것이 바로 위에 덮여 있는 지각을 연약대를 따라 미끄러지고 구부러지게 만든 원인이었다. 그것은 독창적이지만 천진난만한 견해였으며, 땅속에서 수축이 일어났다는 증거는 전혀 발견되지 않았다. 그런 상황에서 애팔래치아 산맥을 다시 살펴본 지질학자들은 판구조론적 해석이 계시나 다름없다는 것을 알아차렸다. 전혀 상관없었던 관찰 결과들이 모두 제자리에 들어맞는 듯했다. 이 화산암 지반은 호상열도와 관련이 있었다. 화학적 조성을 조사해보니 해양에서 생긴 것임이 드러났다. 과학은 이해의 토대가 마련되면 수많은 작은 발전들을 통해서 나아간다. 큰 그림이 그려지고 나면 색깔 채우기를 시작할 수 있다. 그리고 지향사는 어떻게 되었을까? 그것들은 그저 대륙 가장자리를 따라 있는 조금 다른 지점들을 뜻하는 것에 불과했다. 로렌시아 탄산염 탁상지에서 대륙 쪽 가장자리는 지층들이 그다지 두껍지 않았다. 그보다는 대양 쪽 가장자리가, 특히 호상열도 옆의 분지가 화산암과 셰일과 처트까지 층층이 두껍게 쌓이면서 지층이 더 두꺼울 것으로 예상되었다. 즉 지향사는 판구조론의 "부수 현상"으로 전락했다.

　이제 북쪽 칼레도니아 산맥으로 가자. 그곳에서도 많은 사람들이 똑같은 깨달음을 얻었다. 새로운 관점에서 검토할 수 있는 오래된 현장 자료들은 무수히 널려 있었다. 망치를 두드리면서 돌아다닌 세월이 150년은 족히 되었으니 말이다. 잉글랜드와 웨일스는 아발로니아의 일부였다. 내가 하천 바닥과 채석장에서 채집한 화석들은 결코 거짓말을 하지 않았다. 스코틀랜드 북서부의 석회암들은 현재 대서양의 반대편에 있는 것들의 한 부분, 즉 로렌시아의 길 잃은 조각이었다. 그것들은 층리면들에 박혀 있는 작은 고둥류들에 이르기까지 포트오포트 반도에 있는 것들과 똑같았다. 따라서 웨일스와 더니스 사이에는 이아페토스의 잔해가 놓여 있는 셈이었다. 뉴펀들랜드보다 훨씬 덜하기는 하지만, 스코틀랜드에도 오피올라이트가 있었다. 밸런트래 해안에 있는 베개 용암과 사문암과 처트, 즉 슈타인만의 유명한 "삼위일체"도 있었다. 지질 지도에서 "밸런트래 화산암"이라는 말을 빼고, 대신 "밸런트래 오피올라이트"를 넣어라. 그것이 사유의 대혁명이 빚어낸 세속적 결론이다. 그리고 양들과 가학적인 등산가들만이 오르는 험난한 헐벗은 산들로 이루어진 서던업랜드의 습곡과 단층으로 가득한 암석들이 있다. 그것들도 전혀 다른 관점에서 볼 수 있게 되었다. 그 지역이 북동−남서 방향의 "묶음들"로 나누어져 있다는 것은 이미 알려져 있었다. 혹시 그것들이 나중에 달라붙어 성장한 기둥들일까? 해양 지각판이 섭입대에서 가라앉을 때, 지각판 위에 쌓여 있던 퇴적물들은 파괴되지 않고 앞쪽에 있는 대륙에 맞닿아 "벗겨져 위로 올라갈" 수 있다. 런던 임페리얼 칼리지의 제러미 레깃은 서던업랜드를 그런 식으로 "읽을" 수 있음을 보여주었다. 그는 스코틀랜드의 암석을 파키스탄 마크란의 암석들과 비교했다. 마크란에서는 더 최근에 일어난 해양 사건들을 통해서 똑같은 부착(附着) 성장이 일어나 히말라야 산계의 일부를 형성했다. 스코틀랜드에서 필석류를 지닌 셰일과 각사암 절편들은 예상한 대로 얇게 찢겨진 형태로 쌓아 올려졌다. 물론 이것은 섭입대가 현재의 솔웨이퍼스에 있는 단층을 따라 서던업랜드의 남쪽에 놓여 있어야 함을 의미했다. 이 지역을 심층 지구물리학으로 조사해보니, 찾고 있던 증거인 깊은 곳에서 북쪽으로 가라앉고 있는 단층의 "그림자"가 보였다. 그것은 "화석"이 된 섭입대였다. 더 남쪽에 있는 레이크디스트릭트는 오르도비스기의 화석들을 통해서 아발로니아에 속해 있었다는 사실이 드러났다. 따라서 이아페토스의 본체는 서던업랜드와 레이크디스트릭트를 나누면서 북동−남서 방향으로 놓인 칼레도니아 산맥에 난 솔웨이 단층을 따라서 사라진 것이 분명하다. 그 짧은 구간에서 한 대양의 진혼곡이 울려 퍼지고 있다. 최근에 영국 지질 조사국 직원들이 밝혀낸 함몰되고 굴러떨어진 레이크디스트릭트 암석들은 이아페토스의 반대편인 카우헤드에서 굴러떨어진 덩어리들을 생각나게 한다.

하일랜드에는 변성이 심하게 일어난 지대가 있다. 편마암과 화강암으로 단단해진 그곳의 지질은, 설령 그것들이 과거의 위엄을 어렴풋이 드러내는 그림자에 불과하다고 할지라도 여전히 장엄한 산들을 이루고 있다. 하일랜드에 있는 온갖 방식으로 구워지고 압착된 퇴적물들은 원래 로렌시아에 쌓여 있던 것이 분명하다. 그 대륙의 잔재임이 분명한 것이 미들랜드 계곡의 가장자리(더 젊은 암석들이 우세한 곳)와 서던업랜드에 남아 있기 때문이다. 그 지역은 크게 두 부분으로 나누어진다. 북쪽의 심하게 변성된 모인(Moine) 암석 지대와 남쪽과 동쪽의 덜 학대받은 댈러디언(Dalradian) 암석 지대이다. 하일랜드 암석 중 일부는 습곡 작용이 일어난 나페들로 되어 있으며, 한 세대의 헌신적인 현장 지질학자들이 그것들을 지도에 기입했다. 그들은 테이(Tay) 나페와 그 친척들을 통해서 영원히 기억될 것이다. 그 구조들은 모인 충상이 그랬듯이, 전체적으로 북서쪽으로 "밀렸다." 하일랜드의 역사는 훨씬 더 복잡하며, 고대 산계의 다른 부분보다 더 오랜 시간에 걸쳐 형성되었다. 역사상 훨씬 더 이전 단계에 속하는 암석들은 칼레도니아 산맥의 대륙 잔해들과 뒤섞여 있다. 이런 복잡한 지질 양상 중 몇 가지는 방사성 연대 측정법을 통해서 규명되어왔으며, 지금도 해독 작업이 진행 중에 있다.

오래 전 해안을 배로 탐사할 때 깨달았듯이, 노르웨이 칼레도니아 산맥도 전체적으로 변성되어 있다. 이제 판구조론의 맥락을 통해서, 우리는 그것이 나페들의 거대한 더미라는 것을 이해하기 시작한다. 그것들은 서쪽, 즉 이아페토스가 있던 곳에서 유래한 것이다. 양편에 있던 대륙들이 합쳐지는 상황(뉴펀들랜드에서와 달리 "부드러운" 닫힘이 아니었다)에 적응하기 위해서 조산운동이 벌어질 때, 압착되어 나온 것들은 우리가 남쪽에서 보았던 로렌시아 쪽으로의 이동과 반대 방향의 움직임을 보였다. 노르웨이 나페들은 반대로 동쪽으로 움직였다. 나는 그 더미에서 더 멀리 이동한, 즉 가장 위에 있는 나페들이 이아페토스의 로렌시아 쪽에서 유래했다는 화석 증거들이 많다고 앞에서 언급했다. 이제 우리는 바다가 닫혔다는 것을 알고 있으므로, 그 말이 옳은지 규명할 수 있다. 계속되는 압착은 암석 덩어리들을 중심에서 주변으로 차례로 밀어댔고, 가장 멀리 있던 것을 맨 마지막에 밀었다. 일부 나페에 작은 주머니처럼 남아 있는 오피올라이트들은 그 대양 자체의 잔재이다. 그것들은 사과 과즙 압착기에서 눌려 빠져나온 사과 씨 같은 것임이 분명하다. 거대한 산계의 이 부분은 지금도 고산 지대처럼 느껴지며, 그곳의 지질은 그런 느낌에 걸맞다.

산계 전체의 역사를 이렇게 짧게 요약하니, 느슨했던 이야기들을 하나로 묶고 범인의 정체를 드러내는 "추리소설"의 결론처럼 깔끔한 느낌이 든다. 여기에 다시 복잡성을 더한다면 유감스럽게 느껴질 것이다. 그러나 자연은 처음에 언뜻 보았을 때와 달리 깊이 파고들수록 오묘해진다. 돌이켜 생각하면, 북반구 전체에 걸쳐 있는 산계가 거대한 두 지각판의 충돌로 설명될 수 있을 만큼 단순하다면 그것이 오히려 놀라운 일일 것이다. 실제로 그것은 더 복잡하다는 것이 밝혀졌다. 투조 윌슨의 직관 자체는 여전히 핵심을 이루고 있기는 하지만 말이다.

그 복잡성들 중 맨 처음에 드러난 것은 고대 대륙들 자체에 관한 것이었다. 로렌시아는 나름대로의 특징을 가지고 있었고, 후속 연구들은 계속 그 점을 재확인하는 역할만 할 뿐이었다. 하지만 이아페토스의 동쪽은 전혀 달랐다. 발트 해를 중심으로 한 지역은 현재 지정학상으로 수많은 나라가 들어서 있다. 노르웨이, 스웨덴, 핀란드, 러시아 동부, 에스토니아, 라트비아, 리투아니아가 그렇다. 그러나 고대의 지질은 인간이 설정한 국경들을 무시한 채 이 지역 전체에 걸쳐 있다. 오르도비스기의 지층들은 아주 균일한 것이 특징이므로, 하나의 오르도비스기 지층이 대부분의 지역에 걸쳐 펼쳐져 있다는 주장이 나올 정도였다. 그 지역 전체에는 서로 아주 흡사하고 아주 오래된 "기반암"이 깔려 있었다. 발트 실드(Baltic Shield)가 그것이었다. 이 지역 전체를 발티카라고 부르는 것도 그리 놀랄 일은 아니다. 오르도비스기 중 더 앞선 시기에, 즉 벨 섬의 지층들이 쌓인 시기에 발티카는 대부분 얕은 바다였다. 이 시기는 화석으로 가득한 얇은 석회암 지반을 유산으로 남겼다. 그 지층에는 내가 좋아하는 삼엽충들뿐만 아니라, 완족류 같은 다른 패각류들도 많이 들어 있다. 특이한 사실은 그것들이 같은 시대의 아발로니아나 북아메리카의 화석들과 전혀 다르다는 것이다. 그것들은 모두 그곳에서만 나타나는 종류였다. 그 석회암도 지금의 열대가 아니라 온대 지역에서 쌓이는 전형적인 퇴적물이다. 아발로니아에서 발견되는 삼엽충들(네세우레투스가 기억나는지?)이 발티카에서는 전혀 나오지 않는다. 그러나 우리는 그것들이 유럽 남부와 중부, 아프리카 북부 전체에서 흔히 발견된다는 점을 이미 말한 바 있다. 더 이야기를 해야 할까? 아무튼 발티카가 유럽 남부와 연결되어 있다는 점을 생각할 때, 그 동물들이 이아페토스의 동부 해안에는 전혀 살지 않았다는 것은 말이 안 되는 듯하다.

해답은 오르도비스기 초에 아발로니아와 발티카를 나누는 두 번째 바다가 있었다는 것이다(280쪽 그림). 로빈 콕스와 나는 1982년 그 바다에 톤퀴스트 해라는 이름을 붙였다. 바다가 있었으면 하고 우리가 바랐던 곳과 다소 일치하는 곳에 유럽을 가로지르는 지구조 선이 놓여 있다는 것을 인식한 지질학자의 이름을 딴 것이다. 즉 이아페토스의 동쪽 해안은 둘로 나누어져 있었다. 그렇게 생각하면 같은 시기에 양쪽에서 서로 다른 삼엽충들이 살았던 이유가 쉽게 설명된다. 또 우리는 아발론이 붙어 있던 곤드와나 대륙이 찬물에 있었던 반면, 발티카는 온대 위도에 있었다는 것도 알았다. 이 수수께끼를 푸는 간단한 방법은 그 둘이 물리적으로 격리되어 있었다고 보는 것이다. 시간이 좀 걸리기는 했지만, 결국 고지자기 증거들을 통해서 톤퀴스트 해의 존재가 입증되었다.* 톤퀴스트 해의 경계선을 따라 조산대가 있었고, 나중에 그 위를 젊은 암석들이 뒤덮었다. 그 경계선은 바다가 닫힌 흔적이었다. 그 바다는 이아페토스가 닫히기 오래 전에 닫혔다. 요약하자면, 두 대륙이 합쳐지는 모형이 세 대륙이 합쳐지는 모형으로 바뀐 것이다.

---

* 나는 『삼엽충 : 진화의 목격자(*Trilobite! Eyewitness to Evolution*)』에서 톤퀴스트 해의 존재를 입증하기 위해서 싸워온 과정을 상세히 다룬 바 있다. 그 책을 쓰는 데는 10년이 넘게 걸렸다.

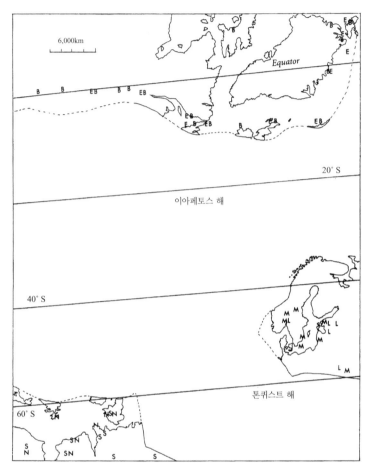

1982년 로빈 콕스와 나는 4억7,500만 년 전인 오르도비스기 초에 아발로니아와 스칸디나비아 사이에 톤퀴스트 해가 있었다는 주장을 내놓았다. 그림에 있는 글자들(BMLSN)은 고대 대륙들에서 발견되는 전형적인 화석들을 뜻한다. 예를 들면, N은 이 책에서 여러 번 마주쳤던 네세우레투스를 뜻한다. 『런던 지질학회지(*Journal of the Geological Society of London*)』에 실렸던 논문에서 인용.

상황은 더 복잡해진다. 곧이어 아발로니아도 단지 곤드와나에서 툭 튀어나온 갑이 아니라 더 흥미로운 곳이라는 사실이 드러났다. 아발로니아는 곤드와나 대륙 본체에서 갈라져서 자체 추진력으로 (즉 적절한 지각판에 실려서) 고대 바다를 가로지르는 여행을 떠났다. 호상열도를 선발대로 앞세우고서 말이다. 화석들과 고지자기 자료들은 이런 해석을 뒷받침한다. 나는 이 땅덩어리의 움직임을 파악하는 일에 영국 납세자들이 낸 세금을 꽤 많이 썼다. 그 돈으로 값비싼 컴퓨터 장치들을 구입하고 박사후 연구원인 데이비드 리스를 고용했다. 그 연구는 잉글랜드, 웨일스, 남아일랜드, 뉴펀들랜드 동부를 비롯한 캐나다 동부 일부를 대상지로 삼았다. 약 4억8,000만 년 전인 오르도비스기 초에 아발로니아는 곤드와나 가까이에 있었다. 그랬으므로 벨 섬과 프랑스와 모로코에 비슷한 삼엽충이 살았던 것이다(우리의 오랜 친구인 네세우레투스를 비롯해서). 하지만 오르도비스기가 경과할수록 곤드와나와의 유사성은 서서히 줄어들었고, 대신 발티카와의 유사성이 커져갔다. 즉 아발로니아는 톤퀴스트 해를 가로질러 발티카로 가고 있었던 것이다. 오르도비스기 내내 그것은 북쪽으로 움직였다. 그것은 오르도비스기가 끝날 무렵 발티카에 부드럽게 접안했을지도 모른다. 이아페토스는 그 둘이 완전히 합쳐진 뒤에 닫혔다. 현재 아발로니아는 소대륙의 "화석"과 같은 것이라고 여겨진다. 즉 독자적인 역사를 가진 비교적 작은 대륙 지각 덩어리였다. 그것은 마다가스카르 섬 같은 소대륙에 상응하는 것이었을지 모른다. 그렇다면 크기가 상당했다고 할 수 있지만, 어쨌거나 "소"라는 말은 상대적인 용어일 뿐이다. 산맥을 솟아오르게 할 정도로 컸다는 것은 분명하다.

웨일스에는 아발로니아가 여행했다는 증거들이 많이 남아 있다. 스노도니아의 산들에는 화산암이 많다. 아발로니아에서 가장 장엄한 봉우리에 해당하는 그곳과, 몹시 황량한 그 주변 지역은 한때 화산 폭발이 연달아 일어났던 곳이다. 위로 오르다 보면 산 중턱에 이랑처럼 과거의 화산재들이 흘러내린 자국을 볼 수 있다. 축축한 비탈에는 보기 드문 양치류와 빙하기의 유물이라고 할 만한 꽃들이 자라고 있다. 이 모든 것들이 분출한 화산재들이 남긴 것이다. 그것은 지금 당신의 목 뒤를 간질이는 빗방울들을 떨구는 하늘이 예전에는 격렬한 화산 폭발로 어두컴컴했다는 것을 입증한다.

웨일스의 화산들은 O. T. 존스와 W. J. 푸 같은 지질학자들의 연구 대상이었다. 그들은 "대륙이동설"이 받아들여지기 이전 시대에 고대의 해안선을 지도에 담았고, 분화구들의 "목"에 달라붙었던 *끈끈한* 암석들을 찾아냈다. 나중에 판구조론의 관점을 받아들이자, 그것들이 섭입과 연관되어 일어난 폭발적인 분출의 산물들이라는 사실이 명백해졌고, 현대에 용암들의 화학적 조성을 분석한 결과들도 그 점을 뒷받침한다. 대륙 지각은 해양에서 유래한 현무암질 마그마와 뒤섞여서 독특한 "혼합" 서명을 남겼다. 잠시이기는 해도 캄브리아 산맥의 밑에 남쪽으로 가라앉는 섭입대가 있었던 것이다. 퇴적암과 화산암으로 두껍게 채워져 있기 때문에, 예전에는 지향사라고 불리곤 했던 웨일스 분지는 사실 현재 카디건 만 주위에 높이 솟아 있는 오르도비스기의 화산들 뒤쪽에 "푹 꺼져 있던" 해역에 다름 아니었다. 그 화산들은 도도새보다 더 오래 전에 죽은 것들인 셈이다. 그중 스노든 산이 가장 두드러진다.

따라서 땅의 표면을 이해해가는 과정을 담은 이야기는 이동의 자유 확대에 관한 이야기였다. 맨 처음에는 고정된 불변의 세계가 있었다. 그 세계에서 변화란 겁이 많은 인류에게 도덕적 교훈을 주기 위해서 전능한 존재가 자신의 힘을 드러냈을 때 나타나는 홍수와 역병 같은 자연의 위력을 보여주는 파괴뿐이었다. 그래도 인간은 시간이라는 것을 이해하고 있다고 생각했다. 우리가 자연에 속해 있으며, 개인이란 덧없는 존재라는 것을 잘 알고 있었기 때문이다.

오 모든 것을 자르는 시간이여!
여기에 누가 있었다는
기념비조차 남지 않았구나.

17세기의 시인 로버트 헤릭은 그렇게 우리의 덧없음을 묘사했다. 나중에 지질학적 시간을 이해하게 되면서, 우리 종을 기준으로 삼는 자기중심주의는 상당 부분 해소되었다. 하지만 대륙들을 정박지에서 풀어놓기까지는 더 많은 시간이 흘러야 했다. 맨 처음 대서양이 판게아를 가르면서 열리게 되었다. 땅은 움직였다. 우리는 사라진 세계들과 사라진 생물들을 자유롭게 상상할 수 있게 되었다. 그것은 낭만적이기는 했지만 불안하기도 했다. 역사적 확실성을 잃었기 때문이다. 그 다음에는 판게아 자체가 지구 역사의 한 국면에 불과하다는 것이 밝혀졌다. 그 초대륙은 더 심오한 현실을 드러낸 것이 아니었다. 그것도 역시 스쳐 지나가는 덧없는 것에 불과했다. 변화 외에 영원한 것은 없다. 대서양은 열렸지만 이제 그보다 오래 전에 닫혔던 바다가 있었다는 것, 즉 사라진 이아페토스가 있었다는 것이 밝혀졌다. 이아페토스의 대륙 경계도 우리가 현재 보고 있는 것과 달랐다. 아발로니아와 발티카는 유럽과 아메리카의 지도에서 그다지 눈에 띄지 않는 부분이었다. 그것들은 더 심오한 지질학적 현실을 이해하고 나자 제대로 조명받게 되었다. 그 현실은 지금도 자랄 수 있는 작물의 종류와 마을을 세울 때 쓸 수 있는 석재의 종류에 영향을 미치고 있다. 그것은 현재의 대륙들보다 더 오래된 것이다. 지질학적 무의식을 부정할 수는 없다. 그것이 여전히 우리가 땅을 이용하는 방식을 인도하고, 경작을 지배하기 때문이다. 우리는 모든 면에서 지하 세계에 얽매여 있다.

소개할 자유의 메커니즘이 하나 더 있다. 스코틀랜드의 그레이트 글렌 단층(Great Glen Fault)이나 행크 윌리엄스가 말한 뉴펀들랜드의 지대들처럼 남서–북동 방향으로 길게 뻗은 단층들을 떠올려보라. 이것들은 지각을 깊이 가르고 있는 거대한 균열들이다. 그것들은 드넓은 지역을 조각조각 자르는 역할을 한다. 각 조각들은 독특한 특징들을 가지고 있을 때가 많다. 이웃 조각에서는 발견되지 않은 독특한 누층이 한 예이다. 학자들은 곧 이런 조각들의 경계를 이루는 단층들이 대규모 이동을 나타내는 표시일 수도 있음을 깨닫게 되었다. 즉 서로 접하고 있는 두 조각이 오랜 기간에 걸쳐 서로 미끄러져온 것이라면, 원래는 현재 위치가 아닌 서로 아주 멀리 떨어진 곳에 있었을지도 모른다. 아메리카의 태평양 해안에는 이런 이동을 보여주는 사례들이 있는데, 가장 유명한 예가 캘리포니아에 있는 샌안드레아스 단층이다. 그곳에서는 넓적한 판 모양의 지각이 이웃 지각들 옆으로 미끄러지고 있다. 주요 단층들 사이의 영역을 "봉합지(terrane)"라고 한다. 또 원래 있던 위치가 의심스럽다면 "잠정 봉합지(suspect terrane)"라고 해야 할 것이다. 조산대는 봉합지들이 부가되면서 하나가 되었다. 봉합지들은 마침내 서로 맞닿았을 때에야, 여러 사람들이 한 담요를 덮고 있는 것처럼 암석들을 공유하게 되었을 것이다. 따라서 이제 소대륙과 섬들은 말할 것도 없이 대양의 닫힘뿐 아니라, 조각들을 뒤섞어 만든 조각보까지 등장했다. 조각들은 일단 정박지에서 풀려나자 주마등처럼 지나갔다. 이제 여태껏 알고 있던 모든 것을 잊자. 그러면 세계를 재구성할 수 있다.

큰 지각 조각들이 원래 어디에 있었는지를 놓고 학자들은 끊임없이 논쟁을 벌이고 있다. 아발로니아가 원래 오르도비스기에 아프리카 서부에 있었다고 믿는 사람들도 있다. 나중에 움직여서 지금처럼 칼레도니아 산맥이 있는 곳으로 간 것이다. 예전에는 화석들이 별 도움이 되지 못했다. 곤드와나 지역이었던 곳에서 발견되는 화석들이 비슷비슷했기 때문이다. 그렇다면 아발로니아가 전에 어디에 있었는지를 어떻게 입증할 수 있을까? 그러려면 출발점으로 삼을 지각을 바로 옆에 들어갈 지각과 끼워맞추는 데에 필요한 일종의 지질학적 "지문"이 있어야 한다. 현재 그런 중요한 검사 수단을 찾아내려는 연구가 이루어지고 있다.

전망이 엿보이는 한 가지 조사 방법은 지르콘 결정을 이용하는 것이다. 규산지르코늄인 지르콘은 화강암에 흔히 들어 있는 미량의 성분으로서 아주 안정적인 광물이다. 매우 단단하기 때문에 화강암이 풍화해 사라져도 지르콘은 남아서 물에 휩쓸려 하천으로 들어갔다가 결국 바다에 안착한다. 그 작은 지르콘 결정들은 나중에 사암의 구성 성분이 되기도 한다. 사암에는 석영 알갱이 1만 개당 지르콘 알갱이가 하나 들어 있다. 그 흔한 석영들에서 희귀한 지르콘 결정을 분리해야 한다. 지르콘은 방사성 납을 약간 함유하고 있다. 즉 모암인 화강암에서 그 결정이 언제 생성되었는지를 알려주는 "시계"를 지니고 있는 셈이다. 신뢰할 만한 결과를 얻으려면 미량의 납 동위원소를 아주 정확히 측정해야 한다. 매사추세츠 공과대학의 샘 바우링 연구실과 뉴욕 시러큐스 대학교의 스콧 샘슨 연구실은 이 분야에서 가장 앞서 있다. 나는 시러큐스의 연구실을 방문한 적이 있는데, 가장 인상적인 것은 플라스틱 병들이었다. 채집병들에 남아 있는 납 원자들을 마지막 하나까지 모조리 떼어내려면 2년 넘게 계속 씻어야 한다. 즉 끊임없이 정제하고 또 정제해야 한다. 그런 지루한 일이 끝난 뒤에, 핀 머리에 놓일 정도로 작은 지르콘 결정 하나를 이용해서 연대를 100만 년 단위 이내까지 정확하게 측정한다. 10억 년 단위의 연대를 추정하는 데에 오차 한계가 그 정도밖에 안 된다는 것은 대단한 기술적 성과이다. 이것은 지질 연대 측정법의 정밀도가 새로운 단계에 올라섰다는 의미이기도 하다. 현재 우리는 오르도비스기의 끝이 4억8,900만 년에서 50만 년 범위 내에 있다는 것을 알고 있다. 지르콘의 연대를 정확히 측정하는 방법은 봉합지의 원래 위치를 찾는 데에도 유용하다. 아발로니아가 한때 아프리카에 있었다면, 그 대륙에서 지르콘을 비롯한 퇴적물들을 받았어야 한다. 그 거인은 사방에 온통 비듬을 떨어뜨렸을 테니까 말이다. 조사 결과 아발로니아의 지르콘들과 아프리카 대륙에 영향을 미친 선캄브리아대 조산대의 지르콘들은 시대적으로 서로 관련이 있다는 것이 드러났다. 반면에 그것들은 현재 아발로니아와 가까운 브르타뉴나 노르망디에 있는 지르콘들과 시대가 다르다. 이 새로운 증거들은 아발로니아가 정말로 아프리카에서 지금 있는 곳으로 여행했다는 것을 시사한다. 다른 증거들도 그렇게 여행을 했다는 것을 입증할까? 그 대답은 조금 더 기다려야 할 것이다.

이제 세계 전체로 다시 시선을 돌리기로 하자. 애팔래치아-칼레도니아 산계는 사라진 고대 바다가 남긴 흉터이다. 판게아는 더 이전에 흩어져 있었던 대륙들이 서로 붙어서 생긴 초대륙임이 분명했다. 오르도비스기의 세계는 땅덩어리들이 붙어 있었던 페름기의 세계에 비해서 우리 세계와 더 가까웠다. 즉 대륙들이 흩어져 있었다. 판구조론은 판게아 시대에서 시작된 것이 아니었다. 그 이전부터 대륙들은 한가롭게 지구 전체를 계속 느릿느릿 움직이고 있었다. 땅의 역학은 마지막에 있었던 초대륙이 갈라지기 훨씬 이전부터 한결같이 작용해왔다. 이 관점은 찰스 라이엘이 떠올렸던 것보다 훨씬 큰 변형까지 포괄한다. 하지만 화석이 된 습곡대와 섭입대를 해석하려면 현재 "살아 있는" 그것들을 보라는 그의 원칙들을 적용할 때마다 우리는 그의 과학적 방법이 대단히 효과적이라는 사실을 다시금 확인하게 된다. "세라피스 신전"에서 시작된 추론은 세계를 재구성했다. 그리고 또다시 재구성했다.

그 논리를 그대로 적용한다면 지구의 표면에 있는 습곡대라는 고대의 흉터들은 모두 과거에 섭입이 일어난 곳, 즉 사라진 대양의 증거라고 보아야 한다. 그곳에는 화산암들이 있을 것이고, 그와 관련된 두꺼운 퇴적암 지층들이 한때 지향사라고 불렸던 전형적인 특징을 나타내고 있을 것이다. 부지런한 연구자라면, 그곳 어딘가에서 오피올라이트로 뒤덮인 지역을 찾아낼지도 모른다. 홍보 담당자라면 그것을 한 "묶음"이라고 부를 것이다.

이 고대의 습곡대 중에는 눈에 잘 띄는 것들도 있다. 러시아의 지형도를 보면 융단에 나 있는 주름처럼 우랄 산맥이 러시아를 거의 반으로 가르고 있다. 그 산맥은 노바야제믈랴라는 북극의 섬에서 남쪽으로 향하면서, 끝없이 펼쳐져 있는 황량한 시베리아 타이가 및 스텝 지대와 서쪽의 러시아 탁상지를 나누고 있다. 이 선은 고대 대륙인 발티카의 동쪽 경계에 해당한다. 예전에는 사라진 바다가 그 대륙과 이웃한 시베리아를 나누고 있었다. 데본기에 그 바다가 닫히면서 초대륙 판게아의 또다른 부분이 합쳐졌

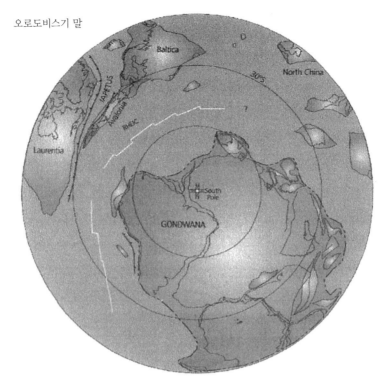

변화의 연속. 오로도비스기 말의 세계 지도. 오로도비스기 내내 톤퀴스트 해는 사라져갔고, 곤드와나와 발티가 사이에 레익 해(Rheic ocean)가 넓어지고 있었다.

다. 에두아르트 쥐스도 시베리아 대륙이 판게아의 중요한 조각임을 깨닫고 있었다. 그는 그것을 "안가라(Angara)"라고 불렀다. 안가라와 발티카 사이의 닫힌 선을 따라 오피올라이트가 형성되어 있고, 거기에 세계 최대의 구리 광산 몇 군데가 자리를 잡고 있다. 마찬가지로 중국의 한가운데에는 친링 산맥이 가로지르고 있다. 이 선을 통해서 지질학자들은 세계에서 가장 통일된 문명인 한족의 문명이 바다가 사라짐으로써 합쳐진 별개의 두 지질 토대 위에 서 있음을 알게 되었다. 그밖에도 그다지 두드러지지는 않지만, 오래 전부터 알려져 있던 습곡대들이 있다. 우리는 앞에서 에두아르트 쥐스가 헤르시니아 산계라고 불렀던 바리스칸 산계를 잠깐 살펴보았다. 그 습곡대는 서쪽에서 유럽을 거쳐 동쪽으로, 즉 잉글랜드 서부의 콘월에 있는 울퉁불퉁한 절벽들과 골짜기들에서 중부 유럽을 거쳐 알프스 산맥 북부까지 뻗어 있다. 또 하나의 바다가 사라진 흔적이다. 그 바다는 유럽을 나누고 있다가 석탄기 때 닫혔다. 이 바다의 이름은 레익 해였다. 뉴펀들랜드에서 이아페토스를 말할 때 한 것처럼, 이 각각의 고대 바다들을 한쪽 끝에서 다른 쪽 끝까지 지질학적으로 가로지르는 여행을 할 수도 있을 것이다. 수천 명의 지질학자들이 땅 위를 기어다니면서 이 고대 산계들을 판구조론의 관점에서 해석하고 있는 모습을 상상해보라. 지구물리학자들은 새로운 장비를 들고 고대의 솔기들을 조사하고, 그 지하 구조를 읽어내기 위해서 애쓰고 있다. 지구화학자들은 희귀 원소들의 분포를 살펴보고 있다. 숲이 우거진 중부 유럽의 산들을 조사하기도 하고, 살얼음이 뒤덮인 북극권의 습지를 조사하기도 하는 등 지금도 줄기차게 이루어지고 있는 연구 과제이다. 애팔래치아 산맥에서 말했듯이, 어떤 질문에 대한 대답은 조사해야 할 질문을 10여 가지 더 낳게 마련이다. 봉합지에 관해서도 논쟁이 벌어지고 있다. 시대 결정에 관한 논란들도 있다. 화산의 형성에 해양 지각이 하는 역할을 놓고서도 견해 차이가 벌어진다. 하지만 판구조 모형이 없었더라면, 불평하지 않는 암석들을 놓고 무슨 질문을 해야 할지 아무도 몰랐을 것이다.

　대서양을 다룰 때 살펴본 것처럼 몇몇 고대의 바다들은 과거의 약한 선들에 따라서 열렸다. 세월은 그 옛 상처들을 다시 헤집었다. 현재 우리는 땅이 온갖 방식으로 꿰맨 엉성한 모자이크 같다고 생각할 수도 있다. 과거의 지각판들이 고비를 넘길 때 생긴 흉터들이 대륙들을 가로지르고 있다. 일부 산맥들은 장엄했던 예전 모습의 그림자에 불과하다. 현재 우랄 산맥은 평균 높이가 고작 1,000-1,300미터에 불과하다. 다른 오래된 습곡대들은 여전히 빙하를 머리에 이고 있다. 현재는 그 어떤 산맥도 가장 최근에 대륙이 이동한 결과로 생긴 히말라야 산맥의 장엄함을 넘보지 못한다. 하지만 이 거대한 산맥도 수백만 년의 세월을 거치면 낮아질 것이다. 대륙끼리 충돌할 때 일어난 조산운동으로 가벼운 대륙 지각이 두꺼워지면, 그 땅덩어리는 필연적으로 얼음과 바람 같은 고도를 낮추려는 거센 자연력 앞에 노출될 수밖에 없다. 히말라야 산맥도 언젠가는 옛 땅의 표면에 난 하나의 솔기, 즉 땅의 특징을 보여주는 또다른 주름이 될 것이다.

뉴욕은 중추적인 역할을 하는 도시이다. 인위적으로 번쩍거리는 맨해튼은 자본주의의 진열장이다. 이 활기에 넘치는 다채로운 도시는 내 아버지가 "상업"이라고 부르던 것에 바치는 헌사와 같다. 거래에서 비롯된 고층 건물들, 시장을 옹호하는 모습이 흘러넘친다. 그것은 마치 그런 일이 가능하다는 듯이, 지질학적 토대로부터 벗어난 모습을 하고 있다. 그곳에서 자연은 인도에 나 있는 몇 개의 구멍 속에서나 볼 수 있다. 은행나무 같은 강인한 나무들만이 몇몇 오래된 집들과 교회 주변에서 자라고 있다. 이 나무들은 쥐라기를 거치고도 살아남았으니 약간의 오염된 공기쯤이야 견뎌낼 수 있다.

그러다가 줄줄이 늘어선 상점들과 사무실들을 지나 센트럴파크로 빠져나오면 놀라지 않을 수 없다. 개발되지 않은 금싸라기 같은 이 땅은 돈과 탐욕으로 가득한 도시 한가운데에서 도대체 무엇을 하고 있는 것일까? 구부러진 길을 따라 한두 번 돌면, 평원에서 산맥을 바라보는 것처럼 진짜 나무들 사이로 도시의 첨탑과 고층 건물들을 볼 수 있는 곳이 나온다. 그 경관은 인간의 부지런함을 부질없이 느끼게 만들기보다는 더 전체적으로 볼 수 있게 해준다. 그 다음으로 암석들이 눈에 들어온다. 나무들 밑으로 곳곳에 검은 암석 더미들이 노출되어 있다. 마치 어떤 고대 종족의 땅속에 묻힌 유적들을 발굴하다가 그냥 방치한 듯하다. 뉴욕 사람들은 그 기울어진 암석 판 위에 앉아 햇볕을 쬐며 샌드위치를 먹을지도 모르지만, 그 암석에는 전혀 관심을 가지지 않을 것이다. 노출된 암석들은 핫도그 가판대나 소화전만큼이나 눈에 잘 띄지 않는다. 단지 풍경의 일부일 뿐이다. 하지만 자세히 들여다보면, 그것이 광택이 있고 매끄러우며 층이 져 있다는 것을 알아차릴 것이다. 그 빛은 운모가 반사하는 것임을 알아차릴지도 모른다. 그 암석은 편암이다. 이 장의 주제였던 습곡대에서 생성되는 변성암의 일종이다. 뉴욕이 그토록 장엄하게 높이 설 수 있는 것은 고대 암석이 튼튼한 지반을 형성한 결과이다. 뉴욕은 지질에 마땅히 경의를 표해야 한다. 이곳의 지질은 땅을 가로지르는 고대의 솔기들 중 하나의 일부에 속한다. 그 암석들은 인간이 만든 것이 아닌 마천루들이 한때 그 지역을 뒤덮고 있었음을 보여준다. 이것이 바로 그렌빌 암이다. 우리는 앞서 뉴펀들랜드에서, 즉 롱레인지 산맥의 중심부를 형성한 곳에서 이 암석을 만난 적이 있다. 그 암석은 애팔래치아–칼레도니아 산맥보다 역사가 훨씬 더 오래된 것이다. 그것은 10억 년 전 선캄브리아대에 생긴 흉터를 따라 생긴 또다른 흉터, 즉 대서양의 경계를 따라 열렸던 훨씬 더 오래된 바다가 남긴 유물이다. 그렌빌 암은 애팔래치아 산맥의 서쪽 가장자리를 따라 넓게 펼쳐진 또다른 습곡대를 이루고 있다. 세월이 흐르면 사람도 변하기 마련이다. 현재 뉴욕이 자리한 곳에 이 산맥이 형성되었을 때에는 삼엽충도, 조개류도 없었다. 그 바다에는 조류들과 동물들의 가장 먼 조상들만이 살고 있었을 것이다. 하지만 그 당시에도 지각판들은 움직이고 있었고, 땅은 갈라지고 다시 합쳐지는 장엄한 춤을 추고 있었을 것이다. 우리는 얼마나 먼 과거까지 갈 수 있을까? 심지어 여기, 지구에서 가장 인공적인 서식지의 한복판, 초 단위로 바쁘게 움직이는 곳에서도, 수천 년이라는 세월도 우습게 여겨질 만한 더 긴 시간이 남긴 유물들이 있다.

7

달러

1922년에 발행된 미국 은화

세상에서 가장 평범한 것이 하나 있다. 그것은 얇은 종잇장인 초록빛을 띤 지폐이다. 달러는 세계의 경제를 가동시키는 얇디얇은 연료이다. 국민총생산은 그것으로 환산된다. 국가 부채도 그것으로 계산된다. 통화는 그것을 기준으로 변동한다. 나는 카자흐스탄이 소련에서 분리된 지 얼마 지나지 않았을 때 그곳에 가본 적이 있다. 당시 그곳에서 경멸해 마지않는 루블은 물론이고 영국의 파운드, 프랑스의 프랑, 독일의 마르크에 관심을 보이는 사람은 아무도 없었다. 사람들이 원한 것은 달러였다. 무엇인가를 사고 달러를 지불하면, 그들은 그것을 눈앞에 가까이 가져다대고서 꼼꼼하게 살펴보았다. 구겨진 것이나 더러운 것은 인기가 없었다. 그런 달러들은 오염된 깃인 양 내팽개쳐졌다. 받아들여지는 것은 빳빳한 달러 지폐, 돈의 정수였다. 나는 미국 달러들이 액면 금액에 관계없이 거의 똑같아 보인다는 점을 늘 궁금해했다. 50달러짜리나 20달러짜리나 1달러짜리나 대동소이해 보이며, 언뜻 생각하면 혼동을 일으키기 위해서 그렇게 만든 것도 같다. 나는 이제야 그 이유를 알아차렸다. 달러 지폐는 돈이기 때문이다. 돈은 닮아 보여야 한다는 것이 바로 그 이유이다. 숫자는 부수적인 것일 뿐이다.

그러나 얼마 전까지도 은화 달러가 있었다. 1970년대 말 내가 도박의 도시인 네바다를 여행할 때만 해도 이 동전들은 통용되고 있었다. 그 동전은 아이들이 크리스마스 때 받는 금빛으로 칠한 초콜릿 동전 세트에 포함된 가장 큰 동전만큼이나 크기가 상당했다. 나는 작은 슈퍼마켓에서 거스름돈으로 1922년에 주조된 은화 달러를 받은 적이 있었다. 나중에 나는 뉴욕에서 똑같은 동전을 27달러에 팔고 있는 것을 보았고, 그 결과 나는 이익을 본 채로 리노를 떠난 극소수의 사람 중 하나가 되었다. 그 오래된 달러는 돈의 이상적인 형태라는 것 이상의 의미를 지니고 있었다. 은은 그 화폐로 주조되었을 때 1달러의 가치가 있었다. 세월이 흘러도 은화는 너덜너덜한 쓰레기로 변하지 않았다. 은화는 오랜 세월 그 자리에 머물러 있었다. 이런 종류의 돈은 실체로서의 돈이 점점 더 개념적인 것이 되고 있는 가상 거래의 시대에는 왠지 어울리지 않는다는 느낌을 줄 정도로 내구성이 있었다. 과거에 돈은 물질이었다. 달러들은 주머니를 축 처지게 할 정도의 무게가 있었다. 일부에서는 $ 표시 자체가 "8"이 변형된 것이며, 스페인 "은화(8레알)"와 직접적인 관련이 있다고 생각한다. 예전에는 둘의 교환가치가 연동되어 있었다. 그리고 달러라는 명칭 자체는 지질학적 역사를 가지고 있다.

덴마크어에도 같은 단어가 있다. 달레르(daler)가 그것이다. 달레르는 탈레르(thaler)가 변형된 것이다. 탈레르는 15세기에 유럽 전역에서 사용되었던 표준 은화였다. 탈레르의 무게는 1온스였다. 그 동전의 한쪽 면에는 중요한 인물의 초상이 새겨져 있었는데, 그 동전을 주조해서 수입을 올리던 슬리크 백작 집안 사람의 초상이 새겨져 있을 때도 많았다. 위조가 심하고 순도가 떨어지는 동전 주조가 난무하던 시절에 탈레르는 믿을 수 있다는 평판을 얻었다. 이런 미덕에 대한 보답으로 그 명칭은 결국 상업계에서 통용되는 언어 속에 남게 되었다. 즉 모든 사람이 달러를 들먹거리게 된 것이다. 게다가 탈레르라는 명칭 자체는 은을 채굴하던 요아힘스탈(요아힘의 계곡)에 있는 광산을 뜻하는 요아힘스탈러를 줄인 말이었다. 현재 체코 공화국에 속한 이 작은 마을은 예전 보헤미아 왕국의 일부였으며, 크루슈네호리 산맥의 남쪽 끝자락에 자리하고 있다. 집들은 숲이 울창한 산 중턱에 그림처럼 점점이 흩어져 있다. 하지만 화려한 날은 이미 지나갔고 그 마을은 쇠퇴를 거듭해왔다. 1530년 그 마을의 인구는 1만8,000명이었고, 그중 1만3,000명이 광부였다. 그 마을은 현대 지도에는 야히모프라는 지명으로 나와 있다. 따라서 요아힘스탈러가 탈레르가 되었고, 탈레르는 달러가 되었다. 따라서 역사는 그것의 정체를 숨기고 있는 셈이다.

1516년 야히모프에서 대규모 은 광맥들이 발견되었다. 몇 년 지나지 않아 광산은 800곳으로 늘어났다. 동전을 맨 처음 주조한 사람은 스테판 슬리크 백작이었는데, 국왕에게서 주조 허가를 받았다. 그는 독일어식으로 슐리크라고도 불린다. 백작은 돈을 주조할 수 있는 면허를 가지고 있었기 때문에 당연히 부자가 되었다. 프라하 국립 문서보관소에는 국왕의 옥새가 찍힌 관련 문서들이 보관되어 있다. 1520년에서 1528년 사이에 고순도의 은 6만 킬로그램에서 200만 개가 넘는 탈레르가 주조되었다. 그 은은 대부분 "천연", 즉 순수한 금속 형태로 채굴되었고, 거의 즉석에서 동전으로 만들 수 있는 것들도 있었다. 이러한 종류의 은은 덩어리가 아니라 미세한 끈과 판의 형태로 되어 있다. 그 은은 암석의 약한 틈새들을 따라 광맥을 이루면서 뻗어 있으며, 단층을 따라 뻗어 있는 것도 있다. 과거의 광맥 탐사방법이 으레 그렇듯이, 처음에는 지면에서 광맥을 찾아냈다. 먼저 예리한 눈을 가진 채굴자들이 암석의 노두(露頭)나 풍화된 잔해에서 그 귀한 광물을 발견한다. 그 다음 광맥을 따라서 지하로 향했다. 기술이 허용하는 만큼 그리고 수익을 올릴 수 있는 만큼 땅속을 파고 들어갔다. 야히모프의 스보르노스트 광산에는 400년 이상 된 지하 150미터의 갱도들이 지금도 남아 있다.

그것들은 무너지는 것을 막기 위해서 가장자리를 끼워맞춘 석판들로 엉성하게 지탱되고 있다. 1980년에 그곳을 찾은 한 방문객은 천장을 돌로 끼워맞춘 잘 보존된 갱도들을 보니 작은 본회당이 생각난다고 썼다. 거기에는 심지어 광부들의 수호 성인인 성 바바라의 이름까지 새겨져 있었다.

　인간들이 달러를 얻으려고 기어들어가는 지하 세계에서는, 침략당한 지각이 그들의 무례함을 벌하기 위해서 다시 짓누르는 일이 종종 일어난다. 사족을 달자면, 중부 유럽의 이 지역은 세계에서 유일하게 바퀴벌레를 좋게 보는 곳이다. 이 곤충들은 하와이에서 마그마 방의 움직임을 검출하는 데에 쓰이는 압력 감지장치들처럼 암석의 압력 변화에 아주 예민하다. 굴이 무너질 것 같으면, 바퀴벌레들은 무너지는 곳에서 벗어나기 위해서 숨어 있던 곳에서 기어나와 도관과 통로를 따라 앞다투어 달아난다. 카나리아가 석탄 광부들의 친구이듯이 바퀴벌레는 은 광부들의 친구이며, 바퀴벌레를 눌러 죽이면 불행이 찾아온다. 바퀴벌레는 석탄기 때부터 존재했으며, 마지막 광부가 사라진 뒤에도 여전히 이곳에서 살고 있을 것이 분명하다.

　모든 광물은 결국 고갈되며, 야히모프의 은도 마찬가지였다. 하지만 광업은 거기에서 끝나지 않았다. 각기 다른 광물의 광맥들이 한 곳이나, 적어도 가까이에서 함께 발견되는 일이 종종 있다. 또 한 광맥을 따라 파들어간 광산이 우연히 다른 광맥과 마주쳐서 새롭게 수익성이 높아지기도 한다. 광부들은 이렇게 말한다. "오늘의 맥석이 내일의 광석이 될 수 있다." 체코슬로바키아의 지하 광물 세계에는 금속 원소인 코발트, 무거운 원소인 비스무트, 독성이 있는 비소 광석도 풍부했다. 이 원소들은 모두 의학 및 각종 산업에 쓰인다. 그것들은 비록 달러와 직접 관계를 맺고 있지는 않지만 은만큼 귀하다. 코발트는 세라믹과 에나멜에 놀라울 정도로 풍부한 파란 색깔을 띠게 하는 물질이며, 그 색을 유리에도 입힐 수 있다. "코발트블루"는 유화 물감에 쓰이는 표준 색깔 중 하나이다. 19세기에는 이 새로운 광물들을 가공할 수 있는 공장들이 야히모프 주변에 늘어났다. 따라서 은 이후에도 삶이 있었다. 또 피치(pitch)처럼 검고 기름처럼 보이는 광물도 있었는데, 은 광부들은 그것을 하찮게 여겼다. 어둠이 빛을 가리듯이, 그것이 많아질 때 은이 사라졌기 때문이다. 이 광물은 역청우란석(pitchblende)이라고 불리며, 겉으로 보이는 모습과 다른 특성을 지니고 있다. 그것은 아주 무겁다. 주로 산화우라늄으로 이루어져 있기 때문이다. 번호가 클수록 더 무거운 원소인 주기율표에서 우라늄은 원자번호가 92번으로서 납보다 더 무겁다. 은 광부들은 쓸모없는 데다 검고 무거운 이 역청우란석을 밖으로 꺼내 숲 속에 가져다버렸다.

세월이 가치의 인식을 얼마나 변화시키는지! 1852년 알베르트 파테라라는 화학자는 우라늄 성분의 이 화합물을 유리에 첨가하면 독특하고 현란한 색깔, 특히 초록과 노랑이 나온다는 것을 발견했다. 다른 세계에서 온 듯한 이 색조는 즉시 대단히 유행했고, 야히모프의 광산은 또다시 호황을 누렸다. 또 조금 더 호사스러운 차원에서, 그곳 광산은 채집가들의 감탄을 자아내는 희귀한 우라늄 광물과 은 광물의 아름다운 표본을 얻을 수 있는 원산지였다. 하지만 역청우란석의 중요한 용도가 드러난 것은 거의 반세기가 지난 뒤였다. 그때 야히모프 광산들은 세계의 역사를 바꾼 발견에 중요한 역할을 했다. 1898년 파리에서 연구를 하던 마리와 피에르 퀴리 부부는 유리 공장에서 쓰이는 것과 똑같은 역청우란석 수천 킬로그램을 정제해서 당시까지 알려지지 않았던 방사성 원소 두 가지를 분리해냈다. 라듐과 폴로늄이었다. 우라늄의 방사성은 그보다 2년 전에 알려졌지만, 이 역청우란석은 방사성이 너무 강해서 우라늄만으로는 설명할 수 없었다. 퀴리 부부는 또다른 방사성 원소가 있어야 설명이 된다고 추측했다. 그들은 실제로 추출하기에 앞서 방사성이 강한 라듐이 있다는 것을 추론한 셈이었다. 그러나 그것의 양은 극히 적었다. 광석 7톤당 1그램에 불과했다. 싸늘해 보이는 산더미 같은 검은 광석에서 작은 알갱이 하나를 정제하는 과정은 상상하기 어려울 정도로 고된 작업이었다. 하지만 그들은 결국 그 모호한 원소의 물질적 증거를 들이댐으로써 과학계를 설득시켰고, 그 공로로 1903년 노벨상을 받았다. 이것은 여성이 남성만큼 뛰어난 과학적인 지성을 소유할 수 있다는 것을 최초로 세계에 인식시킨 사건이었다. 현재 유럽의 과학 기금에는 마리 퀴리 기금이라는 이름이 붙어 있다.

비극적인 역설은 마리 퀴리가 자신이 밝혀내는 데에 한몫을 했던 바로 그 방사선 때문에 죽음을 맞이했다는 점이다. 암이 분열하는 세포에 일어난 손상과 관련이 있다는 것은 이미 알려져 있었다. 방사선은 곧 의학 도구로, 그리고 대량 파괴 수단으로 쓰이게 되었다. 예전에는 방사성 붕괴를 쉽게 설명하기 위해서 라듐 화합물을 칠한 발광 시계를 제작해서 판매하곤 했다. 어릴 때 내 침대 옆 탁자 위에 있던, 어둠 속에서 빛을 내며 째깍거리는 자명종이 바로 그랬다. 그러던 중 붓을 입으로 핥아가면서 이 시계의 문자반에 장식을 그리던 미국 노동자들에게서 구강암 발병률이 유달리 높게 나타난다는 것이 발견되었다. 곧이어 그 빛나는 라듐이 생물의 예민한 유전체에 손상을 일으킨다는 사실이 밝혀졌다. 그런 한편으로 한 원소가 일정한 속도로 다른 원소로 붕괴한다는 사실을 이용하면 암석의 연대를 측정할 수 있다는 것도 밝혀졌다. 방사성 붕괴는 지질시대인 태곳적부터 째깍거리고 있는 천연 "시계"이기 때문이다. 그리하여 세계는 자신의 생일을 알게 되었다.

요아힘스탈은 또다른 것과도 관계가 있다. 1527-1533년 은광의 전성기에 그 마을에는 게오르크 바우어라는 의사가 있었다. 그는 게오르기우스 아그리콜라라는 필명으로 더 잘 알려져 있다. 그는 광산에 관한 책들을 최초로 쓴 사람이며, 그중에서 『광물에 관하여(De Re Metallica)』(1555)가 가장 유명하다. 아그리콜라의 저서들은 교육기관에서 여전히 라틴어를 가르치고 있던 시절에 유럽 전역으로 알려졌다. 아그리콜라의 저서들은 널리 연구된 최초의 지질학 문헌이라고 볼 수 있다. 나는 자연사박물관의 서가에서 『광물에 관하여』를 본 적이 있다. 가죽으로 꼼꼼하게 장정된 그 책은 안

광물학의 아버지 게오르기우스 아그리콜라(1490~1555).

쪽 서가에 잘 보관되어 있었다. 이 세상의 것이 아닌 편람처럼 보였다. 하지만 사실 그것은 당시의 광부들과 야금술사들에게 실질적인 도움을 주고자 만든 그림이 실려 있는 개론서였다. 거기에는 환기와 용융, 갱도를 안전하게 만드는 방법에 관한 조언들이 담겨 있었다. 또 광물들을 특성과 산물에 따라서 체계적으로 분류하려는 최초의 시도도 담겨 있었다. 이 책은 관찰력이 뛰어나고 식견이 있으며 현실적인 사고방식을 가진 사람이 쓴 것이라는 사실이 뚜렷이 엿보인다. 이 책은 2세기 넘게 참고 문헌으로 사용되어왔다. 아그리콜라는 직접 관찰한 사실들을 근거로 글을 쓰려고 애썼다. 그가 한 말에 따르면, 남에게 주워듣거나 고전 문헌들을 뒤적거려서 재활용하는 일로 시간을 허비하지 않은 것이 분명했다. 본질적으로 그는 과학적 방법을 최초로 체계화한, 훨씬 더 유명한 후배인 프랜시스 베이컨(1561년생)에 버금가는 인물이었다. 『광물에 관하여』는 나중에 대통령이 된 허버트 후버를 통해서 1912년에 영어로 번역되어 나왔다. 미국 역사상 그런 일을 할 수 있을 만큼 라틴어에 해박했던 사람은 그밖에 없었다. 아그리콜라와 거

광석을 창고로 옮기는 광경을 담은 아그리콜라의 그림.

의 비슷한 시대에 야히모프에는 요하네스 마테지우스라는 목사가 있었다. 광부들의 근로조건에 관심이 많았던 그는 설교 시간에 그들의 권리와 안전에 대해서 이야기했다. 지금으로 말하면 노동조합 운동을 한 셈이었다. 당시 성직자들의 관습대로, 이 설교 내용들은 1562년에 『사렙타 또는 베르그포스틸라(Sarepta oder Bergpostilla)』라는 책으로 출간되었다. 나는 거기에 산업 노동자의 권리를 다룬 초기 사례들이 나와 있는지 관심 있게 살펴보았다. 광업은 초창기부터 다른 모든 산업 활동들보다 더 자본주의의 치부를 드러내왔다. 경기 부침에 따라서 노동의 양상이 달라지고, 소유자의 역할이 의심스러운 부당이득으로 점철되곤 한 분야가 바로 광업이었다. 광부들은 자신의 권리를 위해서 싸운 최초의 노동자들이었다. 집단 노동을 하는 석탄 광부들은 20세기에 들어서자 한쪽에서는 우러러보고 다른 한쪽에서는 공산주의자나 말썽꾼이라고 비난하는 가장 호전적인 노동조합원이 되었다. 마테지우스가 음울하게 바라본 16세기의 요아힘스탈보다 작업 여건이 더 열악한 광산들이 지금도 있다는 사실은 서글픈 일이다. 또 소련 치하에서 야히모프 광산들이 동구권의 원자폭탄과 국력의 토대인 우라늄 농축의 중심지 중 하나였으며, 광부들이 대부분 정치범들이었다는 것도 지적해야겠다. 후버 대통령이라면 세월은 변하기 마련이라고 말했을지도 모른다.

이 모든 역사적 실들이 체코와 독일의 국경에 있는 한 광산 지대에서 하나로 짜였다는 것은 놀라운 일이 아닐 수 없다. 달러와 최초의 지질학 교과서, 마리 퀴리와 땅의 연대 측정법, 심지어 산업의 정의까지 말이다. 또 현재 선광 부스러기들로 뒤덮여 있는 야히모프의 산 중턱들은 다양한 지질을 보여준다. 그것들은 판구조론의 토대를 이루고 있다. 야히모프 광산들은 중부 유럽과 잉글랜드의 서쪽 끝인 콘월의 유명한 주석 광산들에 이르기까지 곳곳에 흩어져 있는 거대한 광물 띠들의 일부를 파들어간 것에 불과하다. 이 모든 광산들은 파란만장한 역사를 가지고 있다. 그중에는 버려진 것들도 많으며, 각기 다른 보물들을 지니고 있다. 하지만 그것들은 모두 유럽 대륙을 나누는 고대의 솔기들 중의 하나와 긴밀하게 연관되어 있다는 점에서 일치한다. 바로 쥐스와 홈스가 헤르시니아 습곡대라고 부른 것이다. 현대 교과서에는 바리스칸 습곡대라는 용어가 더 흔히 쓰인다. 거기에는 한때 유럽을 가로지르는 아주 높은 산맥이 놓여 있었다. 그것은 앞서 마주친 레익 해의 섭입 결과로 생긴 산맥이었다. 은과 우라늄은 죽어가는 바다가 내뱉은 마지막 숨결, 석탄기 이래 균열 속에 봉인되어 있던 지하 세계의 선물이었다. 콘월에서는 주석, 납, 아연, 은이 선물로 주어졌다. 즉 야히모프의 광부들에게는 콘월 말이나 고대 프랑스어를 하는 동료들이 있었던 것이다.

은과 금은 독특하게 자연에서 순수한 원소 형태로 나타난다. 기체 외의 다른 원소 중에 그런 순수한 형태로 나타나는 것은 드물다. 우리는 이미 화산 주위에 달라붙은 노란색의 분출물이 천연 황임을 말한 바 있다. 구리도 판이나 덩어리 형태로 나타나기도 하며, 땅의 요정이 만든 추상 조각 작품처럼 생각될 정도로 독특한 모양도 있다. 하지만 대다수의 원소들은 하나나 서너 가지의 다른 원소들과 결합해서 화합물을 형성하는 경향이 있다. 이것이 바로 광물이다. "가장 고귀한" 금속인 금은 광물의 일부가 되기를 주저한다. 한 예로 금은 대기에 있는 산소와 결합하지 않으려고 한다. 금이 변색되지 않는 이유, 오랜 세월 땅속에 묻혀 있어도 여전히 빛나는 이유도 그 때문이다. 반대로 철은 물과 산소에 부식되며, 곧 겉이 녹슬어 일어나고 부서진다. 철과 마찬가지로 대다수의 원소들은 다른 원소들과 결합한다. 광물은 각기 독특한 화학적 조성을 이루고 있으며, 원소들이 특정한 방식으로 결합한 것이다. 광석은 그저 상업적 가치가 있는 광물이나 광물들의 집합을 말한다. 시장의 상황에 따라서 어떤 광산에서 가치 있는 광석이 나오는가도 달라지며, 광업은 자본의 흐름에 얽매여 있다. 즉 광석에 객관적인 것이란 없다. 동식물들에 라틴어 학명이 붙는 것과 마찬가지로 광물들도 구분해주는 학명, 즉 "공식 이름"을 가지고 있다. 린네는 생물을 분류하기 위해서 두 개의 이름으로 된 체계를 개발했지만, 광물을 분류하는 데에는 하나의 이름이면 된다. 광물 중에는 스핀(sphene), 전기석(tourmaline), 방연광(galena), 각섬석(hornblende), 황옥(topaz), 석류석(garnet)처럼 낭만적인 옛 이름을 지닌 것들도 있지만, 대부분은 단지 "ite"로 끝나는 이름을 가지고 있다. 즉 어근에 광물임을 알리는 "–ite"라는 접미사를 붙였을 뿐이다. 듣기에 그다지 좋지 않은 이름들도 많다. 눈앞에 있는 사전을 들춰본 나는 비스무토탄탈라이트, 쿠프로스코들로우스카이트, 플루오라포필라이트, 구아나주아타이트, 카이메레라이트, 몬테레기아나이트, 우스테르보쉬트, 새터카이트, 얀덴드리에스셰이트, 요포르티에라이트, 그리고 도저히 잊을 수 없는 진월다이트 같은 명칭들을 찾아냈다. 각각의 광물명은 첫째로 화학 조성을 나타내며, 전형적인 결정 구조를 나타내는 것도 있다. 앞에서 살펴보았듯이, 원자들은 화학 조성이 같아도 배열방식이 여러 가지일 수 있으므로 각각의 배열에 각기 다른 광물명을 붙이는 것이 좋을 수도 있다. 각각의 광물들은 생물학에서처럼 "종"이라고 불린다.

일부 암석에도 "–ite"라는 접미사가 붙는다는 것을 알면 약간 혼란스러울 것이다. 차르노카이트(Charnockite)는 광물이 아니라 암석이다. 화강섬록암(granodiorite)과 러어졸라이트도 그렇다. 암석의 정의는 일반적으로 광물 종의 정의보다 더 느슨하다. 실질적으로 대다수의 암석은 구성 광물들의 독특한 조성과 비율을 이용해서 구분한다. 장석과 석영으로 이루어진 암석은 각섬석이 주성분인 암석과 이름이 다를 것이다. 하지만 자연에서 어떤 식으로 존재하는가에 따라, 즉 손에 쥔 표본이 어떤 모양인가에 따라 이름이 붙여지기도 한다.

물과 소금으로 이루어진 광물처럼 기억하기 쉬운 아주 단순한 화학 조성을 이루고 있는 광물들도 있다. 반면에 끔찍할 정도로 조성이 복잡한 광물들도 많다. 아주 흔한 광물도 있는 반면, 아주 희귀한 광물도 있다. 한 지역에서만 발견될 정도로 아주 희귀한 것들도 있다. 그런 것들은 광물학자들에게 우표 수집가들의 꿈인 마우리티우스의 1센트짜리 우표와 같다. 거기에는 그럴 만한 이유가 있다. 희귀한 조건들에서 결합된 희귀한 원소들은 희귀한 광물들을 만든다. 반대로 흔한 원소들은 손쉽게 결합을 한다. 가장 흔한 원소인 규소와 산소는 결합해서 아주 흔한 광물인 석영을 만든다. 해변의 모래, 오래된 성당 벽에 박힌 둥근 자갈, 공원에서 샌드위치를 먹을 때 섞여 들어가는 잔모래에는 모두 석영이 들어 있다. 그렇다고 해서 흔한 광물이 독특한 아름다움을 지닐 수 없다는 말은 아니다. 완벽한 석영 결정은 모래와 자갈보다 훨씬 더 찾기 어렵다. 그것은 다각형 피라미드가 끝에 붙어 있는 육면체 기둥 모양이다. 석영의 조금 더 큰 형태인 수정은 유리를 무색하게 만들 정도로 아주 투명하다. 그리고 석영에 다른 원소들이 약간 섞이면 색깔을 띠게 되고, 보석 상점에서 흔히 팔리는 다양한 이름을 가지게 된다. 자수정은 망간이 섞여 자주색을 띠며, 홍옥수는 철이 섞여서 따스한 붉은색을 띤다. 그런 영롱한 색깔들은 자연에서 드물지 않다. 그것들을 만드는 석영 광물은 흔히 "준보석"이라고 불리지만, 아름다움은 보석 못지않다.

보석은 더 희귀한 결정들이며, 비싸다는 단순한 의미를 초월해서 전통적으로 부의 척도로 여겨져왔다. 은이나 그밖의 귀금속들처럼 말이다. 모든 보석은 광물이지만, 모든 광물이 보석이 될 수는 없다. 암석에는 보석 광물들이 섞여 있을 때가 많지만 순수하게 자란 깨끗한 결정 형태로 있는 것, 즉 보석의 형태를 한 것은 극히 드물다. 흔한 광물인 강옥은 광택이 없으며 별 관심을 끌지 못하는 경우가 많다. 화학적으로 볼 때, 그것은 알루미늄 산화물에 불과하다. 하지만 지하 깊은 곳의 특수한 조건하에서 자라고, 불순물이 섞여서 제대로 색깔이 나오기만 하면, 그것은 모든 보석의 제왕인 루비가 된다. 특이하게도 보석 중에서 루비만이 세례명으로 쓰인다. 이것이 저속한 과시욕이라면 다이아몬드나 에메랄드라는 이름도 흔해야 할 것이며, 이국적인 느낌이 중요한 요소라면 "오팔"이라는 이름을 런던이나 뉴욕 거리에서 흔히 들을 수 있어야 할 것이다. 최상의 루비는 미얀마의 모고크 마을에서 발견되었다. 금세공 장인인 벤베누토 첼리니(1500–1571)는 멋진 루비가 같은 무게의 다이아몬드보다 8배나 더 가치가 있다고 말했다. 최상급 루비는 "비둘기의 피 루비(pigeon's-blood ruby)"라고 한다. 막 잡은 비둘기의 피처럼 붉다는 것이다. 그런 루비들은 광택이 있는 데다 아주 깨끗한 붉은색을 띠고 있으며, 모든 보석들 중 가장 가치가 있다. 그것들은 미얀마의 습한 산들에 노출된 굵은 대리석 결정들이 있는 곳에서는 좀처럼 발견되지 않는다. 대신 원래의 암반에서 씻겨내려와 농축된 오래된 자갈들을 체로 걸러서 찾아내야 한다. 지금까지 알려져 있는 가장 큰 루비들은 모두 타지키스탄에서 산출된 것들이다. 강옥에 다른 불순물이 섞이면 붉은색이 아니라 파란색을 띠는데, 그것이 바로 사파이어이다.

일반적으로 보석이 될 만큼 결정이 크게 자라는 경우는 드물다. 다른 모든 것들과 마찬가지로 광물들은 대개 불순물이 있거나, 다른 것들에 눌린 채 자라기 때문에 가장 아름다운 색깔과 특징을 갖추기란 쉽지 않다. 박물관 진열장에 있는 현란한 표본들은 희귀한 것들이다. 석영 결정들이 모여서 각석을 형성하고, 거기에서 멋진 초록색이나 분홍색 전기석 기둥들이 자라나는 경우처럼, 가장 흔한 광물들이 희귀한 광물들과 함께 나타날 때도 종종 있다. 보석 등급의 아름다운 광물들은 결정들이 아주 느리게 성장해서 완벽한 형태를 이룰 수 있는 지질학적 장소에서 형성된다. 염소와 불소 같은 휘발성 원소들이 있는 아주 깊은 균열에서, 결정이 생기는 방이 뜨거운 규산염 용액 속에 잠겨 있을 때 이런 일이 일어나곤 한다. 광부들이 마침내 이 지하 세계의 결정 방에 구멍을 뚫으면, 천장이나 벽에 덧댄 반짝거리는 보석 장식처럼 뻗어 있는 결정들이 나타난다. 그러한 지하의 보석 상자는 낭만적인 의미를 띤다. 그래서 존 키츠는 엔디미온이 "세계의 빛나는 구멍 속으로" 들어갔다고 묘사했다.

어둡고 빛도 없는 곳,
밝지도 완전히 컴컴하지도 않은
어스름한 제국과 왕관들
희미하게 빛나는 영원한 보석들의 황혼이여.

팔리디오 양식 저택들이 장엄한 정원들에 아직도 남아 있는, 한때 유행했던 인공 동굴들에는 그런 지하 세계의 모습이 그대로 재현되어 있었다. 불행히도 그 건축자들은 지질학적으로 어울리지 않는 물질들을 합쳐놓곤 했다. 석영 정동(晶洞) 안에 방해석으로 된 석순과 종유석을 만들어놓는 식으로 말이다. 그들의 인위적인 "어스름한 제국"은 실제 지하 세계의 진실을 거의 고려하지 않은 채 건축되었다.

광물들을 종이라고 부르기는 하지만, 생물 세계를 이루는 엄청나게 다양한 종들에 비하면 그 수가 훨씬 적다. 날아다니는 곤충들만 따져도 자연적으로 생기는 광물들보다 종 수가 몇 배나 더 많다. 버섯과 국화의 종들과 비교해도 마찬가지이다. 이유는 단순하다. 생물은 거의 무한히 다양한 유기 탄소 화합물에 바탕을 두고 있으며, 유전암호의 토대인 DNA는 그저 그중에서 가장 잘 알려진 것에 불과할 뿐이다. 이 분자들은 무한히 다양한 배열과 조합을 만들 수 있다. 성과 유전자는 원자들보다 훨씬 미묘한 차이를 가진 종들을 만든다. 반면에 암석의 세계에서는 한정된 수의 원소들을 한정된 방식으로 결합시킬 뿐이다. 그리고 그 가운데 지하 환경에서 결정을 형성할 수 있는 것들만이 광물 종이 될 수 있다. 이 글을 쓰는 현재 이름이 붙여진 광물은 3,700여 종이다. 아마존 우림에서 발견되기를 기다리는 곤충 종의 수에 비하면 보잘것없는 수준이다. 매년 100여 종의 새로운 광물들이 새로 이름을 얻는다. 고고한 금과 백금 같은 일부 원소들은 자연 상태에서 다른 원소들과 쉽게 결합하지 않으므로, 생성될 수 있는 광물 종의 수는 더 줄어든다. 게다가 수은 같은 원소들은 아주 특정한 원소와만 결합하는데, 그 극소수의 수은 광석 중 하나가 바로 진사이다. 진사는 희귀하지만 그리 중요한 광석은 아니었다. 그것은 한때 화가의 물감들 중 제왕으로 여겨졌던 주홍의 원료로 쓰였을 뿐이다. 상온에서 액체인 유일한 금속, 수은은 연금술 철학에서 핵심 원소 중의 하나였다. 그것은 지금도 산업용 촉매로서 중요한 역할을 한다. 어쨌든 이렇게 천연 원소들이 이룰 수 있는 조합에는 한계가 있다. 그리고 자연에 있는 희귀한 원소들 중에는 순수한 화합물을 형성하지 않는 것들이 많다. 희토류 원소들이 대표적이다. 지각의 90퍼센트는 8가지 원소로 이루어져 있다. 많은 것부터 말하면 산소, 규소, 알루미늄, 철, 칼슘, 나트륨, 칼륨, 마그네슘의 순이다. 따라서 천연 광물 종들을 형성하는 원소들의 실제 조합은 무작위적 순열을 생각했을 때보다

화학자, 철학자, 수학자 겸 만물박사인 윌리엄 울러스턴. 런던 지질학회는 그가 발견한 팔라듐으로 메달을 만들어 수여하고 있다. 그의 이름을 딴 규회석(Wollastonite)이라는 광물도 있다.

훨씬 더 한정되어 있다. 광물들은 이 행성에서 서로 공존하도록 태어난 자연적인 협력자들의 집합이다. 지각판들이 충돌하는 곳이나, 지질 구조 모터가 짓눌려 있는 지각에서 독특한 분출물을 짜내는 곳이 그들의 요람이 되곤 한다.

새로운 광물 이름을 붙일 때는 그것의 화학식과 결정 구조도 설명해야 한다. 발견된 지역의 이름을 따서 이름을 붙일 때도 종종 있다. 따라서 브라질리아나이트(brazilianite)라는 이름을 보면, 그것이 어느 지역에서 나오는지 쉽게 추론할 수 있다. 저명한 지질학자나 광물학자의 이름을 따는 경우도 있다. 이것은 당신의 이름이나 평가를 돌에 영구히 새기는 한 가지 방법이다. 땅 자체보다 더 영속적인 것이 또 있겠는가? 규회석은 화학자, 철학자, 수학자이자 만물박사인 윌리엄 울러스턴(1766-1828)의 이름을 딴 것이다. 그는 많은 업적을 남겼지만, 아마도 지금은 1803년에 귀금속인 팔라듐을 발견한 사람으로 기억되고 있을 것이다. 팔라듐이라는 이름은 트로이

성을 재앙에서 보호해준다고 여겨지던 지혜와 전쟁의 여신인 팔라스의 거대한 목조상에서 딴 것이다. 울러스턴 메달은 세계에서 가장 오래된 지질학회인 런던 지질학회의 최고상으로서, 매년 가장 큰 연구 업적을 이룬 지질학자들 중 한 명에게 수여한다. 그것은 팔라듐으로 주조되는 유일한 학술 메달이다.

지각 무게 중 산소가 46.6퍼센트, 규소가 27.7퍼센트를 차지하므로, 이 두 원소를 함유한 규산염 광물이 핵 바깥의 땅을 이루는 물질들 중에서 가장 풍부하다고 해도 놀라운 일은 아니다. 가장 흔한 화성암들은 모두 서로 다른 규산염 광물들의 조합이다. 화성암이 그렇게 다양해질 수 있는 것은 규산염의 특성 때문이며, 땅을 이해하려면 반드시 규산염의 화학을 알아야 한다. 규소와 산소는 산소 원자 넷이 사면체 피라미드를 이루고 그 중앙에 규소 원자가 하나 들어 있는 방식으로 결합한다. 반죽을 조금 떼어내서 양손의 엄지와 검지 끝 사이에 넣고 누르면 이런 사면체를 만들 수 있다. 프랑스 주방장이 완벽하다는 표시를 할 때처럼, 양손의 엄지와 검지를 모은 다음 그 끝에 반죽을 놓고 누르면 작은 사면체가 만들어질 것이다. 원자 수준에서 보면, 이 사면체는 꼭짓점끼리 서로 이어져서 사슬이나 판이나 3차원 뼈대를 형성할 수 있다. 꼭짓점은 위를 향할 수도 있고 아래를 향할 수도 있다. 이런 결합방식은 광물들의 많은 특성들을 설명해준다. 강도, 쪼개지는 방식, 지각판에서의 행동 등을 말이다. 석영은 순수한 규산 사면체가 모든 방향으로 결합하여 3차원 뼈대를 이루고 있기 때문에 아주 단단하다. 똑같은 이유로 그것은 자연적으로 쉽게 깨져서 생기는 면, 즉 벽개면이 없다. 상대적으로 약한 방향이 없기 때문이다. 수정 원자들의 순도를 알아보는 한 가지 방법은 투명도를 살펴보는 것이며, 눈은 전자 현미경으로도 보이지 않는 특징들을 직감적으로 인식한다. 반면에 운모는 규산 피라미드가 옆으로는 강하게 연결되어 있지만, 그것의 직각 방향으로는 약하게 결합되어 층층이 판상으로 결합된 것이다. 종잇장들을 쌓아놓은 것과 거의 흡사하다. 운모가 얇은 판으로 쉽게 쪼개지는 이유도 이 때문이다. 운모를 집어 손톱으로 문지르면 운모의 결정을 쪼갤 수 있다. 이론적으로는 두께가 분자 한두 개쯤 될 때까지 계속 쪼갤 수 있다. 운모는 보일러와 화로의 내화 "유리" 창문으로 쓰인다. 일반 유리창이 녹는 온도에서도 견디기 때문이다.

자연에서는 이론적으로 조합할 수 있는 규산 사면체의 배열들이 거의 전부 발견된다. 광물들은 구조에 따라서 분류되기도 한다. 규산 사면체는 단독으로 있거나, 쌍으로 연결되거나, 고리나 사슬이나 판을 형성하거나, 복잡한 3차원 뼈대를 형성할 수 있다. 비례와 구조에 따라 주요 건축양식들을 정의하는 것과 비슷하게, 구조 차이에 따라 주요 광물들의 모양이 결정된다.

몇 가지 사례를 들어 설명해보자. 아름다운 형태를 띠곤 하는 광물인 녹주석은 금속 원소들 중 두 번째로 가벼운 베릴륨을 함유한 몇 안 되는 광물 가운데 하나이다. 또 그것은 규산 사면체들이 여섯 개씩 결합하여 육각형 고리를 이루고 있는 수많은 광물들 중 하나이기도 하다. 베릴륨과 알루미늄 원자들은 규산 고리들을 연결하는 역할을 한다. 전체 구조를 벌집에 비유하면 적절할 것이다. 규산 육각형들은 금속 원소들과 결합해 서로 끼워맞추어져 방들을 이루고 있다. 그 결과 독특한 광물 종이 생긴다. 구조가 잘 연결되어 있기 때문에 녹주석은 단단하다. 유리에 흠집을 낼 정도이다. 녹주석 결정이 특수한 조건에서 성장하면 투명해질 수도 있다. 그런 녹주석은 남옥이라고 불리는 보석이 된다. 그리고 노란색을 띤 것은 헬리오도르라고 하며, 초록색을 띤 것은 에메랄드가 된다. 녹주석의 학술적인 명칭인 규산베릴륨알루미늄에 비하면 아주 낭만적인 이름들이다. 하지만 로드아일랜드레드와 레그혼이 모두 닭의 품종들이듯이, 그것들도 같은 광물에 속한 종류들에 붙인 이름일 뿐이다. 대개 그렇듯이, 색깔을 내는 것은 불순물인 다른 원소들이다. 에메랄드를 초록빛으로 만드는 것은 미량의 크롬이다.

녹주석 중에도 육각형인 결정들이 있다. 따라서 손에 든 광물 표본은 원자 수준에서 무슨 일이 벌어지는지를 상세히 보여주는 셈이다. 그것을 건축에 비유하는 것은 부적절하다. 광물들에서는 최종 구조가 건축가의 의도가 아니라, 벽돌의 모양에서 직접 유도되는 것이기 때문이다. 녹주석은 원자와 결정 구조가 모두 독특해서 아주 이해하기 쉬운 사례이다. 육각형은 파리의 눈을 확대한 사진이나 할머니의 조각보에서 흔히 볼 수 있는 모양이다. 신기한 것은 유기화학에서 가장 중요한 구조 중 하나도 육각형 고리 모양이라는 것이다. 바로 벤젠 고리가 그렇다. 그것은 자연적으로 생기는 수많은 탄소 화합물들에서 볼 수 있다. 동식물들의 몸은 벤젠 고리로 가득하다. 규산이 무엇인가를 할 수 있다면, 탄소는 그보다 훨씬 더 잘할 수 있는 듯하다. 과학 소설에 가끔 등장하듯이, 복잡성 측면에서 규산 뼈대와 사슬이 탄소를 기반으로 한 것들과 비슷하다는 점을 근거로 삼아, 규산을 기반으로 한 생명체가 생길 수 있는 가능성을 생각해보는 것도 흥미롭다. 규산염이 복잡성 측면에서 탄소 화합물에 버금간다는 것은 분명하다. 하지만 그 둘 사이에는 중요한 차이점들이 있다. 예를 들면 탄소와 수소의 결합은 유기 분자에서 흔히 나타나지만, 규소와 수소의 결합은 거의 일어나지 않는다. 탄소에 기반을 둔 생물에 비해서 광물의 종 수가 미미하다는 것은 규소의 융통성이 그만큼밖에 안 된다는 것을 의미한다. 그러나 고압과 고온에서는 규소 결합은 제약을 덜 받으며, 한 형태에서 다른 형태로 훨씬 더 쉽게 전환될 수 있다. 따라서 외계에 규소 생명체가 살고 있다면 규소 화학 결합의 제약을 풀어줄 수 있는 압력과 온도가 유지되는 곳에서 살아야 할지 모른다.

광물학은 아그리콜라의 시대 이래로 먼 길을 걸어왔다. 지금은 X선으로 결정의 속을 엿보아서 원자 구조의 "뼈대"를 찾아낼 수 있다. 소량의 광물에 레이저 광선을 쏘아서 구성 원소들을 거의 원자 하나까지 셀 수도 있다. 전자 탐침들은 동전 분류기가 10원짜리와 50원짜리, 100원짜리와 500원짜리를 분류하여 계산하듯이, 기계적으로 원자량에 따라서 결정 내 원소들의 비율을 계산한다. 당신은 컴퓨터 화면 앞에 앉아서, 분석이 진행되면서 원자들의 수가 늘어나는 것을 지켜보기만 하면 된다. 질량 분석기는 한 원소의 동위원소들을 원자량 차이에 따라서 분류한다. 시료를 기화시키면서 지자기장을 가하면, 각 원자들은 비둘기들이 몸집에 따라 각기 크기가 다른 새집으로 향하듯이 각기 다른 각도로 휘어지므로 분류가 가능하다. 지금은 원소의 양을 ppb 단위까지 쉽게 측정할 수 있다. 그런 장치는 비둘기들 옆에 있는 가장 희귀한 새까지도 찾아낼 수 있다. 프라세오디뮴 원자 한두 개를 찾아내는 것은 일도 아니며, 이트륨과 이테르븀도 쉽게 분류할 수 있다.

그렇게 해서 규산염 광물들을 상세히 조사할 수 있다. 그것은 땅의 역사를 상세히 조사하는 또다른 방법이다. 이 문제가 왜 중요한지 이해하려면 하와이로 돌아가야 한다. 해변에 있는 초록색 모래를 만든 감람석 광물을 생각해보라. 감람석은 규산이 철이나 마그네슘 또는 둘 모두와 결합해서 만든 단순한 광물이다. 감람석은 화성암 마그마 방에서 아주 초기에 결정을 형성한다. 이 고체 결정들은 콩이 스튜 바닥으로 가라앉듯이 밑으로 가라앉을 것이다. 그것은 규산염 광물이 녹아 생긴 마그네슘과 다른 원소들을 제거하는 과정이기도 하며, 그 결과 마그마의 조성은 미묘하게 변한다. 뒤이어 다른 광물들도 차례로 결정을 형성해간다. 즉 마그마는 진화한다. 이 자연의 연금술이 진행될수록 규산염 광물에 섞이기를 주저하는 원소들의 비율은 더 높아질 것이나. 이것이 지연에서 아주 희귀한 원소들이 농축되는 한 가지 방법이다. 그런 농축은 희귀 원소들이 일찍 떠나거나 늦게까지 남아 있거나 함으로써 일어날 수 있다. 무거운 광물들은 대개 일찍 분리될 것이다. 대규모로 퇴적된 크롬 광석들은 대개 크롬철 광물의 무게 때문에 마그마 방에서 일찍 가라앉은 것들이다. 크롬철 광상은 음침하며 검고 치밀한 크롬철 띠들을 이루고 있다. 크롬 광부들은 스튜의 바닥에서 가장 무거운 고기 조각들을 모두 건져내는 장난꾸러기 같다. 마그마의 결정화 작용이 거의 끝난 뒤에는 가장 휘발성이 강한 원소들, 염화물, 불화물, 녹은 금속 원소들이 들어 있는 용액이 남는다. 이것들은 굳은 마그마를 둘러싼 암석들에 난 틈이나 균열에 스며들면서 틈새를 광물들로 채운다. 그것이 바로 은, 구리, 아연의 원천이자 산업의 토대이다. 요아힘스탈이 그랬듯이 말이다.

장석은 화성암과 변성암의 가장 중요한 성분이다. 그것은 거의 어디에서나 발견된다. 화강암, 편마암, 편암 등등. 그것은 심지어 달에 있는 암석의 주성분이기도 하다. 따라서 세계가 어떻게 만들어져 있는지를 이해하려면 그것이 어떻게 구성되었는지를 알 필요가 있다. 현장에서 장석을 찾아내는 가장 단순한 방법은 가까운 은행으로 걸어가는 것이다. 금융 기관들은 매끈매끈한 화강암으로 지은 건물을 좋아하는 듯하다. 화강암은 왠지 안정감을 준다. 현대 건물들이 대부분 미장용으로 겉에만 암석이라는 얇은 "피부"를 덮은 것이라는 사실과 상관없이 말이다. 전체적으로 분홍색이나 회색을 띠는 암석을 찾아보자. 장석은 흰색이나 분홍색을 띤다. 가장 크고 가장 눈에 잘 띄는 결정이다. 결정의 가장자리가 아주 선명한 것들이 많다. 장석은 녹은 마그마에서 일찍 결정화가 일어나고 다른 광물들보다 먼저 형태가 완성되기 때문이다. 일부 장식용 화강암에서는 반정(斑晶, phenocryst)을 형성할 만큼 큰 장석도 있다. 멀리서 보면 마치 작고 하얀 광고 전단을 풀로 붙여놓은 듯하다. 암석에 따라서는 한 종류 이상의 장석, 즉 분홍색과 흰색을 띤 것이 함께 들어 있기도 하다. 장석은 일찍 결정을 형성하기 때문에, 남은 규산염 "스튜"의 화학 조성을 바꾸는 역할을 한다. 즉 마그마의 진화에 중요한 요인이 된다. 마그마의 생성 자체가 지구조 과정의 결과이므로, 장석은 땅이라는 천의 씨실과 날실이다. 장석의 화학은 실제로 중요한 기능을 한다.

앞에서 하와이에서 본 것을 떠올려보자. 그곳의 용암들은 층층이 쌓여 순상 화산을 만드는 유동체인 파호에호에 용암에서 높이 솟아오르는 원추구를 만드는 끈끈한 용암으로 변해왔다. 원추구들은 부풀어오른 여드름처럼 마우나로아 같은 거대한 순상 화산의 옆구리에 달라붙어 있다. 해양 암석이 부분적으로 녹아 막 생성된 용암에서는 먼저 칼슘이 풍부한 장석과 감람석의 결정이 생긴다. 깊숙한 방에 있는 마그마는 이런 결정들이 가라앉으면서 조성이 변해간다. 더 나중의 용암에는 규산염이 풍부하며, 그 때문에 용암은 더 끈적거리게 된다. 그리고 장석은 기름진 스튜의 성분들이 서서히 변함에 따라서 점점 염기성을 띠게 된다. 이 걸쭉한 마그마는 파호에호에 용암과 달리 부드럽게 흐를 수가 없다. 그것은 분출해서 경석과 화산탄으로 이루어진 원추구를 만들며, 때때로 폭발을 일으켜서 물질들을 하늘 높이 날려보내기도 한다. 결국 하와이 제도의 지형은 광물들의 원자 결합이 만든 것이다.

위인전에 나오는 식으로, 본능과 경험과 행운을 결합시켜 가치 있는 광상을 발견하는 채굴자는 보기 드문 부류이다. 지금은 저공 비행하는 항공기에서 원격 탐지 장치를 이용하여 매장된 광물을 찾아낸다. 가장 예민한 중력계를 이용해서 묻혀 있는 중금속 광석이 일으키는 중력 변화를 검출하는 것이다. 산비탈을 고생스럽게 돌아다니면서 일일이 살펴보는 대신, 조사 지역에서 흘러나오는 하천에서 표본을 채집하여 원소들을 상세히 분석한다. 매장량이 풍부하면 물에 흔적이 남을 것이기 때문이다. 그것은 채굴자의 전설적인 코 대신에 화학 감시기를 이용히어 광상이 있는지 냄새를 맡는 것과 비슷하다. 대기업들은 거대한 갱도들과 정교한 회수 방법을 연계시킨다. 가령 납과 아연을 추출하면서 은을 부산물로 회수할 수 있다. 따라서 변동하는 시장에서 어떻게 수익을 올릴 것인가가 중요한 문제이며, 그 결과 지질학자만큼 회계사도 중요한 역할을 하게 되었다. 하지만 지질 탐사의 신화에 속하는, 우연히 광맥을 발견해서 벼락부자가 되는 일은 드물기는 하나 지금도 일어나고 있다.

"다이아몬드는 영원하다"라는 말을 흔히 한다. 안된 일이지만 그 말은 사실이 아니다. 다이아몬드는 일반 보석상 같은 환경에서는 사실 안정하지 않다. 그들이 본래 살던 곳은 지하 세계이기 때문이다. 그들은 본래 있던 곳에서 채굴되어 지상으로 올라온 뒤 인내심으로 버티고 있는 것이다. 그들은 육지의 어디에나 있는 성분인 규산염의 구조를 가장 가깝게 흉내내고 있는 탄소이다. 이 반짝이는 보석을 "암석"이라고 말하는 것도 우연이 아니다. 다이아몬드는 석탄과 똑같은 물질이지만, 경이로울 정도로 변형되어 있다. 탄소 원자는 충분한 압력이 가해지면 앞에서 말한 규산염의 구조와 비슷한 3차원 뼈대를 가지게 된다. 단지 다이아몬드는 순수한 탄소로만 이루어져 있고, 네 원자가 풀리지 않게 꽉 팔짱을 끼고 있는 것처럼 서로 강하게 결합되어 있다는 점이 다를 뿐이다. 이 점은 다이아몬드가 단단한 이유이기도 하다. 세계에서 가장 큰 다이아몬드는 남아프리카에서 채굴된 컬리넌 다이아몬드로서 3,106캐럿이었다. 토머스 컬리넌은 그것을 발견하여 극소수의 벼락부자 대열에 합류했다. 트란스발 정부는 이 다이아몬드를 영국 왕 에드워드 7세에게 바쳤다. 그후 이 다이아몬드는 다섯 개의 큰 덩어리와 96개의 작은 덩어리로 쪼개졌다. 1902년 컬리넌은 땅을 매입해서 프리미어 다이아몬드 광산 회사를 차렸다. 그 뒤로 이 지역에서는 "블루 그라운드(blue ground)"라고 알려진 암석을 3억 톤 넘게 파헤쳐서 약 9,000만 캐럿에 해당하는 다이아몬드를 채굴했다. 매년 비둘기 알만 한 다이아몬드가 서너 개씩 발견되고 있다. 그곳 킴벌리 지역과 다른 많은 채굴 지역에서 다이아몬드는 "관상 광맥(pipe)"에서 발견된다. 관상 광맥은 거대한 관 구조이며, 컬리넌 광구에서는 고대 아프리카 순상 화산 속을 깊숙이 꿰뚫고 있는 형태를 이루고 있다. 블루그라운드는 킴벌라이트라는 화산암이 풍화하여 생긴 잔해이다. 그 관상 광맥들은 기체를 함유한 마그마가 격렬하게 분출하면서 생긴 것이며, 분출할 때 지하 깊숙한 곳에 있던 다이아몬드들이 끌려올라온 것으로 여겨진다. 흑연이 투명한 다이아몬드로 바뀌는 데에 필요한 온도와 압력은 절대온도 1,200켈빈과 35억 파스칼이다. 이러한 조건을 만들면 다이아몬드를 인공으로 합성할 수 있다. 이것은 천연 다이아몬드가 대륙의 약 150킬로미터 지하에서 생성된다는 것을 뜻한다. 대다수 광물학자들은 상부 맨틀에 도달해야 이런 조건이 된다고 믿고 있다. 다이아몬드는 지하 세계의 신들이 주는 선물인 셈이다.

따라서 귀중한 광물들은 마그마에서 결정화되거나, 마그마의 마지막 숨결을 통해서 증류되거나, 화산 폭발에 휩쓸려 깊은 지하에서 끌려나올 수 있다. 그것들은 땅속의 틈새에 자연적으로 농축될 것이다. 지각판들이 산맥의 솔기를 따라 접하는 곳이나, 한때 높이 솟아올랐다가 수백만 년에 걸쳐 풍화와 침식을 거쳐 지금은 낮아진 산맥에서 말이다. 지각이 두꺼워지고 가열되는 곳도 도가니가 되어 정제와 농축이 일어날 수 있다. 변덕스러운 땅에 있는 지질학적인 거의 모든 것들이 그렇듯이, 광물들은 판구조론과 태생적으로 관련을 맺고 있다. 화산 활동으로 내뿜어지는 황을 머금은 증기는 금속 황화물 광물을 생성한다. 이 광물들 중에는 대량으로 매장된 것들도 있지만, 대개는 노랗게 빛나는 금속 입방체 형태의 황화철광으로 나타난다. 이 광물은 금인 양 착각을 일으키기 쉽다. 지각판들을 꿰맨 큰 솔기 내에 숨겨진 황화물 광맥을 따라 주석, 구리, 아연, 납 같은 귀중한 화물들이 운반되기도 한다. 황화납은 방연석이라고 하며, 그 안에 든 금속과 마찬가지로 검은색의 입방체를 형성하고 있는데, 예상하는 대로 무겁다. 조산운동이 벌어질 때 지하 깊숙한 곳에서는 화강암이 녹았다가 식으면서 희귀한 원소들이 정제되거나, 염소 같은 휘발성 원소들과 결합한 원소들이 형성된다. 물은 증발하면서 금속과 보석이라는 화물을 주변 암석으로 운반해서, 황급히 균열과 틈새 속에 숨긴다. 요아힘스탈의 은은 그런 정련의 산물이었다. 잉글랜드 더비셔의 석회암 구릉 지대에는 초록색이나 연한 자주색, 노란색이나 파란색을 띤 광맥이 묻혀 있다. 그것은 불소와 흔한 칼슘이 결합해서 생긴 광물이다. 이 광물을 황산으로 실험할 때는 조심하기를. 황산과 접촉하면 불화수소가 생성되는데, 이 기체는 유리를 녹이고 살을 꺼멓게 태운다. 불소는 다른 원소들과 결합하고 싶어 안달하는 가장 탐욕스러운 원소이다. 많은 광물에 소량씩 들어 있기는 하지만, 그중에서 형석이 완성된 형태라고 할 수 있다.

그리고 주기율표의 고고한 귀족인 금이 있다. 금은 대개 다른 원소들과 결합하지 않은 "천연 그대로의 상태"로 발견된다. 그런 단호한 독신주의자 원소가 어떻게 덩어리로 모이고 광맥을 형성할 수 있는지 의아스러울 것이다. 대다수 암석에서 금은 채굴자의 눈에 보이지 않는 원자나 작은 얼룩 형태로 흩어져서 극히 미량으로만 존재한다. 농축되려면 어떻게든 뭉쳐야 한다. 그 해답이 이제야 나오고 있다. 특히 취리히 공과대학의 세바르트 연구진은 그 일에 매달리고 있다.[*] 금은 겉으로 보이는 것만큼 고고하지 않은 듯하다. 고온과 고압하에서 물이 있을 때 금은 황화수소와 일시적으로 결합해서 복합체를 형성하며, 그 복합체는 지각 속을 이동할 수 있다. 그러다가 금은 조건이 맞으면 일시적인 동반자를 저버리고 다시 침전된다. 비소 같은 원소들은 아주 미세한 콜로이드(colloide) 형태로 있을 때, 금을 입자의 표면에 부착시켜서 "수거할" 수 있다. 그런 식으로 금은 수거되어 모인다. 그 금을 함유한 암석이 나중에 지상에서 풍화되면, 무겁고 부식되지 않는 금은 뒤에 남아 강바닥의 자갈들 사이에 농축된다. 이런 곳에서는 전통적으로 금을 캐는 사람들이 "선광(選鑛) 접시"를 물에 담가 흔들어 가벼운 모래를 흘려보내고 얕은 접시 바닥에서 반짝이는 사금들을 농축시키는 일

---

[*] 그 연구진은 납, 카드뮴, 탈륨 같은 다른 금속 원소들이 뜨거운 열수 환경에서 염소와 다소 대등한 동반자 관계를 형성한다는 것도 보여주었다. 이것은 금속들이 광맥으로 모이는 한 가지 방법이 될 수 있다. 즉 금속들이 염소 복합체에 무임승차한다는 것이다. 그런 과정들을 연구하려면, X선 흡수 분광계 같은 최신 장비들이 필요하다.

알래스카 주 놈의 앤빌크릭에 있는 클론다이크 제2광구에서 1900년 여름에 사금을 채취하는 광경.

을 해왔다.

지금은 달러가 돈의 동의어이지만, 예전에 돈의 동의어는 금이었다. 지금도 황금시대는 가장 좋은 시대를 뜻한다. 황금률은 마땅히 해야 하는 것을 뜻한다. 금과 마찬가지로 지혜도 한 덩어리로 온다. 레오나르도 다 빈치는 금을 "자연의 가장 초라한 산물이 아니라 그 어떤 것들보다 가장 자연을 닮았으며, 금보다 더 내구성 있는 것이 없다는 점에서 태양 아래에 있는 것 중에서 가장 탁월한 것"이라고 묘사했다. 금은 녹일 필요가 없을 정도로 본래 순도가 높으므로, 역사적으로 일찍부터 추출되었다. 최초의 문명들은 금으로 공예품을 만들었다. 수단에는 금광들이 있었고, 파라오가 지배하던 이집트는 그곳으로부터 많은 양의 금을 공급받았다. 150명이 달려들어야 할 정도로 많은 양의 금을 운반했다는 기록도 있다. 투탕카멘의 관은 순금으로 만들어졌으며, 무게가 100킬로그램이 넘는다. 레오나르도가 그랬듯이, 이집트와 남아메리카의 초기 종교들은 금을 태양 및 가장 위대한 신과 연관 지었다. 스페인 정복자들을 신대륙으로 이끈 것은 황금에 대한 열망이었으며, 그들은 실망하지 않았다. 16세기의 금 세공인들은 그 휘황찬란한 금속이 갑자기 대량으로 공급되는 상황에 접했고, 비할 바 없는 탁월한 작품들을 생산했다. 비록 지금의 우리는 그 원료로 쓰인 아스테카의 원래 금 세공품들이 녹아내렸음을 안타깝게 여기고 있지만 말이다. 금은 은과 합금을 잘 이루며, 가장 내구성이 뛰어난 금제품은 100퍼센트 순금이 아니라 은이 5분의 1이 섞인 것이다. 금은 아주 유연하고 무르며 종잇장보다 더 얇게 만들 수 있는 금속으로서 은을 섞으면 단단해진다. 적절히 가공하면 금은 그 어느 것과도 비교할 수 없는 섬세함을 지니게 된다. 금만큼 뛰어난 것은 금밖에 없다.

금의 발견은 언제나 골드 러시, 즉 부를 찾아 미친 듯이 사람들이 몰려드는 열풍을 불러일으켰다. 1849년 캘리포니아의 대규모 골드 러시에서 영감을 받아 마크 트웨인은 광산을 "거짓말쟁이의 땅에 난 구멍"이라고 정의했다. 새롭고 환상적인 광구들은 몽상가들을 황금의 땅에 병적으로 집착하게 만들었다. 하지만 실제로 수익을 올린 곳은 광구 20곳당 하나에 불과했다. 50년 뒤 클론다이크도 똑같았다. 작업 조건은 끔찍했고, 채굴자들이 일했던 땅은 영구 동토대였다. 클론다이크가 추웠던 데에 반해서 반대편에 있던 오스트레일리아는 더웠다. 1850년대에는 빅토리아의 벤디고, 1890년대에는 웨스턴오스트레일리아의 캘굴리에 골드 러시가 일어났고, 사람들은 바짝 마른 땅을 팠다. 광부들은 선택한 지역에서 수 제곱킬로미터에 걸쳐 구멍을 파다가 절망하곤 했다. 조각가이자 화가인 토머스 울너는 1852년에 그 황폐한 광경을 이렇게 표현했다. "나는 처음 마주친 알렉산더 산보다 더 황량한 것을 본 적이 없다. 심판의 날 뒤에 모든 무덤들이 파헤쳐져서 텅 빈 땅이 그러할 것이다." 어디든 간에 금광 주변에서는 노상강도에게 재산을 빼앗길 위험이 있었다. 캘리포니아에서는 눈구멍을 뚫어놓은 밀가루 봉지를 뒤집어쓰고 29차례에 걸쳐 노상강도를 벌인 블랙 바트가 있었다. 강도 짓을 벌인 뒤, 그는 시를 적은 종잇조각을 남기곤 했다.

나는 오랫동안 힘겹게 노동을 했다.
빵을 위해, 명성을 위해, 부를 위해서.
하지만 너희는 너무 오랫동안 나를 괴롭혔다.
너희 멋쟁이 녀석들이 말이야.

그것은 블랙 바트가 시보다는 강도 짓에 더 능숙하다는 것을 말해준다. 그는 1884년에 붙잡혔다. 한편 빅토리아를 지나는 여행자들은 블랙 더글러스가 나타나지 않을까 계속 주의를 살펴야 했다. 블랙 더글러스가 블랙 숲에서 습격을 할지도 모르기 때문이었다. 황금색의 반대는 검은색이 분명한 것 같다.

런던의 길들이 모두 금으로 포장되어 있다는 이야기를 믿는 어리석은 젊은이를 속인다는 동화가 있다. 그는 고양이와 함께, 혹은 얼룩무늬 손수건만 가진 채 런던으로 떠난다. 디킨스의 더 난해한 소설들 중 하나의 등장인물인 얼간이 영웅 바너비 러지는 이런 환상을 담은 문학 작품류의 마지막 주인공이었을 것이다. 하지만 길들이 정말로 금으로 포장되었던 시대가 있었다. 1893년의 골드 러시 때, 캘굴리 채굴자들은 순금을 찾아 더 깊이 파고 들어가면서 나오는 다량의 황철광들을 아무렇게나 내버렸다. 요아힘스탈의 광부들이 역청우란식을 미구 내버린 것처럼 말이다. 그들은 그 쓰레기가 노란색을 띤 "바보의 금", 즉 황화철이라고 생각했다. 사람들은 그것을 도로 지반을 다지거나, 푹 파인 바큇자국을 메우거나, 인도를 까는 데에 사용했다. 앞에서 금이 고고하다고 말했지만, 사실 금은 자연에서 다른 희귀 원소인 텔루르와 안정한 화합물을 형성한다. 그 결과 생긴 광물이 텔루르금, 즉 칼라베라이트이다. 캘굴리의 도로 포장에 쓰였던 "쓰레기"는 사실, 바로 이 아주 특수한 광물이었다. 그 사실을 알아차린 것은 이 금으로 도로를 포장한 지 거의 3년이 지난 뒤였다. 1896년 5월 29일 이 기묘한 광물의 원소 분석 결과가 광산 마을에 알려지자마자, 제2의 골드 러시 바람이 불었다. 이번에는 사람들이 쓰레기 덩어리들을 버렸던 곳으로 몰려갔다. 맬컴 매클래런 박사는 이 사건을 1912년 『광산 잡지(*Mining Magazine*)』에 소개했다. "톤당 금이 15킬로그램이나 들어 있는 광석 덩어리들이 광부 오두막의 벽난로와 굴뚝을 짓는 데에 쓰였다." 산은 잊어라. 금은 석재 속에 있었다.

8

뜨거운 암석들

인도를 여행하다 보면 신에게 보호를 받는다는 느낌이 강해진다. 푸네(예전의 푸나) 북쪽의 메마른 먼지투성이 도로는 구불구불 웨스턴가츠 위로 뻗어 있다. 이곳에서는 건기가 반년 동안 지속된다. 경관은 연하게 그을린 듯한 색깔로 가득하다. 나뭇잎들을 드리운 작은 안마당이 있는 길옆 농가들까지도 들어와서 쉬라고 초대하는 듯이 보일 만큼 뜨거운 날씨이다. 도로 폭은 자동차 두 대가 바짝 달라붙어 지나갈 정도밖에 안 된다. 먼지가 가득한 낡은 화물차들이 길이 굽어 있든, 염소나 맨발로 뛰노는 아이들이 있든 말든 무지막지하게 도로를 씽씽 내달리면서 먼지를 피워낸다. 설상가상으로 화물차끼리 서로 앞지르기를 하느라 열심이다. 산 위로 올라가고 있든 반대로 내려오고 있든 간에, 낡은 화물차일수록 더 먼지투성이에다가 찌그러진 자국들이 더 많다. 우리 운전사는 공포에 질린 내 표정과 꽉 움켜쥔 주먹을 보았는지 조심스럽게 운전을 하고 있다. 그렇다고 해서 나아지는 것은 아니다. 조심하는 것과 상관없이 통계 법칙에 따르면 마주 오는 화물차가 우리 쪽 도로를 덮치는 일이 조만간 일어날 것이기 때문이다. 나는 눈을 감는다. 1초도 채 지나기 진에 우리 차가 끼익 굉음을 내면서 도로를 벗어나 벌판으로 질주한다. 길옆에 울타리가 없는 덕분에, 그리고 조심한 덕분에 우리는 그 통계에서 벗어난 것이다. 가까스로 차를 세운 운전자가 이를 악물면서 내뱉는다. "오, 이런! 찢겨나갈 뻔했네!" 내가 인도를 좋아하는 이유 중 하나는 인도인들이 지금도 절제된 영어 표현을 구사할 줄 안다는 점 때문이다.

북쪽으로 더 나아가자 경관이 눈에 띄게 바뀌기 시작한다. 몇 킬로미터쯤 곧게 뻗어 있는 도로가 나온 뒤에 잠시 오르막길이 이어지다가 다시 평탄해진다. 어느 산이든 올라가면 중간중간 평원이 펼쳐져 있고, 멀리서 보면 단구들이 차례차례 나 있다. 그래서 산비탈은 하염없이 뻗어 있는 계단들과 흡사해 보인다. 우리는 데칸 고원에 와 있다. 화산암이 150만 제곱킬로미터에 걸쳐 뻗어 있는 세계에서 가장 넓은 화산암 대지 중 한 곳이다. 계단 모양의 각 단은 수십 제곱킬로미터에 걸쳐 있는 평지이며, 각각 용암류 하나가 흘러서 생긴 것이다. 따라서 올라오면서 우리는 용암류를 하나씩 스쳐지나온 셈이다. 침식에 잘 견디는 용암류가 먼저 드넓은 평원을 이루었고, 그 위에 다음 용암류가 폭이 절반쯤 되는 평원을 형성하는 식이었을 것이다. 각 단구마다 경작이 이루어지고 있으며, 초라한 단층집들과 소규모 경작지들이 늘어서 있다. 평원의 어느 한구석도 경작이 이루어지지 않는 곳이 없다. 간혹 물이 나오는 곳 주위에 한 뙈기씩 채소들이 자라면서 초록빛을 발하고 있지만, 올해 작물 수확은 이미 끝난 것이 분명하다. 다음 우기를 기다리는 것밖에 할 일이 없다. 우리는 타타 기업이 운영하는 공장을 지나친다. 그 기업은 전국에 공장이 있지만 여기는 한 곳뿐이다. 마하라슈트라 주에 속한 이 지역은 앞으로도 계속 농업에 의존할 듯하다.

"고원"이라는 뜻의 영어 단어 "trap"은 계단이나 충계를 뜻하는 스웨덴어 (trapp)에서 온 말이다. 이곳 경관을 묘사하기에 딱 맞는 말인 듯하다. 데칸 고원은 용암류의 진수이다. 이곳은 용암류의 규모 면에서 하와이의 순상 화산들과 다르다. 이곳의 용암류는 수천 제곱킬로미터에 걸쳐 뻗어 있다. 이곳의 용암류는 원추구를 형성하는 대신 고원을 만들었다. 이 때문에 이곳의 기반암을 대지현무암이라고 부르기도 한다. 계단식이라고는 하지만 자동차를 타고서 한 시간씩 가야 다음 단구가 나온다. 당신은 이제 이 고원의 규모가 얼마나 되는지 실감할 것이다. 거의 액체에 가까운 용암이 엄청난 면적을 뒤덮었던 것이 분명하다. 10만 제곱킬로미터가 넘는 지역에 집 채 높이만 한 두께의 용암류를 남겨놓았으니 말이다. 분출할 당시에 달에 서 인도 북서부의 이 지역을 보았다면, 마치 검게 칠한 거대한 도가니에서 지상으로 용암이 꾸역꾸역 흘러나오는 듯했을 것이다. 물론 하와이의 용 암들과 다른 점이 또 하나 있는데, 그것은 데칸 고원이 해양 지각이 아니라 대륙 지각 위에서 형성되었다는 것이다. 그리하여 대륙의 꼭대기에 검은 해 양성 암석들이 장엄하게 뒤덮은 지역이 생겼다. 앞에서 다루었던 오피올라 이트들이 별것 아닌 듯이 여겨질 정도의 규모로 말이다.

용암은 구멍이 송송 뚫려 있어서 물이 쉽게 빠진다. 또 도로 옆 절개지를 지나칠 때에는 단단하고 아무것도 뚫고 들어갈 수 없을 것처럼 보이는 겹 겹이 쌓인 용암층들 사이에도 틈새와 접점과 구멍이 있어서 물이 흐를 수 있다. 물은 우리와 다른 관점에서 암석을 본다. 즉 더 낮은 층으로 뻗어 있 는 작은 수로들의 집합으로 보는 것이다. 그리고 낮은 층에서도 더 밑으로 내려갈 수 있는 미세한 통로들을 찾아낸다. 물은 지면에서부터 점점 더 밑 으로 내려간다. 마침내 우기가 되면 폭발적으로 자라는 식생들이 경관을 가득 채우지만, 쏟아지자마자 빠져나가는 빗물도 많다. 잎들이 습한 공기 속으로 마음껏 뻗어나가고 있을 때에도 물은 보이지 않는 구멍들을 통해서 지하로 계속 빠져나간다. 나는 데칸 고원 전역에서 텅 빈 구멍과 파낸 자국 을 보았다. 물이 빠지는 속도를 늦추기 위해서 만든 임시 저수지들이다. 대 충 틈새를 막은 그 저수지들은 임시로 만든 관개용 물웅덩이다. 물은 잠 시 고였다가 곧 말라버리고 만다. 태양이 점점 더 강하게 내리쬐는 시기가 오고, 그에 따라 증발량은 더 낳아진디. 그 심술궂은 계절에는 그 지역 전 체가 축 처져 있다. 지질이 스스로를 노골적으로 드러내지 않는 곳에서도 인간이 지질에 얽매여 있다는 것을 이제 이해할 수 있을 것이다. 지질은 보 이지 않게 지배한다.

토착 식생은 암석과 기후의 명령을 잘 이해하고 있다. 식물들은 힘겨운 시기에 생존하기 위한 온갖 기법들을 개발해냈다. 가죽처럼 빳빳한 잎, 깊이 뻗은 뿌리, 낙엽 같은 것들이 그렇다. 마하라슈트라 주에서 내가 가본 지역들에는 오래된 숲을 찾아보기가 힘들었다. 먹어야 할 입들이 너무 많은 탓이다. 그나마 숲이 남아 있는 것은 "신성한 숲"으로 여겨져온 곳들이기 때문이다. 비록 작기는 하지만 그 숲들은 신과 전설이 깃든, 침범해서는 안 되는 곳이다. 그런 숲에는 토착 식물들이 아주 풍부하며 고유종들도 많다. 그 숲들은 해당 지역의 독특한 지질에 경의를 표한다. 푸네 대학교의 바르카르 교수는 이 종들을 보존하기 위해서 엄청난 개인 표본실을 갖추고 있다. 그의 집은 거의 누울 공간조차 없을 정도로 표본들로 가득하다. 현재 이 토착 종들이 사라지는 것을 막자는 움직임이 일어나고 있다. 아직 조사되지 않은 식물의 물질들이 암 치료 같은 것에 유용할지도 모른다는 현실적인 주장도 그런 노력에 힘을 실어주고 있다. 마다가스카르 섬의 희귀한 총알고둥류가 중요한 사례로 꼽힌다. 그 고둥류는 가장 효과가 뛰어난 항암제를 만들어낸다는 것이 밝혀지면서 새롭게 관심의 초점이 되었다. 하지만 더 강력한 논거는 도덕적인 것이다. 우리 종은 지질과 기후가 수백만 년에 걸쳐서 만든 것들을 절멸시킬 권리가 없다. 서식지 전체를 말이다. 하와이 해저 열도와 달리, 우리는 이곳의 현무암들이 침몰할 운명에 처해 있다는 말도 할 수 없다. 이 내륙 단구들을 침몰시킬 바다가 있다면 그것은 인류라는 바다이다.

아우랑가바드 마을을 지나자 더 가파른 오르막길이 나타난다. 이 마을은 무굴 제국의 대제 아우랑제브(1659~1707)의 이름을 딴 것이다. 위에서 내려다보면 무굴 제국 시대에 마을을 보호하기 위해서 세웠던 성벽의 장엄한 폐허를 볼 수 있다. 지금은 그 폐허 여기저기에 나무들이 자라고 있다. 먼지가 가득한 한 크리켓 경기장에서 적어도 세 팀의 소년들이 열기에 아랑곳하지 않고 경기를 하는 모습이 보인다. "인도는 크리켓에 미친 나라입니다!" 운전사가 내게 알려준다. 듣지 않아도 알 수 있다. 크리켓은 영국 통치가 남긴 유산이며, 내 자신이 속한 민족이 인도에 끼친 영향 중 오래 남아 있는 것에 속한다. 그런 것들은 극소수이지만 크리켓은 그중에서도 가장 무해한 것에 해당한다. 또 하나 남긴 영향은 유용하면서 융통성 있는 언어이다. 영어는 인도가 세계 통신 혁명에 중요한 역할을 할 수 있도록 도움을 주었다. 무갈과 영국의 지배는 끝났지만 거리는 늘 그래왔듯이 지금도 사람들로 북적거린다. 지금은 경기장에서 내는 "하우젯(Howzat : 크리켓 경기 중 심판에게 어떻게 되느냐고 묻는 소리/역주)?"만 들려온다.

아우랑가바드에서 30킬로미터 떨어진 곳에 엘로라 사원들과 석굴들이 있다. 그것들이 자리한 산들도 수평으로 흐른 용암류들이 층층이 쌓여 형성된 것이다. 그곳의 바위 사원들은 기원후 5-9세기에 세워졌다. 영국이 인도를 약탈한 시점보다도 1,000년 전에 세워지기 시작한 것이다. 데칸 고원은 지질과 문화가 가장 직접적으로 관계를 맺고 있는 곳이다. 그 유적들은 암석으로 만들어졌다. 암석은 영감과 재료를 함께 주었다. 엘로라에는 세 가지 종교가 섞여 있다. 안내 책자에는 힌두교 "석굴"이 16개소, 초창기의 것부터 포함해서 불교 석굴이 12개소, 가장 평화적인 종교인 자이나교 석굴이 5개소 있다고 쓰여 있다. 자이나교 신자들은 엄격한 채식주의자이며 살아 있는 모든 것에 해를 입히지 않기 위해서 언제나 몸가짐을 조심한다. 가장 극단적인 자이나교 신자는 개미가 해를 입지 않도록 먼저 앞쪽 바닥을 쓴 뒤에 발을 디딘다. 석굴들은 남북으로 약 2킬로미터에 걸쳐 뻗어 있으며, 파내기가 비교적 쉬운 한 용암류의 "솔기"를 따라 나 있다. 석굴들 위로 더 내구성이 뛰어난 용암류들이 덮여 있는 곳도 있다. 그리고 이 덮여 있는 용암류에 내리는 빗물이 고이는 "시타의 목욕탕"이라고 부르는 작은 호수가 있다. 시바의 집이라는 카일라사 산과 이름이 같은 제16석굴이 관광객들이 맨 처음 들르는 곳이다. 들어가보면 이유를 알 수 있다. 그 석굴은 놀라운 구조물이다. 아니 오히려 해체물이라고 불러야 할 것이다. 그것은 세운 것이 아니라 파헤친 건축물이기 때문이다. 이 건축물은 벽돌이나 석재로 쌓은 것이 아니라 암석을 파내어 만든 것이다. 이 사원에는 용암 덩어리들을 파서 만든 건물과 석상들이 있다. 즉 사실상 망치와 끌로 바위를 쪼아 만든 거대한 조각 작품인 셈이다. 이 석굴은 크리슈나 1세의 명령에 따라서 8세기와 9세기 초에 걸쳐 지어졌다. 마치 용암류 속에 고스란히 묻혀 있던 사원을 힌두교 장인들이 한 세기에 걸쳐 쪼고 파내어 모습을 드러낸 것 같다. 파낸 화산암은 약 8만 세제곱미터에 달했을 것이다. 그 석굴은 위에서부터 바닥까지 구멍의 깊이가 약 30미터이며, 길이는 84미터, 폭은 46미터이다. 팔 때 석굴 중앙에 거대한 덩어리를 남겨놓은 뒤, 수십 년에 걸쳐 그것을 파내어 2층으로 된 거대한 시바 신전을 만들었다. 그 안에는 방들도 있다. 그 바깥에는 우아하고 현란한 조각들이 새겨진 직사각형 기둥들이 있다. 그 현란한 장식들은 영국 건축가 퓨진이 설계한 빅토리아 시대의 건축물 장식을 생각나게 한다. 주제가 전혀 다름에도 말이다. 꾸미고 싶은 욕구가 넘친 듯하다. 신전의 벽에는 위엄 있는 실물 크기의 코끼리들이 조각되어 있다. 신전과 별개로 하나의 돌로 된 장엄한 승리의 기둥이 딴 곳에서 온 듯이 서 있다. 거기에는 의식하지 못한 채 자연을 모방한 예술 작품처럼 지층들을 모방한 듯한 선들이 새겨져 있다.

그 기념물에는 크리슈나와 파르바티의 혼인을 묘사한 조각들이 새겨져 있다. 여신의 모습은 아주 요염하다. 가슴은 작은 그레이프프루트처럼 통통하며 허리는 아주 잘록하다. 크리슈나는 남성적이지만 부드럽기도 하다. 그는 벌거벗은 모습과 어울리지 않게 품위 있는 모습으로 상대에게 손을 내밀고 있다. 두 신은 애정이 가득한 친밀한 모습을 보여준다. 거의 벌거벗다시피 한 옷차림에도 우아함이 깃들어 있다. 그 옷차림은 노출시킨 것보다 더 많은 것을 감추고 있다. 이 조각상들은 신의 모습을 담은 것임에도 인간적이다. 그 신상들은 폼페이를 장식했던 고대 그리스 신상들과 다르다. 그들의 몸에는 여분의 팔들이 있고, 흥미로운 방식으로 인간과 동물의 몸을 섞은 듯이 보이기는 해도 피와 살이 더 느껴진다.

암석들을 자세히 살펴보면 엘로라의 용암들 중에서 반상(斑狀) 조직이라고 할 수 있는 것들이 많다는 사실이 뚜렷이 드러난다. 더 검은 색깔의 미세한 알갱이로 된 현무암 기질 내에 크고 납작한 장석 결정들이 "떠 있는" 듯한 모습이다. 마치 조각상들의 표면에 붓을 대담하게 휘둘러 흰 물감을 흩뿌려놓은 듯하다. 그 각기둥 모양의 굵은 장석들은 지하 깊은 곳에서 형성된 결정이다. 결정들은 그곳에서 충분한 시간 동안 머물면서 자란 뒤, 용암이 분출할 때 지상으로 나와 두꺼운 용암류에 박혀 굳어진 것이다. 사원을 탄생시킨 용암 속에서 말이다. 그 결정들은 흐르는 용암에 실려가다가 용암이 굳으면서 초콜릿 속에 든 땅콩처럼 갇혔다. 그 결정들은 검은 화산암이 지닌 차가운 분위기를 완화시키는 역할을 한다.

엘로라에서 75킬로미터 떨어진 곳에 더욱더 장엄한 아잔타 유적이 있다. 아잔타 석굴들은 말발굽 모양의 골짜기를 따라서 펼쳐진 수직 절벽에 만들어졌다. 그 석굴들도 몇 개의 용암류를 따라 나 있는 듯하다. 석굴들 위쪽으로 수평으로 뻗어 있는 "이랑들"은 용암류들 사이의 경계에 해당하며 인간의 손이 닿지 않은 채 남아 있다. 그 석굴들은 잊혀졌다가 1,000년 만에 모습을 드러냈다. 7세기 말에 불교가 쇠퇴하자 그 석굴들은 잊혀졌고, 관목들이 우거지면서 입구를 가렸다. 박쥐들만이 비밀을 간직한 채 살아왔다. 그러다가 영국의 한 기마병이 1819년 우연히 이 석굴들과 마주쳤다. 투탕카멘의 무덤이 열렸을 때와 맞먹는 놀라운 순간이었을 것이다. 좁은 도로를 따라 절벽 밑으로 가면 광장이 나오고, 기념품을 파는 노점들이 수십 곳성업 중이다. 광물 상점들이 코카콜라에 해당하는 음료인 섬즈업을 파는상점들만큼이나 많다. 버스에서 내리면 이이들이 떼거지로 몰려와서 작은광물들을 들이대면서 사라고 떠들어댄다. 실제로 그 광물들은 아름다우며서양의 "광물 상점"에서 부르는 가격에 비해서 아주 싼값에 살 수 있다. 분홍색이나 초록색 결정들이 눈에 들어온다. 보석들이 둥근 판처럼 배열된 것들도 있고, 길쭉한 각기둥 모양의 결정들이 성게처럼 삐죽삐죽 튀어나온 것들도 있다. 그 결정들도 고대 화산 활동의 산물이다. 그리고 그중에는 어안석(apophyllite)처럼 아주 희귀한 종에 속한 것들도 있다. 용암이 식을 때면 그 안에 빈 공간(vug)이 생기곤 한다. 대개 원래는 분출할 때 거품이 생겨 형성된 공기 방울이다. 나중에 용암 더미 속으로 액체가 흐르면서 이런 구멍들 속에 광물들이 쌓이게 된다. 그 광물들은 대부분 제올라이트이며, 광물 수집가들이 선호하는 희귀한 것들도 있다. 이 아름다운 결정들은 심미적 정서와 탐욕의 경계선을 오락가락하면서 인간의 본성을 불편하게 만든다. 나도 다른 사람들과 마찬가지로 결정 형태를 이루고 있는 희귀한 것에 쉽게 홀린다. 데칸 고원에 푸네-봄베이 철도를 놓는 작업을 하던 중 결정들이 죽 늘어서 있는 반짝이는 지하 화랑이 발견되었다. 이곳에 전시되어 있던 결정들 가운데 가장 멋진 것들은 현재 전 세계의 박물관에 전시되어 있다. 하지만 이 고원에서 가장 추레한 행상인에게도 운수 좋은 날이 찾아올지 모른다. 당신이 몇 달러를 주고 광물 표본을 산다면 그 가족의 생계에 큰 도움을 줄 수 있다.

그곳에서 돈을 뜯기지 않고 지나칠 가능성은 없다. 아잔타 석굴들까지는 가파른 계단을 올라가야 한다. 겨우 광물 행상인들에게서 벗어나자, 건장한 두 젊은이가 오더니 일종의 1인용 수레에 태워서 위까지 데려다주겠다고 한다. 나는 단호하게 거절했다. 계단을 절반쯤 올라가고 나니 "타고 갈 것을" 하는 생각이 들기는 했지만 말이다. 가파른 절벽을 따라서 오르락내리락 나 있는 길을 가면 30개의 석굴들에 도착한다. 원래 각 석굴마다 밑의 하천에서부터 올라가는 계단들이 있었다. 지금은 이 계단들 대부분이 무너지고 없다. 그래서 루브르 박물관의 이 전시실에서 저 전시실로 가듯이 지금은 한 동굴에서 다른 동굴로 가도록 되어 있다. 그 비유는 적절하다. 거의 모든 석굴이 예술의 보고이기 때문이다. 둥근 용암 기둥들이 입구를 떠받치는 곳들도 있다. 하지만 이 기둥들은 돌들을 쌓아올려서 만든 것이 아니라 석굴을 팔 때 남겨둔 부분이다. 따라서 이어붙인 흔적이 전혀 없다. 한 석굴에는 위에서 흐른 용암류가 만든 꼬인 밧줄 같은 용암이 지붕처럼 덮여 있다. 많은 동굴들에는 불교 벽화들이 놀라울 정도로 잘 보존되어 있다. 이 벽화들은 장엄하면서도 세밀하다. 부처의 삶을 묘사한 장면들과 일상생활을 다룬 장면들이 그려져 있다. 걸작이라고 할 만한 작품들도 있다. 인물들은 벌거벗은 모습으로 그려져 있지만 부처를 제외하고 모두 목걸이와 팔찌, 대님, 보석이 달린 머리 장식을 갖추고 있다. 그 머리 장식을 "모자"라고 말하면 과소평가하는 셈이 될 것이다. 반짝이는 솜털에서 우아한 소용돌이 장식에 이르기까지 상상할 수 있는 온갖 모양을 이루고 있기 때문이다. 현대의 관찰자는 그 인물들이 품은 감정을 쉽게 읽을 수 있다. 상냥함, 슬픔, 웃음 같은 것들은 과거나 현재나 똑같기 때문이다. 거기에 그려진 주제들은 늘 예술가들의 관심을 끌었던 것들이다. 어머니와 아이, 죽음과 구원 같은 것들 말이다. 17번 동굴의 앞방 뒷벽에는 부처가 동냥 그릇을 들고 탁발승이 되어 자신의 왕국으로 돌아가는 장면이 그려져 있다. 7년 만에 만난 아들 라훌라는 오히려 부처에게 자신을 아들로 인정해달라고 간청한다. 아잔타 예술을 세계에 알리는 데에 많은 기여를 한 시인 로렌스 비니언(1869–1943)은 이 그림에 대해서 다음과 같이 말했다. "이보다 더 숭고하고 애틋한 심정을 담은 작품은 없다." 나는 아잔타 석굴을 찾았던 그에게 친밀감을 품고 있다. 나와 마찬가지로 그도 오랫동안 영국 박물관에서 근무했기 때문이다. 나를 감동시킨 또 하나의 작품이 있다. 이해하느라고 조금 고심했다. 제2석굴에는 반라의 여성이 아주 어두컴컴한 꽃밭에서 밧줄 그네를 타는 장면을 담은 프레스코화가 있다. 재미있으면서도 기이할 정도로 엄숙한 그림이다. 프랑스 대혁명 이전의 화가인 장 오노레 프라고나르가 그린 "그네"라는 유화에 똑같은 모습이 담겨 있다. 그 그림에서는 시골 처녀 복장을 한 귀족 여성이 거리낌없이 하늘 높이 그네를 타고 있다. 1,000년의 세월을 두고 서로 다른 전통에 속한 두 여성이 똑같은 놀이를 즐기고 있으며, 예술가는 그네가 솟아오르는 순간의 모습을 포착했다. 나는 이것을 인간의 반응이 심층적으로 비슷하며, 특히 예술가가 그것을 드러내는 데에 중요한 역할을 한다는 것을 나타내는 상징이라고 생각한다.

아잔타도 지질에 뿌리를 두고 있다. 석굴들이 적절한 용암류에 파놓은 굴이기 때문만은 아니다. 벽을 꾸미는 데에 쓴 회반죽에는 지층이 풍화하여 생긴 점토가 들어갔다(소 똥과 쌀 겉껍질도 들어갔다). 거기에 석회로 마감을 했다. 안료도 대부분 오커 색이나 시에나 색처럼 철분이 풍부한 화산암이 풍화하여 생긴 그 지역 산물을 썼다. 이런 토양 성분들이 섞이자 그림이 마치 암석 자체에서 자라난 듯한 느낌을 주는 색조를 띠게 되었다. 그러면 선명한 색깔들은 어디에서 얻었는지 궁금해질 것이다. 보석을 그리는 데에 쓴 선명한 파란색은 코발트 광물에서 나온 것이 분명하다. 다른 동굴들에는 용암을 직접 조각해서 만든 조각상들이 가득하다. 사람들은 그 돌에 직접 끌을 들이댔을 것이다. 제1석굴에는 가로세로가 거의 20미터에 달하는 정방형의 넓은 방과 기둥들이 늘어선 복도가 있다. 그 뒤편에 수도승들이 거주하던 조악한 작은 방들이 있는데, 그 방에 살면 금욕적인 생활을 하지 않을 수 없었을 것이다. 나는 그 기둥들에 새겨진 하늘을 나는 연인들의 모습이 마음에 든다. 이 간다르바들은 눈을 감고 합일해서 절정에 오른 모습으로 껴안은 채 극락을 향해서 날아가고 있다. 동굴들을 차례로 지나가면 독특한 손 모양을 한 다양한 부처의 모습들이 실물보다 크게 새겨져 있는 것을 볼 수 있다. 제26석굴은 조각으로 거의 발 디딜 틈이 없을 정도이다. 이 조각들은 엘로라의 힌두교 사원에 있는 조각상들보다 더 체계를 갖추고 있다. 벽에 새겨진 장면은 깨달음을 얻은 부처가 잔혹한 마왕인 마라의 딸들의 유혹에도 넘어가지 않는다는 것을 이야기하고 있다. 그 모든 조각들의 한가운데에 한 손으로 머리를 괸 채 옆으로 누워 있는 거대한 부처(마하파리 니르바나)의 모습은 자애로움을 풍긴다. 그의 입가에는 빙긋 웃는 것이 아니면서도 지고지순한 행복을 느끼게 하는 독특한 미소가 담겨 있다. 가장 흔한 암석인 현무암이 이보다 더 고귀한 목적에 쓰인 사례는 찾을 수 없을 것이다.

　나는 이 책에서 지질학적 시간의 방대함을 되도록 생각하지 않으려고 했다. 그것은 이 책의 모든 쪽에 배어 있지만 방사성 시계가 어느 지질 사건이 일어난 뒤 수백만 년, 심지어 수십억 년이 지났다고 알려주고 있다고 한 차례 말한 뒤 그냥 넘어가곤 했다. 당신이 주의력이 깊지 않은 사람일지라도 지구가 진화하는 데에 엄청난 시간이 걸렸다는 말을 계속 되풀이한다면, 그것은 끊임없는 반복을 통해서 잠재의식에 새기는 주문과 같은 것이 되고 만다. 익숙함은 부주의함을 낳는 법이다. 하지만 이곳에서는 데칸 석굴들의 역사에 무슨 일이 벌어졌는지를 생각해보는 것도 좋다. 이곳에는 세 종교의 그림들이 암석에 새겨져 있다. 불교는 아잔타 석굴들이 1,000년 동안 잊혀져 있었을 만큼 쇠퇴했다. 이슬람이나 기독교는 다른 곳에서와 달리 그곳에 흔적을 남기지 않았다. 무굴인들은 왔다가 떠나갔고, 영국인들도 마찬가지였다. 이 모든 일들은 2,000년 동안에 일어났다. 절벽 자체에는 거의 아무런 변화도 일어나지 않을 기간이다. 그보다는 차라리 인류가 경관에 일으킨 변화가 훨씬 더 심각하다. 생태계는 인간의 시간으로 두 세대만에 파괴될 수 있다. 지질과 기후가 수백만 년에 걸쳐 지속시켜온 혼인 관계를 인간은 단숨에 끝장낼 수 있다. 우리 인류의 말썽 많은 역사는 지질학적 과정이라는 시간 규모로 보면 너무 짧아서 거의 기록조차 되어 있지 않다. 이제 그 한없이 느린 박자에 맞추어 세계가 얼마나 많이 변화해왔는지를 확실히 알 것이다. 라이엘은 지구에서 벌어지는 과정들이 꾸준하다고 생각한 점에서는 틀렸지만, 그가 우리에게 제시한 방법은 지구에서 일어난 격변들을 이해하는 데에 핵심적인 역할을 해왔다. 현재 지구에서 데칸 고원을 만든 것과 같은 분출이 일어나는 곳은 없다. 그렇다고 해서 그 고원을 연구하기가 불가능하다는 의미는 아니다. 우리가 이해하고 있는 과정들에 비추어 쉽게 해석할 만한 특성들도 지니고 있기 때문이다. 이 시대에는 일어나지 않는 사건들이 있다고 하면, 세계를 "균일하다"고 묘사할 수 없게 된다.

우리가 결코 도달하지 못할 역사적 순간들도 있을 것이다. 즉 시간을 "보는" 데에 필요한 정확한 날짜를 알 수 없을 정도로 먼 과거라는 단순한 이유로 도저히 다가갈 수 없는 "깊은 시간대"도 있다. 영구히 잃어버린 것들도 있다. 우리 종은 약 10만 년 전에 아프리카에서 출현했다. 지질학적 시간으로 보면 아주 짧은 기간이다. 게다가 모든 인간의 일대기를 합쳐도 지질학적 시간에 비유하면 몇천 분의 1초에 불과하다. 나는 창조론자들이 성경에 나온 연대에 집착하는 이유가 어느 정도는 인류 역사에 집착하고 싶은 욕구의 발현이 아닐까 생각해본다. 시간을 수백만 년, 아니 그 이상까지 펼쳐보라. 그러면 우리의 역사가 하찮게 보일 것이 분명하다.

다시 시간으로 돌아가자. 데칸 고원의 분출은 아주 짧은 기간에 걸쳐 일어났다. 역사의 맥박이 빨라졌던 것이다. 방사성 연대 측정법의 정확성이 높아지면서 분출이 150만 년이라는 짧은 기간에 걸쳐 일어났음이 밝혀졌다.[*] 더 짧아질 수도 있다. 우리 종이 살아온 기간보다 긴 것은 분명하지만 지질학적 시간으로 보면 여전히 눈 깜짝할 사이이다. 250만 세제곱킬로미터라는 분출된 현무암의 양과 그것이 뻗어나간 드넓은 면적을 생각하면 마그마가 홍수처럼 마구 쏟아져나왔다는 것을 알 수 있다.

인도의 이 지역에서 지하 세계는 끓어 넘쳤다. 용암류들 중에는 두께가 20-30미터나 되는 것들이 많았고, 그 두께는 수백 킬로미터에 걸쳐 유지되었다. 많은 기체를 포함하고 있는 데다가 유동성이 강했던 그 용암들은 차례차례 빠른 속도로 퍼져나갔음이 분명하다. 용암들은 맨틀에 있는 원천에서 수직으로 뿜어졌다. 현무암에 들어 있는 미량 원소들은 용암이 그 깊은 원천에서 나왔다고 말한다. 용암류가 아주 넓게 퍼진 것을 볼 때, 용암은 길게 뻗어 있는 갈라진 틈에서 흘러나온 것이 분명하다. 이런 틈에는 원천에 이르기까지 지하를 수직으로 가르는 공급 암맥의 흔적이 남아 있을

---

[*] 최근의 한 연구 논문은 데칸 고원의 각 지역들을 모두 고려하면, 분출이 총 400만 년에 걸쳐 일어났다고 주장한다.

것이다. 용암은 초당 수백 미터의 속도로 분출되었을 것으로 추정된다. 그 것은 세계 최대의 강에서 배출되는 물의 양과 맞먹는다. 밤에 그 광경은 얼마나 장관이었을까! 하와이의 용암 이야기를 쓸 때는 "불의 강"이라는 표현을 쓰기가 왠지 망설여졌지만 여기서는 전혀 거리낌 없이 그 용어를 쓸 수 있다. 타오르는 분노의 홍수, 불을 뿜는 인더스 강, 그보다 더 장엄한 것은 없으리라.

이제 먼 과거로 가보자. 방사성 연대 측정 결과는 데칸 고원의 현무암 홍수가 6,600만 년 전에도 일어났음을 보여준다. 백악기와 제3기가 나뉜 시기이다. 바로 그 시기에 암모나이트 같은 바다에서 살던 동물들과 공룡이 멸종했다. 생명의 역사를 중단시킨 다섯 번의 대규모 멸종 중 한 번이 바로 그 시기에 일어났으며, 그것은 두 번째로 큰 규모였다. 분출과 멸종이라는 두 사건이 연관되어 있다는 것은 놀랄 일이 아니다. 대지현무암이 분출되는 동안 대기로 뿜어진 대량의 이산화황과 미세한 먼지들은 육지의 식생을 죽이고 바다에 피해를 입히기에 충분할 정도의 기후 변화를 촉발했을지도 모른다. 먼저 초식성 공룡들이 굶어 죽었다. 육식성 공룡들은 잠시 그들의 사체를 먹으면서 살았겠지만, 곧 그들도 망각 속에 묻혔다. 해양 플랑크톤들도 같은 시기에 급격하게 줄어들었다. 현재는 진화의 시계를 다시 맞춘 그 격변을 일으킨 것이 멕시코 유카탄 반도에 떨어진 거대한 운석임을 시사하는 증거들이 더 많다. 전 세계의 퇴적암 누층에서 데칸 고원의 분출 때문이라고 확정적으로 말할 수 있는 특징들보다 운석 충돌의 직접적인 영향들을 더 많이 찾아냈다. 하지만 그것은 놀라운 우연의 일치이며 분출 시나리오도 검증을 기다리고 있는 하나의 기설이다.

데칸 분출들이 지각판 운동이 빚어낸 결과라고 해도 놀랄 일은 아니다. 인도 반도가 북쪽으로 "표류하고" 있다는 것을 생각해보라. 그리고 그 반도가 언제나 현재의 위치에 있었던 것이 아니라는 점도 떠올려보라. 세계가 다시 형성되어왔음을 기억하라. 따라서 6,600만 년 전에 무슨 일이 일어났는지를 이해하려면 대륙이라는 무대를 다시 세우고 기둥들을 옮겨야 한다. 백악기 말에 이동하고 있던 인도 아대륙은 "열점" 위를 지나갔다. 하와이 해저 열도에서 살펴보았듯이 그 열원은 붙박이이다. 대륙이 열점 위로 지나간다는 것은 불꽃 위로 손을 움직이는 것과 같다. 대륙이 열점 위를 지날 때, 맨틀 상승류는 대단히 격렬하게 대륙 속으로 톨레이아이트질 마그마를 직접 관입시켰다. 이곳은 대양과 대륙이 정면으로 마주친 곳들 중 한 곳이이다. 그 결과 심연과 관련 있는 검은 용암류가 가벼운 대륙의 위쪽에 쌓여서 지구의 얼굴 한쪽에 커다란 검은 물집을 만들었다. 너무나 많은 열이 방출되었으므로 하와이에서 볼 수 있었던 것보다 훨씬 더 큰 화염이 맨틀에서 솟구쳤을 것이라고, 즉 그 고원을 탄생시킬 정도의 "초상승류"가 있었을 것이라고 추정된다. 어쨌거나 인도판은 계속 북쪽으로 나아가 아시아와 만났고, 거대했든 거대하지 않았든 간에 상승류는 뒤에 남겨졌다. 분출은 시작할 때처럼 갑작스럽게 끝났다.

그 이야기의 마지막 반전은 데칸 고원에서 일어난 엄청난 용암 분출, 엄청난 열 에너지 분출이 정상적인 지질 과정만으로는 일어날 수 없었다고 믿는 몇몇 과학자들이 나타났다는 것이다. 그들은 이렇게 묻는다. "'초상승류'를 일으킨 과잉 에너지는 어디에서 왔을까?" 한 가지 대답은 운석 충돌을 끌어들이는 것이다. 그러한 외계 침입자가 쏟아낸 에너지가 엄청난 양의 용암을 분출시킨 여분의 에너지가 되었을 수도 있다. 그리고 운석들은 무리지어서 쏟아지는 경향이 있으므로, 유카탄 반도에 충돌 사건이 일어난 시기와 인도 북서부에서 용암 분출 사건이 일어난 시기가 같은 것은 결코 우연의 일치가 아니다. 땅은 두 차례의 타격을 받으면서 움찔했다. 운석 하나는 멕시코에 분화구를 남겼다. 다른 하나는 현무암 홍수를 일으켰는데, 그 덕분에 힌두교 조각가들은 석재를 얻었고 불교 화가들은 캔버스를 얻었다. 아잔타 석굴들의 천장에 그려진 별들은 기이한 통찰력을 보여주는 듯하다.

비록 데칸 고원이 그 어느 곳도 따라올 수 없을 정도로 인간과 다각도로 관계를 맺고 있다고 해도 그곳만 그런 것은 아니다. 그에 상응할 만큼 대량의 대지현무암이 흘러나와 드넓은 새로운 땅이 형성된 지역이 서너 군데 더 있다. 트라이아스기에 형성된 시베리아 고원은 인도의 고원보다 훨씬 더 범위가 넓지만 오지에 있어서 접근하기가 어렵다. 그 고원은 겨우 50만 년 동안 이루어진 분출로 형성된 듯하다. 미국 북서부에 있는 컬럼비아 고원은 1,700만 년 전에 분출했고, 13만 제곱킬로미터에 걸쳐 있다. 이곳의 용암류는 계곡이었던 곳을 채우고 평평하게 함으로써 산악 지형을 검은 화산암으로 평탄하게 다져놓았다. 고고학적 발굴지 위에 콘크리트를 쏟아부어 새로운 건물 토대를 다지는 건축업자처럼 용암은 1,500미터 두께로 쌓이면서 옛 경관을 뒤덮었다. 그곳에는 100여 차례에 걸쳐 용암류가 흘렀을 수도 있다. 현재는 강들이 다시 용암 더미를 깎아내면서 깊은 계곡들을 따라서 장엄한 경관을 형성하고 있다. 언젠가는 옛 경관이 다시 드러날 것이다. 아이다호 남부에 5만 제곱킬로미터에 걸쳐 펼쳐져 있는 스네이크 강 현무암은 더 젊은 제4기에 형성된 것이다. 브라질에도 드넓게 펼쳐진 대지현무암이 있으며, 심지어 남극에도 있다. 또한 해저 홍수현무암도 있다. 그런 곳에서는 "초상승류"가 포유동물이나 공룡의 눈에 보이지 않게 분출물을 뿜어냈다. 1억2,000만 년 전 서태평양에 형성된 온통자바 고원이나 마다가스카르 섬 남쪽에 형성된 고원이 그렇다. 이 암석들은 지구의 얼굴에서 눈에 띄는 특징을 이루고 있다.

그 암석들이 오래되었다는 점을 생각할 때, 지각판들이 꾸준히 움직였으므로 용암 분출로 생긴 고원들이 지구의 얼굴을 계속 훼손시켰을지도 모른다. 많은 연구자들은 시원대 말인 약 25억 년 전에 현무암 암맥들의 "무리"가 드넓은 영역에 현무암을 공급했으며, 현재 그 홍수현무암들은 완전히 침식되어 사라졌다고 믿는다. 선캄브리아대에는 그것들을 뒤덮을 숲도 없었고, 그 칙칙한 표면을 화장으로 가려줄 식물도 없었을 것이다. 그것들은 지하 깊숙한 곳에서 튀어나온 검은 얼룩이 되어 경관을 더럽혔을 것이다. 그 옛날 지구는 꽤 여러 차례 검게 칠해졌음이 분명하다.

화강암은 깨뜨리기 어렵고 잘 분해되지 않는 완강하고 인색한 돌이다. 화강암은 자연력의 공격 앞에 움츠리지 않는다. 우리는 강하고 꿈쩍도 하지 않는 것을 "화강암 같다"고 말한다. 1800년 6월 14일 마렝고 전투 때 통령 근위 연대의 보병들은 "화강암 요새"라는 별명을 얻었다. 그들은 탄탄한 대열을 짜서 오스트리아 군의 진행을 막았고, 그 결과 나폴레옹 보나파르트가 이탈리아 북부에서 승리하는 데에 한몫을 했다. 화강암은 "물러서지 않는다"는 비유로 쓰인다. 영어에서 화강암은 속내가 고스란히 드러나는 얼굴을 가리키는 표현이기도 하다. 화강암은 공공 건물들의 권위를 세워준다. 지질학을 전혀 모르는 사람들도 화강암이 단단하다는 것은 알고 있다. 화강암은 사업을 의미하기도 한다. 화강암 건물은 이렇게 말하는 듯하다. "우리는 여기 서 있다. 아무데도 가지 않는다." 당신의 생계 자금이 보관된 은행이 화강암으로 지어진 것을 알면 이상하게 위안이 된다. 반면에 당신은 조용한 시골길이 화강암으로 포장되어 있으리라고는 기대하지 않는다. 셰이머스 히니는 화강암의 특성을 잘 알고 있었다.

화강암은 깔쭉깔쭉하고, 다루기 힘들고, 가혹하고 엄격하네.
화강암은 말하지. 수고하고 무거운 짐 진 자들아 내게로 오라.
내가 너희를 못 쉬게 하리라. 그리고 이렇게 덧붙이지.
오늘을 즐겨라. 나를 받아들이든지 말든지 마음대로 하라.

화강암은 지표면에 풍부하다. 산악인들의 도전 목표인 히말라야 산맥이나 안데스 산맥의 접근하기 어려운 드높은 봉우리들, 아프리카의 잔구(殘丘)와 도상(島狀) 구릉, 유럽과 아메리카의 황야와 바위산 등 전 세계의 황

콘월 세인트마이클 산 어귀의 교회 묘지에 있는 오래된 화강암 묘비. 거친 표면이 수세기 동안 풍화를 겪었음을 말해준다.

무지와 산은 가장 완고한 기반암인 화강암이 지표면에 자신의 모습을 드러낸 것이다. 세계 최대의 현무암 지대 중 한 곳인 데칸 고원에 비해서 영국 남서부의 화강암 지대는 관입이 가장 볼품없게 일어난 곳이다. 심술을 부리기 위해서 그곳을 묘사하려는 것은 아니다. 관광 안내 책자에 당당하게 적혀 있듯이 데본과 콘월의 화강암들은 "유서가 깊다." 잉글랜드 서부 지방에 가면 화강암이 풍경 및 지질 구조, 그리고 물론 지역 사회의 성격, 역사, 문학과 어떻게 연결되어 있는지를 다른 곳보다 더 잘 파악할 수 있다. 다트무어는 영국의 역사 유적 탐방 길에 잠시 들르는 곳으로 여겨질 때가 많다. 그런 여행은 풍부한 이야깃거리들을 대부분 쳐내고 역사를 얇은 책자에 압축시킨 것과 같다. 하지만 그 음산한 황무지를 지나가보겠다고 결심한 여행자가 맞닥뜨리게 될 황량한 세계를 생각하면, 다트무어는 그렇게 만만한 곳이 아니다. 심지어 오늘날에도 도로기 보일라 말락 할 때까지 걸어가기만 해도 끝없이 펼쳐진 헤더 숲 사이로 바람이 휘몰아치는 소리가 들리고, 그 사이사이에 풀밭종다리가 울부짖는 소리가 울려퍼진다. 드넓은 하늘에는 험상궂은 구름들이 빠르게 흘러간다. 이 모든 것들은 아무리 길을 다지고 개간한다고 해도 이곳이 변함없이 황량한 곳임을 알게 해준다. 그 화강암 황무지는 지금도 말하고 있다. "나를 받아들이든지 말든지 마음대로 하라."

　동쪽 방향에서 다트무어에 접근할 때는 그다지 눈에 띄는 점이 없다. 새로 닦인 간선도로를 벗어나면 높은 둔덕 사이에 박힌 듯이 움푹 들어간 좁은 도로가 나온다. 길을 따라 너도밤나무가 죽 늘어서 있다. 이 도로가 바로 다트무어로 가는 옛 길이었다. 봄이 되면 울타리로 둘러싸인 둔덕들은 블루벨과 끈끈이대나물류, 일찍 피는 자주색 난초들, 별꽃류 등이 만발한 축소판 식물원이 된다. 영국 국기를 상징하듯이 적색, 흰색, 청색의 꽃 전시회를 여는 듯하다. 그 다음에 끊이지 않고 완만하게 이어지는 낮은 구릉들이 하늘을 배경 삼아 뻗어 있는 경관이 눈에 들어온다. 이곳이 바로 황무지이다. 실제로는 보이는 것보다 더 높고 더 멀리 놓여 있다. 하늘에 닿기보다 거기에 닿는 것이 더 오래 걸릴 것 같다. 길은 마치 앞에 있는 황량한 풍경을 정면으로 바라보기 싫어서 이쪽저쪽으로 몸을 피하는 듯이 비비 꼬이고 휘어져 있다. 그러다가 담들이 달라진 것이 눈에 들어온다. 담들은 이제 연한 색의 석재로 이루어져 있다. 바닥 쪽에는 커다란 직사각형 돌이 있고 위로 갈수록 작아진다. 돌들은 특별히 주문 제작한 조각 그림 맞추기 퍼즐인 양 서로 끼워맞추어져 있다. 그 틈새에는 디기탈리스류가 자라고 있다. 햇살이 비칠 때면 그 분홍빛 꽃들에는 늘 땅벌들이 윙윙거린다. 피막이류의 둥근 잎들은 틈새에서 간들거리고 있다. 이 담들은 화강암 석재로 이루어져 있다. 그중에는 1,000년의 세월을 견딘 담들도 있을지 모른다.

　엉성한 다리를 건너고 나면 탁 트인 황무지가 나타난다. 엉클어진 털을 가진 자그마한 다트무어 조랑말이 억센 것도 이런 환경에서 자랐기 때문이다. 봄이 되면 황무지의 산비탈들은 온통 거멓기 때문에 우울하고 음침해 보이기까지 한다. 눈앞에 있는 것이 현무암 용암류가 아닐까 하는 생각이 들 수도 있지만 황무지를 화산처럼 보이게 만드는 것은 땅을 뒤덮으면서 새로 자라나는 헤더이다. 헤더는 가혹한 기후에 맞서기 위해서 작은 잎들이 빽빽하게 모여 나기 때문에 검게 보인다. 헤더는 나중에 수많은 꽃을 피워서 산비탈들을 온통 자주색으로 물들인다. 헤더류는 세계 어디에서도 찾아보기 힘든 척박한 토양에서 번성하는 비법을 터득해왔다. 우리는 이미 하와이의 새로 생긴 화산들에서 헤더의 친척을 만난 바 있으며, 이곳 화강암 위에 얇게 덮인 토양도 그에 못지않게 척박하다. 양들은 헤더 사이에 난 잎이 연한 풀들을 잘 골라서 뜯어 먹는다. 멀리서 보면 검은 산비탈에 하얀 솜털 덩어리들이 놓여 있는 것 같다. 여기서는 화강암이 거의 모든 곳에 쓰인다. 세로로 난 화강암 석판들은 담뿐 아니라 문기둥으로도 쓰이며, 화강암 석재는 신석기 시대 이래로 주택을 짓는 데에 사용되어왔다. 에드윈 러티언스가 지은 장엄한 화강암 집인 드로고 성에서 그리 멀지 않은 곳에 스핀스터 고인돌(Spinster's Rock)이 있다. 이 고인돌은 기원전 3000년경의 것으로 추정되며, 곧추선 세 개의 돌이 넓적한 커다란 돌을 받치고 있다. 그 화강암 관입 지대 전체에는 수천 기의 청동기 시대 "환상 열석(環狀列石)들"이 흩어져 있다. 환상 열석은 돌로 되어 있지만 나무들을 원형으로 세워놓은 것들도 있었는지 모른다. 1970년대에 리브(reave)라고 하는 저지대 들판의 경계석들이 원래부터 경계석이었다는 사실이 밝혀졌다. 가끔 가시금작화 덤불로 뒤덮이기도 하는 이 별다른 특징 없이 늘어선 돌들은 지금도 농장과 행정 구역의 경계석으로 쓰인다. 황무지의 가장자리에 사는 억센 농부는 3,000년 전 청동기 시대의 선조들이 설정한 경계선들을 그대로 따르고 있는 셈이다. 농사 습관은 화강암과 흡사하게 지속성을 가지고 있다.

황무지에는 돌로 만들어진 이런 원과 선이 무수히 많으며, 들판 한가운데나 길옆에 보초처럼 홀로 서 있는 돌들도 아주 흔해서 사람들은 곧 흥미를 잃어버린다. 이곳에서 볼 수 있는 것은 일종의 길들여진 고대 역사이다. 스톤헨지 같은 장엄함은 느낄 수 없겠지만 청동기 시대에 인구 밀도가 얼마나 되었는지는 실감할 수 있다. 이곳은 개척자들의 마을이 아니라 북적거리는 번창한 사회였다. 아마도 사람들은 귀리와 콩을 재배했을 것이고, 주석을 얻기 위해서 하천을 파냈을 것이다. 그림스파운드는 나름대로 스톤

헨지 못지않은 감동을 준다. 돌을 원형으로 두껍게 쌓아올려 만든 벽인 이 구조물은 연인원 35명이 여러 해에 걸쳐 쌓았을 것이다. 다트무어는 로마 시대에는 다소 버려져 있었던 듯하며, 그런 상황은 중세 암흑기에도 계속되었다. 기원후 540년에 일어난 크라카토아 화산 분출이 기후를 대폭 변화시켜 콘월 주민들 대부분이 기아를 피해서 브르타뉴 지방으로 이주했기 때문이라는 주장도 있다. 원인이 무엇이든 간에 그 황무지는 거의 1,000년 동안 버려져 있었다. 중세인 서기 950년경에야 농부들이 다시 돌아왔다. 그들이 세운 공동 주택들은 지금도 몇몇 곳에 남아 있다. 화강암 벽은 쉽게 무너지지 않기 때문이다. 인구도 예전보다 더 많아졌다. 하운드토르 부근에는 마을이 있었던 흔적이 남아 있다. 그나마 형체를 이루고 있는 것은 집의 벽이 무너져서 생긴 흔적뿐이다. 공동 주택의 상인방과 문설주, 겨울의 찬 바람을 막기 위해서 두꺼운 벽에 쓰인 넓적한 화강암 돌 몇 개만이 제 형태를 유지하고 있다. 화강암 석판들은 하천에 다리를 놓는 데에도 사용되었다. 홍수가 나면 위험할 정도로 물이 불어나기 때문이다. 이 지역의 다리는 "클래퍼(Clapper)" 다리라고 불리는데, 서너 개의 교각을 세우고 그 위에 크고 넓적한 화강암 돌을 놓은 단순한 구조로 되어 있다. 그 위를 사람들을 태우고 짐을 실은 말들이 지나다녔다. 중세 시대에는 황무지에 많은 길이 나 있었고, 홀로 가는 여행자들을 털려는 노상강도도 들끓었다. 교차로에는 돌로 만든 십자가가 세워지기도 했고, 길은 이미 사라졌지만 이런 십자가 중에는 지금까지 서 있는 것들도 있다. 당신은 지나가다가 사방 수 킬로미터에 걸쳐 길 하나 보이지 않는 곳에서 수수께끼처럼 외롭게 서 있는 이런 돌을 마주치게 될지도 모른다. 교회 묘지나 마을의 녹지대에서는 더 자주 볼 수 있을 것이다. 이 돌 십자가는 대충 깎아놓은 것이기는 해도 그 의미를 명확히 알 수 있다. 교회가 세워지기 전에는 화강암 십자가가 서 있는 담 안쪽 구역이 신성한 장소였을지도 모른다. 이런 유물들은 독특한 감동을 준다. 그것들이 상징하는 신앙도 화강암처럼 오래 지속될 것이다.

기반암은 황무지에서 가장 높은 곳들의 표면에 노출되어 있다. 즉 험한 바위산을 이루고 있다. 멀리서 보면 바위산들은 마치 무너진 성이나 폐허가 된 피라미드 같다. 더 가까이 다가가면 바위들이 아주 기묘하게 쌓여 있음을 알아차리게 된다. 가장자리가 무너질 듯 흔들리기도 한다. 신석기 시대의 헨리 무어 같은 인물이 쌓아올린 것이 아닐까 하는 생각이 들기도 한다. 뛰어난 조각 작품들이 그렇듯이 바위산들도 보는 각도에 따라서 전혀 다르게 보이는 흥미로운 특성을 가지고 있기 때문이다. 이쪽에서 보면 오벨리스크 같고 저쪽에서 보면 중세의 성 같다. 그다지 상상력을 발휘하지 않고도 높이가 12미터나 되는 바위인 "바우어맨의 코"를 보면 아래쪽 푸른 벌판을 내려다보고 있는 수호신 같다는 생각이 들 것이다. 쿰스톤토르는 짐짝이나 관들을 쌓아놓은 듯한 형상이며, 부주의한 거인이 공중에서 떨어뜨린 양 기울어져 있는 것들도 있다. 빅센토르는 마녀가 살던 곳이라고 한다. 이런 바위들은 모두 자연적으로 풍화되어 생겼다. 즉 수십만 년 동안 주변의 화강암들이 바람과 물에 깎여나가고 남은 것들이다. 화강암을 덩어리로 갈라놓고 있는 균열들, 즉 절리(節理)들은 자연적으로 생긴 것이다. 가장 침식을 잘 견디는 덩어리들만이 남아 있다. 나머지는 세월에 깎여나가 지구의 역사 속으로 사라졌다. 모양이 아무리 환상적으로 생겼다고 해도 그것들은 자연력의 변덕을 보여주는 흔적에 다름 아니다.

　바위산의 코앞까지 가면 눈에 보이는 것이 사실은 바위가 아니라는 것을 깨닫게 된다. 화강암 표면의 연한 회색은 사실 색깔을 한 겹 입힌 것이다. 표면은 지의류로 뒤덮여 있다. 이 가장 척박한 목초지에도 성장의 흔적이 있는 셈이다. 지의류는 바위 곳곳에 얼룩처럼 자랐다. 지금은 얼룩들이 서로 맞닿아서 경계를 구별할 수 없을 정도가 되었다. 그들은 잉글랜드 서부에 내리는 오락가락하는 비와 자신들의 집인 바위에서 나오는 약간의 광물들만 있으면 계속 자랄 수 있다. 손톱으로도 떼어낼 수 없을 정도로 바위 표면에 아주 단단히 붙은 것들도 있다. 일부는 바위 속으로도 자란다. 지의류는 대부분 연한 색깔이다. 멀리서 볼 때 화강암이 하얗고 매끄럽게 보인 것도 그 때문이다. 다른 종이 만들어낸 오렌지색 얼룩들도 간혹 보인다. 나는 북위 80도인 곳에서도 지의류가 화강암을 뒤덮은 것을 본 적이 있으며, 지의류가 남극에서도 생존할 수 있다는 것을 추호도 의심하지 않는다. 곰팡이와 조류의 공생체인 지의류는 양쪽이 협력 관계를 맺음으로써 더 강인해진 사례이다. 자세히 들여다보면 작은 덩어리나 컵 모양의 생식 기관이 보일지도 모른다. 지의류 중에는 굼뜨게 움직이는 지각판보다 더 느린 속도로 자라는 종들이 많다.

본래의 암석을 보고 싶다면 채석장으로 가야 한다. 다트무어에는 버려진 채석장들이 많다. 화강암은 도로 포장용으로 좋으며, 19세기에 긴 철로들이 놓일 때 침목 밑에도 깔렸다. 프린스타운 교도소에 수용되었던 험상궂은 죄수들은 예전에 징벌의 일환으로 단단한 화강암을 깨는 노역을 했다. 암석을 깨는 노역은 중단되었지만 그 교도소는 아직 그대로 있다. 그곳은 높다란 벽으로 된 석조 건물로, 교도소가 아니라 산업혁명기에 세워진 낡은 방적 공장처럼 보인다. 아마도 중범죄자들을 양산하는 공장과 다름없었을 것이다. 근처의 메리베일 채석장은 현재 버려진 상태이지만 화강암 덩어리들을 들어올리는 데에 썼던, 짓눌린 거대한 거미 모양의 설비는 그대로 놓인 채 녹슬어가고 있다. 암석 덩어리를 캐던 갱도에는 지금 물이 가득 차 있지만 절개지가 있기 때문에 채석장의 화강암을 살펴볼 수 있다. 캐낸 덩어리는 수평과 수직으로 그어진 금들을 따라서 커다란 석판으로 잘려나간다. 화강암은 원래 정수압(靜水壓)이 사방에서 똑같이 작용하여 생긴 거의 균질한 덩어리이다. 그 뒤 긴 세월에 걸쳐 침식을 통해서 위쪽이 서서히 벗겨지면서 압력 균형이 깨진다. 그 결과 응력이 가해져 균열이 생긴다. 따라서 그 바위산들의 형태는 지하 깊숙한 곳에서 이미 예견되었다고 말할 수 있다. 그 녹슬어가는 설비는 예전에는 발파 작업으로 쪼개진 덩어리들을 옮기는 데에 쓰였다. 옮긴 덩어리들은 다이아몬드 톱으로 잘라냈다. 그런 다음 기계로 표면을 윤이 나도록 연마하면 외장용 석재가 만들어졌다.

　채석장 주변의 폐석 더미에는 연마한 석판의 깨진 조각들이 널려 있다. 거기에는 다른 더 낯선 종류의 화강암 조각들도 있다. 따라서 그곳은 몇 종류의 암석을 연마하던 곳이었음이 분명하다. 붉은색을 띤 스칸디나비아 구상화강암도 있다. 그 암석은 커다란 둥근 장석을 초록색을 띤 변형된 광물이 감싸고 있는 모양이므로 쉽게 구별된다. 그런 모양은 장석들이 마그마 용액과 반응한 결과이다. 마그마 용액이 장석 결정들을 감싸면서 달라붙음으로써 지금처럼 건포도 푸딩 같은 모양이 나온 것이다. 그러나 폐석 더미에서 가장 흔한 돌은 그 지역에서 나온 화강암이다. 대부분은 하얗고 반점이 있지만 연한 분홍색을 띤 것들도 있다. 색깔을 결정하는 것은 암석의 대부분을 구성하는 정장석이다. 넓적한 돌을 보면 이 커다랗고 하얀 각기둥 모양의 결정들을 살펴볼 수 있다. 이 결정들은 무작위적으로 배열되어 있다. 이 커다란 결정들은 지각의 깊숙한 곳에서 화강암 마그마가 서서히 냉각됨으로써 굵고 긴 모양으로 발달할 수 있었다. 그 사실은 지질학 초창기부터 알려져 있었다. 가장 큰 결정은 길이가 18센티미터나 된다. 또 사장석 결정들도 있다. 영국 지질 조사국에 따르면, 다트무어 화강암은 지하 17.5킬로미터에서 솟아올라 관입된 것이다. 대지현무암이 지구의 얼굴에 순식간에 생긴 상처 딱지라면, 화강암은 깊은 곳에 생긴 멍울에서 서서히 스며나온 것이다. 또 돌을 살펴보면 장석들 사이에 결정 형태가 뚜렷하지 않은 반점들도 있다. 이것이 규산인 석영이다. 석영들은 유백색을 띤 더 큰 장석 결정들의 사이를 채우고 있다. 검은 반점들도 있는데, 아마도 흑운모일 것이다. 흑운모는 불에 달구어져 생긴 화강암에 들어 있는 광물들 중 부드러운 편에 속한다. 그래서 화강암 표면을 연마할 때 떨어져나오기도 한다. 그 결과 콘크리트와 강철로 세워진 건물들의 "피부"로 쓰이는 멋진 외장용 석재의 매끄러운 표면에 얽은 자국들이 생긴다. 이렇게 화강암은 화장품으로도 쓰일 수 있다.

화강암이 자연력에 어떻게 서서히 굴복해가는지 보고 싶다면 옛 십자가를 보라. 그것은 1,000년 동안 서 있었지만 아직도 원형을 간직하고 있다. 표면에 손가락을 대보면 거칠다는 것을 알 수 있다. 지의류를 만질 때와 같은 푸석푸석한 느낌이 아니라 그보다 더 거친 느낌이다. 때로는 툭 튀어나온 불규칙한 덩어리가 만져지기도 한다. 석영 결정들이다. 수 세기에 걸쳐 풍화가 일어나면서 다른 광물들은 모두 떨어져나갔지만 석영 결정들은 자랑스럽게 버티고 있다. 중세 농노제가 붕괴되고, 황무지가 버려지고, 화강암을 자르고 연마할 수 있는 기계들이 발명되는 동안 풍화는 이 정도밖에 이루어지지 않았다. 만졌을 때 우둘투둘할 정도로밖에 말이다. 황무지를 흐르는 작은 개울들을 들여다보아도 상황은 비슷하다. 하천 바닥에는 작은 화강암 알갱이들이 깔려 있어서 밟으면 우지직거린다. 그 알갱이는 대부분 석영이다. 이를테면 황무지가 남긴 쓰레기인 셈이다. 석영은 부서지지 않을 것이다. 석영은 홍수가 났을 때 하류로 굴러가는 식으로 수천 년에 걸쳐 바다로 나아가겠지만 끝까지 견뎌낼 것이다. 파도타기 선수들에게 유명한 패즈토 어귀의 모래 해변은 그 부스러기들을 끌어모을 것이다. 그리고 언젠가 그 규산염 알갱이들은 퇴적되어 굳어서 사암이 되었다가, 다시 바다 위로 솟아올라 침식되기 시작할 것이다. 그중 1조 또는 2조 개의 알갱이들이 살아남아 다시 지질학적 순환 과정에 들어간다. 그것은 대단한 내구성이다. 석영의 긴 수명은 찬송가 구절을 생각나게 한다.

주 안에서 천 년을 보낸 듯한데
하루가 흘렀을 뿐이네.

다트무어는 더 큰 저반(底盤, batholith)의 일부이다. 그 화강암 지반은 서쪽으로 보드민무어와 세인트오스텔, 더 나아가 랜즈엔드까지 뻗어 있다. 그것은 랜즈엔드에서 더 장엄한 대서양에 맞서는 장엄한 방파제를 형성하

342

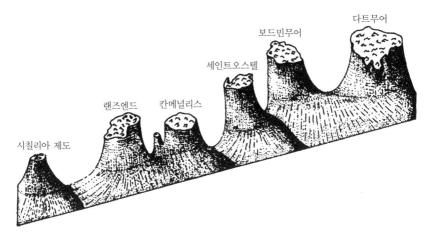

보이는 것보다 훨씬 더 크다. 아서 홈스가 잉글랜드 남서부의 바리스칸 저반이 지하로 죽 이어져 있는 양상을 그린 그림이다. 저 저반은 이따금 "지면을 가른다." 앞으로 1억 년이 지나면 완전히 겉으로 드러날지도 모른다.

고 있다. 거기가 끝이 아니다. 그 화강암은 유럽 본토를 지나 야생 수선화들이 자라는 시칠리아 제도까지 뻗어 있다. 방사성 연대 측정법에 의하면 이 화강암은 2억9,000만 년 전에 생긴 것이라고 한다. 아서 홈스는 그 덩어리를 거대한 땅속 고래가 몇몇 곳에서 지면을 가르면서 등을 드러낸 것으로 묘사했다. 그 고래는 보통 고래보다 몸집이 아주 길고 가느다랗다. 하지만 원한다면 그 숨어 있는 화강암 괴물의 등 위에서 태어난 주변과 위에 덮여 있는 습곡 퇴적암들을 볼 수 있다.

영국에서 가장 황량한 곳에 속했을 랜즈엔드 부근은 테마공원으로 지정되어 변신을 꾀했다. 지금은 간이식당에 앉은 채 몇 미터 앞에서 벌어지는, 파도가 완고하게 버티고 있는 절벽들에 부딪혔다가 휘감겨 내려가는 광경을, 육지와 바다의 드라마를 지켜볼 수 있다. 거기에서 북쪽으로 몇 킬로미터 떨어진 해안인 제노어는 침식과 화강암의 대결을 훨씬 더 잘 볼 수 있는 곳이다. 제노어는 중세에 생긴 마을로서 지금도 거의 당시의 모습 그대로이다. 즉 지금도 교회와 농장과 몇 채의 집으로 이루어져 있다. 그 마을에 가면 역병이 도는 해에 마을과 외부 세계 사이를 오고 가는 돈들을 살균할 때 쓰던 식초를 담는 그릇을 볼 수 있다. 물론 화강암으로 만든 그릇이다. 그곳에는 티너스 암즈라는 선술집이 있고, 인근에는 버려진 광산들이 있다. 이곳에서는 해안 도로가 바다와 좀 떨어져 있기 때문에 바다를 보려면 옛 담들을 따라 난 길을 걸어야 한다. 내가 갔을 때는 산비탈에 온통 블루벨이 만발해 있었다. 화강암은 그곳에서 바다로 수직으로 깎여 있다. 절벽 아래에 굴러떨어진 거대한 바위들이 놓여서 완충 지대를 이루기도 한다. 절벽과 바다가 접한 면을 따라 두께가 15미터쯤 되는 검게 변한 띠가 있다. 또 다른 종류의 지의류가 암석에 달라붙어서 생긴 것이다. 겨울 폭풍이 그곳을 강타한다는 것을 의미한다. 바닷물은 맑아서 햇빛이 비치는 날에는 바닥에 깔린 모래들이 들여다보인다. 모래는 오랜 세월에 걸친 침식의 산물이다. 가시금작화가 뒤덮고 있는 가파른 비탈에서는 갈까마귀와 검은딱새가 부산하게 움직이고 있다. 더 위쪽을 보면 푹신한 풀들과 노란 꽃이 핀 가시금작화들로 뒤덮인 창백하거나 초록빛이 감도는 울퉁불퉁한 지형에 화강암이 드러나 있다. 앞바다에는 솟아오른 화강암들이 자연력의 맹습에 맞선 선발대인 양 가파른 바위섬들을 이루고 있다. 잔잔한 날에도 파도는 바위섬들에 부딪혀 포말을 일으키면서 암석의 조직 내에 숨겨진 약점들, 즉 절리들을 찾아내려고 눈을 번득이고 있다. 바다는 자신보다 더 높이 솟아오르는 만용을 부린 모든 것들을 낮추기 위해서 기를 쓴다. 바다는 위대한 평등주의자이다.

잉글랜드 남서부를 관통하던 고대의 조산대에서 가벼운 화강암으로 된 뜨거운 마그마가 솟아오르면서 주변에 있던 퇴적암들을 굽고 변형시켰다. 또한 그 마그마는 습곡 작용을 겪은 퇴적암들을 통째로 집어삼키기도 했다. 화강암 주위의 열적 변형을 겪은 지대를 변성환(metamorphic aureole)이라고 한다. 데번과 콘월 지역에서는 변성환의 폭이 6.5킬로미터나 되는 곳도 있다. 데본기와 석탄기 때 화강암 덩어리 주변에 있던 점판암들은 모두 변성 효과를 받았다고 예상할 수 있다. 펜잰스에서 그리 멀지 않은 콘월의 남해안 앞바다에는 화강암들 중 중간 두목급이라고 할 만한 세인트마이클 산이 있다. 멀리서 보면 아주 장관이다. 그 섬은 원추형이며 울퉁불퉁한 바위들로 이루어져 있으며, 꼭대기에는 성이 자리하고 있다. 너무나 낭만적인 전경이라서 실제로 있는 것 같지가 않다. 만조 때가 되면 그 섬은 본토와 분리되며, 그때는 나룻배를 타고 가야 한다. 사공은 화강암으로 조성된 항구에 배를 댄다. 간조 때에는 바다 밑의 땅이 드러나기 때문에 훨씬 더 무미건조하지만 걸어서 본토로 돌아갈 수 있다. 자갈이 깔린 항구와 그 뒤의 예쁜 집들을 비롯하여 이 섬 전체는 내셔널 트러스트에 양도되었다. 세인트오바인 집안의 별장인 멋진 화강암 성은 그런 건축물에서 으레 기대하게 되는 모든 것들을 갖추고 있다. 두꺼운 벽, 총안, 오래된 교회당, 바다가 내려다보이는 아찔한 전망대 등이 그렇다. 그 성은 암석에서 자라난 듯하며, 사실 그렇다고 할 수 있다. 화강암 토대의 형태에 맞추어 성을 지어야 했기 때문이다. 예전에는 이곳에서 생활하기가 훨씬 더 힘들었다. 조금 높은 지대에 지금은 잘 가꾸어진 수목 정원들이 조성되어 있지만 예전에는 그 황량한 비탈에서 우유와 치즈를 제공할 가축 떼를 키웠다. 그 성이 있는 곳에는 원래 베네딕트 수도원이 있었다. 그후 영주의 장원이 되어 방어 시설이 구축되었는데, 약탈당했다가 되찾는 일도 여러 차례 반복되었다. 황량함은 나무를 심어 가릴 수 있지만 화강암은 그렇게 쉽게 바꿀 수 없다. 하지만 관입된 화강암의 위쪽은 부서질 수도 있다. 성문 바로 밑에는 화강암 속을 뚫고 식영 광맥들이 나란히 다발을 이루는 모습을 볼 수 있다. 부서진 틈새들을 채운 것이다. 그것들은 수백 년 동안 사람들의 발길에 매끄럽게 닳은 돌계단 표면에 하얀 띠들을 이루고 있다. 그리고 화강암에서 몇 미터 떨어진 옛 착유장의 뒤쪽에는 변성된 암석이 드러나 있다. 화강암이 그 암석에 관입되었던 것이다. 그것은 위쪽 비탈에서 본 화강암과 확연히 대조되는 갈색을 띤 푸석푸석한 "혼펠스(hornfels)"이다. 간조 때는 바다에 열린 길 양편에서 다른 변성암들도 살펴볼 수 있다. 랜즈엔드 화강암의 북서쪽 끝에 있는 아주 그림 같은 휴양지이자 예술가의 마을인 세인트아이브스 주변에는 비슷한 암석들이 더 잘 드러나 있다. 이 암석들에는 근청석이 박혀 있다. 근청석은 화강암 관입으로 가열된 점판암 속에서 자란 광물이다. 현장에서 변형이 이루어지는 지하 세계의 연금술을 보여주는 사례이다. 이곳에는 구불구불한 석영 광맥들도 많다. 가냘픈 줄기를 이루면서 암석 속으로 몸부림치며 뻗어 있는 형상이다. 바닷물을 끌어들여서 만든 수영장에 깔린 비둘기 알만 한 하얀 조각돌들도 같은 암석으로 이루어져 있다.

콘월 지방 곳곳에서는 오래된 굴뚝을 볼 수 있다. 굴뚝들은 골짜기에서 가시금작화로 뒤덮인 비탈을 따라 서 있거나 황무지에 홀로 서 있는 등 엉뚱한 곳에 세워진 듯이 보인다. 이 굴뚝들은 광산이 있는 곳을 나타낸다. 이런 광산을 콘월 지방 말로 "휠(wheal)"이라고 한다. 광산은 대부분 주석이 풍부한 곳에 있었으며, 구리가 풍부한 광산도 일부 있었다. 이따금 은, 텅스텐, 안티몬 같은 금속들이 채굴되기도 했다. 대다수 학자들은 고대 그리스인들이 카시테리데스(cassiterides), 즉 "주석의 섬들"이라고 부르던 곳이 실제로는 시칠리아 제도와 콘월 지방이었다고 믿는다. 주석 산화물, 즉 주석의 원광을 뜻하는 석석(cassiterite)이라는 영어 단어도 어원이 같다. 베네치아인들은 물물교환으로 주석을 사들여서 페니키아인들에게 팔았다고 한다. 물론 청동은 구리와 주석의 합금이다. 약 4,000년 전 다트무어에 살던 청동기 시대 사람들은 주석 광석이 농축된 하천 바닥을 열심히 파냈다. 그당시 주석 광석을 녹이는 것은 첨단 기술이었다. 그리고 하천 바닥에서 주석 광석을 찾는 기술은 후대로 계속 전수되었다. 18세기의 "하천 세광자들"은 과거의 하천 바닥을 추적해 나아갔다.* 옛 하천 바닥은 나중의 하안단

---

* 이 하천 바닥들에는 아마 홍적세 빙하기 때의 화강암 침식 산물들이 흘러들고, 그중 주석 광석이 농축되었을 것이다. 다트무어는 빙하에 덮이지 않았지만, 영구 동토대의 기후와 심한 풍화가 고대의 하천 바닥에 풍부한 광물들을 남기는 역할을 했을 것이다. 카넌 계곡에서는 30그램이 넘는 금덩어리가 발견된 적도 있었다.

구(河岸段丘)들에 묻혀 있을 때가 많다. 하지만 로마 시대 광부들도 매장지에 더 가까이 가야 한다는 것을 알고 있었다. 화강암 관입이 일어난 주변의 암석들을 가로지르거나 관입한 화강암의 위쪽에 있는 광맥들에 말이다. 랜즈엔드 반도에 있는 딩동 광산이라는 재미있는 이름을 가진 광산은 로마인이 남긴 것이라고 알려져왔다. 그러한 광맥들은 많으며, 대부분 그 지역 암석의 단층이나 갈라진 틈을 따라 나 있다. 그런 곳들이 가치 있는 광물들을 지닌 뜨거운 용액이 주로 지나가는 통로이기 때문이다. 그 용액들은 관입의 가장 마지막 단계에 등장했다. 화강암 자체에 있는 광맥들은 절리를 따라서 발견되곤 하므로 더 이전에 굳은 것이 분명하다. 그 광맥들은 대부분 "열수" 침전물이라고 할 수 있다. 열수(즉 "뜨거운 물")는 전문용어 중에서도 설명이 필요 없는 드문 부류에 속한다. 가끔 클럽 샌드위치를 수직으로 놓은 것처럼 각기 다른 광물들이 층층이 광맥을 이루는 경우도 있다. 이 지역에는 거의 광맥만큼이나 많은 굴뚝이 있다.

현재 폐허가 된 18세기와 19세기 초의 광산들은 운영되던 당시에는 없었을 애틋함과 낭만이 있다. 다트무어 화강암 지반의 서쪽 끝에 있는 베시 광산은 계곡의 한쪽 비탈에 자리하고 있다. 창문들이 뻥 뚫린 기울어진 직사각형 건물이 있고, 그 옆에 굴뚝이 하나 솟아 있다. 그 주석 광산은 1806년에 재개발되어 70년 동안 원활하게 운영되었다. 처음에는 수력을 이용하다가 1868년 현재의 건물을 세우고, 그 안에 유명한 트레비식 콘월 빔 엔진을 설치했다. 그 엔진은 퍼올리고, 갈고, 부수는 데에 필요한 모든 동력을 공급했다. 그런 엔진들이 산업혁명의 원동력이 되었다. 건물은 어쩐지 그보다 훨씬 더 오래되어 보인다. 건물은 그 지역의 쿨름(Culm)으로 지어졌다. 쿨름은 이 지역의 암석을 구성하고 있는 점판암류의 넓적한 돌을 말한다. 그 굴뚝의 꼭대기도 예외 없이 벽돌로 마감해놓았다. 나는 그 석재들이 제대로 다듬어질 수 없었을 것이라고 추측해본다. 지금도 풀로 뒤덮인 폐석 더미의 끝자락에서 반짝이는 검은 광석이 포함된 암석 조각을 찾아낼 수 있다. 콘월의 북쪽 해안인 세인트애그니스 어귀의 코티스 광산은 절벽 가장 자리에 위태로울 정도로 가까이 붙어 있다. 주변은 가시금작화와 풀들로 뒤덮여 있다. 식생을 보면 이랑처럼 길게 솟아오른 곳이 있는데, 중세에 노천채굴을 한 흔적이다. 1881년에 이 광산이 어떠했을지 상상하기는 쉽지 않다. 당시 이 광산에는 138명의 광부가 있었다. 기계가 철컹거리며 돌아가는 소리가 저 아래 절벽에 부딪히는 파도 소리를 음미하지 못하도록 방해했을 것이다. 그곳의 토완로스 양수장은 180미터 높이까지 물을 퍼올렸다. 바다 밑까지 들어가서 주석 광석을 캐낸 것이다. 아마 그보다 더 열악한 작업 환경은 없었을 것이다. 암석과 그 위의 바닷물 무게까지 더해져 누르고 있는 불안한 상황을 무시한 채 뚫은 비좁은 갱도가 거기에 있었다. 온갖 사고들에 대처해야 했고, 규폐증(硅肺症)도 있었다. 많은 마을들 한구석에는 초라한 회색 예배당이 있었고, 거기에서 받는 종교적 위안도 궁색한 수준이었다. 1998년 사우스크로프티에 있는 주석 광산이 문을 닫았다. 그것이 콘월 (사실상 유럽)에 있던 마지막 주석 광산이었다. 그것으로 2,000년 동안 이어진 전통이 끊겼다. 하지만 언젠가 화강암과 관련된 뜨거운 용액의 산물을 다시 찾아 나서게 될지 누가 알겠는가? 광산들이 문을 닫으면서 한때 광부들에게 자기 집의 애완동물 이름만큼이나 친숙하게 와닿았을 광맥의 이름들도 잊혀졌다. 배시트 근처에는 시커 광맥, 패든 광맥, 닥터 광맥, 매리어트 광맥, 그레이트플랫 광맥이 있었다. 지금은 모두 잊혀졌고 가시금작화로 뒤덮여 있다. 폐광들 위를 나는 말똥가리조차도 거의 알아볼 수 없을 것이다.

화강암 관입은 조산대에서 일어난다. 관입도 지각판들의 명령에 따른다. 관입은 지각 격변이 가장 극심하게 일어나는 중심부, 즉 지각판들이 서로 충돌하는 곳에서 일어난다. 대륙에서 일어나는 지구조의 순환 과정을 가장 확연히 보여주는 흔적인 셈이다. 콘월 화강암은 고생대 말에 유럽을 동쪽으로 가로지르며 뻗어 있던 거대한 바리스칸 산계가 침식되고 남은 그루터기에 불과하다. 그 화강암은 페름기가 시작되었을 때부터 거의 1억5,000만 년 동안 침식을 거치면서 깊이 깎여나갔다. 그중 가장 특징적인 광물들 몇 가지가 다트무어 동쪽에 있는 백악기의 퇴적물 속에 남아 있다. 영국의 심성암은 이렇게 유서가 깊음에도 화강암 중에서는 볼품없는 축에 속한다. 영국 제도 전역에는 이보다 더 장엄한 화강암들이 놓여 있다. 아일랜드의 더니골 관입으로 생긴 덩어리나 칼레도니아 산맥의 중핵을 이루는 화강암인 스코틀랜드의 하일랜드에 있는 케언곰 화강암이 그렇다. 케언곰 화강암은 홍적세 빙하기 때 빙하에 깎인 형태를 아직도 거의 고스란히 간직하고 있다. 이 산들이 친숙할 만큼 완만해지려면 수백 년이 걸릴 것이다. 빙하에 깎인 화강암은 겁이 날 정도로 깎아지른 듯한 모습이다. 알프스 산맥의 몽블랑 산이나 캘리포니아 요세미티 국립공원의 엘캐피턴 산의 수직 암벽이 그렇다. 산악인들은 그런 암벽에 생긴 균열들을 보면서 즐거워한다. 반면에 현기증으로 고생하는 사람들은 거기에 올라간다는 생각만 해도 절로 몸이 움츠러들 것이다. 게다가 히말라야 산맥에는 그보다 더한 화강암 봉우리들이 용감하거나 무모한 산악인들의 도전을 기다리고 있다. 애팔래치아 산맥의 중심에 있는 것도 화강암이며, 우리는 그 산맥을 북쪽으로 이으면 뉴펀들랜드의 "황야"가 나온다는 것을 살펴보았다. 황야는 화강암이 만드는 풍경을 아주 잘 표현한 말이다. 슬로바키아의 타트라 산맥은 유럽의 중심부에 있는 "황야"이다. 안데스 산맥의 중앙부는 관입이 가장 대규모로 줄지어 일어난 곳이다. 티에라델푸에고부터 거의 파나마까지 뻗어 있는 산맥의 고지대를 따라 거대한 화강암 덩어리들이 늘어서 있다. 그 화강암은 거의 46만5,000제곱킬로미터를 뒤덮고 있다. 북아메리카 서부의 저반(底盤)도 그에 못지않다. 알래스카, 브리티시컬럼비아, 아이다호, 장엄한 시에라네바다 산맥, 캘리포니아의 페닌슐러 산맥의 화강암은 수백만 세제곱킬로미터에 걸쳐 있다. 가장 완강히 버티는 이 암석은 주로 백악기의 것이다. 이 화강암 산맥들은 태평양판과 남북아메리카 대륙의 서쪽이 만나는 경계선과 나란히 놓여 있다. 남아메리카의 반대편에 있는 브라질 리우데자네이루의 슈가로프 산은 침식으로 낮아진 편마암들 한가운데에 마치 치켜올린 엄지처럼 우뚝 솟아 있다. 그 산은 어떤 괴물 같은 흰개미들이 쌓아올린 개미집 같은 인상을 주지만 화강암이 자연력 앞에 굳건히 맞선 결과이다. 이제 세계의 반대편으로 가보자. 보르네오의 키나발루 산은 위험이 가득한 울창한 정글 한가운데에서 불쑥 솟아난 민둥산이다. 그 산은 간간이 있는 협곡들을 제외하면 사방이 1,000미터 높이의 절벽이다. 정상은 몇 개의 삐죽삐죽한 봉우리들로 이루어져 있으며, 마치 심술궂은 종양처럼 기이하게 풍화되어 툭 튀어나온 바위들을 볼 수 있다. 키나발루 산은 바다처럼 펼쳐진 열대의 무성한 초록빛 세계 한가운데에 솟아 있는 초현실주의적인 섬이다. 지구의 얼굴에서 가장 험상궂고 기이하며 다루기 어려운 특징들은 화강암이 만들어낸 것이다.

그러나 이런 당당한 봉우리들도 언젠가는 고개를 숙일 것이다. 지구의 가장 오래된 지역에 있는 고대의 화강암들은 이미 낮아진 상태이다. 아프리카 중앙에 있는 화강암들은 지구의 피부에서 허물이 벗겨지듯이 층층이 부풀어올라 떨어져나가고 있다. 열대의 풍화 환경은 화강암 덩어리의 바깥층들을 양파 껍질을 벗기듯이 벗겨내고 있다. 그 결과 이곳의 화강암은 불그스름한 둥근 바위 더미처럼 보인다. 알프스 산맥보다 50배나 더 오래된 산맥이 남긴 마지막 잔해인 이 화강암들은 끝없이 펼쳐진 사바나의 지루함을 달래주는 유일한 요소이기도 하다.

화강암의 내구성은 고대 인류 문화의 유적들을 보존하는 역할도 해왔다. 화강암이 석재로 쓰인 곳에서는 건축물들이 살아남았다. 근동, 이집트, 남아프리카의 건축물, 멕시코 마야 문명의 피라미드들, 네팔의 사원들이 그렇다. 화강암으로 만들어진 기둥들은 잘 버티고 있다. 화강암은 전제 군주가 꾸민 휘황찬란한 장식들보다 더 오래 살아남았으며 이름조차 잊혀진 신들의 모습을 간직하고 있다. 화강암은 단단하고 거칠기 때문에 세밀하게 조각하는 데에는 한계가 있다. 시에네(아스완의 고대 그리스 지명)의 "장미 섬장암(rose syenite)"*은 룩소르에 있는 이집트 조각상들에 사용된 것으로 유명하며, 카르나크에 있는 오벨리스크들도 이 암석으로 만들어졌다. 조각에서 윤곽을 얼마나 부드럽게 표현할 수 있는가는 재료에 크게 좌우된다. 그것은 어떻게 보면 좋은 측면일 수도 있다. 예술가에게 형태의 본질적인 요소들을 생각하게 만들기 때문이다. 마야 신들이 무시무시하게 느껴질 정도로 기괴한 모습을 하고 있는 것은 조각가들이 그렇게 형상을 단순화하고 정형화할 수밖에 없었기 때문이다. 따라서 조각은 지질에 얽매인다. 중세 조각가들이 로마네스크 양식의 교회와 성당에 이무깃돌과 나뭇잎 장식 창틀을 만들 때 사용한 석회암과 사암은 훨씬 더 상세한 표현이 가능하지만, 그 암석들은 세월을 그다지 잘 견디지 못한다. 코는 내려앉고 장미는 썩는다. 스핑크스는 나일 계곡에서도 똑같은 문제가 나타났음을 보여준다. 변성된 석회암인 대리석은 위대한 조각가들이 애용하는 암석이다. 카라라의 하얀 대리석이 특히 그렇다. 그 대리석은 인체의 근육 하나하나, 옷의 주름 하나하나를 표현할 수 있다. 대리석을 찾아낸 것은 고대 그리스와 로마의 조각가들이었다. 미켈란젤로가 화강암만 써야 했다면 과연 걸작을 만들 수 있었을까?

18세기 말 독일 프라이부르크 광업 아카데미의 교수로 있던 아브라함 고틀로프 베르너는 화강암이 우르게비르게(Urgebirge), 즉 한때 지구를 뒤덮었던 원시 바다에서 맨 처음 침강한 퇴적물의 일부라고 보았다. 그는 우리가 현재 퇴적암이라고 말하는, 그보다 젊은 다른 모든 암석들은 그 위에 쌓인 것이라고 주장했다. 화강암은 그런 이론들을 반증하는 역할을 한다.

---

* 화강암은 종류가 다양하며, 광물 조성에 따라서 각기 다른 이름이 붙는다. 섬장암은 화강암에 흔히 들어 있는 석영이 거의 없는 입자가 굵은 화성암이다. 혼란스럽겠지만, "장미 섬장암"은 이름에 걸맞지 않게 화강암의 일종이다.

화강암은 퇴적층과 변성된 지층을 뚫고 올라왔기 때문이다. 따라서 퇴적 암에 관입했으므로 그 퇴적암보다 더 젊을 수밖에 없다. 제임스 허턴이 화 강암이 불에서 형성된 것이라는 생각을 내놓은 지 얼마 안 된 1790년에 선 구적인 실험가 에든버러의 제임스 홀은 관입이 어떻게 일어나는지를 설명 했다. "화강암과 편암이 만나는 곳마다 화강암 암맥들이 편암 속을 사방 으로 뚫고 들어간 양상이 나타난다는 점을 볼 때, 이런 암맥을 이루는 화 강암들 그리고 거대한 화강암 덩어리 자체가 부드러운 상태나 액체 상태로 현재의 위치로 흘러든 것이 확실하다." 찰스 라이엘이 나폴리 만을 여행할 무렵에는 화강암이 지하 깊은 곳에서 화성 작용을 통해서 형성되었다는 것 이 받아들여져 있었다. 하지만 해결해야 할 질문들이 남아 있었다. 화강암 은 왜 고대든 현대든 간에 조산대와 연관이 있는 것일까? 그리고 화강암을 만드는 마그마는 어디에 있는 것일까? 화강암은 어떻게 현재의 위치로 온 것일까?

에두아르트 쥐스는 조산대에서 화강암이 어떤 의미를 가지는지 알았다. 자신이 지질학을 배운 스위스에서 멋진 사례들을 보았기 때문이다. 그는 화강암이 헤아리기 어려운 깊은 곳에 있는 것이 아니라 조산운동 말기에 지각 깊숙한 곳에 관입된 덩어리라는 것을 알아차렸다. "화강암은 더 오래 된 지층들 사이에 박혀 있다. 모양은 제멋대로 생긴 커다란 빵이나 과자 같 다." 그의 말은 옳았다. 현재는 지구물리학적 자료들을 이용해서 관입의 지 반을 "지도"로 그릴 수 있다. 또 쥐스는 곳곳에서 위에 덮인 지층들이 화강 암에 구워지고 변성된 양상을 볼 수 있다는 것도 알았다. "따라서 위에 덮 인 지층들보다 더 젊다." 그러나 그는 이런 말도 했다. "주변 암석들을 변형 시킬 수 있을 정도로 고온인 화강암 덩어리의 관입이 이루어지려면 그것을 수용할 빈 공간이 먼저 만들어져야 할 필요가 있다." 쥐스가 이 문장을 이 탤릭체로 썼다는 것은 그것이 아주 중요한 요점이라는 의미였다. 그는 화 강암이 환영하겠다는 듯이 비어 있는 공간으로 관입했다고 굳게 믿었다.

칼레도니아 산맥의 웨일스 지역. 멀리서 본 스노든 산의 전경.

뉴욕 시 한가운데 드러나 있는 고대의 암석들. 센트럴파크의 벨버디어 성은 변성암 위에 세워졌다.

진짜 돈. 15세기의 은화. 요아힘스탈에서 나온 은은 유럽 전역에서 사용된 통화를 주조하는 데에 쓰였다.

연구실에 있는 마리 퀴리 (1867-1934). 요아힘스탈에서 나온 역청우란석에서 라듐 원소를 추출했다.

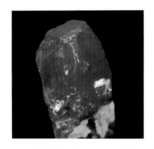

보석 등급의 광물. 파키스탄에서 나
온 가공하지 않은 루비 원석. 전형적
인 육각 기둥 모양의 결정이다.

규회석 결정. 윌리엄 울러스턴의 이름을 딴 이 광물은 규산
칼슘의 일종으로서 석회암이 변성된 것이다.

경국 더비셔 캐슬턴에서 나온 다양한 색깔의 형석으
로 만든 멋진 화병. 불소를 지닌 화합물은 조산운
동 때 열수 퇴적물을 이루곤 한다.

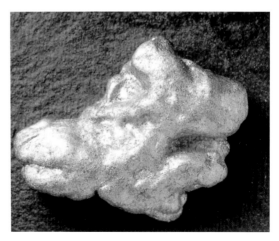

금 덩어리. 1795년 아일랜드 위클로의 밸린 천에서 발견된 위클
로 금덩이. 조지 3세의 소유였으며, 무게가 682그램이다.

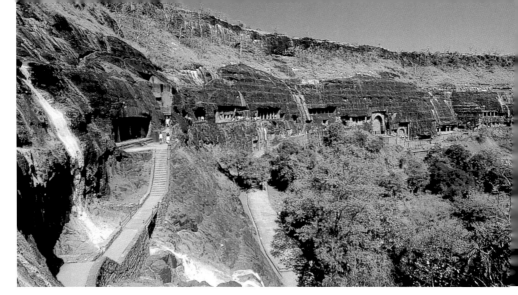

인도의 데칸 고원. 아주 빠르게 분출한 현무암 용암류들이 층층이 쌓여 형성된 고원이다. 한 용암류를 파서 만든 사원들이 있는 아잔타 노두의 전경.

(위 왼쪽) 엘로라 사원. 역건축의 사례. 현무암 용암류를 파서 거대한 사원들과 장식들을 만들었다.

(위 오른쪽) 현무암을 조각해서 만든 엘로라의 섬세하면서도 요염한 부조.

데칸 고원 아잔타 석굴에 있는 놀라운 정도로 세밀하게 그린 벽화.

다트무어의 바위산에서 침식되고 남은 화강암 잔해. 이 바우어맨의 코는 햇빛에 따라 우스워 보이기도 하고 위엄 있어 보이기도 한다.

연마한 다트무어 화강암. 하얀 장석, 검은 운모, 회색 같은(실제로는 투명하다) 석영이 보인다.

튀어나온 화강암들. 콘월 매러지언에 있는 세인트마이클 산.

헤르시니아 화강암의 균열을 따라 주석 광
맥이 뻗어 있다. 한때 번성했던 주석 산업이
남긴 폐허. 콘월 북부 휠코츠 소재.

화강암 마그마가 솟아오르는 모습. 용
암 램프 모형.

열대 정글 위로 솟아오른 화강암 저반. 인도네시아 키나발루 산.

1995년 고베 지진으로 무너진 도로.

카리조 평원을 가로지르는 샌안드레아스 단층을
보여주는 항공 사진.

저지대 중에서 가장 낮은 지대. 캘리포니아 데스밸리.

북아메리카에서 가장 고독한 도로 옆에 있는 가장
고독한 마을. 금광촌인 네바다의 유레카.

단층이 지배하는 경관. 네바다 주 베이슨앤드레인지의 횡단 도로.

케냐 동아프리카 지구대의 한쪽.
한번도 바다에 잠긴 적이 없다.

동아프리카 지구대에 있는 나트론
호의 홍학들.

스코틀랜드 북서부. 고대 암석들의 관계. 토리돈 호 북쪽 연안에서 검은 스코리 암맥이 더 오래된 연한 편마암을 가르고 있다.

매리 호의 남동쪽 끝에 있는 충적 평야. 킨로크위 충상이 캄브리아기 규암을 오른쪽으로 가르면서 뚜렷한 선을 그리고 있으며, 규암은 토리돈 암 위에 놓여 있다. 킨로크위 충상은 모인 충상을 만든 지각 이동의 일부이지만, 역사적으로 그다지 조명을 받지 못하고 있다.

스코틀랜드 북서부 리어서치. 분홍색 토리돈 암 위의 산꼭대기에 더 연한색의 캄브리아기 사암이 놓여 있다.

사우스해리스 섬의 토착재료로 지은 전통 가옥과 루이스 편마암 위주의 전형적인 시골 풍경.

단단한 암석들. 톨리 호 남쪽의 루이스 편마암. 이 근처의 암석들은 스코리 암보다 더 나중에 일어난 랙스 포디아 사건의 영향을 받았음을 보여주는 각섬암상이다. 나중의 사건이 이전 사건의 흔적을 없앴다.

산화철인 적철석이 풍부한 선캄브리아대의 호상 철광층. 적철석 특유의 전형적인 미세한 층들을 보여준다. 남아프리카.

그랜드캐니언. 교란되지 않은 수평 퇴적층들. 이너캐니언의 깊숙한 곳에 콜로라도 강이 숨어 있다.

그랜드캐니언의 바닥까지는 주로 노새를 타고 이동한다. 특별히 고른 유순하고 잘 걷는 노새들이다.

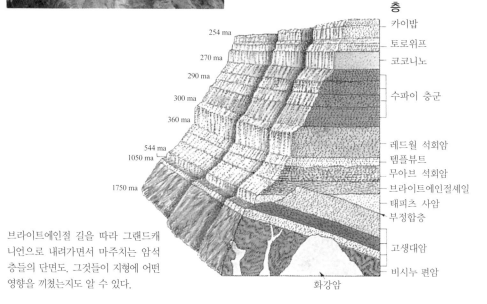

층

254 ma — 카이밥
270 ma — 토로위프
— 코코니노
290 ma
300 ma — 수파이 층군
360 ma
— 레드월 석회암
544 ma — 템플뷰트
1050 ma — 무아브 석회암
— 브라이트에인절셰일
1750 ma — 태피츠 사암
— 부정합층

— 고생대암

— 비시누 편암

화강암

브라이트에인절 길을 따라 그랜드캐니언으로 내려가면서 마주치는 암석 층들의 단면도. 그것들이 지형에 어떤 영향을 끼쳤는지도 알 수 있다.

이너캐니언은 더 위쪽의 수평 지층들과 다른 세계에 속한다. 선캄브리아대의 비시누 편암은 깍아지른 절벽들을 형성하면서 콜로라도 강으로 빠져든다. 강은 이름에 걸맞게 붉은색을 띠고 있다.

그랜드캐니언의 바닥에 있는 팬텀랜치의 겨울. 브라이트에인절 크릭을 따라 북쪽 꼭대기로 가는 길이 나 있다. 오른쪽의 둥근 돌들은 침식이 서서히 일어난다는 것을 보여준다.

보스니아 만은 마지막 빙하기 이래로 측정할 수 있는 속도로 다시 솟아오르고 있으므로 연약권의 점성을 계산할 수 있게 해준다. 세계문화유산으로 지정된 하이코스트에서는 사진 중앙에서 볼 수 있듯이 솟아오른 해변이 경작지로 변하기도 한다.

자바의 가와이젠 화산에서 황을 채굴하는 광부. 지구에서 가장 거친 일이 아닐까?

오스트레일리아 동부의 블루 산맥. 세계 최고의 단층애들과 유칼립투스로 뒤덮인 계곡이 보인다.

지각판들이 충돌하는 곳에 생긴 뉴질랜드의 알프스 산맥. 쿡 산.

세계에서 가장 건조한 곳들 중 한 곳. 칠레의 아타카마 사막. 건조 기후는 안데스 산맥의 산물이며, 안데스 산맥은 태평양 가장자리에서 지각판들이 충돌하여 생긴 것이다.

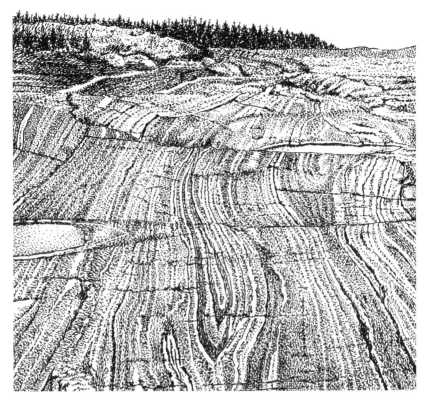

화강암 암맥들이 편마암에 녹아들 때에 일어나는 현상. 발트 순상지의 선캄브리아대 암석들로 이루어진 탁상지를 혼성암이 물결무늬를 이루며 가르고 있다.

잠시 뉴펀들랜드로 돌아가서, 중앙에 있는 모바일 벨트의 암석들을 다시 살펴보기로 하자. 이 지역은 고대 조산대인 애팔래치아 산계에 속하며, 수백만 년에 걸쳐 침식이 일어나서 속살이 밖으로 드러난 곳이다. 당연하겠지만 그곳에는 화강암들이 있다. 하지만 다른 암석도 있다. 바로 혼성암인데, 구불구불한 화강암 암맥들이 띠무늬가 있는 편마암과 뒤섞인 곳에서 나타난다. 혼성암은 높은 등급의 변성암이다. 언뜻 보면 좀 혼란스럽다. 왜소한 침엽수들 사이로 노출된 암석들 중에는 원래 편마암이었음을 보여주는 조금 더 어두운 색의 줄무늬들이 있지만, 편마암보다는 화강암에 더 가까운 듯한 것들이 있다. 반면에 진짜 화강암 암맥이 띠무늬가 있는 편마암 속을 뚫고 들어갔음이 분명한 곳들도 있다. 변형이 일어나는 광경이 눈앞에 펼쳐져 있는 셈이다. 편마암이 우리 눈앞에서 "녹아" 화강암과 융합되는 듯하다. 생성되던 마그마는 압착되면서 인접한 편마암 속으로 들어갔을 것이다. 아니면 그렇게 보이는 것일 수도 있다. 따라서 뉴펀들랜드의 이 중앙부는 지질 구조상 화강암이 탄생하는 도가니에 해당하는 곳까지 깊이 침식된 것이 분명하다. 이 탄생이 정확히 어떻게 일어나는지를 놓고 학자들 간에 논란이 벌어졌다.

아서 홈스의 교과서에는 첫판과 개정판 모두 그가 "화강암화"라고 이름 붙인 과정이 언급되어 있다. 편마암과 다른 암석들이 고체 상태에서 일련의 전이 과정을 통해서 그 자리에서 화강암으로 전환된다는 것이다. 또 그는 지각의 내부까지 깊은 침식이 일어난 지역이 중요하다는 것도 알았다. "그런 곳에서는 과거 시대의 화강암화한 암석들 및 그와 관련된 결정질 암석들을 볼 수 있으며, 변성과 화강암화 과정의 각 단계에 속한 암석들이 모두 드러나 있을 것이다." 간단히 말해서 각 시간대와 사건을 고스란히 동결시킨 암석들인 셈이다. 다른 암석들이 화강암으로 전이된다는 주장은 핀란드의 지질 조사국장인 J. J. 세데르홀름이 이미 제시한 바 있었다. 그는 발트 순상지의 고대 선캄브리아대 암석들을 연구한 사람이었다. 그는 "마치 마법을 쓴 것처럼" 변화가 일어나며 암석 속을 순환하는 이코르(ichor)라는 것이 전이를 일으킨다고 주장했다. 신들의 혈관 속을 흐른다는 영액을 뜻하는 말이기도 한 이코르는 화강암 생성의 신비한 특성을 나타내는 데에 딱 맞는 용어였다. 홈스도 그의 책에서 "암석 전이를 일으키는 기체를 함유한 용액"을 묘사하기 위해서 덜 고전적이기는 하지만 비현실적이기는 매한가지인 "발산(emanation)"이라는 용어를 사용했다. 이 "발산물"은 조산대 깊숙한 곳에 있는 암석들 사이로 돌아다니면서 편마암과 편암을 훗날 오를 수 없는 절벽과 황량한 고지대를 형성할 암석으로 변형시킨다. 더 극단적인 화강암화론자들은 이 모든 과정들이 마그마 없이 일어날 수 있다고 주장했다.

홈스는 이러한 화체설적 화강암 기원론을 채택했다. 의지력 강한 두 번째 아내 도리스 레이놀즈의 입김이 많이 작용했기 때문이기도 하다. 홈스는 더럼 대학교의 지질학 교수로 있던 1931년 스코틀랜드의 아드너머챈 화산섬으로 현장 답사를 갔다가 도리스를 만났다. 2년 뒤 홈스는 지질학과에 도리스의 일자리를 만들어주었고, 도리스는 그와 한 책상에서 마주 보고 앉아 일했다. 지금의 대학교라면 들먹거릴 만한 연애 사건 축에도 끼지 못하겠지만 1930년대에는 대단한 추문이었다. 아서 홈스가 아주 분별 있는 사람이라는 평판을 받고 있었기 때문에 더욱더 그랬다. 홈스는 1938년, 첫 부인이 일찍 세상을 떠나자 레이놀즈와 재혼했다. 당시 남성이 압도적으로 주도하던 분야(유감스럽게도 지금도 그렇다)를 헤쳐나가기 위해서 도리스 레이놀즈는 강인하고 단호한 여성이 되어야만 했을 것이다. 그녀의 의견에 반대하려면 위험을 무릅써야 했다. 그녀는 화강암화를 열렬하게 심지어 극단적으로까지 고수했고, 홈스는 그녀가 하자는 대로 고분고분하게 따랐다.

그러나 반대 학파도 있었다. 그 학파의 수장은 당당하게 주장을 펼치는 인물인 캐나다 암석학자 노먼 보웬이었다. 이 학파는 "마그마론자들"이라고 불렸다. 그들은 화강암이 사실은 액체 마그마가 굳어서 생긴 것이며, 마그마는 지각의 아주 깊은 곳에서 편마암이 고온에 어느 정도 녹아서 생기는 것이라고 주장했다. 화강암화론자들과 마찬가지로 그들도 자신들의 견해를 뒷받침하기 위해서 현장 증거들을 들이댔다. 물론 전혀 다른 증거들이었다. 뉴펀들랜드 같은 곳은 양쪽 견해를 모두 뒷받침하는 증거로 쓰일 수 있었다. 어느 암석을 조사하느냐에 따라서 결과가 달라질 수 있었기 때문이다. 두 학파 사이의 논쟁은 곧 마그마의 온도 문제로 비화되었다. 화강암화론자들은 전형적인 편마암이 전형적인 화강암으로 변형될 때 특정한 원소들, 특히 칼슘, 철, 마그네슘이 줄어드는 이유를 설명해야 한다는 문제를 안고 있었다. 이 원소들은 화강암 같은 "산성암"이 아니라 "염기성암"의 특징을 보여준다. 화강암화론자들은 암석이 화강암으로 바뀔 때 이 원소들이 이동해 빠져나가서 이른바 "염기성 전선(basic front)"이라는 것을 형성한다고 주장했다. 자라나는 화강암에서 화학 물질들이 빠져나가 만들어지는 일종의 독기 같은 것이었다. 보웬은 이 개념을 "지질학계의 형제들에 대한 근본적인 모욕(basic affront)"이라고 빈정댔다. 그다지 재미있는 비유는 아니었지만 의도적이든 아니든 간에 주요 적수 중 한 명의 성별을 비꼬는 듯한 분위기를 풍겼다. 레이놀즈는 보웬이 "지극히 무례하게 자연(여성이라는 의미도 있음/역주)을 비난한다"고 받아쳤다. 영국에는 H. H. 리드 교수를 비롯한 보웬의 동료들이 있었다. 리드 교수는 레이놀즈의 정적이 되었다. 그는 어쨌든 간에 "염기성" 원소들은 화강암 생성이 진행될 때 일종의 잔류 물질로 남겨진 것이라고 추정했다. 1951년에 그는 익살스럽게 비난을 퍼부었다. "나는 염기성 꽁무니라고 해석하는 편이 더 나은 염기성 전선도 있다고 주장하련다. 다소 상스러운 용어라는 점은 인정하지만 우리가 여기서 뺄셈 암석(즉 편마암 – '염기성 원소'＝화강암)을 다루고 있다는 점을 고려한 표현이다." 도리스 레이놀즈는 런던의 학회에서 나중에 화강암 논쟁이라고 불릴 논쟁이 벌어질 때 열띤 어조로 이러한 적대적인 분위기에 맞섰다. 그녀는 이렇게 썼다. "나는 마녀처럼 거만하게 구는 사람들 중의 한 명이었다. 학회에서 그런 태도를 유지하면 무시당하지 않으리라고 생각했다." 각자의 태도는 화강암처럼 강경해졌다. 세이머스 히니가 말한 것처럼 말이다. "나를 받아들이든지 말든지 마음대로 하라."

　독기와 마그마 사이의 전투에서 레이놀즈가 승리했다고 말할 수는 없다. 그 문제는 한 중요한 연구를 통해서 해결되었다. 실험 장비의 개선이 가져온 성과였다. 특히 O. F. 터틀의 저온 압력 용기가 큰 기여를 했다. 그 장치 덕분에 암석의 광물 성분들을 고압하에서 "요리할" 수 있었다. 따라서 어떤 조건에서 광물들이 녹는지, 즉 마그마가 되는지를 볼 수 있게 되었다. 보웬은 터틀과 함께 장석과 석영의 "화강암성 혼합물"이 지각 깊은 곳의 온도와 압력 조건에 어떻게 반응하는지를 조사했다. 이전에 저압 조건에서 이루어진 실험들에서는 온도가 아주 높을 때에만 끈적거리는 두꺼운 마그마 덩어리가 만들어졌다. 첨가되는 구성 성분 중에 물이 중요한 역할을 했다. 물을 넣은 뒤에 혼합물을 가열하자, 화강암이 녹는 온도와 압력이 크게 낮아졌다. 그것은 조산대 내부 깊은 곳의 조건에 해당했다. 따라서 그 환경 조건에서 암석의 빈틈에 물이 존재한다면, 당연히 천연 화강암 마그마가 먼저 "녹아 나와야" 한다.* 물은 지각 어디에나 존재하므로 이것은 불합리한 가정이 아니었다. 그 말을 달리 표현하면 편마암 같은 암석들이 서서히 더 높은 온도와 압력을 받는다면—두 대륙이 충돌해 지각이 두꺼워지는 곳에서는 이런 조건이 생길 수 있다—마그마로 "녹아 나오는" 최초의 산물은 화강암의 조성을 지닌다는 것이다. 화강암 마그마는 지하 세계 아주 깊은 곳에서 녹아 나온다. 세데르홀름이 스칸디나비아에서 연구한 혼성암들과 마찬가지로 뉴펀들랜드에 구불거리며 뻗어 있는 혼성암들도 탄생 과정에 있는, 홈스의 표현을 빌리면 "동결된" 화강암들이었다. 탄생이 으레 그렇듯이 그 화강암의 탄생도 부산스러웠다. 암석의 조직과 세세한 모습들이 당혹스러울 정도로 뒤엉켜 있었다. 이미 화강암이 되어 있는 암석들, 혹은 녹아 나온 화강암의 침입을 받은 편마암인 듯한 암석들도 있었고, 어느 쪽도 아닌 암석들도 있었다. 지하 깊은 곳에서 용액이 마구 흘러다녔던 것이다.

1965년이 되자 화강암 마그마 생성 과정의 개요가 명확히 드러났다. 암석을 부분적으로 녹이는 실험들은 점점 더 개선되면서 현재까지 이어지고 있다. 지금까지 지구의 역사를 다루면서 살펴보았듯이, 지질학적 진리 중에서 흑백논리로 명쾌하게 나눌 수 있는 것은 거의 없다. 도리스 레이놀즈는 신

---

* 원래의 암석이 부분적으로 녹는 것을 아나텍시스(anatexis)라고 한다. 실제로 용융이 일어나는 온도-압력 조건은 다양하다. 한 예로 압력이 높으면 온도가 낮아도 용융이 일어날 수 있다. 이런 조건들은 흔히 온도-압력(P/T) 그래프로 나타낸다.

비하게 변형되는 발산물을 상정했다는 점에서는 틀렸을지 모르지만, 최근 들어서 아주 미세한 수준에서 원소들이 암석 속을 어떻게 이동하는가에 초점을 맞춘 연구들이 진행되고 있다. 어떤 의미에서는 화강암화 관점이 살아 있는 것이다. 아서 홈스는 말년에 신빙성이 없는 이론을 주장함으로써 명성에 손상을 입었다. 하지만 그것으로 그를 평가하는 것은 정당하지 않다. 그는 수많은 업적을 남긴 위대한 지질학자이기 때문이다.

여기서 화강암 마그마가 훨씬 더 염기성을 띤 해양성 용암에서도 생길 수 있다는 점을 언급해두어야겠다. 앞에서 말했던 방식으로 해저 마그마 방에서 진화 과정이 계속되면 그런 일이 일어날 수 있다. 즉 무거운 염기성 (그리고 더 검은색을 띤) 광물들이 서서히 결정이 되어 침전되면서 남은 용액은 조성이 점점 더 화강암과 같아진다. 그것은 사과술을 만드는 과정과 흡사하다. 발효된 사과즙을 언 땅에 묻어두면 서서히 얼음 결정이 생기면서 남은 용액의 알코올 도수가 올라간다. 이 정제와 마그마 생성 과정은 해양 지각판의 섭입과 관련을 맺기도 한다. 해저에서 완성된 화강암은 대륙에서 편마암이 부분적으로 녹아 형성된 암석과 흡사해 보일 수도 있지만 화학적으로 분석하면 기원이 다르다는 것이 드러난다. 희귀 원소들의 동위원소 비율 (특히 스트론튬의 비인 $^{87}Sr/^{86}Sr$)은 정제 과정에서도 변하지 않으므로 대륙에서 생긴 화강암과 해저에서 생긴 화강암을 구분하는 표지가 된다. 이 방법을 통해서 캘리포니아의 넓은 저반은 대륙 지각이 부분적으로 녹아 생긴 것임이 밝혀졌다. 대륙과 대양이 서로 가까이 있는 곳에서 논란이 되는 암석의 기원을 과학적으로 밝힐 수 있게 된 것이다. 규모가 큰 화강암들은 대부분 대륙에서 생긴 것으로 밝혀졌다.

그렇다면 마그마를 받아들이기 위해서 이미 비운 공동을 화강암이 채우는 것이라고 한 쥐스의 주장은 어떠할까? 데번과 콘월에서 화강암들은 대량으로 관입되었으며, 주변에 쌓여 있던 암석들을 굽고, 열수 광석들로 채워진 광맥을 형성할 정도로 뜨거웠다. 또 마그마는 관입하면서 암석 덩어리들을 집어삼켰다. 원래 지하 깊숙한 곳에서 녹아 나왔던 마그마가 엄청난 양으로 지각을 뚫으면서 위로 올라온 것이 분명한 듯했다. 드넓은 저반들을 상세히 조사한 결과, 화강암 마그마가 여러 차례에 걸쳐 솟아오른 곳도 있었다. 마그마가 위로 움직이는 이유는 아주 단순했다. 뜨거운 화강암 마그마는 자신이 뚫고 들어간 곳에 있는 지각의 암석들에 비해서 밀도가 더 낮다. 즉 뜨겁고 가볍기 때문에 솟아오르는 것이다. 마그마는 이미 만들어져 있는 빈 구멍으로 들어가는 것이 아니라 솟아오르는 조산대 속으로 스며든다. 1960년대에 만들어진 예술 작품인 용암 램프의 전원을 켜면 비슷한 과정이 일어나는 것을 볼 수 있다. 램프 바닥에 있는 열원이 기름을 데우면 기름은 기묘한 기둥을 이루면서 위쪽에 있는 액체를 뚫고 솟아오른다. 이 단계에서는 모든 물질들의 점성이 아주 강하기 때문에 그 과정은 얼마간 지속된다. 화강암 마그마가 상승하는 데에는 수백만 년이 걸린다. 그럼에도 용암 램프에서 볼 수 있는 것처럼 뚜렷한 "다이어피르(diapir)" 모양이 나타날 수 있다. 이제 리우데자네이루의 슈가로프 산이 왜 그렇게 깎아지른 듯 생겼는지 이해할 수 있을 것이다.

용암 램프에서 볼 수 있듯이 화강암이 생성되려면 에너지원이 필요하다. 잉글랜드의 백악 지대, 파리 분지, 텍사스 평원에서는 화강암이 뚫고 올라오지 않았다. 모두 교란되지 않은 퇴적암들이 지반을 이루고 있는 (적어도 표면 근처에서는) 지역들이다. 화강암은 고요하고 별다른 사건이 없는 땅은 피한다. 섭입이 바로 열원이기 때문이다. 화강암은 땅이 이동하면서 흘린 땀이다. 남북아메리카의 태평양 해안을 따라 놓여 있든, 알프스 산맥이나 히말라야 산맥을 따라 놓여 있든, 고대 칼레도니아 산맥에 있든, 쥐스의 "헤르시니아 산맥"에 있든 간에 화강암은 지각판들이 마찰을 일으킬 때 생기는 에너지를 분산시키기 위해서 솟아오른다. 대륙들이 충돌하는 곳에서 지각은 대단히 두꺼워진다. 나페 위로 나페가 쌓이는 과정이 반복된다. 퇴적층들과 화산암들은 두 대륙 사이에 끼여서 압착되고 변형된 더미를 형성한다. 이 더미는 밑의 맨틀 쪽으로 깊이 처져서 산맥의 "뿌리(근원대)"를 형성할 수도 있다. 나무보다는 이빨에 비유하는 편이 더 나을지도 모르겠다. 산더미 같은 어금니들이 땅이라는 조직으로 깊숙이 뿌리를 내리고 있는 모습을 상상하면 된다. 이렇게 지층이 밑으로 처질 무렵에는 습곡이 일어난 퇴적층 더미가 압력이 높은 곳까지 밀려내려가면서 장기간 온도 기울기가 완만해질 수 있다. 하지만 시간이 지나면 지구 내부의 열 흐름이 회복될 것이다. 등온선은 다시 튀어오를 것이다(느릿느릿 진행되는 지질학적 시간에 쓰기에는 "튀어오른다"는 말이 너무 활기찬 듯하지만 말이다). 땅속의 연금술은 더 진행될 수 있다. 열이 더 가해지면 이미 변성된 암석들에서도 화강암 마그마가 녹아 나와서 발달하고 있는 산맥을 관통하여 심성암의 형태로 대규모로 솟아오른다. 이 솟아오르는 덩어리는 습곡과 변형 작용이 일어난 암석들을 자연스럽게 뚫을 것이다. 화강암은 지각 변동과 섭입의 말기 현상, 즉 결과 중 하나이자 부산물이다. 암석의 화학, 용융의 물리학, 지각판 경계에서 지각 변동이 일어날 때 수반되는 온도와 압력을 고려하면 지구가 대화할 때 쓰는 언어가 화강암이라는 것이 논리적 결론일 것이다. 화강암은 조산대에서 예외 없이 나타난다. 일단 자리를 잡은 화강암도 조산 운동의 후기 단계에서 다시 영향을 받을 수 있다. 즉 쪼개지거나 충상 작용을 받을 수도 있고, 강하게 짓눌려서 변성될 수도 있다. 이 당당한 암석도 땅의 맷돌에서 벗어날 수 없다.

쥐스와 홈스는 산맥의 "뿌리를 이루는" 두꺼운 덩어리가 필연적으로 침식의 폭풍을 맞으리라는 것을 알고 있었다. 조산대에서 발견되는 것과 같은 압축된 가벼운 대륙성 암석들은 지각 평형이 이루어지면서 융기할 것이다. 그렇게 솟아올라 생긴 산들은 얼음과 바람의 세계 속으로 들어가게 되고, 자연력은 부지런히 자신의 의무를 다해서 산들을 다시 낮출 것이다. 풍화 작용이 꾸준히 일어나서 암석들을 계속 제거할수록 지각 평형 작용도 계속 진행되어, 결국 지하 깊숙한 곳까지 폭풍에 삼켜질 것이다. 지하 세계 깊은 곳에서 암석권이 이렇게 구부러지면 그 밑에 있는 유동성을 띤 맨틀의 느린 흐름에도 변화가 일어난다. 맨틀은 점성을 띤 액체처럼 움직인다. 나는 이 과정을 쉽게 설명하기 위해서 완두 수프에 든 빵 덩어리나 뜨거운 욕조에 있는 플라스틱 오리를 내리누르는 것 같은 친숙한 비유를 들고자 애썼다. 하지만 지하 깊은 곳은 그릇이나 욕실과 조건이 전혀 다르므로 무슨 일이 벌어진다고 말하면 대담한 추측이 될 것이다. 침식이 계속 진행되면 결국 화강암이 노출되는 순간이 올 것이고, 습곡 더미에 묻혀 있던 둥그스름한 덩어리가 모습을 드러낼 것이다. 이 암석은 침식에 어느 정도 저항하겠지만 동결과 해동이 반복되면 결국 절리를 따라 쪼개지면서 산산조각이 날 것이다. 화강암이 높은 요새를 만들면 빙하가 그 위를 덮을 것이다. 빙하는 밑으로 내려오면서 화강암 바위들을 함께 끌고 온다. 그 화강암들은 밑의 표면을 깎고 후빔으로써 자기 자신을 파괴하는 데에 일조한다. 결국은 침식의 힘이 이길 것이다. 언제나 그렇다. 석영 모래는 끝까지 남아 땅의 다음 주기로 들어갈 것이다. 화강암은 침식되어 낮아지다가 결국 완만한 언덕이 될 것이고, 그 위에는 다양한 형상의 바위들이 지각 깊숙한 곳에서 낯선 곳으로 여행을 온 양 사방을 굽어보며 서 있을 것이다.

화강암이 침식되어 씻겨내려가지 않고 쌓인 채 깊이 부식된 곳에서는 장석들이 하얀 점토 광물로 퇴적되어 고령석이 된다. 이것이 바로 멋진 도자기를 만드는 데에 쓰이는 고령토이다. 콘월의 세인트오스텔 마을 주변에는 눈처럼 새하얀 언덕들, 아니 작고 하얀 화산들처럼 보이는 것들이 가득하다. 그것들은 부자연스러워 보인다. 멀리서 보면 소금을 쌓아놓은 것이리는 생각이 들지도 모른다. 그것들은 사실 고령토를 캐낼 때 나온 흙더미이다. 이 지역의 화강암에 든 장석들은 통째로 하얀 점토로 바뀌어왔다. 이곳에는 점토를 캐내고 남은 깊은 구덩이들이 곳곳에 그대로 남아 있다. 그 중 한 곳에서는 현재 에덴 계획이라는 상상력이 풍부한 생태학적 실험이 진행되고 있다. 거대한 지오데식 돔들 안에서 다양한 자연 생태계들을 재현

화강암에 들어 있던 장석들이 풍화되면 고령토가 된다. 20세기 초 콘월의 고령토 채취 현장.

한다는 계획이다. 오래된 점토 구덩이에 열대 정글을 조성한다는 것은 놀라운 일이다. 그것은 화강암 토양의 척박함을 노골적으로 무시하는 행위이다. 하지만 점토는 생산적인 측면도 가지고 있다. 대단히 아름다운 접시와 꽃병들이 이 놀라울 정도로 하얀 점토에서 나왔다. 조사이어 스포드는 18세기 중엽에 본차이나를 만드는 기술을 개발했지만, 좋은 제품들은 이곳 점토 생산지에서 만들지 않았다. 그 대신 이곳 점토는 주요 도자기 회사들의 공장이 있는 스토크온트렌트 지역의 포터리스로 운송되었다. 이러한 교역은 운하 건설을 촉진했다. 운하를 통하면 대량의 화물을 값싸게 운반할 수 있었다. 웨지우드, 스포드, 민턴 집안 사람들은 실험 정신이 투철했고, 새로운 제조법과 새로운 유약을 이용해서 만든 도자기들을 계속 내놓았다. 1800년대 초 스포드는 깃털 같은 잎이 달린 나무와 테두리에 잎 무늬 장식이 있는 시골 풍경이나, 우화나 이국적인 동양의 풍취를 재현한 청색과 흰색으로 된 도자기를 만들었다. 절묘할 정도로 세련된 도자기들이 거칠고 다루기 힘든 암석인 화강암에 뿌리를 두고 있다는 것은 역설적이다. 다트무어라는 황무지에서 자연적으로 깎여나가면서 수 세기를 버텨온 돌 십자가처럼 거친 모습을 띠는 화강암이 말이다.

9

단층선

어떤 사람들은 로스앤젤레스를 사랑한다. 그들은 그곳의 무한함, 이미 있는 자유로움보다 더 많은 자유로움을 약속하는 고속도로들이 대도시권들을 서로서로 융합시키는 모습을 사랑한다. 그들은 야자수들이 거대한 파리채처럼 규칙적으로 늘어서 있는 보도를 사랑한다. 그들은 스페인식 가옥과 코린트식 기둥과 엘리자베스 시대의 튜더 왕가를 약간 흉내낸 듯한 양식이 뒤섞여 있는 대저택들의 억제되지 않은 절충주의를 사랑한다. 저택들은 한결같이 불가능해 보일 정도의 초록빛을 띤 식물들 사이에 들어서 있다. 잔디밭으로는 계속 물이 뿜어져 나오고, 그 위로 사시사철 꽃이나 열매를 달고 있는 듯한 오렌지 나무들이 그늘을 드리우고 있다. LA 중심가는 유리와 철골로 된 고층 건물들이 늘어선 다른 대도시들과 그다지 다를 바 없을지 모르겠지만 상업 중심지에서 조금 벗어나면 다른 지역에서 보기 힘든 곳들이 나온다. 로마가 성직자들에게 동경의 대상이듯 LA의 베니스비치는 자아도취자들이 판을 치는 곳이다. 그곳은 완전무결한 가슴과 몸매를 가진 자들이 일광욕을 하는 곳이지만, 내가 아는 한 최고의 서점들 중 하나가 있는 곳이기도 하다. 그 서점에서는 한가롭게 카푸치노를 마시면서 "몸을 식힌다"는 의미를 만끽할 수 있다. 다른 도시들에서는 보기 어려운 리버사이드 같은 재개발의 손길에서 벗어난 독특한 모습의 호텔들, 아르데코 양식의 저택들, 오렌지 과수원들이 아직 남아 있다. 그런 곳들을 보면 모든 것들이 하나로 결합되고, 차를 몰고 들어가는 상점가들이 일상생활을 균일화하기 이전에 캘리포니아의 이 지역이 대단히 매혹적인 곳이었다는 사실을 깨닫게 된다.

캘리포니아는 여유를 만끽하는 곳으로 알려져 있으며, 따뜻한 기후는 정말로 방문객들에게 온갖 꿈을 꾸게 만든다. 샌가브리엘 산맥을 배경으로 들어서 있는 해안 평원을 뒤덮은 스모그로 가득한 공기는 인상파 작품 같은 비현실적인 몽롱한 분위기를 조성하는 데에 한몫을 하고 있다. 조금만 더 지내보면 이곳이 지중해성 기후와 북아메리카인의 노동 윤리가 뒤섞인 곳이라는 사실이 금방 눈에 띈다. 내가 LA에서 알고 있는 사람들은 하와이 셔츠를 입었다는 점만 다를 뿐, 뉴욕 사람들만큼이나 바쁘게 생활한다. 마이크로칩 혁명이 이곳에서 꽃을 피운 것도 지극히 당연한 듯하다. 나는 하겐다즈 아이스크림이 LA의 거대한 공장에서 제조된다는 것을 알고 약간 실망했다. 어리석게도 나는 그 아이스크림을 플랑드르의 외양간에서 처녀들이 만든다고 상상하고 있었다. 영화, 마이크로칩, 초콜릿을 끼얹은 아이스크림이 모두 이곳에서 대량으로 만들어지고 있다. 나는 어느 곳과도 비교할 수 없을 정도로 멋진 풍경을 지닌 UCLA에 일 때문에 잠시 체류한 적이 있었는데, 내가 항상 아침에 가장 늦게 출근하는 사람이라는 것을 알고 부끄러움을 느꼈다. 그리고 저녁에 맨 먼저 퇴근하는 사람도 아마 나였을 것이다. 캘리포니아 사람이 되려면 겉으로는 흐느적거리며 태평한 모습을 보이면서도 남몰래 개미처럼 바쁘게 일해야 하는 듯하다.

태평함과 근면함의 이런 기묘한 조합은 그들이 파멸의 기운을 느끼며 살고 있기 때문일지도 모른다. 캘리포니아는 지구에서 가장 불안정한 곳에 속한다. 이곳은 지진의 고장이다. 명성과 돈을 추구하느라 여념이 없는 모습은 지구조의 진실을 회피하기 위한 노력으로 생각될 수도 있다. 나폴리와 달리 이곳에는 그들을 도와줄 산제나로 같은 수호 성인이 없다. 여기에는 모두가 지갑을 가득 채우는 데에만 혈안이 됨으로써 생긴 일종의 집단 기억상실증밖에 없다. 여기서는 갑자기 땅이 솟아오르기 시작하고, 가장 사

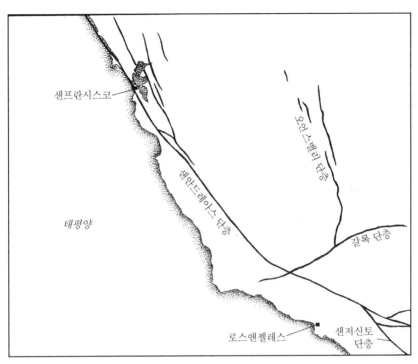

샌프란시스코

태평양

요아스밸리 단층

샌안드레아스 단층

갈록 단층

로스앤젤레스

샌저신토
단층

북아메리카 서부 해안을 따라 놓여 있는 샌안드레아스 단층과 기타 단층들.

치스러운 저택들의 현관이 허물어지고, 잔디밭의 살수 장치에서 물이 멈추고, 도로를 달리던 자동차들이 체질을 당하는 콩들처럼 튕겨져 나가는 일이 벌어질 수 있다. 이런 일들은 지진과 함께 일어날 것이다. 그리고 지진은 지질학적 단층이 갑자기 움직일 때 일어난다.

길에서 아무나 붙들고 지질 구조 중 하나를 말해보라고 하면 아마도 샌안드레아스 단층이라는 대답을 들을 수 있을 것이다. 사실 일부 사람들은 그 용어를 지질이라는 말과 거의 동의어로 여긴다. 터키를 주기적으로 파괴하는 아나톨리아 단층을 비롯하여 세계에는 거대 단층들이 여럿 있지만, 샌안드레아스 단층은 땅의 힘을 뜻하는 상징처럼 대중의 의식을 사로잡고 있는 듯하다. 즉 거대한 진탕기(震蕩器)라고 말이다.

단층은 지각이 끊긴 부분을 말한다. 대개는 암석들이 뚝 끊어짐으로써 생긴 부서지기 쉬운 균열들이다. 아주 단단한 물질이라고 해도 견딜 수 있는 수준 이상으로 힘이 가해지면 끊어진다. 뼈도 "잘못된" 방향으로 구부러지거나 견딜 수 없을 정도로 힘이 가해지면 부러진다. 강철로 된 대들보도 심하게 하중이 가해지거나 아주 미세한 결함들이 있으면 부러질 것이다. 땅이라고 예외일 리 없지 않은가? 물질들이 외부의 힘에 부러지기 전까지 버틸 수 있는 변형력이 얼마나 되는지 실험을 통해서 측정할 수 있다. 현대의 건축물들은 얼마나 큰 하중을 견딜 수 있는지 정확히 측정한 결과를 토대로 해서 지어진다. 물질이 부러지면 영어로는 "실패했다"고 말한다. 그렇게 지구조론 용어에는 인간의 특성, 인간의 결함(단층), 인간의 실패를 연상시키는 단어들이 많다. 단층은 깊은 곳까지 뻗어 있다. 셰익스피어가 『자에는 자로(Measure for Measure)』에서 "위인들은 결함을 통해서 형성된다"라고 말했듯이, 사람은 모두 약한 균열들이 깊이 새겨져 있는 행성과 같다. 우리의 본성에 압력이 가해질 때 파탄이 날 가능성은 언제나 존재한다. 그럴 때가 우리의 결함들이 밖으로 드러나는 순간이다. 아마 지구의 역사를 다룬 이 책에서 살펴본 지질 과정들 중 단층 현상이 우리가 가장 본능적인 수준에서 이해하고 있는 과정일 것이다. 우리는 모두 실패에 대해서 잘 알고 있으며, 우리 자신의 얇은 지각을 가르는 결함들을 잘 인식하고 있기 때문이다.

샌안드레아스 단층은 다른 몇 개의 단층들과 함께 격변을 불러올 복합체를 이루고 있다. 즉 북아메리카 대륙 서쪽 가장자리에 몰려 있는 단층들의 함대 중 기함에 해당한다. 그 단층들은 대부분 어느 정도 해안과 나란히 놓여 있다. 우리가 상상하는 것과 달리 깊게 갈라진 하나의 선이 아니라, 마치 망사를 짜놓은 듯 여러 단층들이 서로 뒤얽힌 곳들도 있다. 로스앤젤레스는 주요 단층에서 떨어져 있지만 단층들의 움직임에 취약하다. 전체적으로 볼 때 단층의 길이는 1,280킬로미터나 된다. 영국 제도의 전체 길이와 비슷하다. 그것은 우리 행성에서 가장 큰 균열 중 하나이다. 폭이 1.6킬로미터나 되는 단층대를 이루는 곳들도 있다. 많은 균열들이 나란히 뻗어 있기 때문에 그 단층들은 우주에서도 보인다. 높은 상공에서 보면 이 단층들이 침강 지대와 이어짐을 알 수 있으며, 그러면서 서서히 전체 그림이 눈에 들어올 것이다. 단층대는 약한 데다 균열로 무너져 서로 다른 종류의 암석들이 접하고 있기 때문에, 단층대를 따라서 나중에 물이 고여서 호수가 형성되곤 한다. 그 뒤를 이어 후미진 만과 계곡이 형성된다. 맨 틈, 즉 균열이 그대로 드러난 곳은 거의 없지만, 캘리포니아 중부의 카리조 평원 같은 건조한 지역에서는 마치 거대한 조각칼로 그은 양 깊이 파인 틈이 죽 뻗은 모습을 명확히 볼 수 있다. 엄밀히 말해서 샌안드레아스 단층은 캘리포니아 북부와 샌프란시스코 만에서 샌버나디노 부근의 캐전 고개까지 뻗어 있다. 그 사이사이에 샌저신토 단층과 배닝 단층 등 많은 단층들이 교차하고 있다.* 축구팀과 마찬가지로 단층들도 지역 이름을 따서 붙이는 경우가 흔히 있다. 비록 샌안드레아스 단층은 샌프란시스코 지역에서 그 단층 옆에 있는 호수의 이름을 딴 것이기는 하지만 말이다. 지금도 곁가지에 해당하는 활성을 띤 새로운 단층들이 발견되고 있다. 대개 토양이나 암석 밑에 숨은 채 조용히 있다가 갑작스럽게 지진을 일으키면서 정체를 드러낸다. 이렇게 땅은 미끄러지고, 취약한 곳에서 갑자기 솟아오르는 등 복잡한 양상을 보인다.

샌안드레아스 단층을 따라 암석들은 한 방향으로 움직이고 있다. 캘리포니아의 바다 쪽에 있는 암석들은 해안 산맥 쪽에 있는 암석들과 접한 채 북쪽으로 미끄러져간다. 그 단층의 서쪽에 서서 움직임을 지켜보고 있다고 상상하자. 당신은 단층 건너편에 있는 암석들이 오른쪽으로 미끄러져 움직이는 모습을 보게 될 것이다. 따라서 그 단층을 우수(오른손) 단층이라고도 부른다. 그 모든 움직임들을 종합하면 이동 속도는 평균적으로 연간 약 30밀리미터밖에 안 된다. 그 움직임이 격렬하지 않고 꾸준하기만 하다면 지

---

* 이 지역에서는 가장 북동쪽으로 뻗은 가지도 샌안드레아스 단층이라고 부른다.

1906년 샌프란시스코 지진으로 일어난 화재가 마을을 휩쓴 뒤의 모습.

켜보기가 아주 지루할 것이다. 물론 지각의 모든 부분들이 일정하게 똑같은 속도로 미끄러지는 것은 아니다. 지진이 일어나는 이유는 지각이 갑자기 확 움직이기 때문이다. 지각은 서로 달라붙기도 하며, 격렬히 진동하기도

하고, 서로 꽉 끼어 있다가도 결국 떨어진다. 단층은 윤활 작용이 원활하게 이루어지는 상태에서 매끄럽게 이동하는 것이 아니며, 전체에 걸쳐 균등하게 움직이는 것도 아니다. 변형력이 센 구역에서 외부의 힘이 강해지면 결국 파열이 일어난다. 그러면 그곳이 급격히 움직이고, 그 과정에서 에너지가 파괴적인 지진파의 형태로 방출된다. 활성 단층이 침묵하는 기간이 길어질수록 지진학자들의 불안감도 더 커진다. 예상보다 길어지는 침묵은 지진파라는 불협화음의 전주곡에 해당한다. 마침내 단층이 움직이면 마치 "지각은 이쪽으로 가시오"라는 표지판이 있는 것처럼 한쪽 방향으로 뚜렷한 위치 이동이 일어난다. 그러면 하천들의 방향도 바뀐다. 캘리포니아의 산맥에서 바다 쪽으로 뻗은 작은 계곡들은 단층이 있는 곳에서 구불구불해진다. 1906년 샌프란시스코 지진이 일어난 뒤에 토메일스 만에 있는 도로 중 거의 6.4미터가 사라졌다. 한 세기 이상 누적되었던 변형력이 방출되면서 땅이 크게 뜀뛰기를 한 것이다. 그 사건은 도시에 대규모적인 파괴를 불러왔다. 역설적인 것은 샌프란시스코 지진 때 나온 자료들이 지진의 파괴력을 과학적으로 이해하는 데에 큰 도움이 되었다는 사실이다. 그 지진은 4월 18일 오전 5시 13분에 일어났다. 지진을 고려하지 않고 지은 장엄한 빅토리아풍의 많은 저택들이 무너졌다. 그 재난을 조사하던 지질학자는 오히려 대다수의 오래된 집들이 아직도 서 있다는 사실에 놀랐다. 아름드리 나무들이 뿌리째 뽑혔고, 단층선 가까이에 있던 나무들 중에는 아예 튀어나가 뒤집힌 것들도 있었다. 그 도시의 절반에 해당하는 약 100만 제곱킬로미터의 지역이 지진 활동에 직접적인 영향을 받은 것으로 추정되었다. 먼지가 채 가라앉기도 전에 인간의 결함들이 지구조와 같은 특징을 보이기 시작했다. 약탈이 일어나기 시작한 것이다. 슈워츠 시장은 조치를 취하지 않을 수 없었다. 경찰과 군대가 투입되어 질서를 회복시켰다. 하지만 그것은 시작에 불과했다. 오후 8시 14분에 여진이 닥쳤다. 큰 사건이 벌어진 뒤에 암석들이 제자리를 찾으면서 일어나는 현상이었다. 그러나 그 여진은 지진으로 약해져 있던 건물들을 무너뜨리기에 충분했다. 수많은 사람들이 공황 상태에 빠졌다. 그 다음에 진짜 살인자가 나타났다. 불이었다. 불길은 도시 전체로 번져나갔다. 단 며칠 사이에 웅장한 호텔들이 잿더미로 변했고, 주택가도 완전히 파괴되었다. 대부분의 주민들은 바다로 피신하여 목숨을 건졌다. 아마 제2차 세계대전 때 됭케르크에서 수많은 영국군들이 철수했던 사건을 제외하면 가장 큰 규모의 피신이었을 것이다. 최종 집계된 사망자 수만 해도 3,000여 명에 달했다.

샌안드레아스 단층과 기타 단층들은 앞으로도 조용히 있지 않을 것이다. 그 단층들은 적어도 마이오세 이래로 약 2,000만 년 동안 활동해왔다. 영장류들이 맨 처음 나무에서 내려와 지상 생활에 적응하려고 시도했던 시기보다도 먼저 활동을 시작한 것이다. 이 책을 쓰면서, 나는 미국 지질 조사국의 웹사이트를 살펴보았다. 2002년 5월 14일 캘리포니아 길로이에 진도 5.2의 지진이 강타했다는 소식이 실려 있었다. 사상자는 단 한 명도 없었다.

지진의 세기를 말할 때 쓰는 리히터 진도는 온도를 표시할 때 쓰는 섭씨 온도 단위와 표시 방식이 다르다. 진도의 1도와 온도의 1도는 다르다. 진도는 지진이 일어날 때 방출되는 에너지를 토대로 한 것이며, 로그 단위이다. 따라서 진도가 클수록 한 단위 사이의 격차도 더 벌어진다. 한 예로 진도 7인 지진은 진도 6인 지진보다 30배나 더 많은 에너지를 뿜어낸다. 지진학자인 찰스 리히터는 1935년 샌안드레아스 단층의 움직임을 토대로 그 유명한 진도 단위를 개발했다. 따라서 그 지진학 용어는 태평양 해안에서 탄생한 셈이다. 진도는 현대 측정 장비로 정확히 측정할 수 있다. 그 용어는 일상 어휘로도 쓰인다. 1906년 샌프란시스코의 지진은 리히터 규모 8.3으로 추정된다.

나는 메르칼리 진도도 은근히 중요하게 여긴다. 메르칼리 진도는 지상에서 느껴지는 지진의 세기를 토대로 한 것이다. 아서 홈스는 이 유형의 진도를 12단계로 구분했다(로마 숫자로 표시한다). 예를 들면 다음과 같다.

진도 II. 미진 : 예민한 사람들만 감지……진도 V. 강진 : 모두가 감지. 잠자는 사람이 깨고 종이 울릴 정도……진도 VII. 심한 강진 : 불안감을 유발. 벽에 금이 가고, 회반죽이 떨어짐……강도 VIII. 열진 : 운전하기가 심히 어렵고, 콘크리트 건물에 균열이 생기고, 굴뚝이 쓰러지고, 부실 시공된 건물들이 피해를 입음……진도 XII. 격진 : 전면적인 파괴, 물건들이 허공으로 내던져지고, 땅이 상하로 요동침.

장면을 하나 상상해보자. 이오니아식 현관이 있는 캘리포니아 목장 집이 있다. 지진학자인 마이런은 뭔가 모호한 느낌을 받는다. "진도 II의 지진이 아닐까?" 그는 생각한다. "크리스터벨을 깨워야겠어. 그녀는 아주 예민하니까……." 울렁거림이 심해진다. "이런, 더 강해졌네. 종이 울리는 것 같은데? 진도 V가 틀림없어!" 그 순간 이오니아식 기둥이 쓰러진다. "맙소사! 불안해. 회반죽들이 벗겨지고 있어! 진도 VII이야!" 한 운전자가 경악한 표정을 짓고 있는 가운데 차가 앞뜰로 올라온다. "저런! 운전을 제대로 못 하나봐! 진도 VIII로 올라갔어……." "으악!" (마이런은 공중으로 내던져졌다. 진도 XII였다.)

나는 단층대를 따라 도로가 갈라져 있는 것을 곳곳에서 보았다. 위로 삐죽 내밀어진 암석이 어떤 종류인지 파악하기는 쉽지 않다. 황갈색을 띤 으깨진 작은 돌들인데 간혹 좀 큰 덩어리도 섞여 있다. 이것은 지각판들이 맞닿아 갈리면서 생긴 부스러기이다. 단층 점토(fault gouge)라고 하는데, 지각판 사이에 낀 일종의 햄버거 고기인 셈이다. 지구물리학적 증거들은 샌안드레아스 단층이 지각 속으로 적어도 16킬로미터까지 뻗어 있음을 보여준다. 이제 그 거대한 단층에 오랫동안 변형력이 축적되었다가 그 힘이 갑자기 방출되면서 샌프란시스코의 윈체스터 호텔을 무너뜨렸다는 사실이 납득될 것이다.

미국 서부의 화창한 해안 밑에서 무슨 일이 벌어지고 있는지 이해하려면 지구 전체를 살펴보아야 한다. 그 지각판은 태평양 맞은편에서 아시아의 가장자리에 있는 판과도 접하며, 그쪽에서는 접하는 부위를 따라 섭입대가 형성되어 있다. 하지만 캘리포니아에서는 그렇지 않다. 여기서 무슨 일이 일어나는지 이해하려면 쾌락주의자들이 가득한 베니스 비치의 해변 너머를 바라보아야 한다. 저 너머 바다 밑, 중앙아메리카 및 남아메리카와 접하고 있는 태평양의 바닥을 말이다. 현대 해양 탐사 초창기부터 이곳의 해저에 비교적 높이 솟아오른 산맥 같은 것이 있다는 사실이 알려졌다. 이 산맥을 동태평양 해팽(East Pacific Rise)이라고 한다. 나중에 이 구조물이 양옆으로 팽창하는 산맥임이 밝혀졌고, 지도에 표시를 하자 수천 킬로미터에 걸쳐 거의 선형으로 뻗어 있는 구조물이 나타났다. 그리고 사이사이에 변환단층들*이 가로지르면서 이 해팽을 계단 모양의 10여 개의 덩어리로 자르고 있었다. 그러나 이것은 전형적인 해령이 아니다. 적어도 태평양의 한가운데에 놓여 있지 않다는 점에서 그렇다. 이 해팽은 북아메리카를 향해 그 밑으로 뻗어 있다. 멕시코 본토와 바하칼리포르니아 반도를 나누는 아주 신기할 정도로 길고 좁은 바다인 캘리포니아 만을 따라 그 대륙 속으로 지나간다. 따라서 동태평양 해팽이 북아메리카 대륙 밑으로 "사라진다"고 결론을 내릴 수 있다. 동태평양이라는 덩어리 전체가 현재 미국이라고 불리는 거대한 땅 덩어리 밑에 깔려 있는 셈이다. 다시 말하면 해팽의 중앙에서 새로운 지각이 생성되는 속도가 북아메리카 대륙의 서쪽 가장자리에서 해양 지각이 사라지는 속도보다 훨씬 빠르다는 뜻이다. 그 결과 해팽이 아메리카 쪽으로 밀리면서 그 밑으로 들어간 것이다. 동태평양 해팽은 3,000만 년 전 올리고세 때에는 캘리포니아 앞바다에 있었다. 그러던 것이 300만 년이 지나자 북아메리카 밑으로 일부가 사라지고 만 것이다. 그 뒤 대륙과 해양의 지각 덩어리들이 재편성되면서 서부 해안이 북쪽으로 움직이기 시작했다. 그 움직임은 지금도 계속되고 있다. 샌안드레아스 단층이 생겨난 것이다. 샌안드레

---

* 우리는 이런 종류의 단층을 제4장에서 본 적이 있다. 해저 확장이 일어나는 동안 변환단층이 있는 곳에서 대양 지각 덩어리들은 서로 미끄러진다. 이런 곳은 지각판들이 부딪혀 부서지는 샌안드레아스 단층보다 움직임의 격렬함이 덜하다.

아스 단층의 서쪽에서 발견되는 조개껍데기 화석들은 이런 장기적인 움직임을 보여주는 증거가 된다. 이 바다 쪽 구역이 정말로 아주 오랫동안 북쪽으로 움직이고 있었다면, 그 안에 든 조개와 고둥의 화석들도 함께 이동했을 것이다. 따라서 원래 아열대에 살던 동물들의 화석이 지각판과 함께 이동하면서 추운 북쪽 기후대에서 발견될 것이다. 고대 해양 퇴적암들을 망치로 두드리고 다니던 고생물학자들은 정말로 그러한 화석 "이주자들"을 발견했다. 그런 지구 이론들이 지닌 묘미는 과학의 모든 분야들이 꾸준한 지각의 움직임을 규명하는 데에 나름대로 기여한다는 것이다. 찰스 라이엘이 아마 이 해답을 들었다면 기뻐했을 것이다.

이제 지하로 가보자. CAT 장치가 몸속의 모습을 3차원으로 보여주는 것과 마찬가지로 최신 지진파 분석 기술들은 지각의 깊이별 수평 단면을 3차원 영상으로 재현한다. 이 방법을 지진파 단층 촬영법(seismic tomography)이라고 한다. 현재 샌프란시스코 지역에서 지진 단층 촬영법을 통해서 지하 10킬로미터 이상까지 조사하려는 계획이 진행되고 있다. 이 계획은 바식(BASIX, Bay Area Seismic Imaging Xperiment)이라고 불린다. 개발된 3차원 모형들을 보면 해안 중 북쪽으로 움직이는 지역의 지하에 해양 암석권이 있음을 알 수 있다. 이 지역의 단층들이 지각을 수직으로 가르고 있는 것도 보인다. 하지만 더 놀라운 사실은 단층들이 북아메리카판과 태평양판이 지하에서 상호 작용하는 부위인 "단절대(detachment zone)"라는, 거의 수평으로 놓인 약한 지대를 통해서 서로 연결되어 있는 것 같다는 점이다. 태평양판이 북아메리카판을 밀어댈 때 이 모든 부지런한 캘리포니아 단층들은 깊은 곳에서 울려퍼지는 음악에 맞추어 춤을 추는 셈이다.

이러한 지식의 발전 덕택에 우리는 다음 지진의 발생 시기를 더 정확히 예측할 수 있게 되었다. 예전에는 지진을 예측한다는 것이 과학적으로나 기술적으로나 대단히 어렵게 여겨졌다. 우물의 수위가 갑자기 낮아지는 현상은 지하에서 단층의 움직임이 있다는 것을 뜻할 수도 있으며, 메르칼리 규모 II에서처럼 몇몇 동물들은 인간이 느끼지 못하는 초기 징후들을 충분히 감지할 수 있을지도 모른다. 지금은 어느 단층의 변형력이 어떤 임계 수준에 도달했음을 나타내는 초기 지진파 신호들을 땅이 삐걱거리면서 내는 다른 모든 "잡음들"과 구별할 수 있다. 예측 능력이 얼마나 발전했는지는 앞서 잠깐 언급했던 2002년 5월의 길로이 지진이 콜로라도 대학교의 환경과학 협동 연구소에 있는 존 런들과 크리스티 티앰포가 『국립 과학 아카데미 회보(*Proceedings of the National Academy of Sciences*)』에 발표한 논문에서 예견되었다는 사실에서 뚜렷이 드러난다. 그 논문은 2월 19일에 발표되었다. 지진이 일어나기 전에 미리 알 수 있음을 보여주는 명확한 사례이다.

건축기술 분야도 격렬한 진동에 무너지지 않고 버틸 수 있는 방법을 개발하기 위해서 애써왔다. 고무와 강철로 된 거대한 판 위에 건물 전체를 올려놓음으로써 충격을 흡수하는 방법이 그 하나이다. 강철을 가로세로 거미집처럼 짜서 콘크리트를 보강하여 같은 효과를 얻기도 한다. 하지만 그렇게 강화한 콘크리트 건물도 1995년 1월 17일 고베 지진 때 여지없이 무너져버렸다. 폐허가 된 광경을 본 세계는 경악했다. 그 지진으로 5,000명이 넘는 사람이 사망했다. 일본에서 벌어진 이 재난이 일어나기 정확히 1년 전, 로스앤젤레스의 교외 지역 중 하나인 캘리포니아 노스리지에서도 지진이 일어났다. 그 지역은 그때까지 전혀 주목하지 않았던 샌안드레아스 단층의 한 지선 위에 놓여 있었다. 도로들이 파괴되었고, 60명이 사망했다. 지진이 아주격렬하면 인간의 묘안은 별 소용이 없다. 그럼에도 공학자들은 지진대 내에고층 건물을 지을 수 있다고 확신한다. 새프란시스코 중심가에 주변의 다른 고층 건물들보다 더 높이 바늘처럼 하늘로 뾰족 솟아오른 높이 260미터의 트랜스아메리카피라미드 건물도 그러한 확신의 산물이며, 그 확신을 뒤집기란 불가능하다. 그 건물은 내진 설계에 따랐다. 아니 그렇다고 한다. 슬프게도 공학자들의 창의성은 중국, 터키, 아프가니스탄에서 지각판들이 부딪힐 때 일어나는 영향들을 완화시키지 못했다. 지금도 땅이 변형력을 대규모로 축적할 때마다 건물들은 마치 카드로 지은 집인 양 무너지고 있다.

고베와 노스리지는 똑같은 파괴 양상을 보인다. 일본 지하에서는 해양성 암석들이 파괴되고 있다. 도로들이 무너져내린 것은 그 파급 효과 중 하나이다. 마찬가지로 태평양의 캘리포니아 쪽에서도 해양성 암석들이 사라지고 있다. 세계 최대의 바다인 태평양은 이렇게 양쪽 가장자리에서 집어삼켜지면서 서서히 줄어들고 있다. 앞으로 5,000만 년이 지나면 태평양을 건너는 것도 누워서 떡 먹기가 될 것이다.

샌안드레아스 단층은 지상에서 볼 때는 그다지 눈에 띄지 않는다. 캘리포니아 리버사이드 대학교의 피터 새들러 교수는 오랫동안 샌안드레아스 단층과 주변 지형을 지도로 작성해왔다. 우리가 차를 타고 샌가브리엘 산맥의 한 자락을 올라가고 있을 때, 그는 다소 처량한 미소를 지었다. "저기요." 그가 말했다. "어디요?" 나는 반문했다. 조금만 노력하면 드문드문 자란 식생들 사이로 북쪽으로 길게 뻗은 약간 움푹 들어간 지형을 찾아낼 수 있다. 그 침강 지대의 동쪽은 완만한 둑처럼 솟아 있다. 고작 저것을 보겠다고 고속도로를 달렸나 하는 생각이 든다. 하지만 부드러운 단층 점토가 침식되면서 곧 그 유명한 단층이 뚜렷하게 드러난 곳이 나온다. 우리는 세계에서 가장 부유한 지역을 뒤로하고 산맥 위로 올라간다. 그 산맥은 더 과거에 있었던 지구조 사건들이 남긴 유산이다. 뉴펀들랜드에 있는 애팔래치아 산맥의 북쪽 지역을 다루면서 이야기했던 봉합지가 "서로 맞닿을" 때 생긴 것이다. 북아메리카 서쪽 산악 지대의 상당 부분은 그 대륙에 회반죽처럼 달라붙은 것이다. 그 산맥 너머에 모하비 사막이 있다.

로스앤젤레스와 마찬가지로 사막들도 다양한 감정들을 불러일으킨다. 많은 사람들은 가능한 한 빨리 차를 몰아 그 사막을 가로지를 것이다. 대개 그들은 라스베이거스로 향한다. 그들은 굳이 천연 염전을 볼 필요성을 느끼지 못한다. 하지만 내가 아는 지질학자들은 대부분 사막을 사랑한다. 사막만큼 빛이 또렷하게 보이는 곳도 없다. 대규모로 펼쳐져 있는 지질을 보기에 사막처럼 좋은 곳도 없다. 셰일은 보통 풍화해서 진흙이 되지만 사막에서는 화석을 그대로 지닌 채 남아 있다. 대개 파악하는 데에 몇 달이 걸리는 지질 구조들이 사막에서는 눈앞에 고스란히 펼쳐져 있다. 한눈에 파악할 수 있도록 지질 지도가 땅에 고스란히 그려져 있다. 사막의 자연사는 흥미를 불러일으키며, 진도 II의 지진을 감지할 수 있는 관찰자라면 사막의 생물들이 역경에 맞서 적응하는 모습들을 보고 놀라지 않을 수 없을 것이다. 모하비 사막 곳곳에는 완만한 비탈에 유카의 일종인 조슈아 나무가 무성하게 자라는 독특한 지역들이 있다. 마치 코끼리의 몸통에 고슴도치가 달라붙어 있는 것처럼 굵은 가지 끝에 날카로운 잎들이 공처럼 다닥다닥 붙어 있다. 잎이 없는 줄기는 아래쪽에서 성기게 가지를 뻗고 있으며, 때로는 환상적으로 구부러져 있기도 하다. 마치 역경에 못 이겨 아래로 축 늘어졌다가 다시 힘을 내어 위로 뻗어 올라가기를 반복한 듯하다. 그리고 유카들도 많이 볼 수 있으며, 운이 좋다면 로제트 모양으로 배열된 삐죽삐죽한 잎들의 한가운데에서 위로 높이 솟은 꽃대에 공처럼 하얀 꽃들이 달린 모습을 볼 수도 있을 것이다. 그리고 가시가 달리거나 나무처럼 변한 다른 식물들도 많다. 혹독한 환경에서 초식동물에게까지 양분을 빼앗길 수는 없다고 말하는 듯하다. 그러나 모래 위에 찍힌 작은 발자국들은 그곳에 많은 동물들이 살고 있으며 해가 지면 활동을 시작한다는 것을 알려준다. 나는 절지동물 전문가답게 그곳에서 전갈의 발자국을 찾아낸다.

베이커에서 왼쪽으로 방향을 바꾸면 데스밸리로 갈 수 있다. 누구나 가볼 민한 곳이다. 미국 서부에서 볼 수 있는 경관들이 거의 모두 그렇듯이 그 계곡도 북북서–남남동 방향으로 뻗어 있다. 즉 그곳의 지형도 통제를 받고 있다. 지형은 단층들에서 끝난다. 오언스밸리에 있는 장엄한 시에라네바다 산맥의 동쪽 끝과 데스밸리의 서쪽 끝이 그렇다. 시에라네바다 산맥의 고지대는 접근하기가 쉽지 않다. 동쪽에 있는 비교적 오르기 쉬운 화이트이뇨 산맥에서 보면 그 눈 덮인 봉우리들은 아주 위협적인 느낌을 준다. 그 산맥은 개간이 잘된 초록빛의 오언스밸리에서 마치 칼을 댄 듯 싹둑 잘려 있다. 세계에서 가장 선명하게 대조를 이루는 풍경 중 하나이다. 선구적인 자연보호주의자인 존 뮤어는 이곳 풍경을 보고 왈칵 눈물을 흘렸다고 한다. 에두아르트 쥐스는 시에라네바다 산맥 탐사를 할 때면 "휘트니의 업적을 떠올리게 된다"라고 말했다. 조사이어 드와이트 휘트니는 1864-1870에 걸쳐 최초로 그 지역의 지질을 지도에 담았다. 현재 시에라네바다 산맥의 최고봉에는 그의 이름이 붙어 있다. 그는 주요 단층들의 경계들을 파악했으며, 그 경계들은 현대 지도에도 그대로 쓰이고 있다. 이 단층들은 샌안드레아스 단층과 달리 옆으로 먼 거리를 이동하면서 암석들을 뒤섞는 일을 하지 않는다. 그 대신 이 단층들은 지각 덩어리들을 밑으로 푹 꺼지게 한다. 중력은 모든 것을 가라앉게 하므로 지각의 변형력이나 장력이 있는 곳이라면 어디든 이런 종류의 단층들이 있다. 그런 곳에서 암석들은 침강하며 가장자리는 단층이 된다. 캘리포니아 동부에서는 훨씬 오래된 단층들도 여전히 움직이고 있다. 그리 놀랄 일도 아니다. 노병과 마찬가지로 오래된 단층들도 죽지 않는다. 그저 사라질 뿐이다. 웨일스에는 수억 년 된 한 단층에서 유래한 웨일스 보더랜드가 있다. 나는 그곳의 비숍스캐슬이라는 친절한 옛 마을에서도 진동을 느낀 적이 있다. 데스밸리는 해수면보다 85미터 아래에 있다. 단층이 있는 곳에서 땅이 심하게 움직인("침강") 결과이다. 이곳은 너무 더워서 코끝에서 땀이 송송 배어나올 정도이다. 배드워터에서는 소금기 있는 물이 솟아나왔다가 햇빛에 마르면서 지각에 하얗게 소금 자국을 남기고 있다. 놀랍게도 이런 연못에도 생물들이 살고 있으며, 그곳의 왜소한 염생식물들은 가장 헐벗은 땅에서 생명을 이어가는 듯하다. 그 계곡이 해수면보다 낮은 지대에 있다는 것은 차가 달리다가 고장나고도 남을 정도로 덥다는 것을 뜻한다. 에어컨을 아무리 틀어도 강렬한 열기 때문에 차 안은 후끈후끈하다. 엔진은 용을 쓰다가 꺼지고 만다. 이 계곡의 표면은 너무나 낮게 가라앉아 있다. 너무나 지나치게 열기를 뿜고 있다. 단층 중의 단층이다.

데스밸리가 여행의 종착점은 아니다. 우리는 다시 동쪽으로 가서 네바다 주 경계를 넘어 그레이트베이슨으로 향한다. 지질학적 단층과 달리 주의 경계선은 지도에 임의로 그은 선들이지만 때때로 그것들은 문화적 차이를 만들어낸다. 캘리포니아와 네바다는 아주 놀라울 정도로 대조를 이룬다. 우선 네바다는 거의 텅 비어 있다. 아무도 살지 않는 듯하다. 차로 포장된 도로를 달리다 보면 지평선 끝까지 아무도 보이지 않을 때가 종종 있다. 비포장도로로 들어서면 한 시간가량 달려야 차 한 대와 마주치는 상황에 곧 익숙해진다. 동료인 메리 드로저와 나는 화석을 찾아 큰길에서 벗어나 좁은 길을 다니는 데에 익숙했다. 사람들은 모두 라스베이거스와 리노에 있으며, 이 아름다운 주의 나머지 지역들은 열광자들의 차지이다.

고지대로 천천히 올라가다 보면 네바다가 관목쑥류인 세이지브러시로 가득한 지역임을 알게 된다. 그레이트베이슨의 탁 트인 계곡들마다 그것들이 온통 뒤덮고 있다. 관목쑥류는 주로 어른의 허벅지 높이만큼 자라며 가느다란 목질의 줄기에 회색 잎이 달린 단단한 관목이다. 잎에서 세이지(샐비어)와 비슷한 향기가 나기 때문에 세이지브러시라는 이름을 가지게 되었다. 이 향기는 비가 온 뒤에 가장 강하며, 그때에는 대기 전체가 그 독특한 향기로 가득해진다. 유럽에서 온 사람들은 마치 지중해의 관목 지대를 걷는 듯한 기분을 느끼게 된다. 관목쑥은 극단적인 기후에 견디기 위해서 단단해져야 했을 것이다. 그레이트베이슨의 겨울은 매우 혹독하고, 여름은 길고 건조하며 아주 뜨거울 때도 있다. 여름에는 고여 있는 물을 거의 찾아볼 수 없다. 호수들은 대부분 말라붙어서 햇빛에 하얗게 반짝거리는 천연 염전이 된다. 겨울에 물이 고였다가 여름에 마르는 일이 되풀이되면서 매년 얇은 소금층이 생긴다. 그 소금밭은 차로 쏜살같이 가로지를 수 있다. 완벽하게 편평하기 때문이다. 여름에도 이따금 짧게 폭우가 내리는데, 그럴 때에는 가능한 한 빨리 그 소금밭에서 빠져나오는 편이 좋다. 빗물이 순식간에 모여 고이기 때문이다. 메리 드로저와 나도 콘퓨전 산맥 근처에서 그런 폭풍을 피해 달아나야 했다. 우리는 산에서 번개가 치는 것을 보았을 때만 해도 전혀 걱정하지 않았다. 하지만 몇 분 만에 사방이 온통 컴컴해졌다. 곧 물이 밀려오기 시작했고, 우리는 차로 지나왔던 자국이 눈앞에서 흔적도 없이 씻겨나가는 것을 보았다. 덤불을 뚫고 앞으로 달리는 것 외에 선택의 여지가 없었다. 밀려드는 물이 순식간에 차축까지 올라오는 것을 본 우리는 대경실색했다. 거의 무덤 앞까지 간 셈이었다. 반건조 사막이 30분도 되지 않아 얕은 바다로 변하는 광경은 정말로 무시무시했다. 바닥이 단단한 높은 곳에 도달하고 나니, 마치 한 차례 꿈을 꾼 듯했다.

그레이트베이슨을 가로지르는 도로들은 잠시 직선으로 뻗어 있다가 빙빙 돌면서 위로 올라간다. 이곳이 베이슨앤드레인지 구역이다. 곧은 길들이 분지들을 가로지르며 뻗어 있는데, 거의 남북으로 약 160킬로미터에 걸쳐 뻗은 긴 골짜기들이 분지들을 이룬다. 나란히 뻗어 있는 분지들 사이에는 비교적 긴 산맥들이 나란히 놓여 있다. 산맥의 높이는 3,000미터쯤 된다. 관목쑥들이 뒤덮인 곳에 소 목장들이 들어서 있지만 관목쑥은 목초로 쓰기에는 그다지 좋지 않다. 소는 몇 킬로미터를 가야 한 마리 볼까말까 하다. 어쩌다 소를 보면 유럽의 무성한 목초지에서나 볼 수 있는 동물이 왠지 엉뚱한 곳에 와 있다는 느낌이 든다. 속도를 높여 분지를 가로질러 가다 보면, 왠지 마음이 탁 트이는 듯하다. 길들이 마치 한없이 뻗어 있는 것처럼 느껴진다. 멀리 배경을 이루고 있는 산맥들과 그 뒤에 자리한 하얀 구름들을 바라보면, 갑자기 적막하다는 느낌이 와닿는다. 모든 것이 신비하고 경이롭게 여겨진다. 아주 늦게까지 눈에 뒤덮여 있는 높은 봉우리도 있다. 그곳에 올라가면 추위가 느껴진다. 길은 각 산맥을 가로지를 때마다 빙빙 돌면서 올라갔다 내려가기를 반복한다. 자연히 산맥마다 지질학자들이 찾는 암석들이 드러나 있고, 오르막길이 시작될 때면 그 지역의 특징을 보여주는 바위들과 절벽과 절개지가 나타난다. 산맥의 옆구리에는 암석들이 고스란히 노출되어 있다. 똑같은 암석층이 몇 킬로미터씩 계속 이어져 있다. 유일한 문제는 거기까지 접근하는 것이다. 그곳에 가려면 사냥꾼들이나 시골 사람들이 바위들 사이로 낸 오래된 산길을 찾아야 하기 때문이다. 이곳에서 타이어가 터지면 큰일이다. 이런 열기 속에서 간선도로까지 걸어서 돌아온다는 것은 생각만 해도 끔찍하다.

그레이트베이슨에 내리는 비는 대부분 산맥에 내린다. 따라서 산맥은 향기가 나는 관목쑥이 대부분이고, 나무는 거의 없는 계곡과 식생이 전혀 다르다. 산맥에는 침엽수들이 많이 자라고 있다. 오래되고 비비 꼬인 것들도 있으며, 모여 자라지 않고 비탈을 따라서 드문드문 나 있기 때문에, 나무들 사이로 걸어다니면서 노출된 암석을 찾기도 쉽다. 더운 낮에 침엽수들은 관목쑥과 전혀 다른 향기를 뿜어낸다. 상쾌한 삼나무 향기와 수지 냄새이다. 침엽수들 중에는 피뇽 소나무도 있다. 피뇽 소나무의 열매는 쇼숀족 같은 원주민 부족들의 중요한 단백질 공급원이었다. 그리고 이곳에는 지구에서 가장 오래된 나무인 브리슬콘 소나무도 있다. 숲 속에 들어가면 세상에 홀로 있다는 느낌이 든다. 네바다 비행 시험장을 이륙해서 어쩌다가 아주 높이 지나가는 비행기조차도 반갑게 느껴진다. 산맥 정상에 오르면 인접한 분지와 그 너머의 산맥들이 한눈에 들어온다. 모니터레인지, 에건, 토퀴마, 핫크릭, 로스트리버, 루비 등 산맥들은 각자 무엇인가를 떠오르게 하는 이름을 가지고 있다.

마을들은 작고 서로 멀리 떨어져 있다. 은광이 발견되었을 때 번성했다가 이제는 유령 마을이 된 곳들도 있다. 그리고 거의 버려지다시피 한 그림 같은 마을들도 있다. 카슨시티는 네바다 주의 주도이다. 현재 그곳에는 쓰러질 듯한 옛 목조 주택들이 산비탈 여기저기에 흩어져 있다. 네바다 주의 유레카로 가면, 중심가 외곽에 있는 대형 광고판에 "북아메리카에서 가장 고독한 도로에 있는 가장 고독한 마을"이라고 적힌 글귀를 볼 수 있다. 그 말은 사실일지도 모른다. 50번 도로는 수많은 관목쑥 지대를 가로지르고 있다. 그곳에는 1870년대 금광 열풍이 불었을 때 지어진 역사적인 건물들이 남아 있다. 온통 페인트 칠을 한 아주 오래되고 멋진 극장이 법원 맞은편에 서 있다. 나는 30여 년 전부터 유레카를 한 번씩 방문하곤 했다. 그 사이에 유레카는 미묘하게 변했다. 뭐라고 할까, 좀 말쑥해졌다. 술집에 가면 수수께끼 같은 언어가 들려와서 놀랄지도 모른다. 그것은 바스크어이다. 광산 열풍이 불던 시절에 바스크 지방 출신의 양치기들이 이곳에 와서 자리를 잡았다. 좋은 시절이 지나가자 광부들은 사라졌지만, 농부들은 남았다. 그렇게 해서 이곳은 가장 고독한 마을이자 낯선 언어를 쓰는 마을이 되었다. 지질학자들이 단층의 심층 구조라는 수수께끼를 풀고 있듯이, 언어학자들은 바스크어의 기원이라는 수수께끼를 풀고 있다.

내가 베이슨앤드레인지 구역에서 묘사한 것들은 거의 모두 지질의 명령을 따르고 있다. 긴 산맥들과 그 사이의 계곡들, 산비탈에서 캐낸 광석들, 플라야(playa : 건조 지대에 있는 오목한 들판으로서, 비가 오면 호수가 된다/역주)와 천연 염전을 만드는 배수지 등이 그렇다. 단층들이 그것들의 숨은 통제자이다. 단층들은 경관을 조각으로 자른다. 단층들은 산맥들을 남북 방향으로 배열한다. 단층들은 경관의 가장 세세한 사항까지도 전반적으로 통제한다.

거대한 단층들은 산맥들에 가파른 단애(斷崖)들을 만든다. 이 단애들은 옆에 있는 지각 덩어리들을 침강시켜 분지를 만든다. 그렇게 해서 거대한 긴 덩어리들이 줄지어 늘어서 있는 형태의 경관이 생긴다. 주요 단층들은 산맥의 서쪽에 놓여 있으며, 국지적으로 복잡한 양상을 띠기는 하지만 대체로 남북 방향으로 뻗어 있다. 따라서 단층들의 방향이 경관의 특성을 결정하는 셈이다. 단층에서 침강이 일어난 쪽은 대개 서쪽이다. 무른 지각에 균열이 생겨 단층이 깊이 나 있지만, 샌안드레아스 단층과 달리 가로지르는 움직임은 없다. 운전자로 하여금 고도로 집중하게 만드는 꼬불꼬불한 길이 단층 가장자리를 따라서 위로 뻗어 있다. 분지들을 띠처럼 수평으로 가로지르는 퇴적물들은 침식이 산맥을 어떻게 했는지 보여준다. 분지들이 가라앉긴 했지만, 침식된 퇴적물들이 다시 그 위를 메우고 있다. 퇴적물들은 단층이 낮춰놓은 것을 다시 높이고 있으며, 1,000-1,500킬로미터에 걸쳐 분지들을 채우고 있다. 메리와 내가 경험했던 홍수가 바로 수백만 번에 걸쳐 높낮이를 균등하게 만든 사건들 중 하나였다. 관목쑥은 지질을 잘 알고 있으며, 그곳의 지질에 딱 맞게 적응할 수 있는 능력을 가졌다. 소나무도 그곳 산맥에 적응할 능력을 가지지 못했다면, 느릿느릿 성장하는 삶을 이어갈 수 없었을 것이다. 비교적 최근에 기후가 습해지면서, 분지들에 고인 물이 합쳐져서 보너빌 호라는 넓은 호수가 형성되기도 했다. 분지들의 가장자리, 즉 산 중턱의 비탈에서 그 옛 호수가 있었던 흔적을 찾아볼 수 있다. 플라야는 그 거대한 호수가 마지막으로 남긴 흔적이다. 더 동쪽으로 가면 유타 주에 속한 분지와 산맥이 나온다. 드넓게 펼쳐져 있는 하얀 지대는 그레이트솔트 호가 남긴 자취가 얼마나 큰지를 말해준다. 과거에 산맥이 침식하면서 빗물에 섞여 유출되었던 염분들이 건기에 강렬한 태양 아래에서 물이 증발되자 하얀 소금으로 남았다. 이곳은 아주 기묘한 장소이다. 그 옆으로 난 도로를 지나갈 때, 수면이 보이는 순간 갑자기 신기루가 생긴다. 호수 위로 솟아오른 작은 산들이 마치 땅 위에 기이하게 떠 있는 것처럼 보인다. 이곳에서는 모든 것이 반짝거린다.

　분지들의 가장자리를 이루는 단층들은 가파르게 지하로 뻗어 있다. 지진파 자료들은 단층들이 지하 20킬로미터쯤 되는 곳에서 사실상 수평을 이루었음을 보여준다. 그 단층들은 콘크리트 바닥에 생긴 금처럼 지각 덩어리를 밑으로 푹 꺼지게 하는 단순한 수직 균열이 아니라 국자들이 늘어서 있는 것에 더 가깝다. 이제 우리도 내 미국 친구들이 "한눈에 보인다"라고 말하는 의미를 알게 되었다. 베이슨앤드레인지 지역은 전체가 하나이며, 그곳의 지각은 잡아당기는 변형력에 적응하기 위해서 단층을 형성하면서 덩어리들이 나란히 늘어선 형상이 되었고, 단층을 따라 밑으로 내려앉았다는 것을 말이다. 미국의 몇 개 주에 걸친 넓은 지역이 그렇게 부서졌다가 다시 짜맞추어진 것이다. 물론 지하 엔진의 명령에 따라서 요동치는 캘리포니아 해안과 마찬가지로, 이 과정도 더 깊은 곳에 있는 무엇인가와 관련된 것이 분명하다. 우리가 현재 보고 있는 진화의 산물들도 그 땅과 마찬가지로 3,000만 년이라는 역사를 거친 것이다. 따라서 우리는 무엇이 그레이트베이슨의 특징을 형성했는지 알아내기 위해서 관목쑥과 피뇽 소나무 밑을 파보아야 한다.

그레이트베이슨의 심층 구조 중 하나는 아서 홈스가 이미 잘 알고 있는 것이었다. 이곳의 지각은 얇았다. 평균 두께는 25-30킬로미터이며, 북아메리카 중앙의 그레이트플레인스 평원보다 더 얇은 15킬로미터쯤 되는 곳도 있다. 여기서 우리는 지각의 더 깊은 곳으로 들어갈수록 온도와 압력이 높아지고, 그에 따라서 암석들이 깨지지 않고 흐르는 경향을 보인다는 것을 떠올릴 필요가 있다. 뉴펀들랜드 중앙에 있던 뒤틀린 편마암처럼 말이다. 댄 매켄지 같은 지구조론의 대가들은 그레이트베이슨 지역을 깊이 연구했으며, 지표면에 보이는 것을 설명하고 훨씬 더 밑에서 일어나는 일을 추론하기 위해서 상부 지각은 잘 부서지고 하부 지각과 맨틀 암석권은 유연하게 변형된다는 논리를 적용했다. 반사 지진파 단면도는 베이슨앤드레인지 지역을 특징짓는 보통의 단층들 바닥에 유연하게 변형이 일어나는 영역인, 거의 수평에 가깝게 놓인 "단절대"가 있음을 보여주었다. 단절대는 지하 깊숙한 곳에 있는 약한 평면이며, 그곳에서 느릿느릿 미끄러짐이 일어난다. 그러면 그 위에서 커다란 암석권 덩어리들이 서로 미끄러진다. 수정된 한 이론에 따르면, 이 전단대(shear zone)는 암석권 전체를 수직으로 비스듬하게 자름으로써 베이슨앤드레인지 지역의 지각을 심층에서 통제하는 역할을 한다. 그렇게 해서 단층들이 생긴다는 것이다. 예를 들면 단절대가 지표면 가까이에 있는 곳은 지각이 얇다. 지각이 밑에 있는 맨틀보다 밀도가 낮다는 점을 떠올려보라. 따라서 지각이 얇은 곳은 가라앉게 된다. 앞에서 살펴보았듯이 대륙들이 충돌할 때에는 지각이 두꺼워져서 위로 솟아올라 산맥이 형성된다. 여기서는 그와 정반대의 상황이 벌어지는 것이다. 즉 견제와 균형의 문제인 셈이다. 그런 심층적인 통제에 순응해야 하는 곳에서는 지하의 명령에 복종하기 위해서 지각의 무른 곳이 끊어지면서 지각이 여러 덩어리로 나뉜다. 그런 한편으로 가해지는 힘 때문에 지각의 밑 부분이 녹고, 그 결과 지표면으로 용암이 분출될 것이다. 메리와 나는 그레이트베이슨을 가로지르면서 그런 용암이 분출한 증거들을 보았다. 분출된 용암들은 쌓여서 단구나 슬래그 같은 더미를 형성했다. 일부는 폭발하면서 공중으로 분출되어 넓은 지역에 재를 흩뿌리기도 했다. 이런 재들은 이 책의 앞부분에 나온 나폴리 만에서 보았던 것과 같은 용결응회암의 형태로 남아 있다. 그리고 단층들은 땅의 귀중한 물질들을 추출하는 뜨거운 유체들이 흐르는 통로가 될 수 있다. 즉 마그마 방에서 광물들과 금속들이 빠져나와 위로 올라오는 도관 역할을 한다. 광부들도 갱도를 팔 수 없을 정도로 깊은 곳에서 일어나는 그 과정들에 경의를 표해야 할 것이다.* 소나무, 관목쑥, 천연 염전, 금, 꼬불꼬불한 도로 등 이 모든 것들은 지구조론을 통해서 하나로 통합되는 게슈탈트(Gestalt)와 같다.

땅에는 다른 종류의 단층선들도 있다. 동아프리카에는 남북을 가로지르는 거대한 계곡들이 있다. 아덴 만에서 남쪽으로 에티오피아를 지나 둘로 갈라져서 빅토리아 호의 양편을 지나가는 침강 지대가 한 예이다. 동쪽의 계

---

* 실제로 각 광물이 형성되는 과정은 이보다 훨씬 더 복잡하며, 오래된 광물이 다시 녹는 등 몇 번에 걸쳐 광화(鑛化) 작용을 거치기도 한다.

곡은 남쪽으로 케냐를 가로지르며, 그 사이사이에는 물이 고여 많은 호수들이 생겼다. 투르카나 호, 바링고 호, 마가디 호, 나트론 호가 그렇다. 나트론 호는 세계 최대의 천연 소다 생산지 중 한 곳이다. 심한 증발로 염분이 농축되어 그레이트솔트 호처럼 된 곳이기 때문이다. 나트론은 수화 나트륨을 뜻하는 옛말이며, 그 단어에서 화학 원소인 나트륨의 기호(Na)가 나왔다. 그 호수에는 홍학 떼가 장관을 이룬다. 홍학들은 긴 부리로 따뜻한 염기성 물속에 사는 영양분이 풍부한 미생물들을 걸러 먹는다. 이 새들에게는 말 그대로 소다수가 영양 공급원인 셈이다. 그들의 몸 색깔도 먹이에서 비롯된 것이다. 서쪽 계곡은 지구의 얼굴에 나 있는 선들 중 가장 눈에 띄는 부분에 속한다. 그것은 앨버트 호에서 에드워드 호까지 거의 끊이지 않고 물길을 이루어 남쪽으로 흐르다가, 거기에서 탕가니카 호와 니아사 호(말라위 호)로 이어진다. 이 전체가 바로 그레이트리프트 계곡(동아프리카 지구대)이다. 에두아르트 쥐스는 이러한 구조를 "지구(地溝, graben)"라고 했다. 이 계곡들은 총 길이가 3,000킬로미터쯤 된다. 계곡의 폭은 평균 50킬로미터 정도이다. 굳이 자연학자가 아니더라도 이 선을 쉽게 찾을 수 있다. 이 선들은 정치적 경계선이 되었으며, 그 전에는 부족 간의 경계선이었다. 이 지구대의 양쪽에는 단층이 있다. 즉 단층 사이의 지각이 가라앉은 형태이다. 가운데 지각이 균열을 따라 주르르 미끄러져 내려간 것이다. 이 균열을 따라서 지진이 집중적으로 일어나기 때문에, 진앙들을 표시한 지도를 보면 마치 점묘법으로 단층을 그어놓은 듯하다. 땅이 이 선을 따라서 신경과민 증세를 보인 것이 분명하다. 공중에서 보면 그 지구대의 가장자리를 이루는 단층들을 뚜렷이 볼 수 있다. 그것들은 거의 직선처럼 뻗어 있다. 그 단층들은 땅에 새긴 지질학적 선이다. 장엄한 단층 하나가 아니라 마치 계곡 바닥까지 내려가는 계단을 만든 것처럼 여러 단층들이 늘어선 곳도 있다. 투르카나 호 부근 계곡은 8,000미터 깊이까지 화산암들과 퇴적암들로 채워져 있다. 단애의 높이가 2,000미터 정도이므로, 이것은 단층을 따라 적어도 1만 미터쯤 침강이 일어났다는 의미이다. 이렇게 전체적으로 보면 어마어마하지만, 그 움직임이 1,000만 년에 걸쳐 일어났다는 것을 고려하면, 평균적으로 1년에 고작 1밀리미터를 미끄러진 것에 불과하다. 지의류의 성장 속도도 그보다는 빠르다.

지진에 비해서 화산은 지구대의 가장자리를 덜 충실히 따르지만(가장 큰 화산인 킬리만자로 산은 그 선의 바깥에 놓여 있다), 에티오피아와 케냐 전역, 그리고 더 남쪽까지 단층선을 따라서 많은 활화산과 사화산들이 놓여 있다. 그중에는 신기하게도 탄산염 광물이 풍부한 용암을 분출하는 화산들이 많다. 이 광물들은 대개 퇴적암과 관련이 있다. 따라서 그것을 카보나타이트(carbonatite)라고 부르는 것도 그리 놀랄 일은 아니다. 올도이뇨렝가이(해발 2,891미터)는 전형적인 원추 화산이며, 거기에서 뿜어진 용암들은 나트론 호에 하얀 지각을 공급하는 역할을 했다. 그 정상에 있는 분화구는 지구에서 가장 황량한 곳에 속한다. 바다처럼 펼쳐진 쭈글쭈글하게 굳은 카보나타이트들 사이에 경사가 가파른 화산구들이 점점이 솟아 있고, 그 꼭대기에 난 검은 구멍들은 밑으로 화산 굴뚝이 이어져 있음을 말해준다. 모든 것이 하얗다. 화산이라는 말에서 떠오르는 모든 것들을 뒤집어놓은 듯하다. 하와이의 불의 여신 펠레의 세계와 정반대로 하얗게 표백된 세계이다. 지금도 이따금 용암들이 분화구 바닥으로 뿜어져나오는데, 이곳의 용암도 뿜어질 때는 다른 용암들과 같은 검은색이다. 하지만 식으면서 색깔이 변한다. 먼저 밤색으로 변했다가, 몇 시간 지나면 하얘지고 딱딱해진다. 아프리카의 한가운데에서 분출하는 그 용암들은 대륙 지각에서 짜낸 즙으로 몸을 불림으로써, 전혀 새롭고 기이한 조성을 가지게 되었다. 검은 것이 하얀 것으로 된다.

격렬하게 활동하는 화산들이 내뿜는 황을 함유한 기체들보다 무색의 화산 기체들이 더 위험할 수 있다. 이산화탄소는 공기보다 무겁고 낮은 곳에 축적된다(올리버 골드스미스가 나폴리 근처 "개의 동굴"에서 생생하게 묘사한 것처럼). 그 지구대를 조사하는 사람들은 그런 기체가 축적될 수 있다는 것을 염두에 두어야 한다. 이산화탄소 분출이 가장 치명적인 결과를 빚어낸 곳은 동아프리카 지구대가 아니라, 서아프리카의 카메룬 하일랜드에 있는 그다지 눈에 띄지 않는 화산 지역이었다. 1986년 8월 26일 니오스 호에서 공기 방울들이 솟아오르기 시작하여 보이지 않는 하천을 이루면서 아래로 흘러갔다. 두께가 45미터에 달하는 치명적인 독가스였다. 아랫마을에 있던 주민 1,200명이 질식해서 죽었고, 가축들과 덤불에 앉아 있던 새들까지도 모두 죽었다. 언덕에서 소를 치던 사람들만이 살아남아 그 끔찍한 이야기를 전했다.

동아프리카 지구대는 역사적으로 또 한 가지 중요한 역할을 했다. 그곳에는 수백만 년 동안 사냥감들이 풍부했으며, 우리의 먼 조상들과 친척들은 그것들을 뒤쫓으면서 덤불과 숲 사이를 똑바로 서서 걸어다녔다. 아프리카가 인류 진화의 요람이라면, 우리 조상들의 뼈와 도구는 그 지구대에 있는 호수와 화산 주변에 남아 있을 가능성이 가장 높다. 에티오피아의 투르카나 호를 탐사한 학자들은 인류가 수백만 년 전부터 살고 있었음을 보여주는 화석들을 발견했다. 우리의 역사가 복잡다단해지기 시작한 곳이 바로 여기였다. 이곳에는 사람과에 속한 많은 동물들이 살고 있었고, 그중에서 우리 인류만이 번성했다. 인류학자들은 과연 얼마나 많은 종들이 살고 있었는가를 놓고 끝없이 논쟁을 벌이고 있다. 이 책에서 인류의 진화를 상세히 다룰 수는 없지만, 지금도 계속 새로운 발견들이 쏟아져나온다는 사실을 언급하지 않을 수 없다. 이 책을 쓰고 있던 2002년에 『네이처』에 인류 계통과 우리의 가까운 친척인 대형 유인원과 침팬지 계통이 갈라진 시점을 말해줄 새로운 화석을 발견했다는 논문이 실렸다. 논쟁이 분분한 과학 분야에서는 기존의 주장이 도전을 받는 일이 흔하다. 하지만 초기 인류가 진화할 때 여러 종들이 있었으며, 그중에는 우리와 가까운 계통도 있었고 그렇지 않은 계통도 있었다는 데에는 모두가 동의한다. 그리고 현대 인류의 계통이 아프리카에서 탄생했다는 데에도 모두 의견이 같다. 화석 증거들이 늘어날수록 우리의 지식도 늘어난다. 나는 과거의 교과서들이 그러했듯이 현재의 교과서들도 언젠가는 다시 쓰여질 것이라고 믿어 의심치 않는다. 파악하기가 쉽지 않다는 점과 상관없이, 그런 화석 기록이 남아 있는 것 자체는 지질 덕분이다. 분출하거나 흘러서 그 지구대를 주기적으로 뒤덮었던 화산암들은 고귀한 유물들을 매장하고 그것들의 연대를 측정할 수단까지 제공했다. 뼈와 함께 시간을 기록하는 방사성 시계들까지 묻혔기 때문이다. 그리고 단층들은 그 암석들을 계속 침강시킴으로써, 쉽게 침식되어 사라져버렸을 고귀한 역사적 유물들을 고스란히 보존하는 역할을 했다. 지구대에서 침강한 것들은 살아남았다. 즉 우리의 역사는 단층들에 빚을 지고 있다.

에두아르트 쥐스가 글을 쓰고 있을 무렵에는 동아프리카 지구대의 구조가 어느 정도 이해된 상태였다. 확실히 아는 지질로부터 확대 추정하는 방식을 즐겨 쓰던 그는 아프리카의 이 지역에도 똑같은 방식을 적용했다. 그는 니아사 호와 탕가니카 호에 관해서 이렇게 썼다. "나는 폭이 아주 좁기는 하지만 위도상으로 약 5도에 걸쳐 있는 이 두 침하 지역이 골단층들(trough faults)을 통해서 생성된 것이라고 보며, 내 생각에는 홍해나 사해와 기원이 아주 비슷할 것이다." 쥐스는 우리가 현재 보는 현상, 그리고 우리가 심층적인 과정들을 통해서 설명할 수 있는 현상과 연관 지은 것이다. 동아프리카 지구대("골단층")는 북쪽으로 아프리카의 뿔(Horn of Africa)까지 이어진다. 서쪽으로는 홍해와 접하고 있다. 따라서 그 거대한 침강 지대는 지중해의 동쪽 가장자리 너머 북쪽까지 뻗어 있다. 사해는 요르단 강의 물을 받고 있음에도 해수면보다 수면이 더 낮다. 어릴 때 본 백과사전에 한 사람이 사해에 누워서 신문을 읽는 사진이 실려 있었던 것이 기억난다. 계속 증발이 되어 사람이 가라앉지 않을 정도까지 염도가 높아진 것이다. 단층들은 그것을 더 깊이 침강시켰다. 성경에 나온 것 같은 홍수가 한 번 더 일어난다면, 사해는 순식간에 그 지역 전체를 물에 잠기게 할 것이다.

홍해는 젊은 바다이다. 지도를 보라. 금세 닫힐지 모른다는 생각이 곧 떠오를 것이다. 마치 접시가 깨진 듯한 모양이다. 아프리카와 아라비아 반도가 서로 붙은 하나의 대륙이었다고 상상해보자. 그것을 떼어내려면 엄청난 힘을 가해야 한다. 먼저 압력을 받는 지각에서 지구대가 생긴다. 지구대는 밑으로 축 처지고 약해진다. 쥐스가 알아차렸듯이, 그 단층들은 현재 홍해의 가장자리를 따라서 그대로 놓여 있다. 단층들은 화산 분출과 관련이 있으며, 열곡을 따라서 난 단층들은 지하 세계에 더 쉽게 접근할 수 있으므로 화산들과 더 관련이 깊다. 그런 다음 진짜 바다가 열린다. 새로운 해양성 현무암이 새로 생기는 해분에 자리를 잡는다. 중앙 해령이 자라나는 것이다. 그 바다에는 두 가닥의 열곡이 지나간다. 하나는 홍해를 따라가고, 다른 하나는 아덴 만을 따라간다. 둘은 소말리아판과 아라비아판을 나누며, 동아프리카 지구대의 끝인 아파르에서 서로 만난다.* 아프리카 해안과 아라비아 해안은 냉정하게 서로 멀어진다. 초기에 이 새로운 바다는 이따금 증발하여 말라붙어 두꺼운 소금층을 남기면서 인도양과 단절되곤 했다. 현재 이 어린 바다 내에서는 많은 지질 활동이 벌어지고 있다. 예상대로 중앙 해령을 따라 지진들이 일어나고 있으며, 그곳에서는 해양성 용암들을 채집할 수 있다. 그 해령에는 아주 깊은 "심해"도 있는데, 그런 곳에는 뜨거운 염수 웅덩이가 형성되기도 한다. 현재 13곳이 밝혀졌다. 아연이나 구리 같은 가치 있는 금속들은 바로 이런 곳에 농축된다. 화산 활동이 벌어지는 곳에서 바닷물이 해저로 스며들었다가 암석들 사이를 돌아다니면서 농축되어 나와 뜨거운 염수 웅덩이가 형성된 것이다. 그 어린 바다는 대륙과 맨

---

* 그러므로 아파르에서는 세 가닥이 만난다. 아프리카판과 아라비아판을 나누는 홍해, 소말리아판과 아라비아판을 나누는 아덴 만, 소말리아판과 아프리카판을 떼어놓는 동아프리카 지구대. 따라서 아파르는 삼중 합류점이 된다.

틀의 성분들을 뒤섞어서 새로운 요리를 만드는 일종의 화학적 요리실이다. 그런 접촉을 통해서 형성된 광상들도 많다. 우리는 홍해에서 더 큰 바다가 탄생하는 순간을 상상할 수도 있다. 대서양의 초기 모습을 상상할 수도 있다. 또 판게아가 분리되었듯이 "열곡이 대륙 이동"으로 변하는 모습도 상상할 수 있다. 우리는 현재 친숙한 대륙들이 처음에 각각 떨어져나갔다가, 지각판들이 추는 느린 춤에 맞추어 지구의 얼굴에서 자리를 잡아가는 광경을 떠올릴 수 있다.

많은 지질학자들은 홍해가 해양 분지의 탄생을 보여주는 것이라면, 아프리카의 지구대들은 대륙이 갈라지는 아주 초기 단계의 모습이 아닐까 생각하고 있다. 즉 새로운 지리가 탄생하는 것이라고 말이다. 홍해와 아덴 만은 쥐스가 상호 연결시킨 체계의 일부에 불과할 뿐이며, 그 체계는 남쪽의 거대한 대륙까지 뻗어 있다. 아마 오랜 기간이 지나면 아프리카의 동부는 서부와 분리될 것이며, 새로운 바다가 소말리아판을 모대륙에서 갈라놓을지 모른다. 또다른 춤이 시작되고 있는 것이다.

지각판들을 분리시키는 심층적인 원인으로 맨틀 상승류가 언급되기도 한다. 아프리카 동부의 지각 밑으로 맨틀 상승류가 솟아오르고 있다는 증거가 많다. 그 솟아오르는 흐름이 지구대를 점점 더 갈라놓는 원인인 장력을 제공하는 것일 수도 있다. 땅의 무른 피부를 찢는 거대한 뜨거운 손처럼 말이다. 초기 인류의 흔적을 묻었던 화산들은 뜨거운 맨틀이 대륙의 깊은 부위를 일부 녹여 마그마를 생성하는 곳에서 일어나는 이런 심층적인 움직임들의 한 결과에 불과하다. 그 상승류는 암석권 밑에서 버섯처럼 넓게 펼쳐진다. 이것은 킬리만자로 산 같은 큰 화산들이 열곡 너머에 놓인 이유를 설명해준다. 그 화산들은 땅의 피부 밑에 생긴 화끈거리는 염증에서 나오는 고름 같은 것이다. 그 지구대를 측정한 자료들은 밑에서 뜨거운 맨틀 물질이 솟아오르고 있음을 보여준다. 한 예로, 전반적으로 열곡 양편의 안정한 지역보다 열곡 내에서 열 흐름이 더 많다. 그 지역 전체의 중력 이상을 측정한 결과도 열곡 밑에 뜨거운 상승류가 있음을 입증한다. 현재 지구 물리학 분야에서는 이 지하에서 일어나는 일을 모형화할 방법을 찾고 있다. 아프리카의 열곡이 더 이상 발달하지 않을 것이며, 사실상 영구히 "실패한 바다" 상태로 남을 것이라고 믿는 지질학자들도 있다. 지질학적 변화가 아주 서서히 진행된다는 점을 생각할 때, 현재로서는 그것이 옳은지 그른지 확신할 수 없다. 우리 인류가 그 열곡 속에서 화산재에 묻혀 화석으로 남게 될지, 즉 지난 수백만 년 사이에 멸종한 생물들에 합류하게 될지 누가 알겠는가?

지구의 표면에는 유리판에 이리저리 생긴 금 같은 단층들이 무수히 교차하고 있다. 지각이 앞으로 수십억 년 동안 스트레스를 받은 뒤에는 어떻게 달라져 있을까? 융기는 균열을 만든다. 지각에 무게가 가해져도 같은 효과가 나타날 수 있다. 지각이 늘어날 때에도 단층들이 생긴다. 지각판들은 압착될 때 지각이 견딜 수 있는 것보다 더 강한 힘으로 약한 부분들을 짓눌러 지각을 줄이면서, 암석들을 위로 밀어올려 쌓을 수 있다. 깊이 묻힌 암석들만이 유연하게 변형될 것이다. 나머지 암석들은 금이 가고 쪼개질 것이며, 그런 움직임이 일어난 증거는 어디에나 있다. 대개 암석이 더 오래 견딜수록 어느 순간에 쪼개져 단층을 형성할 가능성이 더 높다. 퇴적암 절벽이 있는 해안을 걸어보면, 지층이 조금씩 어긋난 작은 단층들을 발견하기 마련이다. 샌드위치를 잘라 한쪽을 아래로 떨어뜨린 것처럼 산뜻하게 어긋난 것들도 있다. 그런 지층들은 원래 어떠했는지, 얼마나 움직였는지 쉽게 알 수 있다. 혹은 전혀 다른 종류의 암석들이 마주 보고 있는 좀더 큰 단층도 있을 것이다. 단층을 따라 암석들이 부서졌거나 유백색의 석영이 보일 때도 있을 것이며, 단층면에 난 동굴에 바닷물이 갇혀 있을 수도 있다. 고대의 조산대 속으로 파고 들어간 채석장에서는 침묵에 빠진 지 오래된 매끈한 단층면들을 볼 수 있다. 이동한 방향으로 긁힌 자국과 홈이 나 있을 것이다. 한때는 땅을 진동시켰을 그 단층들은 이제 지질 답사 여행을 하는 사

네바다 그레이트베이슨을 가로지르는 포니익스프레스 도로 표지판 옆에 서 있는 젊은 시절의
저자.

람들이나 들르는 곳이 되었다. 오래된 단층들은 셀 수도 없이 많다. 식물들
에 뒤덮인 것들도 있고, 미국 서부처럼 산맥의 경계를 이룬 것들도 있다. 단
층선들이 지구의 얼굴에 독특한 선을 새기고 있다.

10

옛날, 아주 옛날

1883년 여름, 멋진 부츠와 트위드 직물로 만든 옷을 차려입은 스코틀랜드 지질학자 J. J. H. 틸은 스코리라는 작은 어촌의 항구를 향해 걷고 있었다. 그는 여기저기 흩어져 있는 농가들, 여관, 오목한 만(灣) 뒤쪽으로 떨어진 곳에 자리한 교회를 둘러보았다. 영국 본토의 북서쪽 끝에서 그리 멀지 않은 곳이었다. 틸은 도중에 스코리로지 저택을 지나쳤다. 당시 그곳에는 서덜랜드 공작의 토지 관리인인 에반더 매키버가 살고 있었다. 그 지역에는 교양 있는 사람이 그리 많지 않았다. 하지만 매키버는 세 군데의 대학교를 나온 사람이었다. 따라서 그가 자기 땅을 돌아다니는 중류 계급의 지질학자에게 호기심을 보인 것은 당연했다. 또 그는 고지대 추방자들을 기소하는 일을 맡은 사람이었으므로, 동네 사람들 중에서 그의 해박함을 칭송할 만한 사람이 그리 많지 않았을 것이다. 그러니 그가 스코틀랜드에서 가장 황량한 이 지역에서 얼마 안 되는 비옥한 땅에 돌벽으로 조성한 멋진 정원을 보여주겠다고 틸을 초대한 것은 당연했다. 멕시코 만류 덕분에 이 지역은 북위 58도에 걸맞지 않게 따뜻했다. 이 안락한 안식처에서 놀란 그 지질학자는 빨갛고 파란 꽃이 핀 이국적인 푸크시아를 보았을지도 모르며, 나아가 그 관리인의 친척이 보내준 씨앗에서 싹튼 양배추나무(*Cordyline australis*)가 지구 반대편에서 잘 자라고 있는 모습을 보았을지도 모른다. 그러나 그 지질학자는 다른 데에도 관심이 있었다. 관리인의 허락을 받아, 그는 벽을 따라 보트 창고 뒤로 가서 저택 위쪽의 산비탈로 올라갔다. 그는 스코리 만의 북쪽 해안으로 다가갔다. 해안은 들쭉날쭉했고, 그 뒤편으로 그리 높지는 않지만 울퉁불퉁한 절벽이 있었다. 곳곳에서 그 지역의 지반을 이루는 암석이 드러난 것을 볼 수 있었다. 지의류로 뒤덮인 바위산에서, 풀밭 사이에 놓인 바위들에서, 엉성하지만 튼튼하게 쌓은 돌벽에서, 좁은 해안에 있는 둥근 바위들에서. 그 암석은 편마암이었다. 무거운 느낌을 주는 그 회색 암석에는 미세한 줄무늬와 반점이 있었다. 그 암석은 아주 멀리까지 뻗어 있는 듯했다. 크리그어마일이라는 작은 곳까지 걸어가던 틸의 눈에 색다른 것이 보였다. 경사가 급한 검은색의 암석 띠가 곳을 향해 뻗어 있었다. 그 띠의 일부는 바다에 잠겨 있었지만, 그것이 동쪽으로 쭉 이어져 내륙에 닿은 것을 볼 수 있었다. 라이엘의 충실한 후계자였던 그는 그 얇은 지층이 무엇인지 알아차렸다. 그것은 편마암을 가르는 화성암 암맥(巖脈)이었다. 따라서 그것은 자신이 뚫고 들어간 주변 암석보다 더 나중에 생긴 것이 분명했다. 그는 그곳으로 내려가서 그 "트랩(trap, 검은색의 화성암)"을 채집했다(아마 그는 그것이 조립현무암이라는 화산암이라고 생각했을 것이다). 몇 주일 뒤에 연구실로 돌아간 그는 다른 점을 발견했다. 그 암맥을 형성한 화성암은 그것에 뚫린 편마암과 마찬가지로 변성되어 있었다. 틸은 자신의 연구 결과를 『런던 지질학회 계간지』 제41권에 "조립현무암이 변성된 각섬석편마암에 관하여"라는 제목으로 발표했다. 그렇게 해서 스코리 암맥은 세상에 알려졌다.

그후 스코리는 지질학의 성지 중 한 곳이 되었다. 수많은 저명한 지질학자들이 틸의 뒤를 이어 그곳을 방문했다. 거기 어딘가에 기념판이라도 하나 있어야 할 듯하다. 구조지질학자, 지질연대학자, 지구화학자, 고자기학자 등 에두아르트 쥐스가 『지구의 얼굴』을 쓴 이래로 배출된 온갖 전문가들이 모두 그곳에 들렀다. 2002년 말 내가 그곳을 방문했을 때, 매키버의 양배추나무는 담으로 둘러싸인 정원에서 여전히 잘 자라고 있었다. 키가 4.5미터쯤 되었고, 수령은 150년인 셈이다. 그 세월 동안 많은 줄기들이 자랐을 것이다. 야자나무(양배추나무는 사실 야자나무가 아니라 용설란 종류이다/역주) 종류 중 가장 북쪽에서 자라는 나무라고 했다. 싸락눈에 몸을 피해야 할 상황이 되자, 나는 그 말을 믿을 수 있었다. 보트 창고 뒤편 길은 이제 골풀이 무성하게 자란 습지가 되었고, 그 위쪽으로는 가시금작화 덤불이 우거져 있었다. 하지만 단단한 편마암은 변함없이 그대로였다. 헨리 M. 캐델은 1896년 『서덜랜드의 지질과 풍경(*The Geology and Scenery of Sutherland*)』을 쓸 때, 아마 이 암석을 염두에 두었을 것이다. "편마암 표본은 각 장의 길이가 다르고, 각 장마다 다른 색깔의 종이로 된 책을 덮어놓은 것과 비슷하다." 즉 불규칙하게 띠가 있다는 말이다. 지질학자들은 이 암석을 루이스 편마암이라고 한다. 나는 그 암석으로 된 해변 자갈을 찾아냈다. 그것은 기러기의 알처럼 손 안에 딱 들어갔다. 또 그 암맥에서 나온 더 작은 조약돌도 발견했다. 검은 배경에 약간 더 밝은 얼룩들이 있는 것이었다. 검은 우주 공간의 지도를 떠올리면 된다. 틸의 발견 이후, 지질 조사국의 클로프 박사는 스코리 지역을 상세히 조사했다. 그는 암맥이 하나가 아니라 무수히 많으며, 모두 서북서–동남동 방향으로 놓여 있다는 것을 발견했다. 화난 말벌들처럼 암맥들은 무리를 지어 나타나는 경향이 있다. 그것들은 넓은 지역에서 지각이 팽창할 때 곳곳에 생긴 균열에 마그마가 채워지면서 생긴 것이다. 암맥들의 방향은 스코틀랜드를 북동–남서 방향으로 가로지르는 칼레도니아 산맥의 방향과 전혀 관계가 없다. 사실 그것과 거의 직각으로 놓여 있다. 지도를 보면, 암맥들이 놓인 방향이 하일랜드 북서쪽에서 불규칙한 해안선을 향해 흘러내리는 강들과 좁은 만들이 향하는 방향에 더 가까운 듯하다. 현재 그 땅에 있는 것들은 칼레도니아 산맥보다 훨씬 더 오래된 무엇, 더 앞서 있던 세계, 태곳적의 지각이 남긴 유산의 통제를 받고 있다. 즉 고대가 현재를 지배하는 셈이다.

지의류로 덮이고, 바람과 비에 깎이고, 파도에 씻기는 바람에 지금은 편마암과 그 암맥을 구분하기가 쉽지 않다. 차가운 바람이 눈을 에는 날씨라서 검은 암석들은 서로 비슷비슷해 보였다. 하지만 나는 마침내 그 유명한 암맥을 찾아냈다. 내 스승인 그레이엄 파크는 이 암석들을 조사하면서 많은 시간을 보냈다. 그는 몇 킬로미터 더 남쪽의 아크멜비치 해변으로 가서 암맥을 찾아보자고 했다. 그곳이 암맥까지 기어올라가기가 더 쉽다는 것이다. 그 충고는 적절했다. 아크멜비치로 가는 1차선 해안 도로는 등고선을 그대로 따라간다. 마치 누군가가 이리저리 굽은 지형 위에 좁은 아스팔트를 띠처럼 죽 붙여놓은 것 같다. 맞은편에 차가 나타나면 재빨리 정해진 갓길로 차를 몰아야 한다. 그런 다음 마주 오는 차를 향해 정답게 손을 흔들어준다. 해안선은 경이로울 정도로 복잡다단하다. 작고 좁은 만들이 있어서 들쭉날쭉한 데다, 앞바다에는 크기와 모양이 제각각인 암초들이 널려 있고, 썰물 때에는 드러난 바위들마다 모자반류 해초들이 다닥다닥 붙어 있다. 루이스 편마암은 줄줄이 이어진 회색을 띤 둥그스름한 언덕들에 드러나 있다. 언덕들은 마치 뭉게구름처럼 보이며, 땅거미가 질 때면 하늘을 향해 기괴하게 솟아 있는 듯 보이기도 한다. 오래된 편마암이 풍화하여 생긴 토양은 층이 얇고 척박하다. 마치 수십억 년의 세월을 거치면서 좋은 것은 모두 빠져나간 듯하다. 길 양편으로 이따금 습지가 나타난다. 습지 가장자리에는 골풀과 황새풀이 볼품없이 자라고 있으며, 움푹 들어간 곳에는 물이끼와 식충식물들이 가득하다. 식충식물들은 끈끈한 점액으로 곤충을 잡아서 얻기 힘든 양분을 섭취하고 있다. 산비탈을 황갈색으로 물들이는 늦가을의 고사리들과 마른풀들은 노출된 창백한 암석들과 대조를 이루어 따뜻한 느낌을 준다. 경관이 어쩐지 오래되고 낡은 듯이 보인다. 마치 모든 것들을 예전에 본 듯하다. 한때는 거대한 산맥이었겠지만, 지금은 낮은 언덕만 겨우 유지하고 있을 뿐이다.

아크멜비치로 가는 좁은 길을 따라서 소작인들의 농가가 점점이 흩어져 있다. 농가마다 뒤쪽 언덕에 자작나무 몇 그루가 심어져 있다. 자작나무들마다 노란색으로 단풍이 들었다. 마당의 담 옆에 서 있는 오렌지색 열매들이 축 늘어진 나무는 아마 마가목 종류일 것이다. 더 오래된 농가는 돌로 지어졌으며, 그런 집은 한쪽 끝에 동물들이 겨울을 나는 방이 딸려 있다. 거칠게 다듬은 편마암 덩어리들이 세련되지는 않지만 튼튼한 건물을 짓는 데에 쓰이고 있다. 그렇게 지은 집들은 마치 땅에서 자라난 듯하다. 다 쓰러져가는 옛 농가 바로 옆에 소박하지만 안락해 보이는 새집이 서 있기도 했다. 소작지의 임차 기간은 소작위원회에서 엄격하게 규제하고 있으며, 소작인들은 평생 소작을 할 수 있고 소작지를 물려줄 수도 있다. 임차인들이 부러워하는 부분이다. 소작인에게는 독점적으로 쓸 수 있는 땅 한 필지가 할당되며, 열 마리 남짓한 양을 키우고 토탄(土炭)을 캐낼 권리도 주어진다. 모두 최저 생활수준 이상으로 집안을 꾸려갈 수 있도록 한 조치이다. 원래 위원회는 추방자들의 폭동이 재발하지 않도록 막는 목적도 가지고 있었다. 지주에게는 적절한 수준의 소작료를 지불한다. 스코틀랜드의 이 지역에서는 대개 서덜랜드 공작 같은 사람들이 지주이다. 그런 오지 마을에서 투기적인 개발이 이루어질 여지는 전혀 없다. 하지만 낡은 농가를 베란다가 딸린 멋진 새집으로 바꿀 수는 있다. 물론 더 빨리 지을 수 있고 유지비용도 적게 드는 현대적인 건축재료를 외부에서 들여와 지었기 때문에, 새로 지은 집들은 대부분 지역 지질과 그다지 연관성이 없다. 그런 전환과 함께 무엇인가가, 지역의 특색을 보여주는 사소한 특징 하나가 사라졌다. 서덜랜드 지역이 세계의 다른 모든 지역과 비슷해지는 쪽으로 나아가는 작은 한 걸음을 내딛은 셈이다. 그레이엄 파크는 내게 경치 좋은 지역에는 소작농가를 사려는 사람들이 줄을 서 있다고 말해주었다. 그 정도로 영국에서 가장 인구가 적은 지역에서 자연을 가까이 접하며 사는 삶이 매력적으로 여겨지는 듯하다. 비록 그중에서 농사를 지으려는 사람은 극소수에 불과하지만 말이다.

아크멜비치는 하얀 모래밭이 펼쳐진 완벽한 작은 만이다. 놀랍게도 그 모래는 하와이에서 볼 수 있는 것과 같은, 조개껍데기가 부서져서 생긴 것이다. 대서양에서 밀려온 조개껍데기들이 폭풍에 부서지고 바람에 휩쓸려

물대(marram)가 우거진 곳에 쌓여서 생겼다. 만의 북쪽에는 오래된 편마암이 바닷속까지 뻗어 있다. 이곳에서는 스코리보다 지질을 더 편하게 관찰할 수 있다. 바다가 깨끗이 씻어내는 곳에서는 편마암의 얼룩덜룩한 모양이 더 뚜렷하게 보인다. 캐델이 한 말을 옮기면, 이 암석들은 "오랫동안 마구 사용하는 바람에 구김살투성이가 된" 것 같다. 사실 이 암석들은 암석이 완전히 녹지 않은 채 견딜 수 있는 가장 극단적인 온도와 압력을 받았다. 즉 "마구 사용된" 것이다. 입자들은 크기가 균일하며, 일종의 흑연처럼 보인다. 마치 너무나 강하게 짓눌려서 모든 구성 성분들의 크기가 비슷해진 듯하다. 지질학자들은 이런 독특한 구조의 암석이 형성되는 고열 및 고압 조건을 "그래뉼라이트상(granulite facies)"이라고 한다. 엽리(葉理, foliation : 광물들이 널빤지처럼 나란히 배열된 구조/역주)가 심하게 나타나는 것을 볼 때, 이 암석의 독특한 특성이 변형 작용으로 생겼음을 알 수 있다. 실험 결과, 이 암석에서 전형적으로 나타나는 광물들은 지각의 맨 밑과 흡사한 조건에서만 공존할 수 있다는 것이 밝혀졌다. 대서양에서 밀려온 조개껍데기로 만들어진 하얀 모래밭에서 겨우 몇 미터 떨어진 곳에 있는, 지의류에 뒤덮이고 파도에 축축이 젖은 이 편마암들은 지하 깊숙한 곳으로 여행을 떠났다가 다시 나온 것이었다.

　예전에 나는 차노카이트(charnockite)라는 다른 종류의 그래뉼라이트상 암석의 표식지를 찾아간 적이 있다. 그 표식지는 인도 캘커타를 세운 잡 차노크(1693년 사망)의 묘비였다. 그 암석이 맨 처음 발견된 것이 그 위인의 묘비에서였으므로, 그의 이름을 따서 암석명을 짓는 것이 당연했다. 인도 반도에서는 루이스 편마암처럼 깊은 곳에서 생성되는 오래된 암석들도 발견된다. 나는 캘커타의 숨막힐 듯한 공기를 마시며 성공회 성당을 찾아갔다. 견딜 수 없는 도시 분위기와 무자비한 열기의 한가운데에 있지 않았더라면, 그 성당이 턴브리지웰스나 애슈비드라주크에 있다고 해도 믿었을 것이다. 그것은 "지독하게" 영국적이었다. 안에는 장교와 공무원의 이름이 새겨진 다양한 묘비들이 있었다. 하지만 나는 잡 차노크의 이름도, 그의 차노카이트 묘비도 찾을 수 없었다. 언젠가는 다시 가서 다른 교회에서 묘비를 찾아볼 생각이다.

아크멜비치 해안에 있는 루이스 편마암의 화학적 조성을 보면, 그것이 원래 토날라이트(tonalite)라는 화성암이었음을 알 수 있다. 그것이 땅속에서 일어난 변성 작용에 의해서 편마암으로 바뀐 것이다. 장석의 거무스름한 색깔은 그 지역 전체가 회색을 띠도록 하는 데에 일조한다. 나는 콘월에서 선명한 분홍색이나 흰색 장석도 찾아냈다. 강력한 현대 장비로 보면, 루이스 편마암의 장석이 온갖 미세한 포유물(包有物)들을 지니고 있음을 알 수 있다. 아주 고압에서 장석에 녹아드는 티타늄 같은 원소들이 그렇다. 이 포유물들은 캘커타의 하늘을 뿌옇게 만드는 화학 스모그처럼 편마암의 주성분인 광물을 연기처럼 흐릿하게 만든다. 결국 세계는 분자 수준에서 채색되는 셈이다. 더 자세히 살펴보면, 편마암에는 원래 관입 과정에서 포획한 것 같은 불규칙한 공 모양의 아주 검은 암석들이 들어 있다. 어떤 것은 축구공보다 크다. 그것들은 포획암, 즉 하와이의 용암에서 처음 만났던 지하 세계의 전령들을 생각나게 한다. 그것들은 해저의 조각이라고 여겨진다. 토날라이트는 고대의 지각이 처음 형성될 때 해저가 부분적으로 녹아서 생긴 것이다. 우리가 그렇게 둘을 비교할 수 있다는 것은 현재 알고 있는 과정들을 토대로 오래 전에 작용했던 과정들을 해석할 수 있음을 뜻한다. 이곳의 암맥들은 스코리에 있는 것보다 훨씬 더 잘 보인다. 페인트를 흩뿌린 양 지의류들이 여기저기 만든 하얀 얼룩과 선명한 대조를 이루는 검은 벽에 얇게 깎인 듯한 암맥들이 지나가고 있다. 자세히 들여다보면, 본래 화성암이었음을 보여주는 흔적을 찾을 수 있다. 오래 전 깊은 지하에서 둥근 알갱이처럼 변해버린 장석 결정의 유령이라고 할 것들이 보인다. 그 유령과 화학 조성은 우리가 먼 과거를 살펴보고자 할 때 가장 많은 정보를 제공한다.

그러나 과거로 얼마나 멀리까지 나아가야 할까? 언제인지는 어떻게 알 수 있을까?

그 해답을 찾으려면 초기 연구자들의 발자국을 따라 동쪽으로 몇 킬로미터를 가야 한다. 모인 충상까지 말이다. 지질학적으로 볼 때 스코틀랜드의 북서쪽 끝이 옛 로렌시아 대륙에 속해 있었다는 것을 상기하자. 스코리와 그 주변은 원래 북아메리카 대륙의 일부였다가, 현재의 대서양이 열릴 때 엉뚱한 곳에 붙어 함께 떨어져나간 지역이다. 에반더 매키버가 그 이야기를 들었다면 아마 엽궐련을 두 개쯤 피우고 나서야 납득했을 것이다. 하지만 지금의 우리는 그런 이야기에 이미 익숙하다. 현재의 하일랜드에서 가장 높은 지대인 스코리 동쪽에는 칼레도니아 산맥이 침식되고 남은 잔해가 놓여 있다. 루이스 지역은 에두아르트 쥐스라면 전면지라고 불렀을 것의 일부를 형성하고 있다. 그리고 우리는 그 전면지가 더 멀리 서쪽으로 뻗어서 현재 캐나다의 중심부까지 포함한다고 상상해야 한다. 전면지를 향해 오던 칼레도니아 산맥이 마지막으로 위로 솟구친 곳이 바로 모인 충상이다. 그곳의 지질은 울라풀에서 몇 킬로미터 떨어진, 북부의 간선도로 A835번 도로 옆에 있는 노칸 절벽이라는 유명한 곳에서 가장 잘 볼 수 있다. 작은 바위산 자락의 풀로 뒤덮인 이 볼품없는 비탈의 지질을 어떻게 해석할 것인가를 놓고 과학 역사상 아주 큰 소란 중 하나가 벌어졌다.

내가 노칸 절벽을 처음 가보았던 20여 년 전만 해도 그곳은 그다지 유명하지 않았다. 작은 기념비 하나만 서 있을 뿐이었다. 그런데 지금은 지붕에 뗏장을 입힌 큼직한 안내소가 있고, 각종 안내판들과 함께 절벽 위까지 잘 닦인 길이 나 있다. 안내판에는 그 안내소를 세우는 데에 8개 기관의 도움을 받았다고 적혀 있다. 그것은 과학적 순례지를 제대로 알리기가 얼마나 어려운지를 보여준다. 길에는 세심하게 표지판들이 세워져 있다. 올라가면서 우리는 캄브리아기(약 5억4,000만 년 전)의 암석들을 순서대로 지나치게 된다. 맨 아래쪽에는 "파이프 암(Pipe Rock)"이 있다. 고대 해저의 모래 속에 살던 벌레들이 뚫어놓은 구멍들로 가득한 암석이다. 위에서 보면 그 구멍들은 마치 누군가가 모래에 담배를 여기저기 비벼서 끈 것 같다. 그 다음에는 관처럼 생긴 수수께끼 동물인 살테렐라(*Salterella*)의 작은 화석들이 포함된 암반이 나온다. 그 위로는 아름다운 초기 삼엽충인 올레넬루스(*Olenellus*)가 나오는 셰일층이 있다. 이 삼엽충은 몸집이 게만 하며, 이 암석이 그냥 캄브리아기의 것이 아니라 하부 캄브리아기의 것이라고 날짜를 찍어놓은 듯하다. 이 시기에 껍데기를 가진 해양 동물들이 다양하고 복잡하게 폭발적으로 진화했다. 하부 캄브리아기의 퇴적층 위에는 오르도비스기 초의 석회암이 두껍게 쌓여 있다. 그렇게 계속 올라가면 그 유명한 충상에 다다르게 된다. 물이 감질나게 똑똑 떨어지는 폭포가 그 지점임을 알려준다. 작은 절벽을 이루고 있는 위쪽의 암석은 어딘지 전혀 달라 보인다. 그것은 심하게 변성되어 있는 반면, 그 밑에 있는 캄브리아기의 암석들은 전혀 그렇지 않다. 이 맨 위의 암석을 모인 편암이라고 한다. 이 암석은 동쪽으로 드넓은 산맥과 히스가 자라는 황야를 온통 황량하게 뒤덮고 있다. 절벽 밑에는 위쪽의 모인 편암과 아래쪽의 암석을 나누는 경계가 되는 연노란색의 암반(아마 두 층일 것이다)이 있다.

19세기의 논쟁은 내가 방금 묘사했던 암석들의 순서를 어떻게 해석할 것인지에 초점이 맞추어져 있었다. 그것이 정상적인 순서일까? 즉 모인 편암이 그 밑에 놓여 있는 암석들보다 더 젊은 것일까? 아니면 위쪽 지층들이 밑의 퇴적암들 위로 통째로 밀려올라간 것이고, 따라서 나머지 암석들보다 훨씬 더 오래된 것일까? 그것은 여러 가지 측면에서 이미 스위스 글라루스 나페에서 상세히 살펴본 것과 똑같은 문제이며, 그 논쟁을 여기에서 다시 언급할 필요는 없다. 이긴 측과 진 측의 명성에 변화가 있었다고 말하면 충분할 것이다. 현재 쓰이는 명칭에 그 문제에 대한 최종 해답이 담겨 있다. 충상이라는 용어가 그렇다. 모인 편암 밑에 있는 노란 암석은 압쇄암이었다. 즉 거대한 덩어리가 위에서 짓누르는 바람에 곤죽이 된 암석이다. 그 암석을 자세히 살펴보면 대단히 심하게 변형이 일어났다는 증거를 찾을 수 있다. 즉 주름과 띠로 가득하다. 그것이 오르도비스기 초의 암석들 위에서 짓눌렸으므로, 충상 사건은 그 이후에 벌어진 것이 분명하다. 따라서 칼레도니아 산맥이 형성될 때 변형되었다는 의미이다. 모인 충상은 북쪽 더니스에서 남쪽 스카이 섬까지 길게 뻗어 있으며, 노출된 지점들마다 나페들을 찾아낼 수 있다. 따라서 스위스에서 벌어진 상황과 더욱더 흡사해진다. 나중에 하일랜드 논쟁이라고 불린 그 논쟁은 30년 넘게 전개되었고, 그 사이에 점잖았던 사람들도 조산운동을 일으키듯이 분노를 터뜨리는 인물들이 되었다. 안내소에는 그 논쟁의 주인공인 지질 조사국의 두 지질학자 벤 피치와 존 혼의 초상화가 있다. 피치와 혼이 1907년에 쓴 『회고록(Memoir)』은 지질학 분야의 고전 중의 한 권으로서, 모인 충상에 관한 내용이 상세히 담겨 있다. 하지만 충상이라는 지적 해결책은 그보다 10여 년 전에 당대의 유명 인사인 지질 조사국장과 맞서고 있던 위대한 지질학자 찰스 래프워스가 먼저 내놓은 것이었다. 래프워스는 하일랜드 논쟁에서 "반체제 인사" 역할을 한 결과 정신쇠약 증세를 보이고 말았다. 그는 자신이 장엄한 충상 밑에 깔려 으깨지는 꿈을 꾸었다. 어떤 의미에서 피치와 혼은 자신들에게 봉급을 주던 사람들이 믿은 잘못된 견해를 바로잡는 역할을 한 셈이었다. 지금은 모든 일이 해결되어 소란도 가라앉았으며, 논쟁은 해결되었다. 이 황량한 비탈에서 추위에 진눈깨비를 맞으며 서 있는 나로서는 내 앞에 있는 암석들이 그런 강한 열기를 불러일으켰다는 사실이 믿기지 않는다. 안내소에서는 대륙들이 이동하는 장엄한 모습들을 통해서 스코틀랜드의 이 지역(로렌시아의 일부였던 곳)의 위도가 지난 10억 년 동안 어떻게 변했는지를 보여주는 영상이 나온다. 이동은 남극점 근처에서 시작되었다. 올레넬루스 삼엽충들이 캄브리아기의 갯벌을 돌아다닐 무렵에 이 지역은 적도에 도달했다. 그후 불규칙한 움직임을 보이면서 고위도로 이동해서 현재의 위치에 다다랐다. 시간을 되돌려서 세계를 재구성하다 보면 또 하나의 교훈을 얻게 된다. 익숙한 지리적인 윤곽들이 모두 사라지고 모든 것이 재배열된다는 것이다. 시간을 거슬러오를수록 모든 것은 더 낯설어지고, 점점 더 알아볼 수 없게 된다.

노칸 절벽에서 서쪽을 바라보면 캄브리아기 이전 시대, 더 오래된 지질시대를 볼 수 있다. 우리 앞에는 해발 981미터의 컬모어 산이 놓여 있다. 그 산은 울퉁불퉁하지 않고 신기할 정도로 둥글며, 주변의 언덕들과 어울리지 않게 가파르게 솟아 있다. 눈발 사이로 위쪽의 지층들이 보인다. 마치 누군가 하얀 가로줄들을 나란히 그어놓은 듯하다. 층층이 쌓은 케이크 위에 가루 설탕을 뿌린 듯한 모습이다. 습곡도 뒤틀림도 없이 그대로 쌓인 퇴적층들이다. 그리고 그 밑에는 캄브리아기의 지층들이 놓여 있다. 그 근처에는 이렇게 캄브리아기 지층들을 이루는 사암들 위에 더 오래된 퇴적암 "묶음"이 놓인 곳이 몇 군데 있다. 또 캄브리아기 암석들의 밑으로 시간의 단절, 즉 부정합이 있다는 증거도 있다. 그것은 해수면에 가까워질 정도까지 풍화가 일어난 뒤에 그 위로 바다가 밀려들었다는 것을 의미한다. 따라서 컬모어 산을 이루는 암석들은 캄브리아기가 시작되기 이전에 퇴적된 것이다. 즉 선캄브리아대의 것이다. 스코틀랜드 서해안의 이쪽 지역에는 서일벤 산, 스택폴레이드 산, 캐니스프 산, 퀴네이그 산 등 똑같은 퇴적암들로 이루어진 산들이 늘어서 있다. 루이스 편마암으로 된 해안을 따라 어디로 가든지, 낮은 언덕들 너머로 이런 산 중 하나가 삐죽 솟은 모습을 볼 수 있을 것이다. 이 산들 중 스코틀랜드의 "먼로 산(휴 먼로 경은 높이가 914미터[3,000피트] 이상인 산들을 모아 목록을 만들었는데, 거기에 속한 284곳의 산들을 먼로 산이라고 한다)"에 속한 것은 하나도 없다. 그러나 이 산들은 비탈이 가파르기 때문에 실제보다 더 높아 보인다. 등산가가 하켄(haken)을 박지 않은 채 올라갈 수 있는 길이 한 곳밖에 없는 산들도 있다. 기나긴 세월의 침식을 겪은 뒤 이제 이 봉우리들만 자랑스럽게 서 있다. 전체가 단단한 덕분에 신기한 기념물 같은 지형이 형성된 것이다. 바라보고 있으면 마치 정상에 올라가지 않으면 안 될 것 같은, 기나긴 세월을 정복하고 싶다는 충동이 인다. 그 암석들의 이름은 남서쪽으로 50킬로미터 떨어진 토리돈 호에서 따왔다. 즉 토리돈 암들이다. 지난 30년 동안 꼼꼼한 조사가 이루어진 결과, 토리돈 암 내에 오래된 것들과 젊은 것들 두 종류의 암석들이 있음이 드러났다. 선캄브리아대가 세분되기 시작한 것이다. 아마도 조금 더 자세히 살펴보아야 할 듯하다.

이 경이로운 시골에 한 가지 단점이 있다는 말을 한다. 그것은 비이다. 20년 전 여름에 이곳을 찾았을 때는, 하루 종일 옷을 적시지 않으려고 신경을 쓰며 지내느니 차라리 아침 일찍 호수에 뛰어들어 적시는 편이 나을지도 모르겠다고 결론을 내렸다. 10월 말인 지금은 호수에 뛰어들기가 쉽지 않다. 언덕은 눈으로 덮여 있고, 양들도 왠지 침울해 보인다. 공교롭게도 스코틀랜드 동부에 몇 년째 가장 많은 비가 내리고 있는 참이라, 우리는 물안개 속에서 토리돈 암을 조사해야 했다. 그레이엄 파크는 스코틀랜드 서부는 금방 날씨가 좋아진다고 낙관적인 주장을 펼쳤다. 그는 충적운이 조금 엷게 깔린 곳을 가리키면서, "서쪽은 개고 있어!"라고 소리쳤다. 우리는 비가 잠시 멎은 시간을 이용하여 길옆에서 토리돈 암을 조사했다. 이곳에서는 가장 불그스름한 사암을 볼 수 있었다. 몇 년 동안 계속 내린 비는 퇴적암을 깎아내어 자연이 조각한 벽화처럼 만들어놓았다. 그 암석들에는 빗방울들이 세게 부딪치며 만든 일종의 수로 흔적들이 지금도 남아 있다. 깨져나간 암벽에는 아주 깨끗한 분홍색의 장석 결정들이 보였다. 그것은 이 고대 퇴적물들이 건조한 조건하에서 쌓였음을 의미했다. 더 습한 조건에서 장석들은 금방 분해되어 점토가 된다. 따라서 토리돈 암은 정말로 바짝 마른 (torrid) 것이었다. 전적으로 우연이라고 보기는 어렵지만, 역사적 사실과 명칭이 신기하게 들어맞는 셈이었다. 남쪽으로 몇 킬로미터 더 떨어진 곳에 있는 매리 호 옆에서는 토리돈 암이 아주 멋진 폭포를 만들고 있다. 빅토리아 폭포이다(빅토리아 여왕은 로크매리 호텔에서 머물 때 직접 그 암석을 살펴보았다). 밑으로 관목이 전혀 없이 이끼와 고사리만 자라는 장엄한 침엽수림을 가로질러 가면 그 폭포에 다다른다. 아늑한 곳에서 장엄하게 자란 스코틀랜드 서부의 전나무들이 보인다. 전나무의 가지들이 속삭이며 산들거린다. 폭포는 거대한 사암으로 이루어진 암반 위로 쏟아지고 있다. 폭포 아래쪽 지층들은 셰일에 더 가깝고 훨씬 더 부드럽기 때문에, 폭포수에 깎여 움푹 들어가 있다. 그래서 폭포는 마치 나이아가라 폭포를 축소해놓은 듯이 위쪽이 튀어나온 형태이다. 그토록 오랜 세월을 견뎌왔지만, 토리돈 암은 조금씩 씻겨나가고 있다. 그날 늦게 그레이엄 파크의 말이 옳았음이 증명되었다. 해가 모습을 드러낸 것이다. 우리는 태풍의 눈 속에 있었다.

매리 호의 남쪽 연안에 서면 이런 암석들이 모두 드러난 맞은편 절벽이 보인다. 매리 호는 스코틀랜드에서 가장 아름다운 호수 가운데 하나이다. 7세기에 호수 안의 한 섬에 아일랜드 수도사가 살면서 동네 주민들을 개종시켰다. 그에게는 병을 치료하는 신성한 우물이 있었다고 한다. 하지만 나와 이야기를 나눈 주민들은 아무도 그 우물이 어디에 있는지 알지 못했다. 호수 주변에는 고대의 숲이 아직 남아 있다. 다른 침엽수들과 달리 가지가 이상하게 굽은 구주소나무 숲도 있다. 호수 안의 작은 섬들에도 자그마한 야생 숲이 있으며, 그런 숲의 어린 나무들은 양이 뜯어먹지 못하도록 보호를 받고 있다. 그 길쭉한 호수는 10억 년 이상 된 단층과 마찬가지로 북서-남동 방향으로 뻗어 있다. 그 지역의 지형을 그대로 따르고 있다. 북쪽 연안은 땅에 자를 대고 그은 것처럼 직선으로 뻗어 있다. 큰 단층들은 결코 완전히 잠들지 않는다. 매리 호 밑에 있는 것과 같은 아주 오래된 단층들도 대서양이 열릴 때 다시 활동을 시작했다. 대서양이 열린 사건은 하일랜드에 영향을 미친 많은 지구조 주기들 중 가장 최근 것에 해당한다. 스코틀랜드를 낭만적으로 보게 만든 월터 스콧 경은 의외로 단층의 영속성을 정확히 묘사하기도 했다(『섬들의 영주[*The Lord of the Isles*]』, 1815, canto iii).

산의 격동하는 품속에서

기괴하게 산산이 부수는 듯 요동친

태곳적의 지진은

헐벗은 절벽, 음침한 골짜기,

어두운 심연을 통해

분노가 아직 살아 있음을 말해준다.

예전에는 곧은 북쪽 연안을 따라 길이 나 있었지만, 지금은 피치와 혼이 묶었던 킨로크위에서 게어로크까지 남쪽 연안을 따라 넓은 도로가 나 있다. 벤아이 산 그늘 아래에서 이 길을 따라가다 보면, 호수 반대편 절벽들의 구조가 한눈에 보인다. 이곳은 헐벗은 바위산과 검독수리의 고장이다. 동쪽으로 모인 충상이 다시 나타나지만, 킨로크위나페가 있어서 복잡한 양상을 띤다. 이 나페는 사실상 전체 지층들을 뒤집어놓은 것이다. 우리는 그 충상 밑의 캄브리아기 사암들이 급경사를 이루고, 그 아래에 빅토리아 폭포 옆의 산비탈에서 보았던 것과 같은 두꺼운 분홍빛 토리돈 암이 다시 나타나는 것을 뚜렷이 볼 수 있다. 하지만 여기에는 무엇인가 다른 양상이 펼쳐져 있다. 그것은 이 장을 시작할 때 말한 토리돈 암과 루이스 암의 관계이다. 맞은편 연안의 위쪽 배너스데일 계곡 주변에는 낮은 회색의 둔덕 같은 언덕들이 낯익은 경관을 형성하고 있다. 스코리 주변의 낮은 언덕들을 떠올리게 한다. 그리고 그것들은 정말로 루이스 암으로 이루어져 있다. 이제 우리는 토리돈 퇴적암들이 루이스 암 위에 놓여 있음을 볼 수 있다. 캐니스프, 서일벤을 비롯한 서부의 산들은 루이스 편마암으로 된 굽이치는 지반 위에 솟아 있고, 놓여 있는 것이다. 캐델은 그 광경을 생생하게 묘사했다. "이 산들은 편마암 바다의 곁에 죽 둘러서 있는 거인 보초들 같다." 그뿐 아니라 우리는 매리 호에서도 원래 표면에 루이스 암이 드러나 있었던 계곡들을 토리돈 암이 채웠음을 볼 수 있다. 토리돈 암은 마치 건축을 하기 전에 지면을 고르게 다지듯이, 오래된 경관 위로 쏟아부어진 것이다. 침식을 통해서 위에 덮인 토리돈 암이 천천히, 아주 천천히 제거되면서 그 고대의 지표면이 다시 드러나고 있다. 숨겨진 경관이 드러나는 것이다. 루이스 암 지형을 훑어볼 때, 우리는 사실상 10억 년 전의 과거를 돌아보고 있는 셈이다. 식생이라는 얇은 화장을 지워보자. 식생은 아주 얇은 막이나 다름없다. 그러면 선캄브리아대 말의 세계를 걷고 있는 모습을 상상할 수 있다. 당신 발밑에 있는 암석들은 그보다 더 이른 시대를 언뜻 보여주기도 하겠지만 말이다. 토리돈 암은 변성 작용을 거치지 않았다. 또 우리는 루이스 암이 지각 깊숙한 곳에서 변성 작용을 거쳤다는 것도 안다. 따라서 루이스 암은 토리돈 암이 위쪽을 편평하게 뒤덮기 전에 이미 매장, 변성, 융기, 심한 침식이라는 형성의 "생활사" 전체를 겪었다는 의미가 된다. 그리고 토리돈 암이 대단히 두꺼운 층을 이루고 있다는 것은 그것이 고대 로렌시아 대륙의 서쪽에 있었던 또다른 산맥의 침식 산물임을 말해준다.* 그 산맥은 지금 대서양의 반대편에 가 있다. 갑자기 우리 앞에 경이로울 정도로 긴 지질학적 시간이 펼쳐진다. 산맥이 만들어지고, 대륙들이 모습을 바꾸는 먼 선캄브리아대까지 우리 눈앞에 펼쳐져 있는 것이다. 그런 시야의 확대는 우리 자신이 초라하다는 느낌을 불러일으키겠지만, 한편으로 생물들 중 유일하게 우리만이 이 사라진 세계들을 볼 특권과 방대한 시간을 이해하려는 의지를 가졌다는 경이감을 품게 한다. 갑작스럽게 내리는 비에 우리는 몸을 떨면서 서둘러 옷깃을 여민다.

선캄브리아대는 크게 둘로 나뉜다. 25억 년 이전의 시원대와 25억-5억 4,200만 년 전의 원생대가 그렇다. 캄브리아기와 그 이후의 지층들은 그 위에 놓여 있다. 45억5,000만 년 전 지구가 형성된 때부터 25억 년 전까지의 암석들은 모두 시원대에 속한다. 역사가 가장 오래된 루이스 편마암은 시원대의 것이다. 토리돈 암은 원생대 후기에 속한다. 매리 호 연안에서 언뜻

---

* 한 예로 토리돈 암에 섞인 역암을 조사해보니, 루이스 편마암에 있는 것들과는 전혀 다른 화산암들을 비롯한 조약돌들이 나왔다.

생각했던 기나긴 지질학적 시간이 그대로 들어맞았다. 우리 눈앞에 20억 년 이상의 세월이 놓여 있었던 것이다. 동물의 껍데기 화석이 흔히 나타나는 캄브리아기와 그 이후의 시대는 지구 역사에서 일부분에 지나지 않는다. 생명체는 거의 선캄브리아대 내내 존재했다고 할 수 있지만, 그 시기에는 껍데기를 가진 몸집 큰 생물들이 없었다. 이 먼 옛날 생물들 중에서 화석이 되어 지금까지 기적적으로 남아 있는 것들을 보면, 가느다란 실이나 막대 모양의 것들이 대부분이다. 그 화석들이 보존된 것은 옛 암석들이 모조리 변성 작용이라는 맷돌에 갈린 것이 아니기 때문이다. 몇몇 지역에서 특수한 암석들, 주로 처트들이 이 선구적인 생물들의 흔적을 담은 타임캡슐이 되는 특권을 누렸다. 최초의 생물 화석은 시원대인 약 35억 년 전의 것으로 밝혀졌다. 이 화석들의 출처를 놓고 최근에 논쟁이 벌어졌지만, 설령 이 최초의 화석들이 키메라(chimera)라고 할지라도, 적어도 36억 년 동안 지구에 생명이 존재했다는 지구화학적 증거들이 있다. 따라서 선캄브리아대를 구분하는 데에 쓰이는 명칭들은 현재의 지식에 비추어 보면 부적절하다. 원생대 이전에도 원시 생물들이 있었고, 시원대는 예전에 생각했던 것과 달리 황량하지 않았기 때문이다. 이 지면이 생명의 역사를 다루기 위한 곳은 아니지만, 지각판을 다룰 때 생명 이야기를 하지 않을 수 없다. 앞으로 밝혀지겠지만 생명체와 땅은 서로 뒤얽혀 있기 때문이다. 살아 있는 생물들은 단지 이동하는 조각 그림 같은 지각판 위에 탄 승객이 아니라, 더 적극적인 역할을 해왔다.

세계에는 선캄브리아대의 암석들이 스코틀랜드 북서부보다 더 넓은 구역에 걸쳐 드러난 곳들도 많으며, 루이스 암보다 더 오래된 암석들이 존재하는 곳들도 있다. 하지만 하일랜드는 선캄브리아대를 파악하는 데에 핵심적인 역할을 하고 있다. 비록 루이스 암이라는 이름이 아우터헤브리디스 제도의 편마암들이 풍부한 루이스 섬에서 비롯된 것이기는 하지만, 중요한 지적 논쟁의 중심지는 스코틀랜드 본토였다. 그래서 우리도 그 지역에 초점을 맞춘 것이다. 에두아르트 쥐스가 『지구의 얼굴』을 썼을 때 선캄브리아대를 세분하는 연구는 거의 이루어지지 않은 상태였다. 가장 이른 시기의 암석들은 "기저암"이라고 뭉뚱그리거나, "기반암"이라고 말한 뒤 은근히 덮어버리곤 했다. "기저암"은 지금도 지질학적 시간이 구축한 전체 체계의 바탕을 이루는 무엇인가를 지칭할 때 아주 딱 맞는 용어처럼 느껴진다. 쥐스의 시대에도 더 진지한 과학자들은 세계가 아주 오래되었다는 것을 알고 있었지만, 얼마나 오래되었는지 정확히 파악하겠다고 계산을 해보면 터무니없이 시대가 낮게 나오곤 했다. 그들은 잘못된 가정들을 토대로 삼았던 것이다. 지구의 냉각 속도를 틀리게 가정한 것이 한 예이다. 더 객관적인 방법들이 등장하면서 모든 것이 바뀌었다. 아서 홈스는 방사성 연대 측정법, 특히 우라늄-납 측정법 개발에 중요한 역할을 한 인물이었다. 그의 방법은 연대 추정에 큰 개선을 가져왔다. 그는 수동식 계산기를 사용하여 몇 시간씩 계산에 몰두하곤 했다. 오늘날에는 컴퓨터로 1,000분의 1초면 끝낼 수 있겠지만 말이다. 어쨌든 간에 그와 동료들은 비록 오차 범위가 크다는 점은 인정했지만, 지구의 나이가 수억 년이 아니라 수십억 년이어야 한다는 것을 밝혀냈다. 따라서 선캄브리아대의 범위와 중요성이 더 커지게 되었다. "홈스"의 초판(1944년)과 개정판(1964년)이 나오는 사이에 지구의 나이는 거의 두 배로 늘어났다. 선캄브리아대를 더욱더 제대로 이해하려는 연구도 우선순위에 올랐다. 지난 몇억 년을 다룰 때 적용되었던 바로 그 지구조 과정들을 더 먼 과거에도 적용할 수 있을까? 그리고 "기반" 편마암이라는 단단한 암석들을 더 세분하는 것이 현장에서 가능할까? 여기서 스코리 암맥이 다시 이야기에 등장한다.

우리는 매리 호를 떠나 해안으로 돌아가야 했다. 그 옆의 게어로크라는 작은 어촌은 넓은 만을 끼고 있다. 집마다 강한 겨울바람을 막기 위해서 담을 세우고 하얗게 회칠을 해놓았다. 그 결과 마을 전체가 조화를 이룬 듯하다. 우리가 갔을 때 비는 여전히 억수같이 퍼붓고 있었고, 당혹스러워하면서도 당당한 자세의 네덜란드 관광객 몇 명을 제외하고 거리는 텅 비어 있었다. 마을 뒤편으로는 이제 익숙해진 지형이 펼쳐져 있었다. 즉 루이스 암으로 된 회색의 둥근 언덕이 보였다. 마을 동쪽으로 난 큰길을 따라 습지를 가로질러서 3킬로미터쯤 가니 톨라이드(톨리) 호라는 작은 민물 호수가 나온다. 폭풍우가 치는 낮의 왠지 음울한 분위기에서 보니, 호수는 은빛과 납빛을 동시에 띠고 있는 듯하다. 많은 호수들이 그렇듯이, 이 호수에서도 양식이 이루어진다. 그리고 양식이 장기적으로 생태계에 어떤 영향을 미칠지 점점 더 세세한 조사가 진행되고 있다. 그 지역의 편마암은 스코리에 있는 것보다 줄무늬가 더 뚜렷하며, 엽리면을 따라서 표면에서 떨어져나간 곳에는 분홍빛 얼룩과 회색 광층들이 보인다. 그레이엄 파크는 호수 반대편에 비탈을 형성한 편마암에 관입되어 있는 스코리 암맥을 가리켰다. 한 세기 전에 지질 조사국의 노련한 지질학자 C. T. 클러프는 전 지역을 조사해서 이 암맥들이 뻗어 있는 양상을 지도에 담았다. 그러자 암맥들을 이용하면 루이스 암에 있는 넓은 "습곡들"과 유사한 구조들을 파악할 수 있음이 뚜렷이 드러났다. 그것들은 먼 과거의 또다른 단계를 해명하는 열쇠가 되었다.

여기서 사건들을 순서대로 재현하는 것이 도움이 될지 모르겠다. 우선 토날라이트에서 시원대 지각이 형성되었다. 그 다음 이 지각이 지하에 깊이 묻혀서 그래뉼라이트상으로 변성되었다. 온도가 섭씨 1,000도, 압력이 10킬로바인 조건을 뜻한다. 이런 지구조적인 변화를 겪은 결과, 우리가 스코리 해안에서 보았던 굽이치며 길게 뻗은 회색 덩어리들인 줄무늬가 있는 편마암이 생겼다. 그런 다음 암맥의 관입이 일어났다. 암맥은 앞서 있던 암석을 뚫고 지나갔다. 이 모든 역사들이 세계 최북단에서 자라는 야자나무가 있는

---

* 엽리를 지닌 변성암의 습곡은 퇴적암층에서 일어나는 단순한 습곡과 다르다. 변성암은 심하게 변형되고 일그러졌기 때문에, 원래 어떤 방향으로 놓여 있었는지 알 수 없는 경우가 종종 있다. 그래서 구조지질학자들은 아래로 휘어진 습곡에 향사(syncline) 대신 향사형(synform), 위로 휘어진 습곡에 배사(anticline) 대신 배사형(antiform)이라는 말을 쓴다.

스코리로지 주변의 지층에 드러나 있다. 따라서 영국 제도에서 가장 오래된 암석인 스코리 암에는 이런 고대의 사건들이 담겨 있다. 하지만 게어로크에서는 그 뒤에 다른 사건들이 일어나면서 스코리 암을 다시 변형시켰다. 혼을 낸 것도 모자라 모욕까지 준 셈이며, 엎친 데 덮친 격이다. 잘 모르는 사람에게는 이 편마암이나 저 편마암이나 똑같아 보인다. 그러나 톨리 호 주변의 지질 지도를 꼼꼼히 작성하자, 암맥들을 포함해서 이전의 암석들이 그 뒤에 일어난 지구조 사건에 휘말려 또다시 습곡 작용을 겪었다는 것이 드러났다. 이 마지막 사건을 랙스포디아(Laxfordian) 사건이라고 한다.

구조지질학자들은 그런 것들을 사랑한다. 그들은 맹인이 점자를 읽듯이 암석에서 그런 요곡(橈曲)을 읽는다. 그들은 습곡 작용을 한 번 겪었던 암석이 또다시 습곡 작용을 받으면 어떤 모습이 될지 쉽게 상상할 수 있다. 나는 3차원, 아니 시간까지 포함해서 4차원으로 생각하는 그런 능력에 감탄을 금치 못한다. "홈스"의 초판이 나오고 개정판이 나오기 전인 1951년, 재닛 왓슨과 그녀의 남편이자 동료인 존 서턴은 루이스 암의 역사를 현대적인 형태로 개괄한 논문을 발표했다. 게어로크 지역에 있는 암석들은 모두 다시 가열되고 구워져서 그래뉼라이트상보다 변성 정도가 덜한 각섬암상으로 다시 변성되었다. 덜 깊고 덜 극단적인 조건에서 변성된 것이다. 광물학자는 편마암에 든 광물들의 변화를 하나하나 기록함으로써 이 과정을 읽어낸다. 전문용어로는 "역행한다(retrogress)"고 한다. 광물들은 절대 거짓말을 하지 않는다. 광물들은 암석이 겪은 온도와 압력 조건을 정확히 말해줌으로써, 그 암석이 또다시 "오랫동안 마구 사용되었다"는 것을 폭로한다. 이것은 또다른 요리법이다. 변형 작용에서는 요리법에 따라서 요리할 수도 있고, 순서를 거꾸로 해서 요리할 수도 있는 셈이다.

이제 연대 이야기를 할 차례이다. 간단한 이야기일 것 같지만 실제로는 그렇지 않다. 그것은 오래된 달력에서 날짜를 찾는 것과 다르다. 연대 측정은 방사성 "시계"의 시각을 맞추는 일에 달려 있다. 그 시각은 마그마에서 광물 결정이 생길 때 맞춰질 수 있다. 즉 이때가 진정한 탄생의 순간을 뜻하는 시간이며, 그 순간부터 방사성 시계는 나름대로 시간을 재기 시작한다. 하지만 그후 변성 작용이 일어날 때 시각이 다시 맞추어질 수도 있다. 한 지르콘 결정이 연이은 사건에 계속 반응할 수도 있다. 따라서 지르콘 결정의 안쪽이 바깥쪽보다 훨씬 더 오래된 것일 수도 있다. 지르콘은 자연에 있는 물질들 중에서 므두셀라처럼 수명이 길다. 다른 물질들보다 수명이 다섯 배는 더 긴 듯하다. 지르콘이 유용한 "시계"를 지닌 이유는 바로 이 때문이다. 현대 기술은 지르콘 결정 하나에서도 여러 연대를 측정할 수 있다. 가장 열정적인 지구연대학자라고 해도 모든 연대 측정 자료는 해석이 필요할 것이라고 말하겠지만, 방사성 연대 측정법은 선캄브리아대에 관한 우리의 인식을 바꾸어놓았고, 점점 더 개선되고 있다. 스코틀랜드 북서부 암석들의 연대 측정 자료도 더 정확해졌다. 스코리에서 지각이 형성된 사건(즉 가장 오래된 루이스 암)은 29억6,000만 년 전에 일어났다. 시원대일 때이다. 그래뉼라이트로 변성되는 큰 사건은 시원대에서 원생대로 넘어갈 무렵, 즉 약 25억 년 전에 일어났다. 그레이엄 파크의 연구진은 스코리아 사건과 랙스포디아 사건 중간에 인베리아(Inverian)라는 세 번째 사건이 일어났다고 보았다. 그 사건은 스코리 편마암을 몇몇 지역에서 대규모로 전단 변형시켰다. 스코리 암맥은 틸이 맨 처음 본 곳에서 채집한 표본을 조사한 결과, 24억 년 전에 관입이 일어났음이 밝혀졌다. 자신의 저택이 있는 땅이 그렇게 오래되었다는 것을 알았다면 매키버는 아마도 놀라 자빠졌을 것이다.

그리고 루이스 암의 기나긴 역사에 다음 사건이 찾아왔다. 이때 게어로크의 언덕들에서 살펴보았듯이 암맥들에 습곡이 일어났고, 랙스포디아 변형 작용으로 고대의 편마암이 조금 더 옅은 회색의 편마암으로 바뀌었다. 랙스포드 지역에서 그 사건이 일어난 시기는 현재 17억4,000만 년 전으로 추정되고 있다. 한번 생각해보라. 이 고대의 편마암들이 겪은 사건들은 삼엽충이 출현했을 때부터 인류가 출현할 때까지 걸린 기간보다 두 배 이상 긴 시간이라는 것을 말이다.

루이스 암 위에 있던 토리돈 사암은 어떨까? 빅토리아 폭포 옆에서 우리의 목으로 빗방울이 흘러내리는 와중에 보았던 그 분홍빛 암석은 약 8억 년 전의 것으로 밝혀졌다. 가장 오래된 사암은 스토 마을 어귀에 있는데, 9억9,000만 년 전의 것이다. 루이스 편마암이 있는 그 지역은 10억 년 넘게 침식되어 점점 더 낮아져서, 고대의 지각을 들여다볼 수 있을 정도가 되었다. 그후 퇴적물들이 위를 두껍게 덮으면서 현재의 서일벤 산과 스택폴레이드 산을 형성했다. 우리가 현재 감탄하면서 보는 굽이치는 회색의 루이스 암 경관은 최초의 삼엽충이 진흙을 기어다니고, 최초의 고둥이 해저 위를 기어다니기 오래 전에 드러났던 경관과 거의 달라지지 않았을 것이다. 그리고 우리 종이 세상에서 사라진 뒤에도 오랫동안 남아 있을 것이다. "시간, 늙은 유모가, 참으라고 나를 달래네."

아직 이야기가 끝난 것은 아니다. 게어로크 주변과 매리 호까지 이어지는 지역에는 그레이엄 파크가 오랜 세월 연구 중인 또다른 종류의 암석들이 있다. 이 암석들은 루이스 편마암 내에 깊이 박혀 있으면서 랙스포디아 변형 작용을 똑같이 받았다. 하지만 그것들은 원래 그 편마암 위쪽에 놓여 있었다. 그레이엄이 꼼꼼히 지도를 작성해서 런던 지질학회에 발표한 내용에 따르면, 그 암석들은 루이스 암에서 향사형 구조가 있는 두 곳에서 나타난다. 한 곳은 플라워데일이라는 멋진 이름의 계곡을 흐르는 작은 하천 옆이다. 그 계곡의 맞은편 비탈에는 변성 작용을 거친 화산암과 퇴적암이 있다. 그 암석들도 고대를 들여다볼 수 있는 열린 창문이 된다. 이 암석들은 비록 다른 역사를 가지고 있지만, 위에 덮여 있는 편마암만큼이나 오래된 것이기 때문이다. 그것들은 바다 밑에서 무슨 일이 일어났었는지를 말해준다.

빗속에서 보니 게어로크의 올드인이 우리를 환영하는 것 같았지만, 우리는 벽난로 옆에서 편안히 맥주를 음미하는 것을 포기하고 그 암석들을 찾아 나섰다. 그 선술집 바로 뒤쪽에 우중충한 암녹색의 암석이 있다. 엽리가 아주 잘 발달한 암석이다. 이것은 각섬암으로서, 현무암질 용암으로 생을 시작한 암석이다. 이 암석은 약 20억 년 전 해저에서 분출되었으며, 해양 대지(oceanic plateau) 현무암과 비교되어왔다. 길을 따라서 조금 더 올라가니 그 암석이 약간 갈색을 띤 것처럼 보였다. 고생물학자인 내가 보기에는 불분명했다. 그레이엄은 그것이 원래 현무암 위에 있던 퇴적암이라고 설명했다. 그것은 화학적 조성이 호상열도 주변의 퇴적암과 비슷했다. 변형 작용이라는 연금술을 통해서 구성 광물들의 조성은 바뀌었지만, 원자와 분자라는 가장 근본적인 수준에서는 본래의 모습이 남아 있었다. 여기에서 이야기를 조금 더 진행시키려면 진흙탕 길을 걸어서 계곡으로 가야 한다. 날씨가 좋았다면 상쾌한 산책이 되었을 것이다. 가랑비 속에서 안개가 자욱한 고사리로 뒤덮인 언덕을 걷자니, 월터 스콧 경이 말했던 켈트족의 신비한 기운이 느껴지는 듯했다. 이곳에서는 엉성한 돌담조차도 "기반암"으로 만들어졌다. 혹시 모든 것이 시작된 곳으로 돌아가는 더 나은 방법은 없을까?

우리는 700미터쯤 더 간 다음, 미끄러운 둑에 있는 암석들을 조사하기 위해서 멈추었다. 여기에 있는 것도 검은 각섬암이었지만, 다른 무엇인가가 사이에 끼여 있었다. 더 젊은 암석을 하나 고르기 위해서 우리는 이 지층들에서 단단한 검은 돌덩어리들을 떼어냈다. 그것들은 규산의 한 형태인 처트와 약간 비슷했다. 하지만 손에 들어보니 흔한 물질인 규산으로 되어 있다고 보기에는 너무 무거운 듯했다. 자세히 살펴보니 암석 내에 가느다란 띠들이 희미하게 나 있었다. 이 보잘것없어 보이는 돌 조각은 선캄브리아대를 규정하는 암석들 중 하나임이 밝혀졌다. 그것은 호상철광층(banded iron formation, BIF)이라는 것이었다. 그 암석이 유독 무거운 이유는 철분이 많기 때문이다. 지역에 따라서는 광석으로 채굴할 수 있을 정도로 함량이 높은 것도 있다. BIF도 퇴적암으로 초기 지각에서만 발견되며, 우리에게 많은 것을 말해준다. 맞은편 둑에서 우리는 더 밝은 색깔의 돌들을 몇 개 채집했다. 만약 묽은 산이 담긴 병이 있었다면, 그 돌에 산을 뿌렸을 때 피시식 하고 소리가 났을 것이다. 대리석이었다. 열과 압력으로 변형되기 전에는 석회암이었을 것이다. 그것의 주성분인 탄산칼슘은 산과 반응한다. 이 작은 돌들을 가지고 자신의 실력을 낭비하고 싶은 조각가는 없겠지만, 이 돌들은 미학과 관계없이 중요한 의미를 가진다. 석회암은 지질학적으로 가장 흔한 해양성 퇴적암 중 하나이며, 20억 년 전부터 지금까지 계속 형성되고 있다. 그리고 그 석회암 바로 밑에는 얇은 판 같은 층을 가르는 익숙한 모습의 검은 암석들이 있었다. 언뜻 보았을 때는 해양성 셰일 같았다. 예전에는 그랬겠지만, 지금은 변형되어 녹니석 편암이 되었다. 암석들 사이에 난 띠들을 화학적으로 분석하면 탄소 함량이 높게 나올 것이다. 셰일에 있는 탄소는 주로 유기물에서 나온다. 탄소는 생물의 가장 밑바탕을 이루는 원소이기 때문이다. 그것이 여기에서 해양 생물들이 살았다는 것을 암시할까?

때마침 해가 고개를 내밀었다. 마치 먼 과거의 수수께끼들에 빛을 비추는 듯했다. 노랗게 물드는 자작나무의 잎들이 반짝거렸다. 우리는 플라워데일 계곡을 따라오면서 보았던 모든 특징들을 어떻게 합리적으로 끼워맞출 것인지를 토론하며 서 있었다. 계곡에 노출되어 있는 암석들은 원래 해저의 일부였던 듯하다. 즉 맨 밑에 화산암이 있고, 그 위에 다양한 종류의 퇴적암들이 쌓여 있었을 것이다. 석회암과 셰일은 지금 보아도 익숙하므로, 20억 년 전에 일어난 퇴적 과정들이 현재 일어나는 퇴적 과정과 다르지 않았음이 분명하다. 한 가지 놀라운 사실은 그 변형된 퇴적암들이 루이스 "기저암"의 일부가 되었다는 것이다. 지하 깊은 곳에서 요리되면서 오래된 편마암의 세계에 편입된 것이다. 즉 고대의 바다에서 생성된 암석이 현재 지각의 가장 안정한 부분을 이루는 가장 오래된 시원대와 원생대 초 순상지의 일부가 되었다. 강괴(剛塊, craton)가 탄생한 것이다. 그후 순상지는 봉인되었다. 대륙 지각은 가장자리에 해양 지각과 퇴적암들이 조금씩 달라붙음으로써, 즉 "회반죽을 바르는 것과 같은" 과정을 통해서 서서히 자랐다. 그런 "부착"은 섭입대를 따라서 일어났다. 지금도 젊은 섭입대들은 더 오래된 대륙의 가장자리에 많은 암석들을 붙임으로써 자신의 유산을 남긴다. 애팔래치아−칼레도니아 산계의 습곡대가 캐나다 순상지의 가장자리에 덧붙여졌던 것처럼 말이다. 가장 오래된 루이스 암을 포함하는 화성암 토날라이트는 현재 활동하는 대륙 가장자리 깊숙한 곳에서 일어나는 것과 그리 다르지 않은 부분 용융 과정을 통해서 설명할 수 있다. 즉 지각판이라는 개념은 암석의 므두셀라들, 즉 고대의 암석들에도 적용될 수 있는 듯하다. 끝없이 균일하게 펼쳐져 있는 것처럼 보이는 편마암은 그렇게 자신의 비밀을 드러내기 시작한다. 결국 그 회색 언덕들에 새겨진 기록들은, 설령 글자가 일그러져 있다고 해도 읽을 수 있음이 드러난다. 수십억 년 전에 일어났던 과정들을 이해하고자 할 때, 현재는 (적어도 어느 정도까지는) 과거를 여는 열쇠가 된다.

이제 우리는 시원대 세계의 모습을 그려볼 수 있다. 그 젊은 땅에서는 지금보다 더 많은 열이 흘러나왔을 것이다. 찰스 래프워스가 "거대한 땅 엔진"이라고 부른 것은 더 빨리 쿵쿵거리며 움직였다. 맨틀의 대류 세포들도 지금보다 더 많았을 것이다. 수프 표면에서 부글거리며 액체가 높이 뿜어져 나오고, 방대한 소용돌이가 만들어지는 광경을 상상해보라. 새로 만들어지는 대륙 지각은 아직 현재의 크기로 커지지 않은 상태였다. 그것은 나중에 대륙의 아주 안정한 핵을 형성할 가벼운 암석으로 이루어진 훨씬 더 작은 뗏목과 같았다. 땅의 주기들, 즉 지각판들의 생성과 파괴는 라르고가 아니라 안단테 칸타빌레의 속도로 이루어졌을 것이다. 바다(그리고 대양도 있었다)는 폭풍으로 요동치면서 지구조 작용으로 새로 솟아오른 땅을 침식시켜 퇴적물 더미로 바꿔놓았다. 해저의 암석은 원시 대륙이 급속히 침식되면서 흘러나온 퇴적물들로 뒤덮였다. 망토처럼 뒤덮어 보호해줄 식물이 없었으므로 바람과 비는 헐벗은 암석들을 빠르게 침식시켰다. 순식간에 일어나는 홍수와 폭풍, 험한 바위산과 모래 언덕의 세상이었다. 침식의 지저분한 산물인 점토와 잔모래가 깊은 물속으로 흘러들었다. 원시 지구에서 부글부글 끓어오르던 수많은 "열점"들에서 화산암들이 해저 위로 뿜어졌다. 그 퇴적암과 화산암은 섭입대에서 원시 대륙들의 끝자락에 달라붙었다.* 혹은 충돌하는 원시 대륙들 사이에 샌드위치처럼 끼이기도 했다. 거대한 해양 대지현무암이 원시 대륙의 바닥에 달라붙었다는 주장도 제기되었다. 입에 달라붙는 끈적거리는 엿처럼 섭입되어 사라지지 않으려고 했기 때문이다. 대륙 핵은 부착을 통해서 꾸준히 성장했다. 밀도가 낮아 부력을 받던 성장하는 대륙들은 코르크 마개가 물 위에 까딱거리며 둥둥 떠 있듯이 계속 위로 떠올랐다. 반면에 무거운 해양 지각은 지구조의 주기에 맞추어 생성되었다가 파괴되는 과정을 되풀이했다. 작은 대륙들이 합쳐져 하나가 되기도 했다. 그렇게 해서 강괴들이 탄생했고, 그것들은 가장 지구력 있는 춤꾼이 되어 지각판들의 안무에 맞추어 그 뒤의 지구 역사 내내 계속 이리저리 춤을 추며 돌아다녔다. 침식이 계속되면서 강괴 위로 퇴적암들이 쌓여갔다. 그런 퇴적암들 중 일부는 운 좋게도 그 뒤에 벌어진 모든 대륙 충돌 사건들을 피하면서, 최초의 생물 화석들부터 시작해서 지구의 역사를 꾸준히 기록해갔다. 그렇게 해서 세계는 최초의 얼굴을 가지게 되었고, 그 뒤로 많은 얼굴을 얻었다.

　고대 선캄브리아대 원시 대륙들의 가장자리에 달라붙었던 화산암과 퇴적암으로 된(물론 변성 작용을 거쳤다) 곳이 보존되어 있는 경우도 있다. 그런 부위는 두 원시 대륙이 충돌했음을 보여주는 경계선이 되기도 한다. 고대의 우랄 산맥이 한 예이다. 그 솔기는 너무 오래되어 지금은 점점이 있

---

* 초기 지구에서 섭입대들이 지금보다 더 완만한 각도로 가라앉으면서, 지구화학적으로 독특한 (특히 네오디뮴 원소가 들어 있다는 점에서) 토날라이트 마그마를 만들었다는 주장이 최근에 제기되었다.

는 광물이나 둥근 그래뉼라이트 덩어리들 사이에 끼인 띠만 남은 곳도 있다. 이런 경계선을 "녹암대(greenstone belt)"라고 한다. 녹니석, 녹렴석, 각섬석 같은 변성 광물들이 많이 들어 있어서 녹색을 띠기 때문이다. 캐나다, 남아프리카, 오스트레일리아 서부 같은 고대 순상지에서처럼 녹암대의 폭이 수 킬로미터나 되는 곳도 있다. 플라워데일 계곡에 있는 암석들은 규모가 큰 녹암대를 축소시킨 것 같은 특징들을 보여준다. 변성이 덜하고 지질이 훨씬 더 복잡하다는 점만 다를 뿐이다. 녹암대에는 초기에 땅이 격렬하게 요동치면서 추출되고 정련된 금, 은, 구리, 니켈 같은 귀한 금속들이 풍부하게 들어 있을 때가 많다. 허드슨 만 남쪽에는 마니토바, 온타리오 북부, 퀘벡 서부를 동서로 가로지르는 녹암대가 있다. 온타리오에 있는 레드레이크 녹암대에는 금이 풍부하고, 그 동쪽에 있는 아비티비 녹암대는 티민스라는 마을을 중심으로 유명한 금광들이 자리하고 있을 뿐 아니라 은, 구리, 주석 광상들도 곳곳에 분포해 있다. 선캄브리아대 초의 선물인 셈이다.

그러나 추진시키는 엔진은 예나 지금이나 똑같다고 해도, 그 초기 세계는 지금과 달랐다. 가장 중요한 차이는 초기의 대기에 산소가 거의 없었다는 점이다. 반면에 황화수소 기체와 메탄은 풍부했다. 우리가 이런 유독성 공기를 들이마신다면 금방 죽을 것이다. 나폴리 만의 솔파타라에서 우리는 그런 좋지 않은 냄새를 풍기는 유독성 기체를 잠시 맡아본 적이 있다. 그 대기는 질식을 일으키는 두꺼운 담요를 덮은 것과 같다. 현재 대기에 있는 산소는 대부분 생명체가 만들어낸 것이다. 30억 년 동안 광합성이 이루어지면서 공기 속으로 계속 산소 분자들이 뿜어져나왔다. 아주 단순한 생물인 남조류(藍藻類)가 가장 크게 기여했다. 초기 화석들 속에서 세계를 바꾼 막대나 실 모양의 이러한 미생물들을 찾아낼 수 있다. 그것들은 모여서 끈끈한 융단 같은 형태를 이루었고, 그 결과 구불구불한 미세한 층들이 방석처럼 겹쳐져 있는 화석을 남겼다. 층층이 쌓은 작은 케이크 더미 같은 이 화석들을 스트로마톨라이트라고 한다. 대륙에서 일찌감치 안정하게 자리잡

시베리아 동부의 선캄브리아대(원생대 초)의 암석에 있는 스트로마톨라이트 화석. 미세한 층들은 이 암석의 전형적인 특징이다.

은 곳에 쌓인 것들만이 지금까지 남아 있다. 그중에서 남아프리카의 피그트리(Fig Tree) 처트에 있는 것이 가장 널리 알려져 있다. 그보다 더 먼저 나타났던 미생물들은 산소가 없는 상태에서 번성했다. 사실 그들에게는 산소가 독이다. 이 가장 원시적인 생명체들은 실제로 황 냄새를 풍기는 뜨거운 온천과 악취를 내뿜는 진흙탕에서 살아간다. 생명이 어떻게 시작되었는지 알고 싶다면, 이 기이하면서도 강인한 생물들에게 자문을 구해야 할 것이다. 그후 생명체들은 지구의 공기를 변화시켰다. 그들은 초기에 있던 유독성 기체들을 없앴다. 그 결과 암석이 분해되는 과정도 달라졌다. 산소는 모든 화학적 풍화 과정에 중요한 역할을 하기 때문이다.

우리가 가랑비를 맞으며 플라워데일에서 채집한 검은 돌들이 속한 호상철광층(BIF)은 26-18억 년 전에 생긴 전형적인 암석이었다. 이 암석들을 잘 닦아서 현미경으로 들여다보면 몇 밀리미터 두께의 층들이 번갈아 나타남을 알 수 있다. 철분이 풍부한 검은 층과 규산이 풍부한 더 연한 색깔의 층들이 번갈아 겹쳐져 있는 것이다. 철분은 주로 산화철의 일종인 자철석

(Fe$_3$O$_4$)으로 이루어졌다. 이 신기한 퇴적암에서 철이 산화한 형태로 존재한 다는 것은 당시 주변에 산소가 있었음을 의미한다. 하지만 독특한 줄무늬를 이루고 있다는 점과 자철석이 나타난다는 점은 설명이 필요하다. 그리고 그 설명은 일반적으로 적용되어야 한다. BIF는 거의 모든 선캄브리아대 순상지에서 발견되기 때문이다. 철은 산소와 결합하고 싶어서 안달하는 원소이다. 철로 만들어진 물건을 땅속에 묻으면 금방 녹슨 덩어리로 변한다. BIF의 존재를 설명하는 한 가지 이론은 바다에 있던 광합성 미생물(즉 조류)이 내놓은 산소들과 철이 결합했다는 것이다. 철은 대륙의 암석이 풍화될 때 나오지만, 당시에는 그것들과 결합할 대기 속의 산소가 거의 없었으므로, 그 철들은 바다로 들어와 녹아서 양전하를 띤 이온이 되었다. 이 철 이온들은 광합성 조류들이 내놓은 산소와 결합했다. 그 즉시 물에 녹지 않는 무거운 자철석이 형성되었다. 그 자철석들은 미세한 검은 알갱이가 되어 빗방울처럼 천천히 해저로 가라앉았다. 자철석은 산화철 중에서 철의 비율이 가장 높고 산소의 비율이 가장 낮은 형태이다. 그것은 당시 산소가 귀했으며, 탐욕스러운 철 이온들 사이에서 산소를 빼앗으려는 쟁탈전이 벌어졌다는 의미이다. 그러나 곧 생물들이 번성하면서 철이 쓰고도 남을 만큼의 산소가 생산되기 시작했다. 반면에 대량으로 늘어난 생물들은 자기 성공의 희생자가 되었다. 조류들이 대규모로 번성함으로써 치명적인 결과가 빚어진 것이다. 지금도 바다에서 플랑크톤이 이렇게 대규모로 번성할 때가 있다. 적조 현상이 한 예이다. 조류들은 심지어 지나치게 많아진 산소에 중독되기도 했을 것이다. 그런 다음에는 휴지기가 찾아오며, 그때에는 규산만이 해저에 쌓인다. 그후 다시 조류들이 번성하기 시작하면서 주기가 반복된다. 실제 과정은 이보다 훨씬 더 복잡하다. 적철석(Fe$_2$O$_3$)이나 탄산철인 능철석(FeCO$_3$)이 주성분인 것 등 서너 종류의 BIF가 있다는 것이 드러났기 때문이다. 그렇지만 그 이론은 견제와 균형 없이 출렁거리고 요동치면서 오랜 세월 해양 세계에서 생물들의 진화를 이끈 단순한 생태계의 모습을 그

려냈다. 생물을 개입시키지 않은 채 BIF를 설명하는 이론들도 있다. 초기 지각에서 분출되는 뜨거운 유체로부터 공급되는 다량의 철과 미량의 대기 산소를 해수면의 높이 변화와 연관 지어 설명할 수 있다는 주장이 한 예이다. 아직 확정적이라고 할 만한 설명은 나오지 않았다. 선캄브리아대 초는 기이한 세계였으며, 우리가 아는 것들보다는 낯선 것들이 훨씬 더 많다. L. P. 하틀리가 말했듯이 과거는 다른 세계이다. 그곳에서는 다른 일들이 벌어진다.

현재 우리가 알고 있는 것과 다른 과정이 존재했는지는 몰라도, BIF는 약 8-9억 년 동안 계속 쌓여갔다. 캄브리아기가 시작되고 온갖 동물들이 번식하는 데에 걸린 것보다 더 긴 기간이었다. "공룡의 시대"보다 다섯 배나 더 길다. BIF가 길이 1,000킬로미터에 걸쳐 수백 미터 두께로 쌓인 곳도 있다. 플라워데일에서 얻은 표본은 가장 보잘것없는 축에 속한다. 그 속에 얼마나 많은 철이 들어 있을지 상상해보고 싶어질 것이다. 이 기나긴 세월 동안 땅의 모습도 변했다. 지각판들이 이동했고, 대기도 변했다. 지구 전체가 진화했다. 생명체와 지구는 영구적으로 얽혀 있다. 평론가 존 러스킨은 물들이고 얼룩을 만드는 녹에 찬사를 보낸 적이 있다. 하지만 산소가 없다면 녹도 슬지 않는다. 지구의 중심핵과 조성이 비슷한 철운석은 우주에서 올 때는 금속 본래의 검은색을 띠고 있다. 그것은 지구의 대기와 접촉한 뒤에야 갈색으로 바랜다. 미생물들과 식물들이 만들어내는 산소 분자가 없다면 호흡도, 동물도, 삼엽충도, 공룡도, 이 책을 쓰고 있는 저자도, 독자들도 없을 것이다. 그리고 물론 녹도 없다.

초기 지구의 상태를 보여주는 또다른 암석들이 있다. 코마티아이트(komatiite)는 시원대 암층에서 흔히 발견되는 독특한 유리질 용암이다. 맨틀과 조성이 비슷한 마그마가 급속히 식어서 생긴 것이다. 이 검은 암석 내에는 스피니펙스 구조(spinifex texture)라는 모양으로 배열된 신기한 감람석 결정들이 들어 있다. 이 결정들은 중심에서 3차원 방사상으로 뻗어 있다.

마치 지뢰가 폭발하면서 만든 흔적을 축소시킨 듯하다. 이 구조의 이름은 오스트레일리아의 오지에서 연구하는 지질학자들의 심금을 울린다. 스피니 펙스는 그곳 오지의 드넓은 지역을 뒤덮은 청록색의 가시투성이 풀의 이름이다. 그 식물의 잎들도 방사상으로 뻗어 있다. 길쭉하게 변형된 잎의 끝에는 규산으로 이루어진 가시가 달려 있으므로 잘못 밟았다가는 발을 찔리기 쉽다. 그 주변에서 불을 피우면, 순식간에 스피니펙스에 불이 옮겨붙어 확 타오를 것이다. 코마티아이트에 든 결정들은 그 식물과 모습이 똑같다. 코마티아이트 조성을 가진 용암은 원시시대의 열 흐름이 더 강했음을 입증한다. 그 독특한 감람석 결정들은 식어가는 용암의 "지붕"에서 종유석처럼 밑으로 자라난 것이다.

시원대와 원생대 초의 순상지들은 대륙의 한가운데에 놓여 있다. 물론 앞에서 살펴보았던 헤브리디스 제도처럼 특이하게 대양의 가장자리에 놓인 곳도 있다. 순상지는 오래된 심장부이자 요지부동의 핵심부이며, 그후에 달라붙어 형성된 지역들과 달리 변함없이 난공불락의 요새가 되어왔다. 어쨌든 간에 45억5,000만 년 된 세계에서 마지막 10억 년은 창조 드라마의 제3막조차 되지 못한다. 시원대와 원생대 초의 암석들과 녹암대는 오래된 발트 순상지를 이룬다. 그 위에서 라플란드 사람들이 지의류로 뒤덮인 습지대를 돌아다니며 순록을 사냥한다. 캐나다의 중앙에도 순상지가 있다. 그 캐나다 순상지 위에는 왜소한 전나무류와 끝없이 펼쳐진 호수들밖에 없다. 그 순상지는 남쪽 미국의 밑으로도 뻗어 있다. 유명한 바버턴 암이 있는 트란스발을 비롯해서 아카시아가 흩어져 자라는 남아프리카의 중앙 저지대 초원들, 인도 반도의 상당 부분을 차지하는 광막한 평원들, 브라질 남부의 비에 잠기는 지역들, 오스트레일리아의 금이 풍부한 많은 지역들, 웨스턴오스트레일리아의 바위투성이 황무지인 필바라 지역의 뇌문(雷文)이 있는 암석들로 이루어진 낮은 산등성이들을 포함한 평원들은 모두 우리가 언뜻 생각하는 것보다 훨씬 더 오래되었다. 국지적인 차이가 있기는 하지만, 그 지역들은 모두 한 가지 비슷한 양상을 보인다. 오래된 화성암 덩어리(그래 눌라이트일 때도 있다)가 핵을 이루고, 그 가장자리를 녹암대가 둘러싸고 있다는 것이다. 그 지역들은 아주 옛날에 미소(微小) 대륙들이 갈라지고 부딪히면서 구워진 흔적들을 보여준다. 30억 년이 어쩌고저쩌고 이야기를 할 때면, 1,000만 년 정도는 오차가 있어도 별 차이 없지 않을까 하는 생각이 들 수도 있다. 게다가 그 먼 옛날에 온갖 사건들이 일어났다고 해도 세세한 내용은 변성 작용으로 흐릿해지고, 침식으로 지워졌을 가능성이 높다. 그런 먼 과거의 일에 관심을 가지는 지질학자들은 조각상에서 떨어져나간 엄지나 검지, 토기 파편 몇 개에서 사라진 문명을 재구성하는 일에 비견될 만한 일을 하고 있다. 사실 예전에는 지질학적으로 믿어지지 않을 만큼 오래된 지역들을 합리적으로 재구성한다는 것이 불가능한 일처럼 여겨졌다. 그후 구조론과 지구화학적인 사유가 도입되고, 연대 측정이 가능해진 결과, 이제 그런 므두셀라 같은 암석들도 이해할 수 있게 되었다. 시간의 안개 속에서 시야가 흐릿해질 수밖에 없지만 말이다. D. H. 로렌스의 글이 생각난다.

서로 밀치고 부딪치면서 엉기고 뭉치거나 폭발해서 더 많은 안개를 만드는, 즉 가장 과학적인 에너지의 안개는 아닌 자욱한 안개…….

지구조 과정들이 선캄브리아대에서 캄브리아기까지, 그리고 현재에 이르기까지 작용해온 것은 분명하다. 따라서 시간의 화살을 거꾸로 놓으면 대륙들의 움직임을 더 먼 과거까지 추적할 수 있다. 그것은 아마도 이 책에서 가장 상상을 필요로 하는 일일 듯싶다. 이미 우리는 방황하는 대륙들을 판게아가 합쳐지기 전까지 추적한 바 있다. 우리는 "고지자기"를 현장 지질학과 결합시킴으로써, 판게아 이전에 지금과 마찬가지로 대륙들이 흩어졌던 시기가 있었음을 밝혀냈다. 비록 지표면들이 기억상실증 환자가 다시 합쳐 놓은 콜라주 작품처럼 지금과는 전혀 다른 방식으로 다른 장소에 놓여 있기는 했지만 말이다. 우리는 약 5억 년 전으로, 지구 암석들에 담긴 역사의 약 8분의 1에 해당하는 기간까지만 거슬러올라가서 이 단계에 도달했다. 갈 길이 아직 멀다. "서로 밀치고 부딪치면서 엉기고 뭉치는" 안개가 고생대보다 앞선 시대에 어떻게 펼쳐져 있었는지 알고자 한다면 뒤로, 훨씬 더 먼 과거로 여행을 해야 한다. 우리는 현재 알고 있는 대륙들의 모습을 완전히 머릿속에서 지워야 한다. 캄브리아기로 거슬러올랐을 때까지 거의 모습이 변하지 않았던 대륙들까지도 말이다. 우리는 익숙한 표지판들이 없는 세계로, 사라진 세계로, 불확실한 세계로 가야 한다.

그러나 확실하게 적용할 수 있는 논리가 하나 있다. 판게아가 원래 흩어져 있던 대륙들이 합쳐져서 생긴 것이고, 그것이 2억 년 전에 쪼개졌다면, 그 전에도 대륙들이 하나로 합쳐져서 생긴 더 오래된 "판게아"가 존재했다고 보아도 무방하지 않을까? 시간은 충분하다. 아니 남아돈다. 더 나아가 초대륙들이 지배하던 시대가 여러 번 있었을지도 모른다. 그러면 대륙들의 이동은 사람들이 서로 떨어져 있다가 연주가 시작되면 무도회장 중앙으로 다시 모여들어 추는 18세기의 춤과 같은 것이 된다. 25억 년 전인 선캄브리아대에 초대륙이 형성된 때가 적어도 네 번은 있었다는 증거가 있다. 시원대에서 원생대로 넘어갈 때, 약 15억 년 전에, 약 10억 년 전에, 캄브리아기가 시작된 약 6억2,500만 년 전보다 약 8,000만 년 더 전인 원생대 말기에 초대륙이 있었다. 여기서 일부러 "약"이라는 말을 썼다. 정확한 시대를 말하기가 아주 어렵기 때문이다. 초대륙은 대다수 섭입대가 활동을 중단했을 때 형성된다. 따라서 방사성 시계의 시각을 맞추는 활동들도 대부분 중단된다. 역사적 공백기가 생기는 셈이다.

지구가 맨 처음 가진 얼굴인 시원대의 초대륙 한가운데에 당신이 있다고 상상해보자. 그보다 더 이전의 대륙들은 기껏해야 서로를 난폭하게 밀어대는 작은 조각들에 지나지 않았다. 그러다가 이제 황량함을 조금 완화시켜 줄 초록빛 식생들이 전혀 없는 상태에서 바위투성이 경관이 사방으로 수천 킬로미터씩 지평선 끝까지 뻗어 있는 초대륙이 생겼다. 당신은 30킬로미터 쯤 떨어진 곳에 있는 그래뉼라이트 산들로부터 순식간에 쏟아지는 돌발 홍수에 떠내려가지 않도록 잘 대비하고 있어야 할 것이다. 당신이 서 있는 곳에는 마구 흘러내린 물에 쓸려 온 모난 돌들이 여기저기 흩어져 있다. 무자비하게 쏟아지는 햇살에 장석들이 반짝거린다. 당신의 발밑에서 부글거리고 쉿쉿 소리를 내면서 솟구치는 뜨거운 온천 주위의 암석들은 오렌지색과 진자주색으로 얼룩져 있다. 만져보니 매끈매끈하다. 그 색깔은 점액질 막을 이룬 세균들 때문에 생긴 것이다. 그 선명한 색깔들을 내는 것은 가혹한 햇빛에 담긴 해로운 광선들로부터 작은 세포들을 보호해주는 색소들이다. 이곳에서는 지구의 대기를 서서히 바꾸는, 바다에 있는 끈끈한 초록빛 융단들을 볼 수 없다. 바다는 여기보다 더 온화한 곳, 미래의 자궁이다. 하지만 당신은 황량한 이 세계에서 어떤 생물이 지구를 물려받게 될지 알지 못한다. 광합성 생물들의 경주 결과가 어떻게 될지는 확실하지 않다. 황을 먹고사는 세균이나 끓어오를 만큼 뜨거운 환경에서 사는 세균이 이길 수도 있다.

　초기의 초대륙들은 현재의 땅덩어리들을 가장 놀라운 방식으로 붙여놓은 것과 같았다. 스코틀랜드에서 본 작은 땅덩어리를 생각해보자. 물론 그것은 고대에 북아메리카(로렌시아)의 일부였다. 하지만 원생대 말의 초대륙에서 로렌시아는 남아메리카와 나란히 놓여 있었다. 스코리 암맥이 있던 작은 땅덩어리는 남극점과 가까웠다. 지질시대와 구조를 맞추어서 얻은 증거들을 보면 세계는 뒤죽박죽이었다. 당신은 궁금해할지 모른다. 이렇게 세계의 모든 것이 고정되어 있지 않았다고 하면, 쥐스 교수는 뭐라고 했을까? 이동하는 대륙이라는 개념에 익숙한 우리 같은 학자들에게도 세계를 이렇게 전면적으로 재편하는 일은 쉽지 않다. 우리가 받아들일 수 있는 것은 대륙들이 한 곳에서 다른 곳으로 뛰어넘어갈 수는 없다는 것뿐이다. 대륙들은 논리적인 순서를 따라서 이동해야 한다. 따라서 우리는 스코틀랜

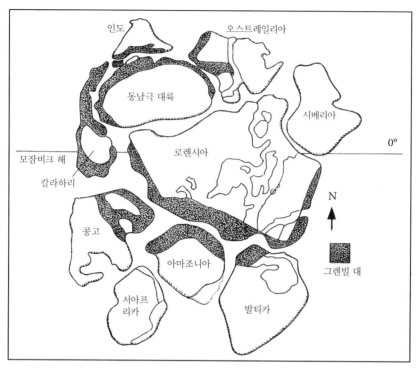

판게아 이전 대륙들 중 하나인 선캄브리아대 말의 초대륙 로디니아. 중앙에 있는 로렌시아가 눈에 띈다. 짙게 칠해진 부분은 초대륙이 형성될 때 대륙들이 "꿰매어진" 선인 고대의 조산대이다.

드 북서부가 극지방을 느릿느릿 돌아다닌 경로를 알고 있다. 그것은 10억 년 넘게 남극 근처에서 북반구로 이동했으며, 각 대륙들과 지질로부터 얻은 다른 증거들과도 들어맞는다. 전에는 추측에 불과했던 고대의 초대륙들이 이제 이름과 함께 당당한 모습을 드러내고 있다. 10억여 년 전의 대륙 덩어리는 로디니아(Rodinia)라고 불러왔으며, 현재 그 이름은 40년 전에 판게아가 그랬던 것만큼 과학자들의 입에 널리 오르내린다. 그러나 아직 널리 알려지지 않은 이름들도 있다. 시원대 말에 있었던 초대륙인 "케놀랜드(Kenorland)"가 한 예이다. 하지만 앞으로 50년 내에 그 이름이 학계에 널리 알려지게 될지 누가 알겠는가? 학술 토론에 유용한 이름들은 놀라울 정도로 금세 언어로 통합된다. 누가 그 이름을 만들었는지, 누가 그 이름에 담긴 개념을 맨 처음 이해했는지는 거의 모두 곧 잊어버린다. 맨 처음 이름이 붙여진 초대륙은 곤드와나였지만, 에두아르트 쥐스가 그 이름을 붙였다는 것을 지금은 아무도 기억하지 못할 것이다. 그러나 곤드와나와 판게아 이야기가 없었다면 로디니아도, 선캄브리아대에 합쳐졌던 다른 초대륙들이 있었다는 생각도 전혀 하지 못했을 것이다.

원생대 중반인 15억 년 전의 초대륙도 사실로 널리 받아들여지고 있다. 비록 이 글을 쓰는 지금은 아직 널리 쓰이는 이름이 없지만 말이다(내게 이름을 지으라면 쥐시아라고 부르겠다). 현재 주로 북아메리카에서 볼 수 있는 대량으로 관입된 화성암들이 그 증거이다. 그 화성암들은 일반적인 조산운동과 아무런 관계가 없어 보인다. 선캄브리아대 지질학자들(그렇게 부를 수 있다면)은 그것들을 설명할 모형을 구축하는 재미에 푹 빠져 있다. 그 화성암들 중에는 조경석으로 널리 쓰이는 라파키비 화강암도 있다. 라파키비라는 이름은 스칸디나비아의 표식지에서 비롯된 것이다. 그 우아한 암석은 검은 배경 위에 달걀들이 떠 있는 듯한 모양이므로 한눈에 알아볼 수 있다. 더 자세히 살펴보면 각 "달걀"의 한가운데에서 아주 커다란 둥근 분홍빛 장석 결정을 볼 수 있다. 그 결정을 다른 광물, 대개 가장자리에 초록빛이 감도는 다른 장석이 얇은 "껍데기"처럼 둘러싸고 있다. 이 암석은 쉽게 "읽을" 수 있다. 커다란 장석들은 마그마에서 먼저 결정화가 일어난 것들임이 틀림없다. 하지만 그 뒤에 그것을 둘러싸고 있던 마그마의 조성이 변했다. 그러자 그 결정들은 마그마와 다시 반응해서 다른 장석(올리고클라세)을 "껍데기"처럼 두르게 되었고, 그 사이에 암석의 나머지 부분도 완전히 냉각되었다. 나중에 일어난 사건이 먼저 일어난 사건의 산물에 변형을 일으킨 것이다. 논리적으로 볼 때 스코리 암맥의 이야기와 그리 다르지 않다. 런던 패딩턴 역에 있는 한 술집의 카운터는 라파키비 화강암으로 만들어졌다. 나는 이 역을 거의 매일 지나다닌다. 패딩턴 역은 이점바드 킹덤 브루넬의 공학적 걸작 중 하나이지만, 그 술집은 최근에 생겼다. 열차를 놓쳤을 때, 그 술집에 앉아서 15억 년이라는 세월을 생각하면 아마도 다음 열차가 올 때까지 30분이라는 시간이 그리 지루하지 않을 것이다.

동료 통근자들은 술집의 윤이 나는 카운터가 판게아보다 더 오래된 대륙의 일부라는 것을 알면 아마 놀랄지도 모른다. 그 초대륙은 인도가 아프리카에서 떨어져나간 것과 같은 방식으로 쪼개졌다가 5억 년 뒤에 다시 하나로 합쳐져서 다음 초대륙인 로디니아가 되었다. 10억 년 전에 말이다. 이 재결합 때 그렌빌 산계가 형성되었다. 그것은 오래된 로렌시아 순상지의 동쪽 가장자리를 따라 솟아올랐고, 나중에 뉴욕에 마천루들을 세울 수 있는 단단한 토대가 되었다.

대륙 지각을 구성하는 엉성한 모자이크 같은 지각판들은 합쳐졌다가 갈라지는 과정을 되풀이해왔다. 이 가벼운 대륙들은 섭입 때 일어나는 압착과 용융을 통해서 가장자리에 새로운 지각들이 덧붙여지면서 점점 더 커졌다. 또 선캄브리아대가 지나갈수록 지구의 자전 속도가 느려지면서 낮이 점점 더 길어졌다. 그 와중에 대기로 점점 더 많은 산소 분자가 뿜어져나왔다. 비록 찰스 라이엘이 말한 과정과 정확히 들어맞는 것은 아니지만, 이 모든 변화들은 변혁이 아니라 변형이라는 현대에도 일어나는 과정들을 통해서 설명이 가능하다. 하지만 선캄브리아대에 후대의 사건들과 전혀 다른 사건들이 일어났다는 주장도 제기되었다.

그중 가장 유명세를 탄 것이 바로 "눈덩이 지구(Snowball Earth)" 가설이다. 잘 기억될 만한 이름 덕을 톡톡히 본 셈이다. 그 가설은 빅뱅, 블랙홀, 이기적 유전자 같은 쉽게 기억할 수 있는 이름의 과학 개념들 중 하나가 되었다. 그것은 아주 단순한 개념이다. 지구가 끝에서 끝까지 완전히 얼어붙었던 시기가 한 번 또는 여러 번 있었다는 것이다. 우리는 이미 석탄기에 빙하기가 존재했었다는 것을 알고 있다. 오르도비스기 말에도 또 한 차례 빙하기가 있었다. 캄브리아기 이후의 빙하기 중 지구 전체가 얼어붙었던 때는 한번도 없었다. 그런 일이 실제로 일어났다면 생명의 진화에 뚜렷한 영향을 미쳤을 것이고, 생명이 살아남았다는 말조차도 하기 어려웠을 것이다. 빙하기 때 생긴 암석들은 아주 독특하다. 따라서 지구 전체가 얼어붙었다면 같은 시기에 생긴 그런 암석들이 지구 전체에서 발견되어야 할 것이다. 하버드 대학교의 폴 호프먼은 그 이론을 적극 지지하는 사람 중 하나이다. 그는 미국 학계에서 남보다 두 배는 더 정력적으로 일하는 듯한 인물이기도 하다. 전문 지식을 알면 알수록 모르는 것이라고 정의한다면, 알면 알수록 더 알게 되는 것은 무엇이라고 해야 할지 모르겠다. 호프먼이 바로 그런 상황에 있다.

스피츠베르겐의 북쪽 반도인 니프리슬란트의 황량한 해안에는 생물이 편안함을 느낄 만한 것이 거의 없지만, 한 뛰어난 학자는 그곳에 많은 관심을 가지고 있다. 그는 케임브리지 지질학과의 브라이언 할랜드이다. 브라이언은 북극권에 있는 스발바르 제도의 권위자이다. 스피츠베르겐은 그 제도의 주요 섬이며, 그는 오랜 세월 그곳에서 케임브리지 대학교 탐사대를 이끌었다. 퀘이커 교도인 그에게 딱 어울리게, 그의 탐사대는 경이로울 정도로 마음이 잘 맞았지만 오만함 같은 것은 찾아볼 수 없다. 나도 니프리슬란트의 오르도비스기 화석 연구로 박사 학위를 받았으므로, 그 지역을 잘 알고 있다. 35년 전 우리는 작은 배를 타고 해안을 따라서 카드를 죽 펼쳐놓은 듯이 보이는 원생대 말기의 지층들을 지나치면서 내가 지도에 담을 암석들이 있는 곳으로 향했다. 남쪽으로 갈수록 지질시대를 거슬러올라가는 셈이었다. 우리는 암석층들을 차례로 지나면서 올라갔다. 북극제비갈매기들이 허공에서 소리를 지르며 계속 가라고 우리를 재촉했다. 이곳의 암석들은 토리던 호와 캐니스프 산의 붉은 사암들보다 더 젊었고, 특징도 전혀 달랐다. 여기 있는 것들은 탄산염 퇴적암인 백운암과 석회암이었다. 우리는 그것들이 원래 열대 태양이 비치는 따뜻한 바다에 쌓였던 것이며, 지난 수억 년 동안 스피츠베르겐의 위도가 얼마나 변했는지 보여준다는 것을 알고 있었다. 그런 암석층들에서 희귀한 해조류 화석들이 발견되기도 했다. 또 나는 우리 앞에 있는 캄브리아기와 오르도비스기의 지층들도 똑같은 일반적인 형태의 석회암들이며, 다만 내가 몇 년 동안 연구하던 삼엽충들을 비롯하여 멸종한 동물들의 다양한 껍데기 화석들을 가졌다는 점이 다를 뿐이라는 것을 알고 있었다. 니프리슬란트의 암석층들은 선캄브리아대 말부터 동물들의 "폭발적인 번성"이 일어난 캄브리아기까지, 지구의 역사에서 말 그대로 생명과 같은 시기의 것이었다. 하지만 따뜻한 물에서 두 "묶음"의 탄산염 퇴적암들이 생기던 중간 시기에 뭔가 아주 신기한 일이 일어났다. 브라이언 할랜드가 그것을 눈여겨본 것은 "눈덩이 지구" 가설이 나오기 몇 년 전이었다. 아주 짧은 기간에 걸쳐 탄산염이 사라지고 대신 전혀 다른 암석들이 그 자리에 비집고 들어가 있었다. 그것은 푸딩이라는 말이 딱 맞을 불그스름한 암석이었다. 크기와 종류가 다양한 온갖 돌들이 분홍빛 진흙 속에 틀어박혀 있었다. 빙하 현상의 전공자에게는 아주 친숙한 암석이었을 것이다. 빙하에서 빙산이 분리되어 바다로 흘러갈 때, 빙산은 밀려내려가면서 땅에서 긁어모은 온갖 쓰레기들과 운반해온 온갖 돌들을 그런 식으로 개밥처럼 만들어서 쌓아놓는다. 각각의 돌을 자세히 보면, 그것이 빙상에 있을 때 생긴 긁힌 자국들을 찾을 수 있다. 따라서 여기에서 역설이 생긴다. 그리 오래 전도 아닌 시기에 열대 조류와 세균이 번성한 석회질 해저가 있는 곳에서 이런 잔해들이 쌓일 정도라면, 빙하는 아주 저위도까지 멀리 뻗어 있었다는 의미가 된다. 그 사실을 부정할 필요는 없다. 암석은 거짓말을 하지 않기 때문이다.

호프먼은 이런 선구적인 연구들을 대폭 확장했다. 그는 약 5억9,000만 년 전에 쌓인 지층들을 통하여 지구 전체에서 비슷한 변화가 일어났음을 보여주었다. "눈덩이 지구" 이론이 탄생한 것이다. 북극에서 남극까지 반짝거리는 빙상이 지구 전체를 집어삼켰다는 것이었다. 얼음은 빛과 열을 반사하므로, 우주에서 본 지구는 거대한 진주와 흡사했을 것이다. 게다가 지질학적으로 말해서, 이른바 대동결이 풀린 지 얼마 되지 않아서 생명의 역사에 캄브리아기 "빅뱅"이 일어났으므로, 두 사건을 원인과 결과로 엮고 싶기도 했다. 지구 전체가 냉동되는 상황에서 용케 살아남은 생물들은 새로운 생태계들을 진화시켰고, 진화 시계를 다시 맞추었으며, 유례없는 혁신을 촉발시켰다. 내가 추운 스피츠베르겐 해안의 단단한 석회암들에서 채집한 껍데기들은 결국 훨씬 더 추웠던 과거의 산물이었다. 이 설명은 대단히 설득력이 있다. 물론 생물들이 얼어붙을 위기 상황에서 대피할 공간들이 있어야 했다. 심해 열수 분출구를 비롯하여 그와 흡사한 얼지 않을 만하면서도 실제로 있을 법한 피난처들이 후보지로 제시되었다. 빛이 필요한 조류들은 온천 주위에 모여 있었을 것이다. "눈덩이"는 해동이 급속하게 이루어졌다는 증거들을 많이 보여주었다. 스피츠베르겐의 캄브리아기 암석들에 열대 석회암이 금세 다시 나타났다는 것이 한 예이다. 호프먼은 "눈덩이"가 되어 있는 동안, 이산화탄소 같은 화산성 기체들(물이 모두 얼어붙는다고 해도 화산 분출은 영향을 받지 않았을 것이므로)이 대기에 축적되어 온실효과를 일으킴으로써, 지구 온난화가 임계 수준에 이르렀을 것이라고 보았다. 그러자 빙상이 극적으로 녹았을 것이다. 수십 년 안에 일어났을 수도 있다. 바다가 다시 대륙들 위로 밀려들었을 것이고, 해양 생물들은 영양이 풍부한 얕은 바다에 자리를 잡았을 것이다.

유명세를 탄 개념들이 으레 그렇듯이, 그 이론도 비판을 받았다. 비판가들은 지금과 마찬가지로 당시에도 지표면의 3분의 2 이상이 바다로 덮여 있었고, 5억9,000만 년 전의 해양 지각은 모두 섭입되어 사라진 지 오래이므로, 드넓은 내륙의 모든 지역이 두껍게 얼어붙었다는 증거는 결코 나오지 않을 것이라고 지적한다. 또 얼음에 완전히 뒤덮였다는 증거를 반박하는 사람들도 있다. 사실 스피츠베르겐보다 증거의 설득력이 떨어지는 지역들도 있다. 비록 논란이 있기는 하지만, 일부 지역에서 대동결보다 앞선 시기에 살았던 복잡한 동물들의 화석이 발견되기도 했다. 전부는 아니지만, 일부 분자생물학자들은 캄브리아기가 시작될 무렵에 갑자기 출현한 듯한 온갖 동물들의 진화를 설명하려면 5억9,000만-5억4,200만 년 전 사이가 아니라, 선캄브리아대까지 포함해서 훨씬 더 긴 시간이 필요하다고 주장한다. 현재, 논쟁은 결과를 예측할 수 없는 흥미로운 단계에 와 있다. 다음 10년 내에는 아마 결판이 날 것이다. 호프먼 교수의 젊은 동료인 캘리포니아 공과대학의 조 커슈빙크라는 상상력이 풍부한 인물이 등장하면서 그 지적 논쟁은 더욱 열기를 띠게 되었다. 그는 9억-5억9,000만 년 전 사이에 네 번의 "눈덩이 지구"가 있었다고 했다. 이 눈덩이 지구들은 각기 빙하에서 유래한 퇴적물들을 쌓아놓았다. 최근에 조는 훨씬 더 오래된, 거의 랙스포드와 스코리에 있는 회색 편마암들만큼이나 오래된 약 20억 년 전에도 눈덩이 지구가 있었다면서 논쟁을 더 확대시켰다. 현재 남아프리카 칼라하리 사막의 흰개미 둔덕들과 왜소한 나무들이 있는 곳에서 이 먼 시대의 빙하성 암석들이 기적처럼 거의 손상되지 않은 채 발견되었다. 놀랍게도 이 고대의 암석층에 있는 "고지자기"도 수십억 년의 세월 동안 살아남은 듯하다. 고지자기 기록을 읽은 결과, 그 빙하 암석층이 당시에 적도 근처에서 형성된 것으로 나타났다. 조는 이것이 또다른 지구적인 사건, 즉 극에서 적도까지 얼음으로 뒤덮인 사건이라고 확신했다. 지구가 얼어붙은 사건이 특이한 것은 아니다. 선캄브리아대에 지구는 얼어붙을 위험한 상황을 반복해서 겪었다. 나는 그런 일이 실제로 일어났다면, 생물들이 그런 위기 상황을 해소시켰을 것이라고 본다. 우리는 지구가 맨 처음 얼어붙기 전에 생명체가 존재했으며, 혹한의 기후가 지배했다는 시대들 다음에 세균과 조류의 융단이 있던 흔적을 알고 있다. 오스카 와일드의 유명한 구절에 빗대어 말하자면, 눈덩이 하나가 나타났다면 운이지만 몇 개가 나타났다면 기적이다.

우리는 점점 더 과거로 올라왔다. 하지만 아직 해답을 얻지 못한 질문이 있다. 세계에서 가장 오래된 암석은 어디에 있을까? 결정적인 해답을 찾기란 쉽지 않다. 고대 지역의 지르콘 결정을 분석해보면 약간씩 다른 연대가 나오기 쉽다. 따라서 측정의 정확성이 중요하다. 방법마다 각기 다른 결과를 내놓을 수 있으므로, "잣대"인 방사성 연대 측정법은 정확도가 생명이다. 심각한 문제가 된다. 정말로 중요한 사실은 연대가 더 오래될수록 암석을 찾기가 점점 더 힘들어진다는 것이다. 앞에서 살펴보았듯이 후대의 지구조 사건들이 오래된 땅을 반복해서 뒤흔들어댔을 것이므로 고대 지각을 찾기가 쉽지 않으리라는 것은 예상할 수 있다. 방사성 시계가 "다시 맞추어지면서" 오래된 연대에 새로운 연대가 겹쳐질 것이다. 약 38-39억 년 전보다 더 오래된 암석을 찾기란 대단히 어렵다. 지구의 지각판들에서 그 태고의 암석 조각이, 지구 역사의 초기 단계를 담은 조각이 비교적 온전하게 소량 남아 있는 곳이 몇 군데 있기는 하다. 그렇게 오래 살아남은 것은 그저 운이 좋았기 때문일지도 모른다. 전쟁터에서 무장한 동료들은 옆에서 쓰러지는데 반백의 늙은 병사가 거의 상처 하나 없이 살아남는 것처럼 말이다. 이런 암석들은 가장 초기 시대가 어떠했는지 알려줄 수 있다. 우리는 그 암석을 쓰다듬어보고, 렌즈를 통해서 조사하고, 정교한 분석 도구로 공략할 수도 있다. 언뜻 보면 다른 편마암들과 별 차이가 없는 것 같지만, 그것은 아주 소중한 보물이다.

세월은 가장 오래된 그 암석들보다 더 먼 과거까지 펼쳐져 있다. 태양계 생성 초기부터 있었던 운석 물질들의 연대를 측정해보면, 지구가 약 45억 5,000만 년 전에 형성되었다는 것이 드러난다. 따라서 지구의 역사에 "빠진" 조각이 있다는 의미가 된다. 그 시대는 추측과 추정의 세계에 속한다. 암석 기록에는 약 6억 년이라는 기간이 빠져 있다. 이 기간을 하데스대라고 한다. 불길이 이는 지옥처럼 삭막했던 이 시대에 딱 들어맞는 이름인 듯하다. 미행성체들이 달라붙으면서 지구의 질량은 증가했고, 그에 따라서 중력이 커지면서 큰 유성체들이 끌려와 충돌했다. 대규모의 무자비한 충돌에 의해서 생긴 에너지로 결국 지구는 용융 상태가 되었다. 지구는 용암의 바다가 되었고, 충돌은 계속 이어졌다. 대다수 행성과학자들은 달이 그런 대규모 충돌의 산물이라고 믿는다. 달은 충돌 때 튀어나간 덩어리였다. 그 뒤로 달은 수십억 년 동안 모행성인 지구로부터 아주 천천히 멀어져갔다. 달에는 오래 전에 유성체들이 표면에 가했던 그 충격의 흔적이 고스란히 보존되어 있다. 달과 지구는 약 38억 년 전까지 끊임없이 유성체들의 폭격을 받았을 것이다. 철로 된 지구의 중심핵은 행성이 거의 용융 상태일 때 만들어졌다. 그런 조건일 때 원소들은 화학적 특성에 따라서 서로 무리를 짓는다. 땅 자체가 형성되던 시기, 춤을 출 바닥이 마련되던 시기였다. 그런 다음에야 지각판들의 느린 춤이 시작될 수 있었다. 수수께끼의 시대, 대답 없는 질문들의 시대가 거기에 있다. 하지만 가장 오래된 암석들에는 몇 가지 단서들이 들어 있다.

 지질학자들, 특히 생명의 초기 역사를 연구하는 지질학자들은 모든 편마암들의 조상인 이 암석들에 매우 관심이 많다. 극소수에 불과하지만, 39억 년 전의 암석까지 남아 있는 지역들이 있다. 그리고 그런 곳에는 더 오래된 과거의 흔적도 얼마간 남아 있다. 몬태나에 있는 캐나다 순상지의 처칠 프로빈스 남쪽 끝자락, 웨스턴오스트레일리아의 순상지 중 가장 오래된 지역, 그린란드의 이수아 지역이 그렇다. 그린란드의 중앙은 드넓은 만년설로 뒤덮여 있지만, 섬 가장자리를 따라서 마치 머리카락이 다 빠진 정수리 옆으로 난 주변머리처럼, 테두리에 단 술 장식처럼 암석들이 노출되어 있다. 서부 해안에 있는 수도인 누크에서 북쪽으로 150킬로미터쯤 가면 이수아가 나온다. 그곳에는 땅 위에 녹암대가 약 30킬로미터에 걸쳐 좁은 띠를 이루며 뻗어 있다. 이것이 바로 모든 것의 토대가 되었던 태곳적 땅 조각이다. 이 녹암대가 알려진 것은 30여 년 전이었다. 그 안에는 최초의 호상철광층이 들어 있는데, 그것이 중력 조사 때 특이한 양상을 보였던 것이다. 이 녹암대는 아마 섭씨 약 600도로 가열되었겠지만, 그 처벌을 피한 듯이 보이는 작은 광석 덩어리들이 여기저기에서 보인다. 오랜 체류 끝에 모습을 드러낸 것이다. 이곳에는 심지어 해저 현무암의 "베개" 구조도 일부 보존되어 있다. 다른 녹암대들처럼 이수아 암도 변성된 퇴적암을 지니고 있다. 그 퇴적암들은 더 앞선 시대의 지층들이 침식되어 쌓인 것이므로, 당시 지구에는 이미 물이 충분히 있었다는 것을 입증한다. 즉 그 암석들은 오래된 것이지만, 최초의 것은 아니었다. 깊이 들여다보면 볼수록 시간은 더 멀리까지 뻗어 있다. 지금 그린란드의 여름 해안에 파도가 밀려와 부서지듯이, 최초의 해안에서 파도가 부서지는 소리가 들려오는 듯하다. 그리고 지구에 있는 모든 것들 중 가장 영원한 것은 바다임을 깨닫게 된다. 지구의 얼굴은 온통 뜯어고쳐졌지만 바다는 그대로 남아 있다. 한때 지구를 뒤덮었을지 모를 얼어붙은 만년설 밑에서도 바다는 여전히 생명의 요람이었다. 바다가 바로 고대 세계일지도 모른다.

그러나 바다 자체는 하데스대에 생성되었다. 아니 모아졌다. 지구가 녹아있던 초창기에는 바다가 존재할 수 없었을 것이다. 지구라는 냄비가 충분히 식었을 때에야, 화산에서 뿜어져나오는 증기가 응축되어 물이 될 수 있었을 때에야 그 물들은 고여 웅덩이를 만들 수 있었다. 지저분한 얼음으로 이루어진 수많은 혜성들도 지구와 충돌하면서 물을 공급했을 것이다. 혜성들이 얼마나 많이 기여했는지를 놓고 지금도 논쟁이 벌어지고 있다. 하지만 한 가지는 확실하다. 물이 없었다면 생명도 없었으리라는 것이다. 그린란드의 빙하로 뒤덮였던 이 황량한 지역에는 생명의 기원과 지각의 초기 역사가 아로새겨져 있다. 가장 원시적인 세균들에 관한 지식을 종합해보면, 생명의 계통수에서 가장 밑바닥에 놓여 있는 생물들이 높은 온도를 좋아한다는 것을 짐작할 수 있다. 거의 끓는 듯한 서식지가 그들에게는 젖과 꿀이 흐르는 땅이다. 이 호열생물들은 산소가 없는 곳에서 자란다. 사실 그들에게 산소는 독이다. 즉 그들은 초기 지구에 딱 맞는 존재들이었다. 당시 지구는 뜨거웠고 산소가 없었으니 말이다. 하지만 정말 그들이 그때 살았을까? 1996년 이수아 암과 비견될 만큼 오래된 그린란드 암석에 함유된 인회석 결정들에 있는 작은 흑연(변성 작용을 거친 탄소) 얼룩들을 조사한 연구 결과가 발표되었다. 이 표본의 탄소 동위원소(C^{13})를 조사해보니 생물이 만든 탄소 화합물에서 전형적으로 나타나는 값과 일치했다. 비록 완전히 요리되었다고 해도 생명의 흔적이 남아 있었던 것이다. 혹은 그렇다는 주장일 수도 있다. 지구에 관한 가장 큰 의문들 중 하나를 밝혀내기 위해서 과학자들은 이온 미세 탐침 장치로 한 결정의 내부를 조사한다. 38억 년 전에 생명체가 있었다면, 그 생명체는 하루가 다섯 시간밖에 안 된다는 것을 알았을 것이다. 당시는 지구 자전 속도가 훨씬 빨랐고, 달은 지구 바로 곁에서 크게 어른거렸을 것이다.*

이 글을 쓰는 지금, 지르콘 결정들의 연대는 수수께끼의 하데스대까지 거슬러 올라가는 중이다. 가장 오래된 연대는 웨스턴오스트레일리아 잭힐스에서 채집한 결정의 한가운데에서 나온 것으로, 44억 년 전으로 측정되었다. 지구 탄생 시점과 아주 가깝다. 이온 미세 탐침 장치가 조사한 것은 하데스 대 직후에 형성된 암석들이었다. 그 작은 타임캡슐 내에 담겨 있는 산소 동위원소들을 신뢰할 수 있다면, 이 탄생에 가까운 시점에도 지구에 이미 분자 상태의 물이 있었다는 의미가 된다. 그렇다면 하데스대의 시간표를 다시 짜야 할지 모른다. 우리는 아직 모르는 것이 너무나 많다. 초기 지구의 상세한 역사는 결정들 내에 묻혀 있는 단서들과 속삭임들을 통해서만 알아낼 수 있다. 우리는 그들이 하는 이야기를 이제야 이해할 수 있는 언어로 옮기기 시작했다.

영원한 바다는 거센 파도가 되어 스코리의 루이스 편마암과 암맥에 부딪치고 있다. 바람이 가시금작화 덤불 사이로 쌩쌩 불고 있지만, 10월인 지금도 그 가시들 사이에 숨어 콩과 식물이 샛노란 꽃 몇 송이를 피우고 있다. 만

---

* 달은 매년 지구로부터 6센티미터씩 멀어지고 있다.

을 죽 훑어보면, 회색의 고대 암석들이 물결치듯 이어지면서 물결이 이는 짙은 바닷속으로 뻗어 있는 광경이 보인다. 수평선은 안개로 뿌옇고, 멀리 있는 섬들도 흐릿하다. 먼 곳을 주시하려는 것은 선캄브리아대를 들여다보려고 애쓰는 것과 흡사하다. 멀리 있는 것일수록 잘 보이지 않으며, 세부적인 것들은 볼 수 없다. 여러 세대의 지질학자들이 같은 자리에 앉아서 같은 경관을 바라보며 생각에 잠겼지만, 그들이 보고 이해한 것들, 육지와 바다에 대한 인식은 그 시대의 지식과 편견에 따라서 달랐다. 한때 도저히 이해할 수 없었던 기반암들은 이제 하나씩 꺼내어져서 지구 역사의 제자리에 끼워지고 있다. 초대륙들은 생겼다가 사라졌지만, 얼룩이 진 편마암들은 남아 있다. 루이스 암을 토리던 퇴적암이 덮고, 그 위를 다시 붉은 퇴적암이 덮기 전에 원생대의 태양에 구워졌던 갑 위에서 지금 갈매기들이 소리를 지르고 있다. 모든 것들을 지켜보았던 이 편마암들은 지금 일종의 휴식을 취하고 있는 셈이다. 현재의 바다가 가하는 공격은 세계를 떠돌고, 깊은 용광로에서 구워지고, 대기가 변화하는 것을 말없이 지켜보고, 주제넘은 신참들인 동물들이 번성하는 것을 지켜본 이 암석들에게는 역사에 덧붙이는 후기에 다름 아니다. 바짝 구워진 지구에서 마지막 생물이 사라질 때까지 이 암석들은 여기에 그대로 서 있을 것이다.

11

표면 이야기

노새는 동시에 네 다리를 볼 수 있는 위치에 눈이 달렸다. 따라서 폭이 1미터밖에 안 되고 한쪽이 높이 150미터의 깎아지른 절벽인 길에 딱 맞는다. 깎아지른 절벽 바깥으로 둥글게 굽은 모퉁이에 다가갈 때, 노새는 허공으로 머리를 쭉 내밀고는 몸을 획 돌려서 앞에 있는 동물의 뒤를 따라 돈다. 내 생각에는 노새들이 일부러 그러는 것 같다. 안내인인 켄은 말한다. "싫으면 눈을 감아요. 아무튼 노새는 원래 그래요." 나는 겁에 질린 채 안장 앞머리를 꽉 붙든다.

애리조나의 그랜드캐니언으로 내려가는 길은 원대한 지질학적 여행이기도 하다. 캐니언의 가장자리에서 콜로라도 강까지는 수직으로 1.6킬로미터가 넘는다. 계속 이어져 있는 지층들을 따라가다 보면 지구 역사의 절반을 가로지르게 된다. 노새가 조심스럽지만 거침없이 터벅터벅 나아갈 때, 그 등에 탄 당신은 지질학적 기둥들을 타고 아래로 내려가는 셈이다. 당신은 시간 여행자가 된다. 기우뚱거리며 한발 한발 내려가면서 수천만 년, 수억 년의 세월을 지나친다.

그랜드캐니언은 예상치 않은 상황에서 갑자기 눈앞에 나타난다. 코코니노 고원을 가로질러 남쪽 가장자리에 접어들면, 기복이 거의 없는 길이 나온다. 메마른 평원을 지나면, 피뇽 소나무와 폰데로사 소나무가 깃털 모양의 노간주나무들과 뒤섞여 있는 끝없이 펼쳐진 숲이 나온다. 숲 아래쪽으로는 가시투성이 선인장들과 펑크족 머리 같은 용설란 덤불이 보인다. 아주 멀리까지는 볼 수 없다. 매우 상쾌하면서 몹시 평범한 풍경이다. 그러다가 갑자기 숲이 끝난다. 무엇인가가 땅을 싹둑 잘라낸 것이다. 그랜드캐니언은 아무런 사전 예고 없이 그렇게 눈앞에 모습을 드러낸다. 심지어 완만한 경사면 같은 것도 없다. 그것은 친숙하면서도 낯설다. 이미 사진이나 영상을 통해서 여러 번 본 풍경이기 때문이다. 그것은 모나리자나 엠파이어스테이트 빌딩처럼 보편적인 아이콘에 속한다. 당신은 이 드넓은 균열이 다른 무엇인가를 아주 교묘하게 3차원으로 표현한 것이 아닐까 잠시 생각한다. 그러면서도 그것은 놀랍고 기이하다. 어떤 영상도 그것의 진정한 규모를 담아내지 못하기 때문이다. 반대편 북쪽 가장자리는 16킬로미터쯤 떨어진 곳에 있다. 하지만 아침 햇살 아래에서 보면 훨씬 더 가깝게 느껴진다. 빛이 어떻게 비치는가에 따라서 훨씬 더 멀리 있는 것처럼 보이기도 한다. 사실 멀리 있는 계류(溪流)와 산은 마치 극장에서 원근감을 표현하기 위해서 그린 배경처럼 보이기도 한다. 솜씨 좋게 제작해 죽 이어 붙인 배경막 같다. 유백색, 오렌지색, 선홍색, 암갈색 띠들이 넓은 붕대를 감은 듯이 지평선에 나란히 나 있다. 그 움푹 파이고 침식된 헐벗은 암석들은 모두 육중한 탑과 성과 검은 지하 동굴만을 남기고 깎여나간 듯하다. 그것을 건축물에 비유하고 싶은 유혹을 떨쳐낼 수가 없다. 딱 맞는 비유는 데칸 고원에 있는 엘로라 힌두 사원들이다. 그곳에서는 인간이 손으로 암석을 깎아서 건축물을 만들었다. 일종의 반(反)건축인 셈이다. 애리조나에서는 콜로라도 강이 조각가이다. 그 조각가는 어두컴컴한 골짜기 속으로 아주 깊숙이 가라앉아 있기 때문에 그랜드캐니언 가장자리에서는 보이지 않는다. 침식의 원동력인 그 강은 협곡의 바닥을 따라 난 검붉은 틈새 사이에서만 언뜻언뜻 보일 뿐 모습을 감추고 있다. 어두컴컴한 이너 캐니언(Inner Canyon)은 비탈 위쪽의 형상들에 가려서 보이지 않을 때가 많다. 강의 모습이 언뜻 보인다고 해도 그것은 한 줄기 은빛 섬광에 불과할지 모르며, 작은 개울처럼 보이는 그것이 그렇게 드넓은 영역에 걸쳐서 암석의 계단들과 갑들을 조각했다고 가정하는 것이 왠지 불합리해 보인다.

들끓던 관광객들은 겨울이면 모두 사라진다. 협곡 위는 견딜 수 없을 정도로 춥다. 그 협곡은 거의 당신만의 것이 된다. 가장자리를 따라 난 길은 이리저리 굽어 있고, 모퉁이를 돌 때마다 풍경이 하나씩 나타난다. 키 작은 소나무들 사이로 눈이 가볍게 흩날린다. 이곳의 기후는 건조하며, 드문드문 자라는 아주 왜소한 침엽수들은 오랜 세월을 거쳐야 성숙해진다. 사방은 고요하다. 새가 거의 없기 때문이다. 때때로 거대한 까마귀가 불길하게 시찰 비행을 하며 지나간다. 새벽이 막 지난 터라, 협곡 깊은 곳은 짙은 어둠에 잠겨 있다. 해가 솟아오르면서 어둠은 차츰차츰 걷힌다. 빛이 점점 더 아래까지 비친다기보다는 조각상들을 뒤덮고 있던 불투명한 검은 덮개들을 누군가 걷어내는 것처럼 느껴진다. 햇살이 낮은 각도로 비치고 있을 때, 지층들은 가장 선명한 색깔을 띤다. 지층들은 끝없이 쌓인 합판들을 거대한 실톱으로 자른 것처럼, 굳건히 수평을 유지하고 있는 듯하다. 유백색 층들과 잘 익은 이탈리아 소시지 색깔인 선명한 황갈색의 층들이 확연히 대비를 이루고 있다. 가장자리에서 보면 이 층들이 얼마나 두꺼운지 추측하기가 어렵다. 깊이와 거리가 인식에 혼동을 일으키기 때문이다. 콜로라도 강에 다다르고 싶다면, 이 거대한 지층들을 내려가야 한다. 그런 뒤에야 진정한 규모를 실감하게 될 것이다.

그랜드캐니언이 우편엽서에 적힌 것처럼, 언제나 "세계의 7대 자연경관"이었던 것은 아니었다. 1540년 스페인 사람 가르시아 로페스 데 카르데나스가 서양인 중 최초로 그곳에 발을 디뎠다. 그는 전설에 나오는 시볼라의 일곱 도시와 당시의 유행에 따라서 황금을 찾던 중이었다. 그는 그 거대한 균열을 건널 수 없었고, 넘지 못한 것을 애통해하면서 고생만 하다가 보물은 찾지 못한 채 멕시코로 돌아갔다. 300년이 지난 뒤에도 그 거대한 균열은 여전히 사람들의 시선을 끌지 못했다. 1858년 측량사인 조지프 아이브스 중위는 그 "전혀 쓸모없는 지역"에 관한 보고서를 상관들에게 올렸다. "이 무익

한 지역을 방문하는 백인 조사단은 우리가 처음이자 마지막일 것이 분명합니다." 그 협곡 탐사는 1869년 남북전쟁에서 활약한 외팔이 노병 존 웨슬리 파월이 등장하기를 기다려야 했다. 현재는 콜로라도 강 446킬로미터를 열흘간 내려가는 "급류 타기 모험"이 인기를 끌고 있지만, 최초의 탐험가들에게 그것은 위험한 시련이었다. 그들은 아무런 정보도 없이 파월이 말하는 "전혀 미지의" 세계로 들어갔다. 그들은 급류를 타고 빠르게 나아가다가 배 네 척 중 하나를 잃었다. 상당량의 식량이 그 배에 실려 있었다. 탐사대는 열기와 위험으로 가득한 곳에서 얼마 안 되는 눅눅한 식량을 나눠 먹으며 견뎌야 했다. 그중 세 사람은 집으로 돌아가지 못했다. 그런 역경을 겪으면서도 파월은 꿋꿋하게 탐사를 계속했고, 암석 표본들과 화석들을 채집했다. 달에 갔다 왔다고 했을 때, 그것이 사실임을 증명하는 첫 번째 방법은 암석 조각을 가지고 오는 것이다. 파월은 그 모험을 담은 『콜로라도 강과 그 협곡 탐사(*Exploration of the Colorado River and its Gorges*)』를 씀으로써 "개척자 중의 개척자"라는 명성을 얻었다. 같은 탐사대의 일원이 쓴 일지에는 그가 약간은 덜 영웅적인 모습으로 그려져 있지만, 그의 용기를 의심하는 사람은 아무도 없었다. 파월은 더 나아가 미국 지질 조사국을 창설했다. 미국 의회의 결의에 따라, 그 협곡의 전경이 한눈에 내려다보이는 남쪽 가장자리의 튀어나온 갑 위에 그의 기념비가 세워져 있다. 청동에 얕은 돋을새김으로 조각된 수염을 기른 당당한 그의 모습은 왠지 찰스 다윈과 비슷해 보인다.

곧 웅장한 그랜드캐니언을 보는 시각이 급격히 바뀌었다. 그런 미적 인식의 전환은 빠르게 확산되었다. 토머스 모런 같은 미국 화가들은 그 황량함의 미학에 반해서 감정이 풍부하게 배어 있는 풍경화들을 그렸다. 이제 자연 그대로의 모습이 각광을 받게 되었다. 1890년대가 되자, 몇몇 모험심 가득한 인물들이 남쪽 가장자리에서 용감한 관광객들을 안내하고 접대하는 일을 시작했다. 버키 오닐이 살았던 오두막집은 1898년 브라이트에인절 호텔의 일부가 되었고, 지금도 보존되어 있다. 자른 통나무를 쌓아서 지은 소박하면서도 널찍한 집이다. 병에 꽂은 초를 배경으로 한 채 총이 든 권총집을 느슨하게 걸친 그의 사진이 바깥에 걸려 있다. 그 사진은 많은 것을 말해준다. 그는 1912년 테디 루스벨트를 노새 등에 태우고 캐니언 밑까지 안내했다. 나는 대통령의 체중이 현재 노새를 타고 갈 수 있는 체중의 상한선으로 설정된 90킬로그램을 초과하지 않았을까 생각해본다. 하지만 그 방문이 1919년 그랜드캐니언이 국립공원으로 지정되는 데에 한몫을 했으리라는 것은 분명하다. 샌타페이 철도 회사는 일찍이 1901년에 남쪽 가장자리까지 철로를 깔아놓고서, 대도시 생활에 지쳐서 정신을 새롭게 가다듬고자 하는 사람들을 끌어들였다. 그로부터 한 세기가 지나 내가 도착했을 때에도 역에서는 윙윙거리는 기관차가 여전히 대기하고 있었다. 이제 힘든 경험을 한 뒤 편안히 쉴 수 있는 호텔만 있으면 되었다.

곧 프레드하비 사가 호텔을 지었다. 1904년에 지어진 엘토버 호텔은 지금도 아주 멋진 모습으로 서 있다. 전원풍이라고 할까. 그 호텔은 마땅히 그래야 한다는 듯이 거슬리지 않게 풍경 속에 녹아 있다. 그것은 뉴멕시코에서 뉴펀들랜드에 이르기까지 북아메리카 국립공원에서 볼 수 있는 독특한 건축양식을 결정하는 데에 한몫을 했다. 그것은 "자연환경과 조화를 이루어라"라고 말한다. 20세기 초반이라면 말쑥하고 산뜻하며 당시에 꽤 빼어났던 멋진 유니폼을 입은 이른바 하비걸들의 시중을 받았을 것이다. 차림표에는 굴 요리가 있었다. 그 요리는 호텔 글자가 새겨진 도자기에 담겨 나왔을 것이다. 물론 장엄한 풍경은 호텔 바깥에 있었지만, 이제 중산층 관광객들은 경관을 감상하기 위해서 굳이 밖으로 나가 고생할 필요가 없게 되었다. 호텔까지 들어서자, 현대 관광 여행의 필수 요소들이 다 갖추어진 셈이었다.

남쪽 가장자리에 있는 소나무들 사이사이에 지면이 계단식으로 잘린 곳에는 짙은 유백색의 층상 암석이 노출되어 있다. 이 암석은 석회암으로서 카이밥 층을 형성하고 있다. 그리 오래 돌아다닐 필요도 없이 조금만 살펴보면 암석 표면이 풍화하여 떨어져나간 곳에서 화석들을 볼 수 있을 것이다. 산호와 조개 서너 종류가 남긴 골격들이다. 이 퇴적암은 원래 그런 동물들이 번성한 바다 밑에 쌓였던 것이 분명하다. 잘하면 갯나리의 줄기도 찾을 수 있을 것이다. 과거에 그 갯나리는 해류에 이리저리 흔들거리며 살았을 것이다. 그 바닷물은 얕고 따뜻했음이 분명하다. 그래야 석회암을 형성할 정도로 충분히 많은 양의 탄산칼슘이 물에서 빠져나와 침전될 것이기 때문이다. 북아메리카 대륙의 초기에 이 지역까지 내해가 들어왔음이 분명하다. 퇴적물들이 계속 쌓이면서 차례차례 새로운 해저가 위를 뒤덮었다. 그럼으로써 이곳에 지질학적 시간의 경과를 담은 목록이 만들어졌다. 가장자리 끝으로 가서 조심스럽게 캐니언 너머를 바라보면, 캐니언 꼭대기마다 온통 비슷한 유백색 석회암들이 가파른 절벽을 이루고 있음을 볼 수 있다. 과거에 바다가 수십 킬로미터에 걸쳐 펼쳐져 있었던 것이 분명하다. 그 화석들도 지질시대를 말해준다. 그것들은 오래전에 사라진 종들을 대표하고 있기 때문이다. 이 석회암들은 약 2억6,000만 년 전 페름기에 쌓인 것이다. 공룡들이 아직 패권을 얻지 못한 그 시기에, 따뜻한 바다가 로렌시아의 이 지역을 집어삼켰던 것이다.

이제 카이밥 층을 구분할 수 있으므로, 그것이 저 멀리 보이는 곳까지 맨 위의 층을 이루고 있음을 알 수 있다. 그 밑으로는 다른 지층들이 차례로 놓여 있다. 따라서 더 아래를 굽어볼수록 더 먼 과거를 보는 셈이다. 카이밥 층은 시작에 불과하다. 콜로라도 강까지 내려가는 여행은 수백만 년에 걸쳐 사라져간 바다의 성쇠를 볼 수 있는, 땅의 느린 맥박을 느낄 수 있는 기회가 된다.

요즘은 노새를 타고 아래로 내려가는 길이 아주 안전하지만, 그래도 여전히 짜릿한 경험이다. 모퉁이를 돌 때 몸이 바깥으로 넘어가서 깜짝 놀라기도 한다. 마치 허공으로 뛰는 것 같다. 길은 맨 위부터 100미터 정도 가파르게 아래로 돌며 내려간다. 꼭대기는 겨울이므로, 좁은 길에는 얼음이 깔려 있다. 아래쪽을 내려다보아야 하기 때문에 허공으로 뛰는 듯한 느낌을 맛볼 수밖에 없다. 내 노새의 이름은 버터밀크이다. 나는 곧 노새의 걸음이 안정적이며 불안감이 가라앉고 있다는 것을 깨닫는다. 비록 노새가 이리저리 기우뚱거릴 때마다 손가락으로 안장을 꽉 움켜쥐기는 하지만 말이다. 내 수첩은 그냥 코트 주머니 속에 들어 있다.

그 길에는 지질의 특성이 고스란히 반영되어 있다. 단단하고 내구성 있는 지층들은 가파른 절벽과 좁은 길을 만든다. 길은 곳곳에서 갑자기 맨 바위 위로 지나가기도 한다. 지층들에는 달라붙어 자라는 식물이 거의 없으므로, 기어오를 수 없는 벽으로 된 캐니언 전체의 지층들을 눈으로 하나하나 살펴볼 수 있다. 부드러운 암석들은 더 완만한 비탈에 더 완만한 길을 만들며 겁날 정도로 높이가 크게 달라지는 곳도 적지만, 더 쉽게 씻겨나가기 때문에 바닥이 울퉁불퉁하고 떨어진 돌들이 곳곳에 놓여 있다. 그런 곳에서 노새는 아주 조심조심 발을 디뎌야 한다.

카이밥 층에 난 길은 가파르다. 나는 내려가면서 마주치는 지층들의 이름을 되새겼다. 카이밥, 토로위프, 코코니노, 허미트, 수파이, 레드월, 무아브, 브라이트에인절, 태피츠, 비시누의 순서였다. 화이트에인절 호텔의 접수 계원이 가르쳐준 약간 외설적인 기억법이 어느 정도 도움이 되었다. 그 기억법을 읊어대면 얼굴이 붉어질 테니 삼가기로 하자. 그곳에 길이 날 수 있었던 것은 퇴적층 전체에 걸쳐 생긴 균열인 단층 덕분이다. 그 약한 지점을 따라 선택적으로 침식이 느릿느릿 일어난 결과 길이 생긴 것이다. 우리는 거대한 V자형 도랑의 옆을 따라 내려가고 있는 셈이다. 나는 내려가면서 모든 지층을 하나하나 자세히 살펴볼 수가 없었다. 버터밀크가 앞에 있는 노새를 계속 잘 따라가도록 하는 데에 온통 신경이 쏠려 있었기 때문이다. 하지만 토로위프 층에서 수직으로 거의 200미터를 지그재그로 내려간 곳에 기쁘게도 쉴 만한 곳이 있었다. 게다가 거기에는 길옆으로 튼튼한 소나무들이 있어서 더 안심이 되었다. 이 암석층은 위에 있는 카이밥 층보다 약간 더 오래되었을 뿐만 아니라, 더 부드러운 것이 분명했다. 나는 안장에 앉은 채 긴장을 풀었다.

그러나 너무 일찍 긴장을 풀었다는 것이 드러나고 만다. 다음 모퉁이를 돌자 상상 속에나 나올 법한 깎아지른 절벽을 따라서 아찔한 길이 나타난다. 길은 마치 손톱 끝에 걸쳐 있는 듯하다. 여기가 코코니노 층이다. 이 층은 연한 노란빛의 거의 순수한 사암으로 이루어져 있다. 나는 지질학자의 눈으로 원형극장을 둘러보듯이 그 수직 절벽을 살펴본다. 높이가 적어도 100미터는 되어 보인다. 아무도 기어오를 수 없을 것 같은 장벽이다. 마치 성벽처럼 눈에 보이지 않는 곳까지 뻗어 있다. 그때 사암 속에 박혀 있는 구조들이 눈에 들어온다. 사암층 안에 높이가 몇 미터쯤 되는 사층리(斜層理)들이 물결을 이루고 있다. 노출된 암석의 표면에는 수평으로 놓인 지층들과 특정한 각을 이루는 선들이 새겨져 있다. 지질 안내서를 들추어보지 않더라도 이 물결무늬들이 무엇인지 알 수 있다. 우리는 지금 사막의 모래를 가로지르고 있는 것이다. 바람에 의해서 형성된 모래 언덕들은 이런 독특한 단면을 남긴다. 코코니노 층이 쌓일 때 바다는 이 지역을 포기하고 물러났다. 그러자 또다른 바다가, 지평선 끝에서 끝까지 뻗어 있는 건조한 모래 언덕의 바다가 나타났다. 이 층에는 전갈이 지나간 자국과 먹이를 찾아 모래 언덕들을 빠르게 돌아다닌 파충류들의 발자국이 굳은 것 외에는 화석이 전혀 없다. 그 발자국들은 사암의 표면에 작은 잔물결 같은 선들을 이루고 있다. 별다른 생각 없이 그냥 보고 지나칠 만한 선이다. 이곳은 냉혹한 세계였다. 페름기 중에 땅이 바짝 말라서 사하라 사막처럼 되어버린 시기였다. 이 암석층을 지날 때 몸을 찰싹 붙여야 했으니, 그 시대에 걸맞은 시련을 겪는 듯하다.

그곳을 지나니 암석이 붉게 변한다. 곧이어 길이 완만해지고, 암석들도 더 부드러워지며, 기울기도 완만해진다. 색깔의 변화는 우리가 허미트 층에 도달했음을 나타낸다. 부드럽고 선명한 붉은색의 셰일들이 쉽게 침식되어 캐니언의 단면에 기울어진 의자를 만들어놓았다. 유백색에서 붉은색으로 갑작스럽게 바뀌는 이 부분은 정상에서 내려다보았을 때 뚜렷하게 보이던 선들 중 하나이다. 그리고 나는 세스나 비행기를 타고 라스베이거스에서 캐니언 위를 날아갈 때 공중에서 이 선을 수 킬로미터에 걸쳐 눈으로 따라갈 수 있었다. 노새들은 이제 미끄러운 자국들이 지그재그로 끝없이 이어진 듯한 길을 가야 한다. 여기서는 비가 오면 길이 씻겨 사라진다는 문제가 있다. 하지만 점잖게 갈 수 있는 길이 나타나자 경사가 덜 급한 곳에서 자라는 식생들을 둘러볼 기회가 생긴다. 이제 눈은 더 이상 보이지 않는다. 내려오면서 기온이 높아져서 다른 기후대로 들어온 것이다. 위에서 보았던 침엽수들 중 서너 종류가 여기에도 있지만, 작은 참나무들이 많이 보인다. 붉은색은 더 밑으로 아주 긴 시간 동안 이어진다. 어느 지점에서 길은 다시 가파르게 변하고, 급경사의 절벽들과 노새 위에서 손에 땀을 쥐게 하는 사암으로 된 길이 나타난다. 이제 수파이 층군으로 내려온 것이다. 수파이 층군은 두껍고 침식에 잘 견디는 사암층과 이암 같은 더 부드러운 암석층들이 수없이 번갈아 놓여 있는 곳이다. 지층들이 번갈아 나타나면서 길은 계단처럼 된다. 그 다음 더 가파르게 변하면서 이리저리 돌다가, 다시 완만한 길이 길게 이어진 뒤, 늙은 카우보이처럼 안장에서 몸을 푹 수그린 채 가는 셰일층 길이 나타난다. 깨닫지 못하는 사이에 다시 300미터를 더 내려왔다. 그랜드 캐니언을 장엄하게 만드는 데에 한몫하는 암석의 붉은색은 철분 때문에 생긴다. 산소가 있을 때 철 광물이 풍화하면, 철이 산화제2철 상태로 바뀌면서 팥색이나 입술연지 색이나 녹슨 색깔을 띤다. 지각에 가장 풍부한 원소 중 하나가 가장 다채로운 색깔로 풍경을 꾸미고 있다. 그런 붉은 암석들은 퇴적이 육지에서 일어났음을 의미할 때도 있다. 즉 바람이 중요한 역할을 했던 것이다. 노새에서 기어내려와 지질 망치로 암석을 두드릴 수 있다면(엄격하게 금지되어 있다), 우리는 말꼬리의 화석이나 양서류의 발자국을 발견할지도 모른다. 이 지층에는 다양한 수파이 암석들이 쌓이던 시기인 2억7,000만 년에서 3억2,000만 년 전의 생물들이 들어 있다. 이 지층들은 우리를 석탄기의 해안 평원으로 데려간다.* 그 고대의 경관은 종종 지금의 걸프 해안과 비교되곤 한다. 그곳에는 원시적인 식물들로 이루어진 작은 숲들이 드문드문 있었고, 나름대로 둑이 있는 하천들이 흘렀으며, 다른 어디엔가에는 많은 모래 언덕들이 있었다. 이 모든 것들은 지층에 흔적을 남겼다. 그렇게 해서 그랜드캐니언의 벽에 사라진 경관 하나가 덧붙여졌다. 즉 또 하나의 퇴적물 담요가 더 앞서 있었던 역사들을 뒤덮었다. 또 하나의 표면 이야기인 셈이다.

그러다가 갑자기 몸이 밑으로 확 쏠리는 바람에 그만 생각이 그치고 만다. 레드월 층이다. 이 지층은 이름에 딱 어울리는 곳이다. 즉 붉은 벽을 이루고 있다. 높이가 150미터에 달하는 난공불락의 수직 장벽이다. 존 웨슬리 파월은 그것에 이름을 붙였지만, 한편으로 그것을 두려워했다. 암석 표면에는 아무것도 자라지 않는다. 길은 오싹한 기분이 들 정도로 절벽 앞쪽으로 돌아서 내려간다. 마치 번갯불이 제멋대로 친 듯이 이리저리 꺾여 있다. 길을 내려가는 데에만 온통 정신을 집중해야 하는 상황이다. 급하게 꺾인 곳을 하나 돌자, 무너진 곳이 나온다. 거기를 보니 이 지질학적 예리코를 구성하고 있는 암석이 전혀 붉지 않다는 것이 드러난다. 그것은 연한 회색, 아니 거의 하얀색이다. 사실 그것은 맨 처음에 본 카이밥 층의 암석과 같은 거대한 석회암이다. 붉은색은 바로 위 수파이 층에서 나온 먼지들 때문에 겉면에만 색깔이 입혀진 것이다. 장엄한 성벽을 분홍빛으로 칠한 일종의 철 함유 수성 페인트인 셈이다. 이른 아침의 햇살이 비치자 벽에서 빛이 나는 듯하다. 레드월 석회암의 위쪽에는 동굴들이 있다. 높은 곳에 있어서 검게 보이고 접근할 수도 없다. 대부분의 석회암들이 그렇듯이, 이 석회암도

---

* 미국에서는 이 시기를 미시시피기와 펜실베이니아기라고 부른다.

해양성으로서 따뜻한 바다에 쌓였던 것이다. 여기에는 기원을 말해주는 화석들이 무수히 많이 들어 있다. 완족류와 나우틸로이드(nautiloid)의 껍데기, 산호와 이끼벌레의 골격 등이 그렇다. 화석들은 석회암이 석탄기(미시시피기) 초에 퇴적되었다는 이야기도 해준다. 북아메리카 대륙의 넓은 지역이 얕은 바다였을 때이다. 이 시대를 거치면서 내 다리는 뻣뻣해지고, 가여운 버터밀크의 온몸에서는 땀이 흘러내린다.

그러나 안내인인 켄은 아직 내리지 못하게 한다. 그가 버터밀크에게 뒤처지지 말라고 휘파람을 불자, 버터밀크는 걸음을 빨리 한다. 나는 데본기에 형성된 얇은 해양성 지층인 템플뷰트 층은 거의 보는 둥 마는 둥 지나친다. 하지만 그 밑의 캄브리아기로 내려가니 볼 여유가 생긴다. 길이 좀 수월해지고, 지층이 더 부드럽고 입자가 고와지기 때문이다. 이 지층을 보니 고향에 온 듯한 기분이 든다. 캄브리아기는 삼엽충이 가장 번성했던 시대로서, 거의 평생 동안 나는 삼엽충을 연구해오고 있기 때문이다. 5억 2,000만 년전이 바로 나의 시대이다. 삼엽충은 바다에만 살았으므로, 브라이트에인절 셰일이 쌓이고 있을 때 그랜드캐니언은 다시 바다 밑에 잠겨 있었던 셈이다. 아직 어떤 생물도 육지로 올라가는 모험을 감행하지 않았던 먼 과거이며, 여행을 시작할 때 암석에서 보았던 산호도 나우틸로이드도 아직 진화하지 않은 시기이다. 우리는 동물이 출현한 시대로 돌아가고 있다. 왠지 마음이 허전하다. 뭔가가 빠져 있다. 나는 언제나 오르도비스기를 찾는데, 이곳에는 오르도비스기나 실루리아기의 암석이 전혀 없기 때문이다. 이곳에서 그 1억 년에 해당하는 지질학적 시간을 기록한 암석을 찾아낸 사람은 아무도 없다. 바다가 어딘가로 빠져나갔던 것이다. 데본기의 템플뷰트 층과 캄브리아기의 무아브 석회암 사이에는 부정합이 있다. 우리는 이 긴 기간에 그랜드캐니언에서 무슨 일이 있었는지 결코 알지 못할 것이다. 암석 기록이 없다면 시간의 책을 읽을 방법이 전혀 없다. 그것은 아스테카 문명의 비밀이나 이스터 섬 주민들의 의식보다도 더 확실하게 사라진 것이다. 우리는 캄브리아기를 지나, 즉 무아브 층을 지나 브라이트에인절셰일이 드러난 곳으로 내려간다. 캐니언 전체에서 가장 부드러운 암석이 여기에 있다. 그 결과 이어지는 절벽 중간에 널찍하게 펼쳐진 곳이 생겼다. 이곳을 톤토 플랫폼이라고 한다. 그랜드캐니언 정상에서도 잘 보이는 곳이다. 톤토 플랫폼은 일종의 검은 평원처럼 멀리 아래쪽까지 펼쳐져 있으며, 거무스름한 색깔이 그 위의 가파른 레드월 석회암의 따뜻한 색조와 뚜렷한 대조를 이룬다. 이곳은 가파르게 이어지던 지층 계단에서 층계참이며, 예전에는 캐니언을 횡단하는 주요 통로이기도 했다. 길은 휘감기면서 계속 뻗어 있다. 위에서 보면 톤토 플랫폼 너머에, 그 아래에 무엇이 있는지 잘 보이지 않는다. 노새가 더 편안하게 천천히 걷자, 나는 겨울에는 잎을 모두 떨구는 가시투성이 덤불인 토착 식물 스크럽오크를 볼 기회를 얻는다. 이 정도 깊이까지 내려오면 교목은 모두 사라지고 없다. 우리는 사실상 반사막에 와 있다. 추운 정상에서 입었던 두꺼운 옷들은 곧 벗어야 한다.

여기서 마침내 다리를 제대로 펼 기회가 생긴다. 우리는 인디언가든스라고 하는 작은 골짜기에 들어선다. 나무 몇 그루와 갈대와 두 채의 낮은 건물이 있다. 땅에서 샘이 솟는 곳이다. 갑자기 모든 것이 지극히 일상적인 규모로 돌아온다. 앞쪽에 노새를 매어놓는 말뚝이 있다. 켄은 친절하게 우리가 노새에서 내려오도록 도와준다. 우리는 몇 분 동안 안짱다리를 한 채 어기적거리며 걷는다. 한때는 푸에블로 인디언들이 여기에 살면서 옥수수와 콩, 두 종류의 호박을 재배했다. 브라이트에인절 단층이 투수성이 다른 암석들을 붙여놓았기 때문에 물은 콸콸 쏟아진다. 협곡의 남쪽 위에 있는 건물들이 쓰는 물은 모두 이곳에서 퍼올린 것이다. 물에 침식된 장엄한 경관 속에서 좋은 물을 마시기 위해서 1,000미터 위쪽으로 물을 퍼올린다고 생각하니 신기하다. 코코니노 고원에 내린 얼마 안 되는 비가 지하의 다공성 암석들 속으로 빠르게 스며들었다가, 깊숙이 내려와서 다시 이 샘으로 나오는 것이 분명하다.

　우아한 자세가 아니라 마지못한 모습으로 나는 버터밀크에 다시 올라탄다. 인디언가든스에서 나오는 작은 개울은 나름대로 몇 미터 높이의 멋진 작은 계곡을 깎고 있다. 노새는 그 옆으로 난 길을 따라간다. 발굽이 돌에 닿는 소리와 개울에 물 튀기는 소리가 어울린다. 이 길은 태피츠 층을 가로지른다. 나는 켄에게 이 깨끗한 물을 마셔도 안전한지를 묻는다. 그는 여기에도 안 좋은 미생물들이 살고 있으니 마시지 않는 편이 좋다고 충고한다. 길은 이제 완만하며, 거의 시골길 같다. 그리고 상쾌한 햇빛과 온기가 느껴진다. 우리가 지나가고 있는 사암은 노란색을 띤 석판 같다. 양편이 솟아오른 작은 협곡을 지나가려니, 마치 어떤 고대 사원으로 가는 움푹 들어간 길을 가고 있는 듯하다. 이따금 암석을 제대로 살펴볼 기회가 생긴다. 코코니노 사암처럼 이 사암에도 사층리가 있는데, 여기에 있는 것이 더 가파르고 더 섬세하다. 이 사암은 캄브리아기 해변에서 강력한 해류에 휩쓸렸던 모래들이 만든 것이다. 잠시 태양이 고대의 하늘 아래 원시시대 지구의 해안을 비춘다. 삼엽충들은 모래가 쌓인 해저에 구멍을 뚫는다. 공중에는 새가 없고, 지표에는 멀리 보아도 나무 한 그루 없다. 나는 고대의 동물들이 바닥을 가로질러 나아갈 때 생긴 실을 꼰 것 같은 자국을 찾아낸다. 모든 것의 출발점으로 돌아가는 듯한 느낌이다.

　속도가 약간 빨라진다. 길은 다시 가팔라지기 시작한다. 이제 끝났구나, 싶을 때 다시 극적인 일이 벌어지는 박람회의 구경거리를 볼 때처럼 속에서 철렁하는 느낌이 든다. 우리는 이너 고지(Inner Gorge)에 들어와 있다. 그리고 모든 규칙들이 달라졌다. 수평으로 층층이 쌓인 퇴적암들에 아주 익숙해져 있었나보다. 한단 한단 내려오는 지층들의 거대한 계단에 말이다. 이제 길옆에 있는 분홍빛 암석은 전혀 다른 모습이다. 우선 층을 이룬 흔적이 전혀 없다. 작은 개울은 단단한 덩어리 위를 계단식으로 흐르다가 툭 떨어지는 폭포가 된다. 그 밑의 암석은 오랜 세월 침식을 받아 매끈하게 변해 있다. 화강암이 분명하다! 그 발견의 의미를 미처 곱씹어볼 여유도 없이, 길은 가장 꾸불꾸불한 곳으로 내려가기 시작한다. 돌고 또 돌면서 숨 돌릴 겨를 없이 내려간다. 켄은 이곳이 "악마의 타래송곳"으로 불린다고 말해주었다. 그 순간 악마란 말이 언제나 험악한 지질에 붙는다는 생각이 잠시 떠오른다. 전 세계에는 악마의 사발, 악마의 계곡, 악마의 탑, 악마의 계단 등 악마라는 말이 붙은 곳이 많다.

이너 캐니언은 더 컴컴한 세계이다. 암석들의 색조도 바뀌어 있다. 거의 검은색을 띠는 지층들도 있다. 층층이 쌓인 지층, 층층이 펼쳐진 원형극장 등 캐니언 위쪽을 지배했던 수평이라는 규칙은 사라지고 없다. 이제 곤두서고 비틀려 있는 암석들이 나온다. 쥐어짜서 비틀어놓고 반죽해서 일그러뜨린 것들뿐이다. 안쪽의 더 깊은 골짜기는 좁고 절벽으로 둘러싸여 있다. 이제 우리는 대단히 넓은 캐니언 상부를 만든 요람이라고 할 수 있는 바닥의 좁은 V자 계곡을 보고 있다. 너무 깊이 내려와 있기 때문에, 겨울 태양은 마치 무덤 안으로 횃불을 들고 가는 고고학자처럼 잠깐 비쳤다가 금방 사라지고 만다. 노새 등에서 내려와 절뚝거리며 가파른 내리막길의 바닥을 돌아다닐 기회가 생겼을 때, 나는 이 깊은 성지의 대부분을 이루고 있는 검은 암석 조각 몇 개를 집어 든다. 검은 줄무늬가 있는 짙은 초록색 돌로 깨진 납작한 표면이 반짝거린다. 위에서 전혀 본 적이 없는 돌이다. 비시누 편암이다. 아마도 운모 광물들 중 하나인 녹니석이 반짝거리는 듯하다. 이너 캐니언은 변성암으로 이루어져 있다. 고대에 땅이 발작했을 때 구워졌다가 수직으로 선 것이다. 뉴펀들랜드에도 있고, 알프스 산맥에도 있지만, 여기에 있는 것이 훨씬 더 오래되었다. 우리는 더 먼 고대까지 소풍을 와 있는 것이다. 절벽에는 편암들이 분홍색 암맥들과 뒤엉키고 꼬인 것을 볼 수 있다. 그중에는 얼룩덜룩 덩어리를 이룬 것도 있고, 센바람에 뒤엉킨 머리카락들처럼 생긴 곳들도 있다. 너무나 복잡해서 도저히 파악할 수가 없을 듯하다.

무리지어 있는 분홍색 암석은 대부분 장석이다. 그것은 화성암이 분명하며, 마그마 암맥을 통해서 주변의 변성암으로 주입된 것이다. 앞에서 지나쳤던 화강암도 고대 조산운동 때 변성암 덩어리로 관입된 것이 분명하다. 나는 뉴펀들랜드의 모바일벨트에서도 비슷한 암석들을 본 적이 있다. 좀더 위쪽으로 화강암은 지독히 좁은 계곡을 만들고 있다.

캐니언의 바닥에서 올려다보니 조금 더 이해할 수 있는 것이 눈에 들어온다. 타래송곳 길이 더 젊은 지층을 향해 위로 뻗어 있는 것이 보인다. 태피츠 층이 마치 담요를 덮어놓은 양, 검고 뒤틀린 비시누 편암 위에 놓여 있다. 그것은 우리가 카이밥 석회암부터 죽 내려오면서 지나친 교란되지 않은 많은 수평 지층들 중에서 가장 오래된 것이다. 비시누 암을 가열하고 그 안으로 화강암을 관입시킨 사건들은 캄브리아기 사암이 처음 쌓이기 오래 전에 일어났던 것이 분명하다. 그 뒤의 모든 사건들이 표면 이야기를 이루었다. 고대의 지질 구조들이 이미 닳아 없어지고, 산맥들이 낮아지고, 울퉁불퉁한 곳들이 평지가 된 뒤에, 캄브리아기의 바다가 그 낮아진 잔해 위로 밀려들었다. 태피츠 층의 캄브리아기 사암들 밑에는 대부정합(Great Unconformity)이라고 하는 것이 놓여 있다. 즉 암석 기록에 나 있는 커다란 구멍인 셈이다. 사실 방사성 "시계"는 비시누 변성암이 약 17억 년 전 원생대 초에 땅의 죔쇠에 압착되었다고 말한다. 스코틀랜드 북서부의 고대 암석들이 형성된 시기와 그리 다르지 않다. 그랜드캐니언 어디에서나 원생대 후기의 암석들은 비시누 편암과 태피츠 사암 사이에 끼여 있다. 스코틀랜드에서 토리던 암이 루이스 편마암과 캄브리아기 암석들 사이에 끼여 있는 것과 흡사하다. 그것들은 잃어버린 시간의 일부를 "채우는" 역할을 하지만, 캄브리아기의 암석들이 쌓이기 전에 기울어지고 침식됨으로써 또다시 땅이 움직였음을 말해주기도 한다. 이 세계 최대의 골짜기에는 영겁에 가까운 세월이 쌓여 있다. 1,000년에 걸친 침식이 벽을 1미터밖에 깎지 못하고, 우리 앞에 굴러떨어져 있는 거대한 돌이 수 세기 동안 움직이지 않았다는 것을 떠올릴 때, 우리는 지질학적 시간이 얼마나 광대한지를 느낄 수 있다. 표면에 암석들을 쌓았다가 융기시키는 데에 수많은 세월이 필요하기 때문이다. 최초의 삼엽충이 최초의 캄브리아기 사암 위에서 멸종하기 전까지 수많은 삶과 죽음의 주기가 있어야 하기 때문이다. 그리고 그 모든 것의 바탕이 되는 지각판들의 느린 이동에도 많은 세월이 필요하기 때문이다.

갑자기 우리 앞에 콜로라도 강이 나타난다. 강은 소용돌이와 몇 군데에 하얀 물거품을 일으키면서 힘차게 흘러가고 있다. 이것이 맨 위에서 보았을 때 가느다란 줄처럼 보이던 바로 그 강이란 말인가? 이것이 파월이 말한 봄에 녹은 물이 "수백만 개의 작은 폭포들을 이루며 산비탈들을 굴러 떨어지는" 바로 그 강이 분명했다. "1,000만 개의 작은 폭포를 이루며 떨어지는 개울들이 모여 1만 개의 격렬한 지류가 된다. 1만 개의 격렬한 지류가 모여 100개의 강이 되어 큰물을 이룬다. 포효하는 100개의 강이 모여 콜로라도 강을 이루고, 그 콜로라도 강은 미친 듯이 탁류가 되어 캘리포니아 만으로 굽이친다." 현재 그 "붉은 강"은 이름값을 하고 있다. 그 물은 퇴적될 물질을 가득 싣고 있어서 탁한 담홍색을 띤다. 따라서 이것이 침식의 모터이자, 이너캐니언을 만드는 유일한 원동력이다. 비시누 절벽들은 수백 미터의 가파른 절벽을 이루며 물속으로 빠져든다. 이곳에서 강은 거침없이 세차게 흐르면서도 아주 장엄해 보인다. 하지만 우리는 떨어진 돌들이 매끄러운 흐름을 방해하는 곳에서, 바위들이 나무배를 산산조각 낼 수 있는 곳에서 소용돌이가 당신을 빨아들여 죽음을 안겨줄 수 있는 곳에서 강의 흐름이 위험할 정도로 빨라진다는 것을 알고 있다. 그 급류 지역들은 나름대로 경고가 담긴 이름들을 가지고 있다. 나는 특히 삭달러저 여울이 마음에 든다. 19세기 중반에 "삭달러저(sockdolager)"는 결정적인 타격을 뜻하는 속어였다. 그것은 에이브러햄 링컨이 들었던 마지막 단어들 중의 하나로 그가 암살당하는 순간에 보고 있던 연극의 대사였다.

콜로라도 강은 캐니언을 깎아낸다기보다는 그것을 운반한다고 할 수 있다. 강물은 상류에 있는 풍화된 암석들을 하류로 운반하고, 입자들을 실어 가고, 자갈들을 굴리면서, 기분에 따라서 넘치거나 잔잔히 흐른다. 콜로라도 고원은 강이 고역에서 벗어나 평안을 누리는 것을 막으려는 듯 전체적으로 융기해왔다. 자신을 둘러싸고 있는 세계가 솟아오르는 와중에도 강은 자신의 자리를 유지하는 일에만 열중했다. 그 결과 당나귀가 수레에 묶여 있는 것처럼, 이제 강은 자신의 협곡에 갇히게 되었다. 해변 모래밭에 흐르기 시작한 개울을 보라. 아주 작은 협곡이 형성되었음을 볼 수 있을지도 모른다. 곧 그 개울은 나란히 흐르는 더 작은 개울들로 나뉠 것이고, 그것들은 더 작은 지류로 나뉠 것이다. 한두 시간 내에 해변에는 600만 년 동안 융기가 일어난 양상이 거칠게나마 재현될 것이다. 더 넓게 보면, 콜로라도 고원의 융기는 태평양판이 북아메리카판에 충돌한 결과이다. 지각판들이 공모해서 그랜드캐니언을 만드는 곳은 세계에서 거의 찾아볼 수 없다.

　잠시 쉬어 갈 곳도 없다. 길은 오른쪽으로 돈 뒤에 강을 따라간다. 우리는 인도교를 그냥 지나친다. 노새들은 그 다리를 건너길 주저한다. 강물이 내려다보일 수 있고, 밑에 강물이 보이면 노새들은 겁에 질린다. 그래서 우리는 사우스카이밥 길에서 더 튼튼한 다리가 놓인 새 길로 돌아간다. 이 길은 대부분 다이너마이트를 터뜨려 만든 것이다. 길은 비시누 편암 절벽 중간에 아슬아슬하게 나 있다. 저 아래에서 콜로라도 강이 소용돌이를 치고 있다. 길이 무서울 수도 있지만, 이제는 혹시 노새에서 떨어지지 않을까 하는 불안감은 전혀 없다. 선인장 몇 그루가 암벽에 붙어 자라고 있다. 아무것도 먹지 않는 듯하다. 비가 온 후에 이곳에 왔다면, 그 가시투성이 줄기들에서 피어난 선명한 보랏빛 꽃들을 보았을 것이다. 더 완만한 비탈에는 바짝 마른 메스키트 덤불이 서너 군데 나 있다. 캐니언 바닥의 기후가 거의 사막에 가깝다는 것을 보여준다. 우리는 1월임에도 기온이 훈훈한 곳까지 내려와 있다. 여름이라면 분명 용광로나 다름없었을 것이다. 우리는 절벽에 있는 폐광을 지나친다. 계속 가다 보니, 미국의 우라늄 주요 공급원이던 또

초기에 콜로라도 강을 건너 팬텀랜치로 가려면 케이블카를 타야 했기 때문에 짜릿한 모험이 되었다. 1907년에 설치된 러스트 케이블카.

다른 폐광이 나온다. 남쪽으로 녹슨 도르래가 지금도 남아 있다.

콜로라도 강에 첫 다리가 놓이기 전까지, 팬텀랜치로 갈 사람들은 1906년에 설치한 작은 케이블카를 타고서 강을 건넜다. 노새들도 한 번에 한 마리씩 억지로 태워서 보냈다. 이 동물들이 급류 위에서 대롱대롱하며 얼마나 불안에 떨었을지 쉽게 상상할 수 있다. 지금도 노새들은 다리 건너기를 주저하는 기색을 보인다. 북쪽 절벽에 다다르자, 노새와 탄 사람 모두 안도한다. 강의 북쪽에는 둑 같은 것이 있다. 브라이트에인절 크리크가 콜로라도 강과 합류하는 곳이다. 이 지류는 단층을 따라서 흐른다. 지층 내에 자연적으로 생긴 약한 부위를 파고들면서 나름대로 옆에서 협곡을 만들고 있다. 그리고 그 협곡을 따라서 북쪽 꼭대기에서 밑으로 내려오는 길도 자연스럽게 생겼다. 계곡 바닥에 토양층이 얇게 깔린 곳도 있다. 우리는 폐허가 된 한 인디언 마을을 지나간다. 좁은 물가에 흩어진 돌들을 가져다가 엉성하게 지은 집들이었다. 사람들이 여기서 1,000년 넘게 재배도 하고 사냥도 하면서 살았다는 증거가 있다. 지구에서 씨가 싹틀 만한 곳들 중에서 기회주의자인 우리 인류가 발을 딛지 않은 곳이 어디 한구석이라도 있겠는가?

우리는 팬텀랜치에 도착해서 브라이트에인절 크리크 마을로 들어간다. 내려가는 여행은 여기서 끝난다. 노새들은 편하게 느릿느릿 걷는다. 우리도 다리를 펼 시간이다. 우리는 작은 외양간 앞에서 내린다. 한 젊은 여성이 레모네이드가 담긴 잔을 내밀며 우리를 맞이한다. 이곳은 이너캐니언이라는 메마른 암갈색 풍경 속에 있는 오아시스와 같다. 20세기 초 이곳에 미루나무들이 심어졌는데, 지금은 작은 숲을 이루어 미풍에 살랑거리고 있다. 여름이면 고마운 그늘을 드리울 것이다. 나무들 사이에 그다지 눈에 띄지 않는 오두막집들이 흩어져 있다. 우리 숙소는 단층으로 된 직사각형 집이다. 벽은 푸에블로 인디언들이 쓰던 것과 똑같은 종류의 돌들과 초록색으로 칠한 나무들로 세워졌다. 내부도 나무로 만들어졌고, 창틀도 마찬가지이다. 안에는 2층 침대와 고리버들 종류로 만든 탁자와 의자가 있다. 모두 기능

메리 콜터가 팬텀랜치에 지은 오두막 중 한 채. 쉽게 구할 수 있는 지질학적인 재료들을 사용했다.

위주로 만들어서 단순하다. 이곳은 1920년대에 메리 콜터가 조성했다. 그녀는 샌타페이 철도 회사에서 근무했다. 존 웨인의 세계에서 활약한 보기 드문 여성이었던 셈이다. 그녀는 인디언의 주택을 비롯하여 그 지역의 전통 양식에 스페인 양식을 가미해서, 자연 건축재료를 토대로 자신의 양식을 만들었다. 또 그녀는 남쪽 꼭대기에 기억에 남을 만한 건물들도 몇 채 설계했다. 팬텀랜치는 지역 풍경과 아주 잘 어울린다. 이곳 지질의 산물들을 건축에 활용한 결과 쉽게 경관의 한 부분이 되었고, 고즈넉한 분위기를 자아내고 있다.

아침에 나는 강가로 내려가서 메리 콜터가 모은 것과 같은 종류의 크고 작은 돌들을 살펴본다. 어제 우리가 지나온 모든 지층들에서 떨어져나온 돌들이 모여 있다. 대부분은 닳아서 둥근 모양이다. 모난 것들은 폭풍우가 몰아쳐서 거센 물살이 앞에 있는 것들을 모두 굴리고 튀기면서 하류로 끌고 내려올 때 휩쓸려온 것들이다. 가장 흔한 것은 담황색의 사암 자갈이다 (아마 코코니노 층에서 떨어져나왔을 것이다). 나는 손안에 딱 들어가는 것을 하나 고른다. 셰이머스 히니의 "사암 기념물"이 생각난다.

……퇴적물인 그것은 아주 단단하고 묵직해서
나는 가끔 양손으로 던지며 주고받기를 했다.

그것은 또 세계가 끊임없이 변한다는 것을 상기시키는 역할도 한다. 이 오래된 자갈은 더 앞서 땅의 순환 과정을 겪은 모래 알갱이들로 만들어진 것이며, 다시 닳아서 구성물질인 모래 알갱이로 돌아가는 중이기 때문이다. 그 모래 알갱이들은 쓸려가서 바다에 다다를 것이다. 그러면 모여서 다시 사암이 될 것이고, 그 사암은 융기하여 다른 절벽, 다른 산을 만들 것이다. 그런 순환은 세상이 끝나는 날까지 계속된다.

노새는 다른 길을 따라 꼭대기로 돌아간다. 위쪽으로 역사를 가로지르면서 지질시대라는 테이프는 다시 감긴다. 안쪽 협곡의 꼭대기에서는 원생대 말기의 지층들을 조금 더 볼 수 있다. 숨겨진 가파른 "협곡 내 협곡"인 이너 캐니언 위로, 익숙한 지층들을 역순으로 지나친다. 내려올 때처럼 지층마다 비탈의 경사도가 달라진다. 버터밀크는 더 쉬엄쉬엄 가파른 곳을 돌아 올라가고, 곧 옆구리가 온통 땀으로 젖는다. 사우스카이밥 길에서 레드월 석회암을 오르는 길은 스켈레톤 포인트라는 낭떠러지 옆에 난 좁은 길이다. 80년 전 여성들은 이 절벽을 보고 까무러쳤다가 암모니아 냄새를 맡고서야 깨어났다(켄은 여기서 추락하면, 떨어지는 동안 잎담배를 하나 말아 피우고 그동안 지은 죄를 모두 뉘우치고도 시간이 남을 것이라고 말한다).

여기서는 캐니언의 기괴한 암석 덩어리들이 한눈에 보인다. 우리는 오닐 뷰트를 돌아가고 있다. 버키 오닐의 이름을 따서 붙인 작은 탁상지(卓狀地)로서, 주변의 다른 지층들이 모두 침식되어 사라지고 남은 경이로울 정도로 가파른 천연 받침대 위에 놓여 있다. 이곳에 자신의 이름을 딴 지형을 가진 사람은 오닐뿐이다. 협곡 꼭대기에서 볼 수 있는 침식 산물들에는 대부분 "신전", "성지", "옥좌"와 관련된 이름이 붙어 있다. 고대 문명, 스칸디나비아 신화, 동양에서 온 이름들도 있다. 쿠푸 피라미드는 이시스 신전과 시바 신전을 바라보고 있다. 보탄의 옥좌는 프레야 캐슬 옆에서 크리슈나시라인과 시바 신전과 마주하고 있다. 솔로몬, 비너스, 조로아스터라는 이름도 있다. 탁상지와 봉우리로 이루어진 이 건축학적 기념물들은 신들이나 구세계의 유명한 건축물들의 이름을 빌려서 자신의 위엄을 드러낸다. 어떤 이름이 붙을지는 운수에 달려 있다. 이렇게 신화의 등장인물들이 모두 모이게 된 것은 지질학자 클래런스 더턴 덕분이다. 우리는 하와이에서 그를 이미 만났다. 더턴이 1882년에 펴낸 『그랜드캐니언 지역의 제3기 역사(*Tertiary History of the Grand Canyon District*)』는 이 지역을 설명한 고전이다. 더턴은 북쪽 꼭대기의 포인트서블라임에서 본 전망을 묘사할 때 표현을 아끼지 않았다. "땅이 우리 발 앞에서 갑자기 한없이 깊이 가라앉는다. 순간 현기증이 일면서 경외심을 일으키는 풍경이 눈앞에 펼쳐진다." 정말 그렇다. 골동품 애호가였던 그는 그 지식을 활용해서 "경외심을 일으키는 풍경"에 속한 놀라운 형상들에 붙일 이름을 골랐다. 그는 구세계의 위대한 이름들을 가져다 붙임으로써, 그랜드캐니언이 신세계의 경이 중의 경이라고 주장한 것인지도 모른다.

  나는 그런 과장된 다문화주의를 전에도 본 적이 있음을 깨달았다. 네바다 주의 라스베이거스에서였다. 라스베이거스의 중심가에는 룩소르(고대 이집트에서 짜릿한 경험을 맛보시길!)가 엑스칼리버(기사답게 마상 시합을!)와 어깨를 맞대고, 카이사르의 궁전(로마의 영광을!)이 파리(그렇다, 파리다!)나 뉴욕 뉴욕과 경쟁하고 있다. 각각의 대형 호텔들은 이름에 걸맞게 치장하고 있다. 고대 로마의 기둥들과 주랑들, 아서 왕의 모험담을 떠올리게 하는 방패들이 늘어서 있다. 반면에 카지노들은 어디를 가든 똑같아 보인다. 가장 모순적이면서도 대단히 매력적이며, 전혀 온당치 못한 것은 라스베이거스가 자리한 모하비 사막이 물에 흠뻑 적셔진다는 것이다. 매년 그랜드캐니언을 찾는 사람보다 다섯 배나 더 많은 사람들이 라스베이거스를 찾는다.

그랜드캐니언의 독특한 지질학적 환경은 역사를 깊이 들여다볼 기회를 준다. 하지만 세계에는 나중 시대부터 시작해서 깊은 바닥까지 암석들이 마찬가지로 층층이 쌓여 있는 모습이 드러난 땅이 깊이 갈라진 지역이 무수히 많다. 비록 위에 젊은 암석들이 덮어서 밑의 지층들이 숨겨져 있기도 하지만, 석유 탐사나 지열 에너지원을 찾기 위해서 시추공을 뚫을 때 그것들을 들여다볼 수 있다. 다이아몬드 날을 붙인 드릴 덕분에 우리는 그것들을 볼 수 있다. 시추 회사와 석유 회사의 자료 보관소에 가면, 시추공에서 나온 암석 코어(core)들이 선반마다 층층이 길게 놓여 있다. 잘 모르는 사람은 이 코어들을 보고 심드렁할지 모른다. 그러나 거기에 나타난 지층들이 시간과 풍화의 힘에 노출되었다면, 또다른 그랜드캐니언이 만들어졌을지도 모른다. 우리가 지구조라는 마법의 지팡이를 휘둘러 영국 남부를 천천히 솟아오르게 할 수 있다면, 템스 강도 아주 장엄한 협곡을 팠을 것이다. 비시누 편암에 상응하는 것이 드러날 때까지 깊이 말이다. 프랑스 북부에서 똑같은 마법을 쓸 수 있다면, 센 강은 단단하거나 부드러운 층들을 파고 들어가 고대의 변성암에 다다를 것이다. 텍사스, 피라나 분지, 아라비아 반도, 서아프리카, 시베리아도 마찬가지일 것이다. 중국의 양쯔 강 협곡은 동양의 그랜드캐니언이라고 할 수 있다. 비록 그랜드캐니언과 같은 규모의 협곡은 만들어지지 않았지만, 거의 수평으로 쌓인 지층들이 수 킬로미터에 걸쳐 뻗어 있다. 슬프게도 새로 짓는 댐이 완성되면 그중 많은 부분이 물에 잠길 것이다. 현재 지질학자들은 그곳이 잠기기 전에 가능한 한 많은 자료를 모으기 위해서 애쓰고 있다.

층서학자들은 그랜드캐니언의 상부처럼 암석들이 수평으로 쌓인 곳을 좋아한다. 에두아르트 쥐스는 더턴이 설명한 캐니언 암석들을 이렇게 평하기도 했다. "따라서 자연은 자신의 연대기를 쓰며, 우리가 이 역사서를 맨 처음 읽어달라는 요청을 받은 관찰자들을 부러워하는 것도 당연하다." 혼란스럽게 뒤죽박죽이 된 습곡 작용을 받은 조산대의 암석들과 달리, 이런 곳에서는 지층 순서를 잘못 읽을 이유가 없다. 그 지층들은 누구나 알아볼 수 있도록 쌓여 있다. 그 지층들은 대개 "레이어 케이크(layer cake)" 층서를 보여준다. 라자냐 층서라고 불러도 될 것이다. 하지만 실제 그 지층들에는 공백기가 있을 수 있다. 즉 암석들이 전혀 쌓이지 않았거나, 쌓였지만 나중에 침식으로 제거된 시대가 있을 수 있다. 따라서 어느 한 장소에서 암석들의 연대를 추정할 때에는 신중을 기할 필요가 있다. 지층의 순서를 읽어내려가는 것은 지구의 일기를 뒤로 한 장씩 넘기는 것과 같다. 지질학자는 바다가 대륙을 덮었을 때, 또는 바다가 물러가고 모래와 거센 바람이 휘몰아치는 세계가 남았을 때를 관찰한다. 그는 민물 호수와 강이 속새에 적합한 환경을 만들고, 그 옆에서 바퀴벌레, 물고기, 노래기가 번성할 때 생긴 암석들과 화석들이 어떤 특징을 가지는지 안다. 그는 언제가 열대 기후였고, 언제가 혹한의 시기였는지를 알아낸다. 그는 퇴적물들을 연구함으로써 언제 격렬한 폭풍이 휘몰아쳤고, 언제 갯나리의 털 많은 몸통이 부러지지 않고, 탈피한 삼엽충의 껍데기가 부서지지 않은 채 보존될 만큼 해저가 잔잔했는지 알아낸다.

이 모든 변화의 주기들은 판구조론과 관련이 있다. 대륙들이 형성된 뒤, 그중 일부는 안정화되었고 퇴적물을 받아들일 상태가 되었다. 그 퇴적물들이 보존될지의 여부는 육지와 해수면 높이 사이의 미묘한 균형에 달려 있다. 지금은 지구의 해수면이 상대적으로 높아져서 대륙의 내부까지 물에 잠겼던 때가 언제인지, 그리고 바다가 대륙에서 해저 분지로 빠져나간 때가 언제인지를 잘 알고 있다. 해저가 유독 활발하게 확장되던 시기는 바닷물이 대륙으로 밀려들던 시기와 일치하는 듯하다. 지금 극지방의 만년설이 녹아 지구의 해수면이 솟아오른다면 오스트레일리아의 평원들이 물에 잠기고, 널라버 평원으로 물이 밀려와서 에어즈 록이 반짝거리는 내해에 솟아오른 섬이 되고, 블루 산맥이 군도가 되리라는 것을 쉽게 상상할 수 있다. 인도의 여러 지역과 방글라데시의 대부분, 네덜란드와 미시시피 분지 등은 물에 잠길 것이다. 그랜드캐니언에서 태피츠 사암은 평지가 된 선캄브리아대의 경관이 바다에 잠겼을 때인 캄브리아기 초의 해안 모래들이 만든 것이다. 나는 북극권에 있는 스피츠베르겐 섬에서 파카를 뚫고 들어오는 매서운 바람을 맞으며 비슷한 캄브리아기 사암 위에 선 적이 있다. 스코틀랜드 북부에서 비를 맞은 이야기를 할 때 이미 말한 바 있다. 나는 스웨덴, 뉴펀들랜드, 오스트레일리아에서도 비슷한 사암들을 보았다. 캄브리아기 초가 땅이 물에 잠겼던 시기라는 것을 아무도 의심할 수 없을 것이다. 반대로 겁이 날 정도로 쑥 튀어나온 코코니노 층의 사암은 바람이 모래톱의 모래 언덕들을 바짝 마른 경관으로 휩쓸어가고, 강인한 동물들이 재빨리 황무지를 가로질러 돌아다니던 때인 건조한 시대가 있었음을 보여준다. 영국 레이크디스트릭트의 펜리스 마을에는 그와 비슷한 사암이 흔하다. 페름기는 대륙들이 하나로 뭉쳐 판게아로 합쳐졌던 시기이다. 그 시대에는 사막이 넓고도 멀리 펼쳐져 있었다. 세계의 모양이 기후를 바꾸었고, 바다는 그 초대륙의 안으로 거의 접근조차 하지 못했다. 우리가 한 협곡에서 보는 것은 수백 곳의 지역에서, 쨍쨍한 태양 아래에 육지에서 쌓였던 비슷한 암석들 중 하나일 뿐이다. 지각판 운동의 역사는 그 암석들이 지닌 세세한 이야기들의 줄거리가 된다.

두 사암 이야기는 그만하자. 그랜드캐니언에서 내려가며 만난 모든 암석층들에 대해서도 똑같은 말을 할 수 있다. 캐니언의 지층 계단에 기록된 모든 사건들은 지구 전체의 이야기에 비추어서 살펴보아야 한다. 대륙들은 세계를 돌아다니고 있으므로, 그 위에 쌓일 수 있는 퇴적물들의 종류는 고

만고만하다. 지각판들이 10억 년에 걸쳐 지구의 한쪽 끝에서 다른 쪽 끝으로 움직이는 동안 기후는 대폭 변화한다. 바다가 밀려왔다가 밀려가는 것도 지각판들의 명령에 따라서 하는 일이다. 모든 것은 연결되어 있다.

우리가 보아온 모든 것들은 더 깊숙한 곳에 있는 힘들, 더 심층적인 지질의 통제를 받는다. 그런 힘들이 없었다면, 설령 침식이 끝까지 자신의 일을 한다고 할지라도 깊은 협곡은 만들어지지 않을 것이다. 땅의 안쪽을 더 깊이 들여다보려면 실험과 직관이 있어야 한다. 답사에는 끝이 있다. 노새의 등에서 끝날 수도 있고, 망치를 두드리면서 끝날 수도 있다. 이제 우리는 끝에 다다랐다.

나는 아쉬움을 느끼면서 버터밀크에게 작별 인사를 한다. 그랜드캐니언에서 탄 비행기는 콜로라도 강을 따라서 놓인 다른 협곡들을 지난다. 비행기 안에서 우리는 이제 익숙한 지층들이 어디까지 이어지는지 절벽들을 눈으로 따라간다. 저녁 햇살 아래 지층들이 유백색에서 붉은색을 띤다. 수백 곳의 작은 계곡들 속에서 하천들이 약한 지층을 찾아 계속 흐르고 있다. 깊은 시간이 구축한 것을 침식시키면서, 지질학적 힘들이 높이 올려놓았던 것들을 낮추면서 말이다. 수천 년의 세월은 아무것도 아니다. 이곳에서 일어나는 과정은 인간의 시계로 측정할 수 없는 속도이기 때문이다. 이제 밑으로 미드 호가 보인다. 사막으로 뻗어가는 파란색의 거대한 아메바 같다. 그 호수를 만든 후버 댐은 비록 공학적 업적임에는 분명하지만 이 높이에서 보니 잠시 주제넘은 짓을 한 것 같다. 나는 다시 해변에서 노는 장면을, 내 아이들이 놀 물웅덩이를 만들기 위해서 모래밭으로 졸졸 흐르는 개울을 진흙으로 잠시 막는 장면을 떠올린다. 땅거미가 지고 있다. 우리가 탄 작은 비행기는 라스베이거스로 향한다. 이제 그곳에는 신전들과 성들이, 온통 빛으로 치장한 세계가 있다. 룩소르 호텔의 피라미드 정상에서 하늘로 에너지를 뿌리며 수직으로 쏘아올리는 레이저 광선이 보인다.

12

깊은 곳에 있는 것들

지구의 안으로 들어가서 판구조론의 기관실을 들여다볼 수 있다면 경이로울 것이다. 사실 맨틀은커녕 모호로비치치 불연속면이 있는 곳까지 내려가기도 어렵다. 그보다는 차라리 화성이나 금성에 가는 편이 더 쉽다. 하지만 지진파는 맨틀에 도달할 수 있으며, 그것은 우리에게도 좋은 일이다. 지진파는 우리가 보거나 만질 수 없는 곳에서 메시지를 가지고 돌아오기 때문이다. 우리는 이미 지하 깊은 곳에 있던 암석들이 지면에 드러난 사례들을 살펴보았다. 오만과 뉴펀들랜드의 "초승달 모양"의 오피올라이트처럼 해양 지각이 통째로 압등될 수도 있다. 혹은 시원대의 순상지들에서처럼 지질학적 시간이라는 맷돌이 수천 년, 수억 년 동안 돌면서 지표면을 갈아 없앤결과 고대 산맥 속에 있던 깊은 층들이 드러날 수도 있다. 드물게는 포획암들처럼 우리의 발밑 수 킬로미터에 있던 작은 돌들이 격렬한 맨틀 상승류에 휩쓸려서 자기 고향을 벗어나 지면으로 올라온 경우도 있다. 낯선 세계에 놓인 이 암석들은 우리가 결코 방문할 수 없는 곳들, 탐사선을 보낼 수 없는 곳의 이야기를 직접 들려준다. 그것들은 깊은 지하 세계를 어렴풋하게나마 엿볼 수 있게 해준다.

지각판들의 하염없는 항해는 저 밑에서, 즉 우리가 직접적으로 파악할 수 없는 깊은 곳에서 진행되는 과정들의 통제를 받는다. 이런 관점에서 보면, 현대 지질학은 현장에서 활발하게 움직이는 "실천" 과학보다는 화학이나 물리학에 더 가까운 듯하다. 물질의 특성들은 원자 이하의 수준에서 일어

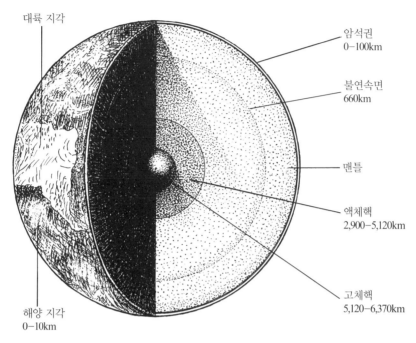

대륙 지각

암석권
0-100km

불연속면
660km

맨틀

액체핵
2,900-5,120km

해양 지각
0-10km

고체핵
5,120-6,370km

양파 같은 행성. 지구의 심층 구조. 맨틀 내 660킬로미터 지하에 불연속면이 있다.

나는 일의 지배를 받는다. 원자 이하의 세계는 마치 차곡차곡 겹쳐 넣을 수 있는 찬합처럼 여겨지기도 한다. 어떤 입자가 발견되자마자, 그보다 더 작은 입자가 입에 오르내리기 때문이다. 그렇게 우리는 관찰이 가능하고 확실한 것에서 포착하기 어렵고 양자역학적이면서 더 근본적인 것으로 나아간다. 이 책은 지구 얼굴의 초상화를 그려왔다. 아주 딱딱한 살로 된 지표면은 그 밑의 깊은 곳에서 일어나는 지질학적인 생리 현상들이 겉으로 드러난 것임이 밝혀졌다. 나는 지구의 지각에서 관찰이 가능한 과정들에 초점을 맞추어왔지만, 저 깊은 곳에 그것들을 통제하는 모터가 있었다. 그 모터를 살펴보려면, 우리는 직접 관찰할 수 있는 것들과 작별하고 멀리 떠나지 않을 수 없다. 지표면에서 벗어나 깊숙이, 더 깊숙이 지구의 안쪽으로 들어가야 한다. 안으로 들어갈수록 확실한 것들은 점점 사라지고, 지하에 있을지도 모르는 것들을 수학적으로 구성한 모형들이 점점 더 중요한 의미를 지닌다. 이 방정식들은 무엇일까? 꿈을 그럴듯한 숫자로 표시하는 한 가지 방법에 불과한 것일까? 산맥을 가로지르거나 깊은 갱도를 내려가는 대신 연구실에서 실험을 함으로써 그 여행을 대신할 수도 있다. 그런 실험들은 가장 최근에 모습을 드러낸 찬합의 내용물을 살펴보기 위해서 설치한 입자 가속기를 이용하는 핵물리학 실험들과 그다지 다르지 않다. 양쪽 다 실험자들은 아무도 가본 적이 없는 곳에 도달하려고 시도한다. 다른 점은 입자 가속기가 작은 나라의 지출 예산보다 더 많은 돈을 집어삼키는 데에 반해서 지질 조사는 비용이 적게 든다는 것이다.

우리는 지하 깊숙한 곳으로 갈 수는 없지만, 그 실험들 중 하나를 관찰할 수는 있다.

잉글랜드의 서쪽에 있는 브리스틀 대학교의 지구과학과는 윌스메모리얼 빌딩이라는 아주 크고 약간 호화스러운 건물 내에 자리하고 있다. 그 건물은 마치 대성당처럼 이웃 건물들보다 높이 솟아 있다. 그 건물은 W. D. & H. O. 윌스 회사가 기부한 것이다. 윌스 집안은 담배로 재산을 모았는데, 도덕적으로 모호한 방식을 이용해서 많은 돈을 모은 사람들이 으레 그렇듯이 세계 최고의 대학교 중 한 곳을 설립하는 데에 많은 돈을 투자했다. 지구과학 건물의 지하실에는 지하 수백 킬로미터에 있는 맨틀 내부에서 일어나는 일을 재현하는 데에 쓰이는 많은 실험 장비들이 있다. 맨틀은 가장 깊은 산맥의 근원대보다 더 밑에 있으며, 햇빛과 비에 노출된 지상의 모든 것들과는 전혀 다른 방식으로 존재하는 기묘한 세계이다. 땅속으로 들어갈수록 압력과 온도는 엄청나게 증가한다. 물질의 모든 특성들은 이런 조건 하에서 대폭 변한다. 원자들 자체가 다른 방식으로, 즉 앞에서 다이아몬드의 구조를 이야기할 때 말했던 방식으로 배열한다. 그 효과들은 보편적인 것이다. 즉 모든 것들이 "상태 방정식(equation of state)"이 지배하는 것 같은 세계에서 함께 짓눌린다. 지구가 어떻게 만들어졌는지를 알고 싶다면, 이

기묘한 세계에서 광물들에게 어떤 일이 벌어지는지를 알아야 한다. 하지만 그 조건들을 어떻게 재현할 수 있을까?

브리스틀 대학교의 버나드 우드 교수는 압착 실험의 대가이다. 그는 깊은 지하 세계를 연구실에서 재현하는 일에 열심이다. 아니, 연구실의 극히 작은 공간에서라고 말하는 편이 더 옳겠다. 사실 실험에 사용할 수 있는 물질의 양이 아주 적기 때문이다. 기껏해야 몇 밀리그램에 불과하다. 나는 세라믹 틀 속에 담겨 있는 시료를 보기 위해서 도수가 아주 높은 안경을 써야 했다. 암석권을 지나 맨틀로 들어갈수록 온도와 압력의 세기가 달라진다. 따라서 다양한 깊이를 조사하려면 그에 맞는 서로 다른 장비를 써야 한다. 해결해야 할 한 가지 문제는 시료를 가열하면서 동시에 압착을 가해야 한다는 것이다. 또다른 문제는 시료가 폭발하지 않아야 한다는 것이다. 모든 실험 도구들은 아주 튼튼해 보인다. 테두리마다 두꺼운 강철로 보강되어 있고, 나사로 바닥에 단단히 고정되어 있다.

덜 극단적인 조건을 재현할 때에는 피스톤 실린더 장치가 더 적합하다. 그 장치는 40킬로바의 압력과 대략 섭씨 1,500-2,000도의 온도 조건을 만들 수 있다. 맨틀의 윗부분과 암석권의 바닥 부분이 이런 조건이다. 그 장치의 원리는 아주 단순하다. 그냥 소량의 시료를 실린더 안에 넣은 뒤 가압 펌프로 가동되는 피스톤으로 압착하는 것이다. 시료는 흑연관 안에 들어 있고, 안으로 기체를 흘려보내면서 그 관 안에 불을 붙일 수 있다. 시료에는 적정 온도에 도달했는지를 측정하는 온도계가 붙어 있다. 따라서 조사할 시료의 압력과 온도(P-T)를 동시에 조절할 수 있다. 시료가 충분히 변형되면 아주 급속히 냉각시킨다. 그러면 높은 P-T 하에서 형성된 광물의 상태 그대로 고스란히 "굳는다."

그렇게 해서 지하 깊은 곳의 조건을 고스란히 담고 있는 광물 시료가 만들어진다. 다음에 할 일은 그것의 구조와 화학적 조성을 분석하는 것이다. 요즘에는 박편을 만들어 조사하는 전통적인 암석학 방법 대신 자동 분석 방법들이 쓰인다. 회전 손잡이와 어두컴컴한 방에서 깜박거리는 모니터가 오랜 세월에 걸쳐 전수되어온 방법들을 대체한 것이다. 현대 장비들은 광물의 원소 성분들을 다소 직접적으로 측정할 수 있다. 시료가 아주 조금만 있어도 가능하다. 시료에 있는 주요 화학 원소들은 "전자 탐침"을 통해서 측정된다. 시료에 전자를 충돌시키면 에너지가 각기 다른 X선들이 발생하는데, 예민한 감지기로 그것들을 검출한다. 광물을 이루는 각 화학 원소들은 저마다 독특한 에너지를 지닌 X선을 방출한다. 그 X선들은 스펙트럼 형태로 화면에 나타난다. 당신은 어두운 연구실에 편안히 앉아서 시료에 있는 원소들의 양이 화면에 차례차례 표시되는 것을 지켜보면 된다. 기기 내에서 일어나는 흡수와 형광 양상을 고려하려면 다양한 보정 계수들을 적용해야 하지만, 분석은 본질적으로 자동으로 이루어진다.

전자 탐침은 광물종들을 파악하는 데에 필수적인 장치이기는 하지만, 깊은 땅속의 과정들을 이해하는 데에 점점 더 중요한 역할을 하는, 극소량으로 존재하는 희귀 미량 원소들을 측정할 수 있을 만큼 민감하지는 못하다. 그 일은 다른 기기들이 맡고 있다. 현재 가장 첨단 장치라고 할 수 있는 것은 레이저 융삭 질량 분석기(Laser Ablation Mass Spectrometer)이다. 이 기기는 아주 적은 양의 시료를 대단히 정확하게 측정할 수 있다. 이 첨단 맷돌은 작은 결정 내의 얼룩 하나까지 분석할 수 있다. 레이저를 작은 시료에 쏜 뒤, 각 원자들을 질량별로 "분류하는" 첨단 질량 분석기로 분석하는 방식이다. 이 방법은 화학적 특성은 같고 원자량이 다른 동위원소들을 파악하고 측정하는 데에도 적합하다. 이 기기는 경이로울 정도로 정확하다. 피코그램, 즉 100만 분의 100만 분의 1그램까지 측정이 가능하기 때문이다. 사막에서 모래알 하나를 찾아내어 무게를 재는 것과 같다. 이런 기기들은 깊은 땅속에 있는 암석들을 연구하는 지구화학과 열역학 분야에 큰 변화를 불러왔다.

온도와 압력 실험의 수준을 더 높이려면, 즉 지구 속으로 더 깊이 들어가려면 다중 모루(multi-anvil) 기기를 써야 한다. 물론 모루는 대장장이가 편자를 올려놓고 두드리는 쇠로 된 무거운 받침을 뜻한다. 브리스틀 대학교의 다중 모루 기기는 무게 18톤의 육중하고 튼튼한 장치이다. 장치는 크지만 사용되는 시료는 0.1밀리리터도 안 된다. 그 소량의 시료에 엄청난 압력이 집중되는 것이다. 시료를 8각 세라믹 용기에 넣은 다음, 알려져 있는 가장 단단한 물질 중 하나인 탄화텅스텐으로 만든 입방체 8개로 이루어진 장치에 끼워 넣는다. 각 입방체는 장난감 블록만 하다. 입방체 8개가 커다란 입방체 하나처럼 작용하여 중앙에 있는 시료를 고정시킬 수 있도록 각 입방체는 8각 시료 용기의 각 면에 들어맞게 되어 있다. 그렇게 짜맞춘 것을 육중한 강철 "압착기" 6대의 한가운데에 놓는다. 압착기들은 커다란 입방체의 6면을 누른다. 시료 가열기는 실험 온도를 견딜 수 있어야 한다. 따라서 집에서 흔히 쓰는 물질들로는 만들 수 없다. 그 용도에 딱 맞는 특성을 띠는 물질은 크롬산란탄($LaCrO_3$)이다. 그것을 산화지르코늄(ZrO_2) 관 안에 끼운다. 탄화텅스텐의 원자 구조는 다이아몬드의 단단한 3차원 구조와 비슷하다. 거기에 코발트를 미량 첨가하면 더 단단해진다. 그 장치로 압력을 약 250킬로바까지 높이려면 서너 시간이 걸린다. 긴 시간에 걸쳐 서서히 압착한다. 압력을 낮추는 데에 걸리는 시간은 더 길어서 15시간이 소요된다. 한번쯤은 이런 기술적인 사항들을 상세히 이야기할 필요가 있다. 이 책에는 그런 연구 장치를 고안한 능력과 끈기를 가진 사람들에게 경의도 표하지 않은 채 착상에서 결론으로 건너뛰는 부분이 많기 때문이다. 지구의 활동에 대한 우리 지식은 측정 장치들이 개발되고 개선되면서 차근차근 발전해왔다.

다중 모루 장치는 지하 660킬로미터 이하에 있는 맨틀의 중간 부분이나 그 아랫부분의 조건을 재현하는 실험에 아주 유용하다. 현재 일본의 연구소들은 맨틀과 외핵의 경계 부분과 비슷한 조건인 400-1,000킬로바의 높은 압력을 만들기 위해서 애쓰고 있다. 단일 광물을 압착 시료로 삼으면 온도와 압력을 다양화하면서 원자 배열을 파악할 수 있다. 그 자료들을 이용하여 지각 밑의 아주 깊숙한 곳에서 실제 광물들에게 어떤 일이 벌어지는지 모형을 작성한다. 또 맨틀과 조성이 비슷한 "혼합 광물들"을 가열하고 가압함으로써 어떤 P–T 조건에서 용융이 시작되고, 어떤 산물들이 생성되는지를 보여줄 수도 있다. 다만 아주 극소량의 물질을 가지고 실험해야 한다는 한계가 있다. 그러나 "저 아래"는 지표면보다 조건이 훨씬 더 균일한 듯하다. 지각과 달리 지하 깊숙한 곳은 약간의 시료로도 훨씬 더 믿을 만하게 재현할 수 있을지도 모른다. 일단 지하 깊숙한 곳의 특징들을 예측할 수 있다면, 실제로 자연에서 그런 특징들이 나타나는지 살펴볼 수가 있다. 지진에서 생기는 S파가 전달되는 양상 같은 것들을 말이다. 따라서 모형이 믿을 만한지 재확인할 수 있다.

다이아몬드 모루를 사용하면 압력을 2,000킬로바까지 높일 수 있다. 독일 마인츠 대학교의 빌러 교수 연구진과 미국 워싱턴의 지구물리학 연구소는 다이아몬드 모루를 이용해서 각종 연구를 수행해왔다. 다이아몬드 모루는 압력을 받아도 쪼개지지 않지만, 사용할 시료의 양을 극도로 줄여야 한다. 마이크로그램 단위가 되어야 한다. 이 시료를 두 개의 다이아몬드 모루 사이에 끼운 뒤, 개스킷 안에 넣는다. 그 시료를 고출력 레이저 광선으로 가열한다. 루비 형광 분광계를 이용해서 적절한 온도에 도달했는지 측정한다. 투명한 다이아몬드 창문들이 있어서 진행 상황을 관찰할 수 있다. 따라서 적은 시료가 압력을 받아 변형되는 과정을 적절한 현미경을 이용하여 직접 관찰하거나, X선 회절 분석기를 이용해서 살펴볼 수 있다. X선들은 지구 깊숙한 곳의 조건들하에서 원자들의 배열이 어떻게 바뀌는지를 알려준다. 모든 물질들은 압력을 받으면 변형된다. 온도가 증가하면 금속 원소들은 녹는점에 도달하지만, 온도와 압력을 함께 높이면 녹는점이 훨씬 더 높아진다. 고온에서 천연 합금들이 형성되어 녹는 특성들이 바뀔 수도 있다. 다른 원소가 약간만 포함되어도 용융이 일어나는 온도가 달라진다. 전 세계의 연구실에서 다양한 고온 고압 실험이 이루어지는 이유가 바로 이런 모호하고 난해한 특성 때문이다. 가장 최신 기기들은 "압착기" 대신 충격파를 써서 시료를 폭발시켜 소멸케 한다. 말 그대로 시료에 충격파를 발사하는 것이다. 시료는 사라지기 직전 몇 나노 초 동안 지구의 중심부와 흡사한 P–T 조건들을 보여준다. 즉 첨단 기술은 우리를 가장 깊은 지하 세계로 데려다준다.

암석을 녹이는 실험들이 과학으로서의 지질학이 탄생했을 때부터 이루어져왔다고 말하면 놀랄 것이다. 라이엘을 비롯한 후대 학자들이 수행할 모든 연구들의 토대를 마련한 것으로 평가받는 『지구론(*Theory of the Earth*)』(1788)을 쓴 제임스 허턴에게는 스코틀랜드 과학자인 제임스 홀(1761–1832) 경(제5장에서 만났던 북아메리카의 제임스 홀과 혼동하지 말기를)이라는 친구가 있었다. 허턴은 뜨거운 마그마에서 화성암이 형성된다는 증거를 내놓았다. 그럼으로써 그런 암석들이 용액에서 침전된 것이라는 아브라함 고틀로프 베르너 교수 같은 이른바 수성론자들(Neptunists)의 주장을 반증했다. 당시 스코틀랜드를 휩쓸고 있던 강한 회의주의 풍조 속에서 허턴은 이렇게 썼다. "화산은 미신에 사로잡힌 사람들에게 두려움을 불러일으켜 그들이 경건함과 신앙에 푹 빠지도록 하기 위해서 창조된 것이 아니었다. 그것은 화로의 배출구라고 봐야 한다." 제임스 홀은 실험을 통해서 허턴의 생각을 검증하기로 했다. 하지만 나이가 더 많았던 허턴은 자기가 살아 있는 동안에는 실험을 하지 말라며 홀을 단념시켰다. 허턴이 그 실험으로 자신이 원하는 결과가 나오지 않을지도 모른다고 걱정했을 수도 있고, 자연과 실험실은 규모 면에서 크게 다르다고 생각했을 수도 있다. 허턴은 "불을 붙여놓고 작은 도가니의 바닥을 들여다보는 것으로 광물 세계에서 일어나는 큰 사건들을 판단하려고 하는 사람들"을 경계했다. 그렇다면 그는 1밀리그램도 안 되는 물질을 연구하는 사람들을 어떻게 생각했을까?

허턴이 사망한 뒤 홀은 정말로 활화산에서 모은 암석들을 녹였다. 그는 그것들이 식었을 때 생긴 물질들이 고대 화산암들과 똑같다는 것을 보여주었다. 특이한 사실은 그가 밀봉한 총신(銃身)을 압력 용기로 사용했다는 점이었다. 그는 그것을 가열함으로써 지구 깊숙한 곳의 조건을 재현하는 최초의 실험을 해냈다(에든버러 대학교의 그랜트 지질 연구소에는 홀이 사용했던 총신이 부서진 상태 그대로 계단 맨 위층의 상자에 담겨 전시되어 있다). 홀은 대리석이 가압 상태에서 석회암이 가열되어 생긴 것임을 보여주었다. 변성 과정을 설득력 있게 재현한 사례였다.

땅속 깊은 곳으로의 여행을 어떻게 설명하는 것이 좋을까? 한가운데에서, 즉 "회전하는 세계의 중심"에서 바깥을 향해 지상까지 여행하는 것이 아마도 가장 좋은 방법일 것이다. 낯선 곳에서 익숙한 곳으로의 여행 말이다. 쥘 베른의 『지구 속 여행(*Voyage au centre de la terre*)』(프랑스어 판은 1864년에 발행되었다)은 완벽한 허구의 산물이다. 우리는 그와 달리 어느 정도의 사실들과 합리적인 추측에 근거를 둔 적절한 지도를 가지고 여행을 할 것이다. 사실이 우선이다. 지구의 중심은 평균 해수면에서 약 6,370킬로미터 떨어져 있다. 지구의 중심핵은 바깥으로 2,900킬로미터까지 뻗어 있으며, 지구의 총 부피 중에서 중심핵이 차지하는 비율은 채 20퍼센트가 되지 않는다. 큰 지진 때 반사된 지진파를 통해서 외핵은 전단파(S파)를 전달하지 않는다는 것이, 따라서 액체라는 것이 오래 전부터 알려져 있었다. S파는 고체만 통과하기 때문이다.

내핵은 지하 5,120킬로미터부터 시작되며 "고체" 상태이다. 하지만 그 깊이에서는 엄청난 압력이 가해지므로, 고체는 압착되어서 아주 특수한 성질을 띤다. 압력파(P파)가 내핵을 통과하는 속도로 볼 때, 내핵은 철과 밀도가 비슷하며 철보다 가벼운 원소들도 약간 섞여 있는 듯하다. 내핵은 고압 실험들을 통해서 재현할 수 있다. 내핵과 같은 조건하에서 다양한 원소들이 철에 얼마나 용해되는지 조사할 수 있기 때문이다. 또 양자역학을 적용해서 이런 합금들의 특성을 이론적으로 예측할 수도 있다. 따라서 제임스 홀 경이 말한 대로 예측과 관찰을 일치시키려는 시도도 가능하다. 고압 실험 자료들은 철에 황을 적은 비율로 첨가하면 내핵과 흡사해진다는 것을 보여준다. 지구 바깥 껍데기의 아주 중요한 성분인 규산은 중심핵에서는 중요하지 않다. 외핵도 철이 대부분이지만, 내핵에 비해 압력이 낮고 온도가 적절해서(섭씨 3,000도 이상) 액체 상태로 존재할 수 있다. 우리는 모두 녹은 금속 공 위에 앉아 있는 것이다. 한편 외핵은 순수한 철보다는 가볍다. 그래서 그 액체 금속을 "희석시키는" 역할을 하는 원소가 무엇인지를 놓고 다양한 추측들이 있었다. 지하 깊은 곳은 우리가 접하고 있는 지상과 환경 조건이 너무나 다르므로, 주전자의 물이 100도에서 끓고 설탕이 물에 녹는 식의 우리가 일상적으로 접하는 조건하에서 나타나는 물리적 특성들을 모두 잊어야 한다. 대신에 우리는 물질들이 액체 철에 "용해되어" 기이한 용액이 만들어진다고 상상해야 한다. 우리는 고압 실험을 통해서 중심핵과 같은 조건하에 황, 탄소, 산소의 용해도가 얼마나 되는지 알아낼 수 있다. 즉 이 기이한 세계를 우리가 전혀 이해할 수 없는 것은 아니다. 대다수 실험들은 산소가 틀림없이 존재할 것이라고 암시한다. 아마 녹은 철에 용해된 산화철의 형태일 것이다. 또 용융된 상태에서는 용해도가 높기 때문에 철에 "끌어당겨지는" 원소들도 일부 있다. 텅스텐, 백금, 금, 납 등이 그렇다. 그런 원소들을 통틀어 친철원소(親鐵元素)라고 한다. 그 결과 이 원소들은 핵 바깥의 맨틀에는 비교적 적게 들어 있다. 그 원소들은 지구 형성 초기에 도둑맞아서 아주 깊은 플루톤 왕국으로 옮겨진 것들이다. 따라서 그런 귀중한 금속들이 지표면 근처에서 채굴해도 좋을 만큼 다량으로 존재한다면, 그곳에 특수한 지질학적 환경이 형성되었다는 의미이다. 그것들이 광맥과 스카른(skarn : 고온의 기체나 액체가 스며들어 조성이 바뀐 규산염 광물/역주)의 형태를 이루려면 이중으로 정련 과정을 거쳐야 한다. 이것이 바로 우리 인간이 보지 못하는 깊은 곳에서 벌어지는 일들에 관심을 가져야 하는 현실적인 이유이다.

또다른 이유는 외핵이 지구 자기장의 원천이기 때문이다. 외핵이 지구 발전기(geodynamo)처럼 행동함으로써 지구의 자기장이 나타나는 것이다. 이 자화 작용이 없었다면 "고지자기"도 없었을 것이고, 지각판들이 이동한 역사를 추적하기도 훨씬 더 어려웠을 것이다. 자극이 없다면 자극의 이동도 없었을 것이기 때문이다. 따라서 이 책에서 지구의 자기장 이야기를 다루지 않을 수 없다. 지자기장이 사라진다면 나침반은 즉시 무용지물이 될 것이고, 몇몇 철새 종들은 방향을 잃고 빙빙 맴돌기만 할 것이다. 지자기장은 지구의 표면에 그려진 보이지 않는 지도이다. 많은 생물들은 그 지도를 읽는 법을 알아냈다. 지자기장이 아주 약하다는 점도 기억해야 한다. 장난감 말굽 자석의 두 극 사이에서 생기는 자기장보다 100배 이상 약하다. 지자기장을 측정하는 정밀 기기의 발전도 기술과 이론이 함께 나아간다는 것을 보여주는 또 하나의 사례이다. 그런 과학적 진보는 느릴 수도 있다. 지구가 자석 같은 행동을 보인다는 주장이 처음 나온 것이 1600년 전이었으니 말이다. 그런 주장을 한 인물은 윌리엄 길버트였다. 과학이 길버트의 식견에 주목하기 시작한 것은 거의 4세기가 지난 뒤였다.

지구 발전기에는 아직 밝혀지지 않은 부분이 많다. 지구 발전기의 나이가 35억 년 이상이라는 것은 분명하다. 그 정도로 오래된 암석들에서 고대 지자기의 흔적이 발견되었기 때문이다. 뿐만 아니라 지자기는 그 기나긴 세월 동안 힘의 세기가 변하지 않은 듯하다. 따라서 지자기는 액체 외핵이 가진 본질적인 특성인 듯하다. 물론 이 금속 핵은 아주 뛰어난 전기 전도체이며, 움직일 수 있는 유체이기도 하다. 지자기장은 아마도 이 두 특성이 상호 작용함으로써 생기는 것 같다. 그렇지만 그것의 수학 모델을 만드는 일은 대단히 어렵다. 발전기는 가동되려면 에너지가 있어야 하며, 에너지원의 특성에도 많이 좌우된다. 그 에너지원도 기나긴 세월 동안 거의 변화가 없었음이 분명하다. 가능한 에너지원 중 하나는 외핵의 열 대류이다. 즉 녹은 층의 위아래가 격렬하게 뒤집히는 현상이 지자기의 원동력이 된다는 것이다. 가능한 에너지원이 하나 더 있는데, 그것은 지상에 사는 동물인 우리들이 이해하기 어려운 것이기도 하다. 그것은 액체 철이 내핵과의 경계면에 닿아 "얼어붙음"으로써 내핵이 성장한다는 것이다(수천 도에서 얼어붙는다니, 상상할 수 있는가?). 그러면 외핵에는 "가벼운 성분들"이 남는다. 그 성분들이 솟아오르면서 대류를 일으킨다는 것이다. 그뿐 아니라 지자기장은 흔한 막대자석에서 생기는 자기장과 달리 단순하지 않다. 자세히 보면 대단히 복잡하며, 세월의 흐름과 더불어 변해왔다. 리즈 대학교의 지구물리학자 데이비드 거빈스는 지자기장 관찰 기록들을 몇 세기 전의 것까지 취합해서 수학적으로 처리하여 지상이 아니라 핵과 맨틀의 경계면에서 자기 다발(magnetic flux)이 어떻게 변해왔는지를 지도로 작성했다. 지질학적으로 볼 때 대단히 짧은 이 기간에 자기 다발이 어떤 양상으로 변해왔는지를 알면 놀랄 것이다. 비록 안정적이고 강력한 자기 다발도 일부 있기는 하지만(캐나다의 북극권 지역과 페르시아 만), 서쪽으로 떠가는 것들도 있다. 거빈스는 이것들을 내핵에 있는 액체 기둥들과 연관 짓는다. 유체는 그 기둥들을 따라서 소용돌이를 일으키면서 내려가는데, 그 결과 기둥들이 있는 부위에 자기 다발이 집중되는 발전 현상이 일어난다. "저 아래"의 소용돌이 활동은 지상에서 일어나는 지각판들의 당당한 움직임에 비하면 촐싹거린다고 생각될 정도로 빠른 듯하다. 접근할 수 없는 영역들을 그 정도로 상세히 들여다볼 수 있다니 놀랍다. 하지만 우리가 알고 있는 것들은 모두 추론을 토대로 한 것이며, 우리는 지구에 관한 인식의 역사에서 큰 변화가 한 번 이상 있었다는 것을 이미 살펴본 바 있다. 언젠가는 새로운 개념이 등장해서 지구 내부의 움직임을 다룬 모형이 바뀔지도 모른다.

그리고 자기 역전이 있다. 남극과 북극이 "뒤바뀌는" 때를 말한다. 자기 역전은 1906년 프랑스의 중앙 산괴에 있는 화산암들을 통해서 처음 알려졌다. 그곳은 퓌(puy)라고 하는 전형적인 원뿔 모양의 사화산들이 있는 지역이다. 지금은 자기 역전이 실제로 있었다는 데에 아무도 의문을 품지 않는다. 서명과도 같은 독특한 화석들에서 얻은 증거들과 전 세계에서 방사성 연대 측정법으로 확인한 증거들을 통해서 자기 역전이 일어난 시기가 정확히 밝혀졌기 때문이다. 중앙 해령의 좌우에 자화한 "띠들"이 대칭을 이루며 늘어서 있다는 발견은 판구조론이 경쟁 이론들을 제치고 승리하는 데에 중요한 기여를 했다. 그것은 새로운 해양 지각이, 즉 탄생하는 순간에 자화하는 지각이 탄생지인 해령으로부터 멀어지고 있음을 입증했다. 자기 역전은 이런 역사의 발전을 통제하는 깊숙한 지하 세계의 또다른 특징이다. 자기 역전이 시계 태엽이 풀리듯 규칙적으로 일어나는 것이 아니라는 사실은 분명하다. 100만 년 넘게 "북극"이 유지되다가, 몇만 년 동안 잠시 북극이 남극으로 역전될 수도 있다. 지자기장이 정상인 기간보다 역전되어 있는 기간이 더 길었던 시대도 있고, 그 반대인 시대도 있다. 즉 자기 역전은 지질 시대별로 독특한 양상을 띤다. 백악기는 정상적인 지자기가 오래 지속된 시기였다. 비록 지축을 울리며 걷던 공룡들이 자기장을 이용하여 파충류 세계에서 길을 찾았는지의 여부는 아무도 모르지만 말이다. 자기 역전은 값싼 회중전등이 제멋대로 켜졌다가 꺼졌다가 하는 것과 비슷하다. 한 자화 양상이 오래 지속되다가 그 사이에 잠깐씩 일어나는 "역전 사건들"은 독특한 방식으로 기록된 지질 역사에 해당한다. 너무나 독특한 나머지 사건마다 이름이 붙게 되었다. 앞에서 살펴본 야라밀로 사건은 자기 역전이 오랜 기간 이어지다가 약 90만 년 전에 잠시 자극이 정상적으로 돌아온 때를 말한다. 동전이 시대를 파악하는 데에 유용하듯이, 자기 역전은 해저에서 일어난 사건들과 대륙에 노출된 용암들을 잇는 지질학적 연결 고리가 될 수 있다. 즉 선사시대를 파악하는 데에 대단히 유용한 단서가 될 수 있는 것이다. 자기 역전은 4,000년 내에 원상회복된다. 지질학적으로 볼 때는 잠깐에 불과하다. 그 "뒤바뀜"이 기록된 암석들을 자세히 연구해보니, 뒤바뀜이 일어나기 전 1,000여 년 동안 지자기장의 강도가 약해지다가 잠시 자기 벡터

(magnetic vector)가 불규칙하게 뒤흔들리는 시기가 나타난 뒤, 자극이 뒤바뀐다는 사실이 드러났다. 뒤바뀐 자극들의 지자기장은 처음에는 아주 약하다. 그 변화는 알아차리기가 어렵다. 지진의 요동과 달리 그것을 느끼는 동물 종은 없다. 사실 지구 발전기의 자극은 비교적 쉽게 뒤바뀐다. 중심핵의 유체 운동에 약간의 변화가 생기면 "뒤바뀜"이 일어날 수 있다. 우리 발밑에 있는 액체 철의 소용돌이에 잠시 일어나는 변화가 우리의 방향 개념을 좌우하는 셈이다.

이제 더 바깥으로, 맨틀로 가자. 지구가 둥근 아보카도 열매와 흡사하다면, 맨틀은 응어리 바깥의 먹을 수 있는 과육에 해당하며, 지각은 껍질일 것이다. 지구의 모터는 맨틀을 휘젓는다. 맨틀은 산맥이 태어나고 지각판이 죽는 곳이다. 그것은 우리 행성의 심층 무의식, 대륙에 복종하라는 명령을 내리는 숨은 본체이다. 확장되고 있는 바다는 그 위에 올라타 있다. 맨틀은 지질 구조의 근원이다. 지각판들을 움직여 세계의 얼굴 모습을 바꾸는 힘은 바로 맨틀에서 나온다.

수세기 동안 사람들은 무엇이 지구의 모습을 형성하는 것일까를 생각해왔다. 창조 신화들은 혼돈에서 질서가 나온다고 말하곤 한다. 헤시오도스의 『신통기(*Theogonia*)』에 따르면, 고대 그리스어에서 혼돈(카오스)은 태초의 혼란을 뜻한다. 성경에 나오는 하늘과 땅, 육지와 바다의 분리 이야기는 시간을 고려하지 않고 관대하게 해석한다면 거의 역사적 시나리오라고 볼 수도 있다. 기니의 코노족은 사(Sa, 죽음)가 무한한 진흙을 창조했고, 그 진흙에서 신이 단단한 땅을 빚어냈다고 믿는다. 퇴적 방식의 창세기인 셈이다. 이집트인들은 형태가 없는 무한한 "바다"인 눈(Nun)에서 세계가 생겨났다고 믿었다. 눈은 알을 낳았고, 그 알에서 빛이 생겼다. 한편 눈에서 태양신인 아툼(Atum)이 나와서 마른땅을 만들었다. 이스터 섬 주민들은 새의 모습을 한 신이 알을 낳았고, 그 알에서 세계가 부화했다고 믿었다. 세상을 낳는 알은 중국에서 남아메리카에 이르기까지 많은 민족의 창조 신화에 등장한다. 전체적인 비례를 볼 때 노른자와 흰자, 그리고 얇은 막을 지닌 알은 지구의 구조에 딱 맞는 모형이다(특히 파충류 알이 그렇다). 핵, 맨틀, 지각의 상대적인 크기가 알의 각 층들과 그리 다르지 않기 때문이다. 그 비유를 더 확장하면, 지구 알의 껍데기가 지질 구조 변화에 따라 깨지고 달구어졌다가 식기를 되풀이해왔다고 말할 수 있을 것이다. 고대 중국의 한 신화에는 지하 세계를 용왕이 지배한다고 나온다. 지구조론 모형과 똑같지는 않지만, 적어도 용이 뿜어내는 뜨거운 불은 관련이 있다.

맨틀은 외핵에서 지각의 바닥까지 펼쳐져 있다. 지각의 바닥은 해저에서는 약 11킬로미터, 대륙에서는 평균적으로 그보다 세 배쯤 더 깊은 곳에 있다. 따라서 맨틀은 지구의 대부분을 차지한다. 먼 은하에서 어떤 우수한 장치로 우리의 행성을 관찰한다면, 외계인 천문학자는 자기 상급자에게 지구가 규소, 철, 마그네슘, 알루미늄, 산소 같은 원소들로 이루어진 행성이라고 보고할 것이다. 그것들은 중심핵과 맨틀의 원소들이다. 그 장치의 성능이 아주 좋다면 그는 지표면을 융단처럼 덮고 있는 생명체들을 통해서 탄소가 약간 있음을 알아차릴 것이고, 대기의 성분들도 검출할 것이다. 맨틀 바깥에는 그렇게 가장 가벼운 생명체들이 있다. 맨틀의 가장 윗부분은 지각과 합쳐져서 암석권을 이룬다. 암석권(lithosphere)은 "암석의 공"이라는 뜻이다. 암석권은 땅에서 단단한 지각판을 형성하는 부분이다. 따라서 지구의 겉모습을 다루는 자연사에서 가장 중요한 부분이자, 이 책에서 주로 다루는 부분이기도 하다. 암석권이 지각 자체는 아니다. 그런 오해가 흔히 일어나기는 하지만 말이다. 암석권 밑에는 또 하나의 층이 있다. 연약권(asthenosphere)이 그것인데, 물론 맨틀 내에 있는 층이다. "Astheno"는 그리스어로 "약하다"는 뜻이며, 따라서 암석의 공 밑에 있는 약한 공인 셈이다. 지표면은 이 두 층의 경계면 위에 떠서 돌아다니는 셈이다. 지표면의 모습이 해저 확장이라는 느린 박자에 따라서 변하는 것은 바로 이 약한 층 덕분이다. 이쯤 되면 아보카도나 알이라는 엉성한 비유가 들어맞지 않는다는 사실을 이미 알아차렸을 것이다. 구체적으로 살펴보면, 맨틀에 아주 많은 층들이 있음을 알 수 있기 때문이다. 나는 상트페테르부르크에서 큰 알 속에 점점 더 작은 알들이 차곡차곡 포개져 있는 기념품 알을 산 적이 있는데, 그 알에 비유하는 편이 더 정확할 것이다. 맨틀의 층들은 양파의 껍질들처럼 서로 포개져 있다. 다른 층들에 비해 아주 두꺼운 층들도 있다. 지구 속을 이해하려면 그 층들을 차례차례 드러내야 한다.

그렇다면 맨틀을 왜 하나의 단위로 보는지 궁금해할지도 모른다. 대답은 전체적으로 조성이 비슷하기 때문이라는 것이다. 맨틀의 주성분은 규산철 마그네슘이다. 적어도 위쪽에서부터 160킬로미터까지는 감람암이라는 암석과 조성이 같다. 우리는 하와이에서 용암에 섞여 있는 희귀한 덩어리 형태로, 맨틀 상승류에 휘말려 땅속 깊숙한 곳에서 끌려나온 이 암석을 이미 만난 바 있다. 그것은 촉감이 거칠고, 무겁고, 우중충한 광택이 있는 거무스름한 초록빛 암석이다. 손에 들어보면 밀도가 높다는 것을 알 수 있다. 그것을 이루는 광물인 감람석(페리도트)과 휘석의 결정들은 대개 육안으로 구별할 수 있다. 이 암석은 마그네슘과 철이 주성분이므로 초고철질암(ultramafic rock)이라고도 한다. 더 깊은 맨틀 층들은 조성이 다소 다르다는 증거가 있다. 지표면에서 일어나는 열 손실을 조사한 연구 자료가 있다. 알 비유로 돌아가서, 막 삶은 알을 손바닥에 올려놓고 식힌다고 상상해보자. 깊은 광산의 불안할 정도로 폐쇄된 막장에서 일하는 사람들은 이런 열 흐름을 피부로 느낀다. 올리버 골드스미스는 1774년 『지구의 역사(A History of the Earth)』에서 그 현상을 설명했다. "꽤 깊은 광산으로 내려가면 점점 더 따뜻한 공기와 만나고, 더 깊이 들어갈수록 더 뜨거워짐을 느낀다. 마침내 일꾼들은 몸에 무엇인가를 걸치고는 도저히 일을 계속할 수 없는 상태가 된다." 현재 지표면에서의 열 흐름은 44×10^{12}W로 추정되며, 그 열은 지구의 내부에서 나온다. 알과 달리 이 열은 자체 공급된다. 이 열은 대부분 방사성 원소들이 붕괴하면서 생성되는 것이다. 방사성 원소는 퇴비 더미가 발효되는 것처럼 속에서 열기만 내뿜으며 타는 화톳불이다. 가장 잘 알려진 것이 우라늄 동위원소의 붕괴이다. 물론 그것은 방사성 "시계" 중의 하나이다. 칼륨과 토륨의 동위원소도 마찬가지이다. 우리는 지구 내부라는 기이한 화톳불에서 흩어져 있는 무수한 원자 "불꽃들"이 열을 내뿜는다고 상상해야 한다. 하지만 상부 맨틀에 있는 방사성 원소의 양만으로 그렇게 많은 열 흐름을 설명하기에는 부족하다. 중앙 해령의 용암들은 바깥쪽에 있는 맨틀 일부가 녹아서 만들어진 것이므로, 그 용암들을 조사하면 바깥쪽 맨틀에 동위원소가 얼마나 들어 있는지 알 수 있다. 조사해본 결과, 그렇게 많은 열을 내기에는 방사성 원소의 양이 부족했다. 측정된 열 흐름의 8분의 1에 해당되는 양이었다. 따라서 나머지 열은 과거에 하부 맨틀에 풍부했던 우라늄과 그 지글거리는 동료들이 내는 방사성 "열"일 가능성이 높다. 즉 하부 맨틀은 상부 맨틀과 조성이 약간 다를지도 모른다.

이제 맨틀 내에 있는 층 서너 개를 설명해보자. 지하로 깊이 내려갈수록 온도와 압력은 증가한다. 맨틀은 아주 두껍기 때문에 온도와 압력의 폭이 매우 넓다. 따라서 맨틀을 구성하는 광물들은 강한 힘을 받아 원자 배열이 달라진다. 더 깊이 놓인 것일수록 인내의 한계를 시험받는다. 감람석 광물은 지구의 중심으로 여행하면서 한 번 이상 변환을 겪는다. 마치 출근 시간대의 지하철에서 승객들이 계속 타도 안에 있는 사람들이 어떻게든 자리를 만들어내는 것처럼, 감람석의 원자들은 깊이 들어갈수록 더 짓눌리면서 서로에게 가까이 다가간다. 지하 410킬로미터쯤에서 감람석은 와드슬레이트(wadsleyite)로 변하고, 520킬로미터쯤에서 와드슬레이트는 링우다이트(ringwoodite)로 변한다. 이때의 온도는 섭씨 약 1,600도이다. 이 두 광물은 보통 감람석과 조성은 같지만 구조가 다르다. 지하철 승객들처럼 압력을 받아 지하 세계의 조건에 맞게 변형된 것이다.

이 장을 시작할 때에 했던 실험들이 여기서 다시 등장한다. 감람석은 그런 장치들 안에서 구성 원자들이 빠지직거릴 정도까지 압착될 수 있다. 압력이 높아지고 온도까지 올라가면 감람석은 본래의 모습을 버리고 다른 것으로 바뀔 수 있다. 전문 용어로는 상전이(相轉移)를 겪는다고 말한다. 나는 인공적으로 링우다이트를 만드는 실험을 지켜보았다. 그 광물은 푸르스름한 색조를 띤다. 플루톤만이 땅속 깊숙한 곳에서 그 색깔을 감상하고 있을 것이다. 링우다이트는 "스피넬 구조(spinel structure)"라는 독특한 원자 배열로 되어 있다. 스피넬은 아름다운 광물이며, 모조 루비로 쓰이기도 한다(화학적으로는 산화마그네슘알루미늄이다). 심지어 대관식 때 쓰는 장신구에도 붙어 있다. 링우다이트는 화학적 조성은 다르지만 원자 배열은 똑같다. 와드슬레이트는 변형된 스피넬 구조인데, 그 원자 격자 내에는 물을 담을 "공간"이 약간 있다. 광물학자 J. R. 스미스는 전 세계의 바닷물을 모두 합친 것보다 더 많은 양의 물이 맨틀의 와드슬레이트 안에 갇혀 있을 수도 있다고 계산했다. 보이지 않는 바다인 셈이다. 링우다이트나 와드슬레이트는 지표면에서는 안정하지 않다. 지표면은 감람석이 정상인 세계이다. 하지만 다이아몬드와 마찬가지로, 이 광물들도 일단 만들어지고 나면 오랜 기간 존속한다. 와드슬레이트는 지구 밖에도 있다. 1860년대에 캐나다의 피스 강에 떨어진 운석에서 와드슬레이트가 발견되었다. 아마 어떤 행성의 깊숙한 곳에서 생성되었다가 행성이 파괴될 때 흩어진 조각이었을 것이다. 어쨌든 우리는 실험실의 탄화물 죔쇠 사이라는 이질적인 장소에서 억지로 탄생시킨 지구 내부의 미세한 조각을 현미경으로 살펴볼 수 있다.

이야기는 여기에서 끝나지 않는다. 땅속으로 더 깊숙이, 약 660킬로미터까지 들어가면 링우다이트는 산산조각이 난다. 원자 배열이 증가한 압력을 견뎌낼 수 없기 때문에 구성 요소들로 쪼개지는 것이다. W. B. 예이츠가 말한 것처럼 말이다. "사물들이 산산조각 나고, 중심은 견뎌내지 못한다." 그 결과 두 가지 광물상이 공존하게 된다. 하나는 회티탄석(perovskite) 구조를

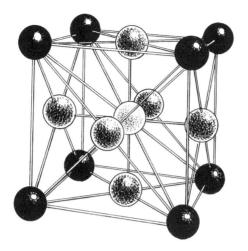

지하 660킬로미터의 경계면 밑에 있는 많은 회티탄석의 원자 배열.

가진 것이고, 다른 하나는 산화마그네슘/철(magnesiowustite) 구조를 가진 것이다.* 당신이 퀴즈 프로그램에 나가서 이런 질문을 받는다고 하자. "지구에서 가장 풍부한 물질은 무엇일까요?" 답은 "하부 맨틀의 회티탄석입니다"일 것이다. 그러면 박수 소리가 울려야 한다. 간단히 계산해보면, 왜 그 답이 참인지 알 수 있다. 지구라는 "양파"에서 회티탄석을 포함하는 층은 지하 660킬로미터에서 내가 이 글을 쓰고 있는 책상 아래로 2,900킬로미터 파고 들어간 외핵의 경계면까지 걸쳐 있다. 아주 두꺼운 층이다. 회티탄석상이 이 층의 70퍼센트(아마도 그 이상일 것이다)를 차지하고 있으므로, 계산해보면 보이지 않고 알려지지 않고 일부에서 모호하다고 말하는 이 광물상이 우리의 다채로운 생물권 전체가 누워 있는 침대라는 것을 쉽게 알 수 있다.

---

* 상세한 것을 좋아하는 독자들에게는 그 변환 방정식이 그다지 복잡하지 않을 것이다.

$$(Mg, Fe)_2SiO_4 = (Mg, Fe)SiO_3 + (Mg, Fe)O$$

   링우다이트   회티탄석   마그네시우스타이트

  감람석 분자에서 마그네슘과 철은 치환될 수 있다. 괄호를 쓴 이유는 그 때문이다. 링우다이트는 비교적 근래인 1969년에 이름 붙여졌다. 분자 수준에서 볼 때, 회티탄석의 8면체 구조는 스피넬의 "유사 입방체(pseudocubic)" 구조와 전혀 다르다. A. E. 링우드와 A. D. 와드슬리는 뛰어난 광물학자였다.

여기서 이런 질문이 나오는 것은 당연할지도 모른다. 이 깊은 세계가 우리와 무슨 관계가 있느냐고 말이다. 그곳은 우리가 덧없는 삶을 살고 있는 햇빛과 구름의 세계에서 아주 멀리 떨어진 지하 세계가 아닌가? 빛에 의지하는 우리의 눈은 지구 속을 볼 수 없다. 게다가 도대체 누가 으깨진 분자와 허깨비 같은 광물상들로 이루어진 세계로 여행을 하고 싶겠는가? 하지만 우리에게는 그곳까지 가닿는 탐침들이 있다. 지진파는 땅속에서 층들의 경계면을 건너갈 때 "계단 모양으로" 속도를 바꿈으로써 광물상이 달라졌음을 알려준다. 지진파는 지구가 광물층들로 층층이 뒤덮여 있으며, 그 층들이 합쳐져서 맨틀 전체를 이루었음을 "본다." 통합 과학의 장점 중의 하나는 연구실에서 만든 심층 광물의 특성들을 조사해서 지진파의 변화를 예측할 수 있다는 것이다. 그저 계산만 잘하면 된다. 따라서 한 분야의 연구가 다른 분야의 연구를 독자적으로 입증하고 한계를 설정하는 셈이다. 이제 중심핵에서 지각까지 여행을 끝마쳤으므로, 어떤 층들이 있었는지 차례로 기술할 수 있다. 우리는 회티탄석층에서 링우다이트층으로, 그 다음 와드슬레이트층을 거쳐 더 위의 감람석층으로 여행을 했다. 이 층들 다음에 세계의 얼굴을 만드는 지각판들을 움직이는 대류 세포들이 있다. 이런 식으로 지하는 지표면에 사는 우리의 삶에 개입한다. 거기에는 멀리 있는 별들과 마찬가지로 자기 위에 사는 예민한 생물들의 운명에 무심한, 눈에 보이지 않는 초대받지 못한 힘들이 있다.

중세 성당의 유리창은 우리 눈을 속인다. 그 유리창을 통해서 본 세상은 왜곡되어 있다. 구부러지고 굴절되고 흐릿해진다. 그 유리들은 어떤 요인에 의해서 변형됨으로써 본래의 투명한 특성이 훼손되었다. 그 요인은 흐름이다. 그 흐름은 한 세기 내에는 보기 어려울 정도로 아주 느리다. 유리판의 표면이 원형을 잃고 일그러지고 중력으로 구부러지고 축 처져서 유리판 너머의 세상이 기이하게 보일 정도가 되려면 수백 년이 걸려야 한다. 하지만 우리는 유리가 깨지기 쉬운 고체라는 것도 안다. 유리는 고체인 동시에 점성을 띠는 액체 같은 흐름을 보인다. 아스팔트 덩어리는 같은 현상을 더 짧은 기간에 보여준다. 도로를 다시 포장하는 냄새가 나는 곳으로 가면, 바닥에 검은 아스팔트 덩어리가 깔린 것을 볼 수 있다. 그것은 모서리가 깨진 형태이므로 고체처럼 부서졌던 것이 분명하다. 그러나 당신은 그 아스팔트의 가장자리가 바깥쪽으로 불룩하게 튀어나온 것도 볼 수 있다. 마치 점성이 강한 액체가 자체 무게로 인하여 축 늘어져서 흐른 것처럼 말이다. 마찬가지로 빙하는 산비탈을 따라서 서서히 기어내려가지만, 냉동실에서 꺼낸 얼음은 상온의 위스키 잔에 집어넣으면 금이 가거나 갈라지곤 한다. 유리, 타르, 얼음은 모두 장기적으로 보면 유체처럼 행동하는 "고체"이다. 그것들은 기어가고 흘러간다. 그것들은 맨틀 내에서 일어나는 일을 시각적으로 표현하는 데에 도움이 된다. 지구의 내부가 바로 그런 식으로 움직이기 때문이다.

스웨덴의 과학자 안데르스 셀시우스는 18세기 전반기에 스웨덴에서 가장 오래된 교육 기관인 웁살라 대학교의 교수였다. 그 대학교는 엄숙한 분위기의 튼튼한 정방형 학교 건물들과 멋진 성당이 있는 곳이다. 셀시우스는 물의 어는점과 끓는점 사이를 100도로 나눈 단위를 제시함으로써 불후의 명성을 얻었다. 그는 발트 해의 보스니아 만 부근에서 현재의 해수면 위쪽에 놓여 있는 선들, 즉 과거의 해안선들을 조사하기도 했다. 그는 1744년에 그 조사 결과를 발표했다. 150년 뒤 에두아르트 쥐스는 이렇게 말했다. "토르네아에서 셀시우스는 1620년에 세워진 항구가 벌써 무용지물이 되었다는 것을 알고 놀라워했다." 그것은 땅이 솟아오르고 있거나 바다가 물러나고 있다는 의미가 분명했다. 만에 떠 있는 배 위에서 둘러본다면, 해변이 솟아올랐음을 보여주는 선들이 마치 땅에 자를 대고 그은 양 죽 나 있다. 셀시우스는 지구 전체에서 바다가 줄어듦에 따라서 물이 빠졌고, 메마른 옛 해안선이 높은 곳에 남게 되었다고 결론을 내렸다. 하지만 찰스 라이엘은

1834년 보스니아 만의 옛 해안 중 북쪽이 남쪽보다 더 높이 솟아 있다는 데에 주목하고, 그 옛 해안선이 오히려 육지의 상승 때문에 생긴 것이라고 조심스럽게 주장했다. 이상하게도 에두아르트 쥐스는 라이엘의 주장을 따르지 않았다. 19세기 말에 그곳의 육지가 융기했다는 강력한 증거들이 많이 나타났지만, 그는 그런 증거들의 의미를 축소시키고자 장황하게 서술했다. 아마도 자신이 사랑했던 알프스 산맥에서처럼, 이 땅의 움직임을 꾸준한 뗌질이라는 라이엘의 고전적인 설명이 아니라 주기적인 요동으로 생각하고 싶어했기 때문이었을 것이다. 그는 보스니아 만이 "육지의 상승이 아니라 물의 비워짐"을 통해서 물이 빠진 것이라고 생각했다(자신이 중요하다고 생각하는 것을 알릴 때 늘 그랬듯이, 그는 이 말도 이탤릭체로 썼다). 더더욱 이상한 일은 쥐스가 그 글을 썼을 무렵, 이미 과학계에서는 1만 년쯤 전에 사라진 마지막 대빙하기 때 스칸디나비아가 거대한 빙상에 뒤덮였다는 것이 널리 받아들여져 있었다는 점이다. 따라서 얼음이라는 "짐"의 엄청난 무게로 땅이 가라앉았다가 얼음이 녹은 뒤에 정상적으로 다시 튀어오르는 바람에, 바닷물이 닿지 않는 곳까지 해안선이 올라가게 되었다고 보는 것이 합리적인 추론이었다. 하지만 쥐스는 증거들을 손에 쥐고서도 그것들이 가진 의미를, 즉 지구가 유연하게 반응한다는 개념을 거부했다. 그 대신 그는 얼음을 자신의 의도에 맞추어 해석했다. 그는 발트 해와 비슷한 양상을 보이는 노르웨이의 옛 해안선들에 관해서 이렇게 썼다. "노르웨이 서부의 피오르에 있는 단구들은 대부분 해수면이 요동한 증거로서가 아니라 빙하가 물러난 흔적으로 봐야 하며, 단단한 땅의 요동은 더더욱 아니다." 그의 생각을 이보다 더 명확히 표현한 말은 없을 것이다.

에두아르트 쥐스가 그런 실수를 저지른 경우는 흔치 않다. 핀란드와 스칸디나비아에서 빙하에 덮여 있던 지역이 융기했다는 것은 이제 확고한 사실이 되었다. 쥐스보다 반세기 뒤의 인물인 아서 홈스는 보스니아 만 북쪽이 270미터쯤 융기했고, 28년마다 약 30센티미터의 속도로 상승한다고 썼다. 융기한 높이는 사라진 얼음의 두께에 비례한다. 얼음이 더 많이 덮여 있었을수록 더 높이 솟아오를 것이다. 융기는 등고선에도 나타난다. 현대의 레이저 장치들을 이용하면 그런 융기 양상을 상당히 정확하게 측정할 수 있다. 땅이 탄력을 보이며 다시 솟아오르는 것은 맨틀에서 보정 작용이 이루어지기 때문이다. 즉 맨틀이 "공간을 채우기" 위해서 이동한 결과이다. 세계가 꿀이 가득 담긴 풍선이라고 상상해보자. 풍선의 고무는 지구의 암석에 딱 맞는 비유일지도 모른다. 풍선을 손가락으로 꾹 누르면 그 부분은 움푹 들어간다. 그러면 가라앉은 부위를 보정하기 위해서 꿀이 서서히 그쪽으로 흐르고, 탄력 있는 반동 작용이 이루어지면서 그 부위는 일정한 속도로 다시 솟아오른다. 따라서 다시 솟아오르는 속도를 알면 꿀의 점성을 비교적 쉽게 계산할 수 있다. 맨틀도 마찬가지이다. 맨틀은 물보다 점성이 10^{23}배 더 강한 액체라고 볼 수 있다. 물보다 100만 배의 1조 배나 더 끈끈하지만, 그래도 액체는 액체이다. 아스팔트의 점성을 생각해보라. 현대의 대단히 예민한 첨단 기기들은 암석권이 부하(負荷)에 얼마나 반응할 수 있는지를 밝혀낸다. 건물 하나의 무게로도 암석권은 검출될 수 있을 만큼 아래로 휘어진다. 그렇다면 무거운 축구공도 맨틀에 경련을 일으킬 수 있을까? 우리는 암석권 밑의 곧잘 반동하는 층 위에서, 탄력 있고 진동하는 땅 위에서 살고 있다.

이제 맨틀 대류의 메커니즘을 이해할 수 있을 것이다. 그것은 장엄한 흐름이다. 맨틀은 외핵과 맨틀의 경계면에서 암석권의 바닥으로 열을 전달하는 몇 개의 거대한 대류 세포들로 이루어진다. 냄비 안에서 위아래로 순환하면서 서서히 끓고 있는 죽을 생각하면 될 것이다. 하지만 그 비유는 맨틀 흐름의 본질을 왜곡시키기도 한다. 끓고 있는 죽에 든 쌀알들은 순환하는 물을 따라 그냥 운반된다. 반면에 맨틀에서는 암석 자체가 흐르는 것이다. 뜨거운 대류 세포는 솟아올랐다가 중앙 해령 밑에서 좌우로 갈라지면서, 세계의 표면을 새롭게 창조하는 용암들에 에너지를 제공한다. 용암들은 깊은 곳에 있는 감람암들이 부분적으로 녹아서 만들어진다. 분출한 용암을 살펴보면, 휘말려 나온 감람암 덩어리들이 섞여 있다. 용암에 감람석은 섞여 있지만 와드슬레이트는 전혀 없다. 따라서 용암은 맨틀의 바깥 층에서 만들어지는 것이 분명하다. 암석을 다루는 이론가와 지질학자는 마침내 감람암에서 서로 대면한다. 맨틀 대류로 만들어진 것은 대양의 가장자리에 있는 섭입대에서 파괴된다. 섭입대는 비교적 차가운 해양 암석권이 밑으로 가라앉아서 근원으로 돌아가는 곳이다. 이 거대한 대류 순환은 그다지 요동을 일으키지 않는 듯하다. 그러나 그것은 도시의 파괴자이자 산맥의 형성자이다. 세계 전체로 볼 때 산맥은 가장 단순한 표면 주름이며, 문명을 파괴할 수 있는 지진은 단지 일시적인 경련에 불과하다. 내가 이 책에서 설명해온 지구의 상세한 역사는 코끼리의 등에 올라탄 벼룩의 모험과 비슷하다.

지하 세계를 도는 대류 세포 같은 방대한 구조물을 머릿속에 떠올리기란 쉽지 않다. 한 지구과학 학파는 맨틀 내의 위아래에 각기 다른 대류 세포가 있으며, 서로 맞물려 돌아가는 톱니바퀴들처럼 양쪽이 조화롭게 순환한다고 말한다. 그들은 위아래 세포 사이의 경계가 바로 대단히 중요하게 여겨지는, 지하 660킬로미터에 있는 불연속면이라고 본다. 그 경계면 밑에서는 회티탄석 구조가 주류를 이룬다. 하지만 최근의 학자들은 대류가 맨틀 전체에 걸쳐 일어난다는 모형을 더 선호한다. 그렇다면 지질학적 시간이라는 느린 맥박에 맞추어 돌고 또 도는 대류는 우리 행성에서 가장 큰 단일 현상인 셈이다. 전단파(S파)는 하부 맨틀이 상부 맨틀과 탄성이 다르지 않음을 보여준다. 따라서 대류 세포들은 각기 다른 광물상들을 관통할 수 있다. 즉 대류 세포들은 개성을 바꾸지만 목적을 바꾸지는 않는다. 또 하와이 열도 밑에 있는 "열점"처럼 맨틀 위로 꽤 높이 올라와서 암석권 밑에 열점을 형성하는 맨틀 상승류도 있다. 게다가 대류 세포가 하강하는 부위에서 해양 지각판의 일부가 휘말려 맨틀로 들어갈 수도 있다. 그 이질적인 것들은 하부 맨틀로 가라앉는다. 기존의 X선 기술보다 인간의 몸속을 더 정확히 들여다볼 수 있는 CAT(computerized axial tomography)를 땅 측정에 응용한 장치들을 사용하면 그 지각판들이 하강하는 양상을 파악할 수 있다. 지구 깊숙한 곳을 들여다볼 때에는 지진파를 쓴다. 이 방법을 지진파 단층 촬영법이라고 한다. 지구가 환자인 셈이다. 상대적으로 차가운 지각판이 섭입되어 맨틀 속으로 끌려가는 곳에서는 지진파의 "속도"가 미묘하게 변화한다. 2퍼센트까지 속도가 빨라진다. 태평양의 통가-케르마데크 해구에서처럼, 그 현상을 이용하면 놀라울 정도로 정확한 지하 지도를 작성할 수 있다. 침강하는 지각판에서 속도가 빨라지는 현상을 이용하면, 아마 지하 1,600 킬로미터까지 지도에 담을 수 있을 것이다. 즉 지각판의 움직임으로 생기는 지진의 진앙보다 훨씬 더 깊은 곳까지 들여다볼 수 있다. 지하 660킬로미터에 자리한 불연속면은 차가운 지각판이 가라앉는 일본 밑에서는 30킬로미터쯤 더 가라앉아 있다. 움직이는 지각판이 자신이 태어났던 맨틀로 돌아가 융합될 때까지도 그 지각판의 역사는 지진파만이 볼 수 있는 "유령"의 형태로 보존되는 셈이다. 그 기술은 예전에 생각했던 것만큼 맨틀이 균질적이지 않다는 사실도 밝혀냈다. 맨틀 내에는 조성이 다른 크기가 몇 킬로미터쯤 되는 "덩어리들"이 들어 있다. 그 덩어리들은 섭입된 암석권 판의 마지막 잔해일지도 모른다.

맨틀 대류 세포 위의 암석권 판들을 움직이는 힘은 무엇일까? 중앙 해령에서 위로 밀어올리는 힘일까, 아니면 섭입대에서 맨틀보다 더 밀도가 높은 해양 지각이 가라앉는 힘일까? 이 두 이론은 각각 "해령 밀침(ridge push)"과 "판 당김(slab pull)"으로 불린다. 어느 쪽이든 간에 결과는 같다. 중앙 해령은 해저 위로 솟아오르며, 그곳에서 대류 세포가 솟아오르는 지점의 열 흐름이 가장 크다. 지각판들은 해령에서 해구 쪽으로 미끄러져 내려가는 것일까? 아니면 섭입되는 "차가운" 지각, 앞에서 살펴본 것처럼 깊이 가라앉는 지각이 식탁보를 한쪽에서 잡아당기는 것처럼 지각판을 끌어당기는 것일까? 직관적으로 볼 때 전자일 듯하다. 이유는 땅이 자력으로 스스로를 들어 올리는 듯하기 때문이다. 즉 중앙 해령에서 새로운 지각이 형성되는 현상이 격렬한 자발적인 활동인 양 보이기 때문이다. 단층대를 따라 난 이글거리는 균열은 대단히 격렬하다는 인상을 심어준다. 하지만 사실 해령에서 일어나는 화산 폭발은 아주 온화하다. 어찌 보면 인접한 지각판들이 서로 멀어질 때 생긴 공간으로 그냥 새 지각이 스며드는 듯하다. 게다가 지각판들이 움직이는 속도를 비교해보면, 지각판이 접하고 있는 해구의 길이와 속도가 관련이 있는 듯하다.* 즉 섭입이 일어나는 가장자리가 더 길수록 지각판의 이동도 더 빨라진다. 이것은 판 당김이 해령 밀침보다 더 중요하다는 관점을 지지한다. 즉 가라앉는 지각판들이 땅을 움직이는 엔진이 되는 것이다.

또 해양 지각이 서서히 사라지고 생긴다는 것은 중심핵 바깥 세계에서 재순환이 꽤 많이 이루어짐을 의미한다. 현재 해구에서 해양 지각이 섭입되는 면적은 연간 약 3제곱킬로미터이다. 큰 마을 하나 정도의 면적이다. 이것은 매년 적어도 해양 지각 18세제곱킬로미터와 그 밑에 있는 감람암층 약 140 세제곱킬로미터가 플루톤 세계로 빨려들어간다는 의미이다. 또 해양 지각판을 따라서 하데스로 향하다가 떨어져나가는 퇴적물들도 상당히 많다. 이제 맨틀은 죽이 아니라 온갖 것들이 들어간 짙은 잡탕 수프처럼 보인다. 지질시대 동안 거의 맨틀 전체가 재순환되었다고 계산한 연구 결과도 있다. 섭입된 지각들에는 마치 서명처럼 각각 독특한 화학 원소들이 들어 있으며, 첨단 질량분석기를 이용하면 그 원소들을 ppb 단위까지 정확하게 측정할 수 있다. 우라늄과 토륨 같은 아주 희귀한 원소들의 동위원소는 훗날 분출한 용암들의 원천을 파악하는 데에 특히 유용하다. 일부 섬의 "현무암"에는 재순환된 고대의 해양 지각이 포함되어 있는 것으로 드러났다.

---

* 제2장에서 설명한 하와이의 "열점" 같은 부위들 위로 지각판들이 움직이는 속도를 통해서 이 절대운동 속도를 알 수 있다.

대륙 지각은 섭입대에서 이루어지는 많은 활동들과 동떨어진 경향을 보인다. 에두아르트 쥐스는 오래 전에 대륙이 "땅 전체의 밀도($5.6g/cm^3$)에 비하여 밀도가 작다($2.7g/cm^3$)"고 말했다. 대륙들은 쥐스와 아서 홈스가 시알(sial)이라고 부른 것으로 주로 이루어져 있다. 해저와 맨틀이 밀도가 큰 기반암으로 이루어져 있는 데에 반해, 시알은 주로 알루미늄으로 이루어진 가벼운 암석이다. 모든 화강암과 편마암, 그리고 퇴적암의 대부분은 시알에 속한다. 그외에도 대륙 지각에는 수많은 원소들이 조금씩 섞여 있다. 가볍고 두꺼운 대륙들은 복잡다단한 섭입대 위로 솟아 있다. 대륙은 해양 분지와 달리 계속해서 재순환되는 것이 아니다. 대륙은 다른 것들 위에 올라가 있다. 대륙에 고대의 생존자들, 암석의 므두셀라가 있는 것도 그 때문이다. 하지만 섭입대가 대륙과 만나 가라앉는 곳에서는 대륙과 대양의 암석들 사이에 상호 작용이 벌어지고 융합도 이루어진다. 마찰열로 점성이 높은 마그마가 생길 수도 있다. 그리하여 일본, 인도네시아와 인접한 섬들, 필리핀 제도를 잇는 격렬한 화산들로 이루어진 "불의 고리"가 형성되기도 한다. 그 화산들은 감염된 상처를 불로 지지듯이, 태평양 가장자리에서 가라앉는 섭입대에 바짝 붙어 있다. 그런 화산암의 미량 원소들을 조사하면, 유전자 표지를 이용해서 인류의 조상들을 밝혀내는 것처럼 마그마에 대양과 대륙에서 유래한 물질들이 어떤 비율로 섞였는지 알 수 있다. 섭입대의 깊은 곳에서 솟아오르는 화산들은 해구의 양쪽 중 육지 쪽에서 분출한다. 명석한 인물이었던 쥐스는 그 사실을 알아차렸다. "화채열도(festoon : 호상열도의 다른 이름/역주)를 동반하고 있는 화산들은 앞쪽 깊은 곳에 있지 않고, 코르디예라(cordillera : 산맥과 주변 저지대를 포함하는 명칭/역주) 쪽에만 나타난다." 그는 해구에서 지각이 가라앉기 때문에 이런 현상이 나타난다고 보았다. 그는 해구의 육지 쪽이 섭입대에서 서로 접하고 있는 플루톤 왕국과 제우스 왕국 사이에 억지 혼인이 이루어지는 곳이며, 그들의 결합으로 혼성 마그마가 만들어지는 곳임을 알았을 것이다. 이 자손들은 심술궂은 폭발을 일으키고, 인간과 짐승을 무차별적으로 파괴하는 화쇄난류를 뿜어낸다. 형체만 남은 폼페이의 미라들은 그런 마그마 혼인이 낳은 비극적인 결과였다. 남북 아메리카의 서부 해안을 따라 죽 늘어서 있는 화산들도 똑같은 분노에 찬 분출의 결과이다. 그곳에서는 태평양판이 동쪽에서 완강하게 버티고 있는 대륙들과 부딪친다. 포포카테페틀에서 세인트헬레나 화산에 이르기까지, 분노해서 격렬하게 분출하는 화산들은 대양이 대륙과 만난 결과이다.

암석권과 그 밑에 있는 연약권 사이의 경계면은 저속도대(Low Velocity Zone)의 맨 윗부분에 해당한다. 이곳에서는 P파와 S파 두 지진파의 속도가 느려진다. 저속도대는 상부 맨틀에 속한 지하 40–160킬로미터에 있다. 이런 지진파의 행동 변화는 이곳에서 맨틀의 극히 일부가 녹기 때문에 일어나는 것으로 추정된다. 이 깊이에서 암석을 녹이는 온도와 압력 조건이 형성되어 있는 듯하다. 이렇게 부분적으로 녹으면서 맨틀 암석의 균질성이 크게 약해진다. 따라서 이곳은 단단한 암석권과 연약권 사이에 "누출"이 일어나는 곳이다. 여기가 땅이라는 알 껍데기의 밑 부분에 해당하는 곳이다.

위로, 더 위로 올라가보자. 멋지고, 친근하게 느껴지며, 오븐에서 갓 꺼낸 파이를 연상시키는 "지각"이 나타난다. 우리가 여행했던 이질적인 지하와 비교하면, 지각은 거의 집에 온 듯한 느낌을 준다. 지각의 암석들은 우리에게 친숙하다. 그것들은 이 책의 역사가 펼쳐지는 주요 무대이다. 우리는 지상에서는 존재할 수 없는 기이한 광물상들을 지나고 게으르게 빙빙 돌면서 힘을 공급하는 맨틀을 여행하면서, 깊은 지질학적 세계가 모든 것을 결정한다는 사실을 살펴보았다. 실험을 통해서만, 혹은 지진파 탐지를 통해서만 접근할 수 있는 이 깊은 세계의 위에는 지질 지도와 지질 탐사를 통해서 이해할 수 있는 세계가 놓여 있다. 이곳이 바로 인류 문화만큼이나 다채로우며, 이해하고자 하는 도전 의식을 불러일으킬 만큼 다양한 지질 위에 펼쳐져 있는 우리의 고향, 우리의 풍부하고 복잡한 서식지이다. 30억 년이 넘는 생명의 역사가 고대의 퇴적암들 속에 기록되어 있는 곳이 바로 여기이다. 생명과 지구가 은하의 경이로움과 내밀하게 협력하여 함께 진화한 곳이 바로 여기이다. 지상으로 돌아온 것을 환영한다.

　지각의 바닥은 앞으로 말할 지진파 선들(seismic lines) 중에서 가장 맨 위의 것에 해당한다. 이곳은 "모호 면"이라고 불린다. 모호로비치치 불연속면(Mohorovičíc Discontinuity)의 줄임말이다. 발견자인 유고슬라비아의 선구적인 지구물리학자 A. 모호로비치치를 기리기 위해서 붙인 이름이다. 1909년 그는 지진파(P파)의 속도가 한 불연속적인 면에서 초당 약 7.2에서 8.1킬로미터로 "뛴다"는 것을 밝혀냈다. 에두아르트 쥐스는 이 경계면이 있다는 증거를 보지 못했지만, 아서 홈스는 잘 알고 있었다. 상부 지각에서 암석들은 잘 부서진다. 이곳은 지진의 세계이며, 지진이 일으키는 진동은 땅의 나머지 부분들을 해독하는 데에 큰 도움이 되었다. 지각과 맨틀의 경계면은 상부 맨틀의 밀도가 높은 감람암층이 끝나는 곳이다. 이 무거운 암석은 지진파의 속도를 높인다. 지각은 대양 밑에서 가장 얇다. 특히 중앙 해령으로 갈수록 더 그렇다. 우리는 이미 오만과 뉴펀들랜드의 압등된 오피올라이트들에서 그런 지각의 일부를 만나보았다. 그 지각은 두께가 8킬로미터쯤 되며, 뚜렷한 층들을 이루고 있다. 더 가벼운 대륙들은 지각의 두께가 30-40킬로미터이다. 그런 곳들은 고요하고 오래되고 안정한 부분이다. 모든 열정이 사라진 그곳에는 지표면이 깊은 토대 위에 고요히 놓여 있다. 한편 대륙 지각은 조산대에서 두꺼워지며, 가끔 두 배로 증가하기도 한다. 알프스 산맥이나 히말라야 산맥처럼 대륙과 대륙이 충돌해서 두꺼워지는 곳도 있다. 일부 지역들에서는 수평 전위가 통째로 일어나서 한 대륙이 옆 대륙의 밑으로 들어가기도 한다. 송두리째 밑으로 밀린 것이다. 지구조의 근원대 위로 솟아오른 얼음으로 뒤덮인 봉우리들도 대륙들이 서로 밀어댄 결과이다. 우리는 화강암들이 조산대 깊은 곳에서 어떻게 견디는지 살펴본 바 있다. 그리고 대륙의 암석들이 열과 압력에 어떻게 변하는지도 살펴보았다.

대기와 바람과 얼음은 솟아오른 봉우리들을 깎아내리기 위해서 힘을 가한다. 「이사야」에 쓰인 것처럼 말이다. "모든 골짜기를 메우고, 산과 언덕을 깎아 내려라. 절벽은 평지를 만들고, 비탈진 산골길은 넓혀라."

지표면에 생긴 특징들은 자연력에 깎이면서 흐릿해지지만, 그런 자연력들은 숨겨진 깊은 곳에서 작용하는 힘들이 지표면에 드러낸 것들에만 작용할 뿐이다.

지구의 중심에서 시작된 이 여행은 이 책의 다른 부분들보다 더 이론적인 모험으로 비춰질지도 모른다. 우리가 지표면에서 관찰과 실험을 통해서 추론할 수 있는 깊은 힘들은 세계를 구성하는 지각판들을 움직인다. 인류의 역사가 언제나 지리와 기후—둘 다 지질에 의존한다—에 얽매여왔다는 점에서, 인류의 역사 자체를 지질학적인 것이라고 말할 수도 있다. 우리 모두는 궁극적으로 대류의 아이들일지도 모른다. 산맥들, 즉 두꺼워진 대륙 지각 암석들은 부족들을 나누었고, 인류의 주요 성과 중 하나인 다양성을 빚어내는 데에도 한몫했다. 심지어 종족을 멸망으로부터 구원하는 피난처를 제공하기도 했다. 히말라야 산맥 남쪽에 있는 거대한 인도 반도는 현대의 온갖 종파들이 공통의 문화적 뿌리에서 갈라져 나왔음을 보여준다. 그 지역은 최초의 문명들 중 몇 곳이 탄생한 고향이기도 하다. 그 산맥의 북쪽에 자리한 더 넓은 땅인 한족이 사는 중국은 가장 드넓은 영역에 걸쳐 독특한 문화를 보여주는 곳 가운데 하나이다. 그곳의 사자와 용 조각들은 문화가 4,000년 넘게 지속되어왔음을 보여준다. 더 규모가 작은 피레네 산맥은 이베리아 지방의 특색을 보존하고 바스크 사람들에게 피난처가 되어왔다. 알프스 산맥은 이탈리아를 북쪽에서 봉인하고 있다. 기원전 218년에 한니발이 리틀 세인트 버나드 고개를 건너면서 유명해진 장벽이었다. 내 스코틀랜드 친구들은 켈트족다운 대담함이 고대 칼레도니아 산맥의 편마암과 편암이 밑에 깔려 있는 헐벗은 지역의 산물이라고 말한다. 내 노르웨이 친구들은 그 산맥의 북쪽으로 뻗은 부분이 어떻게 해안선 따라서 고립된 공동체들과 독특한 방언들을 만들었는지를 보여준다. 심지어 오늘날의 현대 사회도 이 고대의 장벽들이 물려준 특성과 언어를 간직하고 있다. 그것은 세계 자본주의의 살육 앞에서도 살아남을지 모른다. 이미 몇 세기에 걸쳐 교역을 거쳤음에도 살아남은 것들이기 때문이다. 마지막 빙하기 때 낮아진 해수면 덕분에 인류는 1만3,000년쯤 전에 북아메리카로, 그보다 앞서 오스트레일리아로 걸어서 들어갈 수 있었다. 그들 중 일부는 남아메리카 대륙의 비활성 가장자리를 따라 뻗어 있는 정글 속으로, 대서양을 향해서 완만하게 놓인 아마존 강 유역으로 퍼져나갔다. 거대한 아마존 강과 그 지류들은 부족들을 갈라놓았다. 서아프리카의 콩고 분지도 남아메리카 동부의 비활성 가장자리와 거울상처럼 똑같았다. 온갖 격리를 통해서 문화적 다양성이 꽃을 피웠다. 반면에 중부 유럽처럼 자연적인 장벽이 전혀 없는 곳에서는 집단 사이의 갈등이 가장 심하게 나타나며, 각 집단들이 일시적인 지배권을 획득하기 위해서 각축을 벌이기도 한다. 헝가리인, 루마니아인, 러시아인, 폴란드인, 슬라브인, 오스트리아-독일인, 덴마크인 등은 완만한 유럽의 산들과 평원들을 놓고 격렬하게 싸웠다. 수많은 전쟁과 전투들로 점철된 서글픈 이야기는 다양성에 한 가지 약점이 있음을 보여준다. 그것은 옹졸함이다.

내가 이 책에서 세세하게 묘사한 풍경과 문화적 특징들은 모두 지질에 뿌리를 두고 있다. 하와이의 변덕스러운 성격을 지닌 펠레 여신이든 에트나 산 속에 있는 연기를 내뿜는 불카누스의 대장간이든 간에, 경관과 직접적인 관련이 있는 많은 고대 신들과 그들을 달래기 위한 종교 의식들은 예기치 않게 변화하는 자연현상들을 합리적으로 이해하는 방법이 되곤 했다. 신화는 시간을 길들이는 방법이었다. 늘 자신의 근원을 궁금해하던 인류는 최초의 알과 진흙이 등장하는 시나리오를 창안했다. 지질은 합리적인 시간 단위를 제공했지만, 그것은 사물들의 본질이라고 여겨지기보다는 세월이 흐른 뒤에 느끼는 것처럼 불가사의하게 길어 보였다. 우리의 행동에 개입하는 신들을 잃어버린 것을 지금도 아쉬워하는 사람들이 있다. 지각판들의 행진을 통제하는 맨틀의 느린 순환이 땅의 진정한 척도일 수도 있다. 제임스 허턴은 1788년에 "시작의 흔적도, 종말의 전망도 없다"는 유명한 말을 남겼지만, 적어도 그 문장의 앞부분은 숫자에 구속된다. 즉 시작은 45억 년 전이라는 것이다. 암석에는 지각판들이 40억 년에 걸쳐 활동한 내용이 기록되어 있다. 그 기간에 지구는 황량한 곳에서 비옥한 곳으로 변했다. 남조류와 식물들의 광합성 활동은 대기를 동물들이 호흡할 산소가 있는 곳으로 바꿔놓았다. 생물들은 바다에서 육지로 이동했다가 하늘로 나아갔다. 그 와중에 산소는 암석들의 풍화 방식을 바꿔놓았고, 식물들도 튼튼한 뿌리로 토양을 단단히 움켜쥠으로써 침식 양상을 변화시켰다. 땅과 생물은 서서히 상호 연결되었다. 현재 우리의 우려를 불러일으키는 "온실효과"는 이 의무적인 혼인의 가장 최근 사례일 뿐이다. 그리고 이 모든 일들이 느릿느릿 일어나는 동안 지구의 모터는 대륙과 바다를 뒤섞고 또 뒤섞었으며, 지금은 대륙들을 뿔뿔이 흩어놓고 있다. 생물들에게는 그저 순응하는 방법밖에 없다.

세계의 지구조 역사에 대처하는 방법은 두 가지이다. 그 모든 무작위적인 힘들 앞에서, 우리 종을 폭우 속에서 나는 하루살이의 운명과 별다를 바 없게 만드는 거대한 힘들 앞에서 하찮은 우리 자신을 생각하며 절망하거나, 아니면 대단히 풍요로운 역사를 보며 감탄하고 우리가 그중 일부를 이해할 수 있는 특권을 가졌다는 사실에 기뻐하는 것이다. 시간의 그물이 다른 식으로 짜였더라면 다른 결과가 나왔을 것이며, 경탄하고 이해할 관찰자인 우리도 존재하지 않았을지 모른다. 우리 모두는 설명을 통해서 아름다움을 느끼는 정신을 지니고 있는 한편으로, 지질을 비롯하여 환원 불가능할 정도로 복잡한 세계의 풍요로움을 그 자체로 감상할 수 있는 능력도 가지고 있다.

에두아르트 쥐스는 인도 신화에 빠진 상태에서 『지구의 얼굴』 제2권을 완성했다.

라마가 바다와 그 경계가 수평선 위의 하늘과 뒤섞이며 하나가 되는 것을 바라보듯이, 무량함으로 나아가는 길을 닦을 수 없는지 고심하듯이, 우리는 시간의 바다를 바라보지만, 어디에도 해변이 있다는 흔적을 찾을 수 없다.

13

세계관

그가 주인보다 더 잘 안다는 말을 제 입으로 내뱉지 못하도록 하라. 그는 햇빛 속에서 촛불을 들고 있을 뿐이니까.

— 윌리엄 블레이크, 『천국과 지옥의 혼인(*The Marriage of Heaven and Hell*)』

지구의 얼굴이 놀라운 점은 대단히 뒤죽박죽이라는 것이다. 그것은 각기 다른 암석들로 이루어진 극도로 복잡한 조각 그림 맞추기 퍼즐이다. 길버트와 설리번의 "방랑하는 가수"에 나오듯이, 그것은 "누더기"이다. 역사는 35억 년 넘게 그것을 기워왔다. 지구의 얼굴은 바다가 높아졌다 낮아졌다 할 때마다 갈라졌다가 합쳐지면서 다듬어지고 또 다듬어져왔다. 대륙들이 얕은 바다에 잠겼다가 물이 빠져 드러날 때면, 그 사이에 만들어진 사암이나 석회암, 셰일이나 자갈은 그대로 남았다. 페인티드 사막은 오래 전에 물든 곳이다. 어느 곳에서든 침식은 한때 지각 깊은 곳에 놓여 있던 구워진 암석들을 파낸다. 가지각색의 세계는 지질학적 광대옷을 입고 있다. 기반암은 기후를 매개로 하여 경관의 형태, 식생, 재배할 수 있는 작물의 종류에 영향을 미치며, 심지어 철과 유리가 널리 쓰이기 전에 도시를 짓는 데에 사용된 돌과 벽돌의 종류에도 영향을 미쳤다. 우리는 모두 지질학적 경관에서 자라났으며, 아마 지금도 알게 모르게 그것과 연관을 맺고 있을 것이다. 인류는 자신의 고향을 사랑하도록 프로그램되어 있는 것 같다. 러시아인들은 탁 트인 스텝 지대의 소나무를 사랑하고, 오스트레일리아 원주민들은 끝없이 이어진 내륙을 사랑하며, 양치기들은 양들이 점점이 흩어져 있는 언덕들을 사랑하고, 슈롭셔의 젊은이들은 푸른 언덕을 사랑한다. 우리 대다수는 이런 내밀한 방식으로 세상을, 암석들과 기타 모든 것들을 인식한다. 우리의 누더기는 우리의 고향이다. 하지만 자기 양들이 기어오르는 언덕의 지층에 관심을 기울이는 양치기는 아마 없을 것이다. 그 땅속에 있는 암석들이 자신들의 삶을 궁극적으로 통제한다고 할지라도 말이다. 다른 암석들도 마찬가지로 다른 삶들을 지배하고 있다. 우리는 자기 가족의 비극에 더 애통해하듯이, 국지적인 경관에 더 애정 어린 반응을 보인다. 비록 우리는 인정하기를 주저하지만, 사회의 더 폭넓은 현안들에는 그런 식으로 관심을 기울이지 않는다. 우리가 인정하든 안 하든 간에 지질은 가장 내밀한 방식으로 중요한 영향을 미친다.

나는 지질의 영향을 직접 현장에 가서 살펴보고자 시도했다. 곳곳에 배어 있는 세세한 영향들을 하나하나 살펴보고자 했다. 나는 특정한 장소를 통해서 일반적인 양상을 보여주려고 했다. 내가 선택한 곳들만큼이나 이야기의 요점을 제대로 보여줄 수 있는 곳들이 100곳은 더 되며, 어떤 방식을 택하든 간에 어떤 중요한 사항들은 누락되기 마련이다. 하지만 쥐스 교수처럼 전 세계에 관해서 쓰겠다는 의도는 전혀 품지 않았다. 이 이야기에는 우리의 저 아래쪽에 있으면서 대개 깨닫지 못하는 지각판들이 계속 등장한다. 우리가 의식하지 못하는 지질 구조가 우리가 서 있는 땅의 토대를 이루고 있다고 해도, 그것은 한쪽 눈으로는 절뚝거리는 암양을 지켜보고 다른 쪽 눈으로는 옆 마을 처녀를 보는 젊은 양치기의 관심을 끌기에는 너무나 동떨어져 있는 주제일 듯싶다. 그렇지만 심층 지질 구조의 움직임을 이해함으로써 세계는 하나가 되었다. 우리의 누더기는 사실 다른 모든 누더기들과 연결되어 있다. 아마 자신이 지구라는 불규칙한 체스판 위를 움직이는 지각판 위에 올라가 있는 작은 생물이라는 사실을 깨달으면, 오만한 작은 종인 우리는 자신에게 맞는 겸손함을 더 갖추게 될지도 모른다. 그러나 어쩐지 그렇지 않을 것이라는 생각도 든다.

지식은 발전하며, 낡은 생각들은 버려진다. 때로는 마지못해 버리기도 한다. 쥐스가 대가답게 지구 전체를 조사한 이래로 한 세기 넘게 지질학적 사유에 어떤 일들이 일어났는지를 이미 충분히 설명했다. 이제 지구에 대한 통일 이론을 다룰 시점에 도달했다는 데에는 의문의 여지가 없다. 암석권, 맨틀, 지각판들의 이동 등 지구의 심층 구조에 관한 지식은 최근 들어 크게 발전했으며, 그중에 앞으로 틀렸다고 판명될 지식은 적을 듯하다. 그런 한편으로, 만일 수십 년 안에 내 설명을 낡은 것으로 만들 새로운 발견들이 나오지 않는다면 그것도 놀라운 일이 될 것이다. 우리는 과거 수백 년 동안 애지중지했던 개념들이 더욱더 인식의 발전을 가져올 것이 분명한 새로운 사상이나 중요한 관찰 앞에서 무너지는 것을 충분히 보았다.

우리가 아무리 옛 사람들을 존중해서 적절히 경의를 표할 생각이 있다고 하더라도, 판구조론이 지구에 대한 인식을 크게 확장시켰다는 점을 떠올리면서 조금 오만한 태도를 취하기가 쉽다. "우리가 더 많이 알지 않겠어?" 내심 그런 생각을 가질 수도 있다. 과거에 살았던 사람들에게는 너무나 부당한 일이 아닐 수 없다. 쥐스와 그의 계승자들에게 지적 탄약을 제공했던 선구적인 지질학자들은 대단한 영웅들이었다. 그들은 망치와 공책만을 들고 오지를 드나들면서 고된 여행을 했다. 그들의 안전을 위해서 물품을 보급한 사람도 없었다. 그들에게는 들고 다닐 지도도 거의 없었다. 그들이 제공한 정보는 선구적인 것이었다. 쥐스는 그들이 마땅히 받아야 할 업적을 인정해주었다. 그는 W. T. 블랜퍼드를 인도와 히말라야의 지도를 작성한 개척자라고 칭송했고, "프셰발스키의 모험 가득한 여행이 티베트의 넓은 지역을 드러냈고", 벨이 신비하고 위험한 미지의 세계로 남아 있던 캐나다의 고대 숲으로 뒤덮인 지역들을 지도에 담았다(1877)고 찬사를 보냈다. 이들은 비범한 지성을 가진 용감한 사람들이었다. 프셰발스키라는 이름을 자주 들어본 사람들도 있다. 프셰발스키가 발견한 야생마에 그의 이름이 붙어 있기 때문이다. 에쿠스 프르제발스키(*Equus przewalskyii*)가 그 말의 학명이다.

하지만 이 개척자들 중에는 오늘날에도 오후에 헬리콥터를 타고서야 들어갈 수 있는 오지들을 탐사하는 데에 삶을 바친 사람들이 많았기 때문에, 그들의 이름은 극소수의 열렬한 애호가들에게만 알려졌을 뿐 잊혀진 지 오래이다. 그들은 각자 공헌을 했으며, 그 업적들은 현재 다른 실들과 섞여서 과학이라는 태피스트리로 짜여 있다. 아마 우리 같은 사람들보다는 그들이 더 오래 기억될 것이다.

투조 윌슨은 예외적인 인물이다. 그의 이름은 지구의 구조 자체에 들어가 있다. 그는 이 책에서 여러 번 언급된 인물이다. 지질 과정을 예측한 선견지명을 가진 사람으로서 말이다. 그는 이아페토스의 진가를 인정한 사람이었다. 처음에 대륙이 갈라지고 새로운 바다가 형성되었다가, 결국 나중에 조산대를 형성하면서 바다가 다시 닫히는 지각판들의 느린 진행 과정을 오늘날 "윌슨 주기(Wilson cycle 또는 Wilsonian cycle)"라고 부른다. 그것은 일반화할 수 있는 지구에 관한 개념들 중 가장 규모가 크다. 앞에서 살펴보았듯이, 그 과정 전체가 완결되는 데에는 2억 년이 넘게 걸릴지도 모른다. 화학 원소들, 해수면, 기온 등 지구에 나타난 많은 역사적 주기들 가운데 윌슨 주기는 가장 장엄하면서 가장 큰 변화를 일으키는 것이다. 우리는 이 주기의 끝에 형성된 산맥들을 몇 곳 찾아가보았다. 젊은 알프스 산맥, 고령의 애팔래치아-칼레도니아 산계, 선캄브리아대의 흔적들. 지구의 얼굴은 윌슨 사건들이 연이어 일어난 결과라고 볼 수 있다. 당연히 현재의 주기 때 일어난 사건들이 주류를 이루지만, 오래된 흉터인 줄무늬나 얼룩의 형태로 이전 주기들의 기억이 남아 있는 경우도 있다. 시원대까지 거슬러 올라가는 고대 주기는 흔적을 찾아내기가 어려울 때도 있지만, 아주 공들여 조사한다면 찾을 수 있다. 그리고 시간을 더 거슬러올라갈수록 암석권 깊숙한 곳에서 일어난 과정들을 보여주는 암석들이 나타난다. 이 가장 오래된 암석들은 수십억 년 동안 침식이 계속되어 위에 덮인 암석들이 모두 사라짐으로써 드러난 것이기 때문이다. 결국 세계의 광대옷을 놓고 이렇게 말할 수 있을 것이다. 모든 것들을 모아 하나로 기울 시간은 넉넉했다고 말이다.

지각판들의 이동 양상은 약 45억5,000만 년 전에 지구가 형성된 뒤로 지표면에 보존된 것들의 많은 부분을 설명할 수 있다. 단지 처음 수억 년 동안에 벌어진 일들만이 거의 기록되지 않았을 뿐이다. 그런 논리에 따르면, 현재의 윌슨 주기가 계속된다면 태평양은 1억 년에 걸쳐 서서히 없어지고, 아시아와 아메리카가 마침내 합쳐져 새로운 초대륙, 즉 새로운 판게아가 형성될 것이라고 예측할 수 있다. 그러면 그 다음에는? 그 초대륙에서 무슨 일이 일어날지 정확히 예측하기는 불가능하지만, 이 미래의 초대륙이 다시 쪼개지고 그 갈라진 대륙들이 다시 이동하리라는 것은 확실하다. 우리 세계는 영구히 변화할 것이고, 영구히 스스로를 재창조할 것이다. 지구 내부의 모터가 마침내 더 이상 돌아가지 않을 때까지 말이다.

에두아르트 쥐스는 독자들에게 다른 행성에서 온 손님이라는 유리한 관점에서 구름을 가르고 지구를 보라는 말로 자신의 명저를 시작했다. 그것은 자신의 해박함을 보여주려는 그 나름대로의 몸짓이었다. 악마가 높은 산 위에서 세계의 모든 왕국들을 눈앞에 펼쳐 보이며 예수를 유혹하는 장면이 떠오를 것이다. 쥐스는 지질이 세계를 정복하고 자기 앞에 무릎을 꿇게 할 것이라고 생각했다. 그가 살았던 19세기 말에는 이 장엄한 전경을 펼쳐 보이는 것이 대담한 시도였을지도 모르지만, 지금의 우리는 더 높이 있는 위성에서 본 전경에도 아주 익숙하다. NASA가 우주에서 찍은 지구 사진은 훗날 20세기의 결정적인 이미지라고, 우리 행성의 경계가 유한하다는 것을 널리 인식시킨 사건이라고 역사에 기록될지도 모른다. 그 사진 속의 지구는 너무나 약하고, 너무나 파랗고 얼룩진 모습이며, 산과 물보다는 비누 거품에 더 가까워 보인다. 쥐스가 시작했다면, 나는 끝을 맺을 것이다. 온갖 암석들이 뒤섞인 행성에서 단 몇 곳을 골라 지질학적으로 상세히 살펴보았으니, 이제 초점을 바꾸어 전체를 볼 때가 되었다. 우리는 결정 하나조차도 지구 깊은 곳에서 일어나는 순환들과 관련되어 있음을 살펴보았다. 떠받치고 있는 화강암이 보일 때까지 그 결정을 위로 끌어올리면, 그것은 단지 더 큰 경관 속에서 불룩 튀어나온 얼룩에 불과하다는 것이 드러난다. 그리고 다시 더 끌어올리면 그 화강암은 산맥의 주름들 사이로 사라진다. 이 높이에 서면 태양과 대륙을 한눈에 볼 수 있다. 이제 위에서 아래를 내려다보면서 이야기해보자. 암벽이나 거의 잊혀진 어느 신의 이름을 딴 용암류의 상세한 구조에서 시작하여, 잠시 쉬었다가 태양과 산맥의 전체 모습을 살펴보기로 하자. 우리는 요정이 되어 "40분 안에 지구를 일주하기"로 하자.

런던 웨스트엔드의 사우스켄싱턴에 있는 자연사박물관의 내 연구실에서 출발하자. 여러 지질학자들이 한 세기 넘게 일해온 곳이다. 제3기 지층들의 분지 속에 자리한 모든 멋진 호텔들과 건축물들, 그리고 끝없이 뻗어 있는 런던 교외 지역들을 살펴볼 수 있도록 점점 더 높이 날아올라 가자. 이제 템스 강은 그 분지의 중앙을 가로지르는 은빛 선에 불과하다. 주로 부드러운 모래와 점토로 이루어진 이 지층들 밑에는 더 오래된 암석들이 있다. 런던 동쪽과 남쪽의 언덕들이 늘어선 탁 트인 지대에 도달하면 백악(Chalk)이라는 백악기의 하얀 석회암이 나타난다. 한때 그곳에는 양들이 지천으로 널려 있었다. 뛰어난 자연학자 길버트 화이트는 이 암석 위에 세운 자신의 사제관에서 셀번이라는 한 마을의 역사를 상세하게 기록했다. 화이트의 책은 거의 셰익스피어의 희곡들만큼이나 많이 팔렸고, 그 책의 매력 중 하나는 특정한 장소, 특정한 지질을 깊이 파고들었다는 데에 있다. 런던 분지의 남쪽, 백악은 윌드 지방의 울타리에 해당한다. 윌드 지방은 중세 시대에는 철의 주산지였으며, 지금은 유럽밤나무들이 울창하게 자라서 철을 제련하기 위해서 팠던 옛 연못들을 가리고 있다. 높은 곳에서 보면 대부분 숲으로 뒤덮여 있다. 더 높이 올라가면 백악이 도버의 하얀 절벽들을 이루고 있음을 볼 수 있다. 아마도 많은 영국인들에게 가장 진한 감정을 자아내는 중요한 지질 작품일 것이다. 이 높이에서 보면 도버 절벽들이 영국 해협의 반대편에서 마주 보고 서 있는 프랑스의 절벽들과 같은 종류임을 알 수 있다. 영국 해협은 겨우 몇천 년 전에 바다의 침식으로 깎여서 생긴 지질학적 뒷마무리의 결과일 뿐이다. 지질은 국경이라는 것을 모르며, 여기서 보면 백악이 프랑스를 가로질러 더 멀리 뻗어나가 북쪽의 끝없이 펼쳐진 평원들의 기반을 이루고 있다는 것까지 알 수 있다. 그 평원에는 울타리도, 뚜렷한 경계도 없는 밭들에서 수억 개의 바게트 빵을 만드는 데에 쓸 곡물들이 자라고 있다. 그리고 우리가 전 세계의 백악을 따라갈 수만 있다면, 우리는 캐나다 순상지로부터 쥐스가 말했듯이 "텍사스와 멕시코를 죽 가로질러" 흑해와 그 너머 중동까지 비슷한 하얀 석회암들이 뻗어나갔음을 알게 될 것이다. 백악은 바다가 대륙을 뒤덮었다는 사실을 보여주는 기록이다. 그 일은 약 1억 년 전에 일어났으며, 뒤에 남긴 퇴적물은 드넓은 세계를 영구히 하얗게 칠해놓았다. 백악은 한때 북쪽으로 영국 제도의 상당한 지역까지 뻗어 있었다. 비록 지금은 침식으로 거의 대부분 사라졌지만 말이다. 지금 우리 밑으로 보이는 풍족한 영국 남부에서 북쪽으로 쥐라기, 트라이아스기, 페름기에 속한 더 오래된 암석들이 드러난 지역들이 바로 그런 침식이 일어난 곳이다. 그리고 페나인 산맥의 헐벗은 산줄기가 잉글랜드 북부를 세로로 가르고 있는 곳도 그렇다. 남서쪽 다트무어의 황량한 지대에서는 화강암이 지표면에 드러나 있어서, 아주 오랫동안 사람들이 길들이고 정착한 섬에서도 여전히 야생이 남아 있음을 보여준다. 콘월 반도는 알프스 산맥이 솟아오르기 2억 년 이상 전에 유럽을 갈랐던 옛 윌슨 주기, 즉 바리스칸 조산운동의 유산이다. 요아힘 계곡의 옛 광산들처럼 유럽의 풍족한 광물의 상당 부분은 예전의 이 사건이 남긴 유산이다. 그 사건은 당시 마터호른을 솟아오르게 한 조산운동만큼이나 중요한 사건이었다. 페나인 산맥 양쪽에 발달한 석탄기의 석탄 분지들은 산업혁명의 추진력이 되었고, 제국의 증기기관들에 동력을 제공했다. 이제 갱들은 거의 전부 물에 잠기거나 버려졌고, 거의 알아볼 수 없는 생물의 골격처럼 녹슬고 못쓰게 된 채굴

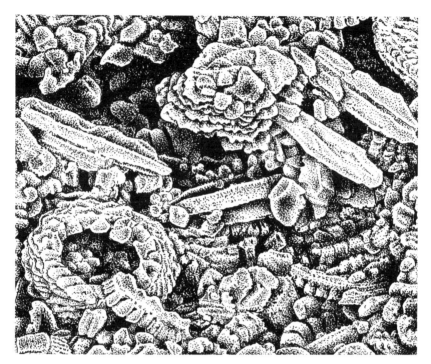

백악기의 백악을 아주 높은 해상도의 현미경으로 보면, 지름이 수천 분의 몇 밀리미터인 무수한 코콜리스(coccolith)로 이루어져 있음을 알 수 있다. 백악질 바다는 9,500만 년 전에 전 세계에 넓게 펼쳐져 있었다.

도구들도 보인다. 인간의 주기들은 지구의 주기들에 비해서 터무니없을 정도로 짧다.

이제 고생대 전기의 세분 단위들, 즉 캄브리아기, 오르도비스기, 실루리아기라는 이름의 연원이 된 암석들이 있는 캄브리아 산맥을 살펴보기로 하자.[*] 이 산맥은 잉글랜드의 다른 산맥들보다 훨씬 더 험하며, 웨일스의 르웰린 왕에게는 앵글로색슨족을 다가오지 못하게 막는 가공할 요새가 되어주

---

[*] 이런 세분화는 19세기의 선구적인 지질학자들을 통해서 이루어졌지만, 그것이 보편적으로 채택되기까지는 꽤 오랜 세월이 걸렸다. 캄브리아의 어원은 금방 알 수 있다. 실루리아와 오르도비스는 로마 시대에 웨일스 변방에 살았던 부족들의 이름이다.

었다. 또 이 암석들은 바리스칸 조산운동 이전의 윌슨 주기에 칼레도니아 산맥이 형성될 때 습곡 작용을 받았다. 주기에 주기가 겹쳐진 것이다. 높은 곳에서 내려다보는 우리는 고지대를 이루는 암석들이 레이크디스트릭트로 이어지고 다시 더 북쪽 스코틀랜드로 뻗어 나가는 모습을 볼 수 있다. 영국 해안에서 솔웨이 퍼스가 있는 움푹 들어간 곳이 정말로 넓은 대양인 이아페 토스가 사라지고 고대의 두 대륙이 붙어 하나가 된 곳일까? 스코틀랜드와 잉글랜드라는 두 나라는 과거에 많은 불화를 빚었지만, 두 나라를 가르는 경계선상에 사는 주민 중에서 그 경계선이 상상도 할 수 없을 정도로 오래 전에 돌에 새겨져 있었다는 것을 떠올려본 사람이 과연 있었을까? 그것만 이 아니다. 북아일랜드 앤트림의 해안에는 검은 현무암들이 기둥들을 이루 며 서 있다. 이 높은 곳에서 내려다보면, 그 현무암은 파리의 눈에 있는 수 정체들처럼 완벽한 다각형을 이루고 있다. 이것이 바로 자이언트 커즈웨이 (Giant's Causeway)이다. 그것은 기하학적 완벽함, 무수한 육각형 "계단들" 을 탄복하며 바라볼 빅토리아 시대의 관광객들을 운송하기 위해서 특수한 철도가 건설되었을 정도로 경이롭게 여겨졌던 광경이다. 이제 우리는 더 이 상 그것이 거인의 계단이라고 상상할 수 없다. 그것이 가장 최근의 윌슨 주 기 때 일어난 화산 폭발이 영국 제도에 남긴 흔적임을 알기 때문이다. 현재 의 대서양이 열릴 때였다. 이 독특한 모양의 현무암들은 새로운 대양이 만 들어진 후, 옛 이아페토스의 경계에서 그리 멀지 않은 곳에 생긴 것이다. 거 대한 것은 더 큰 두려움을 자극하는 것일까? 똑같은 화산 분출로 스타파 섬에는 핑갈의 동굴(Fingal's Cave)이 생겼다. 그 섬을 보고 펠릭스 멘델스 존은 가장 섬세한 음악으로 이루어진 풍경화를 그렸고, 윌리엄 워즈워스는 세 편의 소네트를 지었다. 그들은 우리가 알고 있는 세계가 시작되는 순간 을, 대서양 양편이 쩍 하며 갈라지는 모습을 보았다면 더 격렬한 작품을 지 었을까?

찰스 라이엘 자신의 고향에, 지질학이 과학의 한 분야로 정립되도록 많은 기여를 한 영국 제도에, 더 넓은 영역에 걸쳐 일어나는 주기들이 연이어 자신의 흔적을 남겨왔다. 바다는 밀려왔다가 밀려나기를 수없이 되풀이했다. 화산들은 분노의 불길을 내뿜었다가 침묵에 빠지기를 반복했다. 세계의 이 작은 구석에서조차 그런 복잡한 일들이 벌어지고 있다면, 세계 전체가 그런 일들로 가득하다고 해도 놀랍지 않을 것이다. 도저히 있을 법하지 않은 온갖 사건들이 연결되어 있다고 생각할지도 모른다. 하지만 지구의 표면에서 더 멀리 떨어질수록 시야는 단순해진다. 거리가 멀어질수록 세세한 부분들은 흐릿해지지만, 더 넓은 지역의 윤곽은 더욱 선명해진다. 보라. 스코틀랜드 저 너머 북해를 가로질러 스칸디나비아의 서쪽 해안까지 죽 이어지는 선이 있다. 퇴르네봄 교수가 고대의 나페들보다 훨씬 더 오래된 발트 순상지의 전면지 위에 고대의 나페들을 올려놓아야 한다고 떠들어대는 소리가 들리는 듯하다. 노르웨이와 스웨덴의 국경을 이루는 고지대들에서 강들이 동쪽으로, 자작나무 숲과 소나무 숲을 가로질러 보스니아 만으로 어떻게 흘러가는지 보라. 보스니아 만 너머에는 점점이 호수들이 흩어져 있고 굽이치는 황무지들이 펼쳐진 핀란드가, 훨씬 더 오래되고 난해한 월슨 주기들의 흔적들이 편마암과 화강암과 뒤섞인 곳이 있다. 지금 그곳에는 물이끼, 클라우드베리, 순록이끼가 자라는 습지들이 펼쳐져 있다.

우리는 서쪽으로 북대서양 위를 지나가고 있다. 바다는 자신의 지질학적 토대를 감추고 있다. 우리는 저 아래 눈에 보이는 해안선 밑으로 대륙붕들이 더 뻗어나가 있음을 떠올려야 한다. 대륙들의 진정한 가장자리는 대륙붕의 끝자락에 있으며, 지금은 말라 있지만 바다가 높아져 육지의 상당 부분이 물에 잠겼던 시기가 있었듯이, 대륙붕들이 더 많이 드러났던 시기도 있었다. 해안선은 움직이는 땅에 생긴 일시적인 선일 뿐이다. 대륙붕 너머에는 깊은 바다가 있다. 잠시 끝없이 펼쳐진 파란 바다를 보고 있노라면, 에두아르트 쥐스와 숨겨진 깊은 곳에서 들려오는 지구의 신호들을 읽으려고 한 그의 노력에 공감할 수 있다. 심지어 대양이 거대한 땅덩어리가 가라앉은 곳이라는 상상도 잠시 동안 할지 모른다. 일부 조각들이 심연으로 가라앉았기 때문에 세계의 모습을 제대로 보지 못하는 것이 아닐까 하고 말이다. 이 상공에서 보면 모든 일이 가능할 듯하다. 다음에 눈앞으로 나타나는 아이슬란드는 대양이 겉으로 보이는 모습과 다르다는 것을 상기시킨다. 대양이 현무암의 세계이며, 세계의 피부를 계속 만든다는 것을 말이다. 우리는 그 섬을 남쪽으로 가르는 열곡과 홀로 사는 말벌들이 파낸 흙무더기들처럼 보이는 작은 원추구들까지 알아볼 수 있을지도 모른다. 그 원추구들은 화산의 흔적임이 분명하다. 아이슬란드 남부를 지나갈 때, 뮈르달스요쿨 빙하의 끝자락에 있는 조금 더 큰 원추구인 마엘리펠이 눈에 들어온다. 원래 검은색이었지만 고깔바위이끼(*Grimmia*)류에 속한 이끼들로 뒤덮여 초록빛으로 변했다. 이제 중앙 해령에서 새로운 지각이 서서히 창조되는 모습을 다시 마음속으로 그려보고, 그것이 더 깊은 곳에서 일어나는 일들이 표면에 드러난 것임을 떠올릴 때가 된 듯하다. 지구 깊은 곳에서 솟아올라 아이슬란드 밑에서 펼쳐지는 맨틀 상승류를 상상해보라. 격자 구조를 이룬 규산 내에서 원자들이 서로 치환되고 결합하는 온갖 양상들, 즉 온갖 미묘한 화학 작용들을 상상해보고 섬 전체, 나아가 대양 전체조차도 분자 구조의 변화들로 기술할 수 있다는 것을 이해하려고 해보라.

　다시 서쪽으로 로렌시아의 해안을 향해 가자. 이 높이에서 보면, 유럽 서부에서 그리 멀지 않은 곳처럼 여겨진다. 우리 앞쪽에 그린란드의 얼어붙은 가장자리가 놓여 있다. 이곳에는 지구에서 가장 오래된 암석들이 우리의 중고품 세계에 있는 거의 모든 암석 조각들이 겪었을 재순환이라는 운명을 피해서, 계속 돌아가는 땅의 회전목마에 올라탄 채 그대로 머물러 있다. 이 거대한 섬은 많은 부분이 만년설로 뒤덮여 속을 들여다볼 수 없다. 우리는 겨우 몇천 년 전에 북반구의 상당 부분이 그만큼 혹은 그보다 더 두꺼운 얼음으로 뒤덮여 있었고, 가장 최근에 대규모 침식이 일어나서 고대 지구의 깊은 암석들이 드러났다는 것을 이제 어렵지 않게 상상할 수 있다. 지금 뉴펀들랜드가 바로 우리 밑에 있다. 우리는 바이킹 모험가들이 아이슬란드에서 그 돌(뉴펀들랜드)까지 가는 길을 쉽게 발견했을 수도 있음을 짐작할 수 있다. 뉴펀들랜드에는 문자를 해독하기에 앞서 복원을 거쳐야 하는 뒤틀린 책의 낱장들처럼 황량한 해변에 복잡한 지질이 고스란히 드러나 있다. 우리는 땅의 결을, 거의 모든 만과 갑이 북동쪽에서 남서쪽으로 향하고 있음을 알아볼 수 있다. 모든 길잡이고래는 그곳을 항해할 수 있어야 한다. 우리는 그 방향대로 남쪽으로 나아가 세인트로렌스 만을 지나서 숲이 울창하게 우거진 애팔래치아 산맥으로 접어든다. 초록빛 융단에 돌을새김처럼 갈라진 곳들이 보인다. 그것들은 4억 년 전에 샌안드레아스 단층이었을 고대의 단층들을 따라 나 있다. 이제 애팔래치아 산맥과 칼레도니아 산맥을 하나의 산계로 이어 붙인 마르셀 베르트랑의 통찰력에 감탄할 차례이다. 그 깨달음 이후로 대서양은 두 반쪽 사이에 놓인 협곡에 불과해졌다. 우리는 칼레도니아 산맥에서 애팔래치아 조산대가 솟아올랐다가 낮아져서 제임스 홀이 말한 지향사로 변해가는 모습을 상상할 수 있다. 그리고 캣스킬 산맥에는 몰라세도 있다. 그곳의 봉우리들은 맨 처음 고등식물들이 바다에서 육지로 들어가 자리를 잡기 시작할 무렵, 높이 솟아오른 산맥으로부터 굴러떨어지고 급류에 쓸려간 쇄석들로 형성되었다. 식물들은 진화하고 변화했으며, 그 식물들로 인해서 지표면은 초록빛을 띠게 되었지만, 산맥들에게 그런 일들은 "세상은 돌고 도는 법"이라는 것을 보여주는 또 하나의 사례일 뿐이다. 그리고 10억 년 전에 있었던 더 이전의 윌슨 주기도 애팔래치아 산맥 옆에 흔적을 남겼다. 바로 그렌빌 암이다. 그 암석은 뉴욕 센트럴파크의 지면으로 솟아올라서 인간과 도시가 과거의 바다 위에 떠 있는 거품에 불과하다는 것을 상기시킨다.

캐나다 북부를 가로질러 북극 툰드라의 경계에 다다를 때면, 점점이 흩어져 있는 무수한 호수들이 눈에 들어온다. 호수들은 마치 붓을 휙 휘둘러 물을 흩뿌린 양, 지면 여기저기에 끼얹은 듯하다. 마지막 빙하기는 이 물로 채워진 깎이고 파인 곳들을 남겼을지 모르지만, 그 땅은 그보다 아주 오래 전에 이미 평원이 된 상태였다. 그레이트슬레이브 호 주변의 캐나다 순상지는 애팔래치아 산맥이 젊었을 때에도 오래된 것이었다. 이 높은 곳에서 보면 지면에 소용돌이무늬들과 갈라진 틈들이 있다. 낙서 같기도 하고, 파울 클레가 휘갈긴 스케치 같기도 하다. 이제는 거의 닳아 없어진 그보다 더 오래된 주기들의 흔적들도 있다. 그것들은 수십억 년 전의 시원대로, 지표면에 세균들만이 퍼져 있던 시대로 우리를 데려간다. 한때 교과서들은 이 시기를 "상상할 수 없을 정도로 오래된"이라고 설명했다. 마치 상상이 시간의 법칙에 얽매여 있다는 듯이 말이다. 그 모든 낙서들은 지구 깊숙한 곳에서 변성된 암석의 엽리일지도 모르지만, 우리에게 이해해보라고 쓴 초대장이기도 하다. 우리 밑에 놓여 있는 것들은 벨이 그 수수께끼를 세상에 알렸을 때나 지금이나 거의 뚫고 들어갈 수 없는 영토로 남아 있다. 캐나다에서는 모든 것이 시작되는 곳으로 돌아가려면 길이 끝나는 곳 너머에서부터 시작해야 한다.

　캐나다 순상지는 삼각형이며 북아메리카의 오래된 심장부이다. 그외의 모든 것들은 그 순상지의 가장자리에 덧붙여졌다. 미장이가 회반죽을 바르듯이 말이다. 순상지를 중심으로 동쪽과 서쪽에 산맥이 있고, 심지어 북쪽으로도 캐나다 북극해 제도와 북그린란드를 지나가는 오래된 조산대가 놓여 있다. 각 산맥은 하나 이상의 주요 지구조 사건의 산물이며, 각 사건은 로렌시아의 가장자리에 무엇인가를 덧붙였다. 그 뒤에 여러 차례 바다가 순상지를 휩쓸면서 퇴적물들을 남겨놓았다. 남쪽으로 향하자 그레이트플레인스의 북부 지역이 눈에 들어온다. 고대의 바다들이 6억 년 넘게 퇴적암들을 담요처럼 겹쳐 깔아놓은 곳이다. 높은 곳에서 보니 홍적세 이후의 경관과 흡사하다는 것을 알 수 있다. 우리는 너무 높이 떠 있어서 평원에 물소들이 있는지, 커다란 현대 농기구들이 위아래로 덜컹거리면서 돌아다니고 있는지 분간할 수가 없다. 우리는 그레이트플레인스의 서쪽에 콜로라도 고원이 솟아올랐다가, 수백만 년 동안 진행된 침식으로 퇴적물 담요들이 걷어져서 그 밑에 있던 고대의 지반까지 드러났다는 것을 알고 있다.

로키 산맥은 알래스카에서 멕시코까지 땅의 표면을 일그러뜨렸고, 그 서쪽으로는 캐스케이드 산맥과 코스털 산맥이 겹겹이 주름을 형성하며 해안선과 나란히 놓여 있다. 남쪽을 향하면서 우리는 알래스카 산맥이 아시아 끝을 향해 뻗어 있음을 볼 수 있다. 홍적세의 얼음이 세계의 많은 물을 가둠으로써 해수면이 낮아졌을 때, 아메리카와 아시아를 연결하는 육지 다리가 형성되어 말, 물소, 인간이 동쪽으로 침입할 수 있었다. 그후 바다가 물러나면서, 현재 존재하는 아메리카의 상당 부분을 만들었다. 우리 밑에 있는 산지가 수백만 년에 걸쳐 흩어졌다가 맞춰진 조각 그림 퍼즐들이라고 상상하기는 더 어려울 것이다. 이곳은 너무나 단단하고 너무나 단일해 보인다. 그렇지만 미국 지질 조사국이 1992년에 펴낸 지도에는 200개나 되는 봉합지들이 코르디예라 조산대를 이루고 있다. 그것들을 죽 나열하면서 적절한 설명을 붙인다면 아마 이 책의 나머지 지면을 모두 할애해야 할 것이다. 그 산계는 조산운동들이 이어지면서 단계적으로 형성되었다. 조산운동은 소노마, 네바다, 프랜시스코, 라라미드의 순서로 일어났고, 전체 기간을 따져보면 2억 년이 된다. 그 운동은 서쪽에서부터 북아메리카 대륙의 가장자리에 호상열도와 다른 지각 조각들을 덧붙였으며, 그 가장자리들은 안쪽으로 가라앉는 섭입대가 발달했다는 공통점이 있다. 당연히 가장 오래된 사건들은 대륙의 더 안쪽에서 일어났을 것이고, 바깥으로 갈수록 차례로 더 나중의 사건들이 흔적을 남겼을 것이다. 대륙이 계속 밀리기만 한 것은 아니다. 때때로 잡아늘여지는 일도 일어났으며, 그 결과 지각 덩어리가 가라앉기도 했다. 그러면서 화강암들이 분출되었고, 그중에는 거대한 것들도 있었다. 밑으로 눈 덮인 봉우리들이 보인다. 지표면이 드러난 곳에서 컬럼비아 화강섬록암을 볼 수 있다. 에두아르트 쥐스가 "위도로 거의 14도에 걸쳐 있고" 폭이 평균 80킬로미터에 달하는, "비교할 수 없이 장엄하다"고

514

오리건의 크레이터 호. 미국과 캐나다의 서부 해안에서 벌어진 화산활동의 산물이다. 세인트헬레나 산은 지각판들이 서로 충돌한다는 것을 최근에 보여준 생생한 증거이다.

말한 곳이다. 이 뒤죽박죽인 복잡한 지질 구조에 딱 어울릴 만한 비유가 쉽게 떠오르지 않는다.* 물레방아를 돌리는 물이 그나마 나은 비유일지도 모르겠다. 물은 꾸준히 흘러서 수로로 들어가고, 물에 떠다니는 나뭇조각들은 수로 앞에 설치된 창살에 막혀 쌓이게 된다. 이따금 흐름에 변화가 생기거나 소용돌이가 생겨 쌓인 나뭇조각들을 흩어놓거나 뒤섞을 수는 있겠지만, 앞쪽으로 향하는 전반적인 흐름을 바꿀 수는 없다. 지금도 북아메리카 대륙과 태평양판은 서로 접한 채 계속 대립하고 있으며, 앞에서 살펴보았듯이 샌안드레아스 단층의 서쪽 지각이 북쪽으로 이동하는 것도 그 때문이다. 주기적으로 격렬한 폭발을 일으키는 화산들도 그런 대립의 산물이다. 1980년에 한쪽 비탈이 날아가버린 세인트헬레나 산의 흉터를 아직도 볼 수 있다. 엄청난 화쇄난류에 수백만 그루의 나무들이 쓰러졌고, 약간의 인명 피해도 있었다. 완벽한 원형을 이루고 있는 오리건 남부의 크레이터 호는 8,000년 전에 폭발이 일어난 곳이다. 일부 지질학자들은 세인트헬레나 산 50개를 더한 것과 맞먹는 규모라고 계산했다. 내가 맨 처음 만난 선생님은 성공회 기도서에 나온 대로 "읽고 줄 치고 외우고 마음속에 새겨라"라고

---

* 심층 구조에 대한 최근의 지진학적 연구는 코르디예라 조산대 전체가 지각 하층이 기반암과 분리되어 있다고 시사한다. 이것을 데콜망(decollement)이라고 한다.

우리에게 가르치곤 했다. 곧 알게 되겠지만, 경악할 정도로 수많은 내용이 담겨 있는 지구에 관한 사실들은 읽고 외우고 표시하기는 쉽지만 마음속에 새기기란 불가능하다. 요점을 명확히 하기 위해서 북아메리카 대륙 북동부를 떠나기 전에 스네이크 강의 현무암을 흘깃 살펴보자. 그것은 내 할아버지의 중산모자처럼 새까만 대지현무암으로서 두께가 5,000미터이며, "겨우" 300만 년 전에 분출되었다. 로렌시아 이야기에서 일종의 후기에 해당된다. 그래도 호모 사피엔스보다는 50배 더 오래되었고, 과학보다는 1,000배 더 오래된 것이다. 어쨌든 로렌시아에서 가장 오래된 30억 년 전의 암석에 비하면 별것 아니다.

태평양으로 빠져나가서 뒤로 돌아 북아메리카 해안을 바라보면, 산맥이 그 대륙의 해안과 나란히 뻗어 있음을 알 수 있다. 우리 밑의 바다는 잔잔하고 파랗게 빛나며, 한없이 뻗어 있는 듯하다. 이 해양 분지가 실제로 수축하고 있다는 것을 믿기 어렵다. 하지만 우리는 북쪽으로 알래스카에서 서쪽으로 알류샨 열도가 이루는 선을 분간할 수 있다. 그러나 위에서는 호상열도의 대양 쪽을 따라 해구가 놓여 있고, 그 해구가 쿠릴 해구와 더 나아가 일본 해구와도 연결된다는 것을 알 수 없다. 그것은 길고 가늘게 뻗은 섭입대를 이루고 있다. 각기 다른 진화 단계를 보여주는 산들은 북쪽으로 가라앉고 있는 섭입대들의 활동 결과이다. 섭입대는 혼슈, 홋카이도, 쿠릴 열도에도 있다. 라프카디오 헌이 상세히 설명하고 호쿠사이가 섬세하게 묘사한 후지 산은 그 섭입대와 관련된 화산 활동의 가장 상징적인 사례에 불과할 뿐이다.

쥐스는 그런 태평양의 대륙 가장자리와 대서양의 대륙 가장자리가 다르다는 것을 이미 파악했다. 대서양의 가장자리들은 나름대로 독특하다. 대서양에서는 그가 "평상지(table-land)"라고 부른 편평하게 놓인 퇴적암들이 보통 해안에 근접해 있다. 남아프리카의 카루 통(Karroo Series)이 좋은 사례이다. 그러나 태평양에는 "해안에 근접한 평상지가 없다." 유럽을 서쪽으로 가로지르는 아르모리카 산맥에서 살펴보았듯이, 대서양에서는 대륙들의 가장자리에 있던 조산대들이 뭉툭 잘려나가고 없다. 늘 그렇듯이 쥐스는 나중에 판구조론의 관점에서 보았을 때 명확히 드러나는 중요한 사실들을 지적했다. 대서양 해안들은 "비활성 가장자리"였다. 대륙들은 그곳에서 갈라져 뿔뿔이 떠돌고 있다. 그 과정에서 고대의 조산대가 "잘려나간" 것일 수도, 즉 한때 하나로 이어졌던 "평상지"가 쪼개진 것일 수도 있다. 반면에 태평양 해안들은 섭입이 왕성하게 일어나는 활성 가장자리였고, 해안선과 나란히 놓인 조산대는 불을 내뿜는 화산들과 잦은 지진들, 고베의 뒤틀린 도로들, 샌프란시스코의 산산조각 난 잔해들에서 명백히 드러나듯이 지구조 활동이 끊임없이 일어나고 있음을 보여주었다. 태평양 해안들이 전혀 태평하지 않다는 것은 역설적이다.

서쪽으로 계속 나아가면, 하와이 해저 열도의 가장 북쪽에 있는 섬이 눈에 들어온다. 아마 미드웨이 제도의 섬들 중 한 곳일 것이다. 한없이 뻗어 있는 완벽하게 파란 대양 한가운데에서 하얀 거품들이 작은 원형으로 일면서 해산들이 수면을 가르는 광경은 왠지 충격으로 다가온다. 우리는 물속에 숨어 있는 수중의 산들이 북쪽으로 계속 뻗어 있다고 상상해야 한다. 해산들은 이 글을 쓰는 지금 큰섬에서 용암 덩어리들을 내뿜고 있는 "열점", 즉 일종의 토치 램프가 움직이는 지각판을 가열해서 하나하나 만든 것이다. 우리는 빈약한 배를 타고 이 섬에서 저 섬으로 건너다녔던 폴리네시아인 모험가들의 기분이 어떠했을지 상상할 수 있다. 그들은 펠레 여신을 찬양하는 노래를 불렀을 것이다. 화산의 힘은 너무나 극적이어서 펠레의 갑작스러운 변덕으로밖에 설명할 수 없었을 것이다. 우리는 그들을 본받아 남서쪽으로 향한다. 이제 우리는 미크로네시아를 가로질러 적도로 향하고 있다. 훨씬 더 많은 해산들이 수면 위로 올라와 있다. 거의 모든 섬들에 사람들이 살고 있다. 우리 밑에는 아서 그림블이 『섬들의 패턴(*A Pattern of Islands*)』에서 대단히 감명적으로 묘사한 길버트 제도가 있다. 이곳은 죽은 자가 걸어다니고, 샤먼의 저주가 아직 살아 있는 곳이다. 우리는 섬들이 진주 목걸이처럼 배열되어 있는 전형적인 호상열도인 마리아나 제도에 다다른다. 우리는 이미 마리아나 해구를 가로질렀다. 그곳의 해수면 아래에는 지구에서 가장 깊은 구멍(수심 1만915미터)이 있다. 우리는 챌린저 호가 그곳의 수심을 측량하면서 당혹스러워했다는 것과, 그럼으로써 해양학자들이 세계의 표면이 위로 솟아오른 정도보다 밑으로 가라앉은 정도가 훨씬 더하다는 것을 밝혀냈다는 사실을 떠올린다. 다시 서쪽으로 가면 지구에서 가장 복잡하게 뒤틀린 곳들 중 하나가 나온다. 필리핀 제도에서 남중국해에 이르기까지 몇 개의 섭입대들이 배열되어 있다. 어쩌면 겉만 보고도 그곳이 복잡하다는 것을 추측할 수 있을지 모른다. 우리 밑에는 셀레베스 섬이 있다. 아주 길쭉하고 제자리에서 벗어난 듯한 섬이다. 지금은 술라웨시 섬이라는 잘 어울리는 이름으로 불리지만, 몇 가지 이유로 셀레베스라는 이름이 계속 내 머릿속에서 맴돌고 있다. 그 이름은 극동에 있는 19만7,000제곱킬로미터에 달하는 지각판이 아니라, 테베를 유린한 어떤 괴물의 이름을 떠올리게 하는 신기할 정도로 고전적인 울림을 가지고 있다. 술루 해와 셀레베스 해에는 1만여 개의 섬이 있으며, 그중에는 이름 없는 섬들도 많다. 그곳에는 아직도 해적들이 출몰한다. 게다가 거기에는 서너 개의 지각판이 있다. 정말 수수께끼의 장소이다. 서쪽으로 계속 나아가면 수마트라, 자바, 발리를 거쳐 반다 해를 향해 뻗어 있는 긴 호상열도와 만난다. 인도네시아이다. 코모도 섬은 그 열도의 일부이며, 동물학자들에게는 "용"의 고향으로 잘 알려진 곳이다. 그 "용"은 세계에서 가장 큰 파충류를 뜻한다. 그 동물은 먹이를 문 다음 불결한 자신의 침에 먹이가 감염되어 죽을 때까지 옆에서 기다린다. 이 호상열도는 자바 해구를 마주 보고 있다. 그 접선을 따라서 화산들이 분출함으로써 섭입이 활발하게 일어나고 있음을 입증한다. 그 화산들은 미신을 믿는 인도네시아인들을 주기적으로 불안에 떨게 했다. 해양 지각은 이 접선을 따라 대륙 지각과 직접 만난다. 그 결과로 생긴 마그마 혼합물은 아주 격렬한 폭발을 일으키기도 한다. 수마트라의 이젠 산에서는 수척한 일꾼들이 화산 속에서 파낸 황 덩어리를 한 짐씩 등에 지고 운반하고 있다. 그것은 아주 힘든 일이며, 우리 같은 사람들은 그곳에 가면 황 냄새 때문에 눈물을 절로 쏟을 것이다.

자바 해구는 거대한 인도–남극판의 가장자리에 있는 반면, 북동쪽의 마리아나 해구는 마찬가지로 거대한 태평양판의 가장자리에 놓여 있다. 거미집 같은 형상의 술라웨시 섬을 포함하여 그 사이에 놓인 동남아시아라는 조각난 복잡한 지역은 일시적으로 존재하는 해분들, 곧 사라질 바다들, 이어지는 수많은 지구조 사건들을 빚어내면서 엄청난 싸움을 벌이고 있는 거대한 두 괴물과 그 너머의 대륙들이 뒤섞이고 조정을 거친 결과이다. 그 엄청난 움직임은 3,000만 년 동안 계속되었고, 지금도 이어지고 있다. 심지어 태국, 베트남, 중국이 속한 "전면지"에도 주석 토막으로 만든 도미노들처럼 뒤섞인 단층으로 분리된 땅덩어리들이 포함되어 있다. 신기한 형상의 말레이 반도도 그 지역의 특성을 그대로 따르고 있다. 말레이 반도는 맵시벌의 가슴 및 배 모양과 아주 흡사하다. 길을 가다가 중간의 홀쭉한 지점에 서면 양쪽으로 바다를 볼 수 있다. 그 도로를 타고 기름야자나무 과수원들 사이로 계속 가다 보면 말레이시아에 다다른다. 예전에 나는 삼엽충 화석을 찾아 말레이시아 열대 바다에서 깎아지른 듯 솟아난 석회암 섬들 사이를 작은 배를 타고 돌아다닌 적이 있다. 산호초에서 갓 잡은 게와 나무에서 막 딴 망고로 식사를 하면서 말이다. 동남아시아의 얕은 바다는 생물들이 우글거리는 곳이다. 복잡한 지질 구조가 자애롭게 내리쬐는 태양 아래에서 수많은 생태학적 지위들을 만들었기 때문이다. 서식지가 다양할수록 더 많은 종이 살 수 있다. 해양 생물들도 뉴펀들랜드의 그랜드뱅크스에서 보르네오와 남중국해의 복잡한 곳에 이르기까지 지질 지도를 "읽을" 수 있다. 풍요로운 열대의 이 바다 사이를 돌아다니는 수천 척의 작은 고깃배들은 결국 삿갓조개가 자라는 속도보다 더 느리게 움직이는 지각판들의 조정 양상에 얽매여 있는 셈이다. 높은 곳에 있는 우리는 말레이 반도의 낮은 산들이 북쪽 미얀마로 뻗은 모습과, 그 너머에서 서쪽으로 굽으면서 히말라야 북부를 휘감은 산맥들에까지 뻗어 있음을 볼 수 있다. 다락방의 잡동사니들 위에 두껍게 쌓인 먼지들처럼 남쪽에 제멋대로 모여 있는 대륙 조각들을 덮은 그 산맥들은 멀리 알프스 산맥까지 뻗어 있는 거대한 체계의 일부이다.

그러나 우리는 아직 그쪽으로 가지 않을 것이다. 그 대신 우리는 남동쪽으로 가서 뉴기니 위로 지나간다. 우리는 깎아지른 산맥이 뉴기니를 세로로 가르며, 가파른 계곡들이 안쪽을 자르고 있음을 볼 수 있다. 우리는 이 한 섬에서 언어가 각기 다른 수많은 원주민 부족들이 어떻게 나타나게 되었는지 이해할 수 있다. 그것은 알프스 산맥의 석기시대 판이다. 지질학과 언어학이 상승 작용을 일으킨 것이다. 반다 해에서 조금만 더 가면 지구에서 가장 큰 생물학적 장벽들 중 하나를 지나게 된다. 하지만 그것은 눈에 전혀 보이지 않는다. 이것이 "월리스 선(Wallace's Line)"이다. 그것을 처음 알아차린 앨프리드 러셀 월리스를 기리기 위해서 붙여진 이름이다. 오늘날 월리스는 자연선택을 통한 진화론에 관한 논문이 찰스 다윈의 논문과 함께 런던 린네 학회에 제출되었다는 것으로 가장 잘 알려져 있다. 또 그는 생물지리학을 창시하기도 했다. 그것은 말레이 반도와 그 너머를 여행하면서 발견한 다양한 생물들에게 자극을 받은 결과였다. 그는 자신의 "선"을 넘으면 자연이 갑자기 변하는 것을 보았다. 서쪽으로는 아시아의 동물상과 식물상이 놓여 있었다. 남쪽으로는 거의 모든 것들이 오스트레일리아 이야기를 하고 있었다. 마치 무형의 벽이 둘 사이에 서 있는 것 같았다. 물론 그 모든 것의 뿌리는 지질 구조이다. 월리스는 뛰어난 통찰력으로 오스트레일리아판과 북쪽 필리핀 제도에서 복잡한 양상을 이루고 있는 판들의 경계를 간파했다. 지질 구조로 볼 때 뉴기니는 오스트레일리아였다. 오스트레일리아 대륙은 예전에 아시아에서 더 멀리 떨어져 있었고, 곤드와나 대륙이 갈라진 뒤로 오랫동안 고립되어 있으면서 독자적인 식물상과 동물상을 진화시켰다. 수십 종의 유대류와 유칼립투스와 반크시아 같은 병 닦는 솔 모양의 식물들을 비롯하여 다양한 고유종들이 생겨났다. 그곳은 세계의 생물학적 보고 가운데 하나이다. 인도-오스트레일리아판은 계속 북쪽으로 나아갔고, 마침내 그 은둔의 대륙은 나머지 세계에 가까이 다가가게 되었다. 그리고 현재 접선을 이루고 있는 좁은 심연을 몇몇 용감한 종들이 뛰어넘었다. 인간도 그중 하나였다. 그러

생물지리학의 개척자인 앨프리드 러셀 월리스(1823-1913).

나 대다수 종들은 고향에 그대로 머물렀다. 월리스는 자신이 연구한 풍부한 동물상의 미적 가치를 아주 잘 인식하고 있었다. 그는 『말레이 군도(*The Malay Archipelago*)』(1869)에서 낙원의 새들을 채집하는 과정이 상당히 어렵다고 묘사했다. "마치 자연이, 자신이 가장 심혈을 기울여 고른 보물들이 너무 흔해져서 가치가 떨어지지 않도록 조심한 듯하다." "가장 심혈을 기울여 고른" 몇 안 되는 극락조류에 속한 종들은 현재 멸종 위기에 처해 있다. 월리스가 알았다면 경악했을 것이다.

오스트레일리아에는 갈색을 띤 지역이 아주 드넓게 펼쳐져 있다. 아주 높은 곳에서 보면, 거의 아무것도 없이 황토색에서 황갈색만이 끝없이 펼쳐진 듯하다. 대부분 돌투성이 반사막이며, 이 높은 곳에서는 분간할 수 없지만 유칼립투스와 스피니펙스 덤불이 점점이 흩어져 있다. 대륙의 중앙은 거의 편평하다. 아니 약간 기복이 있다고 해도 이 높은 곳에서는 거의 분간할 수 없다. 자신이 고대의 곤드와나 대륙 자체를 내려다보고 있는 것이 아닐

까 하는 생각이 들 수도 있다. 어떤 의미에서는 그렇다. 이따금 바위산맥들이 있어서 단조로움에서 벗어나게 한다. 울룰루, 즉 에어즈 록은 주위의 모든 것이 침식으로 제거된 뒤에 남겨진 지질 작품의 전형적인 사례이다. 지상에서 보면 그것은 작게도 보이고 거대하게도 보이는 신기한 특성을 가지고 있다. 드넓게 펼쳐진 오스트레일리아의 내륙이 거리 감각을 왜곡시키기 때문이다. 이 작은 덩어리를 향해 걸어가면—생각한 것보다 더 오래 걸린다—그것이 실제로는 엄청나다는 것을 알고 놀라게 된다. 오스트레일리아의 서부 3분의 2 정도는 시원대와 원생대에 속한 오래된 선캄브리아대 암석들이 밑에 깔려 있다. 그 암석들은 내륙의 침식된 언덕들에 노출되어 있다. 우리는 그것들을 더 상세히 살펴볼 시간이 없다. 오스트레일리아는 아주 오랜 시간 존재했으며, 수억 년 동안 침식을 거듭하면서 마모되었다. 내륙은 모든 열정을 소모해서 지쳐 녹아떨어진 상태이다. 지난 6–7억 년 동안 바다는 이따금 그곳을 침입했으며, 고대의 지반 위 많은 곳에 퇴적암들을 쌓아놓곤 했다. 나는 그런 시기들 중 한때인 5억 년 전에 살았던 동물 화석들을 찾아 토코 산맥에 간 적이 있었다. 당신은 이미 닳아빠진 지형 위에 고대의 바다가 들이쳐서 사암을 유산으로 남겨놓았다고 쉽게 상상할 수 있을 것이다. 사암은 얇게 쌓인 모래가 돌로 바뀐 것이다. 이곳에서는 세계적으로 유명한 화석들이 발견된다. 플린더스 산맥에는 세계에서 가장 중요한 화석들 가운데 몇 종류가 있다. 선캄브리아대 말에 살던 부드러운 몸을 가진 생명체의 화석들이다. 그리고 웨스턴오스트레일리아에서는 지구에서 가장 오래된 생명체의 흔적인 세균 화석들이 발견된다. 동쪽으로 계속 날아가면 끝없이 펼쳐진 듯한 내륙에서 예외적인 곳이 눈에 들어온다. 동해안 쪽으로 숲이 울창하고 경관이 빼어난 지역이 곳곳에 자리한 그레이트디바이딩 산맥이 놓여 있다. 산맥 사이사이에 서쪽으로 흘러 해안까지 도달하기도 하고, 때로는 사막에서 넓게 염전을 펼치며 소멸하기도 하는 강들이 흐른다. 이것도 고대 산맥의 하나이다. 고생대 말에 습곡이 일어나면서 생겼다가 그 뒤에 깊이 침식되었다. 현재 솟아 있는 부분은 훨씬 더 나중에 생긴 것이다. 높은 상공에서 보면 지면에 난 거대한 계단처럼 블루 산맥을 관통하는 대단층애(Great Escarpment)가 눈에 들어온다. 예전에 나는 이 장엄한 수직 절벽 위에 세워진 아르데코 양식의 어느 호텔에 앉아서 경치를 감상한 적이 있다. 발코니 너머로 장엄한 산마루들이 겹쳐져 있고, 까마득한 밑에서는 유칼립투스들이 자라고 있었다. 그 오지에서는 지금도 숨겨져 있던 계곡들이 발견되곤 한다. 그런 곳에 무시무시한 버닙(Bunyip : 오스트레일리아 원주민 전설에 나오는 연못에 사는 괴물/역주), 즉 무시무시한 상상의 괴물이 숨어 있을지 누가 알겠는가(훨씬 무미건조하게 말한다면, 오스트레일리아 과학자들은 디프로토돈[*Diprotodon*]이라는 거대한 유대류가 버닙 전설의 기원이 아닐까 추측하고 있다. 인류가 월리스 선을 건너 오스트레일리아에 정착할 무렵, 그 유대류가 살았던 것은 분명하다)?

그레이트디바이딩 산맥의 습곡대는 판게아를 다시 끼워맞추면 의미가 파악된다. 남극 대륙은 오스트레일리아와 산뜻하게 끼워맞추어진다. 상공에서 보면 오스트레일리아의 가장자리에 있는 산들은 남극 대륙의 서쪽에 로스 해를 면하고 있는 비슷한 조산대와 딱 들어맞는다. 애팔래치아-칼레도니아 이야기와 아주 흡사하다. 우리는 세월이 갈라놓은 것을 상상으로 다시 합칠 수 있다. 오스트레일리아 동부의 습곡대는 고대 초대륙의 가장자리에 발달한 섭입대에서 생성된 것이다. 판게아의 유산은 유칼립투스 숲에 살아 있다. 오스트레일리아 북동쪽 가장자리를 따라 더 나아가면, 대륙에서 바다까지 뻗어 그레이트 배리어 리프가 번성할 수 있는 토대를 제공하고 있는 퀸즐랜드 고원이 보인다. 하늘에 있는 우리는 퀸즐랜드 해안을 따라서 그레이트 배리어 리프가 놓여 있음을 보여주는, 부서지는 파도가 만들어내는 곳곳이 끊긴 하얀 선을 볼 수 있다. 산호와 조류로 된 이 성벽은 지구에서 가장 다양한 서식지 중 한 곳을 지탱하고 있다.

지금은 산호들이 죽고 산호초에 백화(白化) 현상이 나타난다는 좋지 않은 소식이 들린다. 이 산호들의 죽음은 유례없는 비극이 될 것이다. 태즈먼 해를 가로질러 런던의 내 책상에서 가장 먼 곳인 뉴질랜드로 가자. 두 섬은 유럽 알프스 산맥 중에서 가장 높은 곳을 잘라내어 드넓은 태평양 한가운데에 떨어뜨린 것처럼 보인다. 오염되지 않은 해안을 따라 가파른 산맥들이 뻗어 있다. 에두아르트 쥐스와 엘리 드 보몽은 이곳에서 고향에 온 듯한 기분을 느꼈을 것이다. 앞에서 말했듯이, 후자는 그곳에 자신의 이름을 딴 산을 가지고 있다. 뉴질랜드는 하와이 못지않게 외딴 곳이다. 이곳은 아주 오랫동안 격리되어 있었다. 인간이 들어오기 전까지만 해도 게걸스러운 포식 동물들이 없었으므로 모아, 키위, 카카포 같은 날지 못하는 새들이 번성했다. 지금은 수백만 마리의 양이 가장 흔한 동물이 되었으며, 북섬 상공에서 보면 산허리에 하얀 후추를 뿌려놓은 듯이 흩어져 있는 양들이 눈에 들어온다. 남섬의 서해안을 따라 자리한 짙푸른 우림에는 나무고사리들이 무성하게 뻗어 있다. 이곳은 하와이 못지않은 특별한 곳이며, 기원을 찾으려면 곤드와나와 그 너머까지 가야 한다. 초대륙인 곤드와나가 붕괴할 때 한 조각이 떨어져나와 뉴질랜드의 핵이 되었다. 그 위에는 대단히 원시적인 파충류 투아타라가 살고 있었는데, 그 생물은 결국 뉴질랜드에서만 살아남았다. 그것은 온갖 역경을 극복하고 살아남은 트라이아스기의 유물이다. 그 뒤로 젊은 지각들이 달라붙으면서 섬은 계속 성장했다. 현재 뉴질랜드는 지각판 사이에 걸터앉아 있다. 서쪽에는 오스트레일리아판이 있고, 동쪽에는 1만 킬로미터에 걸쳐 태평양판이 있다. 두 판이 이동함으로써 생기는 갈등이 산맥, 지진, 화산, 간헐천을 생성한다. 오스트레일리아판은 북쪽으로, 태평양판은 서쪽으로 해마다 약 40밀리미터씩 이동한다. 그 결과 땅이라는 천이 찢어지고, 지각이 뒤틀린다. 우리는 남섬의 알프스 단층에서 이런 움직임에 따라서 변화한 지표면을 볼 수 있다. 남반구에 있는 샌안드레아스 단층인 셈이다. 심지어 1940년대에 선견지명이 있던 지질학자 해럴드 웰먼은 알프스 단층을 따라 수많은 세월 동안 수백 킬로미터에 걸쳐 틀림없이 전위가 일어났을 것이라고 추론했다. 단층 양쪽의 암석들이 그 정도로 달랐기 때문이다. 나폴리 만 주위에 설치된 것에 필적하는 현대의 GPS 시스템을 이용하면 40킬로미터당 1–2밀리미터 수준의 정확도로 변형을 계속 감시할 수 있다. 그런 시스템들은 뉴질랜드의 일부 지역이 다른 지역들보다 더 빨리 이동하고 있음을 보여준다. 크라이스트처치에서는 연간 40여 밀리미터를 이동하는 반면, 오클랜드에서는 거의 이동이 없다. 지각의 일부가 안절부절 못하고 조바심을 내는 듯하다.

우리는 뉴질랜드에서 남반구를 가로질러 동쪽으로 계속 나아간다. 채텀 제도를 넘어서자 태평양의 매끄러운 수면을 가로막는 것은 전혀 나타나지 않는다. 짙은 파란색만 끝없이 이어지는, 세계에서 가장 텅 빈 곳인 듯하다. 우리는 인간들이 지구의 표면에 인위적으로 그어놓은 선들 중 하나를 가로지른다. 국제 날짜 변경선이다. 여기에 머물러 있으면 월요병을 앓는 사람들은 별문제를 겪지 않을 것이다. 우리가 바닷물 5,000미터를 뚫고 볼 수 있다면, 해저가 아무런 특징이 없는 곳이 아니라는 사실을 알게 될 것이다. 이곳은 태평양판과 나스카판이 형성되는 해령이기 때문이다. 동태평양 해팽은 적도와 그 너머까지 뻗어 있지만, 술 취한 사람이 앞으로 걸어가듯이 변환단층을 만날 때마다 좌우로 비틀거린다. 그것은 바다 표면은 건드리지 않고 그대로 놓아두지만 예외가 있다. 이스터 섬이 바로 그렇다. 우리가 날고 있는 상공에서 그 섬은 바늘 머리만 하게 보인다. 스스로를 라파누이(Rapa Nui)라고 부르는 그곳의 원주민들은 모든 폴리네시아인 개척자들의 선발대에 해당했고, 아마 1,500년 전쯤에 이 섬에 도착했을 것이다. 그들은 가장 요란스럽게 그곳의 현무암 지질을 찬양했다. 그들은 현무암으로 거대하고 수수께끼 같은 얼굴의 모아이(Moai)를 조각했다. 모아이는 지금 육중하게 그 섬 곳곳에 서 있다. 우리는 단호하게 다문 그 입술과 움푹 들어가서 보이지 않는 그 눈이 어떤 의미를 가지는지 읽을 수 없다. 하지만 우리는 주민들이 지나치게 번식하고 많이 먹어치워 결국 자멸했으며, 고립이 최악의 결과를 빚어냈다는 것을 알고 있다. 생태적 대재앙의 원형에 해당하는 사례였다.

이곳에서는 북쪽으로 더 멀리 있는, 화산으로 생긴 갈라파고스 군도가 제대로 보이지 않는다. 갈라파고스 군도는 찰스 다윈의 자연적인 진화 연구실이었으며, 그곳의 핀치들과 거북들은 『종의 기원』에서 중요하게 다루어졌다. 그 결과 그곳은 현대 생물학자들의 순례지가 되었다. 여기에서도 태평양이 부여한 창조적인 고립을 인간인 우리 자신과 우리가 데리고 간 동물들이 깨뜨리고 말았다. 지질이 수백만 년에 걸쳐 한 일을 인간은 겨우 한 세기 만에 망쳐놓을 수 있는 듯하다.

망망대해를 가로지르자 칠레와 페루의 해안이 구원처럼, 그리고 돈을새김처럼 다가온다. 안데스 산맥은 해안에서부터 가파르게 솟아 있다. 아니 실제로는 그렇게 가파르지 않다. 가까이 다가가면, 그 남쪽 대륙의 해안들은 바다를 경계로 한 좁은 사막 띠임이 드러나기 때문이다. 그곳은 동쪽에 있는 거대한 산맥의 비 그늘 지역이기 때문에 건조하다. 보이지는 않지만 우리 밑으로는 남아메리카 해안을 따라 아주 가까이에 해구가 놓여 있다. 대륙이 동쪽으로 오는 남태평양 해류의 방향을 바꾸고, 그 해류는 훔볼트 해류가 되어 칠레 해안을 따라 북상한다. 그 결과 남극의 차가운 물이 더 따뜻한 기후대로 이동하면서, 풍부한 영양염류를 번성하는 많은 해양 생물들에게 공급한다. 이곳에는 앤초비가 풍부하다. 엘니뇨(el Niño)가 생기는 해가 아닐 때에 그렇다. 엘니뇨가 일어나는 해에는 다른 세계들과 마찬가지로 앤초비도 고통을 겪기 마련이다. 따라서 우리는 이곳에서 가장 지독하게 메마른 아타카마 사막과 가장 원기왕성한 해양 생물상을 동시에 볼 수 있다. 높은 안데스 산맥에서 바다까지 수십 킬로미터를 전력 질주하는 강들도 보인다. 산맥의 먼 쪽에서부터 동쪽으로 흐르는 강들은 6,000킬로미터를 굽이쳐 흐른 뒤에야 대서양에 다다른다. 높은 상공에서 보면 안데스 산맥은 복잡하지 않은 듯하다. 안데스 산맥은 나란히 뻗은 두 줄기의 장엄한 산맥으로 이루어져 있다. 우리가 가로지르고 있는 부분에서 서쪽과 동쪽 산맥은 각각 코르디예라옥시덴탈과 코르디예라레알(또는 오리엔탈)이라고 불리며, 그 사이에 넓은 침강 지대가 자리한다. 그러나 그 지대도 여전히 고도가 높다. 백악기와 제3기의 화강암과 다른 관입암(貫入巖)으로 이루어진 거대한 띠가 코르디예라옥시덴탈을 따라 뻗어 있다. 그것들은 가장 오르기 어려운 봉우리들 중 몇 개를 이루고 있다. 많은 등산가들은 목숨을 걸고 그런 곳들을 오른다. 다른 많은 조산대에서 살펴보았듯이, 현재 산맥의 습곡이 일어난 암석들 속에 더 오래된 암석들이 갇혀 있다. 우리는 이미 충분히 보아왔기 때문에, 이제는 그 중앙 분지가 단층에 둘러싸인 지구(地溝, graben)임을 알아차린다. 쥐스라면 그렇게 불렀을 것이다. 그 양쪽으로는 원추 화산의 원추구들이 줄지어 있다. 아이슬란드나 동아프리카 지구대를 생각나게 한다. 지질 구조 환경이 전혀 다르지만 말이다. 독일 탐험가 프리드리히 하인리히 알렉산더 바론 폰 훔볼트는 19세기 초에 이미 이 "화산들의 길"이 무엇을 의미하는지를 알아차렸다. 우리는 화산재와 몰라세가 번갈아가며 가득 채운 계곡인 알티플라노(말 그대로 "높고 편평한") 상공을 지나간다. 라마와 알파카가 살아가는 먼지투성이에 갈색으로 가득한 험하고 추운 곳이다. 그곳에서 사는 원주민들의 몸속에는 아마 잉카인의 피가 흐르고 있을 것이다. 이 죽은 문명의 마지막 보루는 코르디예라의 험난한 곳에 불가능할 정도로 높이 자리한 마추픽추였다. 주민들은 지금도 여전히 잉카 단구들에서 감자를 키운다. 현재 우리가 지나가는 티티카카 호는 지구에서 가장 높은 곳에 있는 호수이다. 우리가 하강해서 화산 비탈에 있는 암석 한 조각을 떼어낸다면, 그것이 섭입된 해양 지각과 대륙 가장자리가 뒤섞여 "요리된" 마그마에서 생긴 화산암인 안산암(그것이 아니면 무엇이겠는가?)으로 이루어졌음을 알 수 있다. 이 해안 전체는 해구, 산맥, 화산 등등 활발하게 활동하는 태평양 동부 가장자리가 남쪽으로 이어진 것이며, 북쪽의 캘리포니아보다 상황이 훨씬 더 단순하다. 여기에는 샌안드레아스 단층 같은 것이 없기 때문이다. 안데스 산맥은 동쪽의 안정하고 오래된 남아메리카 순상지의 가장자리에 짓눌리면서 두꺼워졌다. 그 화산 "길"은 비교적 두꺼운 후안페르난데스 해저 산맥과 나스카 해령이 섭입대에 다가간 곳에서야 단절된다. 그것들은 지구조라는 맷돌이 씹기보다는 물어뜯는다는 것을 입증한다.

코르디예라의 동부에는 현재의 안데스 산맥이 생기기 오래 전, 원시 남아메리카 대륙에 달라붙었던 오래된 암석층들이 있다. 그 암석들은 사실 판게아가 합쳐지기 전에 붙은 것이다. 나는 아르헨티나 서부의 산후안 마을 어귀로 가서 이 기묘한 지각 조각 하나를 조사한 적이 있었다. 그 지방의 포도주가 만들어지는 곳이다. 이론에 따르면, 현재 프레코르디예라에 있는 아르헨티나의 땅덩어리는 원래 오르도비스기에 로렌시아에서 떨어졌다가 지금은 사라진 바다를 가로질러 이동하여 남아메리카에 달라붙은 것이다. 당시 우리 일행은 이 중요한 암석이 있는 곳까지 산비탈에 꼬불꼬불 위태롭게 난 길을 버스로 가야 했다. 길이 너무 좁아서 "시간제 일방통행"을 해야 했다. 즉 하루 중 일정 시간은 올라가는 차만 보냈다가, 일정 시간은 내려가는 차만 보냈다. 나는 버스 뒷좌석에 앉아 모퉁이를 돌 때마다 밑을 내려다보곤 했다. 선인장들 사이로 수백 미터 아래쪽이 언뜻언뜻 엿보였다.

안데스 산맥의 두껍고 가벼운 지각은 지금 솟아오르고 있다. 그것도 빠르게 말이다. 에두아르트 쥐스는 이렇게 썼다. "페루와 칠레 전역에서 부정적인 움직임의 징후들이 있으며, 특히 오랜 세월 관찰자들을 매료시켰던 놀라운 장관을 이룬 단구들이 그렇다." 다윈은 이미 1840년 『런던 지질학회보(*Transactions of the Geological Society of London*)』에 발표한 논문에서, 그런 융기한 해변들을 화산의 원인들과 연관 지은 바 있었다. 쥐스는 대개 그런 주장을 경시했다. 그가 융기를 산의 생성 원인이라고 보는 개념을 습관적으로 공격했다는 점을 상기하자. 그는 더 나아가 바닷새들이 조개껍데기를 높은 곳으로 가져가서 먹는 습성이 "패총(貝塚)"을 만들었다고까지 말했으며, 다윈이 시사한 솟아오른 지층이 오래된 식탁이 아닐까 의심하기도 했다. 하지만 그런 그도 칠레 안토파가스타 인근 모로 데 메히요네스에 해안선 500여 미터에 걸쳐, 다양한 높이로 구아노 퇴적물들이 계단처럼 층층이 쌓여 있는 것을 설명할 수 없었다.

우리는 오래 지체할 수 없다. 계속 길을 가야 한다. 우리는 안데스 산맥을 넘어 아마존 분지로 향한다. 우리 밑에 있는 남아메리카 대륙의 오래된 핵의 바닥에는 아프리카에 있는 것과 연대가 비슷한 선캄브리아대의 화강암과 편마암이 있으며, 그 위를 그보다 젊은 다양한 퇴적물들이 덮고 있다. 북쪽으로 오래된 기저암이 겉으로 드러난 산들이 언뜻 보인다. 베네수엘라와 브라질의 경계에 있는 로라이마 산의 사암 절벽들이 틀림없다. 높이가 해발 3,000미터에 달하며 구름으로 휘감긴 기이하고 고립된 그 고원은 고유종인 개구리들과 식충식물 등을 비롯하여 독특한 생물상을 가지고 있다. 아서 코넌 도일 경은 그 고원에서 영감을 받아 소설 『잃어버린 세계(The Lost World)』를 썼다고 한다. 우리 밑에 펼쳐진 아마존 분지는 파란 태평양만큼 드넓어 보이는 초록 숲의 바다이다. 그곳은 지난 1억 년 동안 여러 차례에 걸쳐 내해가 되기도 했지만, 지금은 온갖 수로들을 통해서 장엄한 강으로 물이 모이고 있다. 아마존 분지는 세계 민물 중 거의 3분의 2를 차지하고 있다. 그곳에는 셀 수도 없을 만큼 많은 하천들이 있으며, 그것들을 모두 더하면 아마 80만 킬로미터에 달하는 수로가 될 것이다. 하늘에 떠 있는 우리는 안데스 산맥에서 서쪽으로 흐르는 "거품이 하얗게 이는" 강들(실제로는 물에 섞인 실트[silt] 때문에 커피색에 더 가깝다)이 북쪽에서 내려오는 리우네그루 강과 만나는 것을 볼 수 있다. 리우네그루 강은 분해되는 유기물질에서 풍부하게 생성된 탄닌(tannin)이 용해되어서 마치 타르가 흐르는 것처럼 검게 보인다. 각기 다른 색깔의 물들은 섞이기를 싫어한다는 듯이, 두 강물은 7킬로미터쯤 나란히 흐르다가 마침내 섞여서 진정한 아마존 강이 된다. 초기 탐험가들은 그것을 오 리우 마레(O Rio Mare), 즉 강바다라고 불렀다. 우림은 강을 뺀 모든 공간을 채운다. 우림은 생물 다양성의 신전이다. 우리는 그 신전에 곤충, 식물, 새 등 얼마나 많은 종이 있는지 아직 파악하지 못했으며, 이름조차 붙이지 못한 종들도 무수히 많다.

아마존 강은 강어귀의 폭이 320킬로미터나 된다. 우리의 여행이 시작된 템스 강에서 한 해에 흐르는 것보다 더 많은 양의 물이 하루에 쏟아진다. 그 광경을 표현하기에는 경이적이라는 말로도 부족하다. 갈색 아마존 강물에 섞여서 운반된 물질들은 넓은 삼각주에 퇴적되거나 멀리 바다까지 운반된다. 안데스 산맥 동부는 결국 대서양 바닥의 진흙이 될 운명이다. 1500년 스페인인 선장 빈센테 핀손은 해안에서 공해상으로 나갈 때 바다의 색깔이 파란색에서 청동색으로 바뀌는 곳이 있다는 것을 알았다. 그 붉은 기운이 감도는 물은 민물이었다. 퇴적물을 지니고 있는 아마존 강의 물은 짠 바닷물보다 더 가볍기 때문에, 해안에서 어느 정도의 거리까지는 짠 바닷물 위에 "떠 있는" 것이 분명했다. 우리는 그것을 직접 볼 수 있다. 대륙의 가장자리를 지나면서 보면, 아마존 강에서 나온 물이 갈색 유령처럼 드넓게 펼쳐지면서 저 너머 대서양으로 흘러가는 것을 볼 수 있다. 산맥이 유령으로 부활한 셈이다. 땅의 주기 속에서 빛나는 도깨비불이기도 하다.

동쪽으로 계속 나아가면 우리가 남아메리카에서 보았던 모든 것들이 판구조의 결과라는 생각을 피할 수 없게 된다. 동쪽에 탁 트인 대서양의 끝자락과 만나는 비활성 가장자리가 없다면, 아마존 강은 기아나 해분으로 그렇게 마음껏 흘러나올 수 없었을 것이다. 우리는 해안 끝에서 깊은 바다를 바라보고 있는 맹그로브들보다 훨씬 더 멀리까지 퇴적물들이 앞치마처럼 펼쳐져 있다고 상상해야 한다. 지각은 그 위에 새로 쌓이는 것들 때문에 축 늘어져 있다. 반대로 활성을 띤 서쪽 가장자리는 대륙의 배수(排水) 양상이 지속되도록 보장할 것이므로, 큰 강들은 안데스 산맥이 낮아질 때까지 계

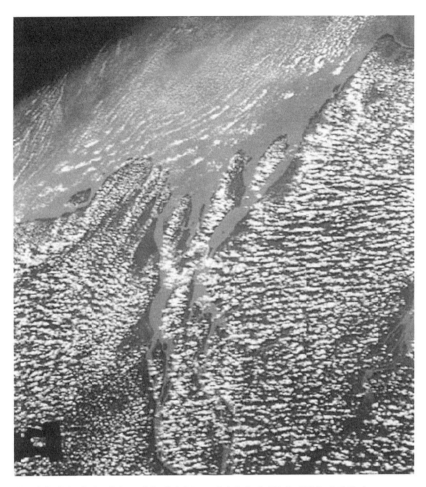

지구에서 가장 긴 강. 아마존 강은 대서양으로 멀리까지 퇴적물과 민물을 운반한다.

속 동쪽으로 흐를 것이다. 하지만 언제까지 계속될까? 페루−칠레 해구를 따라서 가차 없이 일어나는 섭입은 현재의 윌슨 주기가 끝날 때까지 산맥을 계속 재생할 것이다. 세계는 계속 변화하지만, 그 변화는 어떤 규칙들을 따른다. 그리고 대서양의 가장자리에 버려졌던 퇴적물 더미는 언젠가 미래의 주기 때 다시 산맥으로 소생할 것이다. 인류는 그것을 목격하지 못할 것이 거의 확실하다. 우리의 야심, 우리의 단명할 패권 체제에 비해서 지질학적 시간이라는 회전목마는 너무나 느리게 움직이기 때문이다.

대서양을 가로질러 빠르게 동쪽으로 나아가자. 울퉁불퉁한 해저에서 수천 미터 위로 솟아올랐지만, 우리에게는 그저 수면에 툭 튀어나온 작은 암초에 불과해 보이는 고독한 어센션 섬이 없다면, 우리 밑으로 저 깊은 곳에 대서양 중앙 해령이 있다는 생각이 거의 떠오르지 않을 것이다. 그곳에는 새로운 원추구들이 장식처럼 늘어서 있는 아이슬란드 같은 섬이 없다. 우리는 대양 지각이 뻗어나가는 방향이 바뀌는 곳인 보이지 않는 열곡 위를 지났다. 그 너머에는 아프리카 해안이 있다. 당신은 콩고 분지가 아마존 분지의 판박이나 다름없다고 주장할 수 있을 것이다. 사는 종들은 각기 다르지만 생태학적으로 비슷하며, 똑같이 수동적으로 물을 흘려보내는 가장자리가 있는 왜곡된 거울상이라고 말이다. 울창한 초록빛 식생이 한없이 뻗어 있는 광경은 왠지 친숙해 보인다. 우리는 한없이 펼쳐진 나무들 아래 어딘가에 거대한 아나콘다에 상응하는 아프리카 동물이 숨어 있다는 것도 안다.

아프리카는 다른 대륙들이 떠나가고 뒤에 남은 대륙이다. 인도, 남아메리카, 남극, 오스트레일리아 모두 판게아가 갈라질 때 아프리카에서 떨어져나갔다. 아프리카 대륙의 가장자리는 북쪽을 제외하고 모두 비활성이다. 북쪽은 유럽과 맞물려 있다. 스위스의 이탈리아어 사용 지역에 있는 밤나무 숲에서 살펴보았듯이 말이다. 아프리카 대륙을 완전히 이해하려면 흩어진 자손들을 다시 불러모아야 한다. 아프리카는 곤드와나의 중심에 있었고, 그 개성은 아주 오래 전에 형성되었기 때문이다. 콩고 우림 너머로 가면 계절별로 강우량의 변화가 심한 드넓은 사바나가 우리 앞에 펼쳐진다. 하늘에서 보면 온통 지푸라기 색깔이다. 메마른 풀들의 바다가 배경색을 이루고 있다. 흩어져 있는 검은 점들은 연 강수량이 적어서 서로 떨어져 드문드문 자랄 수밖에 없는, 우산처럼 가지를 뻗은 아카시아 나무들이다. 이곳은 동물들이 풀을 뜯는 곳이자, 사냥을 하는 곳이자, 가축을 키우는 곳이자, 인류의 요람이다. 드넓게 펼쳐진 평원에 암석들이 낮은 둔덕이나 높은 탑처럼 간혹 튀어나와 있다. 자르다 만 양파처럼 층이 진 그 낮은 혹들이 유일하게 남아 있는 화강암의 흔적이란 말인가? 관목으로 뒤덮인 낮은 산마루가 편마암의 므두셀라일까? 우리 밑의 경관이 오스트레일리아의 경관과 비슷한 것은 우연의 일치가 아니다. 이곳도 판게아가 젊었을 당시에 이미 늙은 상태인 고대의 핵이 있던 곳이기 때문이다. 바다는 여러 차례 지금의 아프리카에 해당하는 곳을 침입했으며, 오래된 호수와 하천은 곳곳에 화장자국, 즉 퇴적물의 합판을 남겨놓기도 하고 곳에 따라서는 두껍게 회칠을 해놓기도 했다. 우리는 남아프리카에 있는 카루에 가보았고, 쥐스는 그것을 이용하여 곤드와나를 묘사했다. 나는 테이블 산의 자취 속에서 그로부터 다시 2억 년을 더 거슬러올라간 시기에 형성된 퇴적암들을 연구했다. 거기에는 삼엽충들과 관절이 있는 다리가 달린 다른 멸종 동물 화석들이 있다. 그리고 내 동료들은 북서쪽의 사막 지대에서 훨씬 더 나중 시기의 공룡 화석들을 발굴했다. 발견된 화석들은 모두 더 오래된 지질, 즉 남아메리카와 오스트레일리아의 핵이 된 선캄브리아대 기반암 위에 쌓인 퇴적암에서 나온다. 그 핵은 최초의 어류, 최초의 삼엽충이 등장하기 전에 세상이 어떠했는지를 보여주는 원시적인 지층이며, 고대 대륙의 어둠의 심장이다.

새로운 현장 연구와 결합되자, 아프리카에 있는 암석들의 연대를 측정하던 사람들은 오랜 세월 확대경만으로 지내다가 갑자기 현미경이 등장했을 때와 흡사한 상황에 놓이게 되었다. 그 결과 지금 우리는 아프리카(그리고 곤드와나 전체)의 핵이 25억 년보다 더 오래된 시원대에 속하는 진짜 오래된 "섬들", 즉 강괴를 더 젊은 원생대 습곡대들이 둘러싸고 있는 형태임을 알게 되었다. 후자는 대체로 현재의 아프리카 경계와 상관이 없다. 그것은 나중의 윌슨 주기들이 만든 임의인 형태, 즉 세계 지도를 다른 식으로 잘라낸 것에 불과하기 때문이다. 따라서 곤드와나를 복원하면 고대 습곡대는 마다가스카르, 또는 아라비아와 인도, 혹은 브라질을 지나갈지도 모른다. 선캄브리아대에서 가장 나중에 일어난 사건들은 아주 폭넓게 영향을 미쳤기 때문에 9억-5억5,000만 년 전의 그 사건들에는 "범아프리카"라는 말을 붙인다. 그중 하나인 모잠비크 습곡대는 아프리카의 동부 가장자리를 따라 뻗어 있다. 곤드와나를 제자리에 돌려놓으면, 아프리카에서 마다가스카르를 거쳐 인도 남쪽 끝까지 뻗은 하나의 전단대(剪斷帶)가 나타난다. 현재 모잠비크 습곡대는 곤드와나의 동부와 서부를 이루던 오래된 두 대륙이 충돌할 때 생긴 것으로 해석된다. 이 책에서 매우 중요하게 다룬 고대의 초대륙이 만들어질 때의 기록인 셈이다. 더 작은 암석권 조각들이 합쳐져서 하나가 되지 않았다면, 지구에서 그렇게 큰 것은 만들어지지 않았을 것이다.

시원대의 기억들은 아마 다른 어느 곳보다도 아프리카 남부에 더 온전히 남아 있을 것이다. 거기에는 짐바브웨 강괴와 요하네스버그의 카프발 강괴처럼 30억 년 이상 된 강괴들이 있다. 이 훨씬 더 오래된 핵의 위와 주변에 (아마 열곡 속에서는) 퇴적 분지와 화산 분지(퐁골라 누층군과 프레토리아통에 속한 것들)가 형성되었고, 이 퇴적물들은 지금도 남아 있다. 29억 년 동안 자신들을 없애버릴 수 있는 온갖 공격 속에서도 살아남았으니 정말 운이 대단하다. D. H. 로렌스가 거북을 보고 한 말이 떠오른다.

기억도 할 수 없는 먼 시대부터 느릿느릿 뒷발을 움직여 완성한
혼돈의 한가운데에 있는 너의 작은 둥근 집이여.

이제 평원 위로 솟아오른 바위 둔덕들과 작은 고원들이 우리 밑으로 지나간다. 그런 다음 도랑처럼 갑자기 푹 꺼진 진짜 가파른 동아프리카 지구대가 나타난다. 거의 수평으로 공허한 지역이 계속되다가 갑자기 탁 나타나는 바람에 깜짝 놀라게 된다. 너무나 뚜렷해서 마치 황무지에 선을 그어놓은 것 같다. 우리는 앨버트 호 상공에 와 있다. 우리는 남쪽의 에드워드호와 탕가니카 호로 향한다. 마치 다음과 같은 표지판이 있다는 듯이 말이다. "지질행 도로." 이 열곡의 가장자리에 뚜렷이 보이는 화산암들은 선

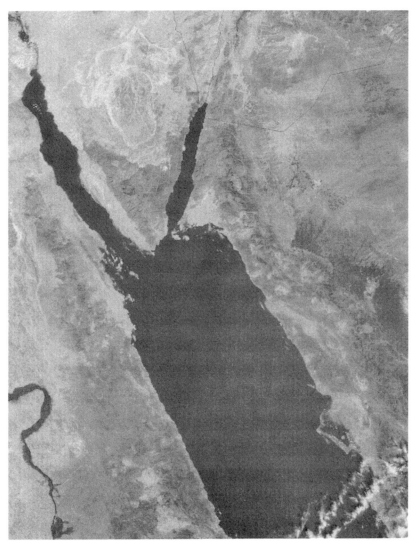

NASA가 찍은 홍해와 아덴 만의 사진. 사진만 보아도 젊은 바다임을 쉽게 알 수 있다.

캄브리아대 강괴들과 달리 아주 젊을지도 모르며, 따라서 이곳에서는 지구 초기의 것이 지질학적 후기라고 부를 수 있는 것과 접하고 있다. 이곳에서는 폭발한 화산들 중 하나에서, 심지어 지평선에서 볼 수 있는 화산 하나에서도 먼 조상을 찾아낼 수 있다. 이제 우리는 이 계곡이 무엇인지 알 수 있다. 이 계곡은 과거에 아프리카를 쪼개려고 한 시도였으며, 오래된, 아주 오래된 이야기에 나오는 하나의 일화이다. 또 하나의 윌슨 주기가 탄생하기 위해서 애쓴 흔적인 것이다. 남쪽으로 반짝이는 판 같은 빅토리아 호가 보인다. 이것은 열곡 호수가 아니라, 고대 아프리카 지각이 하향 요곡된 곳에 드넓게 고인 얕은 물이다. 그리고 그 너머로 인도양까지 소말리아의 사막이 펼쳐져 있다. 인도양에서 거대한 대륙의 가장자리를 따라 거대한 파도들이 부서지면서 하얀 선을 그리고 있다. 마치 예전에 곤드와나가 갈라졌던 경계를 표시하는 양, 곤드와나가 해체된 기억이 춤을 추듯 흔들리는 덧없는 거품들의 형태로 나타나고 있다.

우리는 아프리카의 뿔까지 해안을 따라 계속 나아간다. 아주 높은 상공에 있으므로 우리는 홍해와 아덴 만이 경첩을 펼친 것과 비슷한 모양임을 알 수 있다. 아프리카와 아라비아 사이의 이 개 뒷다리 모양의 틈새, 바다의 이음매를 볼 때면, 유령의 집 이야기에 나오는 낡은 참나무 문이 열릴 때 나는 것 같은 소리가, 대륙의 두 작은 덩어리가 쪼개지면서 나는 끼익 하는 소리가 들리는 듯하다. 아라비아는 옛 아프리카 순상지의 일부이며, 상당 부분은 선캄브리아대 말에 호상열도들이 부착되어 형성되었다. 이 깊은 토대를 뒤덮은 암석들에서 세계 석유의 상당량이 산출되며, 이것은 결코 사소한 문제가 아니다. 석유는 지질학적 과정들을 통해서 저류암(貯留巖)에 농축된 아주 자그마한 식물 화석들의 에너지가 화학적 변화를 거쳐 만들어진다. 아프리카의 부속 기관에 해당하는 이 사막에 근원암과 저류암이 유달리 많은 것은 단지 우연일 뿐이다. 사실 공중에서 보면 헐벗은 딱지 같은 바위들 사이에 펼쳐진 모래 언덕들과 돌 많은 사막 외에는 거의 아무것도 보이지 않는다. 우리는 텅 빈 지역인 루브 알 칼리의 가장자리를 지나고 있다. 해안으로 더 가까이 가면 연주창(連珠瘡)에 걸린 듯한 검은 반점들이 보인다. 사브카(sabkha), 즉 아주 불쾌한 종류의 소금 평지이다. 내가 들렸던 장소들 가운데 가장 기대에 어긋난 곳이다. 거무스름한 지각, 타는 듯이 뜨거운 황무지, 뒤틀린 보석처럼 튀어나온 석고 결정들. 도로에서 벗어나 단단한 지면처럼 보이는 곳으로 나아가면, 지면이 부서지면서 당신은 자동차와 함께 온몸을 휘감는 뜨겁고 해롭고 끈적끈적한 곳으로 빠져들지도 모른다. 이런 환경에서도 번성하는 세균들이 있으며, 그 세균들은 세계 어느 곳에 가져다놓아도 살 수 있을 것이다. 우리는 몸서리를 치면서 그곳을 지나간다.

우리는 속도를 높여 아라비아 해를 건너서 인도 북서 해안으로 간다. 우리는 그 아대륙에 머물 시간이 없지만, 아프리카에서 한 이야기들이 대부분 이곳에도 적용된다는 것을 이제 안다. 그것은 똑같은 오래된 곤드와나의 유산 위에, 더 나중에 쌓인 퇴적물이라는 새로운 옷들을 입고 있다. 우리는 마음의 눈을 통해서 그 삼각형 대륙이 판게아의 일부였을 때 있던 곳에서 출발하여 북쪽으로 이동해서 결국 아시아에 붙는 모습을 상상할 수 있다. 존 듀이 연구진은 8,400만 년에 걸친 그 대륙의 이동 경로를 순서대로 계산해서 지도에 그렸다. 그 경로는 인간이 움직이는 모습을 한 장면씩 사진으로 찍어서 죽 이어붙인 몽타주처럼 보인다. 활동 사진으로 바꾸면 인도가 아시아의 엉덩이를 걷어차는 듯하다. 그 여행을 끝내지 않았다면 인도는 지금 대양 한가운데 동떨어져 있는 또다른 오스트레일리아가 되었을 것이고, 그곳에 낯선 동물들이 살고 있었을지 누가 알겠는가? 현재 인도를 그토록 유쾌하고 혼란스러운 곳으로 만드는 온갖 언어를 쓰는 사람들도 들어오지 않았을 것이 분명하다. 보라. 우리 아래로 어느 정도 친숙한 계단식 고원 경관이 보인다. 데칸 고원 상공임이 분명하다. 우리 밑에는 수많은 인간 군상들이 새겨진 동굴들 가운데 하나가 있다. 우리는 공중에서 보면서, 곤드와나의 오래된 선캄브리아대 핵의 한 부분을 지구의 내부에서 뿜어져나온 신선한 용암들이 층층이 뒤덮어서 전 지역이 검고 매끄럽게 바뀌는 광경을 상상할 수 있다.

이제 우리 앞에 갠지스 강과 수많은 지류들로 이루어진 거대한 수계(水系)가 놓여 있다. 그 동쪽에는 마찬가지로 거대한 브라마푸트라 강이 있다. 우리는 그 아대륙에 사는 수많은 사람들을 먹여 살릴 벼가 자라는, 무한히 복잡하면서도 무한히 반복되는 패턴을 이루는 작은 농지들을 볼 수 있다. 심지어 방글라데시에는 계절별로 다른 세 품종의 벼가 자라며, 벼농사가 이루어지지 않는 날이 단 하루도 없다. 우기에 찾아오는 홍수는 혜택이자 저주이다. 비옥해지는 지역이 있는 반면, 황폐해지는 지역도 나타난다. 홍수가 날 때면 매년 수억 톤이나 되는 다량의 퇴적물들이 이동하며, 그중 상당수는 벵골 만의 해저에 앞치마처럼 펼쳐지면서 담요처럼 가라앉는다. 갠지스 강이 장엄한 히말라야 산맥의 남쪽으로 흘러가는 광경이 보인다. 지류들이 높은 곳에서 산맥을 가르며, 빙하가 덮인 곳까지 물줄기가 이어진 곳들도 있다. 그렇게 히말라야 산맥은 소모되고 있다. 결국 마지막 남은 실트까지 바다로 씻겨가거나 흩어질 것이다. 우리 밑에는 편평하고 넓은 갠지스 평원이 있다. 갠지스 평원은 북쪽에 드높이 솟은 산맥의 잔해를 받으며, 계속 쌓이는 퇴적물들을 수용하기 위해서 점점 가라앉고 있는 분지이다. 쌓인 퇴적물의 높이는 10킬로미터나 된다. 그것은 몰라세 분지이다. 스위스 리기의 산자락에 자리한 과수원들 사이에 드러나 있는 불그스름한 암석들이 생각날지도 모르겠다. 브라마푸트라 강의 상류는 일련의 장엄한 협곡들을 만들면서 히말라야 산맥 전체를 가르고 있다. 강은 수백만 년 동안 자신의 자리를 지키면서, 지구조가 높이 끌어올린 것을 가르기 위해서 열심히 일하고 있다. 산맥의 융기보다 강이 먼저 있었던 것이 분명하다. 협곡은 여러 차례에 걸쳐 계속 융기했다. 그 산맥은 지금도 솟아오르고 있다.

산들은 식생으로 뒤덮여 있다. 공중에서 보면 바위투성이 산등성으로 파고든 초록 덮개 외에는 아무것도 보이지 않는다. 산비탈의 숲들은 히말라야 삼나무와 진달래류의 자연 서식지이다. 네팔의 산맥은 너무나 가파르게 솟아 있어서, 세계를 나누는 벽처럼 보인다. 이것이 단지 지각판들이 충돌한 결과라는 것을 아무리 스스로에게 상기시킨다고 해도, 그런 대규모의 지리적 문화적 장벽을 대할 때면 무엇인가 의미심장함을 느끼기 마련이다. 지구물리학이 우리에게 그 산맥이 메인 바운더리 충상의 결과이며, 지진파 단면도를 통해서 그 충상을 아주 깊은 곳까지 파악할 수 있다고 아무리 말한다고 해도 말이다. 지금 우리는 빙하 위에 와 있다. 줄무늬가 있고 푸르스름한 색을 띠며, 높은 곳에서 계곡들을 따라 내려가는 듯한 모습이다. 마치 주변에 놓여 있는 갈색 암석들을 가리기 위해서 불투명한 크레용으로 색칠한 듯하다. 표면에 있는 줄무늬들은 암석의 잔해들이다. 침식의 잔해라고 하는 편이 더 낫겠다. 그리고 "세계의 지붕"이라고 불리는 해발 8,848미터의 에베레스트 산이 보인다. 그 찬사의 말을 그대로 받아들일 수밖에 없다. 하지만 그것이 지금까지 그곳에 있었던 가장 높은 산인지를 알 방법은 전혀 없다. 오래 전의 어떤 다른 윌슨 주기 때, 즉 칼레도니아 주기나 헤르시니아 주기 때 더 높이 올려진 산이 있었을까? 그런 산이 있었다고 해도 그것은 투명 산으로만 남아 있을 것이다. 그런 것이 있었다는 기억조차도 침식되고 없기 때문이다. 에베레스트 산이 선명하게 보이는 경우는 드물다. 이 정도 높이의 산은 폭풍에 휘감겨 있을 때가 많기 때문이다. 그 산은 조지 에버리스트 경의 이름을 딴 것이다. 그는 1823년 인도를 삼각 측량한 감독자였으며, 1830년에는 측량 국장이 되었다. 또 그는 히말라야 산맥 밑에 가벼운 암석의 "근원대"가 있음을 보여주는 중력 이상 현상을 최초로 측정했다.* 지각이 두꺼워지고 짧아지는 현상이 두 지각판이 충돌하는 지구조선을 따라 일어난다는 사실을 최초로 밝혀낸 것이다. 그 지각의 바닥인 모호로비치치 불연속면이 그곳에서 유독 가라앉아 있다는 사실이 나중에 지진파를 통해서 드러났다.

---

* 에버리스트는 1735년 안데스 산맥 탐사대를 이끌었던 피에르 부게의 선례를 따랐다. 피에르 부게는 중력의 방향을 가리키는 연직선(鉛直線)이 침보라소 화산의 크기를 생각했을 때에 예상되는 것보다 화산 쪽으로 덜 기울어져 있음을 알아차렸다. 지하의 밀도 차이로 생기는 중력장의 차이를 지금도 부게 이상(Bouguer anomaly)이라고 한다.

그러면 그 충돌은 언제 어떻게 일어났을까? 인도는 약 4,500만 년 전 아시아와 충돌할 때까지 연간 약 15센티미터의 속도로 북쪽으로 이동했다. 충돌한 뒤인 지금도 해마다 5센티미터씩 북쪽으로 움직이고 있다. 이것은 "대규모 밀치기", 즉 제3기 때부터 계속 북쪽 아시아로 영향을 미친 수평 이동의 결과였다. 카라코람과 티베트 고원, 톈산 산맥, 알타이 산맥은 모두 한 거대한 대륙이 다른 대륙을 계속 밀어댄 결과이다. 따라서 아시아에 있는 땅의 얼굴에 난 주름살들은 한 번의 충돌로 깊이 찌푸려진 것이 아니라, 수천 킬로미터에 걸쳐 뻗어 있는 대규모 주름들의 집합이다. 히말라야 조산대는 오랜 기간 복잡하게 진화한 것이다. 밀어올려져 쌓이는 일이 되풀이되면서, 총 1,000킬로미터에 달할 정도의 지각이 짧아져 쌓였다. 세계 반대편 뉴펀들랜드의 침엽수림 밑에 파묻혀 있는 애팔래치아-칼레도니아 산계에서 보았듯이, 충돌은 대륙들이 "서로 우두둑우두둑 빠개지는" 식의 단순한 문제가 아니었다. 주요 대륙과 대륙이 부딪히는 사건에 앞서 봉합지들의 부드러운 접안이 있었다. 오피올라이트 조각들이 나페로 압착됨으로써, 사라진 해저의 일부가 히말라야 산맥의 높은 곳에 보존되기도 했다. 그것은 오만 산맥이 신으로 승격된 것이나 다름없었다. 그 다음에 거대한 주역들이 대결하는 순간이 왔다. 두 대륙인 인도와 아시아가 마침내 충돌하면서 거인국의 함선들에서 일제 사격이, 티탄의 격투가 벌어졌다. 북쪽을 향해 일련의 장엄한 충상들이 평행하게 늘어서서 충돌하면서 히말라야 산맥이 압착된 경계선들을 표시하고 있다. 깊은 곳에서는 인도 아대륙의 지각이 티베트 지각의 밑으로 가라앉고 있다. 지진파를 측정해서 얻은 결과이다. 그 대결에서 남쪽의 거인이 북쪽의 거인 앞에 굴복한 셈이다. 이 깊이 대치하는 거인들 위로 얇은 층들이 쌓여 있고, 그 각각의 층은 충상과 이어져 있다. 그곳의 지하에 있던 화강암들은 1,200-2,300만 년 전에 녹아서 유동성을 지니게 되었고, 결국 하늘 높이 솟아올랐다. 그것들은 가장 들쭉날쭉한 몇몇 봉우리들을 만들었다. 이어서 침식이 일어나서 깊숙이 있던 오래된 암석들이 노출되면서, 오래된 지질이 모습을 드러냈다. 에베레스트 산의 정상에는 심지어 내가 잘 아는 오랜 친구들인 오르도비스기의 화석들도 있다. 테티스 해의 퇴적물들은 습곡 작용이 이어지면서 헝클어지고 변성되었다. 그리고 예상했겠지만 이런 층상들은 인도판이 계속 밀어대면서 형성된 것이기 때문에 북쪽에서 남쪽으로 갈수록 더 젊다.

그 장엄한 산맥은 인간의 정신으로 이해하기에는 너무나 복잡한 듯이 보일지도 모르며, 높은 상공에 있는 우리는 세세한 부분들은 전혀 볼 수 없다. 하지만 마지막 나페의 끝에는 우리가 이 책에서 만났던 모든 것들이 요약되어 있다. 그 나페는 뉴펀들랜드, 안데스 산맥, 알프스 산맥을 섞고 거기에 동남아시아를 약간 넣은 것이다. 때로는 지구의 얼굴에서 라이엘의 방식으로 설명하지 못할 만큼 복잡한 것은 없다는 생각이 들 때가 있다. 산과 씨름하고, 잘못된 사항을 수정하고, 지구화학적 자료를 측정하는 식으로 하면 말이다. 에베레스트 산이 합리적으로 설명될 수 있다면, 그것의 위신이 깎일까? 우리가 지금도 그것을 신들이 벌인 대전쟁의 산물이라고 믿는다면, 그것은 더 감동적인 것이 될까? 나는 정반대일 것이라고 믿는다. "세계의 지붕" 위 높은 상공에 있기 때문에, 우리는 설령 그 산맥의 바위들과 습곡들을 합리적으로 설명하는 것이 가능해졌을 때에도 그 산맥의 위엄은 남으리라는 것을 충분히 증명할 수 있다. 이해는 위엄을 깎아내리는 것이 아니라, 더 큰 경외심을 가지게 한다. 존 러스킨이 1856년에 쓴 것처럼 말이다. "산맥은 모든 자연 풍경의 시작이자 끝이다."

우리는 북쪽으로 이동하면서 티베트 고원 위를 지나간다. 아서 홈스는 "평균 높이가 4,800미터로 세계의 고원들 중 가장 높은 곳에 있다"고 썼다. 그리고 그는 인간이 사는 곳들 중에서 가장 힘겨운 곳이라고 덧붙였을지도 모른다. 추운 갈색의 황무지, 남아메리카의 고원인 알티플라노를 드넓게 확대시킨 것 같은 그곳에서는 침울한 표정의 야크가 알파카를 대신한다. 위에서 보면 인간의 집이 있다는 흔적을 거의 찾아볼 수 없다. 티베트를 들어올린 원인은 무엇이었을까? 아서 홈스는 "고대의 인도 순상지가 정면 충돌을 꾀하는 대신 계속 여행을 하기 위해서 티베트가 된 지역 밑으로 들어갔다"는 것을 전혀 의심 없이 받아들였다. 그렇게 해서 그 가벼운 대륙의 두께가 두 배로 늘어났다는 것이다. 그는 말을 계속 이었다. "지각 평형 융기(isostatic uplift)는 이 엄청난 만남이 빚어낸 수많은 지질 구조 결과들 중 가장 단순한 것이었다." 원한다면 그것이 위로 떠올랐다고 말해도 좋다. 사실 티베트는 지각이 두꺼워지고 있음을 보여준다. 하지만 거기에서 문제들이 발생한다. 약 800만 년 전에 티베트가 현재의 높이로 융기하는 데에 걸린 속도는 너무 빨라서 "튀어오른다"로밖에 설명할 수 없을 정도이다. 따라서 무엇인가 다른 요인이 관여한 것이 분명하다. 학자들은 그 다른 것이 무엇인가를 놓고 논란을 벌여왔다. 최근 들어서는 플래트와 잉글랜드 교수(각각 런던 대학교와 옥스퍼드 대학교에 있는 지질학자이다)가 발전시킨 이론이 주목을 받고 있다. 그들은 지각이 두꺼워질 때 한 중요한 단계에서, 연약권에서 일어나는 대류가 비교적 차가워지고 두꺼워진 그 대륙의 "근원대" 중 일부를 제거했거나 닦아냈다고 주장했다. 그 결과 차가운 덩어리가 뜨거운 연약권으로 대체되었고, 이것이 상승시키는 열적 추진력이 되어 티베트를 융기시키는 데에 한몫했다는 것이다. 그런 일은 아주 깊숙한 곳에서 이루어졌을 텐데, 어떻게 알 수 있었을까? 경계를 이루는 단층처럼 분지의 훨씬 더 위쪽에서 일어나는 일들을 예측한 결과들이 일부 이론과 들어맞았기 때문이다. 그 이론이 옳다면 고대 조산대에 관한 우리의 지식도 바뀌어야 할 것이고, 나는 위에 쓴 것들 중 일부를 고쳐야 할 것이다. 어쨌든 시간의 태피스트리는 한 디자인에 따라 짜여지는 것이니까 말이다.

티베트의 이야기에 한마디 덧붙이자면, 800만 년 전에 일어난 그 고원의 융기가 기후에 변화를 가져왔다는 주장이 최근에 제기되었다. 기후가 크게 변해서 현재 인도에 매년 여름 우기가 닥치게 되었다는 것이다. 그리고 연쇄 효과로 히말라야 산맥의 침식 속도가 더 빨라졌다. 그 결과 인도 아대륙에

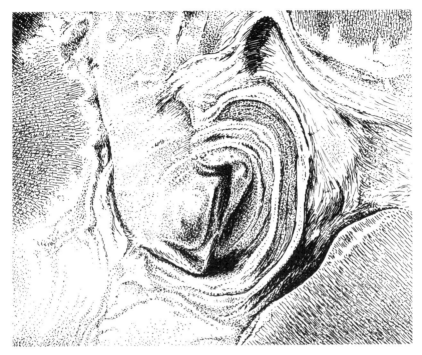

"중국의 거대한 귀"인 로프노르를 상공에서 본 모습.

서 바다 쪽으로 2,500킬로미터에 걸쳐 뻗어 있는 벵골 선상지(扇狀地)가 형성되었다. 그곳 심해 퇴적물의 광물학적 특성이 변한 것도 바로 이때였다. 지질학적 과정들은 산맥을 만들고, 산맥은 기후를 바꾼다. 바뀐 기후는 침식에 영향을 준다. 침식은 다음 윌슨 주기를 형성하는 암석들을 만든다. 모든 것은 연결되어 있다.

너무 오래 한 곳에서 빈둥거린 듯하다. 이제 북쪽으로 나아가서 가능한 한 빨리 끔찍한 타클라마칸 사막을 건너야 한다. 히말라야 산맥은 이 건조한 지역에 뿌려졌어야 할 물을 모두 앗아갔다. 그 결과 그곳은 거의 생명이 없는 곳이 되었다. 동쪽으로 "중국의 거대한 귀"인 로프노르(Lop Nor)가 눈에 들어온다. 하늘에서 보니, 이 함수호(鹹水湖)는 정말로 귀처럼 생겼다. 이 귀는 지름이 80킬로미터나 된다. 귀의 윤곽을 이루는 것은 소금 결정과 모래로 된 산등성이들이다. 중국은 이 황량한 곳을 핵무기 실험장으로 사용해왔다. 더 북쪽으로 또다른 거대한 산맥인 톈산 산맥이 놓여 있다. 그 밑으로 투르판 분지가 있다. 해수면보다 150미터 아래쪽에 있는, 지상에서 두 번째로 낮은 지대이다. 이 오지에서는 기원후가 시작될 무렵부터 저 멀리 톈산 산맥의 눈이 녹아 흐르는 물을 이용한 경작이 이루어졌다. 그런 하천의 물은 금방 지하로 스며든다. 그 지역 농민들은 카레즈(karez)라는 수평으로 길게 뻗은 우물들을 파서 지하 대수층(帶水層)의 물을 퍼올린다. 투르판 분지의 북쪽으로는 비단길이 나 있었다.* 대상들은 낙타를 타고서 톈산 산맥의 그늘을 따라서 유럽으로 귀중한 짐들을 실어 날랐다. 그 어느 여행보다도 수익이 남는 장사였다. 오늘날에는 그 길을 따라서 철도가 나 있다. 마르코 폴로는 1271-1275년 이 길을 따라 베네치아에서 중국까지 갔다. 그는 중국 황제의 봉서를 보여줌으로써 가는 곳마다 환대를 받았다. 우리는 산맥이 노출된 암석들이 너무 많아 참지 못하고 가능한 한 떨어내고 싶어하는 양 톈산 산맥의 너덜거리는 지면이 남북 양쪽으로 거대한 선상지를 이루면서 펼쳐져 있음을 본다. 톈산 산맥은 아시아판 내의 오래된 약한 지점을 따라 나 있는 일련의 장엄한 충상들이다. 다른 모든 단층들이 그렇듯이, 이 단층들도 동서로 뻗어 있다. 거기에는 오래된 오르도비스기의 암석들이 지표면에 노출되어 있으며, 내가 연구하는 동물들, 즉 삼엽충의 화석들도 드러나 있다. 궁극적으로 그 산맥은 인도가 계속 북쪽으로 밀어댐으로써 나타난 또 하나의 결과, 지각이 일으킨 또다른 경련이었다. 인간의 기준으로 볼 때는 장엄한 듯해도 암석권에게는 그저 어깨를 한 번 으쓱한 것, 한 번 부르르 떤 것에 불과하다.

우리는 서쪽으로 방향을 돌려 옛 비단길을 따라 타지키스탄과 우즈베키스탄의 산맥을 지나야 한다. 이 지역의 지질은 대단히 복잡하다. 온갖 지

---

* 동서로 뻗은 비단길은 세 곳이었으며, 그중 투르판을 지나는 길이 가장 중요시되었다.

질 조각들이 수억 년에 걸쳐 콜라주처럼 서로 붙어 있다. 이 지역의 지질 지도는 홀치기 염색을 한 티셔츠처럼 온갖 색깔이 가득한 만화경 같다. 우리는 티무르 대왕(1336~1405)의 수도로, "동방의 로마"라고 불린 사마르칸트 상공을 지난다. 기하학 문양의 극치에 다다른 타일들이 빛나고 있다. 더 서쪽으로 나아가기 전에, 서구의 지식인들이 대부분 신학상의 사소한 일들을 놓고 왈가왈부하고 있던 중세 시대에 사마르칸트를 과학의 중심지로 만든 위대한 황제의 손자 울루그베크를 언급해두자. 울루그베크는 직접 수학을 가르쳤다. 고전 과학과 르네상스 과학을 연결하는 이 중동의 다리가 없었더라면, 지질학이라는 학문이 과연 탄생할 수 있었을까?

다시 서쪽으로 향하니, 북쪽에 해양 분지처럼 보이는 것이 나타난다. 카스피 해이다. 사실 카스피 해는 세계에서 가장 넓은 민물 호수이다. 그 호수 역시 지구조의 움직임에 빚을 지고 있다. 남쪽의 땅이 융기하여 가로막기 전까지는 남쪽으로 바다와 이어져 있었기 때문이다. 그곳에 갇힌 바다표범들은 고유종으로 진화했고, 그외에도 그곳에는 다른 곳에서는 찾아볼 수 없는 수백 종의 갑각류가 있다. 그렇게 지질과 생물의 진화는 서로 협력해서 우리 행성을 더욱 풍요롭게 만든다. 모든 것은 연결되어 있다. 카스피 해 북쪽으로 볼가 강이 흘러드는 광경이 보인다. 부유물이 가득한 볼가 강이 깨끗한 물을 흐리고 있다. 세계에서 가장 장엄한 호수인 카스피 해도 언젠가는 침전물로 메워질 것이다. 그 북쪽으로 우랄 산맥의 끝자락이 어렴풋하게 보인다. 히말라야 산맥부터 지금까지 세계에 가로놓인 주름을 따라온 터라 그 산맥의 모습은 거의 충격적으로 다가온다. 이 산맥은 남북을 가리키고 있기 때문이다. 그것은 판게아가 완전히 하나가 되기 전에 유라시아를 합친 윌슨 주기를 나타내는 선이다. 유럽을 지질학적으로 정의한다면, 이 산맥이 동쪽 경계선이 될 것이다. 그곳에서 사라진 바다는 구리 광산들과 4억 년 전 해령의 부서진 잔해들을 유산으로 남겨놓았다. 그 당시 세계 여행을 했다면 상황이 전혀 달랐을 것이고, 대단히 낯선 지리를 만나게 되었을 것이다. 오직 지각판들의 추진력만이 같은 방식으로 작동했을 것이다.

우리는 인도의 영향에서 벗어나자마자, 아라비아와 아프리카의 영향력하에 떨어지고 만다. 산맥은 끝이 없는 듯하다. 아프리카 혹은 그 선발대들이 북쪽으로 나아가면서 만든 알프스 산맥이 다시 떠오른다. 우리는 유럽의 모습을 만든 지각판들이 뒤섞이고 부딪쳐서 부서지는 가장자리들을 향해 나아가고 있다. 카스피 해와 흑해 사이에 있는 캅카스 산맥 위를 가로지를 때 남쪽에 아라라트 산, 즉 아그리다기 산(5,165미터)의 모습이 보인다. 성경에는 노아의 방주가 홍수가 끝난 뒤에 이 산에 닿았다고 한다. 우리는 에 두아르트 쥐스가 자신의 대작 중 상당 부분을 「길가메시 서사시」를 증거로 삼아 성경에 나오는 홍수를 설명하고자 애썼다는 것, 즉 바다가 대규모로 육지로 몰려든 것이라며 역사적 (그리고 지질학적) 설명을 제시하려고 했음을 기억한다. 10년 전, 노아의 방주 잔해가 아라라트 산에서 발견되었다는 주장이 있었다. 하지만 지질학자가 보기에 그 "방주"라는 것은 잘 쌓인 퇴적암들로 이루어진 향사 구조에 불과했다. 이제 우리 앞에는 가장 별난 바다인 흑해가 놓여 있다. 흑해는 가까스로 육지에 가로막히지 않은 바다이며, 그 반짝거리는 수면 밑에는 순환이 제대로 되지 않아 산소가 없어진 유독성 물이 담겨 있다. 더 최근에 성경의 홍수 이야기를 설명하고자 한 시도가 머릿속에 떠오른다. 좁은 입구로 지중해의 물이 흑해로 밀려들면서 해수면이 높아졌고, 그 짠물에 생물들이 우글거렸던 연안 지역들이 물에 잠겼다는 것이다. 이 분야는 흑해의 어두컴컴한 깊은 곳만큼이나 어두운 지적 영역이다. 이 분야에서는 역사, 신화, 지질이 인류의 가슴과 머리를 사로잡기 위해서 경쟁을 벌이고 있다. 소중히 간직해온 신화를 있는 그대로의 사실보다 더 가치 있다고 생각하는 사람들도 여전히 존재한다. 길가메시나 성경의 홍수 이야기가 정말로 흑해의 이야기인지 여부는커녕, 흑해의 홍수에 대해서 어떤 판단을 내리는 것조차도 아직은 시기상조이다. 우리는 그곳에서 지질학적 시간 내내 균일한 과정이 벌어졌다는 찰스 라이엘의 극단적인 견해에 들어맞지 않는 격변들이 있었음을 안다. 그런 한편으로 우리는 과거를 이해하기 위해서 증거들을 조사할 때 엄밀성과 라이엘주의에 토대를 둔 실험이 필요하다는 것도 안다. 흑해에 홍수가 일어났든 일어나지 않았든 간에, 우리가 아주 잘 알고 있는 것은 지각이 흑해의 남해안을 따라 이동할 때, 거대한 단층들이 지각에 가해지는 압력을 고스란히 받아들였다는 것뿐이다. 지각은 진동하면서, 때로는 격변을 일으키면서 터키 남부 지역들에 대해서 상대적으로 동쪽으로 이동하고 있다.

이제 속도를 높여 다르다넬스 해협을 건너 지중해로 들어와서 에게 해를 가로질러 남쪽으로 나아가자. 반짝이는 바다 여기저기에 자리한 섬들은 세계의 거대한 산맥들과 황무지들에서 보았던 것들에 비하면 매우 다닥다닥 붙어 있는 듯하지만, 이곳에서 고대의 모험가들은 온갖 괴물과 폭풍에 맞섰다. 그들은 화석 뼈들이 거인들의 팔다리라고 생각했다. 그런 신화적 설명들이 호소력을 띠는 것은 그것들이 어느 정도 인간의 관심사 및 세세한 역사와 긴밀한 관계에 있었기 때문이다. 이 섬들이 석회암 지층 덩어리 위에 튀어나온 것들임을 알고 나면 각 섬의 개체성이 상실되는 듯이 여겨질지도 모른다. 그 석회암 지층은 크레타 섬 남쪽의 헬레네 호상열도를 따라 북쪽으로 섭입이 일어나면서 생성된 것이다.* 반대로 높아진 해수면을 따라서 올라가서 "세라피스 신전"의 기둥들을 침범한 조개류들처럼, 조개들이 구멍을 뚫어놓은 암석들 위에서 맑은 물을 내려다보면, 일반적인 지질 과정들이라는 토대 위에서 일어난 세세한 변이들을 볼 수 있다. 지질은 토대와 구조를 제공할지 모르지만, 날씨와 식생이 갖가지 장식을 할 가능성은 얼마든지 있다. 더 동쪽으로 나아가니, 압등된 해저 위에 있는 키프로스 섬이 생각난다. 올림포스 산 자체가 지각 깊숙한 곳에서 운반된 초고철질 암석 덩어리라는

---

* 학술용어로는 후배호 분지(back-arc basin)라고 한다.

것, 즉 신들의 고향이 사실은 하데스의 산물이라는 것을 안다고 해서, 과연 다채로운 세계를 접할 때 느끼는 기쁨이 줄어든다고 말할 수 있을까?

이제 우리는 서구 문명의 요람인 지중해 자체가 의지할 수 없는, 계속 움직이는 온상이라는 것을 충분히 알고 있다. 다른 바다들이 이곳을 오고 갔으며, 그중 쥐스의 테티스 해가 가장 유명하다. 현재의 바다도 언젠가는 사라질 것이다. 흑해 시나리오를 뒤집어보면, 지중해는 대서양과 연결되어 있던 비좁은 통로가 마이오세 때 지구조 변화로 일시적으로 봉합되면서 거의 메말랐다. 그 바다는 강렬한 태양 아래 증발하면서 대량의 소금을 남겼다. 그 소금들은 지금도 해저 밑에 갇혀 있다. 우리가 그곳으로 여행을 한다고 상상해보자. 그곳은 타클라마칸 사막 같을 것이다. 감히 그곳을 가로질러 감으로써 자신의 운을 시험하려는 짐승들을 모두 집어삼킬 태세를 갖춘 믿을 수 없는 사브카(sabkha)가 곳곳에 자리한, 이리저리 금이 간 번들거리는 황무지나 다를 바 없을 것이다. 그러다가 막혔던 댐이 무너지면서 바닷물이 홍수처럼 밀려들었을 것이다. 나이아가라 폭포 1,000개에 해당하는 힘이 지브롤터 해협을 뚫고 밀려들어와 온갖 어류와 연체동물들을 새로운 고향으로 밀어넣었을 것이다. 그후 수면은 잔잔해졌을 것이다. 몇 달 전까지 산들이었던 곳이 섬이 되어 새로운 생명체들이 자리를 잡았을 것이다. 그렇게 해서 당당한 오디세우스와 올림포스 산에 사는 툭탁툭탁하는 온갖 신들을 위한 무대가 마련되었을 것이다.

우리는 지중해의 동부를 이루는 두 지각판도 볼 수 없다. 그것들은 소지각판이라고 불려야 옳을 것이다. 대서양과 태평양에 있는 드넓은 판에 비해서 아주 작기 때문이다. 그것들은 아드리아 소지각판과 아나톨리아 소지각판이라고 불린다. 아드리아 해는 이탈리아의 서쪽에 있으며, 아나톨리아는 소아시아의 넓은 지역을 포함하고 있다. 현재 두 소지각판은 유럽을 향해 북쪽으로 이동하면서도 지각을 비틀고 얇게 만드는 아프리카의 움직임에 여전히 얽매여 있다. 아프리카판은 대륙 해안선 너머 계속 북쪽으로 움직이면서, 터키와 그리스 남부의 키프로스 호상열도 및 헬레네 호상열도와 이탈리아에서의 발바닥에 해당하는 남쪽의 칼라브리아 호상열도를 따라 뻗어 있는 섭입대로 들어간다. 후자는 아이올리스 제도의 활화산들에 마그마를 공급한다. 그 섬들은 당연히 섭입대 위에 놓여 있다. 한편 아드리아판은 유럽판에 대해서 시계 반대 방향으로 돌고 있으며, 그 결과 이탈리아에서는 지금도 위험한 지진 활동이 일어나고 있다. 프레스코 벽화들이 벽에서 떨어지고, 진흙 사태가 일어나 마을이 매몰되는 일이 생기는 것이다. 아드리아판과 "유럽"이 충돌하는 경계선은 이탈리아의 동부, 즉 "장화"의 긴 목을 따라 뻗어 있다. 아드리아판과 유럽의 상대적인 운동은 심층 단층들을 이동시키는 원인이며, 그 결과 관련된 화산들도 지난 500만 년 동안 서서히 남쪽으로 이동했다. 대단히 복잡한 지역이다. 우리는 땅덩어리들이 서로 밀치고 비틀리고 미끄러지고 섭입되는 모습들을 상상해야 한다. 심지어 티레니아 해 같은 곳에서는 확장되기도 한다. 이 모든 일들이 남북으로 거대한 대륙들이 서로 으스러지게 껴안고 있기 때문에 일어나는 것이다.

이제 요정처럼 하늘을 일주하는 여행을 끝낼 때가 다가왔다. 본 것도 많았지만, 보지 못한 것이 훨씬 더 많다. 우리는 북쪽으로 방향을 돌려 이탈리아의 발끝인 칼라브리아로 향한다. 우리의 왼쪽에는 긴 삼각형의 시칠리아 섬이 놓여 있다. 성기게 묶은 검은 머리카락처럼 뻗어나가고 있는 연기 기둥은 에트나 산에서 나오는 것이 분명하다. 긴 여행을 하면서 실제로 분출하고 있는 화산을 마주친 것은 이번이 처음이다. 에트나 산은 새 천년을 축하하는 양 격렬하게 분출하고 있으며, 역사 기록이 시작된 이후, 그리고 그 이전의 수백만 년 동안 예측할 수 없이 분출하곤 했다. 1669년 그 화산은 카타니아라는 커다란 마을의 서쪽을 파괴했다. 뿜어져나온 용암은 그곳의 성을 해자처럼 둘러쌓았다. 1971년에 그 화산은 화산 활동을 예측하기 위해서 세운 관측소까지 파괴했다. 인간이 세운 것을 자연이 같잖게 여긴다는 사례인 셈이다. 1992년 폭발 때에는 3-5월 사이에 2억 4,000만 세제곱미터의 용암을 뿜어냈다. 2001년에는 용암이 사피엔차 마을 쪽으로 방향을 틀었다. 다행히 에트나 산의 용암은 아주 느리게 흘렀기 때문에 슬기롭게 주민들을 소개시키고, 그 가차 없어 보이는 진행 방향을 돌리려는 시도까지 할 수 있었다. 가장 최근의 폭발 때, 한 목격자는 파라켈수스 시대에 썼던 치료제처럼 불타는 송진에서 나는 향내와 황 냄새가 섞여 났다고 말했다.

이제 이탈리아 해안을 따라 북쪽으로 나폴리로 가자. 동쪽에 우리의 마지막 산맥인 숲이 우거진 아펜니노 산맥이 보인다. 우리는 글라루스로 거의 돌아온 셈이다. 이탈리아의 등뼈가 중생대와 제3기 지층들이 주류를 이룬 나페 덩어리이기 때문이다. 그 나페들은 서쪽에서 유래했다. 그와 달리 북동쪽의 지층들은 비교적 교란되지 않은 채 있다. 이탈리아는 유럽 지도에서 다소 엉뚱한 곳에 있는 듯하다. 동서로 뻗은 알프스 산맥과 떨어진, 부츠라기보다는 아파서 곧추세운 엄지에 더 가깝다. 아프리카와 유럽이 친교를 맺었다고 해서 어떻게 이런 일이 생겨날 수 있었을까? 아마 그 의문이 퍼즐의 마지막 조각을 맞추는 일일 것이다. 이탈리아 지질학자들이 내놓은 한 가지 이론은 "원시 이탈리아"가 "정상적인" 알프스 산맥에 대해서 바깥쪽으로 회전함으로써 조산운동이 일어난다는 것이다. 당신은 그 "정화"가 알프스 산맥을 따라 프랑스 옆에 놓여 있다가, 올리고세 이전에 "무릎"을 꺾기 시작하여 서서히 현재의 위치에 다다랐으며, 그 과정에서 코르시카 섬과 사르디니아 섬을 뒤에 남겨 둔 채 나페들을 쌓아올렸다고 상상해야 한다. 어떻게 형성되었든 간에 이탈리아 반도는 지질을 마구 휘저은 덩어리이며, 지질의 보고이다. 우리는 성당들이 암모니티코 로소(ammonitico rosso) 위에 있다고 생각할 수도 있다. 그것은 따뜻한 느낌의 붉은색 바탕에 어떤 공정으로도 흉내낼 수 없는 난해한 얼룩이 져 있는 암석이다. 이따금 나선형을 이룬 암모나이트 화석이 발견되기 때문에 그런 이름이 붙었다. 우리는 대리석과 석회암으로 지은 성인들을 모신 부속 성당들을 생각한다. 이탈리아

접시 위에 놓인 생물들.

북부 카라라에는 순수한 석회암이 구워진 하얀 대리석이 있다. 미켈란젤로
의 뛰어난 조각 작품들은 그 돌로 만든 것이다. 지구조의 산물이 천재의 손
을 거쳐 예술 작품으로 변형된 것이다.

보라, 이제 우리 밑에 베수비오 산이 있다. 오늘은 나폴리의 나쁜 공기가 깨
끗이 씻겨나간 듯하다. 오래 전 용암류가 흐른 자국들이 나무들 사이에서
언뜻언뜻 모습을 드러낸다. 또다른 것이, 화쇄난류가 인간이 주제넘게 만
든 도로와 건물을 휩쓸고 있다고 상상하는 것도 어렵지 않다. 그리고 폼페
이가 있다. 높은 하늘에서 내려다보니, 우리의 취약성을 고스란히 보여주
는 어떤 불가해한 보드 게임처럼 보인다. 현재 우리의 문명, 그리고 앞서 있
었던 모든 문명들의 지속 기간은 화산의 삶으로 보면 하루에 불과하며, 그
화산의 삶은 땅의 삶으로 보면 숨 한 번 내쉬는 것에 불과하다. 보라, 그
도시 너머에 플레그네이 벌판이 있다(마그마가 지하 깊은 곳에서 솟아오르
고 있음을 느낄 수 있는가?). 그 잔잔한 분화구 호수는 한때 하데스로 들
어가는 문이었다. 우리는 마음의 눈을 통해서 페르세포네를 따라 지각판들
이 자리한 곳으로 내려갈 수 있다. 그리고 그 만의 끝에 바이아가 있다. 에
두아르트 쥐스가 우리에게 "네로가 가랑잎 같은 배에서 어머니를 물에 빠

뜨리려고 시도했다"고 알려준 곳이며, 플리니우스가 기원후 79년에 지질학의 태동과 자기 삼촌의 죽음을 관찰한 곳이다. 이제 땅으로 내려가자. 포추올리 해안이 보인다. 동네 어부 몇몇이 그물에서 끌어올린 작은 오징어와 물고기들로 요리한 푸실리(fusilli)로 야외에서 식사를 하고 있다. 그리고 그 너머에 이 이야기가 시작된 "세라피스 신전"이 있다. 관광객 서너 명이 그 고대의 시장터를 둘러보고 있다. 그들 중 한두 명은 그 터에서 눈에 확 띄는 기대한 기둥들에 나 있는 구멍이 송송 뚫리고 변색된 부분을 보고 궁금해할지도 모른다. 참으로 긴 여행이었다.

우리는 탐험을 중단하지 않을 것이다.
그리고 모든 탐험이 끝날 때면
출발한 곳에 닿아 있을 것이다.
그리고 그곳을 처음으로 알게 된다.

— T. S. 엘리엇, "리틀 기딩(Little Gidding)"

참고 문헌

Aubouin, J. *Geosynclines*. Elsevier (1995).

Bancroft, P. 'Gem and Mineral Treasures'. *Western Enterprises/Mineralogical Record* (1984).

Beus, S. S. and Morales, M. (eds) *Grand Canyon Geology*. 2nd edition. New York, Oxford University Press (2003).

Blundell, D. J. and Scott, A. C. (eds). 'Lyell: The Past is the Key to the Present'. *Special Publications of the Geological Society of London 143* (1998).

Campbell, W. H. *Earth Magnetism: A Guided Tour through Magnetic Fields*. Academic Press (2000).

Craig, G. Y. and Hull, J. H. 'James Hutton – Present and Future'. *Special paper of the Geological Society of London 150* (1999).

Condie, K. C. *Plate Tectonics and Crustal Evolution*. 4th edition. Heinemann (1997).

Dolnick, E. *Down the Great Unknown: John Wesley Powell's Journey of Discovery and Tragedy through the Grand Canyon*. HarperCollins (2002).

Drury, S. *Stepping Stones: The Making of our Home World*. Oxford University Press (1999).

Du Toit, A. L. *The Geology of South Africa*. 3rd Edition. Oliver and Boyd (1954).

Eide E. A. (ed.) *Batlas: Mid Norway Plate Reconstruction Atlas with Global and Atlantic Perspective*. Geological Survey of Norway (2002).

Ernst, W. G. (ed.) *Earth Systems: Processes and Issues*. Cambridge University Press (2000).

Fiero, W. *Geology of the Great Basin*. University of Nevada Press (1986).

Fisher, R. V., Hecken, G. *Volcanoes: Crucibles of Change*. Princeton University Press (1997).

Fortey, R. A. *Life: An Unauthorised Biography*. Flamingo (1998).

Glen, W. *Continental Drift and Plate Tectonics*. Merrill (1975).

Grayson, D. K. *The Desert's Past: A Natural Prehistory of the Great Basin*. Smithsonian Institution (1993).

Greene, M. T. *Geology in the Nineteenth Century*. Cornell University Press (1982).

Hallam, A. *Great Geological Controversies*. 2nd edition. Oxford University Press (1989).

Hallam, A. *A Revolution in the Earth Sciences: From Continental Drift to Plate Tectonics*. Oxford, Clarendon Press (1973).

Hazlett, R. W. and Hyndman, D. W. *Roadside Geology of Hawai'i*. Mountain Press (1996).

Hill, M. *Gold: A Californian Story*. University of California Press (1999).

Holmes, A. *Principles of Physical Geology*. 2nd edition. Nelson (1964).

Jacobs, J. A. *Deep Interior of the Earth*. Chapman and Hall (1992).

Keary, P. (ed.) *The Encyclopedia of the Solid Earth Sciences*. Blackwell (1993).

Keary, P. and Vine, F. J. *Global Tectonics*. 2nd edition. Blackwell (1996).

Kilburn, C. and McGuire, W. *Italian Volcanoes*. Terra (2001).

Koyi, H. A. and Mancktelow, N. S. (eds). 'Tectonic Modelling: A Volume in Honour of Hans Ramberg'. *Memoir of the Geological Society of America 193* (2001).

Kunzig, R. *Mapping the Deep*. Sort of Books (2000).

Lewis, C. *The Dating Game: One Man's Search for the Age of the Earth*. Cambridge University Press (2000).

McDonald, G. A. *Volcanoes in the Sea: The Geology of Hawaii*. University of Hawaii Press (1979).

McGuire, W. and Kilburn, C. *Volcanoes of the World*. Thunder Bay Press (1997).

Menard, H. W. Geology, *Resources and Society*. W. H. Freeman (1974).

Mussett, A. E. and Khan, M. A. *Looking into the Earth*. Cambridge University Press (2000).

National Museum of Australia. *Gold and Civilisation*. National Museum of Australia Press (2000).

Nisbet, E. G. *The Young Earth: An Introduction to Archaean Geology*. Allen and Unwin (1987).

O'Donoghue, M. and Joyner, L. *Identification of Gemstones*. Butterworth-Heinemann (2002).

Oreskes, N. (ed.) *Plate Tectonics: An Insider's History of the Modern Theory of the Earth*. Westview Press, Boulder Col. (2001).

Penhallurick, R. D. *Tin in Antiquity*. Institute of Metals (1986).

Peltier, W. R. (ed.) *Mantle Convection: Plate Tectonics and Global Dynamics*. Gordon and Breach (1989).

Pfiffner, O. A. et al. (eds) *Deep Structure of the Swiss Alps*. Basel, Birkhauser (1995).

Sparks, R. S. J. et al. *Volcanic Plumes*. John Wiley & Sonbs (1997).

Powell, R. E., Weldon, R. J. and Matti, J. C. (eds). *The San Andreas Fault System*. Geological Society of America (1993).

Repchek, J. *The Man Who Found Time: James Hutton and the Discovery of the Earth's ntiquity*. Simon and Schuster (2003).

Suess, E. *The Face of the Earth*. Oxford, Clarendon Press (1904–24).

Walker, G. *Snowball Earth*. Bloomsbury (2003).

Windley, B. F. *The Evolving Continents*. 3rd edition. Wiley (1995).

역자 후기

이 책은 45억 년 동안의 지구의 구조와 역사를 다루고 있다. 미국의 록펠러 재단이 과학 서적을 대상으로 수여하는 루이스 토머스 상을 받은 바 있는 저자는 『살아 있는 지구의 역사』에서 지상의 모든 것이 지질과 깊이 관련되어 있다고 말한다. 농작물, 건물, 생활양식, 경관 등은 알게 모르게 지질의 지배를 받고 있다. 하지만 지질은 그다지 사람들의 관심을 끌지 못하는 듯하다. 지진이 일어나거나 공룡의 발자국이 발견될 때, 잠시 입에 오르내릴 뿐이다. 그런 때에도 전문가가 지층 이야기를 하면 한 귀로 흘려듣기 십상이다. 지질이 화제가 될 만한 사건이 거의 없었기 때문인지도 모르겠다.

그런 상황을 반영한 듯이, 과학 교양서 중에 지질을 다룬 책은 찾아보기가 어렵다. 생물학이나 물리학 분야의 책들은 꾸준히 출간되고 있지만, 지질학 책은 어쩌다 한 권씩 나올 뿐이다. 지질과 지질학을 일목요연하게 정리한 책을 찾기란 더욱더 쉽지 않다.

이 책은 그런 공백을 메울 수 있을 듯하다. 저자는 세계 여행을 하면서 지질 이야기를 펼쳐간다. 나폴리, 하와이, 뉴펀들랜드, 스코틀랜드, 아이슬란드 등 지질에 관한 인식의 발전에 중요한 역할을 한 지역들을 출발점으로 삼아, 지질의 역사와 작용을 차근차근 풀어나간다. 나폴리의 베수비오 화산을 돌아볼 때는 지질학이라는 과학이 어떻게 시작되었는지를 설명하고, 하와이의 화산섬들을 둘러볼 때는 땅속에서 어떤 활동들이 벌어지고 있는지를 이야기한다. 내서양 밑 중앙 해령을 훑어볼 때는 대륙들이 어떻게 합쳐지고 쪼개졌는지를 설명하면서 지질학자들이 대륙 이동을 놓고 어떤 논쟁을 벌였는지를 말한다. 알프스 산맥을 올라갈 때는 산들이 어떻게 생겼으며, 학자들이 그 이유를 밝혀내기 위해서 어떤 노력들을 했는지를 알려준다.

지질학 책에는 당연히 수많은 전문 용어들이 등장하기 마련이지만, 저자는 그러한 용어들의 사용을 극도로 자제한 채 이야기를 펼쳐나간다. 이 책에는 꼭 필요한 최소한의 용어들만 나온다. 거기다가 독자가 알아듣기 어려울 것 같다 싶으면, 이런저런 쉬운 비유를 들어서 이해를 도모하고 있다. 그의 눈높이는 언제나 일반 지식인의 눈높이를 유지하고 있는 것이다.

그리고 각 지역을 돌아보며 자신의 감상을 설명하고 있어서, 마치 여행기를 읽는 듯한 기분도 느껴진다. 읽다 보면 저자와 함께 노새를 타고 그랜드캐니언의 밑바닥까지 내려가고, 흐르는 용암을 옆에서 지켜보는 착각에 빠지기도 한다. 또 하늘을 함께 날면서 저자의 설명을 듣고 있는 듯도 하다.

지식을 죽 나열한 책에 익숙한 독자들에게는 이 책이 다소 색다르게 다가올 듯하다. 저자는 어떤 지식도 그냥 나열하는 법이 없다. 여행하는 곳의 땅, 풍경, 집, 식물, 사람을 이야기하면서 자연스럽게 지질이라는 주제로 방향을 돌리곤 한다. 각 장을 읽고 나면 구체적인 용어는 기억나지 않아도, 왜 다이아몬드가 극히 일부 지역에서만 산출되고, 왜 황허는 누런빛이 될 수밖에 없는지 그리고 왜 캡틴 쿡 해변은 해발 40미터 이상이 사막화되었는지 기억에 각인되어 있는 데에 독자 스스로 놀랄 것이다.

이 책을 읽고 나면 지질학이 젊은 학문임을 새삼 느끼게 된다. 대륙이 이동하고, 대륙들이 충돌함으로써 산맥이 솟아오르며, 해양 지각이 가라앉아 사라진다는 이론이 받아들여지게 된 것은 겨우 몇십 년 전이었다. 그 짧은 기간에 수많은 발전이 이루어졌다. 저자와 함께 전 세계를 한 바퀴 돌고 나면, 지질학 분야에서 이루어진 그 모든 발전들이 어느새 머릿속에 들어와 있다. 물론 지구의 얼굴 자체도 10억 년 전의 얼굴과는 너무 다르다.

이 책에는 수많은 지명이 나온다. 안내인을 따라 여행한다면 신이 날 테지만, 번역할 때는 세계 지도를 들여다보느라 고생 좀 했다. 길눈이 어두운 사람이나 여행에 익숙하지 않은 사람은 조금 어지러울지도 모르겠다.

2004년 12월

역자 씀

인명 색인

백만 년	시대	주요 시대 구분	
(0.01)	제4기	홀로세	빙하기 : 북반구가 심하게 영향을 받았으며, 잘 적응한 포유동물들 출현
1.64		플라이스토세	
5.2	제3기	플라이오세	
23.3		마이오세	
35.4		올리고세	알프스 산맥 형성
56.5		에오세	
65		팔레오세	포유류와 조류 분화
			┌ 대멸종
			└ 공룡의 멸종
145	중생대	백악기	전 세계에서 백악층 퇴적
208		쥐라기	현재의 바다들이 형성
245		트라이아스기	
290	상부 고생대	페름기	대멸종 판게아 초대륙
362.5		석탄기	"빙하기" 석탄 늪 형성
408		데본기	어류와 양서류
438	하부 고생대	실루리아기	칼레도니아 산맥 형성, 육상 생물 출현
505		오르도비스기	고대 바다인 이아페토스의 넓이가 최대가 됨
543		캄브리아기	삼엽충과 다른 해양 동물들 출현
2500	선캄브리아대	원생대	"눈덩이 지구", 다세포 생물 출현
3500			산소가 있는 대기 발달
		시생대	
4550			생물 출현, 암석에 흔적 남음